现代数学基础丛书·典藏版 138

现代非参数统计

薛留根 著

科学出版社

北 京

内 容 简 介

本书阐述现代非参数统计的方法和理论. 本书在取材上侧重内容的科学性和应用性, 体现学术思想; 在写作上注重阐述方法论, 个别章节安排模拟计算和实例分析; 在结构上每章内容自成体系, 方便读者阅读. 本书的内容不仅为从事该领域的科研人员提供了尽可能多的资料, 也为实际应用者提供了一些数据分析的方法, 同时也为想全面了解现代非参数统计的读者提供参考读物.

本书可以作为高等院校统计学及其相关专业的学生的教学用书, 对高等院校和科研机构的研究人员、工程技术人员和研究生有参考价值.

图书在版编目(CIP)数据

现代非参数统计/薛留根著. —北京：科学出版社, 2015.1
(现代数学基础丛书·典藏版; 138)
ISBN 978-7-03-042400-6

Ⅰ. ①现… Ⅱ. ①薛… Ⅲ. ①非参数统计 Ⅳ. ①O212.7

中国版本图书馆 CIP 数据核字(2014) 第 259077 号

责任编辑: 陈玉琢 / 责任校对: 钟 洋
责任印制: 吴兆东 / 封面设计: 陈 敬

科学出版社 出版
北京东黄城根北街 16 号
邮政编码: 100717
http://www.sciencep.com

北京捷迅佳彩印刷有限公司 印刷
科学出版社发行 各地新华书店经销
*
2015 年 1 月第 一 版 开本: B5(720×1000)
2022 年 3 月 印 刷 印张: 25 1/2
字数: 491 000

定价: 158.00 元
(如有印装质量问题, 我社负责调换)

《现代数学基础丛书》序

对于数学研究与培养青年数学人才而言，书籍与期刊起着特殊重要的作用．许多成就卓越的数学家在青年时代都曾钻研或参考过一些优秀书籍，从中汲取营养，获得教益．

20 世纪 70 年代后期，我国的数学研究与数学书刊的出版由于“文化大革命”的浩劫已经破坏与中断了 10 余年，而在这期间国际上数学研究却在迅猛地发展着．1978 年以后，我国青年学子重新获得了学习、钻研与深造的机会．当时他们的参考书籍大多还是 50 年代甚至更早期的著述．据此，科学出版社陆续推出了多套数学丛书，其中《纯粹数学与应用数学专著》丛书与《现代数学基础丛书》更为突出，前者出版约 40 卷，后者则逾 80 卷．它们质量甚高，影响颇大，对我国数学研究、交流与人才培养发挥了显著效用．

《现代数学基础丛书》的宗旨是面向大学数学专业的高年级学生、研究生以及青年学者，针对一些重要的数学领域与研究方向，作较系统的介绍．既注意该领域的基础知识，又反映其新发展，力求深入浅出，简明扼要，注重创新．

近年来，数学在各门科学、高新技术、经济、管理等方面取得了更加广泛与深入的应用，还形成了一些交叉学科．我们希望这套丛书的内容由基础数学拓展到应用数学、计算数学以及数学交叉学科的各个领域．

这套丛书得到了许多数学家长期的大力支持，编辑人员也为其付出了艰辛的劳动．它获得了广大读者的喜爱．我们诚挚地希望大家更加关心与支持它的发展，使它越办越好，为我国数学研究与教育水平的进一步提高做出贡献．

杨　乐

2003 年 8 月

前　　言

非参数统计的一个显著特点是它的使用面广，因为它讨论的模型中分布族没有通过有限个实参数去刻画，模型使用的范围更大. 因此，它作为统计学的一个重要分支，在经济、金融、生物、医学等领域有着广泛的应用. 非参数统计的另一个特点是大样本方法占重要位置. 可以说，绝大多数常用的非参数统计方法都是基于有关统计量的某种渐近性质. 因此，某些定理的论证很烦琐，读起来往往感到困难. 目前，非参数统计的方法和理论已渗透到许多学科，在实际中有越来越多的应用，深受人们重视. 人们需要有一本系统介绍现代非参数统计的专著，这就萌发了作者撰写本书的想法. 本书阐述了现代非参数统计的方法和理论，并对一些重要定理给出了证明. 书中丰富的内容一方面为从事该领域的研究人员提供了完善的参考资料，另一方面为实际应用工作者提供了现代统计方法. 此外，本书也为想全面了解现代非参数统计的读者提供了有价值的参考，为进一步进行非参数统计方面的研究奠定基础.

本书取材是根据作者三十多年来对该领域的研究成果及所积累的资料撰写而成，其中相当一部分内容是最新成果，反映了本学科的现代面貌. 同时，考虑到尽可能扩大读者面，本书在取材上作了精心安排，内容由浅入深，既有广度，又有深度. 考虑到非参数统计的特点，本书在写作上就如下三个方面做了努力：一是侧重介绍现代非参数统计的方法和理论，定理的证明尽可能简化；二是注重介绍现代非参数统计的最新成果；三是有选择地安排了一些模拟计算的内容，并安排了若干应用案例. 本书在语言叙述上尽量通俗易懂，便于读者阅读. 本书包含了现代非参数统计模型的一些内容，这样可以使读者读完本书就能够了解到非参数统计的研究前沿，为他们进入理论和应用研究打下良好基础；同时使他们掌握现代非参数统计的处理技术，并将这些技术应用到解决实际问题之中.

本书的出版得到了科学出版社陈玉琢编辑的鼓励和帮助；得到了国家自然科学基金 (11171012, 11331011)、高等学校博士学科点专项科研基金 (20121103110004)、北京市自然科学基金 (1142003)、北京市自然科学基金与北京市科学技术研究院联合资助项目 (L140003) 的资助；同时也得到了冯三营、田瑞琴、李万斌等同志的帮助，作者谨在此一并表示感谢.

薛留根

2014 年 6 月

符　号　表

iid	独立同分布
$\mathbf{R}^d$	d 维 Euclidean 空间
$\\|\cdot\\|$	Euclidean 模
A^{T}	向量或矩阵 A 的转置
$\mathrm{tr}(A)$	矩阵 A 的迹
$I(B)$	集合 B 的示性函数
$A\otimes B$	矩阵 A 与 B 的 Kronecker 乘积
$A^{\otimes 2}$	AA^{T}
$\mathrm{diag}\{a_1,\cdots,a_n\}$	由元素 $a_1,\cdots,a_n$ 组成的对角阵
$\xrightarrow{D}$	依分布收敛
$\xrightarrow{P}$	依概率收敛
a.s.(a.e.)	几乎处处
$\triangleq$	“定义为”或“记为”
$y=O(1)$	y 是有界变量
$y=o(1)$	y 是无穷小量
$\xi_n=o_p(\eta_n)$	对任一 $\varepsilon>0$, 有 $P\{\\|\xi_n\\|\geqslant\varepsilon\\|\eta_n\\|\}\to 0$
$\xi_n=o_P(1)$	ξ_n 依概率收敛到 0
$\xi_n=O_P(1)$	ξ_n 依概率有界
$f'(t)$	函数 $f(t)$ 的一阶导数
$N(\mu,\Sigma)$	均值为 μ, 协方差阵为 Σ 的正态分布
χ_p^2	自由度为 p 的 χ^2 分布
$\chi_p^2(1-\alpha)$	自由度为 p 的 χ^2 分布的 $1-\alpha$ 分位数
$z_{1-\alpha/2}$	标准正态分布的 $1-\alpha/2$ 分位数
x_+	变量 x 的正部
$h_n\searrow 0$	h_n 单调下降趋于 0
$C_n\nearrow\infty$	C_n 单调上升趋于无穷大
$\log^+ x$	对数函数 $\log x$ 的正部
$\lfloor x\rfloor$	不大于 x 的最大整数
$\lceil x\rceil$	不小于 x 的最小整数

目　录

第1章　预备知识

在本章中, 我们对本书用到的一些知识和已知结果给以阐述, 其中包括一些重要的概率不等式和主要的随机极限定理. 由于这些内容涉及面广, 难以在此全面地叙述. 我们的主要目的是将一些常用的结果不加证明地汇集起来, 以便于查阅. 了解这些结果的确切意义而不必涉及其证明细节, 就可以读懂本书的有关内容.

1.1　概率不等式

概率不等式在统计学中起着非常重要的作用, 它是研究统计大样本理论的极其得力的工具. 不夸张地说, 如果没有概率不等式, 我们所研究的某些大样本问题就很难有新进展. 本节我们仅就一些常用的不等式加以介绍, 而其证明不是主要的. 读者要想深入了解这些结果, 可以在有关文献中查找.

1.1.1　概率的指数型不等式

我们首先给出 Bernstein 不等式, 其证明可参看文献 Hoeffding(1963) 或林正炎和白志东 (2006).

定理 1.1.1 (Bernstein 不等式)　设随机变量 $X_1, \cdots, X_n$ 相互独立, 均值为 0, 且存在有限常数 b, 使得 $P\{|X_i| \leqslant b\} = 1$, $i = 1, \cdots, n$, 则对任何 $\varepsilon > 0$, 有

$$P\left\{\left|\frac{1}{n}\sum_{i=1}^{n} X_i\right| \geqslant \varepsilon\right\} \leqslant 2\exp\left\{-\frac{n\varepsilon^2}{2\sigma^2 + b\varepsilon}\right\},$$

其中 $\sigma^2 = \dfrac{1}{n}\sum_{i=1}^{n} \mathrm{var}(X_i)$.

由定理 1.1.1 立刻可得到下面的推论.

推论 1.1.1　设随机变量 Y 服从二项分布 $B(n, p)$, 则对任何 $\varepsilon > 0$, 有

$$P\left\{\left|\frac{Y}{n} - p\right| \geqslant \varepsilon\right\} \leqslant 2\exp\left\{-\frac{n\varepsilon^2}{2p + \varepsilon}\right\}.$$

下面介绍由 Talagrand(1994, 1996) 给出的经验过程的指数型不等式, 该不等式是由 Vapnik-Červonenkis(VC) 类函数族所标识的经验过程的矩不等式来完成. 设 $(S, \mathcal{S})$ 是一个可测空间, $\mathcal{F}$ 为其上的一致有界的可测函数的全体. 如果类 $\mathcal{F}$ 是可分

的, 且存在正数 A 和 v, 使得对 $(S,\mathcal{S})$ 上的每个概率测度 P 和每个 $0<\tau<1$,

$$N(\mathcal{F},L_2(P),\tau\|F\|_{L_2(P)})\leqslant\left(\frac{A}{\tau}\right)^v,$$

其中 $\|F\|_{L_2(P)}=\sup\limits_{x\in L_2(P)}|F(x)|$, $N(T,d,\tau)$ 表示距离空间 (T,d) 的 τ 覆盖数, 即需要覆盖 T 的球的最小数目, 其中球以 T 为中心且半径不大于 τ, 则称 $\mathcal{F}$ 为一个有界的可测 VC 函数类. 在上述不等式中, d 是 $L_2(P)$ 距离. 我们将把 A 和 τ 看作不等式对所有 P 都成立的类 $\mathcal{F}$ 的 VC 特征集, 并设 $A\geqslant 3\sqrt{\mathrm{e}}$, $v\geqslant 1$. 记 $\|\varPsi\|_{\mathcal{F}}=\sup\limits_{f\in\mathcal{F}}|\varPsi(f)|$. 设 P 为 $(S,\mathcal{S})$ 上的任何概率测度, 又设 $\xi_i:S^N\mapsto S$, $i\in N$ 是坐标函数. 那么有下列结果, 它的证明可参看 Talagrand(1994, 1996).

定理 1.1.2　设 $\mathcal{F}$ 是可测且一致有界的 VC 函数族, 又设 σ^2 和 U 是任何正数, 使得 $\sigma^2\geqslant\sup\limits_{f\in\mathcal{F}}\mathrm{var}_P(f)$, $U\geqslant\sup\limits_{f\in\mathcal{F}}\sup\limits_{x}|f(x)|$, $0<\sigma<U$. 如果

$$0<\sigma<U/2,\quad \sqrt{n}\sigma\geqslant U\sqrt{\log(U/\sigma)},$$

则存在仅依赖于 A 和 τ 的正的常数 L 和 C_1, 使得对任意 $\lambda\geqslant C_1$ 和满足

$$C_1\sqrt{n}\sigma\sqrt{\log(U/\sigma)}\leqslant\varepsilon\leqslant\lambda n\sigma^2/U$$

的 ε, 有

$$P\left\{\left\|\sum_{i=1}^n[f(\xi_i)-Ef(\xi_1)]\right\|_{\mathcal{F}}\geqslant\varepsilon\right\}\leqslant L\exp\left\{-\frac{\log(1+\lambda/(4L))}{L\lambda}\frac{\varepsilon^2}{n\sigma^2}\right\}. \tag{1.1.1}$$

特别地, 如果取

$$\varepsilon=C_2\sqrt{n}\sigma\sqrt{\log(U/\sigma)},\quad C_2>C_1,$$

则

$$\begin{aligned}&P\left\{\left\|\sum_{i=1}^n[f(\xi_i)-Ef(\xi_1)]\right\|_{\mathcal{F}}\geqslant C_2\sqrt{n}\sigma\sqrt{\log(U/\sigma)}\right\}\\&\leqslant L\exp\left\{-\frac{C_2\log(1+C_2/(4L))}{L}\log(U/\sigma)\right\}.\end{aligned} \tag{1.1.2}$$

事实上, 定理 1.1.2 在更弱的条件下成立: 对 $(S,\mathcal{S})$ 上的每个概率测度 P 和每个 $0<\tau<1$,

$$N(\mathcal{F},L_2(P),\tau\|F\|_\infty)\leqslant\left(\frac{A}{\tau}\right)^v.$$

Chen 和 Zhao(1987) 给出了下列重要的不等式.

定理 1.1.3 设随机变量 $X_1, \cdots, X_n$ 具有共同的连续分布函数 $F(x)$, 其经验分布函数为 $F_n(x)$. $F(x)$ 和 $F_n(x)$ 对应的概率测度仍分别记为 F 和 F_n. 用 $\mathcal{A}$ 表示直线上某些区间构成的集合. 如果对某个 $b > 0$,

$$\sup_{A \in \mathcal{A}} F(A) \leqslant b \leqslant 1,$$

则存在正的常数 $c_i(i = 0, 1, \cdots, 4)$, 使得对任何 $\varepsilon > 0$, 当 $n/\log n > c_0/\varepsilon$ 时, 有

$$P\left\{\sup_{A \in \mathcal{A}} |F_n(A) - F(A)| \geqslant \varepsilon\right\} \leqslant c_1\left(\frac{\sqrt{b}}{\varepsilon\sqrt{n}} + \frac{1}{b}\right)\exp\left\{-\frac{c_2 n\varepsilon^2}{b}\right\} + c_3\exp\{-c_4 n\varepsilon\}.$$

Devroye 和 Wanger(1980) 在一维情形下给出了与定理 1.1.3 类似的结果. 将他们的结果推广到 d 维的情形, 有下述结果.

定理 1.1.4 设 $F_n(x)$ 和 $F(x)$ 分别为 d 维随机变量 $X_1, \cdots, X_n$ 的经验分布和理论分布, 其对应的概率测度仍记为 F_n 和 F. 用 $\mathcal{V}_a$ 表示 $\mathbf{R}^d$ 中半径为 $a > 0$ 的球所构成的集合. 如果对某个 $b > 0$,

$$\sup_{V \in \mathcal{V}_a} F(V) \leqslant b < \frac{1}{4},$$

则对任意的 $\varepsilon > 0$, 当 $n \geqslant \{1/b, 8b/\varepsilon^2\}$ 时, 有

$$P\left\{\sup_{V \in \mathcal{V}_a} |F_n(V) - F(V)| \geqslant \varepsilon\right\} \leqslant 4(2n)^{2d}\exp\left\{-\frac{n\varepsilon^2}{64b + 4\varepsilon}\right\} + 8n\exp\left\{-\frac{nb}{10}\right\}.$$

1.1.2 随机变量的概率不等式

定理 1.1.5 (Montgomery-Smith 最大值不等式) 利用定理 1.1.2 的记号. 对任意的 $\varepsilon > 0$,

$$P\left\{\max_{1 \leqslant k \leqslant n}\left\|\sum_{i=1}^{k}[f(\xi_i) - Ef(\xi_1)]\right\|_{\mathcal{F}} \geqslant \varepsilon\right\} \leqslant 9P\left\{\left\|\sum_{i=1}^{n}[f(\xi_i) - Ef(\xi_1)]\right\|_{\mathcal{F}} \geqslant \frac{\varepsilon}{30}\right\}.$$

本定理的证明可参看 Montgomery-Smith(1993).

定理 1.1.6(Lévy 型不等式) 设 $X_1, \cdots, X_n$ 为独立随机变量, 满足 $E(X_i) = 0$, $E(X_i^2) < \infty$, $i = 1, \cdots, n$. 记 $S_n = \sum_{i=1}^{n} X_i$, $b_n = \sum_{i=1}^{n} E(X_i^2)$, 则对任何 $x \in \mathbf{R}$,

$$P\left\{\max_{1 \leqslant k \leqslant n} S_k \geqslant x\right\} \leqslant 2P\left\{S_n \geqslant x - \sqrt{2b_n}\right\}.$$

本定理的证明可参看林正炎和白志东 (2006).

上面两个不等式经常被用来证明强大数定律.

1.1.3　用随机变量的矩估计概率的界

定理 1.1.7　设 X 为随机变量, $g(x) > 0$ 为偶函数且在 $[0,\infty)$ 非降. 如果 $E[g(X)] < \infty$, 则对任意的 $\varepsilon > 0$,

$$\frac{E[g(X)] - g(\varepsilon)}{\text{a.s.}\sup g(X)} \leqslant P\{|X| \geqslant \varepsilon\} \leqslant \frac{E[g(X)]}{g(\varepsilon)},$$

其中 $\text{a.s.}\sup g(X) = \inf\{t : P(g(X) \geqslant t) = 0\}$.

本定理的证明可参看林正炎和白志东 (2006).

上面不等式右端是著名的 Chebyshev-Markov 不等式的一般形式, 取不同的 $g(x)$ 可以得到不同的具体不等式.

(a) Chebyshev 不等式: 对任意的 $\varepsilon > 0$,

$$P\{|X - E(X)| \geqslant \varepsilon\} \leqslant \frac{\text{var}(X)}{\varepsilon^2}.$$

(b) Markov 不等式: 对任意的 $r > 0$ 和 $\varepsilon > 0$,

$$P\{|X| \geqslant \varepsilon\} \leqslant \frac{E(|X|^r)}{\varepsilon^r}.$$

定理 1.1.8 (Kolmogorov 不等式)　设 $X_1, \cdots, X_n$ 为独立随机变量, 满足 $E(X_i) = 0$, $E(X_i^2) < \infty$, $i = 1, \cdots, n$. 记 $S_n = \sum_{i=1}^n X_i$, 则对任意的 $\varepsilon > 0$,

$$P\left\{\max_{1\leqslant k\leqslant n} |S_k| \geqslant \varepsilon\right\} \leqslant \frac{\text{var}(S_n)}{\varepsilon^2}.$$

此外, 如果存在常数 $c > 0$ 使得 $|X_i| \leqslant c, 1 \leqslant j \leqslant n$, 则

$$P\left\{\max_{1\leqslant k\leqslant n} |S_k| \geqslant \varepsilon\right\} \geqslant 1 - \frac{(\varepsilon + c)^2}{\text{var}(S_n)}.$$

本定理的证明可参看林正炎和白志东 (2006).

1.1.4　随机变量之和 (积) 的矩不等式

下面的不等式是由随机变量的数学期望 $E(\cdot)$ 给出的矩不等式. 如果将 $E(\cdot)$ 替换为条件数学期望 $E(\cdot|\mathcal{A})$, 相应的条件数学期望也成立. 我们仅列出一些常用的矩不等式, 其证明可以参看林正炎和白志东 (2006).

(1) Minkowski 不等式. 设 $X_1, \cdots, X_n$ 为任意随机变量, 而 $p \geqslant 1$, 则

$$\left[E\left|\sum_{i=1}^n X_i\right|^p\right]^{1/p} \leqslant \sum_{i=1}^n [E(|X_i|^p)]^{1/p}.$$

(2) Hölder 不等式. 设X和Y为任意随机变量, $p>1$, $q>1$, $\dfrac{1}{p}+\dfrac{1}{q}=1$, 则

$$E|XY|\leqslant[E(|X|^p)]^{1/p}[E(|Y|^q)]^{1/q}.$$

在 Hölder 不等式中令 $p=q=2$, 即可得到下面的 Cauchy-Schwarz 不等式.

(3) Cauchy-Schwarz 不等式. 设 X 和 Y 为任意随机变量, 则

$$E|XY|\leqslant[E(X^2)]^{1/2}[E(Y^2)]^{1/2}.$$

(4) Jensen 不等式. 设 X 为 m 维随机向量, W 为 m 元凸函数. 如果 X 和 $W(X)$ 的数学期望都存在, 则

$$W(EX)\leqslant E[W(X)].$$

一个重要特例是: 对任何一维随机变量 X, 当 $r\geqslant s>0$ 时, 有

$$[E(|X|^s)]^{1/s}\leqslant[E(|X|^r)]^{1/r}. \tag{1.1.3}$$

(5) C_r 不等式. 设 $X_1,\cdots,X_n$ 为任意随机变量, 则对任何 $r>0$,

$$E\left|\sum_{i=1}^n X_i\right|^r\leqslant C_r\sum_{i=1}^n E(|X_i|^r),$$

其中 $C_r=1$ 或 n^{r-1} 取决于 $0<r\leqslant1$ 或 $r>1$.

(6) 设 $X_1,\cdots,X_n$ 为独立随机变量, $E(X_i)=0$, $i=1,\cdots,n$, 则对任何 $p\geqslant2$,

$$E\left|\sum_{i=1}^n X_i\right|^p\leqslant c_p\left\{\sum_{i=1}^n E(|X_i|^p)+\left[\sum_{i=1}^n E(X_i^2)\right]^{p/2}\right\}.$$

其中 c_p 是仅依赖于 p 的正的常数.

本定理的证明可参看佩特罗夫 (1991).

1.1.5 独立和的分布函数的正态逼近

本小节讨论正态逼近的速度, 给出几个有用的不等式. 关于正态逼近的速度问题, 有两种基本类型: 一致性和非一致性. 在一致性速度方面的主要结果是 Esseen 不等式和 Berry-Esseen 不等式. 下面用 $\Phi(x)$ 表示标准正态分布函数.

定理 1.1.9 (Esseen 不等式) 设 $X_1,\cdots,X_n$ 为独立随机变量, 满足 $E(X_i)=0$, $E(|X_i|^3)<\infty$, $i=1,\cdots,n$. 记 $\sigma_i^2=E(X_i^2)>0$, $B_n^2=\sum\limits_{i=1}^n\sigma_i^2$. 以 $G_n(x)$ 记 $\sum\limits_{i=1}^n X_i/B_n$ 的分布函数, 则存在常数 $A_1>0$, 使得

$$\sup_x |G_n(x) - \Phi(x)| \leqslant A_1 \sum_{i=1}^{n} E|X_i|^3 / B_n^3,$$

其中 $A_1 \leqslant 0.7915$.

定理 1.1.10 (Berry-Esseen 不等式)　设 $X_1, \cdots, X_n$ 为独立同分布的随机变量, $E(X_1) = 0$, $E(|X_1|^3) < \infty$. 记 $\sigma^2 = E(X_1^2) > 0, \rho = E(|X_1|^3)/\sigma^3$. 用 $G_n(x)$ 表示 $\sum_{i=1}^{n} X_i/(\sqrt{n}\sigma)$ 的分布函数, 则存在常数 $A_2 > 0$, 使得

$$\sup_x |G_n(x) - \Phi(x)| \leqslant A_2 \rho/\sqrt{n},$$

其中 $A_2 \leqslant 0.7655$.

上述两个定理的证明可参看 Petrov(1975).

关于非一致性速度, 主要是 Osipov(1972) 的工作.

定理 1.1.11　设 $X_1, \cdots, X_n$ 为独立随机变量, 且满足定理 1.1.9 的条件, 则存在常数 $C_1 > 0$, 使得

$$|G_n(x) - \Phi(x)| \leqslant C_1 \sum_{i=1}^{n} E(|X_i|^3)/[B_n^3(1 + |x|^3)],$$

其中 B_n 和 $G_n(x)$ 同定理 1.1.9 中定义.

特别地, 如果 $X_1, \cdots, X_n$ 独立同分布, 则存在常数 $C_2 > 0$, 使得

$$|G_n(x) - \Phi(x)| \leqslant C_2 \rho n^{-1/2} (1 + |x|^3)^{-1},$$

其中 ρ 和 $G_n(x)$ 同定理 1.1.10 中定义.

本定理的证明可参看 Bikelis(1966) 或 Petrov(1975).

1.1.6　关于相依随机变量的概率不等式

本小节考虑两类相依随机变量序列: 混合相依序列和正负相依序列. 针对这两类相依随机变量序列给出一些主要的不等式.

常见的混合相依序列有三种: φ 混合、α 混合、ρ 混合. 设 $\{X_n; n \geqslant 1\}$ 是随机变量序列. 记 σ 代数 $\mathcal{F}_a^b = \sigma(X_n; a \leqslant n \leqslant b)$, $\mathbf{N} = \{1, 2, \cdots\}$, $L_p(\mathcal{F}_a^b)$ 是所有的关于 $\mathcal{F}_a^b$ 可测且 p 阶矩存在的随机变量组成的集合. 下面给出三种混合序列的定义.

定义 1.1.1　(i) 如果当 $n \to \infty$ 时,

$$\varphi(n) \triangleq \sup_{k \in \mathbf{N}} \sup_{A \in \mathcal{F}_1^k, B \in \mathcal{F}_{k+n}^{\infty}} |P(B|A) - P(B)| \longrightarrow 0,$$

则称 $\{X_n; n \geqslant 1\}$ 为 φ 混合序列.

(ii) 如果当 $n \to \infty$ 时,

$$\rho(n) \triangleq \sup_{k \in \mathbf{N}} \sup_{X \in L_2(\mathcal{F}_1^k), Y \in L_2(\mathcal{F}_{k+n}^\infty)} \frac{|E(XY) - E(X)E(Y)|}{\sqrt{\operatorname{var}(X)}\sqrt{\operatorname{var}(Y)}} \longrightarrow 0,$$

则称 $\{X_n; n \geqslant 1\}$ 为 ρ 混合序列.

(iii) 如果当 $n \to \infty$ 时,

$$\alpha(n) \triangleq \sup_{k \in \mathbf{N}} \sup_{A \in \mathcal{F}_1^k, B \in \mathcal{F}_{k+n}^\infty} |P(AB) - P(A)P(B)| \longrightarrow 0,$$

则称 $\{X_n; n \geqslant 1\}$ 为 α 混合序列.

可以推出: φ 混合 $\Longrightarrow$ ρ 混合 $\Longrightarrow$ α 混合.

定理 1.1.12 (a) 设 $\{X_n; n \geqslant 1\}$ 为 φ 混合序列.

(i) 如果 $X \in L_p(\mathcal{F}_1^k)$, $Y \in L_q(\mathcal{F}_{k+n}^\infty)$, 其中 $p, q \geqslant 1$, 满足 $\dfrac{1}{p} + \dfrac{1}{q} = 1$, 则

$$|E(XY) - E(X)E(Y)| \leqslant 2\varphi(n)^{1/p}[E(|X|^p)]^{1/p}[E(|Y|^q)]^{1/q}.$$

(ii) 如果 $|X| \leqslant C$, a.s., $E(|Y|) < \infty$, 则

$$|E(XY) - E(X)E(Y)| \leqslant 2C\varphi(n)E(|Y|),$$

其中 $C > 0$ 为常数.

(b) 设 $\{X_n; n \geqslant 1\}$ 为 ρ 混合序列. 如果 $X \in L_p(\mathcal{F}_1^k)$, $Y \in L_q(\mathcal{F}_{k+n}^\infty)$, 其中 $p, q \geqslant 1$, 满足 $\dfrac{1}{p} + \dfrac{1}{q} = 1$, 则

$$|E(XY) - E(X)E(Y)| \leqslant 4\rho(n)^{\frac{2}{p} \wedge \frac{2}{q}}[E(|X|^p)]^{1/p}[E(|Y|^q)]^{1/q}.$$

(c) 设 $\{X_n; n \geqslant 1\}$ 为 α 混合序列. 如果 $X \in L_p(\mathcal{F}_1^k)$, $Y \in L_q(\mathcal{F}_{k+n}^\infty)$, 其中 $p, q, r \geqslant 1$, 满足 $\dfrac{1}{p} + \dfrac{1}{q} + \dfrac{1}{r} = 1$, 则

$$|E(XY) - E(X)E(Y)| \leqslant 2\alpha(n)^{1/r}[E(|X|^p)]^{1/p}[E(|Y|^q)]^{1/q}.$$

本定理的证明可参看林正炎和白志东 (2006).

定理 1.1.13 设 $\{X_n; n \geqslant 1\}$ 为 φ 混合序列. 如果存在正的常数序列 $\{C_n\}$, 使得对任何 $k \geqslant 0$ 和 $n \geqslant 1$, 均有

$$E\left(\sum_{i=k+1}^{k+n} X_i\right)^2 \leqslant C_n,$$

则对任何 $q \geqslant 2$, 存在仅依赖于 $\varphi(\cdot)$ 和 q 的常数 $C = C(\varphi(\cdot), q)$, 使得对任何 $k \geqslant 0$ 和 $n \geqslant 1$, 有

$$E\left(\max_{1\leqslant j\leqslant n}\left|\sum_{i=k+1}^{k+j} X_i\right|^q\right) \leqslant C\left[C_n^{q/2} + E\left(\max_{k<j\leqslant k+n}|X_i|^q\right)\right].$$

本定理的证明参看邵启满 (1988).

定理 1.1.14　设 $\{X_n; n\geqslant 1\}$ 为 φ 混合序列, $E(X_n)=0, |X_n|\leqslant d$, a.s., $n\geqslant 1$, 其中 d 为正的常数. 如果 $\varphi(n)$ 非增且满足 $\sum\limits_{n=1}^{\infty}\varphi(n)<\infty$, 则对任意给定的 $\varepsilon>0$, 当 n 充分大时,

$$P\left\{\left|\frac{1}{n}\sum_{i=1}^{n}X_i\right| \geqslant \varepsilon\right\} \leqslant c_1\exp\{-c_2\sqrt{n}\varepsilon\},$$

其中 c_1 和 c_2 是与 n 和 ε 无关的正的常数.

本定理类似于柴根象 (1989) 的定理 1 和推论 1, 其证明方法也类似. 需要指出的是: 柴根象 (1989) 的定理 1 对 $\{X_n; n\geqslant 1\}$ 施加了平稳性的条件, 但仔细审查证明过程可以发现, 这个条件可以取消. 这只需在其证明过程中利用不等式 $\sqrt{|ab|}\leqslant \frac{1}{2}(|a|+|b|)$ 即可.

定理 1.1.15　设 $\{X_i; i\geqslant 1\}$ 为 φ 混合序列, $E(X_i)=0$, $|X_i|\leqslant d$, $i\geqslant 1$, d 为正的常数, $E(|X_i|)\leqslant b_1$, $E(X_i^2)\leqslant b_2$, 记 $\widetilde{\varphi}_m=\sum\limits_{i=1}^{m}\varphi(i)$, 则对任意给定的 $\varepsilon>0$, 当 n 充分大时,

$$P\left\{\left|\frac{1}{n}\sum_{i=1}^{n}X_i\right| \geqslant \varepsilon\right\} \leqslant c_1\exp\{-n\alpha(\varepsilon-\alpha c_2)\},$$

其中 $\alpha>0$, $m\leqslant n$, $\alpha m d\leqslant 1/4$,

$$c_1 = 2\exp\{3\sqrt{\mathrm{e}}n[\varphi(m)/m]\},\quad c_2 = 6(b_2+4b_1d\widetilde{\varphi}_m).$$

本定理的证明参看 Collomb(1984).

定理 1.1.16 (推广的 Kolmogorov 不等式)　设 $\{X_n; n\geqslant 1\}$ 为平稳 φ 混合序列, 且混合系数 $\varphi(n)$ 满足 $\sum\limits_{n=1}^{\infty}\varphi^{1/2}(n)<\infty$, 则存在常数 $C>0$, 使得对所有 $n\geqslant 1$ 和任意 $\varepsilon>0$, 有

$$P\left\{\max_{1\leqslant k\leqslant n}\left|\sum_{i=1}^{k}X_i\right|>\varepsilon\right\}\leqslant Cn\varepsilon^{-2}. \tag{1.1.4}$$

如果对 ρ 混合序列, 满足 $\sum\limits_{n=1}^{\infty}\rho(n)<\infty$, 则式 (1.1.4) 仍成立.

如果对 α 混合序列, 则当下列条件之一成立时, 式 (1.1.4) 成立.

(i) 依概率 1 成立 $|X_n|\leqslant c<\infty$, 且 $\sum\limits_{n=1}^{\infty}\alpha(n)<\infty$;

(ii) 对某个 $\delta>0$, $E(|X_n|^{2+\delta})<\infty$, 且 $\sum\limits_{n=1}^{\infty}\alpha(n)^{\delta/(2+\delta)}<\infty$.

1.2 概率论中的若干极限定理

本书主要讨论非参数估计的大样本性质, 即在样本量无限增加时, 有关估计量的渐近性质. 因此, 在后面的内容中, 我们将要使用一些关于极限理论方面的结果. 这些结果可以在较深或专门的概率论著作中找到. 为方便阅读, 我们把后面用到的结果不加证明地罗列出来, 以便于后面引用和读者查找. 特别指出, 在后面的极限式中, 除特殊声明外, 一律指 $n\to\infty$.

1.2.1 随机变量序列的收敛性

1. 基本概念

设 $(\Omega,\mathcal{F},P)$ 为一概率空间, ξ 和 $\{\xi_n;n\geqslant 1\}$ 为定义在其上的一串随机变量, $F(x)$ 和 $\{F_n(x);n\geqslant 1\}$ 为它们的分布函数. 众所周知, 在概率统计中常用到的收敛性有下面四种.

(1) 依概率收敛. 如果对任给的 $\varepsilon>0$, 有 $\lim\limits_{n\to\infty}P\{|\xi_n-\xi|\geqslant\varepsilon\}=0$, 则称 ξ_n 依概率收敛于 ξ, 记作 $\xi_n\stackrel{P}{\longrightarrow}\xi$.

(2) 几乎处处收敛. 如果 $P\{\lim\limits_{n\to\infty}\xi_n=\xi\}=1$, 则称 ξ_n 几乎处处收敛于 ξ, 记作 $\xi_n\longrightarrow\xi$, a.s.

(3) $r(r>0)$ 阶矩收敛. 如果 $\lim\limits_{n\to\infty}E(|\xi_n-\xi|^r)=0$, 则称 ξ_n 以 r 阶矩收敛于 ξ, 记作 $\xi_n\stackrel{r}{\longrightarrow}\xi$. 当 $r=2$ 时也常称为均方收敛.

(4) 依分布收敛. 如果对 $F(\cdot)$ 的任一连续点 x, 有 $\lim\limits_{n\to\infty}F_n(x)=F(x)$, 则称 ξ_n 依分布收敛于 ξ, 记作 $\xi_n\stackrel{D}{\longrightarrow}\xi$. 此时也称 $F_n(x)$ 弱收敛于 $F(x)$, 记作 $F_n(x)\stackrel{W}{\longrightarrow}F(x)$.

上述四种收敛性的关系如下:

$$\left.\begin{array}{l}\xi_n\longrightarrow\xi,\ \text{a.s.}\\ \xi_n\stackrel{r}{\longrightarrow}\xi\end{array}\right\}\Longrightarrow\xi_n\stackrel{P}{\longrightarrow}\xi\Longrightarrow\xi_n\stackrel{D}{\longrightarrow}\xi.$$

但在一般情况下其逆不真.

在非参数函数估计中, 当使用前三种收敛性时, ξ 一般是实变量 x 的函数, 表示某种有待估计的函数 (例如, ξ 可以是总体的密度函数、条件密度函数、回归函数等), 而 ξ_n 是某种估计量, n 是样本容量. ξ_n 在某种意义下收敛于 ξ 表示当样本量无限增加时, 估计的精度可以在一定意义下任意地改善. 这种性质通常称为 "相合性", 是一种重要的大样本性质. 与各种收敛性相对应, 有以下三种相合性.

(1) (弱) 相合性. 如果 $\xi_n \xrightarrow{P} \xi$, 则称 ξ_n 为 ξ 的 (弱) 相合估计, 或者说 ξ_n 有 (弱) 相合性.

(2) 强相合性. 如果 $\xi_n \longrightarrow \xi$, a.s., 则称 ξ_n 为 ξ 的强相合估计, 或者说 ξ_n 有强相合性.

(3) r 阶矩相合性. 如果 $\xi_n \xrightarrow{r} \xi$, 则称 ξ_n 为 ξ 的 r 阶矩相合估计, 或者说 ξ_n 有 r 阶矩相合性. 当 $r=2$ 时, 常说 ξ_n 有均方相合性.

依分布收敛也常用于非参数估计. 如果存在 $a_n>0$, 使得 $a_n(\xi_n-\xi) \xrightarrow{D} N(0,\sigma^2)$, 则称 ξ_n 为 ξ 的渐近正态估计, 或者说 ξ_n 有渐近正态性. 一般地, a_n 是控制 $|\xi_n-\xi|$ 任意小的程度, σ^2 是实变量的函数.

2. 关于收敛性的若干结果

定理 1.2.1 (Slutsky 定理)　设 $\{\xi_n; n\geqslant 1\}$ 和 $\{\eta_n; n\geqslant 1\}$ 是两个随机变量序列. 如果

$$\xi_n \xrightarrow{D} \xi, \quad \eta_n \xrightarrow{P} c,$$

其中 c 为常数, 则

$$\begin{aligned}&\xi_n+\eta_n \xrightarrow{D} \xi+c,\\&\eta_n\xi_n \xrightarrow{D} c\xi,\\&\xi_n/\eta_n \xrightarrow{D} \xi/c, \quad c\neq 0.\end{aligned}$$

定理 1.2.2　设 $\{\xi_n; n\geqslant 1\}$ 为一随机变量序列, 且 $\xi_n \xrightarrow{P} c$(常数), 又函数 $g(\cdot)$ 在点 c 处连续, 则 $g(\xi_n) \xrightarrow{P} g(c)$.

定理 1.2.3　设 $\{a_n; n\geqslant 1\}$ 为一趋于 ∞ 的数列, b 为常数, 且对随机变量序列 $\{\xi_n; n\geqslant 1\}$, 有 $a_n(\xi_n-b) \xrightarrow{D} \xi$. 又设 $g(\cdot)$ 为可微函数, 且 $g'(\cdot)$ 在点 b 处连续, 则有

$$a_n\big[g(\xi_n)-g(b)\big] \xrightarrow{D} g'(b)\xi.$$

对于多维随机变量系列, 亦有类似于定理 1.2.2 和定理 1.2.3 的结果. 这里不再赘述.

设 $\{\xi_n; n\geqslant 1\}$ 为定义于 $(\Omega,\mathcal{F},P)$ 上的随机变量序列. 关于 $\xi_n \xrightarrow{P} 0$ 成立的条件, 使用最广泛且最方便的是

$$\lim_{n\to\infty} E|\xi_n|^r=0, \quad 对某个 r>0. \tag{1.2.1}$$

当 ξ_n 一致有界时, 条件 (1.2.1) 对任何 $r>0$ 也是必要的.

1.2.2 关于几乎处处收敛的若干结果

关于几乎处处收敛的证明需要用到下面的 Borel-Cantelli 引理.

定理 1.2.4(Borel-Cantelli 引理) (i) 如果随机事件序列 $\{A_n\}$ 满足 $\sum\limits_{n=1}^{\infty} P(A_n) < \infty$, 则

$$P\left\{\bigcap_{k=1}^{\infty}\bigcup_{n=k}^{\infty} A_n\right\}=0, \quad P\left\{\bigcup_{k=1}^{\infty}\bigcap_{n=k}^{\infty} A_n\right\}=1.$$

(ii) 如果 $\{A_n\}$ 是相互独立的随机事件序列, 则 $\sum\limits_{n=1}^{\infty} P(A_n)=\infty$ 成立的充要条件为

$$P\left\{\bigcap_{k=1}^{\infty}\bigcup_{n=k}^{\infty} A_n\right\}=1, \quad 或 \quad P\left\{\bigcup_{k=1}^{\infty}\bigcap_{n=k}^{\infty} A_n\right\}=0.$$

本定理的证明可参看严士健等 (1982) 的文献. 利用 Borel-Cantelli 引理可以直接推出下列结果.

定理 1.2.5 设 $\{\xi_n; n\geqslant 1\}$ 为定义于 $(\Omega,\mathcal{F},P)$ 上的随机变量序列. 如果对任给 $\varepsilon>0$, 有

$$\sum_{n=1}^{\infty} P\{|\xi_n|\geqslant\varepsilon\}<\infty, \tag{1.2.2}$$

则 $\xi_n \longrightarrow 0$, a.s.. 又如果 $\{\xi_n; n\geqslant 1\}$ 相互独立, 则条件 (1.2.2)(对任给 $\varepsilon>0$) 也是必要的.

本定理的证明可参看 Loève(1977). 本定理常用来证明一个随机变量序列的几乎处处收敛性.

下面的定理涉及随机级数的几乎处处收敛问题. 对独立随机变量序列的情形, 最一般的结果是下述由 Kolmogorov 得出的所谓"三级数定理".

定理 1.2.6 设 $\{X_n; n\geqslant 1\}$ 为相互独立的随机变量序列, 则 $\sum\limits_{n=1}^{\infty}(X_n-a_n)$ 几乎处处收敛的充要条件为: 对任何 $c>0$, 以下三级数都收敛:

$$\text{(i)} \sum_{n=1}^{\infty} P\{|X_n|\geqslant c\}, \qquad \text{(ii)} \sum_{n=1}^{\infty}\operatorname{var}(X_n^c), \qquad \text{(iii)} \sum_{n=1}^{\infty} E(X_n^c),$$

其中 $X_n^c=I(|X_n|<c)$.

本定理的证明见 Loève(1977).

一个在应用上方便的充分条件如下.

定理 1.2.7 设 $\{X_n; n \geqslant 1\}$ 为相互独立的随机变量序列, 且存在 $r \in (0, 2]$, 使 $\sum_{n=1}^{\infty} E(|X_n|^r) < \infty$, 则 $\sum_{n=1}^{\infty}(X_n - a_n)$ 几乎处处收敛, 其中 $a_n = 0$ 或 $E(X_n)$ 视 $r < 1$ 或 $r \geqslant 1$ 而定.

下面的定理给出了经验分布的重对数律.

定理 1.2.8 设 X 具有连续的分布函数 $F(x)$, $X_1, \cdots, X_n$ 是来自 X 的独立同分布样本, $F_n(x)$ 为其经验分布函数, 则

$$\limsup_{n\to\infty} \left[\sup_x |F_n(x) - F(x)| \sqrt{n/(2\log\log n)}\right] = 1, \text{ a.s..}$$

本定理的证明可参看 Petrov(1975).

1.2.3 关于中心极限定理的若干结果

下面考虑中心极限定理成立的条件. 设 $\{X_n; n \geqslant 1\}$ 为相互独立的随机变量序列, $E(X_i) = a_i$, $\mathrm{var}(X_i) = \sigma_i^2 > 0$, $i = 1, 2, \cdots$. 记 $B_n^2 = \sum_{i=1}^{n} \sigma_i^2$, $\eta_n = \sum_{i=1}^{n}(X_i - a_i)/B_n$. 所谓古典中心极限问题, 就是讨论 $\eta_n \xrightarrow{D} N(0,1)$ 成立的条件问题, 这里和今后还要用 $N(0,1)$ 表示标准正态变量. 这方面的基本结果就是著名的 Lindeberg-Feller 定理.

定理 1.2.9 (Lindeberg-Feller 定理) $\eta_n \xrightarrow{D} N(0,1)$ 且 $\max_{1\leqslant i\leqslant n} \sigma_i^2/B_n^2 \longrightarrow 0$ 的充要条件是

$$\lim_{n\to\infty} \frac{1}{B_n^2} \sum_{i=1}^{n} \int_{|x-a_i|\geqslant \varepsilon B_n} (x - a_i)^2 \mathrm{d}F_i(x) = 0, \quad \forall \varepsilon > 0, \tag{1.2.3}$$

其中 $F_i(x)$ 为 X_i 的分布函数.

人们通常把式 (1.2.3) 称为 Lindeberg 条件. 验证式 (1.2.3) 成立的一个充分条件是下面的 Liapounov 定理.

定理 1.2.10 (Liapounov 定理) 如果存在正数 $\delta > 0$, 使得

$$\lim_{n\to\infty} \frac{1}{B_n^{2+\delta}} \sum_{i=1}^{n} E(|X_i - a_i|^{2+\delta}) = 0, \tag{1.2.4}$$

则式 (1.2.3) 成立, 从而有 $\eta_n \xrightarrow{D} N(0,1)$.

上述两个定理的证明可参看 Loève(1977).

1.2.4 关于相依随机变量的极限定理

定理 1.2.11 设 $\{X_n; n \geqslant 1\}$ 为平稳 φ 混合序列, 混合系数 $\varphi(n)$ 满足

$$\varphi(n) = O(n^{-5-\delta}), \quad \text{对某个}\delta \in (0, 1/4), \tag{1.2.5}$$

则

$$\sup_x |F_n(x) - F(x)| = O\left(n/\log\log n)^{-1/2}\right), \text{ a.s.},$$

其中 $F(x)$ 和 $F_n(x)$ 分别为 X_1 的分布函数和 $X_1, \cdots, X_n$ 的经验分布函数.

证 定义 $\{X_n; n \geqslant 1\}$ 的经验过程为

$$R(s,t) = [t]\{F_{[t]}(s) - F(s)\}, \quad s \in \mathbf{R},\ t \geqslant 0.$$

在条件 (1.2.5) 下, Berkes 和 Philipp(1977) 证明了下述结果: 存在 Kiefer 过程的修正 $K(s,t)$, 使得对某个 $\lambda > 0$,

$$\sup_{t \leqslant T, s \in \mathbf{R}} |R(s,t) - K(F(s),t)| = O(T^{1/2}(\log T)^{-\lambda}), \text{ a.s.}. \tag{1.2.6}$$

Csörgö和 Réveśz(1981) 证明了: 对任一 Kiefer 过程 $K(s,t)$, 有

$$\limsup_{t \to \infty} \sup_{0 \leqslant s \leqslant 1} |K(s,t)|/(t \log\log t)^{1/2} = \frac{1}{\sqrt{2}}, \text{ a.s.}, \tag{1.2.7}$$

故由式 (1.2.6) 和式 (1.2.7) 即证得本定理.

定理 1.2.12 设 $\{X_n; n \geqslant 1\}$ 为 φ 混合序列, 满足 $E(|X_n|^{2+\delta}) < \infty, \delta > 0$. 如果 $E(X_1 + \cdots + X_n)^2 \longrightarrow \infty$, 则 $\{X_n; n \geqslant 1\}$ 服从中心极限定理.

本定理的来源可参看钱莲芬 (1991).

1.3 几个相关结果

定理 1.3.1 设 $X_1, \cdots, X_n$ 独立同分布, 随机变量 $r_1(X_i)$ 和 $r_2(X_i)$ 分别具有均值 μ_1 和 μ_2 及方差 v_1 和 v_2, 其协方差为 v_{12}. 定义 $R_n = \eta_{n1}/\eta_{n2}$, 其中

$$\eta_{n1} = \frac{1}{n}\sum_{i=1}^n r_1(X_i), \quad \eta_{n2} = \frac{1}{n}\sum_{i=1}^n r_2(X_i),$$

则 $E(R_n)$ 的二阶近似为

$$E(R_n) \approx \frac{\mu_1}{\mu_2} + \frac{1}{n}\left(\frac{\mu_1 v_2}{\mu_2^3} - \frac{v_{12}}{\mu_2^2}\right);$$

$\text{var}(R_n)$ 的一阶近似为

$$\text{var}(R_n) \approx \frac{1}{n}\left(\frac{v_1}{\mu_2^2} + \frac{\mu_1^2 v_2}{\mu_2^4} - 2\frac{\mu_1 v_{12}}{\mu_2^3}\right).$$

证 参看 Port(1994) 的命题 31.8, 这里从略.

下面给出一个在强相合性的研究中很有用的定理.

定理 1.3.2　设 μ 是 $\mathbf{R}^d$ 上的 Lebesgue-Stieltjes 测度, $g(\cdot)$ 为 $\mathbf{R}^d$ 上的 Borel 可测函数, 且关于 μ 在任何有界 Borel 集上可积, $S_{x,\rho}$ 是以 x 为中心 ρ 为半径的闭球, 则

$$\lim_{\rho\to 0}\int_{S_{x,\rho}}|g(u)-g(x)|\mathrm{d}\mu(u)/\mu(S_{x,\rho})=0,\quad \text{a.e. } x(\mu).$$

本定理的证明可参看 Wheeden 和 Zygmund(1977).

下面的定理在本书后面的定理证明中要用到.

定理 1.3.3　设 $F(\cdot)$ 是 $\mathbf{R}^d$ 上的概率分布, $S_{x,\rho}$ 是以 x 为中心 ρ 为半径的闭球, 则存在非负有限函数 $g(x)$, 使得

$$\limsup_{\rho\to 0}\rho^d/F(S_{x,\rho})=g(x),\quad \text{a.e. } x(F).$$

本定理的证明可参看 Devorye(1981).

定理 1.3.4　设 $\{\xi_n\}$ 为随机变量序列, 则下列两个命题等价

(a) 对任何 $0<a_n\longrightarrow 0$, 有 $a_n\xi_n\longrightarrow 0$, a.s.,

(b) $\limsup\limits_{n\to\infty}|\xi_n|<\infty$.

本定理的证明可参看赵林城和苏淳 (1986).

参 考 文 献

柴根象. 1989. 平稳序列最近邻密度估计的强相合性. 数学学报, 32(3): 423–432

林正炎, 白志东. 2006. 概率不等式. 北京: 科学出版社

佩特罗夫 B B. 1991. 独立随机变量之和的极限定理. 苏淳, 黄可明, 译. 合肥: 中国科技大学出版社

钱莲芬. 1991. 相依样本时非参数密度估计的强收敛速度. 高校应用数学学报, 6(2): 215–221

邵启满. 1988. 一个矩不等式及其应用. 数学学报, 31(6): 736–747

严士健, 王隽骧, 刘秀芳. 1982. 概率论基础. 北京: 科学出版社

赵林城, 苏淳. 1986. 非参数回归函数最近邻估计的强收敛速度. 数学学报, 29(1): 63–69

Berkes I, Philipp W. 1977. An almost sure invariance principle for the empirical distribution function of mixing random variables. Zeitschrift für Wahrscheinlichkeitstheorie und Verwandte Gebiete, 41: 115–137

Bikelis A. 1966. Estimates of the remainder term in the central limit theorem. Litovsk. Mat. Sb., 6: 323–346

Chen X R, Zhao L C. 1987. Almost sure L_1-norm convergence for data-based histogram density estimates. Journal of Multivariate Analysis, 21(1): 179–188

Collomb G. 1984. Proprietés de convergence presgue complète du prédicteur à noyau. Zeitschrift für Wahrscheinlichkeitstheorie und Verwandte Gebiete, 66: 441–460

Csörgö M, Réveśz P. 1981. Strong Approximations in Probability and Statistics. New York: Academic Press, 80–81

Devorye L P. 1981. On the almost everywhere convergence of nonparametric regression function estimates. The Annals of Statistics, 9(6): 1310–1319

Devroye L P, Wanger T J. 1980. The strong uniform consistency of kernel density estimates. Multivariate Analysis, V: 59–77

Hoeffding W. 1963. Probability inequalities for sums of bouded random variables. Journal of the American Statistical Association, 58: 13–30

Loève M. 1977. Probability Theory. 4th ed. Berlin: Springer-Verlag

Montgomery-Smith S J. 1993. Comparison of sums of independent identically distributed random vectors. Probability and Mathematical Statistics, 14: 281–285

Osipov L V. 1972. Asymptotic expansions of the distribution function of a sum of random variables with nonuniform estimates for the remainded term. Vestnik Leningrad University: 1–59

Petrov V V. 1975. Sums of Independent Random Variables. Berlin: Springer-Verlay

Port S C. 1994. Theoretical Probability for Applications. New York: John Wiley

Talagrand M. 1994. Sharper bounds for Gaussian and empirical processes. The Annals of Probability, 22: 28–76

Talagrand M. 1996. New concentration inequalities in product spaces. Inventiones Mathematicae, 126: 505–563

Wheeden R L, Zygmund A. 1977. Measure and Integral. New York: Marcel Dekker

第 2 章　非参数密度估计

概率密度函数是统计学中最基本的概念之一. 设 X 为 $\mathbf{R}^d$ 上的随机变量, $f(x)$ 为 X 的概率密度函数, 简称 $f(x)$ 为密度. 函数 $f(x)$ 给出了 X 的分布的一个自然描述, X 在任何一个区域 S 内取值的概率可以由 $f(x)$ 在 S 上的积分得到. 利用密度函数的图像可以清楚地看出相应随机变量取值的分布情况. 在实际问题中, 最常见的一维随机变量的分布是正态分布, 其密度函数的图形呈现 "中间大, 两头小, 左右对称" 的特征. 人们可以由随机样本的密度函数形态粗略地推断总体分布的情况, 从而帮助人们更好地理解某些自然现象. 一旦确定总体分布的密度函数, 就可以解决一些实际问题, 比如模式识别中的统计建模, 生命科学模型的参数估计、模型检验等. 假如要研究总体 X 服从什么样的分布, 我们可以从总体 X 中抽出一个样本, 利用样本来对 X 的密度函数作出估计, 这就是密度估计问题. 由于不事先规定密度函数的结构形式, 所以就必须求助于密度估计的非参数方法. 目前, 人们已经提出了多种非参数密度估计方法, 并逐步应用到各个领域. 本章主要介绍几种常见的密度估计, 其中包括核估计、最近邻估计、小波估计等.

2.1　直　方　图

直方图 (histogram) 是一种最简单而常用的密度估计方法. 这种方法可追溯到 17 世纪, 可以说是一种最古老的方法. 该方法基于密度函数的一个基本性质: 设 $\mathbf{R}$ 上的随机变量 X 的密度为 $f(x)$, 则有

$$P\{a \leqslant X \leqslant b\} = \int_a^b f(u)\mathrm{d}u.$$

设有 X 的随机样本 $X_1, \cdots, X_n$, 并记诸 X_i 落入区间 $[a, b]$ 的点数为 $\#\{i : a \leqslant X_i \leqslant b, 1 \leqslant i \leqslant n\}$, 则由大数定律有

$$P\{a \leqslant X \leqslant b\} \approx \frac{\#\{i : a \leqslant X_i \leqslant b, 1 \leqslant i \leqslant n\}}{n}.$$

因此

$$\frac{1}{b-a}\int_a^b f(u)\mathrm{d}u \approx \frac{\#\{i : a \leqslant X_i \leqslant b, 1 \leqslant i \leqslant n\}}{n(b-a)}.$$

当 $b-a$ 充分小时, $\int_a^b f(u)\mathrm{d}u/(b-a)$ 可近似代表 $f(x)$ 在 $[a, b]$ 上的值. 这就得到

了 $f(x)$ 的一个估计.

基于上述思想, 可以构造直方图估计. 选定起点 x_0 和正数 h, 把全直线分为一些形如 $[x_0+mh, x_0+(m+1)h)$ 的区间, 其中 m 为整数. 任取这些区间之一, 记为 I. 对 $x \in I$, 定义 $f(x)$ 的直方图估计为

$$\hat{f}_{\mathrm{H}}(x) = \frac{\#\{i : X_i \in I, 1 \leqslant i \leqslant n\}}{nh}, \tag{2.1.1}$$

其中 h 称为带宽 (bandwidth). 这个估计的图形是一个边长为 h 的阶梯形, 如图 2.1.1 所示. 它是由一些直立的矩形排在一起而形成的, 因此命名为直方图.

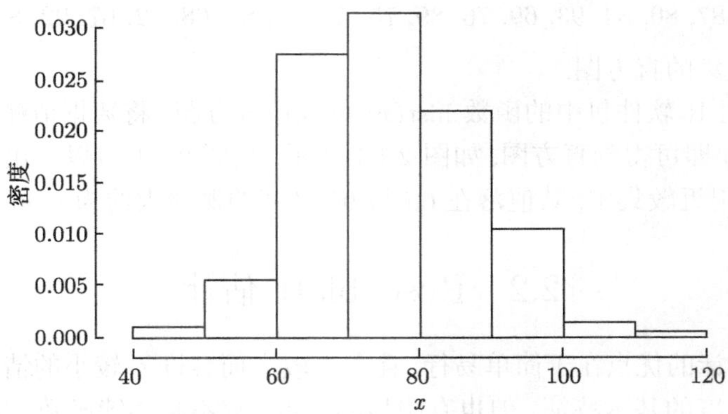

图 2.1.1 新灯丝的燃烧寿命直方图

由于直方图是早期人们用来估计密度函数的常用方法, 因此迄今在许多统计软件包中都有它的作图函数.

为了构造直方图，我们必须要选择起点和带宽. 起点的选择会影响直方图的形状. 带宽 h 的选择很重要, 它用来控制曲线的光滑度. 如果 h 太大了, 平均化的作用突出了, 而淹没了密度的细节部分. 如果 h 太小了, 则受随机性影响太大, 而产生极不规则的形状. 因此, 应选择一个适当的 h 来平衡上述两种效应. 带宽 h 的选择无现成规则可循, 总的来说, 当样本容量 n 大时, h 可取小一些.

考虑固定的 x 和 m, 并令 I 为包含 x 的区间, $p_i = \int_I f(u)\mathrm{d}u$. 容易得到

$$E[\hat{f}_{\mathrm{H}}(x)] = \frac{p_i}{h}, \quad \mathrm{var}(\hat{f}_{\mathrm{H}}(x)) = \frac{p_i(1-p_i)}{nh^2}.$$

由上边第一式可得 $E[\hat{f}_{\mathrm{H}}(x)] \approx f(x)$.

例 2.1.1 某电子公司研究新灯丝的燃烧寿命, 测试了 200 个灯泡的使用小时数, 得到如下数据:

99, 73, 68, 97, 76, 79, 94, 59, 98, 57, 73, 81, 54, 65, 71, 80, 84, 88, 62, 61,
79, 98, 63, 65, 66, 62, 79, 86, 68, 74, 61, 82, 65, 98, 63, 71, 62,116, 65, 88,
64, 79, 78, 79, 77, 86, 89, 76, 74, 85, 73, 80, 68, 78, 89, 72, 58, 69, 82, 72,
92, 78, 88, 77,103, 88, 63, 68, 88, 81, 64, 73, 75, 90, 62, 89, 71, 71, 74, 70,
74, 70, 85, 61, 65, 81, 75, 62, 94, 71, 85, 84, 83, 63, 92, 68, 81, 62, 79, 83,
93, 61, 65, 62, 92, 65, 64, 66, 83, 70, 70, 81, 77, 72, 84, 67, 59, 58, 73, 83,
78, 66, 66, 94, 77, 63, 66, 75, 68, 76, 73, 76, 90, 78, 71,101, 78, 43, 59, 67,
61, 71, 77, 91, 96, 75, 64, 76, 72, 77, 74, 65, 82, 86, 79, 74, 66, 86, 96, 89,
81, 71, 85, 99, 59, 92, 94, 62, 68, 72, 77, 60, 87, 84, 75, 77, 51, 45, 63,102,
85, 67, 87, 80, 84, 93, 69, 76, 89, 75, 59, 77, 83, 68, 72, 67, 92, 89, 82, 96.

试画出该数据集的直方图.

解 调用 R 软件包中的函数 hist(x) 可以作直方图. 将数据值赋给变量 x, 运行语句 hist(x) 即可得到直方图, 如图 2.1.1 所示. 从图 2.1.1 可以看出, 新灯丝的燃烧寿命在 76 附近较集中, 其值落在 60 与 90 之间的概率大约为 0.86.

2.2 Rosenblatt 估计

直方图估计的优点在于简单易行, 且在 n 较大而容许 h 较小的情况下, 所得图像尚能显示密度的基本特征. 但也有明显的缺点. 它不是连续函数, 且很难给出较为精确的密度估计. 例如, 在这一方法下, 每一区间中心部分密度估计比较精确, 而在端点附近则较差. 为了克服这一缺点, Rosenblatt(1956) 提出了一个简单改进: 指定一个正数 h 如前, 用 I_x 表示以 x 为中心, 长为 h 的区间, 即 $I_x=[x-h/2,x+h/2]$; 用 I_x 代替式 (2.1.1) 中的 I, 就可得到 Rosenblatt 估计, 即

$$\hat{f}_{\mathrm{R}}(x)=\frac{1}{nh}\#\{i:X_i\in I_x,1\leqslant i\leqslant n\}. \tag{2.2.1}$$

Rosenblatt 法与直方图法不同之处仅在于它事先不把分割区间定下来, 而让区间随着要估计的点 x 移动, 使 x 始终处在区间的中心位置, 这就克服了区间边沿部分估计较差的缺陷. 理论上可以证明: 从估计量和被估计量接近的数量级看, Rosenblatt 方法确实优于直方图法.

2.3 核密度估计

2.3.1 核密度估计的定义

从式 (2.2.1) 可以看出: Rosenblatt 估计仍为一个阶梯函数, 只不过与直方图估计相比, 各阶梯之长不一定相同而已, 仍非连续曲线. 另外, 从式 (2.2.1) 还可看出,

为估计 $f(x)$ 在 x 点之值, 对与 x 距 $h/2$ 内的样本起的作用一样, 而在此以外则毫不起作用. 直观上可以设想: 为估计 $f(x)$, 与 x 靠近的样本, 所起的作用应比远离 x 的样本要大些. 鉴于这些原因, Parzen(1962) 提出了核估计方法.

为介绍 Parzen 的思想, 我们先将式 (2.2.1) 改变一个形式. 引进函数

$$W(x) = I(|x| \leqslant 0.5) = \begin{cases} 1, & \text{当 } |x| \leqslant 0.5, \\ 0, & \text{其他}. \end{cases} \tag{2.3.1}$$

则式 (2.2.1) 可以改写为

$$\hat{f}_{\mathrm{R}}(x) = \frac{1}{nh}\sum_{i=1}^{n} W\left(\frac{X_i - x}{h}\right).$$

我们可以对 $\hat{f}_{\mathrm{R}}(x)$ 作如下解释: 对每个观测 X_i 限制在宽为 h 且高为 $1/(nh)$ 的 "箱" 内, 而估计值为 n 个这种 "箱" 之和. 由式 (2.3.1) 定义的 $W(\cdot)$ 是 $\mathbf{R}$ 上的密度函数, 它是一种特殊的密度函数, 即均匀密度. Parzen 的推广即在于去掉这一特殊性, 而容许 $W(\cdot)$ 可以为一般的密度函数. 下面给出 Parzen 核估计的定义.

定义 2.3.1 设 $K(\cdot)$ 是 $\mathbf{R}$ 上一个给定的 Borel 可测函数, $h_n > 0$ 是一个与 n 有关的常数, 满足 $\lim\limits_{n\to\infty} h_n = 0$, 则称

$$\hat{f}_{\mathrm{K}}(x) = \frac{1}{nh_n}\sum_{i=1}^{n} K\left(\frac{X_i - x}{h_n}\right) \tag{2.3.2}$$

为 $f(x)$ 的核估计, $K(\cdot)$ 称为核函数, h_n 称为带宽. 简称 $\hat{f}_{\mathrm{K}}(x)$ 为核密度估计 (kernel density estimation).

定义 2.3.1 考虑的是总体 X 为一维的情况. 若 X 为 d 维, 只需将式 (2.3.2) 中分母 nh_n 改为 nh_n^d 即可. 由定义 2.3.1 可以看到, Rosenblatt 估计是核估计的特例, 其中核函数由式 (2.3.1) 确定. 这里需要对上述定义作两点注释.

(1) 为保证 $\hat{f}_{\mathrm{K}}(x)$ 作为密度估计的合理性, 定义 2.3.1 中核 $K(\cdot)$ 可以取为概率密度函数. 这就能确保估计量 $\hat{f}_{\mathrm{K}}(x)$ 非负且积分的结果为 1. 但从理论上讲, 我们可以对 $K(\cdot)$ 的要求适当放宽, 即不一定要求它为概率密度函数. 此外, 当 $K(\cdot)$ 满足光滑条件时, $\hat{f}_{\mathrm{K}}(x)$ 作为 x 的函数同样具有光滑性, 从而弥补了 Rosenblatt 估计不连续的缺陷. 常见的核函数有下面四种:

(a) 均匀 (Uniform) 核: $K(u) = \dfrac{1}{2}I(|u| \leqslant 1)$;

(b) Gaussian 核: $K(u) = \dfrac{1}{\sqrt{2\pi}}\exp\left(-u^2/2\right)$;

(c) Epanechnikov 核: $K(u) = \dfrac{3}{4}(1 - u^2)I(|u| \leqslant 1)$;

(d) 四次 (Quartic) 核: $K(u) = \dfrac{15}{16}(1-u^2)^2 I(|u| \leqslant 1)$.

上述四种核函数曲线如图 2.3.1 所示.

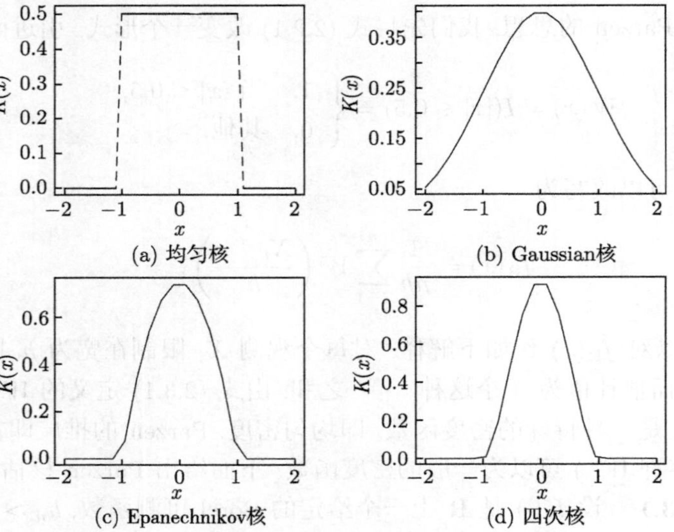

图 2.3.1 核函数曲线图

利用对 $\hat{f}_{\mathrm{K}}(x)$ 的均方误差极小化的方法可以得到最优核函数为 Epanechnikov 核, 我们将在 2.3.2 小节给以介绍. 由 Prakasa(1983) 文献中的表 1 可知, 满足核函数条件下的均匀核、Gaussian 核等与 Epanechnikov 核的最优性几乎一致. 所以, 核函数的不同选择在核密度估计中不敏感, 当 n 很大时, 它对估计结果影响不大.

(2) 带宽 h_n 起着对 $f(x)$ 局部光滑的作用, 因此人们也称它为光滑参数. 一般来说, 在给定样本后, 核估计性能的好坏主要取决于带宽 h_n 的选择是否适当. 如果 h_n 选的太小, 则随机性的影响增加而 $\hat{f}_{\mathrm{K}}(x)$ 呈现很不规则的形状. 如果 h_n 选的太大, 则 $\hat{f}_{\mathrm{K}}(x)$ 将受到过度的平均化, 使 $f(x)$ 比较细致的性质不能显露出来. 因此, 在实际使用核估计时, 选取适当的带宽非常重要.

例 2.3.1 某电子公司研究的新灯丝的燃烧寿命数据如例 2.1.1. 试画出该数据集的核密度估计曲线.

解 正如上述注释 (2) 所讲的那样, 带宽的选取直接影响核密度估计的好坏. 本例选取带宽 $h_n = cn^{-1/5}$, $c = 3, 5, 8, 12$, 取 $K(u)$ 为 Gaussian 核. 由此得到四个不同带宽的密度估计曲线, 如图 2.3.2 所示.

从图 2.3.2 可以看到, 核密度估计对带宽的选择很敏感. 小的带宽给出很粗糙的估计曲线, 而大的带宽给出较光滑的估计曲线. 一般来说, 带宽依赖于样本量, 因此记它为 h_n.

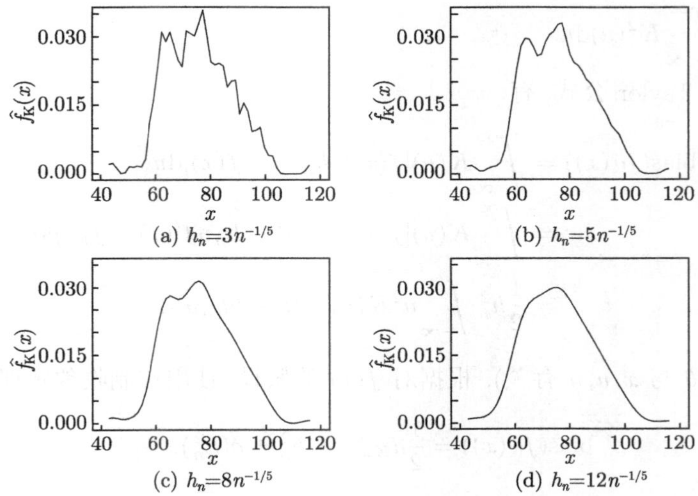

图 2.3.2 新灯丝的燃烧寿命的核密度估计曲线

2.3.2 核密度估计的精度

由于 $\hat{f}_{\mathrm{K}}(x)$ 既与样本有关, 又是考察点的函数. 因而对固定的考察点 x, 估计精度的一种自然度量为

$$\mathrm{MSE}(\hat{f}_{\mathrm{K}}(x)) = E[\hat{f}_{\mathrm{K}}(x) - f(x)]^2.$$

称它为估计量 $\hat{f}_{\mathrm{K}}(x)$ 的均方误差 (mean squared error, MSE), 可以计算

$$\mathrm{MSE}(\hat{f}_{\mathrm{K}}(x)) = \mathrm{var}(\hat{f}_{\mathrm{K}}(x)) + [\mathrm{bias}(\hat{f}_{\mathrm{K}}(x))]^2, \tag{2.3.3}$$

其中 $\mathrm{bias}(\hat{f}_{\mathrm{K}}(x)) = E[\hat{f}_{\mathrm{K}}(x)] - f(x)$. 式 (2.3.3) 右端由两部分组成: 第一项是估计的方差, 第二项是偏差的平方. 我们自然希望这两部分越小越好. 但是要同时减少这两部分是困难的. 通常, 如果降低偏差, 则方差有增大的趋向, 反之亦然. 直观上看, 偏差项表明估计量对 $f(x)$ 的光滑修正的程度. 一个估计量的光滑程度越高, 可能更多地忽略 $f(x)$ 的某些细节, 从而增大偏差.

为了得到均方误差 $\mathrm{MSE}(\hat{f}_{\mathrm{K}}(x))$ 的渐近表达式, 需要对核 $K(\cdot)$、带宽 h_n 和密度 $f(x)$ 施加一定的条件. 我们有下列结果.

定理 2.3.1 设 $K(\cdot)$ 为对称的概率密度函数, 满足

$$d_K \triangleq \int_{-\infty}^{\infty} u^2 K(u)\mathrm{d}u \neq 0.$$

$h_n \to 0, nh_n \to \infty$, $f(x)$ 存在连续的二阶导数, 则

$$\mathrm{MSE}(\hat{f}_{\mathrm{K}}(x)) = c_K f(x)(nh_n)^{-1} + \frac{1}{4}d_K^2[f''(x)]^2 h_n^4 + o((nh_n)^{-1}) + o(h_n^4),$$

其中 $c_K = \int_{-\infty}^{\infty} K^2(u)\mathrm{d}u$.

证 由 Taylor 公式, 有

$$\begin{aligned}\mathrm{bias}(\hat{f}_\mathrm{K}(x)) &= \int_{-\infty}^{\infty} K(u)[f(x+h_n u) - f(x)]\mathrm{d}u \\ &= \int_{-\infty}^{\infty} K(u)[f(x+h_n u) - h_n u f'(x) - f(x)]\mathrm{d}u \\ &= \frac{1}{2}h_n^2 \int_{-\infty}^{\infty} u^2 K(u) f''(x+\theta h_n u)\mathrm{d}u,\end{aligned}$$

其中 $|\theta| \leqslant 1$(θ 与 x, u, n 有关). 根据对 $f(x)$ 的假设, 使用控制收敛定理可得

$$\mathrm{bias}(\hat{f}_\mathrm{K}(x)) = \frac{1}{2}d_K f''(x)h_n^2 + o(h_n^2). \tag{2.3.4}$$

同理可得

$$\begin{aligned}\mathrm{var}(\hat{f}_\mathrm{K}(x)) &= \frac{1}{nh_n}\int_{-\infty}^{\infty} K^2(u) f(x+h_n u)\mathrm{d}u \\ &\quad - \frac{1}{n}\left[\int_{-\infty}^{\infty} K(u) f(x+h_n u)\mathrm{d}u\right]^2 \\ &= c_K f(x)(nh_n)^{-1} + o((nh_n)^{-1}).\end{aligned} \tag{2.3.5}$$

结合式 (2.3.3)~ 式 (2.3.5) 即可完成定理 2.3.1 的证明.

从式 (2.3.4) 和式 (2.3.5) 可见, 带宽 h_n 越小, 核估计的偏差越小, 但相应的方差也就越大. 此外, 带宽 h_n 增大, 则核估计的方差变小, 但核估计的偏差却增大. 所以, 带宽 h_n 的变化不可能既使核估计的偏差减少, 同时又使核估计的方差变小. 因此, 最佳带宽选择的标准必须在核估计的偏差和方差之间做一个权衡, 即使得积分均方误差 $\mathrm{MSE}(\hat{f}_\mathrm{K}(x))$ 达到最小.

对于密度估计, 更有实际意义的精度的度量应是整体的度量. Rosenblatt(1956) 首先提出而后被广泛使用的一个整体度量是积分均方误差 (mean integrated mean squared error, MISE):

$$\mathrm{MISE}(\hat{f}_\mathrm{K}) = \int_{-\infty}^{\infty} \mathrm{MSE}(\hat{f}_\mathrm{K}(x))\mathrm{d}x. \tag{2.3.6}$$

前面对均方误差的分析, 同样可施用于积分均方误差. 因此, 应选择 h_n, 使 $\mathrm{MISE}(\hat{f}_\mathrm{K})$ 达到最小. 文献上称这种 h_n 为核估计的最优带宽 (optimal bandwidth).

推论 2.3.1 在定理 2.3.1 的条件下, 如果 $f''(x) \in L_2(\mathbf{R})$, 则

$$\mathrm{MISE}(\hat{f}_\mathrm{K}) = B(h_n) + o((nh_n)^{-1}) + o(h_n^4),$$

其中

$$B(h_n) = c_K(nh_n)^{-1} + \frac{1}{4}h_n^4 d_K^2 \int_{-\infty}^{\infty} [f''(x)]^2 \mathrm{d}x.$$

极小化 $B(h)$ 即可得到渐近最优带宽:

$$h_{\text{opt}} = \left\{ \frac{c_K}{d_K^2 \displaystyle\int_{-\infty}^{\infty} [f''(x)]^2 \mathrm{d}x} \right\}^{1/5} n^{-1/5}. \tag{2.3.7}$$

式 (2.3.7) 表明, 最优带宽的阶为 $O(n^{-1/5})$. 此外, 积分 $\displaystyle\int_{-\infty}^{\infty} [f''(x)]^2 \mathrm{d}x$ 直观上可看成是 $f(x)$ 的振动频率的一种度量. 因而对于摆动频率大的 $f(x)$, 其最优的 h_n 应该随之变小. 利用最优带宽 h_{opt}, 可得

$$\mathrm{MISE}(\hat{f}_{\mathrm{K}}) = \frac{5}{4}[R(K)]^{2/5} \left\{ \int_{-\infty}^{\infty} [f''(x)]^2 \mathrm{d}x \right\}^{1/5} n^{-4/5} + o(n^{-4/5}), \tag{2.3.8}$$

其中 $R(K) = c_K^2 d_K$. 然后可依使 $R(K)$ 尽可能小的原则选择 K. 这样可以得到尽可能小的积分均方误差. 最小化 $R(K)$ 即可得到最优的核函数为 Epanechnikov 核. 满足这种要求的核的选择问题, 文献上已有详细讨论, 这里不作详述.

由式 (2.3.8) 可以看出, 随着样本量 n 的增加, $\mathrm{MISE}(\hat{f}_{\mathrm{K}})$ 可以用 $n^{-4/5}$ 的速度收敛于 0, 而为达到这个速度, h_n 必须以 $n^{-1/5}$ 的速度收敛于 0. 然而, 式 (2.3.7) 还不能直接用于求 h_n 的值, 这是因为表达式中含有未知量 $\displaystyle\int_{-\infty}^{\infty} [f''(x)]^2 \mathrm{d}x$. 选择带宽的一个自然想法是用 "嵌入法", 即用 $f''(x)$ 的估计 $\hat{f}''(x)$ 嵌入到公式来求最优带宽 h_{opt}, 称这种带宽为嵌入带宽. 但这个方法的问题在于, 估计 $f''(x)$ 比估计 $f(x)$ 要难的多. 实际上, 估计 $f''(x)$ 时需要对 $f(x)$ 作较强的假定, 但这些假定对 $f(x)$ 的核估计就不再适合. 实际中, 可以使用 Silverman(1986) 提出的一个经验法则: 假定 $f(x)$ 为正态密度函数 $N(0, \sigma^2)$, 选取 Gaussian 核, 则由式 (2.3.7) 可以得到 h_{opt} 的估计

$$\hat{h}_{\text{opt}} = 1.06\hat{\sigma}n^{-1/5}.$$

通常, $\hat{\sigma}$ 可取为 $\min\{S, Q/1.34\}$, 其中 S 为样本标准差, Q 为样本 $X_1, \cdots, X_n$ 的 75% 分位数与 25% 分位数之差, 即 $Q = X_{[0.75n]} - X_{[0.25n]}$. 如果 $f(x)$ 很光滑, 那么这样选择的 h_{opt} 运作得很好, 它称为正态参照规则 (normal reference rule). 在实际问题中, 如何选择最优带宽是一个难以处理的问题. 人们提出了一种直接由数据 "自动" 产生带宽的方法, 文献上称之为 "交叉验证 (cross validation)" 方法, 我们将在下一节介绍这个方法.

2.3.3 交叉验证法

最小二乘交叉验证方法是一个完全自动的选择带宽的方法, 该方法是由 Rodemo(1982) 和 Bowman(1984) 提出. 对于由式 (2.3.2) 定义的核密度估计 $\hat{f}_{\mathrm{K}}(x)$, 积分平方误差 (integrated squared error, ISE) 可写为

$$\begin{aligned}\mathrm{ISE}(\hat{f}_{\mathrm{K}}) &= \int_{-\infty}^{\infty}[\hat{f}_{\mathrm{K}}(x)-f(x)]^2\mathrm{d}x\\ &= \int_{-\infty}^{\infty}\hat{f}_{\mathrm{K}}^2(x)\mathrm{d}x - 2\int_{-\infty}^{\infty}\hat{f}_{\mathrm{K}}(x)f(x)\mathrm{d}x + \int_{-\infty}^{\infty}f^2(x)\mathrm{d}x.\end{aligned}$$

选择带宽使 $\mathrm{ISE}(\hat{f}_{\mathrm{K}})$ 达到最小. 由于上式最后一项不依赖于 $\hat{f}_{\mathrm{K}}(x)$. 因此, 理想的带宽选择等价于最小化

$$R(\hat{f}_{\mathrm{K}}) = \int_{-\infty}^{\infty}\hat{f}_{\mathrm{K}}^2(x)\mathrm{d}x - 2\int_{-\infty}^{\infty}\hat{f}_{\mathrm{K}}(x)f(x)\mathrm{d}x.$$

最小二乘交叉验证的基本思想是利用数据构造 $R(\hat{f}_{\mathrm{K}})$ 的一个估计, 然后关于 h_n 最小化这个估计而得到选择的带宽. 因 $\int_{-\infty}^{\infty}\hat{f}_{\mathrm{K}}(x)f(x)\mathrm{d}x = E[\hat{f}_{\mathrm{K}}(x)]$, 所以, $\int_{-\infty}^{\infty}\hat{f}_{\mathrm{K}}(x)f(x)\mathrm{d}x$ 的一个无偏估计为 $n^{-1}\sum_{i=1}^{n}\hat{f}_{\mathrm{K}}^{(-i)}(X_i)$, 其中 $\hat{f}_{\mathrm{K}}^{(-i)}(X_i)$ 是将第 i 个观测点剔除后的估计, 即

$$\hat{f}_{\mathrm{K}}^{(-i)}(X_i) = \frac{1}{(n-1)h_n}\sum_{j\neq i}K\left(\frac{X_j-X_i}{h_n}\right).$$

现在定义

$$M_0(h_n) = \int_{-\infty}^{\infty}\hat{f}_{\mathrm{K}}^2(x)\mathrm{d}x - 2n^{-1}\sum_{i=1}^{n}\hat{f}_{\mathrm{K}}^{(-i)}(X_i), \tag{2.3.9}$$

则最小二乘交叉验证最优带宽为

$$h_{\mathrm{opt}} = \arg\min_{h>0}M_0(h).$$

不难推得

$$\begin{aligned}\int_{-\infty}^{\infty}\hat{f}_{\mathrm{K}}^2(x)\mathrm{d}x &= \frac{1}{n^2h_n^2}\sum_{i=1}^{n}\sum_{j=1}^{n}\int_{-\infty}^{\infty}K\left(\frac{X_i-x}{h_n}\right)K\left(\frac{X_j-x}{h_n}\right)\mathrm{d}x\\ &= \frac{1}{n^2h_n}\sum_{i=1}^{n}\sum_{j=1}^{n}\int_{-\infty}^{\infty}K\left(\frac{X_i-X_j}{h_n}+t\right)K(t)\mathrm{d}t\\ &\triangleq \frac{1}{n^2h_n}\sum_{i=1}^{n}\sum_{j=1}^{n}K^*\left(\frac{X_i-X_j}{h_n}\right),\end{aligned} \tag{2.3.10}$$

其中 $K^*(u)=\int_{-\infty}^{\infty}K(u+t)K(t)\mathrm{d}t$. 简单计算可得

$$\frac{1}{n}\sum_{i=1}^{n}\hat{f}_{\mathrm{K}}^{(-i)}(X_i)=\frac{1}{n(n-1)h_n}\sum_{i=1}^{n}\sum_{j=1}^{n}K\left(\frac{X_i-X_j}{h_n}\right)-\frac{K(0)}{(n-1)h_n}. \tag{2.3.11}$$

将式 (2.3.11) 中的 $n-1$ 改为 n 并同式 (2.3.10) 一起代入到式 (2.3.9) 中, 就得到与式 (2.3.9) 等价的尺度函数

$$M_1(h_n)=\frac{1}{n^2h_n}\sum_{i=1}^{n}\sum_{j=1}^{n}K_1\left(\frac{X_i-X_j}{h_n}\right)+\frac{2K(0)}{nh_n},$$

其中 $K_1(u)=K^*(u)-2K(u)$. 因此

$$h_{\mathrm{opt}}=\min_{h>0}M_1(h). \tag{2.3.12}$$

上述带宽选择的交叉验证方法也适合 d 维样本的情形. Stone(1984) 给出了一个漂亮的结果: 在密度函数 $f(x)$ 和它的一维边缘密度有界的条件下, 由式 (2.3.12) 选择的带宽 h_{opt} 是渐近最优的. 这个结果对 $f(x)$ 的限制条件是宽松的.

例 2.3.2 对于例 2.1.1 给出的新灯丝的燃烧寿命数据, 取 Gaussian 核, 利用式 (2.3.12) 计算最优带宽 h_{opt}, 并画出该数据集的核密度估计曲线.

解 根据式 (2.3.12) 可得最优带宽 $h_{\mathrm{opt}}=4.4646$, 再利用式 (2.3.2) 可计算密度估计, 其图形展示在图 2.3.3 中.

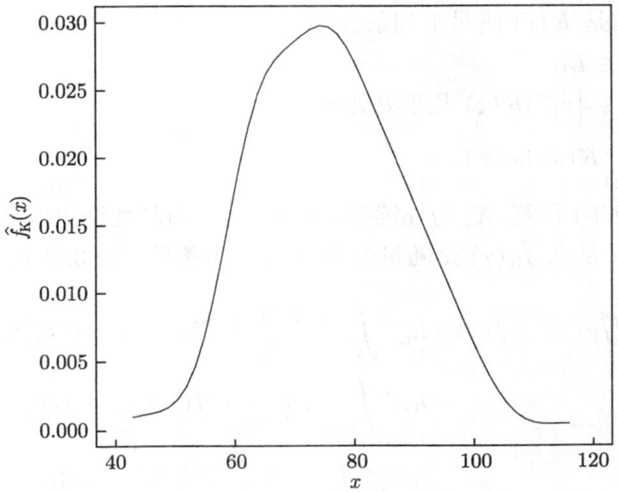

图 2.3.3 新灯丝的燃烧寿命的核密度估计曲线

从图 2.3.3 可以看到, 新灯丝的燃烧寿命近似呈正态分布, 这说明该数据集来自正态分布. 因此, 由密度估计曲线可以直观看出数据来自的总体分布的基本特征.

2.3.4 核密度估计的大样本性质

截至目前, 有许多文献研究了核密度估计的大样本性质, 已经基本形成了一套较完善的理论. 本小节仅介绍一些主要的结果, 并给出简要证明. 下面用 $C(f)$ 表示密度函数 $f(x)$ 的连续点构成的集合, $c_1, c_2, \cdots$ 表示任何正的常数, 每次出现时可取不同的值. 记 L_1 为 $L_1(\mathbf{R}^d)$ 空间; $\|x\|$ 为 Euclidean 模, 其中 $x=(x_1,\cdots,x_d)^{\mathrm{T}}$; $S_{x,\delta}=\{u:\|u-x\|\leqslant\delta\}$.

1. 核密度估计的渐近无偏性

设 $X_1,\cdots,X_n$ 是来自 d 维总体 X 的的 iid 样本, X 具有密度函数 $f(x)$, 其核估计 $\hat{f}_{\mathrm{K}}(x)$ 只需将式 (2.3.2) 分母中的 nh_n 改为 nh_n^d 即可. 为使估计量 $\hat{f}_{\mathrm{K}}(x)$ 有意义, 首先要问, 核函数 $K(x)$ 满足什么条件时, 能保证此估计量的渐近无偏性? 所谓 $\hat{f}_{\mathrm{K}}(x)$ 是 $f(x)$ 的渐近无偏估计是指

$$\lim_{n\to\infty} E[\hat{f}_{\mathrm{K}}(x)]=f(x). \tag{2.3.13}$$

Parzen(1962) 在一维情形下给出了式 (2.3.13) 成立的充分条件. 后来, 孙志刚 (1984) 对 Parzen(1962) 的结果进行了改进和推广, 获得了使式 (2.3.13) 成立的充要条件, 即有下述结果.

定理 2.3.2 设核 $K(u)$ 为任意 Borel 可测函数, 带宽 h_n 满足 $h_n\to 0$, 对 $x\in\mathbf{R}^d$, $E[\hat{f}_{\mathrm{K}}(x)]$ 存在, 则对 $f(\cdot)$ 的连续点 x, $E[\hat{f}_{\mathrm{K}}(x)]$ 的极限存在且使式 (2.3.13) 成立的充要条件是 $K(x)$ 满足下列条件:

(A2.3.1) $K\in L_1$;

(A2.3.2) $(1+\|x\|^d)K(x)$ 几乎处处有界;

(A2.3.3) $\displaystyle\int_{\mathbf{R}^d}K(u)\mathrm{d}u=1$.

证 由于 $K(\cdot)$ 可测, X_i 为连续型随机变量, 故由测度论知识可知 $K((X_i-x)/h_n)$ 是随机变量, 从而 $\hat{f}_{\mathrm{K}}(x)$ 是随机变量. 因此, 由条件 (A2.3.3) 可得

$$\begin{aligned}
E[\hat{f}_{\mathrm{K}}(x)]-f(x)&=h_n^{-d}\int_{\mathbf{R}^d}K\left(\frac{u}{h_n}\right)[f(x+u)-f(x)]\mathrm{d}u\\
&=h_n^{-d}\int_{S_{0,\delta}}K\left(\frac{u}{h_n}\right)[f(x+u)-f(x)]\mathrm{d}u\\
&\quad+h_n^{-d}\int_{\|u\|\geqslant\delta}K\left(\frac{u}{h_n}\right)f(x+u)\mathrm{d}u\\
&\quad-f(x)h_n^{-d}\int_{\|u\|\geqslant\delta}K\left(\frac{u}{h_n}\right)\mathrm{d}u\\
&\triangleq J_{n1}+J_{n2}-J_{n3}.
\end{aligned} \tag{2.3.14}$$

由于 $f(\cdot)$ 在点 x 连续, 所以对任给的 $\varepsilon>0$, 存在 $\delta>0$, 使得

$$\sup_{u\in S_{0,\delta}}|f(x+u)-f(x)|<\frac{\varepsilon}{5p(K)},$$

其中 $p(K)=\int_{\mathbf{R}^d}|K(u)|\mathrm{d}u$. 从而

$$|J_{n1}|\leqslant\frac{\varepsilon}{5p(K)}h_n^{-d}\int_{S_{0,\delta}}\left|K\left(\frac{u}{h_n}\right)\right|\mathrm{d}u<\frac{\varepsilon}{5}. \tag{2.3.15}$$

记

$$A_n=\left\{u:\left(\frac{\|u\|}{h_n}\right)^dK\left(\frac{u}{h_n}\right)\geqslant\frac{\delta^d\varepsilon}{5}\right\},$$

由条件 (A2.3.2) 可得

$$\begin{aligned}|J_{n2}|&\leqslant\left(\int_{\|u\|\geqslant\delta,u\bar{\in}A_n}+\int_{\|u\|\geqslant\delta,u\in A_n}\right)\left(\frac{\|u\|}{h_n}\right)^dK\left(\frac{u}{h_n}\right)\frac{f(x+u)}{\|u\|^d}\mathrm{d}u\\&\leqslant\frac{\varepsilon}{5}+\frac{c_1}{\delta^d}\int_{\|u\|\geqslant\delta,u\in A_n}f(x+u)\mathrm{d}u.\end{aligned} \tag{2.3.16}$$

由于 $f\in L_1$, 所以存在 $\varDelta>0$, 使

$$\int_{\|u\|\geqslant\varDelta}f(x+u)\mathrm{d}u<\frac{\delta^d\varepsilon}{5c_1}.$$

又由式 (2.3.16) 可得

$$|J_{n2}|\leqslant\frac{2\varepsilon}{5}+\frac{c_1}{\delta^d}\int_{\varDelta\geqslant\|u\|\geqslant\delta,u\in A_n}f(x+u)\mathrm{d}u. \tag{2.3.17}$$

由于

$$\begin{aligned}&\int_{\|u\|\leqslant\varDelta}\left(\frac{\|u\|}{h_n}\right)^dK\left(\frac{u}{h_n}\right)\mathrm{d}u\\&\geqslant\int_{\varDelta\geqslant\|u\|\geqslant\delta,u\in A_n}\left(\frac{\|u\|}{h_n}\right)^dK\left(\frac{u}{h_n}\right)\mathrm{d}u\\&\geqslant\frac{\delta^d\varepsilon}{5}\mu((S_{0,\varDelta}-S_{0,\delta})\cap A_n),\end{aligned}$$

其中 $\mu(\cdot)$ 表示 Lebesgue 测度, 以及

$$\begin{aligned}
&\int_{\|u\|\leqslant \Delta}\left(\frac{\|u\|}{h_n}\right)^d K\left(\frac{u}{h_n}\right)\mathrm{d}u \\
&= h_n^d \int_{\|u\|\leqslant \Delta/h_n} \|u\|^d K(u)\mathrm{d}u \\
&= h_n^d \int_{\|u\|\leqslant c_2} \|u\|^d K(u)\mathrm{d}u + h_n^d \int_{c_2<\|u\|\leqslant \Delta/h_n} \|u\|^d K(u)\mathrm{d}u \\
&\leqslant h_n^d \int_{\|u\|\leqslant c_2} \|u\|^d K(u)\mathrm{d}u + \Delta^d \int_{\|u\|>c_2} \|u\|^d K(u)\mathrm{d}u.
\end{aligned}$$

由条件 (A2.3.1), 可取充分大的 c_2, 使上式末项小于 $\varepsilon/2$, 然后当 n 充分大时, 其前一项小于 $\varepsilon/2$. 因此

$$\lim_{n\to\infty}\int_{\|u\|\leqslant \Delta}\left(\frac{\|u\|}{h_n}\right)^d K\left(\frac{u}{h_n}\right)\mathrm{d}u = 0.$$

从而

$$\lim_{n\to\infty}\mu((S_{0,\Delta}-S_{0,\delta})\cap A_n)=0.$$

由积分的绝对连续性, 存在 N_1, 当 $n>N_1$ 时,

$$\int_{\Delta\geqslant\|u\|\geqslant\delta,u\in A_n} f(x+u)\mathrm{d}u < \frac{\delta^d\varepsilon}{5c_1}. \tag{2.3.18}$$

因此, 由式 (2.3.17) 和式 (2.3.18), 当 $n>N_1$ 时,

$$|J_{n2}|<\frac{3\varepsilon}{5}. \tag{2.3.19}$$

又由条件 (A2.3.2) 和 $h_n\to 0$ 知, 存在 N_2, 当 $n>N_2$ 时,

$$|J_{n3}|\leqslant f(x)\int_{\|u\|\geqslant\delta/h_n}|K(u)|\mathrm{d}u<\frac{\varepsilon}{5}. \tag{2.3.20}$$

结合式 (2.3.14) 式 (2.3.15)、式 (2.3.19) 和式 (2.3.20), 当 $n>N=\max\{N_1,N_2\}$ 时,

$$|E[\hat{f}_{\mathrm{K}}(x)]-f(x)|<\varepsilon.$$

由此充分性得证. 必要性的证明可参见孙志刚 (1984), 这里省略其证明.

注 2.3.1 一个有趣的问题是: 能否找到 $f(x)$ 的无偏核估计? 答案是否定的. 赵林城 (1984) 回答了这个问题. 他证明了如下结论: 对任何 n 和指定的 x, 不存在 $f(x)$ 的估计 $T_n(x)$, 使对各阶导数在 $\mathbf{R}$ 上有界的一切 $f(x)$, 有 $E[T_n(x)]=f(x)$. 这个结果比所要回答的问题更近了一步, 因为它不仅排除了无偏核估计的存在性, 也排除了任何无偏估计存在的可能.

2. 核密度估计的相合性

设 $\hat{f}_{\mathrm{K}}(x)$ 为 d 维密度函数 $f(x)$ 的核估计. 如果对某个固定的 x, 有

$$\lim_{n\to\infty} E[\hat{f}_{\mathrm{K}}(x)-f(x)]^2=0, \tag{2.3.21}$$

则称 $\hat{f}_{\mathrm{K}}(x)$ 为 $f(x)$ 的均方相合估计. 简记为 $\hat{f}_{\mathrm{K}}(x)\Longrightarrow f(x)$.

如果对任意的 $\varepsilon>0$ 和固定的 x, 有

$$\lim_{n\to\infty} P\{|\hat{f}_{\mathrm{K}}(x)-f(x)|\geqslant\varepsilon\}=0, \tag{2.3.22}$$

则称 $\hat{f}_{\mathrm{K}}(x)$ 为 $f(x)$ 的 (弱) 相合估计. 简记为 $\hat{f}_{\mathrm{K}}(x)\xrightarrow{P} f(x)$.

由 Markov 不等式可知: 如果 $\hat{f}_{\mathrm{K}}(x)$ 为 $f(x)$ 的均方相合计, 则它一定为 $f(x)$ 的 (弱) 相合估计.

定理 2.3.3 设核 $K(x)$ 为概率密度函数, $(1+\|x\|^d)K(x)$ 几乎处处有界, 带宽 h_n 满足 $h_n\to 0$, $nh_n^d\to\infty$, 则对 $f(\cdot)$ 的任意连续点 x, 式 (2.3.21) 成立, 此时式 (2.3.22) 亦成立, 即 $\hat{f}_{\mathrm{K}}(x)\xrightarrow{P} f(x)$.

证 简单计算可得

$$E[\hat{f}_{\mathrm{K}}(x)-f(x)]^2=\mathrm{var}(\hat{f}_{\mathrm{K}}(x))+\{E[\hat{f}_{\mathrm{K}}(x)]-f(x)\}^2. \tag{2.3.23}$$

在 $K(u)$ 满足条件 (A2.3.1) 和 (A2.3.2) 时, 定理 2.3.2 已证得

$$h_n^{-d}\int_{\mathbf{R}^d}K\left(\frac{u}{h_n}\right)f(x+u)\mathrm{d}u\longrightarrow f(x). \tag{2.3.24}$$

易证 $K^2(u)$ 也满足条件 (A2.3.1) 和 (A2.3.2), 因此类似定理 2.3.2 的证明也可证得

$$h_n^{-d}\int_{\mathbf{R}^d}K^2\left(\frac{u}{h_n}\right)f(x+u)\mathrm{d}u\longrightarrow f(x)\int_{\mathbf{R}^d}K^2(u)\mathrm{d}u. \tag{2.3.25}$$

因此 $\mathrm{var}(\hat{f}_{\mathrm{K}}(x))$ 存在, 且在 $f(\cdot)$ 的连续点 x 上, 有

$$\begin{aligned}\mathrm{var}(\hat{f}_{\mathrm{K}}(x))&=(nh_n^{2d})^{-1}\left\{EK^2\left(\frac{X_1-x}{h_n}\right)-\left[EK\left(\frac{X_1-x}{h_n}\right)\right]^2\right\}\\&=(nh_n^{2d})^{-1}\int_{\mathbf{R}^d}K^2\left(\frac{u}{h_n}\right)f(x+u)\mathrm{d}u\\&\quad-(nh_n^{2d})^{-1}\left[\int_{\mathbf{R}^d}K\left(\frac{u}{h_n}\right)f(x+u)\mathrm{d}u\right]^2\\&=(nh_n^d)^{-1}f(x)\int_{\mathbf{R}^d}K^2(u)\mathrm{d}u+o\left((nh_n^d)^{-1}\right).\end{aligned} \tag{2.3.26}$$

因此, 由式 (2.3.23)～ 式 (2.3.26), 并利用 $nh_n^d\to\infty$ 即证得式 (2.3.21).

一些学者研究了核密度估计的强相合性, 例如, van Ryzin (1969). 已有结果所使用的条件一般都很复杂. 比较起来, 下面的定理是较优良的结果.

定理 2.3.4 设核 $K(u)$ 为概率密度函数且 $(1+\|x\|^d)K(x)$ 几乎处处有界, 带宽 h_n 满足 $h_n \to 0$, $nh_n^d/\log n \to \infty$, 则在 $f(\cdot)$ 的连续点 x 上,

$$\hat{f}_{\mathrm{K}}(x) \longrightarrow f(x), \text{ a.s..}$$

证 利用定理 2.3.2 给出的 $\hat{f}_{\mathrm{K}}(x)$ 的渐近无偏性, 为证定理 2.3.4, 只需证明

$$\hat{f}_{\mathrm{K}}(x) - E[\hat{f}_{\mathrm{K}}(x)] \longrightarrow 0, \text{ a.s..} \tag{2.3.27}$$

设 x 是 $f(\cdot)$ 的连续点. 注意到

$$h_n^d\left\{\hat{f}_{\mathrm{K}}(x) - E[\hat{f}_{\mathrm{K}}(x)]\right\} = \frac{1}{n}\sum_{i=1}^n\left[K\left(\frac{X_i - x}{h_n}\right) - EK\left(\frac{X_i - x}{h_n}\right)\right] \triangleq \frac{1}{n}\sum_{i=1}^n \xi_{ni},$$

那么 $\xi_{n1},\cdots,\xi_{nn}$ 相互独立, 且 $E(\xi_{ni})=0$, $|\xi_{ni}| \leqslant 2\sup\limits_u K(u) \triangleq b$, $i=1,\cdots,n$. 由式 (2.3.26) 可得

$$\sigma_n^2 = \frac{1}{n}\sum_{i=1}^n \mathrm{var}(\xi_{ni}) = nh_n^{2d}\mathrm{var}(\hat{f}_{\mathrm{K}}(x)) = h_n^d f(x)\int_{\mathbf{R}^d} K^2(u)\mathrm{d}u + o\left(h_n^d\right).$$

因此, 由 Bernstein 不等式 (定理 1.1.1), 对于任给的 $\varepsilon > 0$, 当 n 充分大时, 有

$$\begin{aligned}
&P\left\{\left|\hat{f}_{\mathrm{K}}(x) - E[\hat{f}_{\mathrm{K}}(x)]\right| \geqslant \varepsilon\right\} \\
&\leqslant P\left\{\left|\frac{1}{n}\sum_{i=1}^n \xi_{ni}\right| \geqslant \varepsilon h_n^d\right\} \\
&\leqslant 2\exp\left\{-\frac{n(\varepsilon h_n^d)^2}{2\sigma_n^2 + b\varepsilon h_n^d}\right\} \\
&\leqslant 2\exp\left\{-\frac{\varepsilon^2 nh_n^d}{2f(x)\int_{\mathbf{R}^d}K^2(u)du + o(1) + b\varepsilon}\right\}.
\end{aligned}$$

从而, 由 $nh_n^d/\log n \to \infty$ 可得

$$\sum_{n=1}^\infty P\{\hat{f}_{\mathrm{K}}(x) - E[\hat{f}_{\mathrm{K}}(x)] \geqslant \varepsilon\} \leqslant c\sum_{n=1}^\infty \frac{1}{n^2} < \infty.$$

故由 Borel-Cantelli 引理 (定理 1.2.4) 即证得式 (2.3.27). 这就完成了定理 2.3.4 的证明.

关于核密度估计的一致相合性, 我们有如下结果.

定理 2.3.5 设核函数 $K(x)$ 为概率密度函数且存在可积的特征函数, 带宽 h_n 满足 $h_n \to 0$, $nh_n^{2d} \to \infty$, $f(\cdot)$ 在 $\mathbf{R}^d$ 上一致连续, 则

$$\sup_x |\hat{f}_{\mathrm{K}}(x) - f(x)| \xrightarrow{P} 0.$$

证 用 $k(t)$ 表示 $K(u)$ 的特征函数, 即

$$k(t)=\int_{\mathbf{R}^d}\exp\{-\mathrm{i}u^{\mathrm{T}}t\}K(u)\mathrm{d}u,\quad \mathrm{i}^2=-1.$$

由于 $k(t)$ 可积, 于是利用反演公式可得

$$K(u)=\frac{1}{(2\pi)^d}\int_{\mathbf{R}^d}\exp\{\mathrm{i}u^{\mathrm{T}}t\}k(t)\mathrm{d}t.$$

由此可知 $K(u)$ 在 $\mathbf{R}^d$ 上有界. 又由 $f(\cdot)$ 在 $\mathbf{R}^d$ 上一致连续知 $f(x)$ 在 $\mathbf{R}^d$ 上有界. 记 $M=\sup_x f(x)$. 取定 $\delta>0$, 有

$$\begin{aligned}&\sup_x|E[\hat{f}_{\mathrm{K}}(x)]-f(x)|\\&=\sup_x\left|\int_{\mathbf{R}^d}\frac{1}{h_n^d}K\left(\frac{u}{h_n}\right)[f(x+u)-f(x)]\mathrm{d}u\right|\\&\leqslant\sup_x\sup_{\|u\|<\delta}|f(x+u)-f(x)|+2M\int_{\|u\|\geqslant\delta/h_n}K(u)\mathrm{d}u\\&\triangleq J_{n1}+J_{n2}.\end{aligned}$$

由 $f(\cdot)$ 在 $\mathbf{R}^d$ 上一致连续知, 当 $\delta>0$ 充分小时, J_{n1} 可任意小. 固定此 δ, 由 $\delta/h_n\to\infty$ 和 $K(u)$ 的可积性可得 $J_{n2}\to 0$. 因此,

$$\sup_x|E[\hat{f}_{\mathrm{K}}(x)]-f(x)|\longrightarrow 0.$$

此外, 记

$$\varphi_n(u)=\frac{1}{n}\sum_{j=1}^n\exp\{\mathrm{i}u^{\mathrm{T}}X_j\},\quad \mathrm{i}^2=-1.$$

在 $\hat{f}_{\mathrm{K}}(x)$ 的表达式中, 对 $K((X_i-x)/h_n)$ 用反演公式代替, 再经过适当整理可得

$$\hat{f}_{\mathrm{K}}(x)=\frac{1}{(2\pi)^d}\int_{\mathbf{R}^d}\exp\{-\mathrm{i}u^{\mathrm{T}}x\}\varphi_n(u)k(h_nu)\mathrm{d}u.$$

于是

$$\sup_x|\hat{f}_{\mathrm{K}}(x)-E[\hat{f}_{\mathrm{K}}(x)]|\leqslant\int_{\mathbf{R}^d}|k(h_nu)[\varphi_n(u)-E(\varphi_n(u))]|\mathrm{d}u.$$

注意到 $E[\varphi_n(u)-E(\varphi_n(u))]^2\leqslant\dfrac{1}{n}$, 可得

$$\begin{aligned}&E\{\sup_x|\hat{f}_{\mathrm{K}}(x)-E[\hat{f}_{\mathrm{K}}(x)]|\}\\&\leqslant\int_{\mathbf{R}^d}|k(h_nu)|\{E[\varphi_n(u)-E(\varphi_n(u))]^2\}^{1/2}\mathrm{d}u\\&\leqslant(nh_n^{2d})^{-1/2}\int_{\mathbf{R}^d}|k(u)|\mathrm{d}u\longrightarrow 0.\end{aligned}$$

由此可得

$$\sup_x |\hat{f}_{\mathrm{K}}(x) - E[\hat{f}_{\mathrm{K}}(x)]| \xrightarrow{P} 0.$$

注意到

$$\sup_x |\hat{f}_{\mathrm{K}}(x) - f(x)]| \leqslant \sup_x |\hat{f}_{\mathrm{K}}(x) - E[\hat{f}_{\mathrm{K}}(x)]| + \sup_x |E[\hat{f}_{\mathrm{K}}(x)] - f(x)|.$$

这就完成了定理 2.3.5 的证明.

本定理对 $K(u)$ 的要求较高. 但因 $K(u)$ 可以由应用者自由选择, 这一点不是严重缺点. 在理论上可以提出这样的问题: 为使一致相合性成立, 对核函数的要求可降低到何种程度? 以后联系到更有兴趣的问题: 在什么条件下有一致强相合性成立? Silverman(1978b) 研究了核估计的一致强相合性, 得到如下结果.

定理 2.3.6 设核函数 $K(u)$ 为一致连续且有界变差的概率密度函数, 并满足 $\lim\limits_{\|x\|\to\infty} K(x) = 0$, $\int_{\mathbf{R}^d} \|u \log(\|u\|)\|^{1/2} \mathrm{d}K(u) < \infty$, 带宽 h_n 满足 $h_n \to 0$, $nh_n^d/\log n \to \infty$. 如果 $f(x)$ 在 $\mathbf{R}^d$ 上一致连续, 则

$$\sup_x |\hat{f}_{\mathrm{K}}(x) - f(x)| \longrightarrow 0, \text{ a.s.}.$$

该定理的证明可参见 Silverman(1978b), 这里省略.

3. 核密度估计的渐近正态性

下面在一维密度下考虑 $\hat{f}_{\mathrm{K}}(x)$ 的渐近正态性.

定理 2.3.7 设核 $K(u)$ 为 $\mathbf{R}$ 上对称的概率密度函数且满足

$$\sup_u (1+|u|)K(u) \leqslant c_1 < \infty, \quad \int_{-\infty}^{\infty} u^2 K(u)\mathrm{d}u \leqslant c_2 < \infty,$$

其中 c_1 和 c_2 为正的常数; 带宽 h_n 满足 $nh_n \to \infty$ 和 $nh_n^5 \to 0$; $f(x)$ 存在有界的二阶导数, 则对任意满足 $f(x_i) > 0 (i = 1, \cdots, k)$ 的 k 个不同点 $x_1, \cdots, x_k$, 有

$$\sqrt{nh_n}\left(\hat{f}_{\mathrm{K}}(x_1) - f(x_1), \cdots, \hat{f}_{\mathrm{K}}(x_k) - f(x_k)\right)^{\mathrm{T}} \xrightarrow{D} N(0, B), \tag{2.3.28}$$

其中 B=diag$(b_{11}, \cdots, b_{kk})$ 为对角形矩阵, $b_{ss} = f(x_s)\int_{-\infty}^{\infty} K^2(u)\mathrm{d}u$, $s = 1, \cdots, k$.

特别地, 当 $k = 1$ 时, 式 (2.3.28) 可写为

$$\sqrt{nh_n}\left(\hat{f}_{\mathrm{K}}(x_1) - f(x_1)\right) \xrightarrow{D} N(0, c_K f(x_1)),$$

其中 $c_K = \int_{-\infty}^{\infty} K^2(u)\mathrm{d}u$. 利用上述结果可以构造 $f(x)$ 的近似 $1-\alpha$ 置信区间

$$\hat{f}_{\mathrm{K}}(x) \pm z_{1-\alpha/2}(nh_n)^{-1/2}\left(c_K \hat{f}_{\mathrm{K}}(x)\right)^{1/2},$$

其中 $1-\alpha$ 为置信水平, $z_{1-\alpha/2}$ 为标准正态分布的 $1-\alpha/2$ 分位数.

证 不妨在 $k=2$ 的情形下证之. 为方便计, 引进如下记号. 对 $1\leqslant i\leqslant n$, $s=1,2$, 记

$$\begin{aligned} U_{ni}(x_s) &= h_n^{-1}K\left(\frac{X_i-x_s}{h_n}\right), \\ V_{ni}(x_s) &= \sqrt{h_n}\{U_{ni}(x_s)-E[U_{ni}(x_s)]\}, \\ Z_n &= \frac{1}{\sqrt{n}}\left(\sum_{i=1}^n V_{ni}(x_1), \sum_{i=1}^n V_{ni}(x_2)\right)^{\mathrm{T}}, \\ Z_n^* &= \sqrt{nh_n}\left(\hat{f}_{\mathrm{K}}(x_1)-f(x_1), \hat{f}_{\mathrm{K}}(x_2)-f(x_2)\right)^{\mathrm{T}}. \end{aligned}$$

注意到 $Z_n^*=Z_n+(Z_n^*-Z_n)$, 如果证明了

$$Z_n \xrightarrow{D} N(0,B), \tag{2.3.29}$$

$$Z_n^*-Z_n \longrightarrow 0, \tag{2.3.30}$$

那么, 由 Slutsky 定理 (见定理 1.3.1) 可知式 (2.3.28) 对 $k=2$ 成立.

首先证明式 (2.3.29). 由 Cramer-Wold 定理, 为证式 (2.3.28), 只需证明对任意非零向量 $a=(a_1,a_2)^{\mathrm{T}}$,

$$a^{\mathrm{T}}Z_n \xrightarrow{D} N\left(0, a^{\mathrm{T}}Ba\right). \tag{2.3.31}$$

记 $\xi_{ni}=a_1V_{ni}(x_1)+a_2V_{ni}(x_2)$, 则 $\{\xi_{ni}; 1\leqslant i\leqslant n\}$ 为独立随机变量序列, 且

$$a^{\mathrm{T}}Z_n = n^{-1/2}\sum_{i=1}^n \xi_{ni}.$$

由方差的性质可得

$$\begin{aligned} \sigma_n^2 &\triangleq \mathrm{var}(a^{\mathrm{T}}Z_n) = \frac{1}{n}\sum_{i=1}^n \mathrm{var}(\xi_{ni}) \\ &= a_1^2\mathrm{var}(V_{n1}(x_1)) + a_2^2\mathrm{var}(V_{n1}(x_2)) + 2a_1a_2\mathrm{cov}(V_{n1}(x_1), V_{n1}(x_2)). \end{aligned} \tag{2.3.32}$$

注意到 $\mathrm{var}(V_{n1}(x_s)) = h_nE[U_{n1}^2(x_s)] - h_n\{E[U_{n1}(x_s)]\}^2$. 由式 (2.3.24) 和式 (2.3.25), 对 $d=1$, $s=1,2$, 有

$$E[U_{n1}(x_s)] = h_n^{-1}\int_{-\infty}^{\infty} K\left(\frac{u}{h_n}\right)f(x_s+u)\mathrm{d}u \longrightarrow f(x_s), \tag{2.3.33}$$

$$h_nE[U_{n1}^2(x_s)] = h_n^{-1}\int_{-\infty}^{\infty} K^2\left(\frac{u}{h_n}\right)f(x_s+u)\mathrm{d}u \longrightarrow c_Kf(x_s).$$

因此, 对 $d=1,\ s=1,2$, 有

$$\operatorname{var}(V_{n1}(x_s)) \longrightarrow c_K f(x_s). \tag{2.3.34}$$

由协方差的性质, 经计算可得

$$\begin{aligned}&\operatorname{cov}(V_{n1}(x_1), V_{n1}(x_2))\\ &= h_n E[U_{n1}(x_1)U_{n1}(x_2)] - h_n E[U_{n1}(x_1)]E[U_{n1}(x_2)].\end{aligned} \tag{2.3.35}$$

可以证明

$$\begin{aligned}&h_n E[U_{n1}(x_1)U_{n1}(x_2)]\\ &= h_n^{-1}\int_{-\infty}^{\infty} K\left(\frac{u-x_1}{h_n}\right) K\left(\frac{u-x_2}{h_n}\right) f(u)\mathrm{d}u \longrightarrow 0.\end{aligned} \tag{2.3.36}$$

事实上, 不妨设 $x_1 < x_2$, 记 $\delta_n = (x_2 - x_1)/h_n$. 利用式 (2.3.33) 可得

$$\begin{aligned}0 &\leqslant h_n^{-1}\int_{-\infty}^{\infty} K\left(\frac{u-x_1}{h_n}\right) K\left(\frac{u-x_2}{h_n}\right) f(u)\mathrm{d}u\\ &= \int_{-\infty}^{\infty} K(\delta_n+u)K(u)f(x_2+h_n u)\mathrm{d}u\\ &= \int_{|u|<\delta_n/2} K(\delta_n+u)K(u)f(x_2+h_n u)\mathrm{d}u\\ &\quad + \int_{|u|\geqslant\delta_n/2} K(u)K(\delta_n+u)f(x_2+h_n u)\mathrm{d}u\\ &\leqslant \sup_{|u|<\delta_n/2} K(\delta_n+u)\int_{-\infty}^{\infty} K(u)f(x_2+h_n u)\mathrm{d}u\\ &\quad + \sup_{|u|\geqslant\delta_n/2} K(u)\int_{-\infty}^{\infty} K(\delta_n+u)f(x_2+h_n u)\mathrm{d}u\\ &\leqslant \sup_{|u|\geqslant\delta_n/2} K(u)O(1) + \sup_{|u|\geqslant\delta_n/2} K(u)\int_{-\infty}^{\infty} K(u)f(x_1+h_n u)\mathrm{d}u\\ &\leqslant 2\sup_{|u|\geqslant\delta_n/2} K(u)O(1) \leqslant 4\delta_n^{-1}\sup_{|u|\geqslant\delta_n/2}|u|K(u)O(1) = O(h_n).\end{aligned}$$

因此, 当 $n\to\infty$ 时, 式 (2.3.36) 成立. 由式 (2.3.33)、式 (2.3.35) 和式 (2.3.36) 可得

$$\operatorname{cov}(V_{n1}(x_1), V_{n1}(x_2)) \longrightarrow 0. \tag{2.3.37}$$

于是, 由式 (2.3.32)、式 (2.3.34) 和式 (2.3.37) 可得

$$\sigma_n^2 \longrightarrow a^{\mathrm{T}} B a. \tag{2.3.38}$$

此外, 由于

$$\rho_n^3 = n^{-3/2}\sum_{i=1}^{n} E(|\xi_{ni}|^3) \leqslant 8\max_{s=1,2}\left\{|a_s|^3 E[|U_{n1}(x_s)|^3]/\sqrt{nh_n^{-3}}\right\},$$

而

$$\begin{aligned} E[|U_{n1}(x_s)|^3]/\sqrt{nh_n^{-3}} &= h_n^{-3} EK^3\left(\frac{X_1 - x_s}{h_n}\right)\Big/\sqrt{nh_n^{-3}} \\ &\leqslant c_1^2 (nh_n)^{-1/2}\int_{-\infty}^{\infty} K(u) f(x_s + h_n u)\mathrm{d}u \longrightarrow 0. \end{aligned}$$

因此

$$\lim_{n\to\infty}\rho_n^3 = 0. \tag{2.3.39}$$

注意到矩阵 B 的行列式为

$$|B| = f(x_1)f(x_2)\left(\int_{-\infty}^{\infty} K^2(u)\mathrm{d}u\right)^2,$$

于是由 $f(x_s) > 0$, $s = 1,2$ 知 B 是正定矩阵. 从而对非零向量 a, 有 $a^{\mathrm{T}}Ba > 0$. 因此由式 (2.3.38) 和式 (2.3.39) 可得 $\lim\limits_{n\to\infty}\rho_n/\sigma_n = 0$. 应用 Berry-Esseen 不等式 (定理 1.1.10) 即知式 (2.3.29) 成立.

下面证明式 (2.3.30). 由于

$$Z_n^* - Z_n = \sqrt{nh_n}\left(EU_{n1}(x_1) - f(x_1), EU_{n1}(x_2) - f(x_2)\right)^{\mathrm{T}}, \tag{2.3.40}$$

于是, 利用 $K(u)$ 是对称的概率密度且 $f(x)$ 存在有界的的二阶导数, 对 $s = 1,2$, 有

$$\begin{aligned} &\sqrt{nh_n}\{E[U_{n1}(x_s)] - f(x_s)\} \\ &= \sqrt{nh_n}\int_{-\infty}^{\infty} K(u)[f(x_s + h_n u) - f(x_s)]\mathrm{d}u \\ &= \sqrt{nh_n^5}\int_{-\infty}^{\infty} u^2 K(u) f''(x_s + \theta h_n u)\mathrm{d}u, \end{aligned}$$

其中 $0 < \theta < 1$. 由于 $f''(x)$ 有界且 $\int_{-\infty}^{\infty} u^2 K(u) < \infty$ 以及 $nh_n^5 \to 0$, 因此

$$\sqrt{nh_n}|E[U_{n1}(x_s)] - f(x_s)| \leqslant \sup_x |f''(x)|\sqrt{nh_n^5}\int_{-\infty}^{\infty} u^2 K(u) \longrightarrow 0. \tag{2.3.41}$$

故由式 (2.3.40) 和式 (2.3.41) 知式 (2.3.30) 成立. 这就完成了定理 2.3.7 的证明.

4. 核密度估计的收敛速度

我们可以从两方面考虑密度函数核估计的收敛速度: 一是逐点收敛速度, 即对 $f(\cdot)$ 的任意连续点 x, $\hat{f}_{\mathrm{K}}(x)$ 强收敛于 $f(x)$ 的速度; 二是一致收敛速度, 即 $\sup\limits_x|\hat{f}_{\mathrm{K}}(x) - f(x)|$ 的收敛速度. 对于前者, 我们考虑下述密度函数类:

$$\mathcal{C}_{r,a} = \left\{ f(x) : x \in \mathbf{R}^d, \left| \frac{\partial^r f(x)}{\partial x_1^{r_1}, \cdots, \partial x_d^{r_d}} \right| \leqslant a, \sum_{j=1}^{d} r_j = r, \forall a > 0 \right\}. \tag{2.3.42}$$

定义核函数

$$K(x) = K(x_1, \cdots, x_d) = \prod_{j=1}^{d} P(x_j) I(|x_j| \leqslant 1), \tag{2.3.43}$$

其中 $P(\cdot)$ 为多项式, 满足

$$\int_{-1}^{1} u^k P(u) \mathrm{d}u = \begin{cases} 1, & k = 0, \\ 0, & k = 1, \cdots, r, \end{cases}$$

由此可知

$$\int_{-1}^{1} \cdots \int_{-1}^{1} K(u) \prod_{j=1}^{d} u_j^{k_j} \mathrm{d}u_1 \cdots \mathrm{d}u_d = \begin{cases} 1, & k_1 = \cdots = k_d = 0, \\ 0, & k_1 \leqslant r, \cdots, k_d \leqslant r, \sum_{j=1}^{d} k_j > 0. \end{cases}$$

定理 2.3.8　设 $f(x) \in \mathcal{C}_{r,a}$, 核函数 $K(x)$ 如同式 (2.3.43), 带宽 h_n 满足 $h_n \to 0$, $nh_n^d / \log^2 n \to \infty$, 则对任何 $0 < c_n \to \infty$, 有

$$\hat{f}_{\mathrm{K}}(x) - f(x) = O(h_n^r) + o\left(c_n \sqrt{\log n / (nh_n^d)} \right), \text{ a.s..}$$

证　由于 $f(x) \in \mathcal{C}_{r,a}$, 利用多元函数的 Taylor 公式容易得到

$$E[\hat{f}_{\mathrm{K}}(x)] - f(x) = \int_{\mathbf{R}^d} K(u)[f(x + h_n u) - f(x)] \mathrm{d}u = O(h_n^r). \tag{2.3.44}$$

仍沿用定理 2.3.5 的证明中的记号. 记 $\nu_n = c_n \sqrt{\log n / (nh_n^d)}$. 不妨设 $c_n = O(\log n)$. 利用 Bernstein 不等式 (定理 1.1.1), 对任给 $\varepsilon > 0$, 当 n 充分大时有

$$\begin{aligned}
& P\{\nu_n^{-1} |\hat{f}_{\mathrm{K}}(x) - E[\hat{f}_{\mathrm{K}}(x)]| \geqslant \varepsilon\} \\
& \leqslant P\left\{ \left| \frac{1}{n} \sum_{i=1}^{n} \xi_{ni} \right| \geqslant \varepsilon h_n^d \nu_n \right\} \\
& \leqslant 2 \exp\left\{ -\frac{n(\varepsilon h_n^d \nu_n)^2}{2\sigma_n^2 + b\varepsilon h_n^d \nu_n} \right\} \\
& \leqslant 2 \exp\left\{ -\frac{\varepsilon^2 c_n^2 \log n}{2f(x) \int_{\mathbf{R}^d} K^2(u) \mathrm{d}u + o(1) + b\varepsilon c_n \sqrt{\log n / (nh_n^d)}} \right\} \\
& = O(n^{-2}).
\end{aligned}$$

于是由 Borel-Cantelli 引理 (定理 1.2.4) 可得

$$\hat{f}_{\mathrm{K}}(x)-E[\hat{f}_{\mathrm{K}}(x)]=o\left(c_n\sqrt{\log n/(nh_n^d)}\right), \text{ a.s..} \tag{2.3.45}$$

故由式 (2.3.44) 和式 (2.3.45) 可完成定理 2.3.8 的证明.

由定理 2.3.8 立刻得到下面的推论.

推论 2.3.2 设定理 2.3.8 的条件成立. 如果选取带宽 $h_n=(n/\log n)^{-1/(d+2r)}$, 则对任何 $0<c_n\to\infty$, 有

$$\hat{f}_{\mathrm{K}}(x)-f(x)=o\left(c_n(n/\log n)^{-r/(d+2r)}\right), \text{ a.s..}$$

在实际应用中, 我们通常利用交叉验证方法选择最优带宽. 下面的推论给出了在最优带宽下一元密度核估计的最优收敛速度.

推论 2.3.3 设 $f(x)\in\mathcal{C}_{2,a}$, 核函数 $K(x)$ 如同式 (2.3.43), 如果选取最优带宽 $h_n=h_0n^{-1/5}$, 其中 $h_0>0$ 为常数, 则对任何 $0<c_n\to\infty$, 有

$$\hat{f}_{\mathrm{K}}(x)-f(x)=O\left(c_nn^{-2/5}\sqrt{\log n}\right), \text{ a.s..}$$

Hall(1981a) 在 $d=1$ 的情形下研究了核密度估计的重对数律, 得到了下述结果.

定理 2.3.9 设核 $K(x)$ 为 $\mathbf{R}$ 上的有界变差函数, 满足 $\lim\limits_{|x|\to\infty}xK(x)=0$, $c_K\triangleq\int_{-\infty}^{\infty}K^2(u)\mathrm{d}u<\infty$, 带宽 h_n 满足 $h_n\to0$,

$$\lim_{\varepsilon\to0}\limsup_{n\to\infty}\sup_{m\in\{m:|m-n|\leqslant n\varepsilon\}}\left|\frac{h_m}{h_n}-1\right|=0,\quad \frac{\log^4 n}{nh_n\log\log n}\to0,$$

对给定的点 $x\in\mathbf{R}$, X 的分布 $F(x)$ 在 x 的某个邻域内满足一阶 Lipschitz 条件, 则

$$\limsup_{n\to\infty}\pm\sqrt{\frac{nh_n}{2\log\log n}}\left\{\hat{f}_{\mathrm{K}}(x)-E[\hat{f}_{\mathrm{K}}(x)]\right\}=\sqrt{c_Kf(x)}, \text{ a.s.}$$

许多学者研究了核密度估计的一致收敛速度问题. Schuster(1952) 证明了: 如果核 $K(x)$ 是 $\mathbf{R}$ 上有界变差的连续函数, $\int_{-\infty}^{\infty}|uK(u)|\mathrm{d}u<\infty$, 且 $f'(x)$ 在 $\mathbf{R}$ 上有界, 则适当选取 h_n, 对任给的 $\varepsilon>0$, 有

$$\sup_x|\hat{f}_{\mathrm{K}}(x)-f(x)|=o(n^{-1/4+\varepsilon}), \text{ a.s.}$$

后来, Singh(1977) 改进了上述结果, 他证明了: 如果核 $K(x)$ 是 $\mathbf{R}$ 上有界变差的连续函数, 且 $\sup_x |E[\hat{f}_K(x)] - f(x)| = O(h_n^r)$, 则适当选取 h_n, 使

$$\sup_x |\hat{f}_K(x) - f(x)| = O(n^{-r/(2r+2)}\sqrt{\text{loglog}n}), \text{ a.s..} \tag{2.3.46}$$

Chen(1983a) 将式 (2.3.46) 的收敛速度的主阶改进为 $n^{-r/(2r+1)}$, 并证明了指数 $r/(2r+1)$ 不能再提高了. 他证明了如下结果: 如果核函数取为 (2.3.43), $f(x)$ 为 $\mathcal{C}_{r,a}$ 中的任意函数, 则当取 $h_n = n^{-1/(d+2r)}(\log n)^{1/(2d+2r)}$ 时, 有

$$\sup_x |\hat{f}_K(x) - f(x)| = O\left(n^{-r/(d+2r)}(\log n)^{r/(2d+2r)}\right), \text{ a.s..} \tag{2.3.47}$$

值得一提的是 Silverman(1978b) 的工作, 他在 $d=1$ 的情形下证明了

$$\sup_x |\hat{f}_K(x) - E[\hat{f}_K(x)]| = O\left((nh_n/\log h_n^{-1})^{-1/2}\right), \text{ a.s.,}$$

其中核 $K(\cdot)$ 满足他所施加的条件 (C1) 和 (C2). 为得到与式 (2.3.47) 可比较的结果, 仍需要增加条件 $\int_{-\infty}^{\infty} u^k K(u)du = 0,\ k = 1, \cdots, r-1$. 但尚无法确定这个条件是否与 (C1) 和 (C2) 相容.

赵林城 (1984) 在 $d=1$ 的情形下给出了一致收敛速度的数量级. 他证明了下述结果: 如果核 $K(x)$ 为有界变差的对称概率密度函数, 且有紧支撑 $[-\rho, \rho]$, 又 $f(x)$ 在 $\mathbf{R}$ 上有有界的二阶导数, 则当选取 $h_n = (n/\log n)^{-1/5}$ 时, 有

$$\limsup_{n\to\infty} (n/\log n)^{2/5} \sup_x |\hat{f}_K(x) - f(x)| \leqslant M_1 d_K + 28\sqrt{M\rho}M_2, \text{ a.s.,} \tag{2.3.48}$$

其中 $d_K = \int_{-\infty}^{\infty} u^2 K(u)\mathrm{d}u$, $M = \sup_x f(x)$, $M_1 = \sup_x |f''(x)|$, $M_2 = \sup_x K(x) + 2\bigvee_{-\infty}^{\infty}(K)$, $\bigvee_{-\infty}^{\infty}(K)$ 表示 K 在 $\mathbf{R}$ 上的全变差.

如果 $f(x)$ 仅满足 Lipschitz 条件, 则可选取适当的核函数 $K(\cdot)$ 和带宽 h_n, 使

$$\sup_x |\hat{f}_K(x) - f(x)| = O\left((n/\log n)^{-1/3}\right), \text{ a.s..}$$

Stute(1982) 研究了密度估计的对数律, 得到了下述结果: 在一些条件下, 有

$$\lim_{n\to\infty} \sqrt{\frac{nh_n}{2\log h_n^{-1}}} \sup_{x\in J_\varepsilon} \left(\frac{|\hat{f}_K(x) - f(x)|}{\sqrt{f(x)}}\right) = \left(\int_{-\infty}^{\infty} K^2(u)du\right)^{1/2}, \text{ a.s.,}$$

其中 $J_\varepsilon = (a+\varepsilon, b-\varepsilon)$, $a, b, \varepsilon > 0$ 为常数.

Giné 和 Guillou(2002) 研究了多维核密度估计的一致收敛速度. 他们对 $K(x)$, $f(x)$ 和 h_n 施加了下列条件:

(B2.3.1) 核 $K(\cdot)$ 在非负函数 $\psi(\cdot)$ 的有限线性组合的集合中是有界、平方可积函数, 其中 $\psi(\cdot)$ 满足下列特征: 子图 $\{(s,u):\psi(s)\geqslant u\}$ 在形如 $\{(s,u):p(s,u)\geqslant\varphi(u)\}$ 的集合中可表示为有限个 Boolean 运算, $p(s,u)$ 为 $\mathbf{R}^d\times\mathbf{R}$ 上的多项式, $\varphi(u)$ 为任意实函数;

(B2.3.2) 带宽 h_n 满足: $h_n\searrow 0$, $\dfrac{nh_n^d}{\log h_n^{-d}}\to\infty$, $\dfrac{\log h_n^{-d}}{\mathrm{loglog}n}\to\infty$, $nh_n^d\nearrow\infty$.

定理 2.3.10 在条件 (B2.3.1) 和 (B2.3.2) 下, 如果密度 $f(x)$ 在 $\mathbf{R}^d$ 上有界, 则

$$\limsup_{n\to\infty}\sqrt{\frac{nh_n^d}{\log h_n^{-d}}}\sup_x|\hat{f}_{\mathrm{K}}(x)-E[\hat{f}_{\mathrm{K}}(x)]|\leqslant C\sqrt{Mc_K},\ \text{a.s.},\tag{2.3.49}$$

其中 $C>0$ 为常数, $M=\sup\limits_x f(x)$, $c_K=\displaystyle\int_{-\infty}^{\infty}K^2(u)\mathrm{d}u$.

证 由 $\{h_n\}$ 的单调性, 利用 Montgomery-Smith 最大值不等式 (见定理 1.1.5) 可得: 对任意 $\varepsilon>0$,

$$\begin{aligned}&P\left\{\max_{2^{k-1}<n\leqslant 2^k}\sqrt{\frac{nh_n^d}{\log h_n^{-d}}}\sup_x|\hat{f}_{\mathrm{K}}(x)-E[\hat{f}_{\mathrm{K}}(x)]|>\varepsilon\right\}\\&\leqslant 9P\left\{\sup_{x,h_{2^k}\leqslant h\leqslant h_{2^{k-1}}}\left|\sum_{i=1}^{2^k}\left[K\left(\frac{X_i-x}{h}\right)-EK\left(\frac{X_i-x}{h}\right)\right]\right|\right.\\&\left.>\frac{\varepsilon}{30}\left(2^{k-1}h_{2^k}^d\log h_{2^{k-1}}^{-d}\right)^{1/2}\right\}.\end{aligned}\tag{2.3.50}$$

为证明式 (2.4.49), 需要将定理 1.1.2 应用于式 (2.3.50). 为此, 定义函数类

$$\mathcal{F}_k=\left\{K\left(\frac{\cdot-x}{h}\right):x\in\mathbf{R}^d,h_{2^k}\leqslant h\leqslant h_{2^{k-1}}\right\}.$$

那么 $\mathcal{F}_k$ 是有界的 Vapnik-Červonenkis(VC) 类函数族 (Giné and Guillou, 2002). 对于 $\mathcal{F}_k$, 由于

$$\int_{\mathbf{R}^d}K^2\left(\frac{u-x}{h}\right)f(u)\mathrm{d}u=h^d\int_{\mathbf{R}^d}K^2(u)f(x+uh)\mathrm{d}u\leqslant h^dMc_K,$$

因此我们可以在定理 1.1.2 中取 $U_k=\sup\limits_x|K(x)|\triangleq N$, $\sigma_k^2=h_{2^{k-1}}^dMc_K$. 因为 $h_n\searrow 0$, $nh_n^d/\log h_n^{-d}\to\infty$, 所以存在 $k_0<\infty$, 使得对所有 $k\geqslant k_0$,

$$\sigma_k<U_k/2,\quad\sqrt{2^k}\sigma_k\geqslant U_k\sqrt{\log(U_k/\sigma_k)},$$

这正是为应用定理 1.1.2 所需要的条件. 此外, 存在 $k_1 < \infty$, 使得对所有 $k \geqslant k_1$,

$$\sqrt{2^k}\sigma_k\sqrt{\log(U_k/\sigma_k)} \leqslant \sqrt{4Mc_K 2^{k-1}h_{2^k}^d \log h_{2^{k-1}}^{-d}}.$$

如果在式 (2.3.50) 中取 $\varepsilon = 60C_2\sqrt{Mc_K}$, 其中 C_2 在定理 1.1.2 中定义, 那么由式 (2.3.50) 和定理 1.1.2 的式 (1.1.2) 可得

$$\begin{aligned}
&P\left\{\max_{2^{k-1}<n\leqslant 2^k}\sqrt{\frac{nh_n^d}{\log h_n^{-d}}}\sup_x|\hat{f}_{\mathrm{K}}(x)-E[\hat{f}_{\mathrm{K}}(x)]|>60C_2\sqrt{Mc_K}\right\}\\
&\leqslant 9P\left\{\sup_{x,h_{2^k}\leqslant h\leqslant h_{2^{k-1}}}\left|\sum_{i=1}^{2^k}\left[K\left(\frac{X_i-x}{h}\right)-EK\left(\frac{X_i-x}{h}\right)\right]\right|\right.\\
&\left.>\sqrt{2^k}\sigma_k\sqrt{\log(U_k/\sigma_k)}\right\}\\
&\leqslant 9L\exp\left\{-(C_0/L)\log(U_k/\sigma_k)\right\},\ \text{a.s.},
\end{aligned}\tag{2.3.51}$$

其中 C_0 为正的常数. 由条件 (B2.3.2) 可得

$$\frac{\log(U_k/\sigma_k)}{\log k} = \frac{\log(N^2/(Mc_K h_{2^{k-1}}^d))}{2\log k} \longrightarrow \infty,$$

于是式 (2.3.51) 的最后一项的阶为 $O(k^{-2})$, 即该式中的概率是可求和的. 故由 Borel-Cantelli 引理 (定理 1.2.4) 即证得式 (2.4.49).

可以验证, 由式 (2.3.43) 定义的核函数满足条件 (B2.3.1). 因此, 由式 (2.4.49) 可以得到下述结果: 如果核函数取为 (2.3.43), $f(x)$ 为 $\mathcal{C}_{r,a}$ 中的任意函数, 则当取 $h_n = (n/\mathrm{log}n)^{-1/(d+2r)}$ 时, 有

$$\sup_x|\hat{f}_{\mathrm{K}}(x)-f(x)| = O\left((n/\mathrm{log}n)^{-r/(d+2r)}\right),\ \text{a.s.}.\tag{2.3.52}$$

Giné 和 Guillou(2002) 研究了多维核密度估计的一致收敛速度的精确数量级, 得到了如下结果.

定理 2.3.11　在条件 (B2.3.1) 和 (B2.3.2) 下, 如果核 $K(\cdot)$ 具有紧支撑、非负 (或其积分为 1), 密度 $f(x)$ 在 $\mathbf{R}^d$ 上有界且一致连续, 则

$$\lim_{n\to\infty}\sqrt{\frac{nh_n^d}{2\log h_n^{-d}}}\sup_x|\hat{f}_{\mathrm{K}}(x)-E[\hat{f}_{\mathrm{K}}(x)]| = \sqrt{Mc_K},\ \text{a.s.},\tag{2.3.53}$$

其中 M 和 c_K 在定理 2.3.10 中定义.

证　我们仅给出证明的主要步骤, 详细的证明可参看 Giné 和 Guillou(2002). 为此, 作如下记号. 对任何集合 $D \subset \mathbf{R}^d$ 和 $\mathbf{R}^d$ 上的函数 $g(x)$, 记 $\|g\|_D = \sup_{x\in D}|g(x)|$.

设 $f(x)$ 是 $\mathbf{R}^d$ 上一致连续的密度函数, $f(x)$ 的支撑的内点记为 $B_f = \{x : f(x) > 0\} \subseteq (\mathrm{supp} f)^0$. 又记

$$D_\varepsilon = \left\{x : f(x) > \varepsilon,\ \max_{1\leqslant j\leqslant d} |x_j| < \varepsilon^{-1}\right\}, \quad \varepsilon > 0.$$

那么存在 $\varepsilon_0 > 0$, 使得对 $0 < \varepsilon < \varepsilon_0$, $D_\varepsilon \neq \phi$, 且由 $f(x)$ 的连续性, 有 $\lim\limits_{\varepsilon\searrow 0} D_\varepsilon = B_f$,

$$\lim_{\varepsilon\searrow 0} \|f\|_{D_\varepsilon} = \lim_{\varepsilon\searrow 0} \|f\|_{\bar{D}_\varepsilon} = \|f\|_{B_f} = M, \quad \lim_{\varepsilon\searrow 0} \|f\|_{D_\varepsilon^c} = 0, \tag{2.3.54}$$

其中 $\bar{D}_\varepsilon$ 为 D_ε 的闭包, D_ε^c 为 D_ε 的余集.

类似定理 2.3.10 的证明可以证得

$$\lim_{n\to\infty} \sqrt{\frac{nh_n^d}{2\log h_n^{-d}}} \|\hat{f}_{\mathrm{K}}(x) - E[\hat{f}_{\mathrm{K}}(x)]\|_{D_\varepsilon} = \sqrt{\|f\|_{D_\varepsilon} c_K}, \text{ a.s.}, \tag{2.3.55}$$

$$\limsup_{n\to\infty} \sqrt{\frac{nh_n^d}{2\log h_n^{-d}}} \|\hat{f}_{\mathrm{K}}(x) - E[\hat{f}_{\mathrm{K}}(x)]\|_{D_\varepsilon^c} \leqslant C\sqrt{\|f\|_{D_\varepsilon^c} c_K}, \text{ a.s.}. \tag{2.3.56}$$

因此, 由式 (2.3.54) 和式 (2.3.55) 可得

$$\begin{aligned}
&\liminf_{n\to\infty} \sqrt{\frac{nh_n^d}{2\log h_n^{-d}}} \sup_x |\hat{f}_{\mathrm{K}}(x) - E[\hat{f}_{\mathrm{K}}(x)]| \\
\geqslant &\lim_{\varepsilon\searrow 0}\lim_{n\to\infty} \sqrt{\frac{nh_n^d}{2\log h_n^{-d}}} \|\hat{f}_{\mathrm{K}}(x) - E[\hat{f}_{\mathrm{K}}(x)]\|_{D_\varepsilon} \\
= &\lim_{\varepsilon\searrow 0} \sqrt{\|f\|_{D_\varepsilon} c_K} = \sqrt{M c_K}, \text{ a.s.}.
\end{aligned} \tag{2.3.57}$$

再由式 (2.3.55) 和式 (2.3.56) 可得

$$\begin{aligned}
&\limsup_{n\to\infty} \sqrt{\frac{nh_n^d}{2\log h_n^{-d}}} \sup_x |\hat{f}_{\mathrm{K}}(x) - E[\hat{f}_{\mathrm{K}}(x)]| \\
\leqslant &\lim_{n\to\infty} \sqrt{\frac{nh_n^d}{2\log h_n^{-d}}} \|\hat{f}_{\mathrm{K}}(x) - E[\hat{f}_{\mathrm{K}}(x)]\|_{D_\varepsilon} \\
&+ \limsup_{n\to\infty} \sqrt{\frac{nh_n^d}{2\log h_n^{-d}}} \|\hat{f}_{\mathrm{K}}(x) - E[\hat{f}_{\mathrm{K}}(x)]\|_{D_\varepsilon^c} \\
\leqslant &\sqrt{\|f\|_{D_\varepsilon} c_K} + C\sqrt{\|f\|_{D_\varepsilon^c} c_K}, \text{ a.s.}
\end{aligned}$$

对上式让 $\varepsilon \searrow 0$, 并使用式 (2.3.54) 可得

$$\limsup_{n\to\infty} \sqrt{\frac{nh_n^d}{2\log h_n^{-d}}} \sup_x |\hat{f}_{\mathrm{K}}(x) - E[\hat{f}_{\mathrm{K}}(x)]| \leqslant \sqrt{M c_K}, \text{ a.s.}. \tag{2.3.58}$$

故由式 (2.3.57) 和式 (2.3.58) 即证得式 (2.3.53).

5. 核密度估计一致收敛的必要条件

Schuster (1969) 证明了: 如果核估计 $\hat{f}_{\mathrm{K}}(x)$ 强一致收敛于 $f(x)$, 则当核 $K(\cdot)$ 和带宽 h_n 满足一定条件时, $f(x)$ 在 $\mathbf{R}$ 上一致连续. 随后, 陈希孺和柴根象 (1984) 显著地改进了这个结果, 得到了下述结果: 设核 $K(\cdot)$ 是 $\mathbf{R}$ 上的概率密度函数, 且是有界变差的, 带宽 h_n 满足 $nh_n^2 \to \infty$. 如果存在定义在 $\mathbf{R}$ 上的函数 $g(x)$, 使得

$$\sup_x |\hat{f}_{\mathrm{K}}(x) - g(x)| \longrightarrow 0, \text{ a.s.},$$

则 $g(x)$ 在 $\mathbf{R}$ 上一致连续, 且 $g(x)$ 就是总体分布的密度函数.

2.3.5　相依样本下核密度估计

本节主要在样本序列 $\{X_n; n \geqslant 1\}$ 为平稳和 φ 混合的情形下进一步研究形如式 (2.3.2) 的核密度估计的大样本性质. 为行文方便, 下面用 $c > 0$ 表示与 n 无关的常数; 每次使用时, 即使在同一式中出现, 也可代表不同的值.

1. 相依样本下核密度估计的渐近正态性

下面在相依样本下考虑一维密度的核估计 $\hat{f}_{\mathrm{K}}(x)$ 的渐近正态性.

定理 2.3.12　设 $\{X_n; n \geqslant 1\}$ 为平稳 φ 混合序列, 且混合系数 $\varphi(n)$ 满足

$$\sum_{n=1}^{\infty} \varphi(n) < \infty. \tag{2.3.59}$$

又设核函数 $K(u)$、带宽 h_n 和密度 $f(x)$ 满足定理 2.3.7 的条件; 对任意 $j > 1$, (X_1, X_j) 的联合密度 $f_j(x_1, x_2)$ 是二元有界连续函数, 则对任意满足 $f(x_i) > 0 (i = 1, \cdots, k)$ 的 k 个不同点 $x_1, \cdots, x_k$, 有

$$\sqrt{nh_n}\left(\hat{f}_{\mathrm{K}}(x_1) - f(x_1), \cdots, \hat{f}_{\mathrm{K}}(x_k) - f(x_k)\right)^{\mathrm{T}} \xrightarrow{D} N(0, B),$$

其中 B=diag$(b_{11}, \cdots, b_{kk})$ 为对角形矩阵, $b_{ii} = f(x_i)\int_{-\infty}^{\infty} K^2(u)\mathrm{d}u,\ i = 1, \cdots, k$.

证　不妨在 $k = 2$ 的情形下证之. 为方便计, 仍沿用定理 2.3.7 的证明中的记号 $U_{ni}(x_s)$, $V_{ni}(x_s)$, Z_n 和 Z_n^*, $1 \leqslant i \leqslant n$, $s = 1, 2$. 下面证明

$$Z_n \xrightarrow{D} N(0, B), \tag{2.3.60}$$

由 Cramer-Wold 定理, 为证式 (2.3.60), 只需证明对任意非零向量 $a = (a_1, a_2)^{\mathrm{T}}$,

$$a^{\mathrm{T}} Z_n \xrightarrow{D} N\left(0, a^{\mathrm{T}} B a\right). \tag{2.3.61}$$

记 $\xi_{ni} = a_1 V_{ni}(x_1) + a_2 V_{ni}(x_2)$, 则 $\{\xi_{ni}\}$ 为平稳 φ 混合序列, 且

$$a^{\mathrm{T}}Z_n = n^{-1/2}\sum_{i=1}^{n}\xi_{ni}.$$

由平稳性可得

$$\operatorname{var}(a^{\mathrm{T}}Z_n) = \operatorname{var}(\xi_{n1}) + 2\sum_{j=2}^{n}\left(1-\frac{j-1}{n}\right)E(\xi_{n1}\xi_{nj}). \tag{2.3.62}$$

式 (2.3.38) 已证得

$$\operatorname{var}(\xi_{n1}) \longrightarrow a^{\mathrm{T}}Ba. \tag{2.3.63}$$

简单计算可得

$$\begin{aligned}\xi_{n1}\xi_{nj} =& a_1^2V_{n1}(x_1)V_{nj}(x_1) + a_2^2V_{n1}(x_2)V_{nj}(x_2)\\ &+a_1a_2V_{n1}(x_1)V_{nj}(x_2) + a_1a_2V_{n1}(x_2)V_{nj}(x_1).\end{aligned}$$

式 (2.3.24) 已证得

$$E[(U_{n1}(x_s))] = h_n^{-1}\int_{-\infty}^{\infty}K\left(\frac{u}{h_n}\right)f(x_s+u)\mathrm{d}u \longrightarrow f(x_s), \quad s=1,2. \tag{2.3.64}$$

类似地, 可以证明: 对 $i>1,\ s,t=1,2$,

$$\begin{aligned}&E[U_{n1}(x_s)U_{nj}(x_t)]\\ =&\ h_n^{-2}\int_{-\infty}^{\infty}\int_{-\infty}^{\infty}K\left(\frac{u_1-x_s}{h_n}\right)K\left(\frac{u_2-x_t}{h_n}\right)f_j(u_1,u_2)\mathrm{d}u_1\mathrm{d}u_2\\ &\longrightarrow f_j(x_s,x_t).\end{aligned} \tag{2.3.65}$$

由式 (2.3.64) 和式 (2.3.65) 可得

$$E[V_{n1}(x_s)V_{nj}(x_t)] \longrightarrow 0, \quad i>1,\ s,t=1,2.$$

因此, $\lim\limits_{n\to\infty}E(\xi_{n1}\xi_{nj})=0$, 亦有

$$\lim_{n\to\infty}|E(\xi_{n1}\xi_{nj})|=0. \tag{2.3.66}$$

注意到 $|\xi_{nj}|\leqslant ch_n^{-1/2}$, 由 φ 混合序列的不等式 (见定理 1.1.12) 可得

$$\begin{aligned}|E(\xi_{n1}\xi_{nj})| \leqslant& ch_n^{-1/2}\varphi(j-1)E|\xi_{n1}|\\ \leqslant& c\varphi(j-1)\{2|a_1|E[U_{n1}(x_1)]+2|a_2|E[U_{n1}(x_2)]\}.\end{aligned}$$

再由式 (2.3.64), 当 n 充分大时, 有

$$|E(\xi_{n1}\xi_{nj})| \leqslant c\varphi(j-1). \tag{2.3.67}$$

因此, 由条件 (2.3.59)、(2.3.66) 和式 (2.3.67), 并利用严士健等 (1982) 一书中的推论 9(183 页), 可得

$$\lim_{n\to\infty}\sum_{j=2}^{\infty}|E(\xi_{n1}\xi_{nj})| = 0.$$

又由于

$$\left|\sum_{j=2}^{n}\left(1-\frac{j-1}{n}\right)E(\xi_{n1}\xi_{nj})\right| \leqslant \sum_{j=2}^{\infty}|E(\xi_{n1}\xi_{nj})|.$$

于是

$$\lim_{n\to\infty}\sum_{j=2}^{n}\left(1-\frac{j-1}{n}\right)E(\xi_{n1}\xi_{nj}) = 0.$$

由此, 再结合式 (2.3.62) 和式 (2.3.63) 可得

$$\mathrm{var}(a^{\mathrm{T}}Z_n) \longrightarrow a^{\mathrm{T}}Ba. \tag{2.3.68}$$

为利用独立同分布的随机变量之和的中心极限定理, 需要将平稳 φ 混合序列 $\{\xi_{ni}\}$ 进行分段处理. 为此, 记

$$\begin{aligned}
&k = k_n = [n^{1/3}], \quad p = p_n = [n^{2/3}], \quad q = q_n = [n^{1/2}],\\
&\eta_{nj} = \sum_{i=jp+jq+1}^{(j+1)p+jq}\xi_{ni}, \quad \zeta_{nj} = \sum_{i=(j+1)p+jq+1}^{(j+1)p+(j+1)q}\xi_{ni}, \quad j = 0, 1, \cdots, k-1,\\
&\zeta_{nk} = \sum_{i=kp+kq+1}^{n}\xi_{ni}, \quad S_n = \frac{1}{\sqrt{n}}\sum_{j=0}^{k-1}\eta_{nj}, \quad S_n^* = \frac{1}{\sqrt{n}}\sum_{j=0}^{k}\zeta_{nj}.
\end{aligned}$$

于是, $a^{\mathrm{T}}Z_n = S_n + S_n^*$. 由 φ 混合序列的性质和 Cauchy-Schwarz 不等式可得

$$\begin{aligned}
\mathrm{var}(S_n^*) &= n^{-1}\left[\sum_{i,j\leqslant k-1}E(\zeta_{ni}\zeta_{nj}) + 2\sum_{j=0}^{k-1}E(\zeta_{nj}\zeta_{nk}) + E(\zeta_{nk}^2)\right]\\
&\leqslant n^{-1}\left\{[k + k^2\varphi^{1/2}(p)]E(\zeta_{n0}^2) + 2k[E(\zeta_{n0}^2)]^{1/2}[E(\zeta_{nk}^2)]^{1/2} + E(\zeta_{nk}^2)\right\}.
\end{aligned}$$

由式 (2.3.59) 和式 (2.3.68) 可得, $k^2\varphi^{1/2}(p) = o(k^2p^{-1/2}) = o(n^{1/3})$, $E(\zeta_{n0}^2) = O(q) = O(n^{1/2})$, $E(\zeta_{nk}^2) = O(n-kp-kq) = O(p) = O(n^{2/3})$. 将这些结果代入到上式可得

$\text{var}(S_n^*) = o(1)$, 故由 $S_n^* \xrightarrow{P} 0$. 因此, 为证 $a^{\mathrm{T}} Z_n$ 的渐近正态性, 由 Slutsky 定理, 只需证明 S_n 的渐近正态性. 由 φ 混合序列的性质和条件 (2.3.59), 有

$$\left| E(\mathrm{e}^{\mathrm{i}tS_n}) - \prod_{j=0}^{k-1} E(\mathrm{e}^{\mathrm{i}t\eta_{nj}/\sqrt{n}}) \right| \leqslant 4k\varphi(q) = o(kq^{-1}) = o(1),$$

其中 $\mathrm{i}^2 = -1$. 因此, 我们可以把 S_n 看作独立同分布的随机变量之和. 由于

$$\sum_{j=0}^{k-1} E|\eta_{nj}/\sqrt{n}|^3 \Bigg/ \left(\sum_{j=0}^{k-1} E|\eta_{nj}/\sqrt{n}|^2 \right)^{3/2} \leqslant E|\eta_{n0}|^3 / \{k^{1/2}[E(\eta_{n0}^2)]^{3/2}\},$$

于是, 为证 S_n 的渐近正态性, 由 Berry-Esseen 定理, 只需证明

$$E|\eta_{n0}|^3 / \{k^{1/2}[E(\eta_{n0}^2)]^{3/2}\} \longrightarrow 0. \tag{2.3.69}$$

记 $\sigma_{np} = E(\eta_{n0}^2)$. 由式 (2.3.68) 和 B 的正定性容易看出: 存在常数 $c_2 > c_1 > 0$, 使对一切适当大的 n, 有

$$c_1 p \leqslant \sigma_{np}^2 \leqslant c_2 p. \tag{2.3.70}$$

下面估计 $E|\eta_{n0}|^3$. 由 φ 混合序列的性质 (定理 1.1.13) 和式 (2.3.70) 可得

$$\begin{aligned} E|\eta_{n0}|^3 &\leqslant c\left[(c_2 p)^{3/2} + E\left(\max_{1\leqslant i\leqslant p} |\xi_{ni}|^3\right)\right] \\ &\leqslant c\left[(c_2 p)^{3/2} + pE|\xi_{n1}|^3\right]. \end{aligned} \tag{2.3.71}$$

利用式 (2.3.64) 容易推得

$$E|V_{n1}(x_s)|^3 \leqslant c h_n^{-1/2} E[U_{n1}(x_s)] = O(h_n^{-1/2}).$$

因此

$$E|\xi_{n1}|^3 = O(h_n^{-1/2}). \tag{2.3.72}$$

将式 (2.3.72) 代入到式 (2.3.71) 可得

$$E|\eta_{n0}|^3 \leqslant c(p^{3/2} + p h_n^{-1/2}).$$

将此式与式 (2.3.70) 结合可得

$$\begin{aligned} E|\eta_{n0}|^3 / \{k^{1/2}[E(\eta_{n0}^2)]^{3/2}\} &\leqslant c(p^{3/2} + p h_n^{-1/2})/(k^{1/2} p^{3/2}) \\ &\leqslant c[k^{-1/2} + (nh_n)^{-1/2}] \longrightarrow 0. \end{aligned}$$

至此我们证明了式 (2.3.60). 下面的证明类似定理 2.3.7 的证明. 这里省略其细节.

2. 相依样本下核密度估计的强相合性

下面在一维核密度下考虑 $\hat{f}_{\mathrm{K}}(x)$ 的逐点强相合性.

定理 2.3.13　设混合系数 $\varphi(n)$ 满足条件 (2.3.59), 核 $K(u)$ 为概率密度函数且 $(1+|u|)K(u)$ 在 $\mathbf{R}$ 上几乎处处有界, 带宽 h_n 满足 $\sqrt{n}h_n/\log n\to\infty$, 则对于 $f(\cdot)$ 的连续点 x, 当 $f(x)>0$ 时, 有

$$\hat{f}_{\mathrm{K}}(x)\longrightarrow f(x),\ \text{a.s.}.$$

证　利用定理 1.1.14 并仿照定理 2.3.5 的证明即可完成本定理的证明. 这里省略其证明.

下面给出一维核密度估计 $\hat{f}_{\mathrm{K}}(x)$ 的一致强相合性.

定理 2.3.14　设 $\{X_n;n\geqslant 1\}$ 为平稳 φ 混合序列, 且混合系数 $\varphi(n)$ 满足

$$\varphi(n)=O(n^{-5-\delta}),\quad 对某个\delta\in(0,1/4). \tag{2.3.73}$$

又设核函数 $K(u)$ 为概率密度函数且具有有界变差, 带宽 h_n 满足 $h_n\to 0$, $nh_n^2/\log\log n\to\infty$. 如果 $f(x)$ 在 $\mathbf{R}$ 上一致连续, 则

$$\sup_x|\hat{f}_{\mathrm{K}}(x)-f(x)|\longrightarrow 0,\ \text{a.s.}.$$

证　在定理的条件下, 容易证明

$$\sup_x|E[\hat{f}_{\mathrm{K}}(x)]-f(x)|\longrightarrow 0,\ \text{a.s.}. \tag{2.3.74}$$

利用分部积分法可得

$$\begin{aligned}|\hat{f}_{\mathrm{K}}(x)-E[\hat{f}_{\mathrm{K}}(x)]|&=\left|\int_{-\infty}^{\infty}h_n^{-1}K\left(\frac{u-x}{h_n}\right)\mathrm{d}(F_n(u)-F(u))\right|\\&=\left|\int_{-\infty}^{\infty}h_n^{-1}[F_n(u)-F(u)]\mathrm{d}K\left(\frac{u-x}{h_n}\right)\right|\\&\leqslant\sup_u|F_n(u)-F(u)|h_n^{-1}\left|\int_{-\infty}^{\infty}\mathrm{d}K\left(\frac{u-x}{h_n}\right)\right|.\end{aligned}$$

利用 $K(\cdot)$ 的有界变差性和定理 1.2.8 可得

$$\sup_x|\hat{f}_{\mathrm{K}}(x)-E[\hat{f}_{\mathrm{K}}(x)]|=O\left((nh_n^2/\log\log n)^{-1/2}\right),\ \text{a.s.}. \tag{2.3.75}$$

因此, 由式 (2.3.74) 和式 (2.3.75) 即可完成本定理的证明.

3. 相依样本下核密度估计的收敛速度

下面给出一维核密度估计 $\hat{f}_{\mathrm{K}}(x)$ 的收敛速度.

定理 2.3.15 设 $\{X_n; n \geqslant 1\}$ 为平稳 φ 混合序列, 且混合系数 $\varphi(n)$ 满足条件 (2.3.59), 核 $K(u)$ 为概率密度函数, $(1+|u|)K(u)$ 在 $\mathbf{R}$ 上几乎处处有界, 且满足

$$\int_{-\infty}^{\infty} uK(u)\mathrm{d}u = 0, \quad \int_{-\infty}^{\infty} u^2 K(u)\mathrm{d}u < \infty, \tag{2.3.76}$$

$f(\cdot)$ 在 x 上存在有界的二阶导数, 且 $f(x) > 0$. 如果选取 $h_n = n^{-1/6}(\log n)^{1/3}$, 则对任何 $0 < c_n \to \infty$, 有

$$\hat{f}_{\mathrm{K}}(x) - f(x) = o\left(n^{-1/3}(\log n)^{2/3}\right), \text{ a.s..}$$

证 利用定理 1.1.14 并仿照定理 2.3.8 的证明即可完成本定理的证明. 这里省略其证明.

下面给出一维核密度估计 $\hat{f}_{\mathrm{K}}(x)$ 的一致收敛速度.

定理 2.3.16 设 $\{X_n; n \geqslant 1\}$ 为平稳 φ 混合序列, 且混合系数 $\varphi(n)$ 满足 (2.3.73), 核 $K(u)$ 为概率密度函数, 且满足条件 (2.3.76), $f(\cdot)$ 在 x 上存在有界的二阶导数. 如果选取 $h_n = (n/\log\log n)^{-1/6}$, 则

$$\sup_x |\hat{f}_{\mathrm{K}}(x) - f(x)| = O\left(\left(\frac{\log\log n}{n}\right)^{1/3}\right), \text{ a.s..}$$

证 容易证明

$$\sup_x |E[\hat{f}_{\mathrm{K}}(x)] - f(x)| = O(h_n^2), \text{ a.s..} \tag{2.3.77}$$

利用式 (2.3.75) 和式 (2.3.77) 即可完成本定理的证明.

2.3.6 删失数据下核密度估计

1. 估计量的定义

设 $X_1, \cdots, X_n$ 是来自一维总体 X 的独立同分布样本, X 具有分布函数 $F(x)$ 和密度函数 $f(x)$. 又设 $C, C_1, \cdots, C_n$ 是表示删失的独立同分布随机变量, C 具有连续分布函数 $G(x)$ 和密度函数 $g(x)$. 假设诸 X_i 与 C_i 独立. 在随机右删失数据中, 人们不能完全观测 X_i, 仅能观测到

$$Z_i = \min(X_i, C_i), \quad \varDelta_i = I(X_i \leqslant C_i), \quad i = 1, \cdots, n,$$

其中 $I(A)$ 表示 A 的示性函数. 显然, Z 有分布函数 $H(x) = 1 - [1 - F(x)][1 - G(x)]$. 对任意分布函数 $V(x)$, 记 $\tau_V = \inf\{x, V(x) = 1\}$, $\bar{V}(x) = 1 - V(x)$. 基于

$(Z_1, \varDelta_1), \cdots, (Z_n, \varDelta_n)$, Blum 和 Susarla(1980) 定义了 $f(x)$ 的核估计:

$$\hat{f}_{\mathrm{CK}}(x) = h_n^{-1} \int_{-\infty}^{\infty} K\left(\frac{u-x}{h_n}\right) \mathrm{d}\widehat{F}(u), \tag{2.3.78}$$

其中 $K(\cdot)$ 是核函数, h_n 是趋于零的常数序列, $\widehat{F}(\cdot) = 1 - \widehat{\bar{F}}(\cdot)$, 而 $\widehat{\bar{F}}(\cdot)$ 是 $\bar{F}(\cdot)$ 的 Kaplan-Meier 乘积限估计 (Kaplan and Meier, 1958), 即

$$\widehat{\bar{F}}(x) = \prod_{Z_{(i)} \leqslant x} \left(\frac{n-i}{n-i+1}\right)^{\varDelta_{(i)}}, \quad \forall x < Z_{(n)}, \tag{2.3.79}$$

这里 $Z_{(1)}, \cdots, Z_{(n)}$ 是 $Z_1, \cdots, Z_n$ 的次序统计量, $\varDelta_{(i)}$ 是对应于 $Z_{(i)}$ 的 $\varDelta = I(X \leqslant C)$ 值, 即当 $Z_{(i)} = Z_j$ 时, $\varDelta_{(i)} = \varDelta_j$. $\widehat{\bar{F}}(x)$ 简称为 K-M 估计. 根据 Susarla 等 (1984), 可以将 $\hat{f}_{\mathrm{CK}}(x)$ 写为

$$\hat{f}_{\mathrm{CK}}(x) = \frac{1}{nh_n} \sum_{i=1}^{n} \frac{\varDelta_{(i)}}{\widehat{\bar{G}}(X_i)} K\left(\frac{X_i - x}{h_n}\right), \tag{2.3.80}$$

其中

$$\widehat{\bar{G}}(x) = \begin{cases} 1, & x \leqslant Z_{(1)}, \\ \displaystyle\prod_{i=1}^{k-1} \left(\frac{n-i}{n-i+1}\right)^{1-\varDelta_{(i)}}, & Z_{(k-1)} < x \leqslant Z_{(k)}, k = 2, \cdots, n, \\ 0, & x > Z_{(n)}. \end{cases} \tag{2.3.81}$$

它是 $\bar{G}(x)$ 的 K-M 估计.

2. 带宽选择

同完全数据情形一样, 带宽的大小直接影响核密度估计的精度, 因此带宽选择至关重要. Rudemo(1982) 和 Bowman(1984) 在完全数据下使用积分平方误差 (ISE) 准则来度量核估计的精度 (见 2.3.3 小节). 对于右删失数据下核密度估计精度的度量, Marron 和 Padgett(1987) 也使用 ISE 准则. 考虑积分平方误差

$$\mathrm{ISE}(\hat{f}_{\mathrm{CK}}) = \int_{-\infty}^{\infty} [\hat{f}_{\mathrm{ck}}(x) - f(x)]^2 w(x) \mathrm{d}x, \tag{2.3.82}$$

其中 $w(x)$ 是非负权函数, 它是用来消除边界点的影响. 在实际应用中, 假定 $w(x)$ 有界且具有支撑 $[0, \tau]$, 其中 $\tau = \min(\tau_F, \tau_G)$. 应选择带宽使 $\mathrm{ISE}(\hat{f}_{\mathrm{CK}})$ 达到最小. 为得到带宽的具体表达式, 我们需要考虑 $\mathrm{ISE}(\hat{f}_{\mathrm{CK}})$ 的渐近表示. 此渐近表示是基于 Marron 和 Padgett(1987) 给出的如下结果.

定理 2.3.17 设核 $K(\cdot)$ 是具有紧支撑的概率密度函数且 Hölder 连续, $f(x)$ 和 $f(x)[1-G(x)]$ 是 Hölder 连续的, $G(x)$ 连续, 则对某 $\varepsilon>0$,

$$\sup_{h_n\in[n^{-1+\varepsilon},n^{-\varepsilon}]}\left|\frac{\mathrm{ISE}(\hat{f}_{\mathrm{CK}})-(an^{-1}h_n^{-1}+b_n)}{an^{-1}h_n^{-1}+b_n}\right|\longrightarrow 0,\ \text{a.s.},\tag{2.3.83}$$

其中

$$\begin{aligned}a&=\int_{-\infty}^{\infty}K^2(u)\mathrm{d}u\int_{-\infty}^{\infty}\frac{f(x)w(x)}{1-G(x)}\mathrm{d}x,\\ b_n&=\int_{-\infty}^{\infty}A^2(x,h_n)w(x)\mathrm{d}x,\\ A(x,h_n)&=\int_{-\infty}^{\infty}K(u)[f(x+h_nu)-f(x)]\mathrm{d}u.\end{aligned}$$

证 我们仅给出本定理证明的主要步骤, 其证明细节可参看 Marron 和 Padgett(1987). 为此, 记

$$f_n(x)=\frac{1}{nh_n}\sum_{i=1}^{n}\frac{\Delta_i}{\bar{G}(X_i)}K\left(\frac{X_i-x}{h_n}\right).$$

由式 (2.3.82) 中 $\mathrm{ISE}(\hat{f}_{\mathrm{CK}})$ 的定义, 经过简单计算可得

$$\mathrm{ISE}(\hat{f}_{\mathrm{CK}})=\mathrm{ISE}(f_n)+\mathrm{II}+\mathrm{III},\tag{2.3.84}$$

其中

$$\begin{aligned}\mathrm{II}&=2\int_{-\infty}^{\infty}[\hat{f}_{\mathrm{CK}}(x)-f_n(x)][f_n(x)-f(x)]w(x)\mathrm{d}x,\\ \mathrm{III}&=\int_{-\infty}^{\infty}[\hat{f}_{\mathrm{CK}}(x)-f_n(x)]^2w(x)\mathrm{d}x.\end{aligned}$$

通过 “方差–平方偏差” 分解和 Rosenblatt(1971) 的标准计算可得

$$\mathrm{MISE}(f_n)\triangleq E[\mathrm{ISE}(f_n)]=a(nh_n)^{-1}+b_n+o((nh_n)^{-1}).\tag{2.3.85}$$

Marron 和 Padgett(1987) 的引理 2.1.9 和引理 2.1.10 已经证明了

$$\sup_{h_n}\left|\frac{\mathrm{ISE}(f_n)-\mathrm{MISE}(f_n)}{\mathrm{MISE}(f_n)}\right|\longrightarrow 0,\ \text{a.s.},\tag{2.3.86}$$

$$\sup_{h_n}\left|\frac{\mathrm{II}}{\mathrm{MISE}(f_n)}\right|\longrightarrow 0,\ \text{a.s.},\tag{2.3.87}$$

$$\sup_{h_n}\left|\frac{\mathrm{III}}{\mathrm{MISE}(f_n)}\right|\longrightarrow 0,\ \text{a.s.}\tag{2.3.88}$$

结合式 (2.3.84)∼ 式 (2.3.88) 即可完成定理 2.3.17 的证明.

注意到 $f(x)$ 和 $f(x)[1-G(x)]$ 的 Hölder 连续性, 可知定理 2.3.22 的一个直接结果是 $\mathrm{ISE}(\hat{f}_{\mathrm{CK}})$ 的相合性.

下面讨论最优带宽趋于零的阶. 我们知道, 完全数据下的核密度估计有一个渐近最优带宽. 同样地, 由定理 2.3.17 也可以获得渐近最优带宽. 事实上, 如果 $K(\cdot)$ 为对称的概率密度函数, $f(x)$ 和 $f(x)[1-G(x)]$ 具有二阶有界连续导数, 则

$$b_n=\frac{1}{4}h_n^4d_K^2\int_{-\infty}^{\infty}[f''(x)]^2w(x)\mathrm{d}x+o(h_n^4),$$

其中 $d_K=\int_{-\infty}^{\infty}u^2K(u)\mathrm{d}u$. 记

$$B(h_n)=c_K(nh_n)^{-1}\int_{-\infty}^{\infty}\frac{f(x)w(x)}{1-G(x)}\mathrm{d}x+\frac{1}{4}h_n^4d_K^2\int_{-\infty}^{\infty}[f''(x)]^2w(x)\mathrm{d}x,$$

其中 $c_K=\int_{-\infty}^{\infty}K^2(u)\mathrm{d}u$. 因此, 由定理 2.3.17 可得: 对 $h_n\in[n^{-1+\varepsilon},n^{-\varepsilon}]$ 一致成立

$$\mathrm{ISE}(\hat{f}_{\mathrm{CK}})=B(h_n)+o((nh_n)^{-1})+o(h_n^4),\ \text{a.s.}. \tag{2.3.89}$$

极小化 $B(h)$ 即可得到渐近带宽:

$$\tilde{h}_{\mathrm{opt}}=\left\{\frac{c_K\int_{-\infty}^{\infty}\frac{f(x)w(x)}{1-G(x)}\mathrm{d}x}{d_K^2\int_{-\infty}^{\infty}[f''(x)]^2w(x)\mathrm{d}x}\right\}^{1/5}n^{-1/5}.$$

此时, $\mathrm{ISE}(\hat{f}_{\mathrm{CK}})$ 的收敛速度是 $\mathrm{ISE}(\hat{f}_{\mathrm{CK}})\sim n^{-1/5}$. Marron 和 Padgett(1987) 证明了: 在与 Rosenblatt(1956) 和 Parzen(1962) 的带宽同样意义下, $\tilde{h}_{\mathrm{opt}}$ 是最优的, 只是这里使用 ISE 准则而不是那里的 MISE 准则.

下面讨论自动带宽选择问题. 对基于数据的带宽选择, Marron 和 Padgett(1987) 使用最小二乘交叉验证方法, 其基本思想类似于 Rudemo(1982) 和 Bowman(1984) 在完全数据下提出的最小二乘交叉验证方法. 下面介绍这个方法. 注意到

$$\mathrm{ISE}(\hat{f}_{\mathrm{CK}})=\int_{-\infty}^{\infty}\hat{f}_{\mathrm{CK}}^2(x)w(x)\mathrm{d}x-2\int_{-\infty}^{\infty}\hat{f}_{\mathrm{K}}(x)f(x)w(x)\mathrm{d}x+\int_{-\infty}^{\infty}f^2(x)w(x)\mathrm{d}x,$$

而上式第三项不依赖于 h_n, 因此可以选择 h_n 使前两项之和达到极小. 又第二项含有未知函数 $f(x)$, 于是需要估计. 可以推出: 第二项中积分的一个无偏估计是

$$\frac{1}{n}\sum_{i=1}^{n}\frac{\Delta_iw(x)}{\hat{\bar{G}}_n^*(X_i)}\hat{f}_{\mathrm{CK}}^{(-i)}(X_i),$$

其中 $\widehat{\bar{G}}_n^*(\cdot)$ 是对 $\widehat{\bar{G}}_n(\cdot)$ 改良后而得到的 $\bar{G}(\cdot)$ 的估计, 即

$$\widehat{\bar{G}}_n^*(x)=\begin{cases}1, & x\leqslant Z_{(1)},\\ \prod_{i=1}^{k-1}\left(\dfrac{n-i+1}{n-i+2}\right)^{1-\Delta_{(i)}}, & Z_{(k-1)}<x\leqslant Z_{(k)}, k=2,\cdots,n,\\ \prod_{i=1}^{n}\left(\dfrac{n-i+1}{n-i+2}\right)^{1-\Delta_{(i)}}, & x>Z_{(n)};\end{cases}$$

$\hat{f}_{\mathrm{CK}}^{(-i)}(X_i)$ 是 $\hat{f}_{\mathrm{CK}}(X_i)$ 的 "剔除一" 形式, 即

$$\hat{f}_{\mathrm{CK}}^{(-i)}(X_i)=\frac{1}{(n-1)h_n}\sum_{j\neq i}\frac{1}{\widehat{\bar{G}}_n(X_i)}K\left(\frac{X_j-X_i}{h_n}\right),$$

$\widehat{\bar{G}}_n(\cdot)$ 由式 (2.3.81) 给出. 定义 $\hat{h}_{\mathrm{CV}}$ 为最小二乘交叉验证准则

$$\mathrm{CV}(h_n)=\int_{-\infty}^{\infty}\hat{f}_{\mathrm{CK}}^2(x)w(x)\mathrm{d}x-2n^{-1}\sum_{i=1}^{n}\frac{\Delta_i w(x)}{\widehat{\bar{G}}_n^*(X_i)}\hat{f}_{\mathrm{CK}}^{(-i)}(X_i) \tag{2.3.90}$$

的最小值. Marron 和 Padgett(1987) 证明了下述结果: 如果定理 2.3.17 的条件成立, 则在

$$\frac{\mathrm{ISE}(\hat{f}_{\mathrm{CK}},\hat{h}_{\mathrm{CV}})}{\inf\limits_{h_n}\mathrm{ISE}(\hat{f}_{\mathrm{CK}},h_n)}\longrightarrow 1,\ \text{a.s.}$$

的意义下, $\hat{h}_{\mathrm{CV}}$ 是渐近最优的, 其中 $(\hat{f}_{\mathrm{CK}},\hat{h}_{\mathrm{CV}})$ 和 $(\hat{f}_{\mathrm{CK}},h_n)$ 表示 $\hat{f}_{\mathrm{CK}}$ 的带宽分别为 $\hat{h}_{\mathrm{CV}}$ 和 h_n.

3. 估计量的渐近性质

下面讨论 $\hat{f}_{\mathrm{CK}}(x)$ 的渐近性质. 首先给出它的渐近正态性.

定理 2.3.18 设核 $K(\cdot)$ 是具有支撑 $[-1,1]$ 的概率密度函数, X 的密度函数 $f(\cdot)$ 在点 x 处存在有界的导数, C 的概率密度函数 $g(\cdot)$ 在点 x 处连续. 如果 $h_n=o(n^{-1/3})$, 则当 $f(x)>0$ 和 $G(x)>0$ 时,

$$\sqrt{nh_n}\,[\hat{f}_{\mathrm{CK}}(x)-f(x)]\xrightarrow{D}N(0,\sigma^2(x)), \tag{2.3.91}$$

其中 $\sigma^2(x)=[f(x)/\bar{G}(x)]\displaystyle\int_{-1}^{1}K^2(u)\mathrm{d}u$.

证 记

$$\tilde{f}_n(x)=\frac{1}{\bar{G}(x)h_n}\int_{-\infty}^{\infty}K\left(\frac{u-x}{h_n}\right)\mathrm{d}H_{n1}(u), \tag{2.3.92}$$

其中

$$H_{n1}(x)=\frac{1}{n}\sum_{i=1}^{n}I(Z_i\leqslant x,\varDelta_i=1).$$

类似于定理 2.3.7 的证明方法可以证得

$$\sqrt{nh_n}\,[\tilde{f}_n(x)-f(x)]\xrightarrow{D}N(0,\sigma^2(x)).\tag{2.3.93}$$

如果证明了

$$\sqrt{nh_n}\,[\hat{f}_{\mathrm{CK}}(x)-\tilde{f}_n(x)]\longrightarrow 0,\ \text{a.s.},\tag{2.3.94}$$

那么利用式 (2.3.93) 和式 (2.3.94) 以及 Slutsky 定理即可证得式 (2.3.91). 下面证明式 (2.3.94). 记 $S_{x,\rho}=\{u:|u-x|\leqslant\rho\}$, 则有

$$\begin{aligned}|\hat{f}_{\mathrm{CK}}(x)-\tilde{f}_n(x)|\leqslant&\sup_u K(u)\cdot\frac{1}{nh_n}\sum_{i=1}^{n}I(Z_i\in S_{x,h_n},\varDelta_i=1)\\&\times\max_{\{Z_i\in S_{x,hn},\varDelta_i=1\}}\left|\frac{\varDelta_i}{\bar{G}(x)}-n\varDelta_i a_n(Z_i)\right|,\end{aligned}\tag{2.3.95}$$

其中 $a_n(Z_i)$ 是 K-M 估计在点 Z_i 的跳. 使用事实

$$\lim_{n\to\infty}\frac{1}{nh_n}\sum_{i=1}^{n}I(Z_i\in S_{x,h_n},\varDelta_i=1)=2f(x)\bar{G}(x),$$

为证式 (2.3.94), 只需证明

$$\max_{\{Z_i\in S_{x,hn},\varDelta_i=1\}}\left|\frac{\varDelta_i}{\bar{G}(x)}-n\varDelta_i a_n(Z_i)\right|=o((nh_n)^{-1/2}),\ \text{a.s.}.\tag{2.3.96}$$

事实上, 由于 $na_n(X_i)=\varDelta_i\widehat{\bar{F}}_n(Z_i-)/\bar{H}_n(Z_i-)$(Efron, 1967), 其中 $\widehat{\bar{F}}_n(\cdot)=1-\hat{F}(\cdot)$, $\bar{H}_n(\cdot)=\dfrac{1}{n}\sum_{i=1}^{n}I(Z_i>\cdot)$, 那么式 (2.3.96) 左端可由下式控制:

$$\sup_{u\leqslant x+h_n}\left|\frac{\widehat{\bar{F}}_n(u)}{\bar{H}_n(u)}-\frac{\widehat{\bar{F}}_n(u)}{\bar{H}(u)}\right|+\sup_{u\leqslant x+h_n}\left|\frac{\widehat{\bar{F}}_n(u)}{\bar{H}(u)}-\frac{\bar{F}(u)}{\bar{H}(u)}\right|+\sup_{u\leqslant x+h_n}\left|\frac{1}{\bar{G}(x)}-\frac{1}{\bar{G}(u)}\right|.$$

利用 Kolmogorov-Smirnov 距离的重对数律 (Serfling, 1980; Földes and Rejtö, 1981), 知上式前两项的收敛速度都是 $O((n/\log\log n)^{-1/2})$, 最后一项被 $[G(x+h_n)-G(x-h_n)]/\bar{G}^2(x+h_n)$ 所控制. 于是由

$$\frac{G(x+h_n)-G(x-h_n)}{h_n}\longrightarrow 2g(x),$$

即得式 (2.3.96) 左端的收敛速度为 $O((n/\log\log n)^{-1/2})+o(h_n)$. 由此即可得到式 (2.3.94). 这就完成了本定理的证明.

下面的定理给出了 $\hat{f}_{\text{CK}}(x)$ 的逐点强相合性.

定理 2.3.19 设核 $K(\cdot)$ 是具有支撑 $[-1,1]$ 的概率密度函数, 带宽 h_n 满足 $h_n\to 0$, $nh_n/\log n\to\infty$, 则在 $f(\cdot)$ 和 $g(\cdot)$ 的连续点 x 上,

$$\hat{f}_{\text{CK}}(x)\longrightarrow f(x),\ \text{a.s.}. \tag{2.3.97}$$

证 为证式 (2.3.97), 利用式 (2.3.94), 只需证明

$$\tilde{f}_n(x)\longrightarrow f(x),\ \text{a.s.}.$$

类似定理 2.3.4 的证明即可证得上式, 故从略.

下面的定理陈述 $\hat{f}_{\text{CK}}(x)$ 的一致强相合性.

定理 2.3.20 设定理 2.3.19 的条件成立. 如果 $f(\cdot)$, $g(\cdot)$ 和 $K(\cdot)$ 在 $\mathbf{R}$ 上连续, $h_n\to 0$, $nh_n/\log n\to\infty$, 则当 $H(\tau)<1$ 且 $\tau<\tau_H$ 时, 有

$$\sup_{x\leqslant\tau}|\hat{f}_{\text{CK}}(x)-f(x)|\longrightarrow 0,\ \text{a.s.}.$$

证 类似于定理 2.3.6 的证明方法可以证得

$$\sup_{x\leqslant\tau}|\tilde{f}_n(x)-f(x)|\longrightarrow 0,\ \text{a.s.},$$

其中 $\tilde{f}_n(x)$ 由式 (2.3.92) 定义. 因此, 为证定理 2.3.20, 只需证明

$$\sup_{x\leqslant\tau}|\hat{f}_{\text{CK}}(x)-\tilde{f}_n(x)|\longrightarrow 0,\ \text{a.s.} \tag{2.3.98}$$

为此, 使用式 (2.3.95). 由 Silverman(1978b) 的结果, 可以证得

$$\sup_{x\leqslant\tau}\left|\frac{1}{nh_n}\sum_{i=1}^{n}I(Z_i\in S_{x,h_n},\varDelta_i=1)-2f(x)\bar{G}(x)\right|\longrightarrow 0,\ \text{a.s.} \tag{2.3.99}$$

又利用 $g(x)$ 的一致连续性可得

$$\sup_{x\leqslant\tau}\left|\frac{G(x+h_n)-G(x-h_n)}{h_n}-2g(x)\right|\longrightarrow 0.$$

因此, 根据式 (2.3.96) 的证明可得

$$\sup_{x\leqslant\tau}\max_{\{Z_i\in S_{x,hn},\varDelta_i=1\}}\left|\frac{\varDelta_i}{\bar{G}(x)}-n\varDelta_i a_n(Z_i)\right|\longrightarrow 0,\ \text{a.s.} \tag{2.3.100}$$

结合式 (2.3.95)、(2.3.99) 和式 (2.3.100) 即证得式 (2.3.98). 这就完成了本定理的证明.

下面两个定理给出了 $\hat{f}_{\mathrm{CK}}(x)$ 的收敛速度, 其证明可以参看 Diehl 和 Stute(1988) 与王启华 (2006), 这里省略.

定理 2.3.21　设核 $K(\cdot)$ 是连续可微且具有支撑 $[\alpha,\beta]$ 的概率密度函数, $f(\cdot)$ 和 $g(\cdot)$ 连续, 带宽 h_n 满足 $h_n\to 0$,

$$\lim_{\varepsilon\to 0}\limsup_{n\to\infty}\sup_{\{m:|m-n|\leqslant n\varepsilon\}}\left|\frac{h_m}{h_n}-1\right|=0,\qquad \frac{\log^4 n}{nh_n\log\log n}\to 0,$$

则

$$\limsup_{n\to\infty}\pm\sqrt{\frac{nh_n}{2\log\log n}}[\hat{f}_{\mathrm{CK}}(x)-f_n(x)]=\sqrt{\frac{c_K f(x)}{1-G(x)}},\ \text{a.s.},$$

其中 $c_K=\int_{-\infty}^{\infty}K^2(u)\mathrm{d}u$,

$$f_n(x)=h_n^{-1}\int_{-\infty}^{\infty}K\left(\frac{u-x}{h_n}\right)\mathrm{d}F(u).$$

定理 2.3.22　设核 $K(\cdot)$ 是连续可微且具有支撑 $[\alpha,\beta]$ 的概率密度函数, $f(\cdot)$ 和 $g(\cdot)$ 连续, 带宽 h_n 满足 $h_n\to 0$, $nh_n/\log h_n^{-1}\to\infty$, $\log h_n^{-1}/\log\log n\to\infty$. 如果在 $[\tau'',\tau']$ 上, $f(x)\geqslant b>0$, 则对 $\tau''<\tau<\tau'$,

$$\lim_{n\to\infty}\sqrt{\frac{nh_n}{2\log h_n^{-1}}}\sup_{\tau''\leqslant x\leqslant\tau}\sqrt{\frac{1-G(x)}{f(x)}}|\hat{f}_{\mathrm{CK}}(x)-f_n(x)|=\sqrt{c_K},\ \text{a.s.},$$

其中 c_K 如同定理 2.3.21 中定义.

由上述的定理 2.3.21 和定理 2.3.22, 立刻得到下面两个推论.

推论 2.3.4　设定理 2.3.21 的条件成立. 如果 $K(\cdot)$ 为对称的概率密度函数, $f(\cdot)$ 具有二阶有界导数, 则当取 $h_n=O((n/\log\log n)^{-1/5})$ 时, 有

$$\hat{f}_{\mathrm{CK}}(x)-f(x)=O\left((n/\log\log n)^{-2/5}\right),\ \text{a.s.}.$$

推论 2.3.5　设定理 2.3.22 的条件成立. 如果 $K(\cdot)$ 为对称的概率密度函数, $f(\cdot)$ 具有二阶有界导数, 则当取 $h_n=O((n/\log n)^{-1/5})$ 时, 有

$$\sup_{\tau''\leqslant x\leqslant\tau}|\hat{f}_{\mathrm{CK}}(x)-f(x)|=O\left((n/\log n)^{-2/5}\right),\ \text{a.s.}.$$

利用定理 2.3.21 和定理 2.3.22 以及非删失情形下相应的证明方法即可完成推论 2.3.4 和推论 2.3.5 的证明. 故从略. 这两个推论给出了 $\hat{f}_{\mathrm{CK}}(x)$ 最优的逐点和一致收敛速度. 最后指出: Zhang(1998) 在不要求 $G(\cdot)$ 有概率密度的情形下也证明了 $\hat{f}_{\mathrm{CK}}(x)$ 一致强相合性, 并得到了它的一致收敛速度. 这里不再赘述.

2.3.7 测量误差数据下核密度估计

逆卷积问题在统计学中以多种情况出现. 一个有兴趣的问题是基于来自 Y 的样本来估计随机变量 X 的密度 $f(x)$, 其中

$$Y = X + \varepsilon, \tag{2.3.101}$$

ε 是测量误差. 本节主要讨论在测量误差数据下核密度估计及其渐近性质.

1. 估计量的定义

设 $Y_1, \cdots, Y_n$ 是来自 Y 的独立同分布样本, 其中 Y 如同式 (2.3.101), 测量误差 ε 具有已知分布. 假设 X 与 ε 相互独立, 那么

$$\phi_Y(t) = \phi_X(t)\phi_\varepsilon(t),$$

其中 $\phi_Y(t)$, $\phi_X(t)$ 和 $\phi_\varepsilon(t)$ 分别为 Y, X 和 ε 的特征函数. 如果对任何 $t \in \mathbf{R}$, $\phi_\varepsilon(t) \neq 0$, 那么由逆 Fourier 变换可得

$$f(x) = \frac{1}{2\pi}\int_{-\infty}^{\infty} \exp\{-\mathrm{i}tx\}\frac{\phi_Y(t)}{\phi_\varepsilon(t)}\mathrm{d}t, \tag{2.3.102}$$

其中 $\mathrm{i}^2 = -1$. 式 (2.3.102) 中 $\phi_Y(t)$ 是未知的, 这是因为 Y 的密度 $f_Y(y)$ 未知. 如果构造出 $\phi_Y(t)$ 的估计并代入式 (2.3.102), 就可得到 $f(x)$ 的估计. 为此, 需要利用 Y 的样本构造 $f_Y(y)$ 的估计, 从而就可以得到 $\phi_Y(t)$ 的估计. 选定核函数 $K(\cdot)$ 和带宽 h_n, 定义 $f_Y(y)$ 的核估计为

$$\hat{f}_Y(y) = \frac{1}{nh_n}\sum_{j=1}^{n} K\left(\frac{y - Y_j}{h_n}\right).$$

因此, $\hat{f}_Y(y)$ 的 Fourier 变换为 $\hat{\phi}_Y(t) = \phi_K(th_n)\hat{\phi}_n(t)$, 其中

$$\phi_K(th_n) = \int_{-\infty}^{\infty} \exp\{\mathrm{i}th_n u\}K(u)\mathrm{d}u, \quad \hat{\phi}_n(t) = \frac{1}{n}\sum_{j=1}^{n}\exp\{\mathrm{i}tY_j\}. \tag{2.3.103}$$

称 $\hat{\phi}_n(t)$ 为经验特征函数. 如果 $\phi_K(th_n)/\phi_\varepsilon(t)$ 是可积的, 则用 $\hat{\phi}_Y(t)$ 替换式 (2.3.102) 中的 $\phi_Y(t)$ 就可得到 $f(x)$ 的估计:

$$\hat{f}_{\mathrm{MK}}(x) = \frac{1}{2\pi}\int_{-\infty}^{\infty} \exp\{-\mathrm{i}tx\}\frac{\phi_K(th_n)\hat{\phi}_n(t)}{\phi_\varepsilon(t)}\mathrm{d}t.$$

利用式 (2.3.103) 可以将上式重写为核类估计:

$$\hat{f}_{\mathrm{MK}}(x) = \frac{1}{nh_n}\sum_{j=1}^{n} K_n\left(\frac{x - Y_j}{h_n}\right), \tag{2.3.104}$$

其中

$$K_n(x)=\frac{1}{2\pi}\int_{-\infty}^{\infty}\exp\{-\mathrm{i}tx\}\frac{\phi_K(t)}{\phi_\varepsilon(t/h_n)}\mathrm{d}t.$$

估计量 (2.3.104) 可以从文献 Stefanski 和 Carroll(1990) 中找到.

2. 估计量的均方收敛速度

为计算核密度估计的均方误差, 我们首先计算估计量的偏差, 并看一下将使用什么样的核函数. 对 $x\in\mathbf{R}$, 可以推得

$$\begin{aligned}E[\hat{f}_{\mathrm{MK}}(x)]-f(x)&=\frac{1}{2\pi}\int_{-\infty}^{\infty}\exp\{-\mathrm{i}tx\}\phi_K(th_n)\phi_X(t)\mathrm{d}t-f(x)\\&=\int_{-\infty}^{\infty}\frac{1}{h_n}K\left(\frac{u}{h_n}\right)f(x-u)\mathrm{d}u-f(x).\end{aligned}\qquad(2.3.105)$$

式 (2.3.105) 最后的表达式不依赖于误差分布. 因此, 核函数 $K(\cdot)$ 能够施加通常密度估计中核的条件 (见定理 2.3.1 和定理 2.3.8 或 (Prakasa Rao, 1983)). 我们陈述它们的 Fourier 域:

(C2.3.1) 核 $K(\cdot)$ 是有界连续函数, 且 $\int_{-\infty}^{\infty}|u|^r|K(u)|\mathrm{d}u<\infty$, $r\geqslant 1$;

(C2.3.2) 核 $K(\cdot)$ 的 Fourier 变换 $\phi_K(t)$ 具有支撑 $[-1,1]$, 且 $\phi_K(t)=1+O(|t|^r)$.

由条件 (C2.3.1) 和 (C2.3.2) 可以推出 $K(\cdot)$ 是一个 r 阶核, 即

$$\int_{-\infty}^{\infty}u^lK(u)\mathrm{d}u=\frac{\phi_K^{(l)}(0)}{i^l}=0,\quad l=1,\cdots,r-1.\qquad(2.3.106)$$

为得到估计量的收敛速度, 通常施加在未知密度 $f(x)$ 上的光滑条件是 $f(x)$ 具有有界的 r 阶导数, 即 $f(x)$ 属于集合

$$\mathcal{C}_{r,b}=\{f(x):f(x)\text{为密度且满足}|f^r(x)|\leqslant b\},\qquad(2.3.107)$$

其中 r 和 b 都是已知常数. 考虑两类误差分布: 超光滑和平凡光滑分布. 所谓超光滑分布, 是指随机变量 ε 的特征函数 $\phi_\varepsilon(t)$ 满足

$$d_0|t|^{\beta_0}\exp(-\gamma|t|^\beta)\leqslant|\phi_\varepsilon(t)|\leqslant d_1|t|^{\beta_1}\exp(-\gamma|t|^\beta),\quad t\to\infty,\qquad(2.3.108)$$

其中 d_0, d_1, γ 和 β 是正的常数, β_0 和 β_1 是常数. 超光滑分布的例子有正态分布、Cauchy 分布等. 所谓平凡光滑分布, 是指随机变量 ε 的特征函数 $\phi_\varepsilon(t)$ 满足

$$d_0|t|^{-\beta}\leqslant|\phi_\varepsilon(t)|\leqslant d_1|t|^{-\beta},\quad t\to\infty,\qquad(2.3.109)$$

其中 d_0, d_1 和 β 是正的常数. 平凡光滑分布的例子包括 Gamma 分布、双指数分布等.

在下面的讨论中, 我们假定 $x \in \mathbf{R}$ 是固定的. 对误差 ε 的分布是超光滑的情况, Fan(1991) 给出了下列结果.

定理 2.3.23 设条件 (C2.3.1) 和 (C2.3.2) 成立. 如果 $\phi_\varepsilon(t)$ 满足 (2.3.108) 的左边不等式, 且对任何 $t \in \mathbf{R}$, $\phi_\varepsilon(t) \neq 0$, 则当 $h_n = (4\gamma)^{1/\beta}(\log n)^{-1/\beta}$ 时,

$$\sup_{f \in \mathcal{C}_{r,b}} E[\hat{f}_{\mathrm{MK}}(x) - f(x)]^2 = O((\log n)^{-2r/\beta}).$$

证 将 Taylor 公式应用到式 (2.3.105)(Prakasa Rao, 1983, p46, p47), 可以得到

$$\sup_{f \in \mathcal{C}_{r,b}} |E[\hat{f}_{\mathrm{MK}}(x)] - f(x)| = O(h_n^r). \tag{2.3.110}$$

下面求 $\hat{f}_{\mathrm{MK}}(x)$ 的方差. 经计算可得

$$\begin{aligned}\operatorname{var}(\hat{f}_{\mathrm{MK}}(x)) &\leqslant \frac{1}{4\pi^2 n h_n^2} E\left|\int_{-\infty}^{\infty} \exp\left\{-\mathrm{i}t\left(\frac{x-Y}{h_n}\right)\right\} \frac{\phi_K(t)}{\phi_\varepsilon(t/h_n)} \mathrm{d}t\right|^2 \\ &\leqslant \frac{1}{4\pi^2 n h_n^2} E\left[\int_{-1}^{1} \frac{|\phi_K(t)|}{|\phi_\varepsilon(t/h_n)|} \mathrm{d}t\right]^2. \end{aligned} \tag{2.3.111}$$

由条件 (2.3.108), 对足够大的 M, 当 $Mh_n \leqslant |t| \leqslant 1$ 时,

$$|\phi_\varepsilon(t/h_n)| \geqslant \frac{d_0}{2}(t/h_n)^{\beta_0} \exp(-\gamma h_n^{-\beta}).$$

由于对任何 $t \in \mathbf{R}$, $\phi_\varepsilon(t) \neq 0$, 可得

$$|\phi_\varepsilon(t/h_n)| \geqslant \inf_{|t| \leqslant M} |\phi_\varepsilon(t)| > 0, \quad |t| \leqslant Mh_n.$$

因此, 由式 (2.3.111) 和 $h_n = (4\gamma)^{1/\beta}(\log n)^{-1/\beta}$ 可得

$$\operatorname{var}(\hat{f}_{\mathrm{MK}}(x)) \leqslant \frac{1}{4\pi^2 n h_n^{2-2\beta_0}} O(\exp(-2\gamma h_n^{-\beta})) = o(n^{-1/3}).$$

这就完成了本定理的证明.

对误差 ε 的分布是平凡光滑的情况, Fan(1991) 给出了下列结果.

定理 2.3.24 设条件 (C2.3.1) 和 (C2.3.2) 成立. 如果 $\phi_\varepsilon(t)$ 满足式 (2.3.109) 的左边不等式, 且对任何 $t \in \mathbf{R}$, $\phi_\varepsilon(t) \neq 0$, 则对某个 $d > 0$, 当 $h_n = d(\log n)^{-1/[2(r+\beta)+1]}$ 时,

$$\sup_{f \in \mathcal{C}_{r,B}} E[\hat{f}_{\mathrm{MK}}(x) - f(x)]^2 = O((\log n)^{-2r/[2(r+\beta)+1]}).$$

证 利用式 (2.3.110), 我们仅需计算 $\hat{f}_{\rm MK}(x)$ 的方差. 利用式 (2.3.104) 和 Pareval 不等式可得

$$\begin{aligned}\operatorname{var}(\hat{f}_{\rm MK}(x)) &\leqslant \frac{1}{nh_n^2}E\left[K_n^2\left(\frac{x-Y}{h_n}\right)\right]\\ &\leqslant \frac{1}{nh_n}\int_{-\infty}^{\infty}K_n^2(y)f_Y(x-h_ny)\mathrm{d}y\\ &\leqslant \frac{c}{2\pi nh_n}\int_{-1}^{1}\frac{|\phi_K(t)|^2}{|\phi_\varepsilon(t/h_n)|^2}\mathrm{d}t.\end{aligned} \tag{2.3.112}$$

类似于定理 2.3.23 的证明, 可知上式最后一项的阶是 $O((nh_n^{2\beta+1})^{-1})$. 最后结合式 (2.3.110) 和选择的 h_n 即可完成定理的证明.

需要说明的是: Fan(1991) 证明了定理 2.3.23 和定理 2.3.24 给出的收敛速度是最优的, 在现有的条件下已不可能改进. 对常见的误差分布, 利用定理 2.3.23 和定理 2.3.24 可以得到均方误差 $\mathrm{MSE}(\hat{f}_{\rm MK}(x))$ 的收敛速度. 例如, 如果误差 ε 服从标准正态分布 (超光滑), 则 $\mathrm{MSE}(\hat{f}_{\rm MK}(x))$ 的收敛速度为 $O((\log n)^{-r/2})$; 如果误差 ε 服从 Gamma 分布 $\mathrm{Ga}(\beta)$ (平凡光滑), 则 $\mathrm{MSE}(\hat{f}_{\rm MK}(x))$ 的收敛速度为 $O(n^{-r/[2(r+\beta)+1]})$; 如果误差 ε 服从双指数分布 (平凡光滑), 则 $\mathrm{MSE}(\hat{f}_{\rm MK}(x))$ 的收敛速度为 $O(n^{-r/(2r+5)]})$.

定理 2.3.23 和定理 2.3.24 给出的均方收敛速度即使在正态误差下也非常低. 因为正态分布在实际中频繁使用, 所以人们需要研究噪声水平怎样大才是可用的. 为了这个目的, 我们假定独立同分布的样本来自

$$Y = X + \sigma_0\varepsilon, \tag{2.3.113}$$

其中 σ_0 是噪声水平参数.

Fan(1992) 给出了 $\hat{f}_{\rm MK}(x)$ 的积分均方收敛速度. 下面的定理说明: 如果 $\sigma_0 = O(n^{-1/(2r+1)})$, 则 $\hat{f}_{\rm MK}(x)$ 的均方收敛速度达到了普通核密度估计的相应结果.

定理 2.3.25 设条件 (C2.3.1) 和 (C2.3.2) 成立, $\sigma_0 = cn^{-1/(2r+1)}$, 其中 $c > 0$ 为常数. 如果对任何 $t \in \mathbf{R}$, $\phi_\varepsilon(t) \neq 0$, 则对某个 $d > 0$, 当 $h_n = dn^{-1/(2r+1)}$ 时,

$$\sup_{f\in\mathcal{C}_{r,B}} E[\hat{f}_{\rm MK}(x) - f(x)]^2 = O(n^{-2r/(2r+1)}).$$

证 根据式 (2.3.113), 可以将式 (2.3.104) 重写为

$$\hat{f}_{\rm MK}(x) = \frac{1}{nh_n}\sum_{j=1}^{n}\widetilde{K}\left(\frac{x-Y_j}{h_n}\right), \tag{2.3.114}$$

其中

$$\widetilde{K}(x) = \frac{1}{2\pi}\int_{-\infty}^{\infty}\exp(-\mathrm{i}tx)\frac{\phi_K(t)}{\phi_\varepsilon(rt)}\mathrm{d}t, \tag{2.3.115}$$

而 $r=\sigma_0/h_n=c/d$. 利用式 (2.3.105) 和 Taylor 公式可得

$$\sup_{f\in\mathcal{C}_{r,B}}\{E[\hat{f}_{\mathrm{MK}}(x)]-f(x)\}^2\leqslant\left(\frac{b}{r!}\int_{-\infty}^{\infty}|u|^rK(u)\mathrm{d}u\right)^2h_n^{2r}. \tag{2.3.116}$$

因此, 只需证明

$$\sup_{f\in\mathcal{C}_{r,B}}\mathrm{var}(\hat{f}_{\mathrm{MK}}(x))=O(n^{-2r/(2r+1)}). \tag{2.3.117}$$

容易看出, 存在常数 c_1, 使得 $\sup\limits_y f_Y(y)\leqslant c_1$. 因此, 由式 (2.3.114) 和式 (2.3.115), 并利用 Jensen 不等式和 C_r 不等式可得

$$\begin{aligned}\mathrm{var}(\hat{f}_{\mathrm{MK}}(x))&=\frac{1}{(nh_n)^2}E\left\{\sum_{j=1}^n\left[\widetilde{K}\left(\frac{x-Y_j}{h_n}\right)-E\widetilde{K}\left(\frac{x-Y_j}{h_n}\right)\right]\right\}^2\\&\leqslant\frac{2}{nh_n^2}E\left[\left|\widetilde{K}\left(\frac{x-Y}{h_n}\right)\right|^2\right]\\&=\frac{2}{nh_n}\int_{-\infty}^{\infty}|\widetilde{K}(u)|^2f_Y(x-h_nu)\mathrm{d}u\\&\leqslant\frac{2c_1}{nh_n}\int_{-\infty}^{\infty}|\widetilde{K}(u)|^2\mathrm{d}u\\&=O((nh_n)^{-1})=O(n^{-2r/(2r+1)}).\end{aligned} \tag{2.3.118}$$

这就证明了式 (2.3.117).

2.3.8 缺失数据下核密度估计

在许多实际问题中, 数据常常以各种原因缺失. 比如通过调查问卷收集数据, 没有回答是一个典型的造成缺失值的原因. 有些数据的收集常常是基于历史记录的文档, 文档的不完整性引起缺失值. 在数据缺失的情况下, 通常的密度估计不能直接应用于推断. 因此, 在缺失数据情形下寻求新的密度估计方法是非常重要的. Wang(2008) 研究了这方面的问题. 本节主要介绍加权核密度估计及其大样本性质.

1. 估计量的定义

在缺失数据情形下, 估计概率密度的一个简单方法是先去掉具有缺失数据的个体, 然后利用剩余数据定义一个密度估计. 这种方法称为完全情况分析. 用此方法得到的估计是有偏的. 解决这个问题的一个方法是借助于一个辅助变量 $\widetilde{X}$, 利用来自 $(X,\widetilde{X},\delta)$ 的数据来估计 X 的密度函数 $f(x)$, 其中 δ 为示性变量. 假设 $\{(X_i,\widetilde{X}_i,\delta_i);1\leqslant i\leqslant n\}$ 是来自 $(X,\widetilde{X},\delta)$ 的独立同分布样本, 其中 $\widetilde{X}_i$ 可以完全被

观测, 而如果 X_i 缺失, 则 $\delta_i=0$, 否则 $\delta_i=1$. 假定缺失机制是随机缺失 (missing at random, MAR), 即

$$P\{\delta=1|X,\widetilde{X}\}=P\{\delta=1|\widetilde{X}\}. \tag{2.3.119}$$

MAR 假定蕴涵事实: 给定 $\widetilde{X}$ 下 δ 和 X 条件独立. 我们考虑 X 和 $\widetilde{X}$ 都是 d 维变量的情况. 假设 $K(\cdot)$ 是一个核函数, h_n 是一个带宽, 且 $h_n\to 0$. 记 $\pi(\tilde{x})=P\{\delta=1|\widetilde{X}=\tilde{x}\}$. 如果 $\pi(\tilde{x})$ 是已知的, 则定义 $f(x)$ 的逆概率加权核估计为

$$\tilde{f}_{\mathrm{WK}}(x)=\frac{1}{nh_n^d}\sum_{i=1}^n\frac{\delta_i}{\pi(\widetilde{X}_i)}K\left(\frac{X_i-x}{h_n}\right). \tag{2.3.120}$$

可以证明: 在适当的条件下, $\tilde{f}_{\mathrm{WK}}(x)$ 是 $f(x)$ 的渐近无偏估计, 即

$$E[\tilde{f}_{\mathrm{WK}}(x)]=\frac{1}{h_n^d}E\left[K\left(\frac{X_1-x}{h_n}\right)\right]\longrightarrow f(x).$$

在实际中, 选择概率函数 $\pi(\cdot)$ 一般是未知的, 因此 $\tilde{f}_{\mathrm{WK}}(x)$ 不能直接用于 $f(x)$ 的推断. 一个自然的方法是用一个估计量代替 $\pi(\cdot)$. 如果 $\pi(\cdot)$ 是一个参数模型 $\pi(\cdot,\theta)$, 那么可以用 $\pi(\cdot,\hat{\theta})$ 来代替 $\pi(\cdot)$, 其中 $\pi(\cdot,\theta)$ 是一个已知函数, $\hat{\theta}$ 是未知参数 θ 的估计量. 可以通过假定的模型获得估计量 $\hat{\theta}$. 一般地, $\pi(\cdot,\theta)$ 可以取为 logistic 回归. 用 $\pi(\widetilde{X}_i,\hat{\theta})$ 代替 $\tilde{f}_{\mathrm{WK}}(x)$ 中的 $\pi(\widetilde{X}_i)$ 可以定义 $f(x)$ 的加权估计

$$\hat{f}_{\mathrm{WK}}(x)=\frac{1}{nh_n^d}\sum_{i=1}^n\frac{\delta_i}{\pi(\widetilde{X}_i,\hat{\theta})}K\left(\frac{X_i-x}{h_n}\right). \tag{2.3.121}$$

当 $\pi(\cdot)$ 完全未知时, 可以利用第 4 章介绍的核光滑技术得到它的非参数估计量. 这里我们不作介绍.

2. 估计精度的度量和带宽选择

下面我们在一维 $(d=1)$ 情形下讨论估计量 $\hat{f}_{\mathrm{WK}}(x)$ 的精度. 首先计算 $\hat{f}_{\mathrm{WK}}(x)$ 的均方误差 (MSE), 即对固定点 $x\in\mathbf{R}$,

$$\mathrm{MSE}(\hat{f}_{\mathrm{WK}}(x))=E[\hat{f}_{\mathrm{WK}}(x)-f(x)]^2.$$

我们有下列结果.

定理 2.3.26 设核 $K(\cdot)$ 是有界对称的概率密度函数且 $\int_{-\infty}^{\infty}u^2K(u)\mathrm{d}u<\infty$, 密度 $f(x)$ 具有二阶有界连续导数, $(X,\widetilde{X})$ 的联合密度 $f(x,\tilde{x})$ 关于 x 存在有界导数, 选择概率函数 $\pi(\tilde{x},\theta)$ 满足 $\inf\limits_{\tilde{x},\theta}\pi(\tilde{x},\theta)>0$, 且 $\pi(\tilde{x},\theta)$ 关于 θ 存在有界导数, $\hat{\theta}$ 满足 $E(\hat{\theta}-\theta)^2=O(n^{-1})$. 如果带宽 h_n 满足 $h_n\to 0$ 和 $nh_n\to\infty$, 则

$$\mathrm{MSE}(\hat{f}_{\mathrm{WK}}(x))=\sigma^2(x)(nh_n)^{-1}+\frac{1}{4}b^2(x)h_n^4+o((nh_n)^{-1})+o(h_n^4), \tag{2.3.122}$$

其中

$$\sigma^2(x) = \left(\int_{-\infty}^{\infty} K^2(u)\mathrm{d}u\right)\int_{-\infty}^{\infty}\frac{f(x,v)}{\pi(v,\theta)}\mathrm{d}v,$$

$$b(x) = \frac{1}{2}f''(x)\int_{-\infty}^{\infty}u^2K(u)\mathrm{d}u.$$

证 类似于定理 2.3.1 的证明方法可以证得

$$\mathrm{MSE}(\tilde{f}_{\mathrm{WK}}(x)) = \sigma^2(x)(nh_n)^{-1} + \frac{1}{4}b^2(x)h_n^4 + o((nh_n)^{-1}) + o(h_n^4), \quad (2.3.123)$$

其中 $\tilde{f}_{\mathrm{WK}}(x)$ 由式 (2.3.120) 定义 ($d=1$). 因此, 为证式 (2.3.122), 只需证明

$$E[\hat{f}_{\mathrm{WK}}(x) - \tilde{f}_{\mathrm{WK}}(x)]^2 = o((nh_n)^{-1}). \quad (2.3.124)$$

利用施加在 $\pi(\cdot,\theta)$ 和 θ 上的条件可以得到

$$\begin{aligned}
&|\hat{f}_{\mathrm{WK}}(x) - \tilde{f}_{\mathrm{WK}}(x)|\\
&= \left|\frac{1}{nh_n}\sum_{i=1}^{n}\frac{\delta_i[\pi(\tilde{x},\theta)-\pi(\tilde{x},\hat{\theta})]}{\pi(\tilde{x},\theta)\pi(\tilde{x},\hat{\theta})}K\left(\frac{X_i-x}{h_n}\right)\right|\\
&= \left|\frac{1}{nh_n}\sum_{i=1}^{n}\frac{\delta_i[\pi'_\theta(\tilde{x},\theta^*)(\hat{\theta}-\theta)]}{\pi(\tilde{x},\theta)\pi(\tilde{x},\hat{\theta})}K\left(\frac{X_i-x}{h_n}\right)\right|\\
&\leqslant \frac{c}{nh_n\sqrt{n}}\sum_{i=1}^{n}K\left(\frac{X_i-x}{h_n}\right)\\
&\leqslant \frac{c}{\sqrt{n}}\int_{-\infty}^{\infty}h_n^{-1}K\left(\frac{u-x}{h_n}\right)f(u)\mathrm{d}u\\
&\quad + \frac{c}{nh_n\sqrt{n}}\sum_{i=1}^{n}\left\{K\left(\frac{X_i-x}{h_n}\right) - E\left[K\left(\frac{X_i-x}{h_n}\right)\right]\right\}\\
&\triangleq J_{n1} + J_{n2}, \qquad (2.3.125)
\end{aligned}$$

其中 θ^* 介于 $\hat{\theta}$ 与 θ 之间. 利用施加在 $K(\cdot)$ 和 $f(\cdot)$ 上的条件容易推得 $E(J_{n1}^2) = O(n^{-1})$, $E(J_{n2}^2) = O(n^{-2}h_n^{-1})$. 结合式 (2.3.125) 即可得到式 (2.3.124). 这就完成了本定理的证明.

由定理 2.3.26 可以推出下列结果.

推论 2.3.6 在定理 2.3.26 的条件下, 如果 $\sigma^2(x) \in L_1(\mathbf{R})$, $f''(x) \in L_2(\mathbf{R})$, 则

$$\mathrm{MISE}(\hat{f}_{\mathrm{WK}}) = B(h_n) + o((nh_n)^{-1}) + o(h_n^4),$$

其中 $\mathrm{MISE}(\hat{f}_{\mathrm{WK}}) = \int_{-\infty}^{\infty}\mathrm{MSE}(\hat{f}_{\mathrm{WK}}(x))w(x)\mathrm{d}x$, $w(x)$ 是某个非负可积的权函数,

$$B(h_n) = (nh_n)^{-1}\int_{-\infty}^{\infty}\sigma^2(x)w(x)\mathrm{d}x + \frac{1}{4}h_n^4\int_{-\infty}^{\infty}b^2(x)w(x)\mathrm{d}x.$$

极小化 $B(h)$ 即可得到渐近最优带宽:

$$h_{\text{opt}} = \left\{ \frac{\displaystyle\int_{-\infty}^{\infty} \sigma^2(x)w(x)\mathrm{d}x}{\displaystyle\int_{-\infty}^{\infty} b^2(x)w(x)\mathrm{d}x} \right\}^{1/5} n^{-1/5}. \tag{2.3.126}$$

式 (2.3.126) 表明, 最优带宽的阶为 $O(n^{-1/5})$. 利用最优带宽 h_{opt}, 可得

$$\text{MISE}(\hat{f}_{\text{WK}}) \approx \frac{5}{4}\left\{\int_{-\infty}^{\infty} \sigma^2(x)w(x)\mathrm{d}x\right\}^{4/5} \left\{\int_{-\infty}^{\infty} b^2(x)w(x)\mathrm{d}x\right\}^{1/5} n^{-4/5}.$$

在实际应用中, 我们可以使用交叉验证方法选择最优带宽. 类似于式 (2.3.9), 可以定义

$$\text{CV}(h_n) = \int_{-\infty}^{\infty} \hat{f}_{\text{WK}}^2(x)\mathrm{d}x - 2n^{-1}\sum_{i=1}^{n} \frac{\delta_i}{\pi(\widetilde{X}_i, \hat{\theta})} \hat{f}_{\text{WK}}^{(-i)}(X_i), \tag{2.3.127}$$

其中 $\hat{f}_{\text{WK}}^{(-i)}(X_i)$ 是去掉第 i 个观测后定义的加权核密度估计, 则交叉验证最优带宽为 $h_{\text{opt}} = \min\limits_{h>0} \text{CV}(h)$.

3. 估计量的渐近正态性

下面我们在一维 $(d = 1)$ 情形下讨论 $\hat{f}_{\text{WK}}(x)$ 的渐近正态性.

定理 2.3.27 设核 $K(\cdot)$ 是有界对称的概率密度函数且 $\displaystyle\int_{-\infty}^{\infty} u^2K(u)\mathrm{d}u < \infty$, 密度 $f(x)$ 具有二阶有界连续导数, $(X, \widetilde{X})$ 的联合密度 $f(x, \tilde{x})$ 关于 x 具有有界的导数, 选择概率函数 $\pi(\tilde{x}, \theta)$ 满足 $\inf\limits_{\tilde{x},\theta} \pi(\tilde{x}, \theta) > 0$, 且 $\pi(\tilde{x}, \theta)$ 关于 θ 具有有界的导数, 即 $\sup\limits_{\tilde{x},\theta} \pi'_\theta(\tilde{x}, \theta) < \infty$, $\hat{\theta}$ 是 θ 的 $\sqrt{n}$ 相合估计, 即 $\hat{\theta} - \theta = O_P(n^{-1/2})$, 则当 $nh_n^5 = O(1)$ 时,

$$\sqrt{nh_n}\,[\hat{f}_{\text{WK}}(x) - f(x) - b(x)h_n^2] \xrightarrow{D} N(0, \sigma^2(x)), \tag{2.3.128}$$

其中 $b(x)$ 和 $\sigma^2(x)$ 在定理 2.3.26 中定义. 如果 $nh_n^5 \to 0$, 则式 (2.3.128) 的渐近偏差项消失, 即有

$$\sqrt{nh_n}\,[\hat{f}_{\text{WK}}(x) - f(x)] \xrightarrow{D} N(0, \sigma^2(x)).$$

证 类似于定理 2.3.7 的证明方法可以证得

$$\sqrt{nh_n}\,[\tilde{f}_{\text{WK}}(x) - f(x) - b(x)h_n^2] \xrightarrow{D} N(0, \sigma^2(x)), \tag{2.3.129}$$

其中 $\tilde{f}_{\mathrm{WK}}(x)$ 由式 (2.3.120) 定义. 如果证明了

$$\sqrt{nh_n}\,[\hat{f}_{\mathrm{WK}}(x) - \tilde{f}_{\mathrm{WK}}(x)] = o_P(1), \tag{2.3.130}$$

那么利用式 (2.3.129) 和式 (2.3.130) 以及 Slutsky 定理即可证得式 (2.3.128). 下面证明式 (2.3.130). 由式 (2.3.125) 前半部分的推导结果, 并利用施加在 $\pi(\cdot,\theta)$ 和 $\hat{\theta}$ 上的条件可得

$$\sqrt{nh_n}\,|\hat{f}_{\mathrm{WK}}(x) - \tilde{f}_{\mathrm{WK}}(x)| \leqslant \frac{c}{n\sqrt{h_n}}\sum_{i=1}^{n} K\left(\frac{X_i - x}{h_n}\right) = o_P(1).$$

此即式 (2.3.130) 成立. 这就完成了定理 2.3.27 的证明.

2.3.9 相关文献及成果注记

自从 Rosenblatt(1956) 和 Parzen(1962) 提出核密度估计以来, 许多作者对它进行了研究并得到了一系列成果. 前面仅介绍了一些主要成果. 对于独立样本下核密度估计, 相关的成果还有: Rosenblatt(1971) 对曲线估计作了综合讨论; Silverman(1978a) 讨论了当用核方法估计密度函数时选择带宽问题; Abramson(1982) 得到了光滑核密度估计的最优均方误差; 朱力行 (1985) 研究了密度估计的最优收敛速度问题. Romano(1988) 研究了重数核密度估计的弱相合性和最优性; Xue(1990) 证明了核密度估计的渐近正态性; 薛留根 (1991a) 研究了密度函数的导函数随机窗宽核估计的强相合性; 薛留根和郑忠国 (1997) 与薛留根等 (2000) 把随机加权法应用到了密度估计之中; Einmahl 和 Mason(2005) 引入了为建立核类函数估计的带宽一致性的一般方法.

对于相依样本下核密度估计, 相关的成果还包括林正炎 (1983) 在平稳 φ 混合序列下研究核密度估计的均方相合性和渐近正态性; 薛留根 (1991c) 研究了平稳序列密度函数及其导函数的随机窗宽核的估计一致强相合性; 樊家琨和薛留根 (1993) 在 φ 混合误差下研究了密度函数的导函数估计的一致强相合性; 薛留根 (1994a) 在相依样本下研究了密度函数及其导函数的相合随机窗宽核估计; Hansen(2008) 在多维 α 混合序列下获得了密度函数及其导函数的核估计的最优一致强 (弱) 收敛速度.

对删失数据下核密度估计, 除了 2.3.6 小节所介绍的成果外, 还有 Csörgö 和 Horváth(1983) 得到了密度估计的 L 模中心极限定理; Chorai 和 Pattanaik(1990) 证明了核密度估计的 L_1 相合性; Csörgö等 (1991) 证明了核密度估计的 L_p 距离的中心极限定理; Wang(1994) 得到了核密度估计的逼近定理, 并在不同的条件下获得了一致收敛速度; 王启华 (1997) 证明了 $\hat{f}_{\mathrm{CK}}(x)$ 的光滑 bootstrap 逼近成立; 孙六全和朱力行 (1999) 给出了核密度估计的 Berry-Esseen 界; Zhang(1999) 证明了核密度

估计的重对数律; Wang(2000) 给出了 $\hat{f}_{\mathrm{CK}}(x)$ 的 $p(\geqslant 2)$ 矩收敛速度, 并获得了 L_1 距离不等式及偏差概率不等式; 薛留根 (2003) 研究了删失数据下核密度估计的误差分布的强逼近问题.

当测量误差服从正态分布时, Carroll 和 Hall(1988) 给出了在一个点上估计密度的最优收敛速度. Zhang(1990) 研究了混合密度和分布的卷积核估计并给出了最优收敛速度. Butucea(2004) 与 Butucea 和 Tsybakov(2007) 使用核估计来评估逐点风险的最小最大收敛速度, 并计算了估计量的 L^2 风险的上界. Delaigle 和 Gijbels(2004) 基于 bootstrap 技术提出了一个带宽选择方法, 并证明了密度函数的 bootstrap 估计量的积分均方误差收敛于原估计量的积分均方收敛误差. Meister(2004) 研究了关于逆卷积估计量的积分均方收敛误差在错误指定误差密度下的影响. 测量误差模型的非参数估计问题也可以使用替代变量来解决. 例如, Li 和 Vuong(1998), Neumann(2007), Delaigle 等 (2008). Neumann(1997) 和 Kerkyacharian 等 (2011) 使用经验形式来代替误差的特征函数来研究逆卷积问题. Delaigle 和 Gijbels(2004) 基于数据驱动模型选择策略提出了一个自适应密度估计, 并讨论了估计量的收敛速度. Johannes(2009) 研究了具有未知噪声的逆卷积密度估计, 并证明了所提出的估计量在最小最大意义下是渐近最优的. 最近, Alberto 和 Simone(2011) 提出了一个密度估计的自相合方法, 并在适当的条件下证明了提出的估计量具有最优收敛速度; 这种方法的优点是不再选择带宽, 且明显地提高了收敛速度. 一些相关的工作包括 Koo(1999), Pensky 和 Vidakovic(1999), Fan 和 Koo(2002) 与 Comte 等 (2006) 等.

2.4 最近邻密度估计

2.4.1 最近邻密度估计的定义

在 Rosenblatt(1956) 提出的核估计中, 区间长度 $2h_n$ 是固定 (非随机) 的, 而落在此区间内的样本点个数是非固定 (随机) 的. 在 1965 年, Loftsgarden 和 Quesenberry 提出了另一种密度估计方法, 此方法是先选定一个介于 1 和 n 之间的自然数 $k = k_n$, 对任何 $x \in \mathbf{R}$, 以 $a_n(x) = a_n(x; X_1, \cdots, X_n)$ 记最小的正数 a, 使 $[x-a, x+a]$ 中至少包含样本 $X_1, \cdots, X_n$ 中的 k 个, 然后以

$$\hat{f}_{\mathrm{NN}}(x) = \frac{k}{2a_n(x)n} \tag{2.4.1}$$

作为 $f(x)$ 的估计. 在文献中人们常称 $\hat{f}_{\mathrm{NN}}(x)$ 为 $f(x)$ 的最近邻估计 (nearest neighbor estimation), 简称最近邻密度估计或 NN 估计. 与 Rosenblatt 估计正相反, 此处区间长度 $2a_n(x)$ 是随机的, 而区间内所含的样本点个数是非随机的. 可以证明: 对

固定 n 及 $X_1, \cdots, X_n$, $\hat{f}_{\mathrm{NN}}(x)$ 作为变元 x 的函数是处处连续的, 但它的导数不一定连续. 这是因为 $a_n(x)$ 在形如 $0.5(X_{(j)} + X_{(j+k)})$ 的每一点处的导数是不连续的, 其中 $X_{(j)}$ 是样本的次序统计量.

最近邻密度估计体现了对数据的局部密度光滑的思想, 光滑的程度由整数 k 控制. k 的选择要比样本量小, 一种典型的选择就是 $k = \lfloor k_0 n^{4/5} \rfloor$, 其中 k_0 为正的常数, $\lfloor x \rfloor$ 表示不大于 x 的最大正整数. 对固定的 x 和 k, 如果在点 x 附近有很多样本点, 那么 $a_n(x)$ 就相对较小, 从而得到较大的 $\hat{f}_{\mathrm{NN}}(x)$. 相反地, 如果在点 x 附近的样本点很稀疏, 那么 $a_n(x)$ 就会变大, 从而 $\hat{f}_{\mathrm{NN}}(x)$ 比较小. 此外, 如果样本点增多, 那么 k 也相应增大. 一般来说, k 依赖于样本量 n.

对于 d 元密度函数 $f(x)$, 将式 (2.4.1) 稍加修改即可得到 $f(x)$ 的最近邻估计:

$$\hat{f}_{\mathrm{NN}}(x) = \frac{k}{n|S_{x,a_n(x)}|}, \quad x \in \mathbf{R}^d, \tag{2.4.2}$$

其中 $S_{x,a_n(x)} = \{u : \|u - x\| < a_n(x)\}$, $|S_{x,a}|$ 表示 $S_{x,a}$ 的体积, $\|\cdot\|$ 为 Euclidean 模. 此时, $S_{x,a_n(x)}$ 中包含样本 $X_1, \cdots, X_n$ 的个数不少于 k.

由式 (2.2.1) 定义的 Rosenblatt 估计 $\hat{f}_{\mathrm{R}}(x)$ 与式 (2.4.1) 定义的最近邻估计 $\hat{f}_{\mathrm{NN}}(x)$ 的关系正如二项分布与负二项分布的关系. 例如, 对 $\hat{f}_{\mathrm{R}}(x)$, 当 x 固定时, $h\hat{f}_{\mathrm{R}}(x)$ 服从二项分布 $B(n, p_n)$, 其中 $p_n = \displaystyle\int_{x-h/2}^{x+h/2} f(u)\mathrm{d}u$. 这种情况比较简单. 下面推导 $a_n(x)$ 的分布. 记

$$b(n, p(y), i) = \binom{n}{i}[p(y)]^i[1 - p(y)]^{n-i}, \quad p(y) = \int_{x-y}^{x+y} f(u)\mathrm{d}u.$$

为使事件 $\{a_n(x) \leqslant y\}$ 成立, 必须且只需在区间 $[x - y, x + y]$ 内所含样本点个数不小于 k. 因此

$$P\{a_n(x) \leqslant y\} = \sum_{i=k}^{n} b(n, p(y), i) = n\binom{n-1}{k-1}\int_0^{p(y)} t^{k-1}(1-t)^{n-k}\mathrm{d}t. \tag{2.4.3}$$

由式 (2.4.3) 可得到 $a_n(x)$ 的概率密度函数

$$g_n(y) = \begin{cases} n\dbinom{n-1}{k-1}[p(y)]^{k-1}[1-p(y)]^{n-k}[f(x+y) - f(x-y)], & y > 0, \\ 0, & y \geqslant 0. \end{cases} \tag{2.4.4}$$

利用式 (2.4.3) 和式 (2.4.4) 可以得到最近邻密度估计的一些性质.

需要说明, k 值是需要选择的参数之一. 如果 k 值太大, 估计结果将变得平滑且细节将趋于平均. 如果 k 值太小, 概率密度估计就可能出现尖峰. 类似于核密度估计, 可以利用交叉验证法选择最优的 k.

例 2.4.1 某公司研究的新灯丝的燃烧寿命数据如例 2.1.1. 试画出该数据集的最近邻密度估计曲线.

解 正如上面所讲的那样, k 的选取直接影响最近邻密度估计的好坏. 本例选取 $k = \lfloor k_0 n^{4/5} \rfloor$, $k_0 = 0.6, 1.1, 1.6, 2.2$. 由此得到四个最近邻密度估计曲线, 如图 2.4.1 所示, 其中 (a) $k = \lfloor 0.6n^{4/5} \rfloor$, (b) $k = \lfloor 1.1n^{4/5} \rfloor$, (c) $k = \lfloor 1.6n^{4/5} \rfloor$, (d) $k = \lfloor 2.2n^{4/5} \rfloor$.

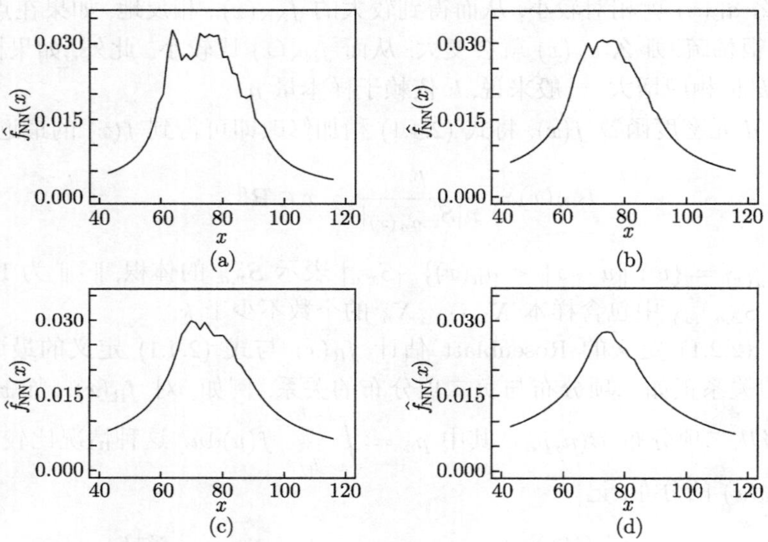

图 2.4.1 新灯丝的燃烧寿命的最近邻密度估计曲线

从图 2.4.1 可以看到, $\hat{f}_{\text{NN}}(x)$ 对 k 的选择很敏感. 小的 k 值给出很粗糙的估计曲线, 而大的 k 值给出相对光滑的估计曲线, 但它并不是一条光滑的曲线.

2.4.2 最近邻密度估计的均方误差

一个有趣的问题是最近邻密度估计 (2.4.1) 与 Rosenblatt 估计 (2.2.1) 的优劣的比较, 衡量优劣的一个标准是其均方误差 (MSE). Chen(1981) 在一维情形下证明了下述结果.

定理 2.4.1 设在点 x 处, $f(x) > 0$, 其二阶导数 $f''(x)$ 存在、有界且不等于 0, 则当 $k = \lfloor [144 f^6(x) n^4 / f''(x)^2]^{1/5} \rfloor$ 时,

$$\text{MSE}(\hat{f}_{\text{NN}}(x)) = \frac{5}{4} \times 144^{-1/5} [f^4(x) f''(x)]^{2/5} n^{-4/5} + o(n^{-4/5}).$$

证 参看 Chen(1981), 这里省略.

根据定理 2.4.1 和定理 2.3.1, 从 MSE 的主要部分看, 最近邻密度估计与 Rosenblatt 估计具有相同的阶, 此时这两个估计分不出优劣. 如果把 MSE 展开到更高阶

的项, 二者就会显示出差别. 这方面的研究工作见孙东初 (1987). 从一致收敛速度来考虑, 也可以比较出最近邻密度估计与 Rosenblatt 估计的优劣. 我们将在下一节讨论这方面的问题.

2.4.3 最近邻密度估计的渐近性质

本节主要在一维情形下讨论最近邻密度估计的大样本性质.

1. 最近邻密度估计的相合性

首先考虑最近邻密度估计的逐点相合性. Loftsgarden 和 Quesenberry(1965) 证明了 $\hat{f}_{\mathrm{NN}}(x)$ 的逐点 (弱) 相合性. Wanger(1973) 证明了 $\hat{f}_{\mathrm{NN}}(x)$ 的逐点强相合性. 下面给出他们的结果.

定理 2.4.2 设 $k=k_n$ 满足 $k\to\infty$, $k/n\to 0$, 则当 $n\to\infty$ 时,

$$\hat{f}_{\mathrm{NN}}(x)\xrightarrow{P} f(x),\quad x\in C(f), \tag{2.4.5}$$

其中 $C(f)$ 表示 $f(x)$ 的连续点构成的集合. 如果还有 $k/\log n\to\infty$, 则

$$\hat{f}_{\mathrm{NN}}(x)\longrightarrow f(x),\quad \text{a.s.},\quad x\in C(f). \tag{2.4.6}$$

证 取定 $x\in C(f)$. 任给 $\varepsilon>0$, 考察

$$P\left\{[\hat{f}_{\mathrm{NN}}(x)-f(x)]\geqslant\varepsilon\right\}=P\left\{a_n(x)\leqslant\frac{k}{2n[f(x)+\varepsilon]}\right\}. \tag{2.4.7}$$

记 $b_n=k/\{2n[f(x)+\varepsilon]\}$. 由于 $f(\cdot)$ 在点 x 连续, 而 $k/n\to 0$, 于是存在 $0<\theta<1$, 使得当 n 充分大时, 有

$$p_n=\int_{x-b_n}^{x+b_n}f(u)\mathrm{d}u\leqslant\frac{2k}{2n[f(x)+\varepsilon]}\theta[f(x)+\varepsilon]=\frac{\theta k}{n}.$$

以 Y_n 记服从二项分布 $B(n,p_n)$ 的随机变量. 由推论 1.1.1 可得

$$\begin{aligned}P\{a_n(x)\leqslant b_n\}&=P\{Y_n\geqslant k\}=P\left\{\frac{Y_n}{n}-p_n\geqslant\frac{k}{n}-p_n\right\}\\&\leqslant P\left\{\left|\frac{Y_n}{n}-p_n\right|\geqslant\frac{(1-\theta)k}{n}\right\}\\&\leqslant 2\exp\{-(1-\theta)^2k/2\}.\end{aligned} \tag{2.4.8}$$

结合式 (2.4.7) 和式 (2.4.8) 可得

$$P\left\{[\hat{f}_{\mathrm{NN}}(x)-f(x)]\geqslant\varepsilon\right\}\leqslant 2\exp\{-(1-\theta)^2k/2\}. \tag{2.4.9}$$

类似地, 可以证明

$$P\left\{[\hat{f}_{\mathrm{NN}}(x)-f(x)]\leqslant -\varepsilon\right\}\leqslant 2\exp\{-(1-\theta)^2k/2\}. \tag{2.4.10}$$

因此, 由式 (2.4.9) 和式 (2.4.10) 可得

$$P\left\{|\hat{f}_{\mathrm{NN}}(x)-f(x)|\geqslant \varepsilon\right\}\leqslant 4\exp\left\{-(1-\theta)^2k/2\right\}.$$

故当 $k\to\infty$ 时, 上式趋于 0, 这就证得式 (2.4.5). 当 $k/\log n\to\infty$ 时, 有

$$\sum_{n=1}^{\infty}P\left\{|\hat{f}_{\mathrm{NN}}(x)-f(x)|\geqslant \varepsilon\right\}\leqslant \sum_{n=1}^{\infty}\frac{1}{n^2}<\infty.$$

故由 Borel-Cantelli 引理 (定理 1.2.4) 即证得式 (2.4.6).

Moore 和 Henrichon(1969) 在一维情形下研究了 $\hat{f}_{\mathrm{NN}}(x)$ 的一致 (弱) 相合性. Devroye 和 Wagner(1977) 在多维情形下研究了 $\hat{f}_{\mathrm{NN}}(x)$ 的一致强相合性. 下面我们陈述一维情形下的结果.

定理 2.4.3 设 $k=k_n$ 满足 $k\to\infty$, $k/n\to 0$, $f(x)$ 在 $\mathbf{R}$ 上一致连续, 则

$$\sup_x|\hat{f}_{\mathrm{NN}}(x)-f(x)|\stackrel{P}{\longrightarrow}0. \tag{2.4.11}$$

如果还有 $k/\log n\to\infty$, 则

$$\sup_x|\hat{f}_{\mathrm{NN}}(x)-f(x)|\longrightarrow 0,\ \text{a.s.}. \tag{2.4.12}$$

证 仅证明式 (2.4.12), 类似地, 可以证明式 (2.4.11). 用 $F_n(x)$ 表示 $X_1,\cdots,X_n$ 的经验分布, $F(x)$ 表示 X_1 的分布, $F_n(x)$ 和 $F(x)$ 所诱导的测度仍用 F_n 和 F 表示. 对任意 $\varepsilon>0$, 记

$$b_n(x)=k/\{2n[f(x)+\varepsilon]\},\quad S_n(x,b)=(x-b_n(x),x+b_n(x)),$$
$$\tilde{b}_n(x)=k/\{2n[f(x)-\varepsilon]\},\quad S_n(x,\tilde{b})=(x-\tilde{b}_n(x),x+\tilde{b}_n(x)).$$

那么有

$$\begin{aligned}
&P\left\{\sup_x|\hat{f}_{\mathrm{NN}}(x)-f(x)|\geqslant\varepsilon\right\}\\
&=P\left\{\bigcup_x\left[F_n(S_n(x,b))-F(S_n(x,b))\geqslant\frac{k}{n}-F(S_n(x,b))\right]\right\}\\
&\quad+P\left\{\bigcup_{\{x:f(x)>\varepsilon\}}\left[F_n(S_n(x,\tilde{b}))-F(S_n(x,\tilde{b}))\leqslant\frac{k}{n}-F(S_n(x,\tilde{b}))\right]\right\}\\
&\triangleq J_{n1}+J_{n2}.
\end{aligned}$$

因 $f(x)$ 在 $\mathbf{R}$ 上一致连续, 如果记 $M=\sup\limits_x f(x)$, 则 $M<\infty$, 且当 n 充分大时,

$$
\begin{aligned}
F(S_n(x,b)) &\leqslant \frac{k}{n}\frac{f(x)+\varepsilon/2}{f(x)+\varepsilon},\\
\frac{k}{n}-F(S_n(x,b)) &\geqslant \frac{k}{n}\frac{\varepsilon}{2[f(x)+\varepsilon]}\geqslant \frac{k}{n}\frac{\varepsilon}{2(M+\varepsilon)}\triangleq p_n,\ \forall x,
\end{aligned}
$$

因此

$$
J_{n1}\leqslant P\left\{\sup_{A\in\mathcal{A}}|F_n(A)-F(A)|\geqslant p_n\right\},
$$

其中 $\mathcal{A}$ 为 $\mathbf{R}$ 中的区间集族, 满足 $\sup\limits_{A\in\mathcal{A}}F(A)<\dfrac{4k}{n}$. 故由定理 1.1.3 可得

$$
\begin{aligned}
J_{n1} &\leqslant c_1\left(\frac{2\sqrt{k}}{np_n}+\frac{1}{2}\sqrt{\frac{n}{k}}\right)\exp\left\{-\frac{c_2np_n^2}{4k/n}\right\}+c_3\exp\{-c_4np_n\}\\
&\leqslant c_1(\varepsilon)nk^{-1/2}\exp\{-c_2(\varepsilon)k\}+c_3\exp\{-c_4(\varepsilon)k\},
\end{aligned}
$$

其中 $c_1(\varepsilon)=c_1[4(M+\varepsilon)/\varepsilon+1]$, $c_2(\varepsilon)=c_2\varepsilon^2/[16(M+\varepsilon)^2]$, $c_4(\varepsilon)=c_4\varepsilon/[2(M+\varepsilon)]$. 于是, 由 $k/\log n\to\infty$ 可得 $\sum\limits_{n=1}^{\infty}J_{n1}<\infty$. 同理可证得 $\sum\limits_{n=1}^{\infty}J_{n2}<\infty$. 因此

$$
\sum_{n=1}^{\infty}P\left\{\sup_x|\hat{f}_{\mathrm{NN}}(x)-f(x)|>\varepsilon\right\}<\infty.
$$

故由 Borel-Cantelli 引理 (定理 1.2.4) 即证得式 (2.4.12).

2. 最近邻密度估计的渐近正态性

陈希孺 (1981) 在一维情形下研究了 $\hat{f}_{\mathrm{NN}}(x)$ 的渐近正态性, 所得结果对 $f(x)$ 进行区间估计以及假设检验具有重要的应用价值.

定理 2.4.4 设对固定的点 $x\in\mathbf{R}$, $f(x)>0$, 存在自然数 $r\geqslant 2$, 使 $f(\cdot)$ 在 x 处有 r 阶连续导数, 且

$$
f^{(2)}(x)=\cdots=f^{(r-1)}(x)=0, \tag{2.4.13}
$$

当 $r=2$ 时, 式 (2.4.13) 消失.

(i) 如果 $k\to\infty$, 且 $k=o(n^{2r/(2r+1)})$, 则

$$
\sqrt{k}\,[\hat{f}_{\mathrm{NN}}(x)-f(x)]/f(x)\xrightarrow{D}N(0,1). \tag{2.4.14}
$$

(ii) 如果存在正的常数 c, 使 $\lim\limits_{n\to\infty}k/n^{2r/(2r+1)}=c$, 则

$$
\sqrt{k}\,[\hat{f}_{\mathrm{NN}}(x)-f(x)]/f(x)-\frac{[1+(-1)^r]c^{(2r+1)/2}f^{(r)}(x)}{(r+1)![2f(x)]^{r+1}}\xrightarrow{D}N(0,1). \tag{2.4.15}
$$

证 任取 y, 记 $d_n = k/[2nf(x)(1+y/\sqrt{k})] = O(k/n)$. 在定理 2.4.4 的条件下, 有 $d_n \to 0$. 又记

$$p_n = \int_{x-d_n}^{x+d_n} f(u)\mathrm{d}u, \quad q_n = 1 - p_n, \quad \xi_{ni} = I[X_i \in (x-d_n, x+d_n)], \tag{2.4.16}$$

并定义 $\eta_{ni} = (\xi_{ni} - p_n)/\sqrt{np_nq_n}$, $i = 1, \cdots, n$. 由 $a_n(x)$ 的定义可得

$$\begin{aligned} &P\left\{\sqrt{k}[\hat{f}_{\mathrm{NN}}(x) - f(x)]/f(x) < y\right\} \\ &= P\{a_n(x) > d_n\} = P\left\{\sum_{i=1}^n \xi_{ni} < k\right\} \\ &= P\left\{\sum_{i=1}^n \eta_{ni} < (k - np_n)/\sqrt{np_nq_n}\right\}. \end{aligned} \tag{2.4.17}$$

由 $f(\cdot)$ 在 x 点连续, $f(x) > 0$, $k \to \infty$ 及 $k = o(n)$, 可以得到

$$np_nq_n = k[1 + o(1)] \longrightarrow \infty. \tag{2.4.18}$$

于是, 不难验证 $\{\eta_{ni}; 1 \leqslant i \leqslant n\}$ 满足 Loève(1977) 中所谓 "正态收敛准则". 因此

$$\sum_{i=1}^n \eta_{ni} \xrightarrow{D} N(0,1). \tag{2.4.19}$$

又由于 $d_n \to 0$ 和 $f^{(r)}(x)$ 存在, 于是由式 (2.4.13) 和式 (2.4.16) 易见

$$p_n = 2f(x)d_n + \frac{1+(-1)^r}{(r+1)!}[f^{(r)}(x) + o(1)]d_n^{r+1}.$$

由于 $k = o(n^{2r/(2r+1)})$, 因此

$$\begin{aligned} k - np_n &= \begin{cases} k - k/(1+y/\sqrt{k}), & r\text{为奇数}, \\ k - k/(1+y/\sqrt{k}) + O(k^{r+1}/n^r), & r\text{为偶数}, \end{cases} \\ &= \begin{cases} yk/(\sqrt{k}+y), & r\text{为奇数}, \\ yk/(\sqrt{k}+y) + o(\sqrt{k}), & r\text{为偶数}. \end{cases} \end{aligned}$$

此式与式 (2.4.18) 结合可得 $\lim\limits_{n\to\infty}(k - np_n)/\sqrt{np_nq_n} = y$. 再利用式 (2.4.17) 和式 (2.4.19), 可以得到

$$\lim_{n\to\infty} P\left\{\sqrt{k}[\hat{f}_{\mathrm{NN}}(x) - f(x)]/f(x) < y\right\} = \Phi(y),\ \forall y,$$

其中 $\Phi(y)$ 为标准正态分布函数. 这就证明了式 (2.4.14).

再设 $k = [c + o(1)]n^{2r/(2r+1)}$. 经过简单计算得出

$$\begin{aligned} k - np_n &= \frac{ky}{\sqrt{k} + y} - \frac{[1 + (-1)^r][f^{(r)}(x) + o(1)]}{(r+1)![2f(x)]^{r+1}} \frac{k^{r+1}}{n^r}(1 + o(1)) \\ &= \sqrt{k}\left\{y - \frac{[1 + (-1)^r]c^{(2r+1)/2}f^{(r)}(x)}{(r+1)![2f(x)]^{r+1}} + o(1)\right\}. \end{aligned} \tag{2.4.20}$$

结合式 (2.4.17)∼ 式 (2.4.20) 即证得式 (2.4.15).

注 2.4.1 式 (2.4.14) 可直接用作 $f(x)$ 的大样本区间估计, 但这有一个如何选择 k 的问题. 一般来说, 由于 $f(\cdot)$ 是未知的, 对选定的点 x, 无法知道满足条件 (2.4.13) 的自然数 $r \geqslant 2$. 但如果假定 $f(\cdot)$ 在点 x 有二阶导数, 则总可取 $r = 2$. 因此, 可选取满足下列条件的 k:

$$k = o(n^{4/5}) \quad 或 \quad k = cn^{4/5}, \quad 对某个c > 0.$$

如果 $f^{(2)}(x)$ 不存在, 则可以证明, 只要 $f(x) > 0$, 而

$$\limsup_{n\to\infty} |f(x + h) - f(x)|/|h| < \infty,$$

则在 $k \to \infty$ 且 $k = o(n^{2/3})$ 时, 式 (2.4.14) 仍成立.

3. 最近邻密度估计的收敛速度

下面我们讨论 $\hat{f}_{\rm NN}(x)$ 和 $\sup\limits_x |\hat{f}_{\rm NN}(x) - f(x)|$ 的收敛速度. 前者为逐点收敛速度, 后者为一致收敛速度. 就逐点收敛速度而言, 它依赖于 $f(\cdot)$ 在指定点 x 附近的局部性质, 更确切地说, 依赖于 $f(\cdot)$ 在点 x 处的 (二阶或高阶) 可微性. 如果知道了这种性质, 也就知道在可能的 k 的选择下, 收敛的阶的上界, 也可以知道在 k 的某种选择下, 收敛的阶可能达到多少. 至于一致收敛速度, 这自然会与 $f(\cdot)$ 在 $\mathbf{R}$ 上的整体性质有关. 下面叙述这方面的结果. 首先给出 $\hat{f}_{\rm NN}(x)$ 的逐点收敛速度.

定理 2.4.5 设对固定的点 $x \in \mathbf{R}$, $f(x) > 0$, 存在自然数 $r \geqslant 2$, 使 $f(\cdot)$ 在 x 处有 r 阶连续导数且式 (2.4.13) 成立. 如果 $k = k_n$ 满足:

$$k = o(n), \quad \lim_{n\to\infty} k/\log^2 n = \infty, \quad \lim_{n\to\infty} k^{2r+1}/(n^{2r}\log n) = \tau < \infty, \tag{2.4.21}$$

则对任何 $0 < c_n \to \infty$, 有

$$\hat{f}_{\rm NN}(x) - f(x) = o\left(c_n\sqrt{k^{-1}\log n}\right), \text{ a.s..}$$

证 记 $\nu_n = c_n\sqrt{k^{-1}\log n}$. 任给 $\varepsilon > 0$, 有

$$P\left\{\nu_n^{-1}[\hat{f}_{\rm NN}(x) - f(x)] \geqslant \varepsilon\right\} = P\{a_n(x) \leqslant b_n'\} = P\{Y_n \geqslant k\}, \tag{2.4.22}$$

其中 $b_n' = k/\{2n[f(x)+\varepsilon\nu_n]\}$, Y_n 服从二项分布 $B(n,p_n')$, 而

$$p_n' = \int_{x-b_n'}^{x+b_n'} f(u)\mathrm{d}u.$$

在条件 (2.4.13) 下有

$$p_n' = 2f(x)b_n' + \frac{1+(-1)^r}{(r+1)!}[f^{(r)}(x)+o(1)](b_n')^{r+1}.$$

简单计算可得

$$\frac{k}{n} - p_n' = \left(\frac{k\varepsilon}{nf(x)}\right) c_n\sqrt{k^{-1}\log n}[1+o(1)].$$

记 $q_n = \{k\varepsilon/[2nf(x)]\}c_n\sqrt{k^{-1}\log n}$. 利用推论 1.1.1, 当 n 充分大时有

$$P\{Y_n \geqslant k\} \leqslant P\left\{\left|\frac{Y_n}{n} - p_n'\right| \geqslant q_n\right\} \leqslant 2\exp\left\{-\frac{nq_n^2}{2(k/n)+q_n}\right\}.$$

不失普遍性, 可设 $c_n = O(\log\log n)$. 易知当 n 充分大时, $q_n \leqslant k/n$. 因此, 由 $c_n \to \infty$, 当 n 充分大时有

$$P\{Y_n \geqslant k\} \leqslant 2\exp\left\{-\frac{n^2q_n^2}{3k}\right\} \leqslant 2\exp\left\{-\frac{\varepsilon^2c_n^2\log n}{12f^2(x)}\right\} \leqslant \frac{2}{n^2}. \tag{2.4.23}$$

因此, 由式 (2.4.22) 和式 (2.4.23) 可得

$$\sum_{n=1}^{\infty} P\left\{\nu_n^{-1}[\hat{f}_{\mathrm{NN}}(x) - f(x)] \geqslant \varepsilon\right\} < \infty. \tag{2.4.24}$$

同样可证明: 对任给 $\varepsilon > 0$, 有

$$\sum_{n=1}^{\infty} P\left\{\nu_n^{-1}[\hat{f}_{\mathrm{NN}}(x) - f(x)] \leqslant -\varepsilon\right\} < \infty. \tag{2.4.25}$$

于是由式 (2.4.24) 和式 (2.4.25), 对任给 $\varepsilon > 0$, 有

$$\sum_{n=1}^{\infty} P\left\{\nu_n^{-1}|\hat{f}_{\mathrm{NN}}(x) - f(x)| \geqslant \varepsilon\right\} < \infty.$$

故由 Borel-Cantelli 引理 (定理 1.2.4) 即可完成本定理的证明.

由定理 2.4.5 可立刻得到下面的推论.

推论 2.4.1 设定理 2.4.5 的条件成立. 如果选取 $k = \lfloor (n^{2r}\log n)^{1/(2r+1)} \rfloor$, 则对任何 $0 < c_n \to \infty$, 有

$$\hat{f}_{\mathrm{NN}}(x) - f(x) = o\left(c_n\left(\frac{\log n}{n}\right)^{r/(2r+1)}\right), \text{ a.s.}.$$

在通常情况下, k 的选取应不依赖于 $\log n$. 因此, 我们选择不同的 k, 可得到 $\hat{f}_{\mathrm{NN}}(x)$ 不同的收敛速度, 即有下列结果.

推论 2.4.2 设定理 2.4.5 的条件成立. 如果选取 $k=\lfloor n^{2r/(2r+1)}\rfloor$, 则对任何 $0<c_n\to\infty$, 有

$$\hat{f}_{\mathrm{NN}}(x)-f(x)=o\left(c_n n^{-r/(2r+1)}\sqrt{\log n}\right),\ \text{a.s.}.$$

特别地, 如果 $r=2$, 此时 $k=\lfloor n^{4/5}\rfloor$, 则对任何 $0<c_n\to\infty$, 有

$$\hat{f}_{\mathrm{NN}}(x)-f(x)=o\left(c_n n^{-2/5}\sqrt{\log n}\right),\ \text{a.s.}.$$

由推论 2.4.2 可知, 由定理 2.4.1 给出的 k 的最优选择 $k=\lfloor n^{4/5}\rfloor$ 下, $\hat{f}_{\mathrm{NN}}(x)$ 的收敛速度的主阶可达到 $n^{-2/5}$.

下面的定理说明 $\hat{f}_{\mathrm{NN}}(x)$ 的收敛速度不能达到 $O_P(n^{-r/(2r+1)})$.

定理 2.4.6 设对固定的点 $x\in\mathbf{R}$, $f(x)>0$, 存在偶数 $r\geqslant 2$, 使 $f(\cdot)$ 在 x 处有 r 阶连续导数且式 (2.4.13) 成立. 如果 $f^{(r)}(x)\neq 0$, 则对任意的 $k=o(n)$, 都有

$$n^{r/(2r+1)}[\hat{f}_{\mathrm{NN}}(x)-f(x)]\overset{P}{\nrightarrow}0.$$

证 不难看出, 通过在必要时取 n 的子列的方法, 可以归纳为以下四种情况来讨论:

(a) $k\to\infty$, $k=o(n^{2r/(2r+1)})$;

(b) 存在常数 $c>0$, 使 $\lim\limits_{n\to\infty}k/n^{2r/(2r+1)}=c$;

(c) $\lim\limits_{n\to\infty}k/n^{2r/(2r+1)}=\infty$, 但 $k=o(n)$;

(d) k 与 n 无关.

先讨论 (a). 由于 $f(x)>0$, 有

$$\begin{aligned}&P\left\{n^{2r/(2r+1)}|\hat{f}_{\mathrm{NN}}(x)-f(x)|<\varepsilon\right\}\\&=P\left\{\sqrt{k}|\hat{f}_{\mathrm{NN}}(x)-f(x)|/f(x)<\varepsilon\sqrt{kn^{-2r/(2r+1)}}/f(x)\right\}.\end{aligned}\tag{2.4.26}$$

故由 $k=o(n^{2r/(2r+1)})$ 和定理 2.4.4 的式 (2.4.14), 知对任何 $\varepsilon>0$, 有

$$\lim_{n\to\infty}P\left\{n^{2r/(2r+1)}|\hat{f}_{\mathrm{NN}}(x)-f(x)|<\varepsilon\right\}=\frac{1}{2}\neq 1.$$

这就证明了所要讨论的结论. 情况 (b) 的处理完全类似, 只需用式 (2.4.15) 代替式 (2.4.14). 现考虑情况 (c). 为确定起见, 设 $f^{(r)}(x)=\gamma>0$. 仿照定理 2.4.4 的证明方法, 易得对任何 $\varepsilon>0$, 有

$$\begin{aligned}&P\left\{n^{2r/(2r+1)}[\hat{f}_{\mathrm{NN}}(x)-f(x)]<\varepsilon\right\}\\&=P\left\{\sum_{i=1}^{n}\eta_{ni}<(k-np'_n)/\sqrt{np'_nq'_n}\right\},\end{aligned}$$

其中 η_{ni} 的定义过程与式 (2.4.17) 中的 η_{ni} 完全类似, 所不同的是式 (2.4.17) 中的 p_n 要以

$$p'_n = \int_{x-d'_n}^{x+d'_n} f(u)\mathrm{d}u \tag{2.4.27}$$

来代替, 而 $q'_n = 1 - p'_n$, 其中

$$d'_n = k/\{2n[f(x) + \varepsilon n^{-r/(2r+1)}]\}. \tag{2.4.28}$$

此时仍有 $d'_n \to 0$, 因而 $p'_n \to 0$ 以及 $np'_nq'_n = k(1+o(1))$. 于是

$$k - np'_n = \frac{\varepsilon k n^{-r/(2r+1)}}{f(x) + \varepsilon n^{-r/(2r+1)}} - \frac{\gamma + o(1)}{(r+1)!2^r[f(x)]^{r+1}} \frac{k^{r+1}}{n^r}. \tag{2.4.29}$$

由于 $\gamma > 0$ 以及

$$\lim_{n\to\infty} k^{r+1/2}/n^r = \lim_{n\to\infty} \left(\sqrt{k} n^{-r/(2r+1)}\right)^{2r+1} = \infty,$$

于是由式 (2.4.29) 可得 $\lim\limits_{n\to\infty}(k - np'_n)/\sqrt{np'_nq'_n} = -\infty$. 再注意到对此处的 η_{ni} 而言, 式 (2.4.19) 仍成立. 故由此式和式 (2.4.26), 对任何 $\varepsilon > 0$, 有

$$\lim_{n\to\infty} P\left\{n^{r/(2r+1)}[\hat{f}_{\mathrm{NN}}(x) - f(x)]/f(x) < \varepsilon\right\} = 0.$$

这就证明了本定理的结论.

最后考虑 (d). 仍如在情况 (c) 那样, 定义 $\xi'_{n1}, \cdots, \xi'_{nn}$, 即

$$P\{\xi'_{n1} = 1\} = 1 - P\{\xi'_{n1} = 0\} = p'_n,$$

其中 p'_n 和 d'_n 分别由式 (2.4.27) 和式 (2.4.28) 定义. 对任何 $\varepsilon > 0$, 有

$$\lim_{n\to\infty} P\left\{n^{r/(2r+1)}[\hat{f}_{\mathrm{NN}}(x) - f(x)]/f(x) < \varepsilon\right\} = P\left\{\sum_{i=1}^n \xi'_{ni} < k\right\}. \tag{2.4.30}$$

由于 k 与 n 无关, 于是依式 (2.4.27) 和式 (2.4.28) 以及 $f(\cdot)$ 在 x 的连续性, 有 $\lim\limits_{n\to\infty} np'_n = k$. 因此, 按二项分布的 Poisson 逼近可得

$$\lim_{n\to\infty} P\left\{\sum_{i=1}^n \xi'_{ni} < k\right\} = \sum_{i=1}^{n-1} \mathrm{e}^{-k} k^i / i! \tag{2.4.31}$$

与 ε 无关. 显然, 由式 (2.4.30) 和式 (2.4.31) 即得 $n^{r/(2r+1)}[\hat{f}_{\mathrm{NN}}(x) - f(x)]$ 不能依概率收敛于 0. 这就证明了本定理的结论.

注 2.4.2 定理 2.4.5 的主要意义在于指明在一定条件和 k 的最佳选择下, $\hat{f}_{\rm NN}(x)-f(x)$ 收敛于 0 的速度的界限, 而不在于用之决定 k 的选择. 因为对一具体的 x, 适合条件 (2.4.13) 的 $r\geqslant 2$ 无法知道. 但如果有理由认为 $f^{(2)}(x)$ 存在, 且 $f^{(2)}(x)=0$ 是一个例外, 则本定理指出, 最好选择 $k=\lfloor n^{4/5}\rfloor$.

尽管推论 2.4.1 和推论 2.4.2 给出了 $\hat{f}_{\rm NN}(x)-f(x)$ 收敛到 0 的速度, 但一个理论和应用上十分重要的问题是: $\hat{f}_{\rm NN}(x)$ 收敛到 $f(x)$ 的最优收敛速度如何? 洪圣岩 (1990) 研究了这个问题, 给出了满意的回答. 他研究了近邻型密度估计的重对数律, 所得结果可以推出 $\hat{f}_{\rm NN}(x)-f(x)$ 的重对数律.

定理 2.4.7 设对固定的点 $x\in\mathbf{R}$, $f(x)>0$, 存在自然数 $r\geqslant 2$, 使 $f(\cdot)$ 在 x 处有 r 阶连续导数且式 (2.4.13) 成立. 如果 k 满足:

(i) $k/n\to 0,\ k(\log\log n)/\log^2 n\to\infty$;

(ii) $\displaystyle\lim_{\varepsilon\to 0}\limsup_{n\to\infty}\sup_{\{m:|m-n|\leqslant n\varepsilon\}}\left|\frac{k_m}{k_n}-1\right|=0$;

(iii) $\displaystyle\lim_{n\to\infty}k^{2r+1}/(n^{2r}\log\log n)=\upsilon<\infty$,

则有

$$\limsup_{n\to\infty}\pm(k/\log\log n)^{1/2}[\hat{f}_{\rm NN}(x)-f(x)]=\sqrt{2}f(x)\pm\sqrt{\upsilon}B,\ \text{a.s.},$$

其中 $B=[1+(-1)^r]f^{(r)}(x)/\{2(r+1)![2f(x)]^r\}$.

证 本定理是洪圣岩 (1990) 的定理 1 和定理 2 的直接推论, 这里省略其证明.

推论 2.4.3 设定理 2.4.7 的条件成立.

(i) 如果选取 $k=\lfloor(n^{2r}\log\log n)^{1/(2r+1)}\rfloor$, 则

$$\limsup_{n\to\infty}\pm(n/\log\log n)^{r/(2r+1)}[\hat{f}_{\rm NN}(x)-f(x)]=\sqrt{2}f(x)\pm B,\ \text{a.s.}.$$

(ii) 如果选取 $k=\lfloor n^{2r/(2r+1)}\rfloor$, 则

$$\limsup_{n\to\infty}\pm(n^{r/(2r+1)}\sqrt{\log\log n})[\hat{f}_{\rm NN}(x)-f(x)]=\sqrt{2}f(x),\ \text{a.s.}.$$

特别地, 如果 $r=2$, 此时选取 $k=\lfloor n^{4/5}\rfloor$, 则

$$\limsup_{n\to\infty}\pm(n^{2/5}\sqrt{\log\log n})[\hat{f}_{\rm NN}(x)-f(x)]=\sqrt{2}f(x),\ \text{a.s.}.$$

洪圣岩 (1990) 指出: 当 r 为奇数时, 如果定理 2.4.7 的条件成立, 且 $f^{(r)}(x)$ 在 x 附近满足 $\lambda(0<\lambda\leqslant 1)$ 阶 Lipschitz 条件, 则当选取 $k=\lfloor(n^{2(r+\lambda)}\log\log n)^{1/(2(r+\lambda)+1)}\rfloor$ 时, 有

$$\limsup_{n\to\infty}\pm(n/\log\log n)^{2(r+\lambda)/[2(r+\lambda)+1]}|\hat{f}_{\rm NN}(x)-f(x)|<\infty,\ \text{a.s.},$$

下面的定理给出结论: 当 r 为偶数时, $\hat{f}_{\mathrm{NN}}(x)$ 收敛到 $f(x)$ 的最优速度即为 $(n/\log\log n)^{r/(2r+1)}$.

定理 2.4.8 设对固定的点 $x\in\mathbf{R}$, $f(x)>0$, 存在偶数 $r\geqslant 2$, 使 $f(\cdot)$ 在 x 处有 r 阶连续导数且式 (2.4.13) 成立; 如果 $f^{(r)}(x)\neq 0$, 则对任意的 $k=o(n)$, 都有

$$(n/\log\log n)^{r/(2r+1)}[\hat{f}_{\mathrm{NN}}(x)-f(x)]\overset{P}{\nrightarrow}0.$$

证 本定理的证明参看洪圣岩 (1990) 的定理 4, 其证明思路类似于定理 2.4.6 的证明. 故从略.

我们需要指出: 如果 $f(\cdot)$ 在 x 附近满足 λ 阶 Lipschtz 条件, $0<\lambda\leqslant 1$, 取 $k=\lfloor(n^{2\lambda}/\log\log n)^{1/(2\lambda+1)}\rfloor$, 则

$$\hat{f}_{\mathrm{NN}}(x)-f(x)=O\left((n/\log\log n)^{-\lambda/(2\lambda+1)}\right),\ \text{a.s.}.$$

特别地, 如果 $f(x)$ 满足一阶 Lipschtz 条件, 此时 $k=\lfloor(n^2/\log\log n)^{1/3}\rfloor$, 则

$$\hat{f}_{\mathrm{NN}}(x)-f(x)=O\left((n/\log\log n)^{-1/3}\right),\ \text{a.s.}.$$

上述结果可以从洪圣岩 (1990) 的定理 2 推出.

Chen(1983b) 研究了 $\hat{f}_{\mathrm{NN}}(x)$ 的一致收敛速度. 他证明了: 如果 $f(x)$ 满足 $\lambda(0<\lambda\leqslant 1)$ 阶 Lipschitz 条件, 则 $\sup\limits_x|\hat{f}_{\mathrm{NN}}(x)-f(x)|$ 收敛于 0 的速度为 $O(n^{-\lambda/(3\lambda+1)}\sqrt{\log n}\,c_n)$, 且主阶 $n^{-\lambda/(3\lambda+1)}$ 不能改进. 随后, 杨振海 (1983) 在 $f(x)$ 满足一阶 Lipschitz 条件下, 将此收敛速度改进为 $O((n/\log n)^{-1/4})$. 柴根象 (1984b) 在多维情形下进一步研究了最近邻密度估计的一致收敛速度问题, 得到了很好的结果. 下面的结果给出了一维情形下 $\hat{f}_{\mathrm{NN}}(x)$ 的一致收敛速度.

定理 2.4.9 设存在自然数 $r\geqslant 2$, 使 $f(\cdot)$ 在 $\mathbf{R}$ 上有 r 阶有界连续导数且式 (2.4.13) 成立, k 满足式 (2.4.21), 则对任何 $0<c_n\to\infty$, 有

$$\sup_x|\hat{f}_{\mathrm{NN}}(x)-f(x)|=o\left(c_n\sqrt{k^{-1}\log n}\right)+o\left(c_n\,(k/n)^{r/(r+1)}\right),\ \text{a.s.}. \tag{2.4.32}$$

证 不失一般性, 可假定 $c_n=o(\log n)$. 记 $S_{x,a}=[x-a,x+a]$. 任给 $\varepsilon>0$, 令 $\varepsilon_n=\varepsilon n^{-1}\sqrt{c_nk\log n}$. 在定理 1.1.3 中, 选取 $b=2k/n$, 并利用 ε_n 代替 ε, 那么由定理 1.1.3 不难得到

$$\sup_x\{|F_n(S_{x,a})-F(S_{x,a})|:F(S_{x,a})\leqslant b\}=o\left(n^{-1}\sqrt{c_nk\log n}\right),\ \text{a.s.}.$$

注意到 $n^{-1}\sqrt{c_nk\log n}=o(k/n)$, 因此欲以概率 1 使 a 最小, 且合于 $F_n(S_{x,a})\geqslant k/n$, 则当 n 充分大时, a 必须满足

$$F(S_{x,a})=\frac{k}{n}+\theta_nn^{-1}\sqrt{c_nk\log n}\triangleq w_n, \tag{2.4.33}$$

其中 $|\theta_n| \leqslant 1$. 因 $f^{(r)}(x)$ 有界, 记 $M_r = \sup_x |f^{(r)}(x)|$, $L = M_r/(r+1)!$, 那么可以得到

$$2a[f(x) - La^r] \leqslant F(S_{x,a}) \leqslant 2a[f(x) + La^r].$$

因而可以得到最小的 $a = a_n(x)$ 的估计为 $t_1 \leqslant a_n(x) \leqslant t_2$, 其中 t_1 和 t_2 分别是下列方程 (2.4.34) 和方程 (2.4.35) 的解:

$$2a[f(x) + La^r] = w_n, \tag{2.4.34}$$

$$2a[f(x) - La^r] = w_n. \tag{2.4.35}$$

记 $Q = (2L)^{1/(r+1)}$, 并令

$$\mathcal{X} = \{x : f(x) \geqslant Q(k/n)^{r/(r+1)}\}. \tag{2.4.36}$$

下面分两种情况讨论.

(a) 当 $x \in \mathcal{X}$, 有 $f(x) > 0$. 由式 (2.4.34) 可以推出 $t_1 \leqslant w_n/[2f(x)]$, 且

$$t_1 \geqslant \frac{w_n}{2f(x)}\left[1 + \frac{L}{f(x)}\left(\frac{w_n}{2f(x)}\right)^r\right]^{-1}. \tag{2.4.37}$$

于是, 由式 (2.4.37) 可以得到

$$\hat{f}_{\mathrm{NN}}(x) - f(x) \leqslant \left(\frac{k}{nw_n} - 1\right) f(x) + \frac{kL}{nw_n}\left(\frac{w_n}{2f(x)}\right)^r.$$

关于 $x \in \mathcal{X}$ 一致成立. 由上式并利用 k 的条件和 w_n 的定义可以推出

$$\hat{f}_{\mathrm{NN}}(x) - f(x) \leqslant o\left(c_n\sqrt{k^{-1}\log n}\right) + o\left(c_n\,(k/n)^{r/(r+1)}\right), \text{ a.s.} \tag{2.4.38}$$

关于 $x \in \mathcal{X}$ 一致成立.

此外, 记

$$g(a) = 2a[f(x) - La^r] - w_n.$$

依 Q 的取法容易得到方程 $g(a) = 0$ 有一个根在 $[w_n/[2f(x)], w_n/f(x)]$ 之中. 于是可得 $t_2 \leqslant w_n/f(x)$, 且

$$t_2 \leqslant \frac{w_n}{2f(x)}\left[1 - \frac{L}{f(x)}\left(\frac{w_n}{f(x)}\right)^r\right]^{-1}, \tag{2.4.39}$$

根据 Q 的取值, 简单计算可得: 当 n 充分大时, 有

$$0 \leqslant \frac{L}{f(x)}\left(\frac{w_n}{2f(x)}\right)^r \leqslant \frac{1}{2}.$$

于是, 利用式 (2.4.39), 并类似于式 (2.4.38) 的推导可以得到

$$\hat{f}_{\rm NN}(x) - f(x) \geqslant o\left(c_n\sqrt{k^{-1}\log n}\right) + o\left(c_n\,(k/n)^{r/(r+1)}\right), \text{ a.s.} \tag{2.4.40}$$

关于 $x \in \mathcal{X}$ 一致成立.

(b) 当 $x\in\mathcal{X}^{\rm c}$ 时, 容易证明

$$t_1 \geqslant c(k/n)^{1/(r+1)}, \tag{2.4.41}$$

其中 $c>0$ 为常数, $\mathcal{X}^{\rm c}$ 为 $\mathcal{X}$ 的余集. 因此, 由式 (2.4.41) 和 $\mathcal{X}$ 的定义, 即可得到

$$|\hat{f}_{\rm NN}(x) - f(x)| \leqslant \left(\frac{1}{2c} + Q\right)\left((k/n)^{r/(r+1)}\right), \text{ a.s.} \tag{2.4.42}$$

关于 $x\in\mathcal{X}^{\rm c}$ 一致成立. 综合式 (2.4.38)、式 (2.4.40) 和式 (2.4.42) 即证得式 (2.4.32).

由定理 2.4.9 可立刻得到下面的推论.

推论 2.4.4 设定理 2.4.9 的条件成立. 如果选取 $k = \lfloor[n^{2r}(\log n)^{(r+1)}]^{1/(3r+1)}\rfloor$, 则对任何 $0<c_n\to\infty$, 有

$$\sup_x|\hat{f}_{\rm NN}(x) - f(x)| = o\left(c_n\left(\frac{\log n}{n}\right)^{r/(3r+1)}\right), \text{ a.s..}$$

如果选取 $k = \lfloor n^{2r/(3r+1)}\rfloor$, 则对任何 $0<c_n\to\infty$, 有

$$\sup_x|\hat{f}_{\rm NN}(x) - f(x)| = o\left(c_n n^{-r/(3r+1)}\sqrt{\log n}\right), \text{ a.s..}$$

特别地, 当 $r=2$ 时, 如果选取 $k=\lfloor n^{4/7}\rfloor$, 则对任何 $0<c_n\to\infty$, 有

$$\sup_x|\hat{f}_{\rm NN}(x) - f(x)| = o\left(c_n n^{-2/7}\sqrt{\log n}\right), \text{ a.s..}$$

下面的定理回答了 $\hat{f}_{\rm NN}(x)$ 的一致收敛速度的主阶只能达到 $n^{-r/(3r+1)}$.

定理 2.4.10 可以找到满足定理 2.4.9 条件的 $f(x)$, 使得不论怎样挑选 k, 由式 (2.4.1) 定义的 $\hat{f}_{\rm NN}(x)$ 不满足

$$\sup_x|\hat{f}_{\rm NN}(x) - f(x)| = O\left(n^{-r/(3r+1)}\right), \text{ a.s..} \tag{2.4.43}$$

证 今选取 $f(x)$ 除满足定理 2.4.9 的条件外, 还满足:

(1) 当 $|x|$ 充分小时, $f(x)=c|x|^r$, 其中 $r\geqslant 2$, $c>0$ 为常数;

(2) 存在 $\rho<\infty$, 使得当 $|x|>\rho$ 时, $f(x)=0$;

(3) 存在 u,v, $u<v$, 使得当 $u<x<v$ 时, $f(x)=1$.

设 $\{k=k_n\}$ 是任一整数序列, 满足 $1\leqslant k\leqslant n$. 只需考虑 k 的下述情形:

(a) $\lim\limits_{n\to\infty} kn^{-(2r+1)/(3r+1)}=\infty$;

(b) $\lim\limits_{n\to\infty} kn^{-2r/(3r+1)}=\infty$, 但 $k=O(n^{(2r+1)/(3r+1)})$;

(c) $k\to\infty$, 但 $k=O(n^{2r/(3r+1)})$;

(d) k 为不依赖于 n 的正整数.

对情形 (a), 注意到条件 (2) 蕴涵了 $a_n(0)\leqslant\rho$, 容易得到

$$n^{r/(3r+1)}|\hat{f}_{\rm NN}(0)-f(0)|\longrightarrow\infty.$$

对情形 (b), 应用定理 1.1.3, 其中取 $b=2k/n$, $\varepsilon=\varepsilon_1 n^{-1}\sqrt{k\log n}$, $\varepsilon_1>0$ 是预先给定的, 并注意到 k 的数量级, 可得

$$\sup_x\{|F_n(S_{x,a})-F(S_{x,a})|:F(S_{x,a})\leqslant b\}=o\left(n^{-1}\sqrt{k\log n}\right),\ \text{a.s.}.$$

易知 $n^{-1}\sqrt{k\log n}=o(k/n)$. 因此, 以概率 1 使 a 充分小, 且满足 $F_n(S_{0,a})\geqslant k/n$, a 必须满足

$$F(S_{0,a})=k/n+\theta_n n^{-1}\sqrt{k\log n},\quad |\theta_n|\leqslant 1.$$

由于 $F(S_{0,a})=a^{r+1}$, 因此 a 是下列方程的解:

$$a^{r+1}=k/n+\theta_n n^{-1}\sqrt{k\log n}.$$

故当 n 充分大时, 有

$$a_n(0)=a\leqslant(2k/n)^{1/(r+1)}.$$

由式 (2.4.1) 中 $\hat{f}_{\rm NN}(x)$ 的定义可得

$$\hat{f}_{\rm NN}(0)=\frac{k}{2a_n(0)n}\geqslant\frac{1}{4}\left(\frac{k}{n}\right)^{r/(r+1)}.$$

再由条件 (2), 不难得到

$$n^{r/(3r+1)}|\hat{f}_{\rm NN}(0)-f(0)|=n^{r/(3r+1)}\hat{f}_{\rm NN}(0)\longrightarrow\infty.$$

对情形 (c), 由条件 (1) 和 k 的数量级知定理 2.4.4 可应用, 于是必有某个 $x_0\neq 0$, 使得

$$\sqrt{k}\,[\hat{f}_{\rm NN}(x_0)-f(x_0)]/f(x_0)\xrightarrow{D}N(0,1).$$

注意到 $N(0,1)$ 的支撑集无界, 因此 $\hat{f}_{\rm NN}(x_0)-f(x_0)$ 不能有 $O(1/\sqrt{k})=O(n^{-r/(3r+1)})$ 的形式.

最后考虑情形 (d). 任取 $x'\in(u,v)$, 定义

$$Y_n=\#\{i:1\leqslant i\leqslant n,|X_i-x'|\leqslant k/(4n)\}.$$

由条件 (3) 和熟知的二项分布逼近 Poisson 分布的定理, 可得到

$$\lim_{n\to\infty} P\{Y_n = k\} = \mathrm{e}^{-k/2}(k/2)^k/k! \triangleq A > 0. \tag{2.4.44}$$

因 $P\{a_n(x') \leqslant k/(4n)\} \geqslant P\{Y_n = k\}$, 于是从式 (2.4.1) 中 $\hat{f}_{\mathrm{NN}}(x)$ 的定义可知, 以不小于 $P\{Y_n = k\}$ 的概率有 $\hat{f}_{\mathrm{NN}}(x') \geqslant k/\{2n[k/(4n)]\} = 2$. 故从式 (2.4.44) 可以看出, 当 n 充分大时, 以不小于 $A/2$ 的概率有 $\hat{f}_{\mathrm{NN}}(x') - f(x') \geqslant 2 - 1 = 1$. 因此, 式 (2.4.43) 不成立.

综合上述讨论, 即可完成定理 2.4.10 的证明.

4. 最近邻密度估计一致收敛的必要条件

关于强一致收敛的必要条件问题, Chai(1984) 首先进行了研究, 得到了如下结果: 设 k 满足 $k \to \infty$ 和 $k/n \to 0$. 如果存在定义在 $\mathbf{R}$ 上的函数 $g(x)$, 使

$$\sup_x |\hat{f}_{\mathrm{NN}}(x) - g(x)| \longrightarrow 0, \ \text{a.s.}, \tag{2.4.45}$$

则 $g(x)$ 在 $\mathbf{R}$ 上一致连续, 且总体分布有密度, 它的密度正是 $g(x)$. 这个工作遗留一个问题: 当 k 不满足 $k \to \infty$ 和 $k/n \to 0$ 时, 会发生什么情况? 陈希孺 (1983) 彻底解决了这个问题, 他证明了: 在 $k \to \infty$ 不成立时, 如果存在定义在 $\mathbf{R}$ 上的实值有限函数 $g(x)$, 使

$$\hat{f}_{\mathrm{NN}}(x) \xrightarrow{P} g(x), \quad \forall x \in \mathbf{R},$$

则总体分布 $F(x)$ 必须是纯跳跃的, 即使 $F(x)$ 属于这个情况, 也不可能存在实值有限函数 $g(x)$, 使式 (2.4.45) 成立. 在 $k/n \to 0$ 不成立时, 满足式 (2.4.45) 的实值有限函数 $g(x)$ 可以存在, 也可以不存在. 但是, 即使这样的 $g(x)$ 存在, 它也不是概率密度. 综合上述讨论, 可以得到下列结果.

定理 2.4.11 不论 k 如何选择, 只要存在概率密度 $g(x)$, 使式 (2.4.45) 成立, 则 $g(x)$ 在 $\mathbf{R}$ 上一致连续, $F(x)$ 的概率密度存在且正是 $g(x)$.

2.4.4 相依样本下最近邻密度估计

本节假定 $\{X_n; n \geqslant 1\}$ 是 $\mathbf{R}$ 上的平稳 φ 混合序列, 其公共未知密度为 $f(x)$. 定义 $f(x)$ 的最近邻估计 $\hat{f}_{\mathrm{NN}}(x)$ 如式 (2.4.1).

1. 相依样本下最近邻密度估计的相合性

柴根象 (1989) 研究了 d 维平稳序列最近邻密度估计的逐点相合性. 下面我们在一维情形下给出相应的结果.

定理 2.4.12 设 $\{X_n; n \geqslant 1\}$ 为平稳 φ 混合序列, 且混合系数 $\varphi(n)$ 满足

$$\sum_{n=1}^{\infty} \varphi(n) < \infty, \quad \varphi(n) \searrow 0. \tag{2.4.46}$$

又设 $k \to \infty$, $k/n \to 0$. 取定 $f(\cdot)$ 的连续点 $x \in \mathbf{R}$.

(i) 如果 $k/\sqrt{n} \to \infty$, 则

$$\hat{f}_{\mathrm{NN}}(x) \xrightarrow{P} f(x).$$

(ii) 如果对任意常数 $c > 0$,

$$\sum_{n=1}^{\infty} \exp\{-ck/\sqrt{n}\} < \infty,$$

则

$$\hat{f}_{\mathrm{NN}}(x) \longrightarrow f(x), \text{ a.s.}.$$

证 仍沿用定理 2.4.2 证明中的记号及前半部分的证明, 并记

$$\xi_{ni} = I[X_i \in (x - b_n, x + b_n)], \quad i = 1, \cdots, n,$$

其中 $b_n = k/\{2n[f(x) + \varepsilon]\}$.则 $\{\xi_{ni}; 1 \leqslant i \leqslant n\}$ 满足定理 1.1.14 的条件. 于是, 由式 (2.4.8), 再利用定理 1.1.14, 知当 n 充分大时, 有

$$\begin{aligned} P\left\{[\hat{f}_{\mathrm{NN}}(x) - f(x)] \geqslant \varepsilon\right\} &= P\left\{\frac{1}{n}\sum_{i=1}^{n}(\xi_{ni} - p_n) \geqslant \frac{k}{n} - p_n\right\} \\ &\leqslant P\left\{\left|\frac{1}{n}\sum_{i=1}^{n}(\xi_{ni} - p_n)\right| \geqslant (1-c)k/n\right\} \\ &\leqslant c_1 \exp\{-c_2 k/\sqrt{n}\}. \end{aligned} \tag{2.4.47}$$

同理, 当 n 充分大时, 有

$$P\left\{[\hat{f}_{\mathrm{NN}}(x) - f(x)] \leqslant -\varepsilon\right\} \leqslant c_1 \exp\{-c_2 k/\sqrt{n}\}. \tag{2.4.48}$$

因此, 利用式 (2.4.47) 和式 (2.4.48), 就一举完成了 (i) 和 (ii) 的证明.

定理 2.4.12 的结果可以推广到 d 维的情况, 参看柴根象 (1989).

下面的定理给出了 $\hat{f}_{\mathrm{NN}}(x)$ 的一致强相合性.

定理 2.4.13 设 $\{X_n; n \geqslant 1\}$ 为平稳 φ 混合序列, 且混合系数 $\varphi(n)$ 满足

$$\varphi(n) = O(n^{-5-\delta}), \quad \text{对某个} \delta \in (0, 1/4); \tag{2.4.49}$$

k 满足:

$$\lim_{n\to\infty} k/\sqrt{n\log\log n}=\infty,\qquad \lim_{n\to\infty} k/n=0. \tag{2.4.50}$$

如果 $f(x)$ 在 $\mathbf{R}$ 上一致连续, 则

$$\sup_x |\hat{f}_{\mathrm{NN}}(x)-f(x)| \longrightarrow 0,\ \text{a.s.}. \tag{2.4.51}$$

证　用 $F_n(x)$ 表示 $X_1,\cdots,X_n$ 的经验分布, $F(x)$ 表示 X_1 的分布, $F_n(x)$ 和 $F(x)$ 所诱导的测度仍用 F_n 和 F 表示. 对任意 $\varepsilon>0$, 记

$$\begin{aligned}
b_n(x)&=k/\{2n[f(x)+\varepsilon]\},\quad S_n(x,b)=(x-b_n(x),x+b_n(x)),\\
\tilde{b}_n(x)&=k/\{2n[f(x)-\varepsilon]\},\quad S_n(x,\tilde{b})=(x-\tilde{b}_n(x),x+\tilde{b}_n(x)).
\end{aligned}$$

那么有

$$\begin{aligned}
&P\left(\bigcup_{n\geqslant m}\left\{\sup_x |\hat{f}_{\mathrm{NN}}(x)-f(x)|\geqslant\varepsilon\right\}\right)\\
&=P\left(\bigcup_{n\geqslant m}\bigcup_{x}\left\{F_n(S_n(x,b))-F(S_n(x,b))\geqslant\frac{k}{n}-F(S_n(x,b))\right\}\right)\\
&\quad+P\left(\bigcup_{n\geqslant m}\bigcup_{\{x:f(x)>\varepsilon\}}\left\{F_n(S_n(x,\tilde{b}))-F(S_n(x,\tilde{b}))\leqslant\frac{k}{n}-F(S_n(x,\tilde{b}))\right\}\right)\\
&\triangleq L_{m1}+L_{m2}.
\end{aligned} \tag{2.4.52}$$

因 $f(x)$ 在 $\mathbf{R}$ 上一致连续, 如果记 $M=\sup\limits_x f(x)$, 则 $M<\infty$, 且当 n 充分大时,

$$\begin{aligned}
F_n(S_n(x,b))&\leqslant\frac{k}{n}\frac{f(x)+\varepsilon/2}{f(x)+\varepsilon},\\
\frac{k}{n}-F_n(S_n(x,b))&\geqslant\frac{k}{n}\frac{\varepsilon}{2[f(x)+\varepsilon]}\geqslant\frac{k}{n}\frac{\varepsilon}{2(M+\varepsilon)}\triangleq p_n,\ \forall x,
\end{aligned}$$

因此

$$\begin{aligned}
L_{m1}&\leqslant P\left(\bigcup_{n\geqslant m}\left\{\sup_x |F_n(S_n(x,b))-F(S_n(x,b))|\geqslant p_n\right\}\right)\\
&\leqslant 2P\left(\bigcup_{n\geqslant m}\left\{\sup_x |F_n(x)-F(x)|\geqslant p_n/2\right\}\right).
\end{aligned}$$

由条件 (2.4.50) 可知 $p_n\sqrt{n/\log\log n}\to\infty$. 于是, 由定理 (1.2.8) 可得

$$L_{m1}\leqslant 2P\left(\bigcup_{n\geqslant m}\left\{\sup_x |F_n(x)-F(x)|\geqslant c(n/\log\log n)^{-1/2}\right\}\right)\longrightarrow 0.$$

同理可证得 $L_{m2} \to 0,\ m \to \infty$. 结合式 (2.4.52), 对任给的 $\varepsilon > 0$, 有

$$P\left(\bigcup_{n\geqslant m}\left\{\sup_x |\hat{f}_{\rm NN}(x) - f(x)| \geqslant \varepsilon\right\}\right) \longrightarrow 0, \quad m \to \infty.$$

此即式 (2.4.51) 成立.

2. 相依样本下最近邻密度估计的渐近正态性

下面考虑一维最近邻密度估计 $\hat{f}_{\rm NN}(x)$ 的渐近正态性.

定理 2.4.14 设 $\{X_n; n \geqslant 1\}$ 为平稳 φ 混合序列, 且混合系数 $\varphi(n)$ 满足式 (2.4.46); 对任意 $j > 1$, (X_1, X_j) 的联合密度 $f_j(x_1, x_2)$ 是二元有界连续函数; 对固定的点 $x \in \mathbf{R}$, $f(x) > 0$, 存在自然数 $r \geqslant 2$, 使 $f(\cdot)$ 在 x 处有 r 阶连续导数且式 (2.4.13) 成立.

(i) 如果 $k \to \infty$, 且 $k = o(n^{2r/(2r+1)})$, 则

$$\sqrt{k}\,[\hat{f}_{\rm NN}(x) - f(x)]/f(x) \xrightarrow{D} N(0,1). \tag{2.4.53}$$

(ii) 如果存在正的常数 c, 使 $\lim\limits_{n\to\infty} k/n^{2r/(2r+1)} = c$, 则

$$\sqrt{k}\,[\hat{f}_{\rm NN}(x) - f(x)]/f(x) - \frac{[1+(-1)^r]c^{(2r+1)/2}f^{(r)}(x)}{(r+1)![2f(x)]^{r+1}} \xrightarrow{D} N(0,1). \tag{2.4.54}$$

证 仍沿用定理 2.4.4 的证明中的记号. 首先证明式 (2.4.53). 我们先利用定理 2.4.13 证明 $\{\xi_{ni}; 1 \leqslant i \leqslant n\}$ 服从中心极限定理, 为此需要验证定理 2.4.13 的条件. 记

$$S_n = \sum_{i=1}^n (\xi_{ni} - p_n), \quad \sigma_n^2 = E(S_n^2).$$

显然, $E(|\xi_{ni} - p_n|^3) < \infty$, $i = 1, \cdots, n$. 简单计算可得

$$\begin{aligned}\sigma_n^2 &= \sum_{i=1}^n E[(\xi_{ni} - p_n)^2] + 2n\sum_{j=2}^n \left(1 - \frac{j-1}{n}\right) E[(\xi_{n1} - p_n)(\xi_{nj} - p_n)] \\ &\triangleq I_{n1} + I_{n2}.\end{aligned}$$

可以看出 $I_{n1} = np_nq_n$. 由于 (X_1, X_j) 的联合密度 $f_j(x_1, x_2)$ 是二元有界连续函数, 因此

$$\begin{aligned}E[(\xi_{n1} - p_n)(\xi_{nj} - p_n)] &= \int_{x-d_n}^{x+d_n}\int_{x-d_n}^{x+d_n} f_j(u,v)\mathrm{d}u\mathrm{d}v - \left(\int_{x-d_n}^{x+d_n} f(u)\mathrm{d}u\right)^2 \\ &= 4f_j(x_1,x_2)d_n^2 - p_n^2 + o(d_n^2) = o(p_n).\end{aligned}$$

又由定理 1.1.12 可得

$$|E[(\xi_{n1}-p_n)(\xi_{nj}-p_n)]| \leqslant 4E|\xi_{n1}-p_n|\varphi(j-1) \leqslant 8p_n\varphi(j-1).$$

由式 (2.4.46) 和严士健等 (1982) 书中的推论 9(183 页) 可得

$$\lim_{n\to\infty}\sum_{j=2}^{\infty} p_n^{-1}|E[(\xi_{n1}-p_n)(\xi_{nj}-p_n)]| = 0.$$

又由于

$$|(np_nq_n)^{-1}I_{n2}| \leqslant 2q_n^{-1}\sum_{j=2}^{\infty} p_n^{-1}|E[(\xi_{n1}-p_n)(\xi_{nj}-p_n)]|.$$

于是, 由 $q_n\to 1$ 可得

$$I_{n2} = o(np_nq_n).$$

从而, $\sigma_n^2\to\infty$, $\sigma_n^2/(np_nq_n)\to 1$. 因此, 对任意的 $0<\varepsilon<1$, 存在 n_0, 当 $n\geqslant n_0$ 时, 有

$$(1-\varepsilon)^2 np_nq_n \leqslant \sigma_n^2 \leqslant (1+\varepsilon)^2 np_nq_n.$$

至此验证了定理 2.4.13 的条件都满足, 故由定理 2.4.13 可得

$$\frac{S_n}{\sigma_n}\xrightarrow{D} N(0,1). \tag{2.4.55}$$

由式 (2.4.47) 可得

$$\begin{aligned}P\left\{\sqrt{k}[\hat f_{\mathrm{NN}}(x)-f(x)]/f(x)<y\right\} &= P\left\{\frac{S_n}{\sigma_n}<\frac{k-np_n}{\sigma_n}\right\}\\ &= P\left\{\frac{S_n}{\sigma_n}<\frac{k-np_n}{(1-\varepsilon)\sqrt{np_nq_n}}\right\}.\end{aligned} \tag{2.4.56}$$

定理 2.4.4 的证明中已得

$$\lim_{n\to\infty}\frac{k-np_n}{\sqrt{np_nq_n}} = y. \tag{2.4.57}$$

故由式 (2.4.55)~ 式 (2.4.57) 和 ε 的任意性可得

$$\lim_{n\to\infty} P\left\{\sqrt{k}[\hat f_{\mathrm{NN}}(x)-f(x)]/f(x)<y\right\} = \varPhi(y),\quad \forall y,$$

这就证明了式 (2.4.53).

在情形 (ii) 下, 利用式 (2.4.20) 可得

$$\lim_{n\to\infty}\frac{k-np_n}{\sqrt{np_nq_n}} = y-\frac{[1+(-1)^r]c^{(2r+1)/2}f^{(r)}(x)}{(r+1)![2f(x)]^{r+1}}. \tag{2.4.58}$$

结合式 (2.4.55)、式 (2.4.56) 和式 (2.4.58) 即证得式 (2.4.54). 这就完成了本定理的证明.

3. 相依样本下最近邻密度估计的收敛速度

下面的结果给出了 $\hat{f}_{\rm NN}(x)$ 在相依样本情形下的强收敛速度.

定理 2.4.15 设 $\{X_n; n \geqslant 1\}$ 为平稳 φ 混合序列, 且混合系数 $\varphi(n)$ 满足式 (2.4.46); 对固定的点 $x \in \mathbf{R}$, $f(x) > 0$, 存在自然数 $r \geqslant 2$, 使 $f(\cdot)$ 在 x 处有 r 阶连续导数且式 (2.4.13) 成立. 如果选取 $k = \lfloor (n^{r+1/2}\log n)^{1/(r+1)} \rfloor$, 则对任何 $0 < c_n \to \infty$, 有

$$\hat{f}_{\rm NN}(x) - f(x) = o\left(c_n\left(\frac{\log n}{\sqrt{n}}\right)^{r/(r+1)}\right), \text{ a.s..}$$

证 利用定理 1.1.14, 仿照定理 2.4.5 或定理 2.4.12 的证明方法不难完成本定理的证明. 这里省略.

如果对混合系数提出更高的要求, 则将大大提高 $\hat{f}_{\rm NN}(x)$ 收敛速度. 下面的定理说明了这个事实.

定理 2.4.16 设 $\{X_n; n \geqslant 1\}$ 为平稳 φ 混合序列; 对固定的点 $x \in \mathbf{R}$, $f(x) > 0$, 存在自然数 $r \geqslant 2$, 使 $f(\cdot)$ 在 x 处有 r 阶连续导数且式 (2.4.21) 成立; 混合系数 $\varphi(n)$ 满足 $\varphi(n) = O(n^{-(1+\delta)})$, $r\delta \geqslant 1$; k 满足式 (2.4.13), 则对任何 $0 < c_n \to \infty$, 有

$$\hat{f}_{\rm NN}(x) - f(x) = o\left(c_n\sqrt{k^{-1}\log n}\right), \text{ a.s.} \tag{2.4.59}$$

证 仍沿用定理 2.4.5 的证明中的记号. 记 $\nu_n = c_n\sqrt{k^{-1}\log n}$, 并记

$$\zeta_{ni} = I\{X_i \in (x - b_n', x + b_n')\} - p_n, \quad i = 1, \cdots, n,$$

其中 $b_n' = k/\{2n[f(x) + \varepsilon\nu_n]\}$, $p_n' = \displaystyle\int_{x-b_n'}^{x+b_n'} f(u){\rm d}u$, 则对任给的 $\varepsilon > 0$, 有

$$P\left\{\nu_n^{-1}[\hat{f}_{\rm NN}(x) - f(x)] \geqslant \varepsilon\right\} \leqslant P\left\{\left|\frac{1}{n}\sum_{i=1}^{n}\zeta_{ni}\right| \geqslant q_n\right\}, \tag{2.4.60}$$

其中 $q_n = \{k\varepsilon/[2nf(x)]\}c_n\sqrt{k^{-1}\log n}$. 可以验证 $\{\zeta_{ni}; 1 \leqslant i \leqslant n\}$ 满足定理 1.1.15 中的条件. 事实上, 易知 $E(\zeta_{ni}) = 0$, $|\zeta_{ni}| \leqslant 1$, $E(|\zeta_{ni}|) \leqslant 2p_n'$, $E(\zeta_{ni}^2) \leqslant p_n'$. 取 $\alpha = (k/n)^r/4$, $m = (k/n)^{-r}$, $d = 1$, 那么有 $\alpha m d = 1/4$. 因此, 由式 (2.4.60) 和定理 1.1.15 可得

$$P\left\{\nu_n^{-1}[\hat{f}_{\rm NN}(x) - f(x)] \geqslant \varepsilon\right\} \leqslant c_1\exp\{-n\alpha(q_n - \alpha c_2)\}. \tag{2.4.61}$$

根据对混合系数 $\varphi(n)$ 施加的条件可知 $\varphi(n) \leqslant \gamma_1 n^{-(1+\delta)}$, $\widetilde{\varphi}_m \leqslant \gamma_2$, 其中 γ_1 和 γ_2 为正的常数. 从而, 当 n 充分大时, 有

$$c_1 \leqslant 2\exp\{3\sqrt{e}n\gamma_1 m^{-(2+\delta)}\} \leqslant 2n^{\beta}, \quad \beta = 3\sqrt{e}\gamma_1,$$
$$c_2 \leqslant 6(p_n' + 8\gamma_2 p_n') \leqslant 12(1 + 8\gamma_2)(k/n).$$

由式 (2.4.61), 当 n 充分大时, 有

$$P\left\{\nu_n^{-1}[\hat{f}_{\rm NN}(x)-f(x)]\geqslant\varepsilon\right\}\leqslant 2n^\beta\exp\{-\gamma_3 c_n\log n\}=O(n^{-2}),\qquad(2.4.62)$$

其中 $\gamma_3=\sqrt{\tau}\varepsilon/[8f(x)]$. 同样可证明: 对任给 $\varepsilon>0$, 当 n 充分大时, 有

$$P\left\{\nu_n^{-1}[\hat{f}_{\rm NN}(x)-f(x)]\leqslant-\varepsilon\right\}=O(n^{-2}).\qquad(2.4.63)$$

于是由式 (2.4.62) 和式 (2.4.63), 对任给 $\varepsilon>0$, 有

$$\sum_{n=1}^{\infty}P\left\{\nu_n^{-1}|\hat{f}_{\rm NN}(x)-f(x)|\geqslant\varepsilon\right\}<\infty.$$

故由 Borel-Cantelli 引理 (定理 1.2.4) 知式 (2.4.59) 成立.

由定理 2.4.16 可立刻得到下面推论.

推论 2.4.5 设定理 2.4.16 的条件成立. (i) 如果选取 $k=\lfloor(n^{2r}\log n)^{1/(2r+1)}\rfloor$, 则对任何 $0<c_n\to\infty$, 有

$$\hat{f}_{\rm NN}(x)-f(x)=o\left(c_n\left(\frac{\log n}{n}\right)^{r/(2r+1)}\right),\ \text{a.s.}.$$

(ii) 如果选取 $k=\lfloor n^{2r/(2r+1)}\rfloor$, 则对任何 $0<c_n\to\infty$, 有

$$\hat{f}_{\rm NN}(x)-f(x)=o\left(c_n n^{-r/(2r+1)}\sqrt{\log n}\right),\ \text{a.s.}.$$

下面的定理说明了 $\hat{f}_{\rm NN}(x)$ 的最优收敛速度所达到的阶.

定理 2.4.17 设 $\{X_n;n\geqslant1\}$ 为平稳 φ 混合序列, 且混合系数 $\varphi(n)$ 满足式 (2.4.46); 对固定的点 $x\in\mathbf{R}$, $f(x)>0$, 存在偶数 $r\geqslant2$, 使 $f(\cdot)$ 在 x 处有 r 阶连续导数且式 (2.4.13) 成立. 如果 $f^{(r)}(x)\neq0$, 则对任意的 $k=o(n)$, 都有

$$n^{r/(2r+1)}[\hat{f}_{\rm NN}(x)-f(x)]\overset{P}{\nrightarrow}0.$$

证 仿照定理 2.4.6 的证明方法即可完成本定理的证明. 故从略.

2.4.5 相关文献及成果注记

Moore 和 Yackrel(1977) 研究了最近邻密度估计的相合性. 陈希孺 (1981) 证明了最近邻密度估计的 L_p 相合性, 并证明了: 除 $f(x)$ 在 $\mathbf{R}$ 上一致连续外不再对其作任何进一步的假定, 则最近邻密度估计的一致收敛速度可任意慢. 白志东 (1983) 给出了最近邻密度估计的中心极限定理. 缪柏其 (1985) 研究了刀切最近邻密度估计的强收敛速度.

2.5 最近邻–核密度估计

2.5.1 最近邻 – 核密度估计的定义

柴根象 (1984a) 综合核估计和最近邻估计的构造方法, 引入了一般核情形下最近邻密度估计. 下面我们介绍这种估计量. 设 $X_1,\cdots,X_n$ 是来自一维总体 X 的 iid 样本, X 具有分布函数 $F(x)$ 和密度函数 $f(x)$. 选定一个与 n 有关的自然数 $k=k_n$, 对固定的 $x\in\mathbf{R}$, 令 $a_n(x)$ 是 x 到 $X_1,\cdots,X_n$ 中第 k 个最近点之距离, 定义 $f(x)$ 的估计为

$$\hat{f}_{\mathrm{NK}}(x)=\frac{1}{na_n(x)}\sum_{i=1}^{n}K\left(\frac{X_i-x}{a_n(x)}\right),\tag{2.5.1}$$

称 $\hat{f}_{\mathrm{NK}}(x)$ 为 $f(x)$ 的最近邻–核密度估计.

2.5.2 最近邻 – 核密度估计的逐点强收敛速度

在研究估计量的逐点强收敛速度之前, 首先给出一个引理.

引理 2.5.1 设 $f(\cdot)$ 在点 x 连续且 $f(x)>0$. 如果 $k/n\to 0$, $k/\log n\to\infty$, 则对任意 $0<c_n\to\infty$, 有

$$\limsup_{n\to\infty}a_n(x)(n/k)c_n^{-1}=0,\ \text{a.s.},\tag{2.5.2}$$

$$\liminf_{n\to\infty}a_n(x)(n/k)c_n=\infty,\ \text{a.s.}.\tag{2.5.3}$$

证 我们仅证明式 (2.5.2), 类似地可以证明式 (2.5.3). 任给 $\varepsilon>0$, 记 $b_n=\varepsilon c_n(k/n)$. 不妨设 $c_n=o(n/k)$. 由于 $f(\cdot)$ 在点 x 连续且 $f(x)>0$, 知当 n 充分大时, 有

$$p_n\triangleq\int_{x-b_n}^{x+b_n}f(u)\mathrm{d}u>f(x)b_n.$$

以 Y_n 记服从二项分布 $B(n,p_n)$ 的随机变量. 由推论 1.1.1 可得: 当 n 充分大时,

$$\begin{aligned}P\left\{a_n(x)\geqslant b_n\right\}&=P\left\{Y_n\leqslant k\right\}=P\left\{\frac{Y_n}{n}-p_n\leqslant\frac{k}{n}-p_n\right\}\\&\leqslant P\left\{\left|\frac{Y_n}{n}-p_n\right|\geqslant\frac{1}{2}f(x)b_n\right\}\\&\leqslant 2\exp\left\{\frac{n[f(x)b_n/2]^2}{6f(x)b_n+f(x)b_n/2}\right\}\\&\leqslant 2\exp\left\{\frac{1}{26}f(x)\varepsilon c_nk\right\}=O(n^{-2}).\end{aligned}$$

上式右端为一收敛级数的通项. 故由 Borel-Cantelli 引理 (定理 1.2.4) 即证得式 (2.5.2).

卢江 (1986) 给出了 $\hat{f}_{\mathrm{NK}}(x)$ 的逐点强收敛速度, 即给出了下述结果.

定理 2.5.1　设密度函数 $f(\cdot)$ 在点 x 存在 $r(\geqslant 2)$ 阶连续导数, $f(x)>0$, 且

$$f^{(2l)}(x)=0, \quad l=1,\cdots,\lfloor (r-1)/2\rfloor, \tag{2.5.4}$$

当 $r=2$ 时, 式 (2.5.4) 消失. 又设核函数 $K(x)$ 是 $\mathbf{R}$ 上具有有界变差的概率密度, 存在 $\rho>0$, 使当 $|x|>\rho$ 时, $K(x)=0$, $K(x)$ 在 $[-\rho,\rho]$ 内连续, 且

$$\int_{-\rho}^{\rho} u^{2l-1}K(u)\mathrm{d}u=0, \quad l=1,\cdots,,\lfloor r/2\rfloor. \tag{2.5.5}$$

如果 k 满足式 (2.4.21), 则对任何 $0<c_n\to\infty$, 有

$$\hat{f}_{\mathrm{NK}}(x)-f(x)=o\left(c_n\sqrt{k^{-1}\log n}\right)+o\left(c_n(k/n)^r\right), \text{ a.s.}.$$

证　分两步进行证明, 先证

$$\hat{f}_{\mathrm{NK}}(x)-g_n(x)=o\left(c_n\sqrt{k^{-1}\log n}\right), \text{a.s.}, \tag{2.5.6}$$

其中

$$g_n(x)=\frac{1}{a_n(x)}\int_{\left|\frac{u-x}{a_n(x)}\right|\leqslant\rho} K\left(\frac{u-x}{a_n(x)}\right)\mathrm{d}F(u). \tag{2.5.7}$$

不失一般性, 设 $0<\rho<1$. 由引理 2.5.1 知以概率 1, 当 n 充分大时,

$$\begin{aligned}
&|\hat{f}_{\mathrm{NK}}(x)-g_n(x)|\\
&=\left|\frac{1}{na_n(x)}\sum_{i=1}^{n}K\left(\frac{X_i-x}{a_n(x)}\right)-\frac{1}{a_n(x)}\int_{\left|\frac{u-x}{a_n(x)}\right|\leqslant\rho}K\left(\frac{u-x}{a_n(x)}\right)\mathrm{d}F(u)\right|\\
&=a_n^{-1}(x)\left|\int_{|z|\leqslant\rho}K(z)[\mathrm{d}F_n(x+a_n(x)z)-\mathrm{d}F(x+a_n(x)z)]\right|\\
&=a_n^{-1}(x)\left|K(\rho)[F(S_{x,a_n(x)\rho})-F(S_{x,a_n(x)\rho})]\right.\\
&\qquad\left.-\int_{|z|\leqslant\rho}[F_n(x+a_n(x)z)-F(x+a_n(x)z)]\mathrm{d}K(z)\right|\\
&\leqslant c(n/k)c_n^{1/3}\sup_{A\in\mathcal{A}_n}|F_n(A)-F(A)|,
\end{aligned} \tag{2.5.8}$$

其中 $S_{x,a}=[x-a,x+a]$, $\mathcal{A}_n$ 为 $\mathbf{R}$ 中所有满足 $F(A)\leqslant 2c_nk/n$ 的区间集. 任给 $\varepsilon>0$, 令 $\varepsilon_n=\varepsilon n^{-1}\sqrt{c_nk\log n}$. 为利用定理 1.1.3, 取 $b=2c_nk/n$, 并用 ε_n 代替 ε, 那么由定理 1.1.3 不难得到

$$\sup_{A\in\mathcal{A}_n}|F_n(A)-F(A)|=o\left(n^{-1}\sqrt{c_nk\log n}\right),\ \text{a.s.}. \tag{2.5.9}$$

将式 (2.5.9) 代入到式 (2.5.8) 即证得式 (2.5.6).

此外, 由引理 2.5.1 可知, 以概率 1, 当 n 充分大时,

$$\begin{aligned}|g_n(x)-f(x)|&=\left|\frac{1}{a_n(x)}\int_{\left|\frac{u-x}{a_n(x)}\right|\leqslant\rho}K\left(\frac{u-x}{a_n(x)}\right)\mathrm{d}F(u)-f(x)\right|\\&=\left|\int_{|z|\leqslant\rho}K(z)[f(x+a_n(x)z))-f(x)]\mathrm{d}z\right|\\&\leqslant a_n^r(x)[|f^{(r)}(x)|/r!+o(1)]\int_{|z|\leqslant\rho}|z|^rK(z)\mathrm{d}z\\&=o\left(c_n(k/n)^r\right).\end{aligned} \tag{2.5.10}$$

最后结合式 (2.5.6) 和式 (2.5.10) 即可完成本定理的证明.

利用定理 2.5.1 立刻可得到下列结论.

推论 2.5.1 设定理 2.5.1 的条件成立. 如果选取 $k=\lfloor(n^{2r}\log n)^{1/(2r+1)}\rfloor$, 则对任何 $0<c_n\to\infty$, 有

$$\hat{f}_{\mathrm{NK}}(x)-f(x)=o\left(c_n\left(\frac{\log n}{n}\right)^{r/(2r+1)}\right),\ \text{a.s.}.$$

如果选取 $k=\lfloor n^{2r/(2r+1)}\rfloor$, 则对任何 $0<c_n\to\infty$, 有

$$\hat{f}_{\mathrm{NK}}(x)-f(x)=o\left(c_nn^{-r/(2r+1)}\sqrt{\log n}\right),\ \text{a.s.}.$$

洪圣岩 (1990) 研究了 $\hat{f}_{\mathrm{NK}}(x)-f(x)$ 的重对数律, 得到了下面的结果.

定理 2.5.2 设密度函数 $f(x)$ 和核函数 $K(x)$ 满足定理 2.5.1 的条件. 如果 k 满足:

(i) $k/n\to 0$, $k(\log\log n)/\log^2 n\to\infty$;

(ii) $\lim\limits_{\varepsilon\to 0}\limsup\limits_{n\to\infty}\sup\limits_{\{m:|m-n|\leqslant n\varepsilon\}}\left|\dfrac{k_m}{k_n}-1\right|=0$;

(iii) $\lim\limits_{n\to\infty}k^{2r+1}/(n^{2r}\log\log n)=\upsilon<\infty$,

则有

$$\limsup_{n\to\infty}\pm(k/\log\log n)^{1/2}[\hat{f}_{\mathrm{NN}}(x)-f(x)]=2f(x)\sqrt{c_K}\pm\sqrt{\upsilon}B_1,\ \text{a.s.},$$

其中 $c_K=\int_{-\infty}^{\infty}K^2(u)\mathrm{d}u$, $B_1=f^{(r)}(x)/\{r![2f(x)]^r\}\int_{-\infty}^{\infty}u^rK(u)\mathrm{d}u$.

证 参看洪圣岩 (1990) 的定理 1 和定理 2, 这里省略其证明.

洪圣岩 (1990) 指出: 如果 $f(x)$ 在 x 附近满足 λ 阶 Lipschitz 条件, 即存在 $\delta>0$, 使得当 $|u-x|<\delta$ 时, $|f(u)-f(x)|\leqslant M|u-x|^{\lambda}$, $0<\lambda\leqslant 1$, 则当 $K(u)$ 和 k 满足定理 2.5.2 的条件时, 有

$$\limsup_{n\to\infty}\pm(k/\log\log n)^{1/2}|\hat{f}_{\mathrm{NK}}(x)-f(x)|\leqslant 2f(x)\sqrt{c_K}+\sqrt{\upsilon}B_2,\ \text{a.s.},$$

其中 $B_2=M[2f(x)]^{-\lambda}\displaystyle\int_{-\infty}^{\infty}|u|^{\lambda}K(u)\mathrm{d}u$.

洪圣岩 (1990) 证明了 $\hat{f}_{\mathrm{NK}}(x)$ 收敛到$f(x)$的最优速度, 即为$(n/\log\log n)^{r/(2r+1)}$, 即下面的定理.

定理 2.5.3 设密度函数 $f(x)$ 和核函数 $K(x)$ 满足定理 2.5.1 的条件, k 满足定理 2.5.2 的条件 (i) 和 (ii). 如果 $f^{(r)}(x)\neq 0$, 则有如下结论.

(a) 当 $\lim\limits_{n\to\infty}k^{2r+1}/(n^{2r}\log\log n)=\upsilon<\infty$ 时, $\hat{f}_{\mathrm{NK}}(x)$ 收敛到 $f(x)$ 的速度至多可达到 $O(n/\log\log n)^{-r/(2r+1)}$.

(b) 当 $\lim\limits_{n\to\infty}k^{2r+1}/(n^{2r}\log\log n)=\infty$ 时, 如果 $\displaystyle\int_{-\infty}^{\infty}u^rK(u)\mathrm{d}u\neq 0$, 则 $\hat{f}_{\mathrm{NK}}(x)$ 收敛到 $f(x)$ 的速度至多可达到 $O(n/\log\log n)^{-r/(2r+1)}$; 如果 $\displaystyle\int_{-\infty}^{\infty}u^rK(u)\mathrm{d}u=0$, 则必有 k, 使 $\hat{f}_{\mathrm{NK}}(x)$ 收敛到 $f(x)$ 的速度超过 $O(n/\log\log n)^{-r/(2r+1)}$.

柴根象 (1984a) 证明了 $\hat{f}_{\mathrm{NK}}(x)$ 的一致强收敛性. 柴根象和卢江 (1985) 获得了 $\hat{f}_{\mathrm{NK}}(x)$ 的强一致收敛速度, 即有下面的结果.

定理 2.5.4 设存在自然数 $r\geqslant 2$, 使 $f(\cdot)$ 在 $\mathbf{R}$ 上有 r 阶有界连续导数且式 (2.4.13) 成立, $K(x)$ 和 k 满足定理 2.5.1 的条件, 则对任何 $0<c_n\to\infty$, 有

$$\sup_x|\hat{f}_{\mathrm{NK}}(x)-f(x)|=o\left(c_n\sqrt{k^{-1}\log n}\right)+o\left(c_n\,(k/n)^{r/(r+1)}\right),\ \text{a.s.}.\tag{2.5.11}$$

证 首先证明: 以概率 1, 当 n 充分大时, 关于 $x\in\mathbf{R}$ 一致成立.

$$F(S_{x,a_n(x)})=\frac{k}{n}+\theta_n 2\sqrt{\frac{\log\log n}{n}},\tag{2.5.12}$$

其中 $S_{x,a}=[x-a,x+a]$, $|\theta_n|\leqslant 1$. 由定理 1.2.8 知, 以概率 1, 当 n 充分大时, 对一切 $a<b$, 同时有

$$F(I_{a,b})-2\sqrt{\frac{\log\log n}{n}}\leqslant F_n(I_{a,b})\leqslant F(I_{a,b})+2\sqrt{\frac{\log\log n}{n}},\tag{2.5.13}$$

其中 $I_{a,b}=[a,b]$. 任给 $x\in\mathbf{R}$, 由 $f(x)$ 的连续性知存在 $a_n^*(x)$, 使得当 n 充分大时, 有

$$F(S_{x,a_n^*(x)}) = \frac{k}{n} + 2\sqrt{\frac{\log\log n}{n}}.$$

由式 (2.5.13) 知, 当 n 充分大时, 有

$$F_n(S_{x,a_n^*(x)}) \geqslant \frac{k}{n}.$$

由于 $a_n(x)$ 为使 $F_n(S_{x,a}) \geqslant \frac{k}{n}$ 成立的最小的 a, 于是由式 (2.5.13) 对所有 $a < b$ 的一致性知, 以概率 1, 当 n 充分大时, 有

$$\sup_x F(S_{x,a_n(x)}) \leqslant \frac{k}{n} + 2\sqrt{\frac{\log\log n}{n}} \leqslant \frac{2k}{n}. \tag{2.5.14}$$

类似地, 可以证明: 以概率 1, 当 n 充分大时, 有

$$\inf_x F(S_{x,a_n(x)}) \geqslant \frac{k}{n} - 2\sqrt{\frac{\log\log n}{n}}. \tag{2.5.15}$$

结合式 (2.5.14) 和式 (2.5.15) 即证得式 (2.5.12).

由定理 2.4.9 的证明中 (a) 和 (b) 的证明可以得到: 以概率 1, 当 n 充分大时, 有

$$\sup_{x\in\mathcal{X}} a_n(x) \leqslant c_1\left(\frac{k}{n}\right)^{1/(r+1)}, \quad \inf_{x\in\mathcal{X}} a_n(x) \geqslant c_2\left(\frac{k}{n}\right), \tag{2.5.16}$$

$$\inf_{x\in\mathcal{X}^c} a_n(x) \geqslant c_3\left(\frac{k}{n}\right)^{1/(r+1)}, \tag{2.5.17}$$

其中 c_1, c_2, c_3 为正的常数, 记 $\mathcal{X}$ 由式 (2.4.36) 定义, $\mathcal{X}^c$ 为 $\mathcal{X}$ 的余集.

现在转向定理的证明. 由式 (2.5.8) 的计算可得

$$\begin{aligned}|\hat{f}_{\mathrm{NK}}(x) - g_n(x)| &= a_n^{-1}(x)\Big|K(\rho)[F(S_{x,a_n(x)\rho}) - F(S_{x,a_n(x)\rho})] \\ &\quad - \int_{|z|\leqslant\rho}[F_n(x+a_n(x)z) - F(x+a_n(x)z)]\mathrm{d}K(z)\Big| \\ &\triangleq R_n(x),\end{aligned} \tag{2.5.18}$$

其中 $g_n(x)$ 如式 (2.5.7) 定义. 由式 (2.5.16) 和式 (2.5.9) 可得: 以概率 1, 当 n 充分大时, 有

$$\sup_{x\in\mathcal{X}} R_n(x) \leqslant c(n/k)\sup_{A\in\mathcal{A}_n}|F_n(A) - F(A)| = o\left(c_n\sqrt{k^{-1}\log n}\right). \tag{2.5.19}$$

又由式 (2.5.17) 和定理 1.2.8 可得: 以概率 1, 当 n 充分大时, 有

$$\sup_{x\in\mathcal{X}^c} R_n(x) \leqslant c(n/k)^{1/(r+1)} \sup_x |F_n(x)-F(x)| \leqslant c\sqrt{k^{-1}\log n}. \tag{2.5.20}$$

将式 (2.5.19) 和式 (2.5.20) 代入到式 (2.5.18) 可得

$$\sup_x |\hat{f}_{\mathrm{NK}}(x)-g_n(x)| = o\left(c_n\sqrt{k^{-1}\log n}\right), \text{ a.s.}. \tag{2.5.21}$$

如果证明了

$$\sup_x |g_n(x)-f(x)| = o\left(c_n(k/n)^{r/(r+1)}\right), \tag{2.5.22}$$

则结合式 (2.5.21) 即可完成本定理的证明. 下面证明式 (2.5.22). 由式 (2.5.10) 可知

$$\sup_{x\in\mathcal{X}} |g_n(x)-f(x)| = o\left(c_n(k/n)^{r/(r+1)}\right). \tag{2.5.23}$$

注意到 $0<|\rho|\leqslant 1$, 由式 (2.5.14) 和式 (2.5.17) 可得

$$\begin{aligned}\sup_{x\in\mathcal{X}^c} g_n(x) &= \frac{1}{a_n(x)}\int_{\left|\frac{u-x}{a_n(x)}\right|\leqslant\rho} K\left(\frac{u-x}{a_n(x)}\right)\mathrm{d}F(u)\\ &\leqslant c\sup_{x\in\mathcal{X}^c}[a_n^{-1}(x)F(S_{x,a_n(x)\rho})] \leqslant c(k/n)^{r/(r+1)}.\end{aligned}$$

因此

$$\sup_{x\in\mathcal{X}^c} |g_n(x)-f(x)| \leqslant \sup_{x\in\mathcal{X}^c} g_n(x) + \sup_{x\in\mathcal{X}^c} f(x) \leqslant c(k/n)^{r/(r+1)}. \tag{2.5.24}$$

由式 (2.5.23) 和式 (2.5.24) 即证得式 (2.5.22). 这就完成了本定理的证明.

由定理 2.5.4 可立刻得到下面的推论.

推论 2.5.2　设定理 2.5.4 的条件成立. 如果选取 $k=\lfloor n^{2r/(3r+1)}(\log n)^{(r+1)/(3r+1)}\rfloor$, 则对任何 $0<c_n\to\infty$, 有

$$\sup_x |\hat{f}_{\mathrm{NK}}(x)-f(x)| = o\left(c_n\left(\frac{\log n}{n}\right)^{r/(3r+1)}\right), \text{ a.s.}.$$

如果选取 $k=\lfloor n^{2r/(3r+1)}\rfloor$, 则对任何 $0<c_n\to\infty$, 有

$$\sup_x |\hat{f}_{\mathrm{NK}}(x)-f(x)| = o\left(c_n n^{-r/(3r+1)}\sqrt{\log n}\right), \text{ a.s.}.$$

特别地, 当 $r=2$ 时, 如果选取 $k=\lfloor n^{4/7}\rfloor$, 则对任何 $0<c_n\to\infty$, 有

$$\sup_x |\hat{f}_{\mathrm{NK}}(x)-f(x)| = o\left(c_n n^{-2/7}\sqrt{\log n}\right), \text{ a.s.}.$$

2.5.3 相依样本下最近邻 – 核密度估计

本节假定 $\{X_n; n \geqslant 1\}$ 是 $\mathbf{R}$ 上的平稳 φ 混合序列, 其公共未知密度为 $f(x)$. 定义 $f(x)$ 的一般核下最近邻估计 $\hat{f}_{\mathrm{NK}}(x)$ 如同式 (2.5.5). 薛留根 (1991c) 在平稳强混合序列下获得了 $\hat{f}_{\mathrm{NK}}(x)$ 的逐点强收敛速度, 即证明了下列结果.

定理 2.5.5 设 $\{X_n; n \geqslant 1\}$ 为平稳 φ 混合序列, 混合系数 $\varphi(n)$ 满足式 (2.4.13). 又设对固定的点 $x \in \mathbf{R}$, $f(x) > 0$, 存在自然数 $r \geqslant 2$, 使 $f(\cdot)$ 在 x 处有 r 阶连续导数且式 (2.5.4) 成立; 核函数 $K(x)$ 是 $\mathbf{R}$ 上具有有界变差的概率密度且满足

$$\int_{-\infty}^{\infty} |u|^r K(u)\mathrm{d}u < \infty, \quad \int_{-\infty}^{\infty} u^{2l-1} K(u)\mathrm{d}u = 0, \quad l = 1, \cdots, \lfloor r/2 \rfloor.$$

如果选取 $k = \lfloor (n^{2r+1} \log\log n)^{1/2r+2} \rfloor$, 则对任何 $0 < c_n \to \infty$, 有

$$\hat{f}_{\mathrm{NK}}(x) - f(x) = o\left(c_n \left(\frac{\log\log n}{n}\right)^{r/(2r+2)}\right), \text{ a.s..}$$

证 仍沿用定理 2.5.1 的证明中的记号. 需要说明, 类似于引理 2.5.1 的证明可以证得式 (2.5.2) 和式 (2.5.3) 在平稳 φ 混合序列仍成立. 利用式 (2.5.3) 和引理 2.5.1, 并类似于式 (2.5.8) 的证明可以证得

$$\begin{aligned} |\hat{f}_{\mathrm{NK}}(x) - g_n(x)| &\leqslant c(n/k)c_n \sup_x |F_n(x) - F(x)| \\ &= o\left(c_n \left(\frac{\log\log n}{n}\right)^{r/(2r+2)}\right), \text{ a.s..} \end{aligned} \tag{2.5.25}$$

由式 (2.5.10) 可得

$$g_n(x) - f(x) = o(c_n(k/n)^r) = o\left(c_n \left(\frac{\log\log n}{n}\right)^{r/(2r+2)}\right), \text{ a.s..} \tag{2.5.26}$$

结合 (2.5.25) 和式 (2.5.26) 即可完成本定理的证明.

2.5.4 删失数据下最近邻 – 核密度估计

在删失数据下, Mielniczuk(1986) 定义了 $f(x)$ 的最近邻–核密度估计

$$\hat{f}_{\mathrm{CNK}}(x) = b_n^{-1}(x) \int_{-\infty}^{\infty} K\left(\frac{u-x}{b_n(x)}\right) \mathrm{d}\hat{F}(u), \tag{2.5.27}$$

其中 $\hat{F}(\cdot) = 1 - \hat{\bar{F}}(\cdot)$, $\hat{\bar{F}}(\cdot)$ 是 $\bar{F}(\cdot)$ 的 Kaplan-Meier 乘积限估计, 其定义如式 (2.3.79), $b_n(x)$ 是 x 到第 k 个最近的非删失观测的距离, $k = k_n$ 是满足 $k \to \infty$ 和 $k/n \to 0$ 的整数序列. 估计量 $\hat{f}_{\mathrm{CNK}}(x)$ 具有强相合性和渐近正态性.

定理 2.5.6 设核 $K(\cdot)$ 是具有支撑 $[-1,1]$ 的概率密度函数, 对 $0 \leqslant \gamma \leqslant 1$, $K(\gamma u) \geqslant K(u)$, X 和 C 具有概率密度 $f(x)$ 和 $g(x)$, x 是 $f(\cdot)$ 和 $g(\cdot)$ 的连续点, 则当 $k/\log n \to \infty$ 时, 有

$$\hat{f}_{\mathrm{CNK}}(x) \longrightarrow f(x), \text{ a.s.}.$$

证 记

$$f_n(x) = \frac{1}{\bar{G}(x) b_n(x)} \int_{-\infty}^{\infty} K\left(\frac{u-x}{b_n(x)}\right) \mathrm{d}H_{n1}(u), \tag{2.5.28}$$

其中 $H_{n1}(u)$ 在式 (2.3.92) 中定义. 类似于式 (2.3.94) 的证明方法可以证得

$$\hat{f}_{\mathrm{CNK}}(x) - f_n(x) = O\left(\left(\frac{\log\log n}{n}\right)^{1/2}\right) + \left(\frac{k}{n}\right), \text{ a.s.}. \tag{2.5.29}$$

使用完全样本的常规证明方法可以证得

$$f_n(x) \longrightarrow f(x), \text{ a.s.}. \tag{2.5.30}$$

结合式 (2.5.29) 和式 (2.5.30) 即可完成本定理的证明.

下面的定理给出了 $\hat{f}_{\mathrm{CNK}}(x)$ 的一致强相合性.

定理 2.5.7 设核 $K(\cdot)$ 是连续的概率密度函数, 对 $0 \leqslant \gamma \leqslant 1$, $K(\gamma u) \geqslant K(u)$, $f(x)$ 和 $g(x)$ 是连续函数, 且 $f(x) > 0$, τ 满足 $\bar{H}(\tau) > 0$, 则当 $k/\log n \to \infty$ 时, 有

$$\sup_{x \leqslant \tau} |\hat{f}_{\mathrm{CNK}}(x) - f(x)| \longrightarrow 0, \text{ a.s.}.$$

证 类似于定理 2.5.4 的证明方法可以证得

$$\sup_{x \leqslant \tau} |f_n(x) - f(x)| \longrightarrow 0, \text{ a.s.},$$

其中 $f_n(x)$ 由式 (2.5.28) 定义. 因此, 为证定理 2.5.7, 只需证明

$$\sup_{x \leqslant \tau} |\hat{f}_{\mathrm{CNK}}(x) - f_n(x)| \longrightarrow 0, \text{ a.s.}.$$

事实上, 其证明完全类似于式 (2.3.98) 的证明, 只是将式 (2.3.99) 换成

$$\sup_{x \leqslant \tau} \left| \frac{k}{n b_n(x)} - 2f(x)\bar{G}(x) \right| \longrightarrow 0, \text{ a.s.}.$$

其他公式中的 h_n 换成 $b_n(x)$ 即可完成本定理的证明.

下面的定理给出了 $\hat{f}_{\mathrm{CNK}}(x)$ 的渐近正态性.

定理 2.5.8 设核 $K(\cdot)$ 是具有支撑 $[-1,1]$ 的概率密度函数, $f(\cdot)$ 在点 x 的一个邻域内存在有界的导数, 则当 $k=o(n^{2/3})$ 时,

$$\sqrt{k}\,[\hat{f}_{\text{CNK}}(x)-f(x)]\xrightarrow{D}N(0,\sigma^2(x)),$$

其中 $\sigma^2(x)=2f^2(x)\displaystyle\int_{-1}^{1}K^2(u)\mathrm{d}u$.

证 由式 (2.5.29) 和 $k=o(n^{2/3})$ 可得

$$\sqrt{k}\,[\hat{f}_{\text{CNK}}(x)-f_n(x)]\longrightarrow 0,\ \text{a.s.}. \tag{2.5.31}$$

类似于定理 2.3.18 的证明方法可以证得

$$\sqrt{k}\,[\hat{f}_{\text{CNK}}(x)-f(x)]\xrightarrow{D}N(0,\sigma^2(x)). \tag{2.5.32}$$

结合式 (2.5.31) 和式 (2.5.32) 即可完成本定理的证明.

最后指出, 柴根象 (1984a) 研究了随机带宽下密度核估计的一致强收敛性. 利用上述类似的方法可以讨论随机带宽下密度核估计的收敛速度. 限于篇幅, 这里不再赘述.

2.6 基于次序统计量的近邻密度估计

2.6.1 近邻密度估计的定义

根据近邻估计的思想, 俞军 (1986) 提出了一种基于次序统计量的近邻密度估计, 其基本思想如下. 设 $X_{(1)},\cdots,X_{(n)}$ 为 $X_1,\cdots,X_n$ 的次序统计量, 给定 $k=k_n\leqslant n$, 对任意 $x\in\mathbf{R}$, 以 x 为中心, 分别向左和向右数 $k/2$ 个次序样本 (当然, 此时我们要求 k 为正的偶数, 以后我们总假定 $k=2m$, 其中 $m=m_n$ 为自然数). 这样, 两端的次序样本便构成了一个包含 x 及 $2m$ 个样本点的区间, 然后以 $2m/n$ 除以该区间的长度作为 $f(x)$ 的估计. 将此想法公式化, 即可定义 $f(x)$ 的近邻估计

$$\hat{f}_{\text{ON}}(x)=\begin{cases}\dfrac{2m}{n}\dfrac{1}{X_{(2m+j)}-X_{(j+1)}}, & x\in[X_{(m+j)},X_{(m+j+1)}),\\ & j=0,1,\cdots,n-2m,\\ 0, & x<X_{(m)}\ \text{或}\ x\geqslant X_{(n-m+1)}.\end{cases} \tag{2.6.1}$$

注 2.6.1 在数样本个数时, 如果 x 恰为样本点, 则约定这一点算在向左数的个数内.

由于 $f(x)$ 存在, 因此事件 “$X_1,\cdots,X_n$ 两两不等” 以概率 1 成立. 不失一般性, 我们可以假定 $X_1,\cdots,X_n$ 两两不等, 即不存在 “打结” 的情形.

2.6.2 近邻密度估计的相合性

本节讨论 $\hat{f}_{\text{ON}}(x)$ 的相合性. 我们首先给出一个引理.

引理 2.6.1 如果 X 的分布函数 $F(x)$ 处处连续, $X_1, \cdots, X_n$ 为 X 的 iid 样本, 它的次序统计量为 $X_{(1)}, \cdots, X_{(n)}$, 则当 $m/n \to 0$ 时, 有

$$F(X_{(m)}) \longrightarrow 0, \text{ a.s.}, \quad F(X_{(n-m+1)}) \longrightarrow 1, \text{ a.s.}. \tag{2.6.2}$$

证 仅证明式 (2.6.2) 的第一部分, 类似可证明第二部分. 由于 $F(x)$ 处处连续, 于是 $F(X)$ 服从 $(0,1)$ 上的均匀分布 $U(0,1)$. 设 $Z \sim U(0,1)$, $Z_1, \cdots, Z_n$ 是来自 Z 的 iid 样本, 它的次序统计量为 $Z_{(1)}, \cdots, Z_{(n)}$, 则 $F(X_{(m)})$ 与 $Z_{(m)}$ 同分布. 任给 $\varepsilon > 0$, 由 $m/n \to 0$ 知, 当 n 充分大时有 $m/n < \varepsilon/2$. 因此, 由推论 1.1.1 可得

$$\begin{aligned}
P\{Z_{(m)} \geqslant \varepsilon\} &= P\left\{\frac{\#[(0,\varepsilon)]}{n} - \varepsilon \leqslant \frac{m}{n} - \varepsilon\right\} \\
&\leqslant P\left\{\left|\frac{\#[(0,\varepsilon)]}{n} - \varepsilon\right| \geqslant \varepsilon/2\right\} \\
&\leqslant 2\exp\{-n\varepsilon/10\},
\end{aligned}$$

其中 $\#[A]$ 表示 A 中的样本点个数. 故由 Borel-Canterlli 引理可得 $Z_{(m)} \longrightarrow 0$, a.s., 此即式 (2.6.2) 的第一部分成立.

引理 2.6.2 记

$$B = \{x : F(x) = 0\} \cup \{x : F(x) = 1\}, \tag{2.6.3}$$

$$A_n = \{x : X_{(m)} \leqslant x < X_{(n-m+1)}\}, \tag{2.6.4}$$

则当 n 充分大时, 以概率 1, 有 $A_n \supset B^c$, 其中 B^c 为 B 的余集.

证 如果 $x \bar{\in} A_n$, 则有 $x < X_{(m)}$ 或 $x \geqslant X_{(n-m+1)}$. 因此, 由 $F(x)$ 的单调性和引理 2.6.1 可得: 当 n 充分大时, 有

$$0 \leqslant F(x) \leqslant F(X_{(m)}) \longrightarrow 0, \text{ a.s.},$$

或

$$1 \geqslant F(x) \geqslant F(X_{(n-m+1)}) \longrightarrow 1, \text{ a.s.}.$$

此时 $F(x) = 0$ 或 $F(x) = 1$, 即 $x \bar{\in} B^c$. 故当 n 充分大时, 以概率 1, 有 $A_n \supset B^c$.

俞军 (1986) 证明了 $\hat{f}_{\text{ON}}(x)$ 的逐点相合性, 他给出了下面的结果.

定理 2.6.1 设 $m = m_n$ 满足 $m \to \infty$, $m/n \to 0$, 则当 $n \to \infty$ 时,

$$\hat{f}_{\text{ON}}(x) \xrightarrow{P} f(x), \quad x \in C(f), \tag{2.6.5}$$

其中 $C(f)$ 表示 $f(x)$ 的连续点构成的集合. 如果还有 $m/\log n \to \infty$, 则

$$\hat{f}_{\text{ON}}(x) \longrightarrow f(x), \quad \text{a.s.}, \quad x \in C(f). \tag{2.6.6}$$

证 仍利用式 (2.6.3) 和式 (2.6.4) 定义的集合 B 和 A_n. 取定 $x \in C(f)$. 如果 $x \in B$, 则 $f(x)=0$, 且按定义易知 $\hat{f}_{\mathrm{ON}}(x)=0$, a.s.. 因此, 式 (2.6.5) 和式 (2.6.6) 成立. 今设 $x \in B^{\mathrm{c}}$, 此时 $0<F(x)<1$. 由引理 2.6.2 知 $x \in A_n$. 由式 (2.6.1) 知 x 必属于某一区间 $[X_{(m+j_0)}, X_{(m+j_0+1)})$, 相应地, 记 $X_1^{(x)}=X_{(j_0+1)}$, $X_2^{(x)}=X_{(2m+j_0)}$. 此时有

$$\hat{f}_{\mathrm{ON}}(x)=\frac{2m}{n}\frac{1}{X_2^{(x)}-X_1^{(x)}}. \tag{2.6.7}$$

因此, 任给 $\varepsilon>0$, 我们有

$$\begin{aligned}
&P\left\{[\hat{f}_{\mathrm{ON}}(x)-f(x)] \geqslant \varepsilon\right\}\\
&=P\left\{X_2^{(x)}-X_1^{(x)} \leqslant \frac{2m}{n[f(x)+\varepsilon]}\right\}\\
&\leqslant P\left\{X_2^{(x)}-x \leqslant \frac{m}{n[f(x)+\varepsilon]}\right\}+P\left\{x-X_1^{(x)} \leqslant \frac{m}{n[f(x)+\varepsilon]}\right\}\\
&=J_{n1}+J_{n2}.
\end{aligned} \tag{2.6.8}$$

下面考虑 J_{n1}. 记 $b_n=m/\{n[f(x)+\varepsilon]\}$. 由于 $f(\cdot)$ 在点 x 连续, 而 $m/n \to 0$, 于是当 n 充分大时, 有

$$p_n=\int_x^{x+b_n} f(u)\mathrm{d}u \leqslant \frac{m[f(x)+\varepsilon/2]}{n[f(x)+\varepsilon]}.$$

以 Y_n 记服从二项分布 $B(n,p_n)$ 的随机变量. 由推论 1.1.1 可得

$$\begin{aligned}
J_{n1} &\leqslant P\left\{F_n(X_2^{(x)})-F_n(x) \leqslant F_n(x+b_n)-F_n(x)\right\}\\
&=P\left\{\frac{Y_n}{n} \geqslant \frac{m}{n}\right\}=P\left\{\frac{Y_n}{n}-p_n \geqslant \frac{m}{n}-p_n\right\}\\
&\leqslant P\left\{\left|\frac{Y_n}{n}-p_n\right| \geqslant \frac{\varepsilon m}{2n}\right\} \leqslant 2\exp\{-\varepsilon^2 m/8\}.
\end{aligned} \tag{2.6.9}$$

同理可得

$$J_{n2} \leqslant 2\exp\{-\varepsilon^2 m/8\}. \tag{2.6.10}$$

结合式 (2.6.8)$\sim$ 式 (2.6.10) 可得

$$P\left\{[\hat{f}_{\mathrm{ON}}(x)-f(x)] \geqslant \varepsilon\right\} \leqslant 4\exp\{-\varepsilon^2 m/8\}. \tag{2.6.11}$$

类似地, 可以证明

$$P\left\{[\hat{f}_{\mathrm{ON}}(x)-f(x)] \leqslant -\varepsilon\right\} \leqslant 4\exp\{-\varepsilon^2 m/8\}. \tag{2.6.12}$$

因此, 由式 (2.6.11) 和式 (2.6.12) 可得

$$P\left\{|\hat{f}_{\mathrm{ON}}(x)-f(x)|\geqslant\varepsilon\right\}\leqslant 8\exp\{-\varepsilon^2 m/8\}. \tag{2.6.13}$$

故当 $m\to\infty$ 时, 式 (2.6.13) 趋于 0, 这就证得式 (2.6.5). 当 $m/\log n\to\infty$ 时, 式 (2.6.13) 右端为一收敛级数的通项. 故由 Borel-Cantelli 引理 (定理 1.2.4) 即证得式 (2.6.6).

俞军 (1986) 研究了 $\hat{f}_{\mathrm{ON}}(x)$ 的一致强 (弱) 相合性, 他给出了下面的结果.

定理 2.6.2 设 $m=m_n$ 满足 $m\to\infty$, $m/n\to 0$, $f(x)$ 在 $\mathbf{R}$ 上一致连续, 则

$$\sup_x|\hat{f}_{\mathrm{ON}}(x)-f(x)|\xrightarrow{P}0. \tag{2.6.14}$$

如果还有 $m/\log n\to\infty$, 则

$$\sup_x|\hat{f}_{\mathrm{ON}}(x)-f(x)|\longrightarrow 0,\ \text{a.s.} \tag{2.6.15}$$

证 仅证明式 (2.6.15), 类似地, 可以证明式 (2.6.14). 仍沿用引理 2.6.2 和定理 2.6.1 的证明中的记号. 如果 $x\in B$, 则式 (2.6.15) 成立. 因此, 为证式 (2.6.15), 只需证明

$$\sup_{x\in B^c}|\hat{f}_{\mathrm{ON}}(x)-f(x)|\longrightarrow 0,\ \text{a.s.}. \tag{2.6.16}$$

因由引理 2.6.2 知 $B^c\subset A_n$, 于是

$$\begin{aligned}P\left\{\sup_{x\in B^c}|\hat{f}_{\mathrm{ON}}(x)-f(x)|\geqslant\varepsilon\right\}&=P\left\{\bigcup_{x\in B^c}\left[X_2^{(x)}-X_1^{(x)}\leqslant\frac{2m}{n[f(x)+\varepsilon]}\right]\right\}\\&\quad+P\left\{\bigcup_{x\in B^c,f(x)>\varepsilon}\left[X_2^{(x)}-X_1^{(x)}\geqslant\frac{2m}{n[f(x)-\varepsilon]}\right]\right\}\\&\triangleq J_{n1}+J_{n2}.\end{aligned} \tag{2.6.17}$$

下面我们以证明 $\sum\limits_{n=1}^{\infty}J_{n2}<\infty$ 为例. 对 J_{n1} 类似可证明有同样的结论. 由此再根据 Borel-Cantelli 引理 (定理 1.2.4) 即证得式 (2.6.16). 对任意 $\varepsilon>0$, 记 $\tilde{b}_n(x)=m/\{n[f(x)-\varepsilon]\}$, 我们有

$$\begin{aligned}J_{n2}&\leqslant P\left\{\bigcup_{x\in B^c,f(x)>\varepsilon}\left[X_2^{(x)}-x\geqslant\tilde{b}_n(x)\right]\right\}\\&\quad+P\left\{\bigcup_{x\in B^c,f(x)>\varepsilon}\left[x-X_1^{(x)}\geqslant\tilde{b}_n(x)\right]\right\}\\&\triangleq J'_{n2}+J''_{n2}.\end{aligned} \tag{2.6.18}$$

记 $T_n(x,\tilde{b})=(x,x+\tilde{b}_n(x))$. 因 $f(x)$ 在 $\mathbf{R}$ 上一致连续, 则 $M=\sup\limits_x f(x)<\infty$, 且当 n 充分大时,

$$F(T_n(x,\tilde{b}))\geqslant\frac{m}{n}\frac{f(x)-\varepsilon/2}{f(x)-\varepsilon},$$
$$F(T_n(x,\tilde{b}))-\frac{k}{n}\geqslant\frac{m}{n}\frac{\varepsilon}{2[f(x)-\varepsilon]}\geqslant\frac{m}{n}\frac{\varepsilon}{2(M-\varepsilon)}\triangleq q_n,\quad\forall x,$$

其中最后一个不等式满足 $f(x)>\varepsilon$. 因此, 当 n 充分大时,

$$\begin{aligned}J'_{n2}&\leqslant P\left\{\bigcup_{x\in B^c,f(x)>\varepsilon}\left[F_n(X_2^{(x)})-F_n(x)\geqslant F_n(x+\tilde{b}_n(x))-F_n(x)\right]\right\}\\&\leqslant P\left\{\bigcup_{x\in B^c,f(x)>\varepsilon}\left[F_n(T_n(x,\tilde{b}))-F(T_n(x,\tilde{b}))\leqslant\frac{m}{n}-F(T_n(x,\tilde{b}))\right]\right\}\\&\leqslant P\left\{\sup_{A\in\mathcal{A}}|F_n(A)-F(A)|\geqslant q_n\right\},\end{aligned}\tag{2.6.19}$$

其中 $\mathcal{A}$ 为 $\mathbf{R}$ 中的区间集族, 满足 $\sup\limits_{A\in\mathcal{A}}F(A)<\dfrac{4m}{n}$. 同理可证得, 当 n 充分大时,

$$J''_{n2}\leqslant P\left\{\sup_{A\in\mathcal{A}}|F_n(A)-F(A)|\geqslant q_n\right\}.\tag{2.6.20}$$

将式 (2.6.19) 和式 (2.6.20) 代入到式 (2.6.18), 并利用引理 2.5.1 可得

$$\begin{aligned}J_{n2}&\leqslant P\left\{\sup_{A\in\mathcal{A}}|F_n(A)-F(A)|\geqslant q_n\right\}\\&\leqslant c_1\left(\frac{2\sqrt{m}}{nq_n}+\frac{1}{2}\sqrt{\frac{n}{m}}\right)\exp\left\{-\frac{c_2nq_n^2}{4m/n}\right\}+c_3\exp\{-c_4nq_n\}\\&\leqslant c_1(\varepsilon)nm^{-1/2}\exp\{-c_2(\varepsilon)m\}+c_3\exp\{-c_4(\varepsilon)m\},\end{aligned}\tag{2.6.21}$$

其中 $c_1(\varepsilon)=c_1[4(M-\varepsilon)/\varepsilon+1]$, $c_2(\varepsilon)=c_2\varepsilon^2/[16(M-\varepsilon)^2]$, $c_4(\varepsilon)=c_4\varepsilon/[2(M-\varepsilon)]$. 于是, 由 $m/\log n\to\infty$ 可得 $\sum\limits_{n=1}^{\infty}J_{n2}<\infty$. 这就完成了本定理的证明.

2.6.3 近邻密度估计的收敛速度

薛留根 (1994b) 研究了 $\hat{f}_{\mathrm{ON}}(x)$ 的强收敛速度, 得到了下面的结果.

定理 2.6.3 设对固定的点 $x\in\mathbf{R}$, $f(x)>0$, 存在自然数 $r\geqslant2$, 使 $f(\cdot)$ 在 x 处有 r 阶连续导数且式 (2.4.13) 成立. 如果 $m=m_n$ 满足:

$$m=o(n),\quad\lim_{n\to\infty}m/\log^2n=\infty,\quad\lim_{n\to\infty}m^{2r+1}/(n^{2r}\log n)=\tau<\infty,\tag{2.6.22}$$

则对任何 $0 < c_n \to \infty$, 有

$$\hat{f}_{\rm ON}(x) - f(x) = o\left(c_n\sqrt{m^{-1}\log n}\right), \text{ a.s.}$$

证　仍利用式 (2.6.3) 和式 (2.6.4) 定义的集合 B 和 A_n. 对固定的点 $x \in \mathbf{R}$, 由于 $f(x) > 0$, 于是 $F(x) \neq 0$ 且 $F(x) \neq 1$, 即 $x \in B^c$. 由引理 2.6.2 知 $x \in A_n$. 此时可得式 (2.6.7). 记 $\nu_n = c_n\sqrt{m^{-1}\log n}$. 任给 $\varepsilon > 0$, 类似于式 (2.6.8) 和式 (2.6.9) 的推导可得

$$P\left\{\nu_n^{-1}[\hat{f}_{\rm ON}(x) - f(x)] \geqslant \varepsilon\right\} = P\{Y_n \geqslant m\} + P\{Z_n \geqslant m\}, \tag{2.6.23}$$

其中 Y_n 和 Z_n 分别服从二项分布 $B(n, p_n)$ 和 $B(n, p_n')$, 而

$$p_n = \int_x^{x+b_n'} f(u)\mathrm{d}u, \quad p_n' = \int_{x-b_n'}^{x} f(u)\mathrm{d}u,$$

$b_n' = m/\{n[f(x) + \varepsilon\nu_n]\}$. 在条件 (2.4.13) 下有

$$p_n = f(x)b_n' + \frac{1}{(r+1)!}[f^{(r)}(x) + o(1)](b_n')^{r+1}.$$

经过计算可得

$$\frac{m}{n} - p_n = \left(\frac{2m\varepsilon}{nf(x)}\right)c_n\sqrt{m^{-1}\log n}[1 + o(1)].$$

记 $q_n = \{m\varepsilon/[nf(x)]\}c_n\sqrt{m^{-1}\log n}$. 利用推论 1.1.1, 当 n 充分大时有

$$P\{Y_n \geqslant m\} \leqslant P\left\{\left|\frac{Y_n}{n} - p_n\right| \geqslant q_n\right\} \leqslant 2\exp\left\{-\frac{nq_n^2}{2(m/n) + q_n}\right\}.$$

不失普遍性, 可设 $c_n = O(\log\log n)$. 易知当 n 充分大时, $q_n \leqslant m/n$. 因此, 由 $c_n \to \infty$, 当 n 充分大时有

$$P\{Y_n \geqslant m\} \leqslant 2\exp\left\{-\frac{n^2q_n^2}{3m}\right\} \leqslant 2\exp\left\{-\frac{\varepsilon^2c_n^2\log n}{12f^2(x)}\right\} \leqslant \frac{2}{n^2}. \tag{2.6.24}$$

同理可证得

$$P\{Z_n \geqslant m\} \leqslant 2\exp\left\{-\frac{\varepsilon^2c_n^2\log n}{12f^2(x)}\right\} \leqslant \frac{2}{n^2}. \tag{2.6.25}$$

因此, 由式 (2.6.23)～ 式 (2.6.25) 可得

$$\sum_{n=1}^{\infty} P\left\{\nu_n^{-1}[\hat{f}_{\rm ON}(x) - f(x)] \geqslant \varepsilon\right\} < \infty. \tag{2.6.26}$$

同样可证明: 对任给 $\varepsilon > 0$, 有

$$\sum_{n=1}^{\infty} P\left\{\nu_n^{-1}[\hat{f}_{\mathrm{ON}}(x) - f(x)] \leqslant -\varepsilon\right\} < \infty. \tag{2.6.27}$$

于是由式 (2.6.26) 和式 (2.6.27), 对任给 $\varepsilon > 0$, 有

$$\sum_{n=1}^{\infty} P\left\{\nu_n^{-1}|\hat{f}_{\mathrm{ON}}(x) - f(x)| \geqslant \varepsilon\right\} < \infty.$$

故由 Borel-Cantelli 引理 (定理 1.2.4) 即可完成本定理的证明.

由定理 2.6.3 可立刻得到下面推论.

推论 2.6.1 设定理 2.6.3 的条件成立. 如果选取 $m = \lfloor 0.5(n^{2r}\log n)^{1/(2r+1)}\rfloor$, 则对任何 $0 < c_n \to \infty$, 有

$$\hat{f}_{\mathrm{ON}}(x) - f(x) = o\left(c_n\left(\frac{\log n}{n}\right)^{r/(2r+1)}\right), \text{ a.s..}$$

如果选取 $m = \lfloor 0.5n^{2r/(2r+1)}\rfloor$, 则对任何 $0 < c_n \to \infty$, 有

$$\hat{f}_{\mathrm{ON}}(x) - f(x) = o\left(c_n n^{-r/(2r+1)}\sqrt{\log n}\right), \text{ a.s..}$$

下面的定理说明 $\hat{f}_{\mathrm{ON}}(x)$ 的收敛速度达不到 $O_P(n^{-r/(2r+1)})$.

定理 2.6.4 设对固定的点 $x \in \mathbf{R}$, $f(x) > 0$, 存在偶数 $r \geqslant 2$, 使 $f(\cdot)$ 在 x 处有 r 阶连续导数且式 (2.4.13) 成立. 如果 $f^{(r)}(x) \neq 0$, 则对任意的 $m = o(n)$, 都有

$$n^{r/(2r+1)}[\hat{f}_{\mathrm{ON}}(x) - f(x)] \overset{P}{\nrightarrow} 0.$$

证 本定理的证明类似于定理 2.6.3 和定理 2.4.6 的证明. 详细的证明可参考薛留根 (1994a) 的论文中定理 1 的证明. 这里省略.

薛留根 (1994a) 获得了 $\hat{f}_{\mathrm{ON}}(x)$ 的强一致收敛速度. 下面的定理比薛留根 (1994b) 给出的结果更一般.

定理 2.6.5 设存在自然数 $r \geqslant 2$, 使 $f(\cdot)$ 在 $\mathbf{R}$ 上有 r 阶有界连续导数且式 (2.4.13) 成立, m 满足式 (2.6.22), 则对任何 $0 < c_n \to \infty$, 有

$$\sup_x |\hat{f}_{\mathrm{ON}}(x) - f(x)| = o\left(c_n\sqrt{m^{-1}\log n}\right) + o\left(c_n\,(m/n)^{r/(r+1)}\right), \text{ a.s..} \tag{2.6.28}$$

证 本定理的证明类似于定理 2.4.9 的证明. 也可参考薛留根 (1994b) 的论文中定理 2 的证明. 故从略.

由定理 2.6.5 可立刻得到下面的推论.

推论 2.6.2　设定理 2.6.5 的条件成立. 如果选取$m=\lfloor 0.5[n^{2r}(\log n)^{(r+1)}]^{1/(3r+1)}\rfloor$, 则对任何 $0<c_n\to\infty$, 有

$$\sup_x|\hat{f}_{\mathrm{ON}}(x)-f(x)|=o\left(c_n\left(\frac{\log n}{n}\right)^{r/(3r+1)}\right), \text{ a.s..}$$

如果选取 $m=\lfloor 0.5n^{2r/(3r+1)}\rfloor$, 则对任何 $0<c_n\to\infty$, 有

$$\sup_x|\hat{f}_{\mathrm{ON}}(x)-f(x)|=o\left(c_n n^{-r/(3r+1)}\sqrt{\log n}\right), \text{ a.s..}$$

最后指出, 俞军 (1987) 证明了 $\hat{f}_{\mathrm{ON}}(x)$ 的 L_p 模强相合性. 薛留根 (1992) 在相依样本下证明了 $\hat{f}_{\mathrm{ON}}(x)$ 的逐点和一致强相合性, 并获得 $\hat{f}_{\mathrm{ON}}(x)$ 的强收敛速度. 限于篇幅, 这里不再赘述.

2.7　正交级数密度估计

2.7.1　正交级数密度估计的定义

设 X 是取值于实数集 $\mathbf{R}$ 上的随机变量, 其概率密度函数 $f(x)$ 是平方可积的, 那么 $f(x)$ 可以表示成一个正交级数的形式, 即

$$f(x)=\sum_{j=0}^{\infty}\theta_j\varphi_j(x), \tag{2.7.1}$$

其中 $\varphi_j(x)$ 是 $L_2(\mathbf{R})$ 的正交基,

$$\theta_j=\int_{-\infty}^{\infty}\varphi_j(x)f(x)\mathrm{d}x. \tag{2.7.2}$$

设 $X_1,\cdots,X_n$ 是来自 X 的 iid 样本. 注意到 $\theta_j=E[\varphi_j(X)]$, 那么 θ_j 的估计可定义为

$$\hat{\theta}_j=\frac{1}{n}\sum_{i=1}^{n}\varphi_j(X_i). \tag{2.7.3}$$

通常的基函数有 Hermite 基 (Walter, 1977, 1994), Laguerre 基 (Hall, 1980; Walter, 1994), Fourier 基 (Hall, 1981b), 正交多项式 (Buckland, 1992), Legendre 基 (Hall, 1982), 小波基 (Antoniadis and Carmona, 1991) 等. 基的选择主要依赖于密度的支撑. 一般情况下, 当 $f(x)$ 的支撑是 $(-\infty,\infty)$ 或 $(0,\infty)$ 时, 推荐使用 Hermite 基和 Laguerre 基. 如果 $f(x)$ 具有紧支撑, 那么可选取 Fourier 基. 2.8 节将详细介绍小波密度估计. 下面考虑余弦基

$$\{\varphi_0(x)=1,\ \varphi_j(x)=\sqrt{2}\cos(\pi jx),\ j=1,2,\cdots\}.$$

此时式 (2.7.1) 中的 θ_j 称为 $f(x)$ 的第 j 个 Fourier 系数.

假定密度 $f(x)$ 具有紧支撑 $[0,1]$. 由式 (2.7.2) 易知, $\hat{\theta}_j$ 是 θ_j 的无偏估计, 即

$$E(\hat{\theta}_j)=\int_0^1\varphi_j(x)f(x)\mathrm{d}x=\theta_j. \tag{2.7.4}$$

利用三角公式 $\cos^2\alpha=(1+\cos 2\alpha)/2$ 容易计算 $\hat{\theta}_j$ 的方差为

$$\mathrm{var}(\hat{\theta}_j)=(1+2^{-1/2}\theta_{2j}-\theta_j^2)n^{-1}\triangleq d_jn^{-1}. \tag{2.7.5}$$

式 (2.7.3)～ 式 (2.7.5) 是研究任何正交级数密度估计的基础.

由 Parseval 恒等式

$$\int_0^1 f^2(x)\mathrm{d}x=1+\sum_{j=1}^{\infty}\theta_j^2, \tag{2.7.6}$$

可知任何平方可积密度的 Fourier 系数随着 j 的增大而减小. 因此, 当 j 增大时, $d_j\to d=1$. 这就意味着 $\hat{\theta}_j$ 的方差是 dn^{-1}(即 $d_j\approx d$), 其中 d 称为难度系数. 对所考虑的直接观测的情况, $d=1$; 但后面我们将考虑具有间接数据的更复杂的情况, 其中 $d>1$. 因此, 我们在公式中总是保留 d. 这个系数描述了我们手头中数据的复杂性, 这就是 "难度系数" 这个名字的由来.

根据式 (2.7.1)～ 式 (2.7.3), 可以定义 $f(x)$ 的正交级数估计为

$$\hat{f}_{\mathrm{OS}}(x)=\hat{f}(x,\{\hat{w}_j\})=1+\sum_{j=1}^{\infty}\hat{w}_j\hat{\theta}_j\varphi_j(x), \tag{2.7.7}$$

其中 $\hat{\theta}_j$ 是由 (2.7.3) 式定义的经验 Fourier 系数, $\hat{w}_j$ 为收缩系数. 选择不同的收缩系数可以得到 $f(x)$ 的不同估计. 下面介绍选择收缩系数最流行的方法.

1. 截断估计 (truncated estimator)

如果在式 (2.7.3) 中取 $\hat{w}_j$ 为示性函数 $I(j\leqslant J)$, 则可得到 $f(x)$ 的截断估计量为

$$\hat{f}_{\mathrm{T}}(x)=1+\sum_{j=1}^{J}\hat{\theta}_j\varphi_j(x). \tag{2.7.8}$$

在式 (2.7.8) 中, 参数 J 称为取舍点 (cutoff), 它需要选择. 下面介绍选择 J 的基本思想. 利用式 (2.7.5) 和式 (2.7.6) 可以得到 $\hat{f}_{\mathrm{T}}(x)$ 的 MISE 为

$$E\left\{\int_0^1[\hat{f}_{\mathrm{T}}(x)-f(x)]^2\mathrm{d}x\right\}=\frac{1}{n}\sum_{j=1}^{J}d_j+\sum_{j=J+1}^{\infty}\theta_j^2. \tag{2.7.9}$$

从式 (2.7.9) 可以看出, 如果 $n^{-1}d_{J+1} > \theta_{J+1}^2$, 那么取舍点 $J+1$ 比取舍点 J 更糟糕. 当然, 平方的 Fourier 系数 θ_j^2 是未知的, 但它可以用其无偏估计 $\hat{\theta}_j^2 - d_j n^{-1}$ 来代替. 回顾式 (2.7.5) 和拇指规则, 可以把 d_j 看作 $d=1$. 根据上述分析, Tarter 和 Kronmal(1976) 提出选择 $\hat{J}$ 作为最小的整数 J, 使得 $2n^{-1}d_{J+i} > \hat{\theta}_{J+i}^2, i=1,\cdots,r$. 特别推荐 $r=2$. Diggle 和 Hall(1993) 证明了这个简单的规则可以推出多维密度的小的取舍点, 并提出下列改进. 选择一个递增函数 $\lambda(j)$, 特别推荐 $\lambda(J)=4\sqrt{J}$. 注意到在许多情况下, $\sum\limits_{j=J+1}^{\lambda(J)J}\theta_j^2$ 是式 (2.7.9) 中未知项 $\sum\limits_{j=J+1}^{\infty}\theta_j^2$ 的很好的近似. 因此, 使用 θ_j^2 的无偏估计 $\hat{\theta}_j^2 - d_j n^{-1}$, 可知推荐的 $\hat{J}$ 是

$$\frac{1}{n}\sum_{j=1}^{J} d_j + \sum_{j=J+1}^{\lambda(J)J}[\hat{\theta}_j^2 - d_j n^{-1}]$$

的极小值点. Hart(1985) 提出了一个不同的方法避免了 $\sum\limits_{j=J+1}^{\infty}\theta_j^2$ 的估计. Parseval 恒等式可以改写为

$$\sum_{j=J+1}^{\infty}\theta_j^2 = \int_0^1 f^2(x)\mathrm{d}x - 1 - \sum_{j=1}^{J}\theta_j^2. \tag{2.7.10}$$

由于 $\int_0^1 f^2(x)\mathrm{d}x$ 是固定的数, 因此数据驱动的取舍点 J 定义为

$$\sum_{j=1}^{J}(2d_j n^{-1} - \hat{\theta}_j^2) \tag{2.7.11}$$

的极小值点. Tarter 和 Lock(1993) 通过模拟试验对上述估计量进行了比较, 发现对简单形状的密度, 所有估计量具有类似的执行效果, 但对于多维密度, 后两个估计量执行效果更好.

从现代非参数曲线估计的观点来看, Hart(1985) 的估计量是惩罚最小二乘模型选择方法的特殊情况, 即 $\hat{J}$ 是

$$-\sum_{j=1}^{J}\hat{\theta}_j^2 + p(J),$$

其中 $p(J)$ 是惩罚函数. 这个惩罚方法在 Massart(2007) 的书中进行了讨论. 这本书也说明了无偏的交叉验证是另一个数据驱动选择参数的流行方法, 也是惩罚最小二乘模型选择的特殊情况 (Hall, 1987; Scott and Terrell, 1987).

2. 门限估计 (threshold estimator)

门限估计是一个富有潜在影响力的复杂估计方法, 它由 Kronmal 和 Tarter (1968) 首次提出. 类似上面讨论的规则: 如果 $\theta_j^2 > d_jn^{-1}$, 那么式 (2.7.7) 右边的级数中包括第 j 项. 因此推荐在式 (2.7.7) 中取

$$\hat{w}_j = I(\hat{\theta}_j^2 > 2d_jn^{-1}).$$

不幸的是, 既没有渐近理论又没有数值模拟来支撑这个思想. 在现代统计中, 这种估计量被看作硬门限估计量 (Tarter and Lock, 1993; Crain, 1973). 人们已经提出了两类门限, 硬门限使用

$$\hat{w}_j = I\left(|\hat{\theta}_j| > t(j,n)\sqrt{d_jn^{-1}}\right),$$

其中门限 $t(j,n)$ 是一个特殊的函数. 一个紧密相关的方法是软门限, 其中

$$\hat{w}_j = \left\{\left[|\hat{\theta}_j| - t(j,n)\sqrt{d_jn^{-1}}\right]\Big/|\hat{\theta}_j|\right\} I(|\hat{\theta}_j| > t(j,n)\sqrt{d_jn^{-1}}).$$

在模拟结果中, 这两种方法具有类似的表现, 但软门限对理论分析更简单. 大多数流行的门限是 $t(j,n) = c\sqrt{\log n}$, 其中 $c > 0$ 是未知常数. 一个标准的选择是 $c = \sqrt{2}$. 这个门限明显大于 Kronmal 和 Tarter(1968) 使用的 $t(j,n) = 2$. 此外, Efromovich(1999) 证明了这种门限对多变量密度估计是好的选择. 2.8 节将详细讨论小波门限估计.

上面定义的门限的理论缺点是它们没有达到 MISE 收敛的最小最大速度. 为解决这个问题, 人们提出了一个逐块门限. 即所有系数分成若干不重叠的块, 然后对同一块系数使用相同的压缩. 分块的思想首先由 Efromovich(1985) 提出, 随后由 Hall 等 (1998), Chicken 和 Cai(2005) 与 Rigollet(2006) 进一步发展.

3. oracle 模仿 (mimicking of oracle)

oracle 模仿是现代非参数曲线估计中令人关注和流行的方法, 它是基于请求 oracle 对经验 Fourier 系数 $\hat{\theta}_j$ 进行最优压缩的思想. oracle 允许知道潜在的密度, 由此可以产生好的估计方法. 然后统计学家试图模仿 oracle 估计. 通过求解极小化问题 (Watson, 1969)

$$\min_w E(\theta_j - w\hat{\theta}_j)^2 = E(\theta_j - w_j^*\hat{\theta}_j)^2,$$

可以得到

$$w_j^* = \frac{\theta_j^2}{\theta_j^2 + d_jn^{-1}}. \tag{2.7.12}$$

注意到 Parseval 恒等式 (2.7.6), w_j^* 是由式 (2.7.7) 定义的估计量 $\hat{f}(x, \{w_j\})$ 的 MISE 达到极小的 oracle 门限. 因此, 我们自然使用一个统计量代替 w_j^*, 譬如, 嵌入 θ_j^2 的无

偏估计 $\hat{\theta}_j^2 - d_j n^{-1}$. 有关 w_j^* 的其他模仿估计量的评论可以在 Tarter 和 Lock(1993) 与 Efromovich(1999) 的书中找到. 尽管已经报告了好的数值计算的结果, 但是任何基于逐项压缩的估计量不是渐近最小最大的. 为了解决这个问题, 人们使用了逐块压缩. 根据文献 Efromovich(1985), 直接计算可得

$$\min_W \sum_{j\in B} E(\theta_j - W\hat{\theta}_j)^2 = \sum_{j\in B} E(\theta_j - W^*\hat{\theta}_j)^2,$$

其中

$$W^* = \frac{\sum_{j\in B}\theta_j^2}{\sum_{j\in B}(\theta_j^2 + d_j n^{-1})}. \tag{2.7.13}$$

此外, 可以证明: 如果块的基数增大, 则关于一大类密度, 逐块的 oracle 是最小最大的, 且它的 MISE 也达到最小最大常数. 我们可以提出代替 W^* 的统计量, 它不改变渐近性质. 有关结果可以参考 Efromovich(1985, 1997, 1999, 2008).

4. 通用估计 (universal estimator)

结合上面引入的估计量的主要思想, Efromovich(1996) 提出了一个估计量, 其基本思想如下. 第一步计算辅助估计

$$\bar{f}(x) = 1 + \sum_{j=1}^{\hat{J}} \hat{w}_j \hat{\theta}_j \varphi_j(x),$$

其中 $\hat{J}$ 是式 (2.7.11) 当 $d_j = d$ 时的极小值,

$$\hat{w}_j = \max\{0, dn^{-1}\hat{\theta}_j^2\}.$$

然后对辅助估计做两个改良. 第一个是基于高频 Fourier 系数硬门限方法的修正

$$\check{f}(x) = \bar{f}(x) + \sum_{j=\hat{J}+1}^{c_{JM}\hat{J}} \hat{\theta}_j\varphi_j(x) I(\hat{\theta}_j^2 > c_T dn^{-1}\log n),$$

其中 c_{JM} 和 c_T 是两个参数, 它们是用来确定硬门限方法中含盖估计和系数的 Fourier 系数的最大数目. 这两个参数的默认值是 6 和 4. 第二个改良的必要性是显然的 —— 一个正交级数密度估计也许会出现负值. 很幸运, 有一个简单的补救办法 — 将 $\check{f}$ 映射成一类非负密度,

$$\hat{f}(x) = \max\{0, \check{f}(x) - c\}, \tag{2.7.14}$$

其中常数 c 满足 $\int_0^1 \hat{f}(x)\mathrm{d}x = 1$. 估计量 $\hat{f}(x)$ 完全由数据驱动. 由于在软件 (Efromovich, 1999) 中这个估计适应于所有估计问题, 包括非参数回归、密度估计、谱密度估计等, 因此称它为通用估计.

5. 聚成 (aggregation)

这是一个构造好的数据驱动估计量的有魅力的方法, 该方法使用几个已知的密度估计量进行构造. 假设存在 $M \geqslant 2$ 个估计 $\hat{f}_1, \cdots, \hat{f}_M$, 它们可以是参数、直方图、核或其他估计量 (不需要正交序列). 那么, 一个自然的思想是寻找一个以适当的方式结合这 M 个估计而构造的更好的估计量. 一个改进的估计量被看作聚合 (aggregate), 且它的构造称为聚成. 三个主要类型的聚成是: 模型选择, 凸聚成, 线性聚成. 在所有这些情况下, 一个聚合可与形如

$$\tilde{f}_\lambda = \sum_{j=1}^{M} \lambda_j \hat{f}_j$$

的 oracle 估计相比较, 其中 $\lambda = (\lambda_1, \cdots, \lambda_M)$. 模型选择的目的是找一个聚合, 它与这 M 个给定的估计量中最好的一样好; 在这种情况下, oracle 估计具有这样的 λ, 其只有一个元素是 1, 其他元素都是 0. 凸聚成的目的是提出一个最小的聚合, 它与给定的 M 个估计量的最好凸组合一样好, 其中 $\lambda \in \mathbf{R}^M$, $\lambda_j \geqslant 0$, $\sum\limits_{j=1}^{M} \lambda_j \leqslant 1$. 线性聚成的目的是提出一个最小的聚合, 它与给定的 M 个估计量的最好线性组合一样好.

作为一个例子, 我们解释线性聚成如何执行. 将 Gram-Schmidt 正交化方法应用到已知估计 $\{\hat{f}_1, \cdots, \hat{f}_M\}$, 得到正交函数 $\{\phi_1, \cdots, \phi_N\}$, $N \leqslant M$. 然后, 类似于式 (2.7.1)~ 式 (2.7.3), 定义线性聚合

$$\check{f}(x) = \sum_{j=1}^{N} \hat{\lambda}_j \phi_j(x),$$

其中

$$\hat{\lambda}_j = \frac{1}{n} \sum_{i=1}^{n} \phi_j(X_i).$$

这个线性聚合是经验正交级数估计. 可以证明: 这个聚合扮演着线性聚成的角色, 即它的 MISE 接近于线性 oracle 的 MISE. 当然, 在应用上, 这样的 M 个估计量是未知的. 在这种情况下, 推荐把数据分开, 一部分观测值用于构造 M 个估计, 剩余的观测值用来聚成. 已知的结果主要体现在理论上, 但数值研究也是必需的. 参考下列文献的讨论: Yang(2000), Massart(2007), Rigollet 和 Tsybakov(2007), Samarov 和 Tsybakov(2007) 等.

2.7.2 渐近性质

正交级数估计的一个引人注目的特征之一是它方便人们发展可行的渐近理论. 下面我们利用一个最小最大密度估计的例子解释一个特别的渐近结果. 考虑具有 k

阶可微密度的 Sobolev 类:

$$\mathcal{F}(k,Q)=\left\{f:f(x)=1+\sum_{j=1}^{\infty}\theta_j\varphi_j(x),\sum_{j=1}^{\infty}(\pi j)^{2k}\theta_j^2\leqslant Q,f(x)\geqslant 0\right\},$$

其中 $k\geqslant 1$, Q 是正的常数. 对定义在式 (2.7.7) 中的线性密度估计 $\hat{f}(x,\{w_j\})$ 的最小最大 MISE, 我们可以确定一个简单的下界. 使用式 (2.7.12) 可得

$$\begin{aligned}
&\inf_{\{w_j\}}\sup_{f\in\mathcal{F}(k,Q)}E\left\{\int_0^1[\tilde{f}(x,\{w_j\})-f(x)]^2\mathrm{d}x\right\}\\
\geqslant&\sup_{f\in\mathcal{F}(k,Q)}\inf_{\{w_j\}}E\left\{\int_0^1[\tilde{f}(x,\{w_j\})-f(x)]^2\mathrm{d}x\right\}\\
\geqslant&\sup_{f\in\mathcal{F}(k,Q)}E\left\{\int_0^1[\tilde{f}(x,\{w_j^*\})-f(x)]^2\mathrm{d}x\right\}\\
=&\sup_{f\in\mathcal{F}(k,Q)}\sum_{j=1}^{\infty}\frac{d_jn^{-1}\theta_j^2}{\theta_j^2+d_jn^{-1}}\\
=&\,n^{-2k/(2k+1)}P(k,Q,d)[1+o(1)],
\end{aligned}\tag{2.7.15}$$

其中

$$P(k,Q,d)=\{Q(2k+1)[k/\pi(k+1)d]^{2k}\}^{1/(2k+1)}.$$

在式 (2.7.15) 中, 第一个不等式总是成立的, 第二个不等式是由式 (2.7.12) 而得到, 最后两个等式是经过直接计算得到. 可以证明, 较低的界 (2.7.15) 对所有合理的估计量都成立 (不需要线性), 参考 Efromovich(1985, 2009).

最后指出, Wahba(1975) 研究了密度估计的核和正交级数方法的最优收敛性. 这里不再赘述.

2.8 小波密度估计

2.8.1 多分辨率分析与小波

下面用 $L_p(\mathbf{R})(1\leqslant p<\infty)$ 表示 p 方可积的函数空间, 即

$$L_p(\mathbf{R})=\left\{f:\int_{-\infty}^{\infty}|f(x)|^p\mathrm{d}x<\infty\right\},\tag{2.8.1}$$

其范数定义为

$$\|g\|_p=\left[\int_{-\infty}^{\infty}|g(x)|^p\mathrm{d}x\right]^{1/p},$$

其中 $\mathbf{R}=(-\infty,\infty)$. 当 $p=2$ 时, 平方可积函数空间 $L_2(\mathbf{R})$ 即为 Hilbert 空间, 内积 $\langle\cdot,\cdot\rangle$ 定义为

$$\langle f,g\rangle=\int_{-\infty}^{\infty}f(x)\overline{g(x)}\mathrm{d}x.$$

当 $p=\infty$ 时, $L_\infty(\mathbf{R})$ 为本性有界的函数空间. 类似地, 离散序列空间定义为

$$l_p=\left\{\{a_n,n\in\mathbf{Z}\}:\sum_{n\in\mathbf{Z}}|a_n|^p<\infty\right\},\tag{2.8.2}$$

其中 $\mathbf{Z}$ 是整数集合, 相应的范数为

$$\|a\|_p=\left[\sum_{n\in\mathbf{Z}}|a_n|^p\right]^{1/p}.$$

下面给出多分辨率分析 (multiresolution analysis, MRA) 的定义 (Walnut, 2001).

定义 2.8.1 如果 $L_2(\mathbf{R})$ 上的一列线性闭子空间 $\{V_j,j\in\mathbf{Z}\}$ 满足下列条件:

(A2.8.1) 单调性: $V_j\subseteq V_{j+1},\ \forall j\in\mathbf{Z}$;

(A2.8.2) 完备性: $\overline{\bigcup_{j\in\mathbf{Z}}V_j}=L_p(\mathbf{R}),\ \bigcap_{j\in\mathbf{Z}}V_j=\{0\}$;

(A2.8.3) 伸缩性: $f(x)\in V_0\Leftrightarrow f(2^jx)\in V_j,\ \forall j\in\mathbf{Z}$;

(A2.8.4) 基的存在性: 存在 $\phi(x)\in V_0$, 使得 $\{\phi(x-k),k\in\mathbf{Z}\}$ 为 V_0 的标准正交基, 其中 $\phi(x)$ 称为多分辨率分析对应的尺度函数, 则称 $\{V_j,j\in\mathbf{Z}\}$ 为多分辨率分析.

一个 MRA 称为 t(正整数) 正则的, 如果相应的尺度函数 $\phi(x)\in H^t$(Hölder 空间), 且其前 t 阶的每个导函数快速减少, 即对每个正整数 N, 存在正的常数 C_N, 使得

$$|\phi^{(j)}(x)|\leqslant\frac{C_N}{(1+|x|)^N},\quad j=0,1,\cdots,t.$$

记 $\phi_{jk}(x)=2^{j/2}\phi(2^jx-k)$. 由定义 2.8.1 可知: 对固定的 $j\in\mathbf{Z}$, $\{\phi_{jk}(x),k\in\mathbf{Z}\}$ 是空间 V_j 的标准正交基, 且存在平方可和序列 $\{d_k,k\in\mathbf{Z}\}\in l_2$, 使得

$$\phi(x)=\sum_{k\in\mathbf{Z}}d_k\phi_{1k}(x),$$

其中 $d_k=\langle\phi,\phi_{1k}\rangle$. 记 $\psi_{jk}(x)=2^{j/2}\psi(2^jx-k)$, 其中

$$\psi(x)=\sum_{k\in\mathbf{Z}}(-1)^kd_{1-k}\phi_{1k}(x),\tag{2.8.3}$$

则 $\{\psi_{jk}(x),k\in\mathbf{Z}\}$ 构成 V_j 在 V_{j+1} 中的正交补空间 W_j 的标准正交基 (Walnut, 2001), 即 $V_{j+1}=V_j\oplus W_j$, 且 W_j 是由 $\{\psi_{jk}(x),k\in\mathbf{Z}\}$ 张成的空间. 一个重要的结

果是 (Daubechies, 1992): 如果 $\phi(x)$ 是某一 MRA 对应的尺度函数 (父小波), $\psi(x)$ 是由式 (2.8.3) 定义的小波函数 (母小波), 则

(i) $\{\psi_{jk}(x), j, k \in \mathbf{Z}\}$ 是 $L_2(\mathbf{R})$ 的标准正交基 (称为正交小波基);

(ii) 对固定的 $j_0 \in \mathbf{Z}$, $\{\phi_{j_0 k}(x), k \in \mathbf{Z}\} \bigcup \{\psi_{jk}(x), j \geqslant j_0, k \in \mathbf{Z}\}$ 构成 $L_2(\mathbf{R})$ 的标准正交基.

父小波和母小波的具体例子分别是 Haar 父小波 (Haar father wavelet) 和 Haar 母小波 (Haar mother wavelet). Haar 父小波定义为

$$\phi(x) = \begin{cases} 1, & 0 \leqslant x < 1, \\ 0, & \text{其他}. \end{cases} \tag{2.8.4}$$

Haar 母小波定义为

$$\psi(x) = \begin{cases} -1, & 0 \leqslant x < \dfrac{1}{2}, \\ 1, & \dfrac{1}{2} \leqslant x < 1. \end{cases} \tag{2.8.5}$$

下面我们简单说明一下 Sobolev 空间. $L_p(\mathbf{R})$ 中前 $r-1$ 阶导数绝对连续的函数组成通常的 Sobolev 空间 W_p^r, $r = 0, 1, \cdots$, $1 \leqslant p < \infty$, 其中函数的范数由下式给出:

$$\|f\|_{W_p^r} = \sum_{j=0}^{r} \left[\int_{-\infty}^{\infty} |f^{(j)}(x)|^p \mathrm{d}x \right]^{1/p}.$$

注意到 $W_p^0 = L_p(\mathbf{R})$. 设 $s = r + \delta$, 其中 $r = \lfloor s \rfloor$ 是 s 的整数部分, $0 \leqslant \delta < 1$. Sobolev-Slobodeckij 空间定义为

$$W_p^s = \{f : f \in W_p^r, \|f\|_{W_p^s} < \infty\},$$

其中

$$\|f\|_{W_p^s} = \|f\|_{W_p^r} + \left\{ \int_{-\infty}^{\infty} \left[\frac{\|f^{(r)}(\cdot + h) - f^{(r)}(\cdot)\|_{L_p}}{|h|^\delta} \right]^p \frac{\mathrm{d}h}{|h|} \right\}^{1/p} < \infty.$$

且由 $f^{(r)}(\cdot)$ 的一阶差分的可积性可知 $\delta = s - \lfloor s \rfloor$.

下面介绍一下 Besov 空间 (Triebel, 1983). 设 Δ_h^1 为一阶差分算子, 即 $\Delta_h^1 f(\cdot) = f(\cdot + h) - f(\cdot)$. 二阶差分算子定义为 $\Delta_h^2 = \Delta_h^1 \Delta_h^1$. 函数 $f \in L_p(\mathbf{R})$ 的一阶连续范数和二阶连续范数分别是指 $\omega_p^1(f, t) = \sup\limits_{|h| \leqslant t} \|\Delta_p^1 f\|_p$, $\omega_p^2(f, t) = \sup\limits_{|h| \leqslant t} \|\Delta_p^2 f\|_p$. 设 $1 \leqslant p, q \leqslant \infty$, $s = r + \delta$, 其中 $r = \lfloor s \rfloor$. Besov 空间定义为

$$B_{p,q}^s = \{f : f \in W_p^r, \|t^{-\delta} \omega_p^2(f^{(r)}, t)\|_q^* < \infty\},$$

其中

$$\|g\|_q^* = \begin{cases} \left[\int_0^\infty |g(x)|^q \frac{\mathrm{d}x}{x}\right]^{1/q}, & 1 \leqslant q < \infty, \\ \|g(x)\|_\infty, & q = \infty, \end{cases}$$

相应的范数定义为

$$\|f\|_{B^s_{p,q}} = \|f\|_{W^r_p} + \|t^{-\delta}\omega_p^2(f^{(r)}, t)\|_q^*.$$

从上述定义可知: 当 $f \in L_p(\mathbf{R})$ 时, $f \in B^{s+1}_{p,q}$ 当且仅当 $f' \in B^s_{p,q}$. Besov 空间包含了许多常见的函数空间, 例如, $B^s_{\infty,\infty} = H^s$, 其中 H^s 为 s 阶 Hölder 空间; 当 s 不为正整数时, $B^s_{p,p} = W^s_p$ 等.

2.8.2 线性小波密度估计

设 $X_1, \cdots, X_n$ 为 iid 样本, 具有公共的分布函数 $F(x)$ 和密度函数 $f \in L_2(\mathbf{R})$. 又设 $\{V_j, j \in \mathbf{Z}\}$ 为多分辨率分析, $\phi(x)$ 是其对应的尺度函数. 一个函数 $f \in L_2(\mathbf{R})$ 以分解 2^{-j} 的逼近是 f 在 V_j 上的正交投影 f_j, 即

$$f_j(x) = \sum_{k \in \mathbf{Z}} a_{jk}\phi_{jk}(x), \quad a_{jk} = \langle f, \phi_{jk} \rangle, \tag{2.8.6}$$

其中 $\phi_{jk}(x) = 2^{j/2}\phi(2^j x - k)$, 且由多分辨率分解的性质, 以分解 2^{-j} 的 L_2 逼近误差为

$$\|f - f_j\|_2^2 = \|f\|_2^2 - \sum_{k \in \mathbf{Z}} a_{jk}^2 \longrightarrow 0, \quad j \to \infty.$$

注意到 $a_{jk} = E[\phi_{jk}(X)]$, 因此可以使用

$$\hat{a}_{jk} = \frac{1}{n}\sum_{i=1}^n \phi_{jk}(X_i)$$

估计系数 a_{jk}. 因此, $f(x)$ 的线性小波估计定义为

$$\hat{f}_{\mathrm{LW}}(x) = \sum_{k \in \mathbf{Z}} \hat{a}_{jk}\phi_{jk}(x), \tag{2.8.7}$$

其中 $j = j_n$ 是仅依赖于 n 的正整数. 估计量 $\hat{f}_{\mathrm{LW}}(x)$ 也可以表示为核类估计的形式. 为此, 引入 Meyer 小波核

$$K(x, u) = \sum_{k \in \mathbf{Z}} \phi(x - k)\phi(u - k). \tag{2.8.8}$$

因此, 估计量 $\hat{f}_{\rm LW}(x)$ 可改写为

$$\hat{f}_{\rm LW}(x)=\frac{1}{n}\sum_{i=1}^{n}2^jK(2^jx,2^jX_i). \tag{2.8.9}$$

小波估计可以看成是一种特殊的正交级数估计, 即在正交级数估计中取小波基作为基函数. 与其他基相比 (见 2.7 节), 小波基在时域和频率域上都有很好的局部性质, 它构成 $L_p(\mathbf{R})$ 的无条件基且可以刻画一大类函数空间.

Antoniadis 和 Carmona(1991) 讨论了 Sobolev 球 W_2^s 中 $\hat{f}_{\rm LW}(x)$ 的 MISE, 得到了下列结果

$$\sup_{f\in W_2^s}E(\|\hat{f}_{\rm LW}-f\|_2^2)=O\left(n^{-\frac{2s}{2s+1}}\right). \tag{2.8.10}$$

Härdle 等 (1997) 给出了整数阶 Sobolev 空间 W_p^r 中 $\hat{f}_{\rm LW}(x)$ 的 L_p 收敛速度, 其中 r 为正整数, 取 $2^j\sim n^{\frac{1}{2r+1}}$, 有

$$\sup_{f\in W_p^r}E(\|\hat{f}_{\rm LW}-f\|_p^p)=O\left(n^{-\frac{pr}{2r+1}}\right), \tag{2.8.11}$$

Kerkyacharian 和 Picard(1992) 研究了 $\hat{f}_{\rm LW}(x)$ 在 Besov 球 $B_{p.q}^s$ 中 $\hat{f}_{\rm LW}(x)$ 的 L_p 收敛速度, 得到了如下结果.

定理 2.8.1　设 $\phi(\cdot)$ 是 t 正则的 MRA 对应的紧支撑尺度函数, 则

$$\sup_{f\in B_{p.q}^s}E(\|\hat{f}_{\rm LW}-f\|_p^p)=O\left(n^{-\frac{ps}{2s+1}}\right),$$

其中 $1\leqslant p,q\leqslant\infty$, $0<s<t$ 使得 $sp>1$.

定理 2.8.1 在很大程度上推广了式 (2.8.10), 因为 W_2^s 只是 $B_{p,q}^s$ 当 $p=q=2$ 时的特殊情形.

Kerkyacharian 和 Picard(1993) 证明了: 如果空间 V 中的 L_p 最小最大风险为 $n^{-s/(2s+1)}$, 则 V 只能是 Besov 空间 $B_{p,\infty}^s$ 中的球. L_p 最小最大风险是指:

$$R_n(V,p)=\inf_{\hat{f}}\sup_{f\in V}[E(\|\hat{f}-f\|_p^p)]^{1/p},$$

其中 $\hat{f}$ 为 f 的任一估计量. 函数 f 的某一估计 $\hat{f}$ 达到了最优收敛阶是指

$$\sup_{f\in V}[E(\|\hat{f}-f\|_p^p)]^{1/p}\sim R_n(V,p).$$

Donoho 等 (1996) 考虑了非匹配情形: 即当 $f(x)$ 属于 L_p 可积的 Besov 空间 $B_{p,q}^s$ 时, 估计量的 $L_{p'}$ 风险, 其中 p' 和 p 不必相等.

定理 2.8.2 设 $\phi(\cdot)$ 是 t 正则的 MRA 对应的紧支撑尺度函数, $f \in B^s_{p,q}$, 其中 $1 \leqslant p,q \leqslant \infty$, $p' \geqslant p$, $1 \leqslant p' < \infty$, $0 < s < t$ 使得 $sp > 1$, 则对 $2^j \sim n^{1/(2s'+1)}$, 有

$$\sup_{f\in \tilde{B}^s_{p,q}(M)} [E(\|\hat{f}_{\mathrm{LW}} - f\|^{p'}_{p'})]^{1/p'} = O\left(n^{-\frac{s'}{2s'+1}}\right),$$

其中 $\tilde{B}^s_{p,q}(M) = \{f : \|f\|_{B^s_{p,q}} \leqslant M\text{且}f\text{具有紧支撑}\}$, $s' = s - 1/p + 1/p'$.

下面的定理给出了任一估计量 $\hat{f}(x)$ 收敛于 $f(x)$ 的 L_p 速度的下界.

定理 2.8.3 设 $1 \leqslant p,q \leqslant \infty$, $p' \geqslant p$, $sp > 1$, 则存在常数 c_1, 使得

$$R_n(B^s_{p,q}; p') \geqslant \begin{cases} c_1 n^{-\frac{s}{2s+1}}, & p' < p(2s+1), \\ c_1 \left(\dfrac{\log n}{n}\right)^{\frac{s'}{2(s-1/p)+1}}, & p' \geqslant p(2s+1), \end{cases}$$

由于 $n^{-\frac{s'}{2s'+1}} \geqslant n^{-\frac{s}{2s+1}}$, 故当 $p' = p$ 时, 线性小波密度估计 $\hat{f}_{\mathrm{LW}}(x)$ 达到了最优收敛速度 $O(n^{-\frac{s}{2s+1}})$. 当 $p' > p$ 时, $\hat{f}_{\mathrm{LW}}(x)$ 达不到最优收敛速度. 因此, Donoho 等 (1996) 构造了密度函数的非线性小波估计.

例 2.8.1 设总体 X 服从正态分布 $N(0, 0.5^2)$, $X_1, \cdots, X_{60}$ 是来自 X 的一个样本, 试计算密度函数 $f(x)$ 的小波和核估计.

解 采用 Haar 小波 $\phi(x) = I(0 \leqslant x < 1)$ 和 Gaussian 核, 并用 2.3.3 小节给出的交叉验证方法选择 j 和带宽 h_n. 进行 500 次运行, $f(x)$ 的估计是 500 次运行结果的平均值, 其结果展示在图 2.8.1 中.

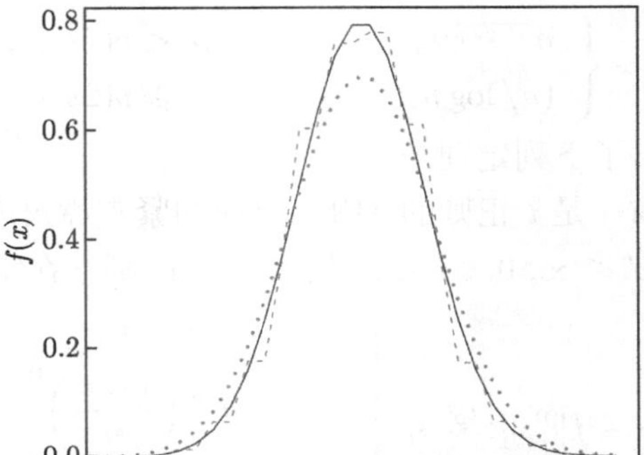

图 2.8.1 真曲线 $f(x)$(实线) 及其估计的曲线, 其中虚线是小波估计, 点线核估计

图 2.8.1 给出的小波和核估计曲线都接近真实曲线. 从图 2.8.1 可以看出, $f(x)$ 的核估计曲线光滑, 但小波估计曲线不光滑, 这是因为使用 Haar 小波不太理想的缘故. 但目前我们还没有找到满足定理条件的其他小波标准正交基, 这是一个需要进一步研究的问题.

2.8.3 非线性小波密度估计

设 $\phi(x)$ 和 $\psi(x)$ 分别为尺度函数和由 $L_2(\mathbf{R})$ 的正交多分辨率分解产生的小波，则对 $L_2(\mathbf{R})$ 中的密度函数 $f(x)$ 有下列表达式:

$$f(x)=\sum_{k\in\mathbf{Z}}a_{j_0k}\phi_{j_0k}(x)+\sum_{j\geqslant j_0}\sum_{k\in\mathbf{Z}}b_{jk}\psi_{jk}(x), \tag{2.8.12}$$

其中 $\phi_{j_0k}(x)=2^{j_0/2}\phi(2^{j_0}x-k)$, $\psi_{jk}(x)=2^{j/2}\psi(2^jx-k)$, 且系数 a_{j_0k} 和 b_{jk} 具有形式

$$a_{j_0k}=\langle f,\phi_{j_0k}\rangle,\quad b_{jk}=\langle f,\psi_{jk}\rangle,$$

如果系数 a_{j_0k} 和 b_{jk} 的估计量取为

$$\hat{a}_{j_0k}=\frac{1}{n}\sum_{i=1}^n\phi_{j_0k}(X_i),\qquad \hat{b}_{jk}=\frac{1}{n}\sum_{i=1}^n\psi_{jk}(X_i),$$

则 $f(x)$ 的非线性小波估计定义为

$$\hat{f}_{\mathrm{NLW}}(x)=\sum_{k\in\mathbf{Z}}\hat{a}_{j_0k}\phi_{j_0k}(x)+\sum_{j=j_0}^{j_1-1}\sum_{k\in\mathbf{Z}}\hat{b}_{jk}I(|\hat{b}_{jk}|>\delta)\psi_{jk}(x), \tag{2.8.13}$$

其中 $\delta=c\sqrt{\log n}n^{-1/2}$ 是一个 "门限", c 为常数. 取

$$2^{j_0}\sim\begin{cases}[n(\log n)^{(p'-p)/p}]^{\frac{1}{2s+1}}, & p'<p(2s+1),\\ n^{\frac{1-2/p'}{2(s-1/p)+1}}, & p'\geqslant p(2s+1),\end{cases}$$

$$2^{j_1}\sim\begin{cases}n^{\frac{s}{s'(2s+1)}}, & p'<p(2s+1),\\ (n/\log n)^{\frac{1}{2(s-1/p)+1}}, & p'\geqslant p(2s+1).\end{cases}$$

Donoho 等 (1996) 给出了下列定理.

定理 2.8.4 设 $\phi(\cdot)$ 是 t 正则的 MRA 对应的紧支撑尺度函数, $f\in B_{p,q}^s$, 其中 $1\leqslant p,q\leqslant\infty$, $p\wedge1\leqslant p'\leqslant\infty$, $0<s<t$ 使得 $sp>1$, 则存在常数 c_2, 使得

$$\sup_{f\in\tilde{B}_{p,q}^s(M)}[E(\|\hat{f}_{\mathrm{NLW}}-f\|_{p'}^{p'})]^{1/p'}\leqslant\begin{cases}c_2(\log n)^\beta n^{-\frac{s}{2s+1}}, & p'<p(2s+1),\\ c_2(\log n)^\theta\left(\dfrac{\log n}{n}\right)^\alpha, & p'=p(2s+1),\\ c_2\left(\dfrac{\log n}{n}\right)^\alpha, & p'>p(2s+1),\end{cases}$$

其中 $\alpha=\dfrac{s'}{2(s-1/p)+1}$, $\beta=\dfrac{p'-p}{2p(2s+1)}$, $\theta=\left(\dfrac{1}{2}-\dfrac{p}{qp'}\right)_+$.

由定理 2.8.3 和定理 2.8.4 可知, 非线性小波估计量 $\hat{f}_{\mathrm{NLW}}(x)$ 在 $p'>p(2s+1)$ 时是最优的. Delyon 和 Juditsky(1996) 通过选取恰当的门限 δ 构造了新的非线性小波密度估计, 它在 $p'<p(2s+1)$ 时达到了最优 L_p 收敛速度.

2.8.4 小波逆卷积密度估计

设 X 和 ε 是独立的随机变量, 且分别具有密度函数 $f(\cdot)$ 和 $q(\cdot)$, 其中 $f(\cdot)$ 未知, $q(\cdot)$ 已知. 假定 X 具有测量误差 ε, 即有随机变量 Y, 使得 $Y=X+\varepsilon$, 那么人们只能观测到 Y 的样本:

$$Y_i = X_i + \varepsilon_i, \quad i=1,\cdots,n. \tag{2.8.14}$$

我们的目的是估计密度函数 $f(x)$. 此时 Y 的密度函数 $p(x)$ 是 $f(\cdot)$ 和 $q(\cdot)$ 的卷积, 即

$$p(y) = \int_{-\infty}^{\infty} q(y-x)f(x)\mathrm{d}x. \tag{2.8.15}$$

因此, 估计 (2.8.15) 中 $f(x)$ 的问题称为逆卷积问题. 利用式 (2.8.12), 我们需要构造系数 a_{j_0k} 和 b_{jk} 的估计. 设 P 是具有支撑 $[-\pi/3,\pi/3]$ 的概率测度. 定义尺度函数 $\phi(x)$ 和小波函数 $\psi(x)$ 的 Fourier 变换分别为

$$\tilde{\phi}(\omega) = \left[\int_{\omega-\pi}^{\omega+\pi}\mathrm{d}P\right]^{1/2},$$

$$\tilde{\psi}(\omega) = \exp(-\mathrm{i}\omega/2)\left[\int_{|\omega|/2-\pi}^{|\omega|-\pi}\mathrm{d}P\right]^{1/2},$$

则 $\tilde{\phi}(\omega)$ 和 $\tilde{\psi}(\omega)$ 具有有界支撑: $\mathrm{supp}(\tilde{\phi}) \subset [-4\pi/3, 4\pi/3]$, $\mathrm{supp}(\tilde{\psi}) \subset \Omega_1 \cup \Omega_2$, 其中

$$\Omega_1 = [-8\pi/3, -2\pi/3], \qquad \Omega_2 = [2\pi/3, 8\pi/3].$$

此外, 如果 $|\omega| < 2\pi/3$, 则 $\tilde{\phi}(\omega)=1$. 为确保当 $|x|\to\infty$ 时 $\phi(x)$ 和 $\psi(x)$ 有充分的下降速度, 我们选择光滑的 P, 使得 $\tilde{\phi}(\omega)$ 和 $\tilde{\psi}(\omega)$ 在 $\mathbf{R}$ 上是 $s\geqslant 2$ 次连续可微的. 因为 $\tilde{\phi}(\omega)$ 和 $\tilde{\psi}(\omega)$ 具有有界支撑, 这就推得

$$C_\phi = \sup_x[|\phi(x)|(|x|^s+1)] < \infty,$$

$$C_\psi = \sup_x[|\psi(x)|(|x|^s+1)] < \infty.$$

系数 a_{j_0k} 和 b_{jk} 可以分别看作 $u_{jk}(X)$ 和 $v_{jk}(X)$ 的数学期望, 即

$$a_{j_0k} = \int_{-\infty}^{\infty} u_{j_0k}(y)p(y)\mathrm{d}y,$$

$$b_{jk} = \int_{-\infty}^{\infty} v_{jk}(y)p(y)\mathrm{d}y.$$

假定 $u_{j_0k}(y)$ 和 $v_{jk}(y)$ 是下列方程的解:

$$\int_{-\infty}^{\infty} q(y-x)u_{j_0k}(y)\mathrm{d}y = \phi_{j_0k}(x),$$

$$\int_{-\infty}^{\infty} q(y-x)v_{jk}(y)\mathrm{d}y = \psi_{jk}(x).$$

取双边 Fourier 变换可得

$$u_{j_0k}(y) = 2^{j_0/2}U_{j_0}(2^{j_0}y - k), \quad v_{jk}(y) = 2^{j/2}V_j(2^j y - k),$$

其中 $U_{j_0}(\cdot)$ 和 $V_j(\cdot)$ 分别是函数

$$\tilde{U}_{j_0}(\omega) = \frac{\tilde{\phi}(\omega)}{\tilde{q}(-2^{j_0}\omega)} \text{ 和 } \tilde{V}_j(\omega) = \frac{\tilde{\psi}(\omega)}{\tilde{q}(-2^j\omega)}$$

的逆 Fourier 逆变换, $\tilde{q}(\cdot)$ 是函数 $q(\cdot)$ 的 Fourier 逆变换.

Pensky 和 Vidakovic(1999) 构造了密度函数的线性和非线性小波估计量, 他们用

$$\hat{a}^*_{j_0k} = \frac{1}{n}\sum_{i=1}^{n} 2^{j_0/2}U_{j_0}(2^{j_0}Y_i - k),$$

$$\hat{b}^*_{jk} = \frac{1}{n}\sum_{i=1}^{n} 2^{j/2}V_j(2^jY_i - k)$$

估计系数 a_{j_0k} 和 b_{jk}. 去掉式 (2.8.12) 右边的第二项, 定义 $f(x)$ 线性小波估计为

$$\hat{f}^*_{\text{LW}}(x) = \sum_{k\in\mathbf{Z}} \hat{a}^*_{j_0k}\phi_{j_0k}(x). \tag{2.8.16}$$

根据式 (2.8.12) 也可定义 $f(x)$ 的非线性小波估计:

$$\hat{f}^*_{\text{NLW}}(x) = \sum_{k\in\mathbf{Z}} \hat{a}^*_{j_0k}\phi_{j_0k}(x) + \sum_{j=j_0}^{j_0+r}\left[\sum_{k\in\mathbf{Z}} \hat{b}_{jk}\psi_{jk}(x)\right] I\left(\sum_{k\in\mathbf{Z}} \hat{b}^2_{jk} > \delta^2_{jn}\right). \tag{2.8.17}$$

为了研究估计量 $\hat{f}^*_{\text{LW}}(x)$ 和 $\hat{f}^*_{\text{NLW}}(x)$ 的渐近性质, 我们假定密度 $f(x)$ 属于下列函数类:

$$\mathcal{H}_s(A_s) = \{f : f \in W_2^s, \|f\|_{W_2^s} \leqslant A_s, s > 0\},$$

其中 $\|f\|_{W_2^s}$ 是 Sobolev 空间 W_2^s 中的范数, 即

$$\|f\|_{W_2^s} = \left[\int_{-\infty}^{\infty} |f^*(\omega)|^2(\omega^2+1)^s \mathrm{d}\omega\right]^{1/2} < \infty,$$

$f^*(\cdot)$ 是 $f(\cdot)$ 的特征函数. 下列定理建立了线性小波估计 (2.8.16) 在 $\mathcal{H}_s(A_s)$ 上 MISE 的一致上界.

定理 2.8.5 如果 $|\tilde{q}(\omega)| \geqslant A_0(\omega^2+1)^{-\gamma/2}\exp(-B|\omega|^\beta)$, 且取

$$2^{j_0} \sim \begin{cases} n^{\frac{1}{2s+2\gamma+1}}, & B = 0, \\ \left[\left(2B\left(\dfrac{4\pi}{3}\right)^\beta + \varLambda\right)^{-1} \log n\right]^{1/\beta}, & B > 0, \end{cases}$$

其中 $\Lambda > 0$, 则

$$\sup_{f\in\mathcal{H}_s(A_s)} E(\|\hat{f}_{\mathrm{LW}} - f\|_2^2) = \begin{cases} O\left(n^{-\frac{2s}{2s+2\gamma+1}}\right), & B = 0, \\ O\left((\log n)^{-\frac{2s}{\beta}}\right), & B > 0, \end{cases}$$

可以看出, 定理 2.8.5 给出的收敛速度与 Fan(1993) 给出的最优收敛速度一致. 此外, 在 $\tilde{q}(\omega)$ 指数下降的情况下, 线性小波估计是自适应的, 即参数 j_0 的选择不依赖于密度 $f(x)$ 的未知光滑度 s. 然而, 在多项式下降的情况下, 估计量 (2.8.16) 在 s 未知时无法提供最优收敛速度. 非线性小波估计量 (2.8.17) 恰好克服了这个困难. Pensky 和 Vidakovic(1999) 获得了下面的定理.

定理 2.8.6 如果 $|\tilde{q}(\omega)| \geqslant A_0(\omega^2+1)^{-\gamma/2}$, 取 $j_0 = (2+\varepsilon)\log_2(\ln n)$, $\varepsilon > 0$, $j_0 + r = (2\gamma+1)^{-1}\log_2 n$, $\delta_{jn} = 2^{j(\gamma+0.5)}\delta_n$. 如果 $\delta_n = \delta_0 n^{-1/2}$, $\delta_0 \geqslant 2\sqrt{2}K_2$, $\Delta_4(j)/\Delta_2^2(j) \leqslant C_0$, 则

$$\sup_{f\in\mathcal{H}_s(A_s)} E(\|\hat{f}_{\mathrm{NLW}} - f\|_2^2) = O\left(n^{-\frac{2s}{2s+2\gamma+1}}\right),$$

其中 K_2 和 C_0 都是绝对常数,

$$\Delta_k(j) = \int_{-\infty}^{\infty} |\tilde{\psi}(\omega)|^k |\tilde{q}(2^j\omega)|^{-k} \mathrm{d}\omega, \quad k = 2, 4.$$

我们对定理 2.8.6 作如下理解. 如果 s 的值是已知的, 则在线性估计量 (2.8.16) 中 j_0 的最好选择是 $j_{0,\mathrm{opt}} \sim (2s+2\gamma+1)^{-1}\log_2 n$. 因为 s 是未知的, 我们仅能告诉对任何 λ, j_0 的最优值位于 $\lambda\log_2(\ln n)$ 和 $(2\gamma+1)^{-1}\log_2 n$ 之间. 因此, 我们构造非线性估计量 (2.8.17), 其中 $j_0 = (2+\epsilon)\log_2(\ln n)$, 它小于最优值 $j_{0,\mathrm{opt}}$ 和 $j_0 + r = (2\gamma+1)^{-1}\log_2 n$. 为做到这一点, 我们包含 $j \leqslant (2+\epsilon)\log_2(\ln n)$ 的所有项, 且排除 $j > (2\gamma+1)^{-1}\log_2 n$ 的所有项. 如果 $\sum\limits_{k\in\mathbf{Z}} \hat{b}_{jk}^2 \geqslant \delta_{jk}^2$, 则包含 $(2+\epsilon)\log_2(\ln n) < j \leqslant (2\gamma+1)^{-1}\log_2 n$ 的项, 其中 $\delta_{jk}^2 \sim n^{-1}\sum\limits_{k\in\mathbf{Z}} \mathrm{var}(\hat{b}_{jk})$. 它能够仅包含方差不超过 $O(n^{-2s/(2s+2\gamma+1)})$ 的项, 且确保最优收敛速度. 注意到对于 n 的有限值, 为了使 $j_0 < j_{0,\mathrm{opt}}$, ε 的值应不大, 即 $\varepsilon < \varepsilon_0$, 其中 ε_0 是预先选定的.

最后指出, Pensky 和 Vidakovic(1999) 对估计量 (2.8.16) 和 (2.8.17) 进行了改良, 在 $f(x)$ 超光滑的情形下, 改良后的估计达到了最优收敛速度. 这里不再赘述.

2.8.5 删失数据下小波密度估计

设 $X_1, \cdots, X_n$ 是 iid 随机变量, 具有连续的分布函数 $F(x)$ 和密度函数 $f(x)$, 称 $F(x)$ 为生存时间分布. 又设 $C_1 \cdots, C_n$ iid, 具有连续的分布函数 $G(y)$, 称 $G(y)$ 为删

失时间分布. 假设 $\{X_i, 1 \leqslant i \leqslant n\}$ 和 $\{C_i, 1 \leqslant i \leqslant n\}$ 相互独立. 在随机右删失模型中, 我们仅能观测到 (Z_i, Δ_i), $i = 1, \cdots, n$, 其中 $Z_i = \min(X_i, C_i)$, $\Delta_i = I(X_i \leqslant C_i)$, $i = 1, \cdots, n$, $I(A)$ 表示 A 的示性函数. 显然, $Z_1, \cdots, Z_n$ iid, 具有连续的分布函数 $H(z) = 1 - [1 - F(z)][1 - G(z)]$. 基于删失数据, Xue(2004) 利用小波光滑方法构造了 $f(x)$ 的估计, 并研究了所提出的估计量的渐近性质.

设 $\phi(x)$ 是多分辨率分析 $\{V_j, j \in \mathbf{Z}\}$ 的尺度函数, 当 $G(\cdot)$ 已知时, 定义 $f(x)$ 的小波估计为

$$f_n(x) = \frac{1}{n} \sum_{i=1}^{n} \frac{2^j K(2^j x, 2^j Z_i) \Delta_i}{1 - G(Z_i)}, \tag{2.8.18}$$

其中 $K(\cdot, \cdot)$ 如式 (2.8.8) 定义, $j = j_n$ 是仅依赖于 n 的正整数.

当 $G(\cdot)$ 未知时, 我们使用 $G(\cdot)$ 的 Kaplan-Meier 估计 (Kaplan and Meier, 1958), 即

$$\hat{G}(x) = \begin{cases} 1 - \prod\limits_{Z(i) \leqslant x} \left(\dfrac{n-i}{n-i+1} \right)^{I(\Delta_{(i)}=0)}, & x \leqslant Z_{(n)}, \\ 1, & x > Z_{(n)}, \end{cases}$$

其中 $Z_{(1)} \leqslant Z_{(2)} \leqslant \cdots \leqslant Z_{(n)}$ 是 $Z_1, \cdots, Z_n$ 的次序统计量, $\Delta_{(i)}$ 是相应的 Δ_i. 用 $\hat{G}(\cdot)$ 代替式 (2.8.18) 中的 $G(\cdot)$, 我们可以得到 $f(x)$ 的小波估计量

$$\hat{f}_{\mathrm{CW}}(x) = \frac{1}{n} \sum_{i=1}^{n} \frac{2^j K(2^j x, 2^j Z_i) \Delta_i}{1 - \hat{G}(Z_i)}. \tag{2.8.19}$$

为研究 $\hat{f}_{\mathrm{CW}}(x)$ 的渐近性质, 首先给出下面三个条件:

(B2.8.1) 存在正的常数 a 和 c, 使得

$$\mathrm{supp}\phi(x) \subset [-a, a], \quad \sup_x |\phi(x)| \leqslant c, \quad \int_{-\infty}^{\infty} \phi(x) \mathrm{d}x = 1;$$

(B2.8.2) $\phi(\cdot)$ 是 H^t(Hölder 空间) 中的函数, 前 t 阶的每个导函数快速减少;

(B2.8.3) 序列 $\{\phi(x-k), k \in \mathbf{Z}\}$ 是 $L_2(\mathbf{R})$ 的正交族, V_0 是其张成的子空间.

基于上述三个条件, Watler(1994) 证明了由式 (2.8.8) 定义的函数 $K(x, u)$ 具有下列性质.

命题 2.8.1 在条件 (B2.8.1)~(B2.8.3) 下, 下面三个陈述成立:

(i) 存在正的常数 c, 使得 $|K(x, u)| \leqslant c$;

(ii) 当 $|x - u| \geqslant 2a$ 时, $K(x, u) = 0$, 且

$$\int_{-\infty}^{\infty} K(x, u) \mathrm{d}u = \sum_{k \in \mathbf{Z}} \phi(x - k) = 1;$$

(iii) 对每个正整数 $\nu \leqslant r$, 有

$$\int_{-\infty}^{\infty} K(x,u)(x-u)^{\nu}\mathrm{d}u = 0.$$

在实际问题中, 人们不仅关心 $f_n(x)$ 和 $\hat{f}_{\mathrm{CW}}(x)$ 的渐近分布, 而且关心 $f_n(x)$ 或 $\hat{f}_{\mathrm{CW}}(x)$ 趋于极限分布的速度. 下列定理回答了这个问题.

定理 2.8.7 设尺度函数 $\phi(\cdot)$ 满足条件 (B2.8.1)~(B2.8.3), 且对 $k \geqslant 1$,

$$\int_{-\infty}^{\infty} \phi^2(u)\cos 2k\pi(2^j x + u)\mathrm{d}u = 0.$$

又设 $f(x)$ 在 x 的某个邻域内具有连续的 r 阶导数, $f(x) > 0$, 其中 $x < \tau_H = \inf\{u : H(u) = 1\}$, $G(\cdot)$ 满足一阶 Lipschitz 条件. 如果当 $n \to \infty$ 时, $j \to \infty$, $n2^{-j}/\log n \to \infty$, 则

$$\sup_y \left|P\left\{\sqrt{n2^{-j}}[f_n(x) - f(x)] \leqslant y\right\} - \varPhi\big(y/\sigma(x)\big)\right| = O(a_n), \quad \text{a.s.},$$

$$\sup_y \left|P\left\{\sqrt{n2^{-j}}[\hat{f}_{\mathrm{CW}}(x) - f(x)] \leqslant y\right\} - \varPhi\big(y/\sigma(x)\big)\right| = O(b_n), \quad \text{a.s.},$$

其中 $\sigma^2(x) = f(x)/[1 - G(x)]$, $\varPhi(\cdot)$ 表示标准正态分布函数, $a_n = (n2^{-j})^{-1/2} + 2^{-j}$, $b_n = (n2^{-j})^{-1/2} + 2^{-j}\sqrt{\log n} + \big(n2^{-(2r+1)j}\big)^{1/2}$.

需要指出, 当 $f(\cdot)$ 和 $G(\cdot)$ 未知时, $\sigma^2(x)$ 是未知的. 因此, 定理 2.8.7 不能用于统计推断, 如大样本区间估计和假设检验. 为了模拟 $T_n(x) = \sqrt{n2^{-j}}[\hat{f}_{\mathrm{CW}}(x) - f(x)]$ 的分布, 我们使用随机加权方法. 选取 iid 随机变量序列 $w_1, w_2, \cdots$, 满足条件: (B2.8.4) $E(w_1) = 1$, $\mathrm{var}(w_1) = 1$, $E|w_1|^3 < \infty$, $\{w_i\}$ 与 $\{(Z_i, \varDelta_i)\}$ 独立.

因此, 定义 $\hat{f}_{\mathrm{CW}}(x)$ 的随机加权估计量

$$\hat{f}_{\mathrm{RW}}(x) = \frac{1}{n}\sum_{i=1}^{n} \frac{K_j(x, Z_i)\varDelta_i w_i}{1 - G_n(Z_i)}. \tag{2.8.20}$$

记 $T_n^*(x) = \sqrt{n2^{-j}}[\hat{f}_{\mathrm{RW}}(x) - \hat{f}_{\mathrm{CW}}(x)]$. 我们用 $T_n^*(x)$ 的分布逼近 $T_n(x)$ 的分布, 得到了最优的逼近速度, 即有下述定理.

定理 2.8.8 设条件 (B2.8.1)~(B2.8.4) 成立, 则

$$\sup_y \left|P\{T_n^*(x) \leqslant y\} - \varPhi\big(y/\sigma(x)\big)\right| = O(p_n), \quad \text{a.s.},$$

$$\sup_y \left|P\{T_n(x) \leqslant y\} - P^*\{T_n^* \leqslant y\}\right| = O(q_n), \quad \text{a.s.},$$

其中 $p_n = (n2^{-j}/\log n)^{-1/2} + 2^{-j}$, $q_n = (n2^{-j}/\log n)^{-1/2} + 2^{-j}\sqrt{\log n} + \big(n2^{-(2r+1)j}\big)^{1/2}$, P^* 表示给定 $(Z_1, \varDelta_1), \cdots, (Z_n, \varDelta_n)$ 下的条件概率.

推论 2.8.1 设定理 2.8.8 的条件成立. 如果 $r=2$, 则当 $2^j=O(n^{1/3})$ 时,

$$\sup_y \left|P\{T_n(x)\leqslant y\}-P^*\{T_n^*(x)\leqslant y\}\right|=O\left(n^{-1/3}\sqrt{\log n}\right),\quad \text{a.s..}$$

为利用推论 2.8.1 构造 $f(x)$ 的置信区间, 我们需要计算 $T_n(x)$ 的分位数 u_α, 其中 u_α 满足 $P\{T_n(x)\leqslant u_\alpha\}=1-\alpha$. 然而, 由于 $T_n(x)$ 的分布中有未知量, 我们无法得到 u_α 的值, 因此需要用它的估计值 $\hat{u}_\alpha$ 来代替, 其中 $\hat{u}_\alpha$ 满足

$$P^*\{T_n^*(x)\leqslant \hat{u}_\alpha\}=1-\alpha.$$

于是, $f(x)$ 的 $1-\alpha$ 单边置信区间为

$$\hat{I}(x)=\left[\hat{f}_{\mathrm{CW}}(x)-\hat{u}_\alpha(n2^{-j})^{-1/2},\ \infty\right).$$

$f(x)$ 的 $1-\alpha$ 双边置信区间为

$$\hat{J}(x)=\left[\hat{f}_{\mathrm{CW}}(x)-\hat{u}_{\alpha/2}(n2^{-j})^{-1/2},\ \hat{f}_{\mathrm{CW}}(x)+\hat{u}_{\alpha/2}(n2^{-j})^{-1/2}\right].$$

区间 $\hat{I}(x)$ 和 $\hat{J}(x)$ 有近似覆盖概率 $1-\alpha$, 精确的覆盖概率为

$$P\{f\in\hat{I}(x)\}=P\{T_n^*(x)\leqslant\hat{u}_\alpha\}=1-\alpha+O\left(n^{-1/3}\sqrt{\log n}\right),$$
$$P\{f\in\hat{J}(x)\}=P\{|T_n^*(x)|\leqslant\hat{u}_{\alpha/2}\}=1-\alpha+O\left(n^{-1/3}\sqrt{\log n}\right).$$

2.8.6 相关文献及成果注记

Antoniadis 和 Carmona(1991) 使用多分辨率分析和小波函数正交基的思想, 在给定的 Sobolev 空间上构造了密度函数的估计量, 证明了估计量的收敛速度等于最优的最小最大收敛速度. Diggle 和 Hall(1993) 研究密度估计的非参数逆卷积的 Fourier 方法, 得到了 MISE, 并利用这个公式给出了由数据选择截断 Fourier 逆的截断点的简单易行的方法. Masry(1994) 使用小波正交基研究了平稳混合过程的密度估计问题, 对 Sobolev 空间中的函数, 他们得到了估计量的 MISE 的渐近表达式. Hall 和 Patil(1995) 提供了非线性小波密度估计的 MISE 的一个渐近公式. Wu(1996) 证明了多尺度小波密度估计的渐近正态性. Penev 和 Dechevsky(1997) 提出了一个非负的小波密度估计量, 并研究了它的渐近最优的最小最大速度. Vannucci 和 Vidakovic(1997) 考虑了在构造小波密度估计中选择基函数的数目问题, 他们提出了一个小波估计的粗糙测度, 建立了确定包含在估计量中的水平数的数据驱动方法. Antoniadis 和 Grégoire(1999) 在随机右删失数据下提出了密度和风险率函数的估计方法, 证明了所提出的估计量具有逐点和全局的均方相合性, 得到了最优的渐近 MISE 收敛速度以及渐近正态性. Fan 和 Koo(2002) 使用小波研究了最优逆卷积密度估计问题. 他们采取的方法在密度估计的更一般情形下可以考虑正交级数估计. 基于估计的小波系数门限, 他们研究了估计量的渐近性质, 并在积分平方损失下

研究了最小最大收敛速度. Chaubey 和 Doosti(2005) 对相关随机变量序列, 基于小波方法提出了一个密度函数的导数的估计方法, 获得了所构造的估计量的 L_p 损失的上界. 随后, Chaubey 等 (2006) 对相关随机变量序列得到了类似的结果. Willett 和 Nowak(2007) 对广泛的一类密度函数提出了多尺度密度估计, 其估计量接近最小最大收敛速度. Rao(2010) 基于来自可变混合比的有限混合分量的样本提出了密度函数的导数的线性小波估计量, 得到了这样的估计量的 L_2 和 $L\infty$ 损失的上界. Shirazi 等 (2012) 在随机右删失数据下提出了利用块门限估计密度函数导数的小波方法, 他们对提出的估计量在 Besov 函数类的大范围内找到了 L_2 损失的界.

2.9 密度估计的自助法和随机加权法

2.9.1 密度估计的自助法

设 $X_1,\cdots,X_n$ 是来自分布 $F(x)$ 的样本, $F_n(x)$ 为其分布函数. 从 $F_n(x)$ 中抽取样本 $X_1^*,\cdots,X_n^*$. 利用该样本可以构造 $f(x)$ 的自助 (bootstrap) 核估计

$$\hat{f}_{\mathrm{K}}^*(x)=\frac{1}{nh_n}\sum_{i=1}^{n}K\left(\frac{X_i^*-x}{h_n}\right), \tag{2.9.1}$$

其中 $K(\cdot)$ 是核函数, $h=h_n>0$ 是带宽.

利用估计量 $\hat{f}_{\mathrm{K}}^*(x)$ 和式 (2.3.2) 中的核估计量 $\hat{f}_{\mathrm{K}}(x)$, 定义统计量

$$\begin{aligned} S_n^*(x)&=\sqrt{nh_n}[\hat{f}_{\mathrm{K}}^*(x)-\hat{f}_{\mathrm{K}}(x)],\\ S_n(x)&=\sqrt{nh_n}[\hat{f}_{\mathrm{K}}(x)-f(x)]. \end{aligned} \tag{2.9.2}$$

仿照定理 2.3.7 的证明方法, 在适当的条件下可以证明

$$\sup_z|P^*\{S_n^*(x)\leqslant z\}-P\{S_n(x)\leqslant z\}|\longrightarrow 0,\quad \text{a.s.},$$

其中 $P^*(\cdot)$ 表示给定 $X_1,\cdots,X_n$ 下的条件概率. 上述结果的证明可参见 Hall(1992). 利用上述结果可以构造 $f(x)$ 的一个近似的 $1-\alpha$ 置信区间

$$\hat{f}_{\mathrm{K}}(x)\pm u_{1-\alpha/2}^*(nh_n)^{-1/2}, \tag{2.9.3}$$

其中 $u_{1-\alpha/2}^*$ 由 $P^*\{S_n^*(x)\leqslant u_{1-\alpha/2}^*\}=1-\alpha/2$ 确定, $0<\alpha<1$. 上述结果也可以构造 $f(x)$ 的近似的 $1-\alpha$ 单侧置信区间.

2.9.2 密度估计的随机加权法

随机加权法是与自助法平行的方法, 它也可以用来构造回归函数的置信区间. 该法由郑忠国 (1987) 首先提出. 随后, 郑忠国和涂冬生 (1988) 将它成功应用到了

线性模型之中. 他们用随机加权统计量的分布逼近原估计量的误差分布. 在利用分布的渐近展开的基础上, 证明了随机加权逼近比通常的正态逼近更精确. 薛留根与谷震离和郑忠国 (2000) 利用随机加权法的思想, 构造了密度函数的随机加权统计量, 并讨论了随机加权逼近的精度. 下面我们介绍这种思想.

设随机向量 $V_1,\cdots,V_n$ 的联合分布为 Dirichlet 分布 $D(1,\cdots,1)$, 即它满足 $V_1+\cdots+V_n=1$, 且 $(V_1,\cdots,V_{n-1})$ 的联合密度函数为

$$f(x_1,\cdots,x_{n-1})=\Gamma(n),\quad (x_1,\cdots,x_{n-1})\in U_{n-1},$$

其中 $U_{n-1}=\left\{(x_1,\cdots,x_{n-1}):x_i\geqslant 0,\sum_{i=1}^{n-1}x_i\leqslant 1\right\}$. 定义 $\hat f_{\mathrm K}(x)$ 的随机加权核估计

$$\hat f_{\mathrm{RW}}(x)=\frac{1}{h_n}\sum_{i=1}^{n}V_iK\left(\frac{X_i-x}{h_n}\right),\tag{2.9.4}$$

由此可定义统计量

$$R_n(x)=\sqrt{nh_n}[\hat f_{\mathrm{RW}}(x)-\hat f_{\mathrm K}(x)],$$

其中 $\hat f_{\mathrm K}(x)$ 为由式 (2.3.2) 定义的密度核估计量. 我们用 R_n 的分布来模拟式 (2.9.2) 中 S_n 的分布, 即有下述结果.

定理 2.9.1　设 $f(x)$ 在 $\mathbf R$ 上具有连续的二阶导数, 核 $K(\cdot)$ 是 $\mathbf R$ 上的有界概率密度函数, 且 $\int_{-\infty}^{\infty}u^2K(u)<\infty$. 如果取 $h_n=n^{-1/4}(\log n)^{1/8}$, 则对几乎所有的样本序列 $X_1,X_2,\cdots$, 有

$$\sup_z|P^*\{R_n(x)\leqslant z\}-P\{S_n(x)\leqslant z\}|\longrightarrow o\left(n^{-1/3}(\log n)^{5/12}C_n\right),\quad \text{a.s.},$$

其中正数序列 C_n 是以任意慢的速度趋于无穷大.

定理 2.9.1 的证明可参见薛留根等 (2000), 这里省略. 利用定理 2.9.1 可以构造 $f(x)$ 的一个近似的 $1-\alpha$ 置信区间

$$\hat f_{\mathrm K}(x)\pm\hat u_{1-\alpha/2}(nh_n)^{-1/2},\tag{2.9.5}$$

其中 $\hat u_{1-\alpha/2}$ 由 $P^*\{R_n(x)\leqslant\hat u_{1-\alpha/2}\}=1-\alpha/2$ 确定, $0<\alpha<1$. 上述结果也可以构造 $f(x)$ 的近似的 $1-\alpha$ 单侧置信区间. 这里不再赘述.

2.9.3　相关文献及成果注记

Faraway 和 Jhun(1990) 提出了概率密度估计的 bootstrap 带宽选择方法, 这使得构造密度函数的逐点和同时置信带成为可能. Hall(1992) 利用纠偏方法讨论了密

度估计的 bootstrap 置信区间的收敛精度. Chen(1996) 将经验似然和核方法相结合来构造密度函数的逐点置信区间. 薛留根和郑忠国 (1997) 构造了 $\hat{f}_{\mathrm{K}}(x)$ 的随机加权估计量, 并研究了它的收敛速度. Hall 和 Kang(2001) 在 bootstrap 非参数密度估计中讨论了如何利用经验选择带宽. Ho 和 Lee(2008) 构造了迭代的 bootstrap-t 置信区间.

2.10 密度函数的经验似然置信区间

Thomas 和 Grunkemeier(1975) 在研究生存概率的区间估计时首次提出了经验似然方法. 随后, Owen(1988) 用经验似然方法研究了总体均值的置信域的构造问题. 与传统的统计方法相比, 该方法具有很好的性质. 比如, 用经验似然方法构造置信域时, 既不需要估计渐近方差, 又不需要构造枢轴统计量, 所得置信域具有域不变性, 且其形状完全由数据自行确定. 因此, 许多统计学者对经验似然方法产生了浓厚兴趣. Chen(1996) 利用经验似然方法构造了密度函数的逐点置信区间, 本小节介绍这种方法.

2.10.1 朴素的经验似然置信区间

给定 $x \in \mathbf{R}$, 定义 $f(x)$ 的经验似然比函数为

$$l(f(x)) = -2\max\left\{\sum_{i=1}^{n}(nw_i):\ w_i \geqslant 0, \sum_{i=1}^{n} w_i = 1, \sum_{i=1}^{n} w_i[K_i(x) - f(x)] = 0\right\},$$

其中 $K_i(x) = h_n^{-1}K((X_i - x)/h_n)$, $i = 1, \cdots, n$, $K(\cdot)$ 是核函数, h_n 是带宽. 利用 Lagrange 乘子法可以得到

$$l(f(x)) = 2\max\sum_{i=1}^{n}\log(1 + \lambda[K_i(x) - f(x)]), \tag{2.10.1}$$

其中 λ 满足

$$\sum_{i=1}^{n}\frac{K_i(x) - f(x)}{1 + \lambda[K_i(x) - f(x)]} = 0. \tag{2.10.2}$$

我们无法得到式 (2.10.1) 和式 (2.10.2) 的解析式, 需要寻求 $l(f(x))$ 渐近表达式. 为此, 需要利用下列条件:

(A2.10.1) 在 x 的某个邻域内, $f(\cdot)$ 具有 $r(\geqslant 2)$ 阶连续的导数;

(A2.10.2) 核 $K(\cdot)$ 是定义在 $[-1,1]$ 上的有界概率密度函数, 且是 r 阶核, 即对整数 $r \geqslant 2$ 和常数 $\kappa \neq 0$,

$$\int_{-1}^{1} u^j K(u)\mathrm{d}u = 0, \quad j = 1, \cdots, r-1, \quad \int_{-1}^{1} u^r K(u)\mathrm{d}u = \kappa;$$

(A2.10.3) 带宽 h_n 满足 $h_n \to 0, nh_n/\log n \to \infty, n \to \infty$.

令 $\eta_i = K_i(x) - f(x), \omega_j = E(\eta_i^j), \bar{\eta}_j = n^{-1}\sum_{i=1}^{n}\eta_i^j, j \geqslant 1$. 利用条件 (A2.10.1)~(A2.10.3), 对 $l(f(x))$ 进行 Taylor 展开可得

$$l(f(x)) = n\bar{\eta}_2^{-1}\bar{\eta}_1^2 + O_P(nh_n(n^{-1/2} + h_n^r)^3).$$

记 $Z = \sqrt{n}(\bar{\eta}_1 - \omega_1)\omega_2^{-1/2}$, 并注意到 $\bar{\eta}_2 = \omega_2 + o_P(1)$, 可得

$$l(f(x)) = (Z + \sqrt{n}\omega_1\omega_2^{-1/2})^2 + O_P(nh_n(n^{-1/2} + h_n^r)^3). \tag{2.10.3}$$

因此, $l(f(x))$ 渐近于 χ_1^2 当且仅当 $\sqrt{n}\omega_1\omega_2^{-1/2} \to 0$. 对正整数 j, 记 $\kappa_j = \int_{-1}^{1} K^j(u)\mathrm{d}u$. 注意到

$$\omega_1 = \kappa(r!)^{-1}f^{(r)}(x)h_n^r + o(h_n^r),$$
$$\omega_2 = \kappa_2 f(x)h_n^{-1} - f^2(x) + O(h_n),$$

其中 $f^{(r)}(x)$ 是 $f(x)$ 的 r 阶导数. 于是 $l(f(x))$ 渐近于 χ_1^2 的充分条件是 $\sqrt{n}h_n^{r+1/2} \to 0$. 如果 $f^{(r)}(x) \neq 0$, 则这个条件也是必要的. 因此, $f(x)$ 的近似 $1-\alpha$ 经验似然置信区间为

$$I_\alpha = \{f(x) : l(f(x)) \leqslant c_\alpha\}, \tag{2.10.4}$$

其中 c_α 满足 $P\{\chi_1^2 \leqslant c_\alpha\} = \alpha$. 因此, 对 $f^{(r)}(x) \neq 0$ 和 r 阶核,

$$P\{f(x) \in I_\alpha\} = \alpha + o(1) \tag{2.10.5}$$

当且仅当 $h_n = o(n^{-1/(2r+1)})$. 注意到 $n^{-1/(2r+1)}$ 是通过极小化核密度估计的积分均方误差而得到的最优带宽的阶. 式 (2.10.5) 蕴涵: 为确保 I_α 对 $f(x)$ 有合理覆盖, 只有使用比通常带宽更小的带宽. 从式 (2.10.3) 可以看出, 由式 (2.10.4) 定义的 I_α 与基于正态逼近的置信区间的长度近似相同.

将 $P\{f(x) \in I_\alpha\}$ 进行 Edgeworth 展开可以得到

$$\begin{aligned} P\{f(x) \in I_\alpha\} &= P\{l(f(x)) \leqslant c_\alpha\} \\ &= \alpha - n^{-1}\left\{(n\omega_1)^2\omega_2^{-1} + \frac{1}{6}[3\omega_4\omega_2^{-2} - 2\omega_3^2\omega_2^{-3}]\right\}\sqrt{c_\alpha}\varphi(\sqrt{c_\alpha}) \\ &\quad + O(nh_n^{3r+1}h_n^{2r}) + O((nh_n)^{-1}h_n^r + (nh_n)^{-2}), \end{aligned} \tag{2.10.6}$$

其中 $\varphi(\cdot)$ 为标准正态分布的密度函数. 从式 (2.10.6) 可以看出, $f(x)$ 的覆盖误分为两项: 一项是阶 nh_n^{2r+1} 的项 $n^{-1}(n\omega_1)^2\omega_2^{-1}$, 它从偏差 ω_1 的结果可以得到. 剩余部分的阶是 $(nh_n)^{-1}$, 它在经验似然的 Edgeworth 展开式中通常是存在的.

简单的代数运算可以得到 $\omega_j = h_n^{-(j-1)} f(x)\kappa_j + O(h_n^{-(j-2)})$, $j \geqslant 2$. 定义

$$a(x) = [\kappa(r!)^{-1} f^{(r)}(x)]^2/[\kappa_2 f(x)],$$

$$b(x) = \frac{1}{6}[3\kappa_4\kappa_2^{-2} - \kappa_3^2\kappa_2^{-3}]/f(x).$$

那么式 (2.10.6) 可以重写为

$$P\{f(x) \in I_\alpha\} = \alpha - [a(x)nh_n^{2r+1} + b(x)(nh_n)^{-1}]\sqrt{c_\alpha}\varphi(\sqrt{c_\alpha}) + o(nh_n^{2r+1} + (nh_n)^{-1}). \quad (2.10.7)$$

因此, 如果 $f^{(r)}(x) \neq 0$, 那么极小化式 (2.10.7) 中的二阶项可得最优带宽:

$$h_n = (2r+1)^{-1}[a(x)]^{-1}b(x)n^{-1/(r+1)}. \quad (2.10.8)$$

将上述最优带宽 h_n 代入到式 (2.10.7) 可得

$$P\{f(x) \in I_\alpha\} = \alpha - \{v^{-v}[a(x)]^{-2r}b^v(x) + va(x)\}\sqrt{c_\alpha}\varphi(\sqrt{c_\alpha})n^{-r/(r+1)} + o(n^{-r/(r+1)}). \quad (2.10.9)$$

因此, 最优的覆盖误的精确阶是 $n^{-r/(r+1)}$. 此阶比通常的置信区间的覆盖误的阶 n^{-1} 来的大, 这是因为有效样本量是 $nh_n = n^{r/(r+1)}$ 的缘故. 如果 $f^{(r)}(x) \neq 0$, 则式 (2.10.8) 给定的最优带宽可以用作选择 h_n 的指导原则. 选择核函数以后, 诸 κ_j 是已知的, 通过估计 $f^{(r)}(x)$ 可以得到最优 h_n 的估计.

2.10.2 纠偏的经验似然置信区间

上述构造的置信区间 I_α 中存在偏差. 我们可以利用 Bartlett 纠偏方法构造 $f(x)$ 的 Bartlett 纠偏的置信区间. 下面我们讨论这个问题. 经过计算可以得到

$$E[l(f(x))] = 1 + \beta_0 n^{-1} + o(nh_n^{2r+1} + (nh_n)^{-1}),$$

其中 β_0 是式 (2.10.6) 中覆盖误的系数, 即

$$\beta_0 = (n\omega_1)^2\omega_2^{-1} + \frac{1}{6}[3\omega_2^{-2}\omega_4 - 2\omega_2^{-3}\omega_3^2]. \quad (2.10.10)$$

因此, $E[l(f(x))]$ 和 χ_1^2 有不同的二阶意义. 现在

$$P\{\chi_1^2 \leqslant c_\alpha(1+\beta_0 n^{-1})\} = \alpha + \beta_0\sqrt{c_\alpha}\varphi(\sqrt{c_\alpha})n^{-1} + O\left([nh_n^{2r+1} + (nh_n)^{-1}]^2\right).$$

将 Edgeworth 展开式 (2.10.6) 应用到均值调整的经验似然比 $l(f(x))/(1+\beta_0 n^{-1})$ 中, 并选取 h_n 为阶 $n^{-1/(r+1)}$, 可以得到

$$\begin{aligned} & P\{l(f(x)) \leqslant c_\alpha(1+\beta_0 n^{-1})\} \\ &= P\{\chi_1^2 \leqslant c_\alpha(1+\beta_0 n^{-1})\} - \beta_0\sqrt{c_\alpha}\varphi(\sqrt{c_\alpha})n^{-1} + O\left(n^{-2r/(r+1)}\right) \\ &= \alpha + O\left(n^{-2r/(r+1)}\right). \end{aligned} \quad (2.10.11)$$

因此, $f(x)$ 的 Bartlett 纠偏的置信区间定义为

$$J_{\alpha f} = \{f(x) : l(f(x)) \leqslant c_\alpha(1 + \beta_0 n^{-1})\}.$$

比较式 (2.10.9) 和式 (2.10.11) 可以看到, 通过 Bartlett 纠偏, 去掉了覆盖误 $\beta_0\sqrt{c_\alpha}\varphi(\sqrt{c_\alpha})n^{-1}$. 因此, $J_{\alpha f}$ 比 I_α 有更好的渐近覆盖. 为真正实施 Bartlett 纠偏, 需要估计 β_0. 由式 (2.10.10), 可以构造 $\omega_j (j \geqslant 2)$ 的矩估计. 然而, 必须估计密度的导数 $f^{(r)}(x)$, 以便估计 ω_1. 为了避免估计密度的导数, 我们引入一个部分 Bartlett 纠偏的置信区间

$$J_{\alpha p} = \{f(x) : l(f(x)) \leqslant c_\alpha(1 + \beta_1 n^{-1})\}, \tag{2.10.12}$$

其中 $\beta_1 = \dfrac{1}{6}[3\omega_2^{-2}\omega_4 - 2\omega_2^{-3}\omega_3^2]$. 其思想是做部分均值调整 $l(f(x))/(1 + \beta_1 n^{-1})$, 使得可以去掉式 (2.10.6) 中的覆盖误 $\beta_1\sqrt{c_\alpha}\varphi(\sqrt{c_\alpha})n^{-1}$, 且通过适当选择 h_n, 项 $n^{-1}(n\omega_1)^2\omega_2^{-1}$ 成为可忽略的. 类似于式 (2.10.11) 可以推得

$$\begin{aligned} P\{f(x) \in J_{\alpha p}\} &= P\{l(f(x)) \leqslant c_\alpha(1 + \beta_1 n^{-1})\} \\ &= \alpha + n^{-1}(n\omega_1)^2\omega_2^{-1}\sqrt{c_\alpha}\varphi(\sqrt{c_\alpha}) \\ &\quad + o\left(nh_n^{2r+1}\right) + O((nh_n)^{-2}). \end{aligned}$$

如果选择 h_n 使得 $n^3 h_n^{2r+3}$ 有界, 则容易得到

$$P\{f(x) \in J_{\alpha p}\} = \alpha + O\left(n^{-4r/(2r+3)}\right).$$

因此, 为了使用部分 Bartlett 纠偏 β_1, 应该使用更小阶 $n^{-3/(2r+3)}$ 的带宽 h_n.

2.10.3 模拟研究

例 2.10.1 设总体 X 服从 Gamma 分布 $\mathrm{Ga}(\beta, \lambda)$, 其密度函数为

$$f(x) = \begin{cases} \dfrac{\lambda^\theta}{\Gamma(\theta)} x^{\theta-1} \exp\{-\lambda x\}, & x > 0, \\ 0, & x \leqslant 0, \end{cases}$$

其中 $\theta = 2$ 为形状参数, $\lambda = 6$ 为尺度参数, $\Gamma(\theta) = \displaystyle\int_0^\infty x^{\theta-1}\exp\{-x\}\mathrm{d}x$ 为 Gamma 函数. 又设 $X_1, \cdots, X_{100}$ 是来自 X 的 iid 样本. 试计算 $f(x)$ 的置信区间及其覆盖概率.

解 我们使用朴素的经验似然 (NEL)、纠偏的经验似然 (CEL) 和正态逼近 (NA) 三种方法来计算 $f(x)$ 的置信区间及其覆盖概率, 以比较三种方法在有限样

本下的执行效果. NA 方法使用 $f(x)$ 的核估计. 样本量 $n=100$, 进行 500 次模拟运行. 在区间 $[0.01, 0.99]$ 上, 经验似然比和密度曲线估计 $\hat{f}_{\mathrm{K}}(x)$ 在格子点 $x_j=0.01+(0.98/19)j\ (j=0,\cdots,20)$ 上计算. 使用 Epanechnikov 核. 对于 NEL 和 NA, 使用欠光滑方法选择带宽. 设 h_{opt} 是由式 (2.3.12) 给定的 CV 方法选择的最优带宽, 则欠光滑带宽是 $\hat{h}=h_{\mathrm{opt}}n^{-1/20}$. 此近似带宽 $\hat{h}$ 满足式 (2.10.4) 和定理 2.3.7 所需要的条件. 对于 CEL, 使用部分 Bartlett 纠偏的置信区间 $J_{\alpha p}$, 见式 (2.10.12), 并使用带宽 $h_{\mathrm{opt}}n^{-8/35}$. 我们计算了 $f(x)$ 的近似 0.95 置信区间和它们相应的覆盖概率, 其结果展示在图 2.10.1 中.

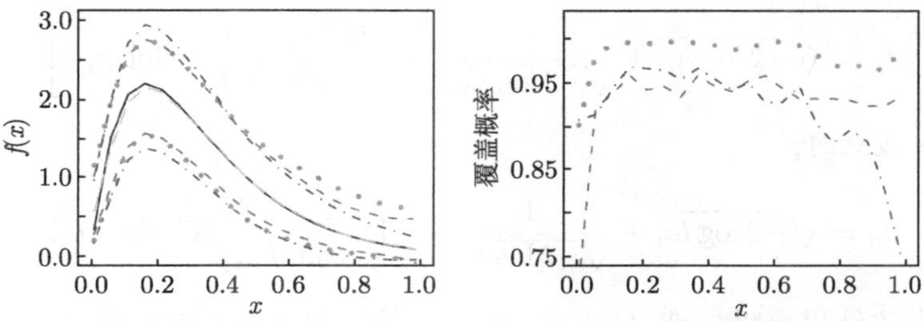

(a) 置信区间 (b) 相应的覆盖概率

图 2.10.1 基于 NEL(虚线)、CEL(点线) 和 NA(点虚线), $f(x)$ 的近似 0.95 置信区间和相应的覆盖概率的平均值

从图 2.10.1 可以看出: $f(x)$ 的核估计非常接近真实曲线. 在区间 $[0.01, 0.6]$ 上, CEL 和 NEL 比 NA 有更短的置信区间和更大的覆盖概率; 在区间 $[0.6, 0.99]$ 上, 虽然 CEL 和 NEL 比 NA 有稍长的置信区间, 但有更大的覆盖概率. 此外, CEL 的覆盖概率接近于 0.95. 这说明 CEL 比 NEL 和 NA 有更好的执行效果, 因此对经验似然比的纠偏是必要的.

2.11 密度函数的置信带

假设 X 在 $[0,1]$ 中取值, 其概率密度函数为 $f(x)$. $\hat{f}_{\mathrm{K}}(x)$ 为 $f(x)$ 的具有带宽 h_n 的核估计, 其定义由式 (2.3.2) 给出. 在适当的正则条件下, Bickel 和 Rosenblatt(1973) 证明了下列结果.

定理 2.11.1 设 $f(x)$ 是正的有界密度函数, 具有二阶有界导数, $\sqrt{f(x)}$ 绝对连续且它的导数 $f'(x)/[2\sqrt{f(x)}]$ 有界. 又设核 $K(x)$ 满足下列条件之一: (i) $K(x)$ 在其支撑集 $[-1,1]$ 上是绝对连续可微的对称密度函数, (ii) $K(x)$ 在 $(-\infty,\infty)$ 上是绝对连续可微的对称密度函数, 且

$$\int_{-\infty}^{\infty}u^2K(u)\mathrm{d}u<\infty,\quad \int_{-\infty}^{\infty}[K'(u)]^k\mathrm{d}u<\infty,\quad k=1,2,$$

$$\int_{(|u|\geqslant 3)} |u|^{3/2}(\log\log|u|)^{1/2}[|K'(u)|+|K(u)|]\mathrm{d}u<\infty.$$

如果带宽 h_n 满足 $h_n = n^{-\delta}$, $\dfrac{1}{5}<\delta<\dfrac{1}{2}$, 则

$$P\left\{\sqrt{-2\log h_n}\Big[\sup_{0\leqslant x\leqslant 1}|Y_n(x)|-d_n\Big]\leqslant z\right\}\xrightarrow{D}\exp\{-2\exp(-z)\},$$

其中 $Y_n(x)=\sqrt{nh_n}[\hat{f}_{\mathrm{K}}(x)-f(x)]/\sqrt{\nu_0\hat{f}_{\mathrm{K}}(x)}$, $\nu_0=\displaystyle\int_{-1}^{1}K^2(u)\mathrm{d}u$, 在条件 (i) 成立时,

$$d_n=\sqrt{-2\log h_n}+\frac{1}{\sqrt{-2\log h_n}}\left[\log\frac{K^2(1)}{\nu_0\sqrt{\pi}}+\frac{1}{2}\log\log h_n^{-1}\right],$$

在条件 (ii) 成立时,

$$d_n=\sqrt{-2\log h_n}+\frac{1}{\sqrt{-2\log h_n}}\log\left(\frac{1}{4\nu_0\pi}\int_{-\infty}^{\infty}[K'(u)]^2\mathrm{d}u\right).$$

利用上述结果可以构造 $f(x)$ 在 $[0,1]$ 上的近似 $1-\alpha$ 置信带 $\hat{f}_{\mathrm{K}}(x)\pm\varDelta_\alpha(x)$, 其中 $0<\alpha<1$,

$$\varDelta_\alpha(x)=[d_n-\log(-0.5\log(1-\alpha))(-2\log h_n)^{-1/2}][\nu_0\hat{f}_{\mathrm{K}}(x)/(nh_n)]^{1/2}.$$

最后指出, Neumann 和 Paparoditis(2008) 基于密度核估计构造了密度函数的同时置信带. 这里不再赘述.

例 2.11.1 设总体 X 服从 Gamma 分布 $\mathrm{Ga}(\theta,\lambda)$, 其密度函数 $f(x)$ 为

$$f(x)=\begin{cases}\dfrac{\lambda^\theta}{\Gamma(\theta)}x^{\theta-1}\exp\{-\lambda x\}, & x>0,\\ 0, & x\leqslant 0,\end{cases}$$

其中 $\theta=2$ 为形状参数, $\lambda=6$ 为尺度参数, $\Gamma(\theta)$ 为 Gamma 函数, 它在例 2.10.1 中定义. 又设 $X_1,\cdots,X_{60}$ 是来自 X 的 iid 样本, 试计算 $f(x)$ 的近似 0.95 置信带.

解 我们在区间 $[a,b]=[0.01,0.7]$ 上计算 $f(x)$ 的近似 0.95 置信带. 采用 Gaussian 核, 并用欠光滑方法选择带宽. 设 h_{opt} 是由式 (2.3.12) 给定的 CV 方法选择的最优带宽, 则欠光滑带宽是 $\hat{h}=h_{\mathrm{opt}}n^{-1/20}$. 此近似带宽 $\hat{h}$ 满足定理 2.11.1 的条件. 进行 1000 次运行, $f(x)$ 的估计和置信带是 1000 次运行结果的平均值, 其结果展示在图 2.11.1 中.

图 2.11.1 给出的置信带有较高的覆盖概率, 尤其是格子点在 (a,b) 的内部取值时, 相应置信带的覆盖概率接近于 0.95.

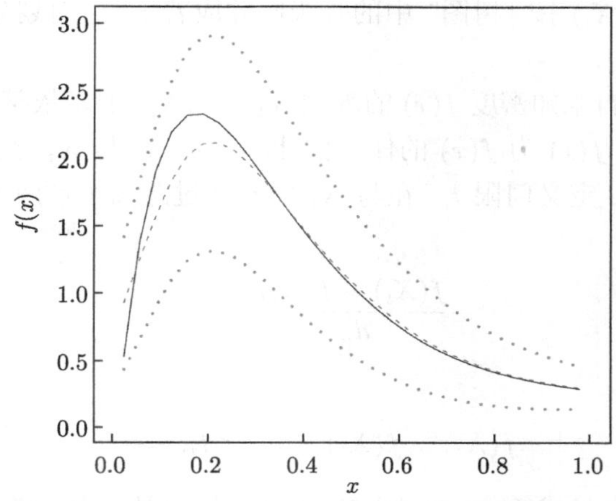

图 2.11.1 真曲线 $f(x)$(实线) 及其估计的曲线 (虚线) 和近似 0.95 置信带 (点线)

2.12 密度估计的应用

密度估计是具有广泛应用领域的一种非参数统计方法. Silverman(1986) 曾指出: 密度估计在数据的统计处理的所有阶段都是有用的, 其应用领域涉及社会科学、物理科学、生物科学、信息处理, 以及各种工程技术领域. 应当指出的是, 密度估计的重要性并不在于它的单独使用, 而是作为统计推断的中间环节发挥作用. 下面从三个方面作简单介绍.

1. 非参数判别

判别分析的基本问题可简单地表示为: 设有来自于总体 A 的样本 $X_1, \cdots, X_n$, 以及来自总体 B 的样本 $Y_1, \cdots, Y_m$. 今有新的观测 Z, 问 Z 来自 A 还是来自 B? 现设总体 A 有密度 $f_A(\cdot)$, B 有密度 $f_B(\cdot)$. 基于极大似然原理可以定出如下的判别准则: 如果

$$f_A(Z) \geqslant f_B(Z),$$

则判 Z 来自总体 A, 否则判为 B. 但在实际问题中, $f_A(\cdot)$ 和 $f_B(\cdot)$ 往往是未知的, 这样的判别规则无实用价值. Fix 和 Hodges(1951) 提出了一种非参数方法, 即: 分别基于 $X_1, \cdots, X_n$ 和 $Y_1, \cdots, Y_m$ 估计 $f_A(\cdot)$ 和 $f_B(\cdot)$, 记估计为 $\hat{f}_A(\cdot)$ 和 $\hat{f}_B(\cdot)$. 然后视 $\hat{f}_A(Z) \geqslant \hat{f}_B(Z)$ 或 $\hat{f}_A(Z) < \hat{f}_B(Z)$ 确定 Z 所归属的类.

2. 聚类分析

聚类分析的目的将一个总体分成若干类. 与判别分析不同的是: 关于类的数目不是事先给定的, 而是要由这组观测来确定. 一种常用的聚类方法是构造某种“树

图". 每个个体 (即 X_i) 按 "树图" 中的等级归并成若干类, 而划分等级的规则需要使用密度估计.

假设有 n 个来自未知密度 $f(x)$ 的观测 $X_1, \cdots, X_n$, 要求依某种规则将 $X_1, \cdots, X_n$ 分成若干类. 设 $\hat{f}(x)$ 为 $f(x)$ 的任一估计, d_{ij} 是 X_i 与 X_j 之间的 Euclidean 距离. 对每个个体 X_i, 定义门限 t_i. 在与 X_i 的不超过距离 t_i 的个体中, 通过对个体 X_l 极大化

$$\frac{\hat{f}(X_l) - \hat{f}(X_i)}{d_{il}}, \tag{2.12.1}$$

使得

$$\hat{f}(X_l) > \hat{f}(X_i), \quad d_{il} < t_i. \tag{2.12.2}$$

如果没有个体 X_l 满足式 (2.12.2), 则 X_i 不是树根而是这个 "树图" 的一个分支的节点.

3. 金融资产收益率的非参数密度估计

股票收益率的研究是金融计量中的热点问题. 本节以 2011 年 1 月 1 日至 6 月 30 日深 300 指数和上合指数各 120 个数据为例进行实证分析. 所考虑的两个指数数据分别列举如下.

深 300 指数 (A):

3189.68, 3175.66, 3159.64, 3166.62, 3108.19, 3124.92, 3142.34, 3141.28, 3191.86, 2974.35, 2977.65, 3044.85, 2944.71, 2983.46, 2954.23, 2934.65, 2978.43, 3026.47, 3036.74, 3076.51, 3077.28, 3040.95, 3104.16, 3120.96, 3219.14, 3217.67, 3248.53, 3245.91, 3211.88, 3257.91, 3163.58, 3174.74, 3190.94, 3197.62, 3239.56, 3254.89, 3243.30, 3221.72, 3270.67, 3334.51, 3337.46, 3338.86, 3280.26, 3247.38, 3262.92, 3203.96, 3248.20, 3197.10, 3215.69, 3207.11, 3222.96, 3264.97, 3251.26, 3294.48, 3290.57, 3257.98, 3256.08, 3223.29, 3272.73, 3311.07, 3324.42, 3353.36, 3333.43, 3326.77, 3372.03, 3353.56, 3358.94, 3359.44, 3295.81, 3295.76, 3317.37, 3399.94, 3249.57, 3230.96, 3209.50, 3161.78, 3192.72, 3211.13, 3129.03, 3126.12, 3121.40, 3129.76, 3153.22, 3143.09, 3101.60, 3128.09, 3100.46, 3116.03, 3139.38, 3120.64, 3120.60, 3022.98, 3026.22, 2990.34, 2978.38, 2963.31, 2954.51, 3001.56, 3004.17, 2955.71, 2986.33, 3004.26, 3006.02, 2951.89, 2961.93, 2950.35, 2993.56, 2963.12, 2917.58, 2892.16, 2874.90, 2909.07, 2906.93, 2957.63, 3027.47, 3036.49, 3041.73, 3000.17, 3044.09, 3049.75.

上合指数 (B):

2852.65, 2838.59, 2824.20, 2838.80, 2791.81, 2804.05, 2821.31, 2821.31, 2827.71, 2891.34, 2706.66, 2708.98, 2758.10, 2677.65, 2715.29, 2695.72, 2677.43, 2708.81, 2749.15, 2752.75, 2790.69, 2798.96, 2774.07, 2818.16, 2827.33, 2899.13, 2899.24, 2923.90, 2926.96, 2899.79, 2932.25, 2855.52, 2862.63, 2878.60, 2878.57, 2905.05, 2918.92, 2913.81, 2902.98, 2942.31, 2996.21, 2999.94, 3002.15, 2957.14, 2933.80, 2937.63, 2896.26, 2930.80, 2897.30, 2906.89, 2907.14, 2914.14, 2948.48, 2946.71, 2977.81, 2984.01, 2958.08, 2955.37, 2928.11, 2967.41, 3001.36, 3007.91, 3030.82, 3022.25, 3021.37, 3050.40, 3042.64, 3050.53, 3057.33, 2999.04, 3007.04, 3026.67, 3010.52, 2964.85, 2938.98, 2925.41, 2887.04, 2911.51, 2932.19, 2866.02, 2872.40, 2863.89, 2872.46, 2890.63, 2883.42, 2844.08, 2871.03, 2849.07, 2852.77, 2872.77, 2859.57, 2858.46, 2774.57, 2767.06, 2741.74, 2736.53, 2709.95, 2706.36, 2743.47, 2743.57, 2705.18, 2728.02, 2744.30, 2748.92, 2703.35, 2705.14, 2700.38, 2730.04, 2705.43, 2664.28, 2642.82, 2621.25, 2646.48, 2647.82, 2688.25, 2746.21, 2758.23, 2759.20, 2728.48, 2762.08.

如果用 p_i 表示市场每日收盘指数, 则一期收益率 r_i 定义为 $r_i = \log(p_i/p_{i-1})$. 为了画出该数据集的密度核估计曲线, 取 Gaussian 核, 利用式 (2.3.12) 计算最优带宽 h_{opt}. 我们在区间 $[a,b]$ 上取等距的点作为格子点, 其中 a 和 b 分别为数据集的最小值和最大值, 密度估计曲线如图 2.12.1 所示.

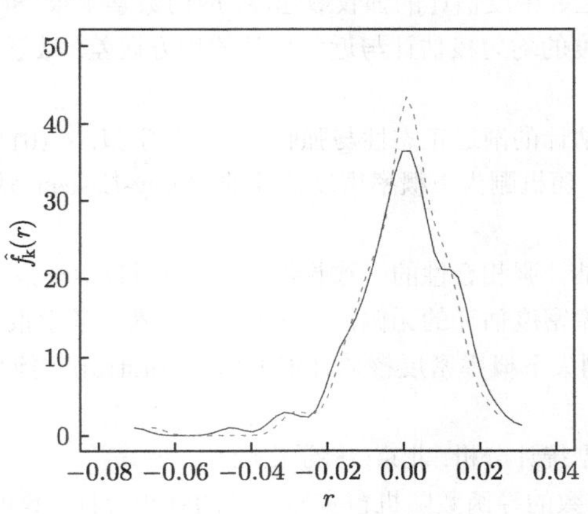

图 2.12.1 两种股票收益率的密度核估计曲线

从图 2.12.1 可以看出, 两种股票的收益率非常接近, 但都不服从正态分布. 它们的共同特征是左偏厚尾、尖峰. 现有 7 月 1 日的收益率 $r = 0.0153$, 试判断它来自那个总体. 经过计算可得: $\hat{f}_{\text{A}}(r) \approx 18.8746$, $\hat{f}_{\text{B}}(r) \approx 14.6628$. 由于 $\hat{f}_{\text{A}}(r) > \hat{f}_{\text{B}}(r)$,

因此可以断定 r 来自总体 A.

参 考 文 献

白志东. 1983. 最近邻密度估计的中心极限定理. 中国科学技术大学学报, 13(数学专辑): 114–118

柴根象. 1984a. 一类密度函数最近邻估计的一致收敛速度. 数学学报, 27(5): 711–715

柴根象. 1984b. 密度函数的相合随机窗宽核估计. 中国科学 (A 辑), 4: 320–327

柴根象. 1989. 平稳序列最近邻密度估计的相合性. 数学学报, 32(3): 423–432

柴根象, 卢江. 1985. 一般核下最近邻估计的一致收敛速度. 科学通报, 23: 1765–1769

陈桂景. 1983. 概率密度函数及其导函数、众数核估计的强收敛速度. 中国科学 (A), 8: 689–697

陈希孺. 1981. 最近邻密度估计的收敛速度. 中国科学, 12: 1419–1428

陈希孺. 1983. 最近邻密度估计的强一致收敛速度的必要条件. 中国科学技术大学学报, 13(4): 407–413

陈希孺, 柴根象. 1984. 密度核估计一致收敛必要问题的若干新结果. 数学进展, B(2): 145–147

樊家琨, 薛留根. 1993. φ- 混合误差下密度函数的导函数估计的一致强相合性. 高校应用数学学报, 8(3): 273–278

洪圣岩. 1990. 近邻型密度估计的重对数律. 数学学报, 33(1): 96–106

林正炎. 1983. 相依样本情形时密度的核估计. 科学通报, 12: 709–713

卢江. 1986. 最近邻密度估计的逐点强收敛速度. 应用概率统计, 2(1): 21–27

缪柏其. 1985. 刀切最近邻密度估计的强收敛速度. 应用数学学报, 8(2): 220–226

孙东初. 1987. 概率密度的均匀核估计与近邻估计的均方误差. 数学研究与评论, 7(2): 302–304

孙志刚. 1984. 密度核估计的渐近正态性与强收敛. 数学学报, 27(6): 769–781

孙六全, 朱力行. 1999. 随机删失下概率密度估计的 Berry-Esseen 界. 应用数学学报, 22(4): 627–636

赵林城. 1984. 密度核估计强相合性的一致收敛速度. 应用数学学报, 7(3): 334–339

赵林城. 1988. 关于概率密度估计的无偏性. 中国科学技术大学学报, 18(2): 145–149

王启华. 1997. 随机删失下概率密度核估计的光滑 bootstrap 逼近. 应用数学学报, 20(3): 367–377

王启华. 2006. 生存数据统计分析. 北京: 科学出版社

薛留根. 1991a. 密度函数的导函数随机窗宽核估计的强相合性. 数理统计与应用概率, 6(2): 206–210

薛留根. 1991b. 平稳序列密度函数及其导函数的随机窗宽核的估计一致强相合性. 数学季刊, 6(4): 76–80

薛留根. 1991c. 平稳序列最近邻密度估计的逐点强收敛速度. 数理统计与应用概率, 6(4): 475–483

薛留根. 1992. 相依样本下一种近邻密度估计的相合性. 数学物理学报, 12(4): 466–476

薛留根. 1994a. 相依样本下密度函数及其导函数的相合随机窗宽核估计. 数理统计与应用概率, 9(3): 54–60

薛留根. 1994b. 一种近邻密度估计的强收敛速度. 数学物理学报, 14(增刊): 16–24

薛留根. 2003. 删失数据下密度核估计的误差分布的强逼近. 工程数学学报, 20(4): 80–84

薛留根, 郑忠国. 1997. 随机加权法在密度估计中的应用. 应用数学学报, 20(4): 600–608

薛留根, 谷震离, 郑忠国. 2000. 密度核估计的随机加权法, 系统科学与数学, 20(1): 87–96

严士健, 王隽骧, 刘秀芳. 1982. 概率论基础. 北京: 科学出版社

杨振海. 1983. 最近邻密度估计的一致收敛速度. 科学通报, 12: 1355–1358

俞军. 1986. 一种近邻密度估计的相合性. 数学物理学报, 6(4): 467–477

俞军. 1987. 一种近邻密度估计的 L_p 模强相合性. 杭州大学学报, 14(3): 278–284

郑忠国. 1987. 随机加权法. 应用数学学报, 10(2): 247–253

郑忠国, 涂冬生. 1988. 线性模型中的随机加权逼近. 中国科学, A 辑, 18(6): 561–575

朱力行. 1985. 关于密度估计的最优收敛速度. 科学通报, 8: 638

Abramson I S. 1982. On bandwidth variation in kernel estimates-a square root law. The Annals of Statistics, 10(4): 1217–1223

Alberto B, Simone P. 2011. Self-consistent method for density estimation. Journal of the Royal Statistical Society, Series B, 73(3): 407–422.

Antoniadis A, Carmona R. 1991. Multiresolution analysis and wavelets for density estimation. Technical report, University of California, Irvine

Antoniadis A, Grégoire G. 1999. Density and hazard rate estimation for right-censored data by using wavelet methods. Journal of the Royal Statistical Society, Series B, 61(1): 63–84

Bickel P J, Rosenblatt M. 1973. On some global measures of the deviations of density function estimates. The Annals of Statistics, 1(6): 1071–1095

Blum J R, Susarla V. 1980. Maximal deviation theory of density and failure rate function estimates based on censored data. In: Krishnaiah P R, ed. Multivariate Analysis V. Amsterdam: North-Holland: 213–222

Bowman A W. 1984. An alternative method of cross-validation for the smoothing of density estimates. Biometrika, 71(2): 353–360

Buckland S T. 1992. Fitting density functions with polynomials. Journal of the Royal Statistical Society, Series A, 41(1): 63–76

Butucea C. 2004. Deconvolution of supersmooth densities with smooth noise. The Canadian Journal of Statistics, 32(2): 181–192

Butucea C, Tsybakov A B. 2007. Sharp optimality in density deconvolution with dominating bias: I. Theory Probability and Application, 52, 111–128

Chai G X. 1984. Necessary condition for the strong uniform-convergence of the nearest neighbor density estimate. Acta Mathematica Scientia, 4(2): 211–219

Chaubey Y P, Doosti H. 2005. Wavelet based estimation of the derivatives of a density for m-dependent random variables. Journal of the Iranian Statistical Society, 4(2): 97–105

Chaubey Y P, Doosti H, Rao B. 2006. Wavelet based estimation of the derivatives of a density with associated variables. International Journal of Pure and Applied Mathematics, 27(1): 93–102

Carroll R J, Hall P. 1988. Optimal rates of convergence for deconvolving a density. Journal of the American Statistical Association, 83(404): 1184–1186

Chen S X. 1996. Empirical likelihood confidence intervals for nonparametric density estimation. Biometrika, 83(2): 329–341

Chen X R. 1981. Asymptotic mean-square error of nearest neighbor density estimates. Chinese Annals of Mathematics, Series B, 2(4): 425–430

Chen X R. 1983a. Uniform convergence rates of kernel density estimation. Journal of Systems Science and Mathematical Sciences, 3(4): 263–272

Chen X R. 1983b. Uniform convergence rates of the nearest neighbor density estimates. Journal of Mathematical Research and Exposition, 1: 61–68

Chicken E, Cai T. 2005. Block thresholding for density estimation: local and global adaptivity. Journal of Multivariate Analysis, 95(1): 75–106

Chorai J K, Pattanaik L M. 1990. L_1-consistency of the kernel density estimators based on randomly right censored data. Communications of Statistics-Theory and Method, 19(8): 2853–2870

Crain B B. 1973. A note on density estimation using orthogonal expansions. Journal of the American Statistical Association, 68(344): 964–965

Csörgö S, Gombay E, Horváth L. 1991. Central limit theorems for L_p distances of kernel estimators of densities under random censorship. The Annals of Statistics, 19(4): 1813–1831

Csörgö S, Horváth L. 1983. Central limit theorems for L-norms of density estimators. Probability Theory and Related Fields, 80: 269–291

Comte F, Rozenholc Y, Taupin M L. 2006. Penalized contrast estimator for adaptive density deconvolution. The Canadian Journal of Statistics, 34: 431–452

Daubechies I. 1992. Ten Lectures on Wavelets. SIAM, Philadelphia

Delaigle A, Gijbels I. 2004. bootstrap bandwidth selection in kernel density estimation from a contaminated sample. Annals of the Institute of Statistical Mathematics, 56(1): 19–47

Delaigle A, Hall P, Meister A. 2008. On deconvolution with repeated measurements. The Annals of Statistics, 36: 665–685

Delyon B, Juditsky A. 1996. On minimax wavelet estimators. Applied and Computational Harmonic Analysis, 3(3): 215–228

Devroye P L, Wagner T J. 1977. The strong uniform consistency of nearest neighbor density. The Annals of Statistics, 5(3): 536–540

Diehl S, Stute W. 1988. Kernel density and hazard function estimation in the presence of censoring. Journal of Multivariate Analysis, 25(2): 299–310

Diggle P J, Hall P. 1986. The selection of terms in an orthogonal series density estimator. Journal of the American Statistical Association, 81(393): 230–233

Diggle P J, Hall P. 1993. A fourier approach to nonparametric deconvolution of a density estimate. Journal of the Royal Statistical Society, Series B, 55(2): 523–553

Donoho D L, Johnstone I M, Kerkyacharian G, Picard D. 1996. Density estimation by wavelet thresholding. The Annals of Statistics, 24(2): 508–539

Efromovich S. 1985. Nonparametric estimation of a density with unknown smoothness. Theory of Probability and Its Application, 30(3): 557–568

Efromovich S. 1996. Adaptive orthogonal series density estimation for small samples. Computing Statistics and Data Analysis, 22(6): 599–617

Efromovich S. 1997. Density estimation for the case of supersmooth measurement error. Journal of the American Statistical Association, 92(438): 526–535

Efromovich S. 1999. Nonparametric Curve Estimation: Methods, Theory and Applications. New York: Springer.

Efromovich S. 2008. Adaptive estimation of and oracle inequalities for probability densities and characteristic functions. The Annals of Statistics, 36(3): 1127–1155

Efromovich S. 2009. Lower bound for estimation of Sobolev densities of order less $\frac{1}{2}$. Journal of Statistics Planning and Inference, 139(7): 2261–2268

Efron B. 1967. The two-sample problem with censored data. Proceedings Fifth Berkeley Symposium for Mathematical Statistics and Probability, 4: 831–853

Einmahl U, Mason D M. 2005. Uniform in bandwidth consistency of kernel-type function estimators. The Annals of Statistics, 33(3): 1380–1403

Fan J Q. 1991. On the optimal rates of convergence for nonparametric deconvolution problems. The Annals of Statistics, 19(3): 1257–1272

Fan J Q. 1992. Deconvolution with supersmooth distributions. The Canadian Journal of Statistics, 20(2): 155–169

Fan J Q. 1993. Adaptively local one-dimensional subproblems with application to a deconvolution problem. The Annals of Statistics, 21(2): 600–610

Fan J Q, Koo J Y. 2002. Wavelet deconvolution. IEEE Transactions on Information Theory, 48(3): 734–747

Fix E, Hodyes Jr J L. 1951. Discriminatory analysis nonparametric discrimination consistency properties. California: California University Berkeky

Földes A, Rejtö L. 1981. A LIL type result for the product-limit estimator. Zeitschrift für Wahrscheinlichkeitstheorie und Verwandte Gebiete, 56: 75–86

Faraway J J, Jhun M. 1990. bootstrap choice of bandwidth for density estimation. Journal of the American Statistical Association, 85(412): 1119–1122

Giné E, Guillou A. 2001. On consistency of kernel density estimators for randomly censored data: Rates holding uniformly over adaptive intervals. Annales de l'Institut Henri Poincaré (B)~PR, 39(4): 503–522

Giné E, Guillou A. 2002. Rates of strong uniform consistency for multivariate kernel density estimators. Annales de l'Institut Henri Poincaré (B), 38(6): 907–921

Hall P. 1980. Estimating a density on the positive half line by the method of orthogonal series. Annals of the Institute of Statistical Mathematics, 32: 351–362

Hall P. 1981a. Laws of the iterated logarithm for nonparametric density estimators. Zeitschrift für Wahrscheinlichkeitstheorie und Verwandte Gebiete, 56: 47–61

Hall P. 1981b. On trigonometric series estimates of densities. The Annals of Statistics, 9(3): 683–685

Hall P. 1982. Comparison of two orthogonal series methods of estimating a density and its derivatives on an interval. Journal of Multivariate Analysis, 12(3): 432–449

Hall P. 1987. Cross-validation and the smoothing of orthogonal series density estimators. Journal of Multivariate Analysis, 21(2): 189–206

Hall P. 1992. Effect of bias estimation on coverage accuracy of bootstrap confidence intervals for a probability density. The Annals of Statistics, 20(2): 675–694

Hall P. 1992. The bootstrap and Edgeworth Expansion. New York: Springer-Verlag

Hall P, Kang K H. 2001. bootstrapping nonparametric density estimators with empirically chosen bandwidths. The Annals of Statistics, 29(5): 1443–1468

Hall P, Kerkyacharian G, Picard D. 1998. Block threshold rules for curve estimation using Kernel and wavelet methods. The Annals of Statistics, 26(3): 922–942

Hall P, Patil P. 1995. Formula for mean integrated squared error of nonlinear wavelet-based density estimators. The Annals of Statistics, 23(3): 905–928

Hansen B E. 2008. Uniform convergence rates for kernel estimation with dependent data. Econometric Theory, 24(3): 726–748

Härdle W, Kerkyacharian G, Picard D, Tsybakov A. 1997. Wavelets, Approximation and Statistical Applications. New York: Springer-Verlag

Hart J D. 1985. On the choice of truncation point in Fourier series density estimation. Journal of Statistics Computing and Simulation, 21(2): 95–116

Ho Y H S, Lee S M S. 2008. Iterated bootstrap-t confidence intervals for density functions. Scandinavian Journal of Statistics, 35(2): 295–308

Johannes J. 2009. Deconvolution with unknown error distribution. The Annals of Statistics, 37(5A): 2301–2323

Kaplan E L, Meier P. 1958. Nonparametric estimation from incomplete observation. Journal of the American Statistical Association, 53(282): 457–481

Kerkyacharian G, Pham Ngoc T M, Picard D. 2011. Localized spherical deconvolution.

The Annals of Statistics, 39(2): 1042–1068

Kerkyacharian G, Picard D. 1992. Density estimation in Besov spaces. Statistics & Probability Letters, 13(1): 15–24

Kerkyacharian G, Picard D. 1993. Density estimation by kernel and wavelet methods: optimality of Besov spaces. Statistics & Probability Letters, 18: 327–336

Koo J Y. 1999. Logspline deconvolution in Besov space. Scandinavian Journal of Statistics, 26(1): 73–86

Kronmal R A, Tarter M E. 1968. The estimation of probability densities and cumulatives by Fourier series methods. Journal of the American Statistical Association, 63(323): 925–952

Li T, Vuong Q. 1998. Nonparametric estimation of the measurement error model using multiple indicators. Journal of Multivariate Analysis, 65(2): 139–165

Loève M. 1977. Probability Theory. 4th ed, Berlin: Springer-Verlag

Loftsgarden D O, Quesenberry C P. 1965. A nonpararaetric estimate of a multivariate density function. The Annals of Mathematical Statistics, 36(3): 1049–1051

Massart P. 2007. Concentration Inequalities and Model Selection, vol 1896, Lecture Notes in Mathematics. New York: Springer

Marron J S, Padgett W J. 1987. Asymptotically optimal bandwidth selection for kernel density estimators from randomly right-censored samples. The Annals of Statistics, 15(4): 1520–1535

Masry E. 1994. Probability density estimation from dependent observations using wavelet orthogonal bases. Statistics & Probability Letters, 21(3): 181–194

Massart P. 2007. Concentration Inequalities and Model Selection, vol 1896, Lecture Notes in Mathematics. New York: Springer

Meister A. 2004. On the effect of misspecifying the error density in a deconvolution problem. The Canadian Journal of Statistics, 32(4): 439–449

Mielniczuk J. 1986. Some asymptotic properties of kernel estimates of a density function in case of censored data. The Annals of Statistics, 14(2): 766-773

Moore D S, Henrichon E G. 1969. Uniform consistency of some estimates of a density function. The Annals of Mathematical Statistics, 40(4): 1499–1502

Moore D S, Yackrel J W. 1977. Consistency properties of nearest neighbor density estimates. The Annals of Statistics, 5(1): 143–154

Neumann M H. 1997. On the effect of estimating the error density in nonparametric deconvolution. Journal of Nonparametric Statistics, 7(4): 307–330

Neumann M H. 2007. Deconvolution from panel data with unknown error distribution. Journal of Multivariate Analysis, 98(10): 1955–1968

Neumann M H, Paparoditis E. 2008. Simultaneous confidence bands in spectral density estimation. Biometrika, 95(2): 381–397

Owen A B. 1988. Empirical likelihood ratio confidence intervals for a single functional. Biometrika, 75(2): 237–249

Parzen E. 1962. On the estimation of probability density and mode. The Annals of Mathematical Statistics, 33: 1065–1076

Penev S, Dechevsky L. 1997. On non-negative wavelet-based density estimators. Journal of Nonparametric Statistics, 7(4): 365–394

Pensky M, Vidakovic B. 1999. Adaptive wavelet estimator for nonparametric density deconvolution. The Annals of Statistics, 27(6): 2033–2053

Prakasa Rao B L S. 1983. Nonparametric Function Estimation. New York: Academic.

Rao B. 2010. Wavelet linear estimation for derivatives of a density from observations of mixtures with varying mixing proportions. Indian Journal of Pure and Applied Mathematics, 41(1): 275–291

Rigollet P. 2006. Adaptive density estimation using the blockwise Stein method. Bernoulli, 12(2): 351–370

Rigollet P, Tsybakov A. 2007. Linear and convex aggregation of density estimators. Mathematics Methods and Statistics, 16(3): 260–280

Romano J P. 1988. On weak convergence and optimality of kernel density estimates of the mode. The Annals of Statistics, 16(2): 629–647

Rosenblatt M. 1956. Remarks on some nonparametric estimates of a density function. The Annals of Mathematical Statistics, 27(3): 832–837

Rosenblatt M. 1971. Curve estimates. The Annals of Mathematical Statistics, 42(6): 1815–1842

Rudemo M. 1982. Empirical choice of histograms and kernel density estimates. Scandinavian Journal of Statistics, 9(2): 65–78

Samarov A, Tsybakov A. 2007. Aggregation of density estimators and dimension reduction//Nair V, ed. Advances in Statistical Models and Inference, Essays in Honor of Kjell Doksum. Singapore: World Scientific, 233–251

Schuster E F. 1969. Estimation of a probability density function and its derivatives. The Annals of Mathematical Statistics, 40(4): 1187–1195

Scott D W, Terrell G R. 1987. Biased and unbiased crossvalidation in density estimation. Journal of the American Statistical Association, 82(400): 1131–1146

Serfling R J. 1980. Approximation Theorems of Mathematical Statistics. New York: John Wiley & Sons

Shirazi E, Chaubey Y P, Doosti H. 2012. Wavelet based estimation for the derivative of a density by block thresholding under random censorship. Journal of the Korean Statistical Society, 41(2): 199–121

Silverman B W. 1978a. Weak and strong uniform consistency of the kernel estimate of a density and its derivatives. The Annals of Statistics, 6(1): 177–184

Silverman B W. 1978b. Choosing the window width when estimating a density. Biometrika, 65(1): 1–11

Silverman B W. 1986. Density Estimation for Statistics and Data Analysis. New York: Chapman and Hall

Singh R S. 1977. Improvement on some known nonparametric uniformly consistent estimators of derivatives of a density. The Annals of Statistics, 5(2): 394–399

Stefanski L A, Carroll R J. 1990. Deconvoluting kernel density estimators. Statistics, 21: 169–184

Stone C J. 1984. An asymptotically optimal window selection rule for kernel density estimates. The Annals of Statistics, 12(4): 1285–1297

Stute W. 1982. A law of the logarithm for kernel density estimators. The Annals of Probability, 10(2): 414–422

Susarla V, Tsai W Y, Van Ryzin J. 1984. A Buckley-James-type estimator for the mean with censored data. Biometrika, 71(3): 624–629

Tarter M E, Kronmal R A. 1976. An introduction to the implementation and theory of nonparametric density estimation. American Statistician, 30(3): 105–112

Tarter M E, Lock M D. 1993. Model-Free Curve Estimation. New York: Chapman & Hall

Thomas D R，Grunkemeier G L. 1975. Confidence interval estimation of survival probabilities for censored data. Journal of the American Statistical Association, 70(352): 865–871

Triebel H. 1983. Theory of Function Spaces. Basel: Burkhhser

Vannucci M, Vidakovic B. 1997. Preventing the Dirac disaster: wavelet based density estimation. Journal of the Iranian Statistical Society, 2: 145–159

Van Ryzin J. 1969. On strong consistency of density estimate. The Annals of Mathematics Statistics, 40(5): 1765–1772

Wahba G. 1975. Optimal convergence properties of variable knot, kernel, and orthogonal series methods for density estimation. The Annals of Statistics, 3(1): 15–29

Walnut D F. 2001. An Introduction to Wavelet Analysis. Birkhäuser

Walter G G. 1977. Properties of Hermite series estimation of probability density. The Annals of Statistics, 5(6): 1258–1264

Walter G G. 1994. Wavelets and other Orthogonal Systems with Applications. London: CRC Press

Wang Q H. 1994. Some asymptotic behaviours of probability density kernel estimator based on censored data. Chinese Journal of Applied Probability and Statistics, 2: 164–174

Wang Q H. 2000. Some inequalities for the kernel density estimator under random censorship. Journal of Nonparametric Statistics, 12(5): 731–751

Wang Q H. 2008. Probability density estimation with data missing at random when covariables are present. Journal of Statistical Planning and Inference, 138(3): 568–587

Wanger I J. 1973. Strong consistency of a nonparametric estimate of a density function. IEEE Trans Systems, Man, and Cybernet, 3: 289–290

Watson G S. 1969. Density estimation by orthogonal series. The Annals of Mathematical Statistics, 40(4): 1486–1498

Willett R M, Nowak R D. 2007. Multiscale Poisson intensity and density estimation. Information Theory, IEEE Transactions on Information Theory, 53(9): 3171–3187

Wu W. 1996. Asymptotic normality of the multiscale wavelet density estimator. Communication Statistics-Theory and Method, 25(9): 1957–1970

Xue L G. 1990. Asymptotic normality of the kernel estimate of density function. Journal of Mathematical Research and Exposition, (3): 376

Xue L G. 2004. Strong approximation of the error distribution of wavelet estimators of a density function under censored data. Journal of Statistical Planning and Inference, 118(1-2): 167–183

Yang Y. 2000. Mixing strategies for density estimation. The Annals of Mathematical Statistics, 28(1): 75–87

Zhang B. 1998. A note on the strong uniform consistency of kernel density estimators under random censorship. Sankhyá, 60: 265–273

Zhang B. 1996. A law of the iterated logarithm for kernel density estimators under random censorship. Scandinavian Journal of Statistics, 23(1): 371–374

Zhang C H. 1990. Fourier methods for estimating mixing densities and distributions. The Annals of Statistics, 18(2): 806–831

第 3 章　条件密度估计

条件密度函数在许多实际问题中非常有用. 设 (X,Y) 是 $\mathbf{R}^p \times \mathbf{R}^q$ 上的随机变量, $f(x,y)$ 是 (X,Y) 的联合密度函数, $f(x)$ 是 X 的边缘密度, 则给定 X 下 Y 的条件密度为 $f(y|x) = f(x,y)/f(x)$. 由于条件密度函数通常是未知的, 因此探讨它的非参数估计方法是一个感兴趣的问题. 自从 Rosenblatt (1969) 提出条件密度估计以来, 人们开始对条件密度估计方法进行了研究并取得了一些成果. 本章介绍几个主要的条件密度估计, 其中包括双重核估计、近邻核估计和局部线性估计.

3.1　条件密度的双重核估计

3.1.1　双重核估计的定义

设 $(X_1,Y_1),\cdots,(X_n,Y_n)$ 是来自 (X,Y) 的 iid 样本, 则 $f(y|x)$ 的双重核估计定义为

$$\hat{f}_{\mathrm{DK}}(y|x) = \frac{\dfrac{1}{na_n^p b_n^q}\displaystyle\sum_{i=1}^{n} K_1\left(\frac{X_i - x}{a_n}\right) K_2\left(\frac{Y_i - y}{b_n}\right)}{\dfrac{1}{na_n^p}\displaystyle\sum_{i=1}^{n} K_1\left(\frac{X_i - x}{a_n}\right)}, \tag{3.1.1}$$

其中核 $K_1(\cdot)$ 和 $K_2(\cdot)$ 分别为 $\mathbf{R}^p$ 和 $\mathbf{R}^q$ 上的 Borel 可测函数, 带宽 a_n 和 b_n 皆为正的常数. 在通常情况下, 核 $K_1(\cdot)$ 和 $K_2(\cdot)$ 选取为概率密度函数, $\{a_n\}$ 和 $\{b_n\}$ 皆为收敛于 0 的常数列. 如果将式 (3.1.1) 右端的分子记为 $\hat{f}(x,y)$, 而分母记为 $\hat{f}(x)$, 则 $\hat{f}_{\mathrm{DK}}(y|x) = \hat{f}(x,y)/\hat{f}(x)$, 可以把 $\hat{f}(x,y)$ 和 $\hat{f}(x)$ 分别作为 $f(x,y)$ 和 $f(x)$ 的核估计量.

对于由式 (3.1.1) 定义的双重核估计, 在 $p=q=1$ 的情况下, $K_1(\cdot)$ 和 $K_2(\cdot)$ 可以取为同一个概率密度函数 $K(\cdot)$, 此时得到的估计量称之为核条件密度估计. 参见 Hyndman 等 (1996).

3.1.2　双重核估计的精度

本节在 $p=q=1$ 时考虑 $\hat{f}_{\mathrm{DK}}(y|x)$ 的均方误差. Hyndman 等 (1996) 及 Bashtannyk 和 Hyndman(2001) 研究了条件密度核估计的均方误差, 并提出了若干带宽选择的方法. 下面我们介绍这方面的结果, 首先给出一个引理.

引理 3.1.1　设 $f(x)$ 是 X 的密度函数, 且具有连续的二阶导数; 核 $K(\cdot)$ 是对称的概率密度函数, 满足 $d_K = \int_{-\infty}^{\infty} u^2 K(u)\mathrm{d}u < \infty$; $\psi(x)$ 具有连续的二阶导数; $\{a_n\}$ 是一个收敛于 0 的正的常数列, 则

$$
\begin{aligned}
E[K_{a_n}(X-x)\psi(X)] &= f(x)\psi(x) + \frac{1}{2}d_K[f(x)\psi(x)]'' a_n^2 + o(a_n^2),\\
E[a_n K_{a_n}^2(X-x)\psi(X)] &= c_K f(x)\psi(x) + O(a_n^2),\\
\mathrm{var}[K_{a_n}(X-x)\psi(X)] &= f(x)\psi^2(x)[c_K a_n^{-1} - f(x)] + O(a_n),
\end{aligned}
$$

其中 $K_{a_n}(\cdot) = a_n^{-1}K(\cdot/a_n)$, $c_K = \int_{-\infty}^{\infty} K^2(u)\mathrm{d}u < \infty$.

证　类似于式 (2.3.4) 和式 (2.3.5) 的证明即可完成本定理的证明.

定理 3.1.1　设 $K_1(\cdot)$ 和 $K_2(\cdot)$ 都为对称的概率密度函数, 满足

$$
d_{K_\nu} \triangleq \int_{-\infty}^{\infty} u^2 K_\nu(u)\mathrm{d}u \neq 0, \quad \nu = 1, 2, \tag{3.1.2}
$$

带宽 a_n 和 b_n 满足 $a_n \to 0$, $b_n \to 0$, $na_nb_n \to \infty$, 对给定的 $(x, y) \in \mathbf{R}\times\mathbf{R}$, $f(x) > 0$, $f(x)$ 在 x 处存在有界连续的二阶导数, $f(y|x)$ 在 (x, y) 处存在有界连续的一阶和二阶偏导数, 则

$$
\begin{aligned}
\mathrm{bias}(\hat{f}_{\mathrm{DK}}(y|x)) &= \frac{1}{2}d_{K_1}\left[\frac{2f'(x)}{f(x)}\frac{\partial f(y|x)}{\partial x} + \frac{\partial^2 f(y|x)}{\partial x^2}\right]a_n^2\\
&\quad + \frac{1}{2}d_{K_2}\frac{\partial^2 f(y|x)}{\partial y^2}b_n^2 + o(a_n^2) + o(b_n^2),
\end{aligned} \tag{3.1.3}
$$

$$
\mathrm{var}(\hat{f}_{\mathrm{DK}}(y|x)) = \frac{c_{K_1}c_{K_2}f(y|x)}{na_nb_nf(x)} + o((na_nb_n)^{-1}), \tag{3.1.4}
$$

其中 $c_{K_\nu} = \int_{-\infty}^{\infty} K_\nu^2(u)\mathrm{d}u < \infty$, $\nu = 1, 2$.

证　利用定理 1.3.1 来证明式 (3.1.3) 和式 (3.1.4), 为此需要计算 μ_1, μ_2, υ_1, υ_2 和 υ_{12}. 在引理 3.1.1 中取 $K(\cdot) = K_1(\cdot)$ 和 $\psi(\cdot) \equiv 1$, 可得

$$
\begin{aligned}
\mu_2 &= E[K_{1,a_n}(X_i - x)] = f(x) + \frac{1}{2}d_{K_1}f''(x)a_n^2 + o(a_n^2),\\
\upsilon_2 &= \mathrm{var}[K_{1,a_n}(X_i - x)] = c_{K_1}f(x)a_n^{-1} - f^2(x) + O(a_n).
\end{aligned}
$$

类似地, 给定 X_i 的条件下也可以进一步应用引理 3.1.1, 即取 $K(\cdot) = K_2(\cdot)$ 和 $\psi(\cdot) \equiv 1$ 可得

$$\begin{aligned}\eta_1(X_i) &\triangleq E\left[K_{1,a_n}(X_i-x)K_{2,b_n}(Y_i-y)|X_i\right]\\&=K_{1,a_n}(X_i-x)\left[f(y|X_i)+\frac{d_{K_2}}{2}\frac{\partial^2 f(y|X_i)}{\partial y^2}b_n^2+o(b_n^2)\right],\end{aligned}\tag{3.1.5}$$

$$\begin{aligned}\eta_2(X_i) &\triangleq \operatorname{var}\left[K_{1,a_n}(X_i-x)K_{2,b_n}(Y_i-y)|X_i\right]\\&=K_{1,a_n}^2(X_i-x)\left[c_{K_2}f(y|X_i)b_n^{-1}-f^2(y|X_i)+O(b_n)\right],\end{aligned}\tag{3.1.6}$$

$$\begin{aligned}\eta_3(X_i) &\triangleq E\left[K_{1,a_n}^2(X_i-x)K_{2,b_n}(Y_i-y)|X_i\right]\\&=K_{1,a_n}^2(X_i-x)\left[f(y|X_i)+\frac{d_{K_2}}{2}\frac{\partial^2 f(y|X_i)}{\partial y^2}b_n^2+o(b_n^2)\right].\end{aligned}\tag{3.1.7}$$

因此, 将引理3.1.1 应用到式 (3.1.5) 即可得到无条件期望:

$$\begin{aligned}\mu_1=E[\eta_1(X_i)]&=f(x)\left[f(y|x)+\frac{d_{K_2}}{2}\frac{\partial^2 f(y|x)}{\partial y^2}b_n^2\right]\\&\quad+\frac{1}{2}d_{K_1}[f(x)f(y|x)]''_{xx}a_n^2+o(a_n^2)+o(b_n^2),\end{aligned}\tag{3.1.8}$$

其中 $[g(x,y)]''_{xx}$ 表示函数 $g(x,y)$ 对 x 的二阶偏导数. 进一步应用引理3.1.1 可以得到式 (3.1.5) 的方差和式 (3.1.6) 的期望:

$$\operatorname{var}(\eta_1(X_i))=f(x)f^2(y|x)[c_{K_1}a_n^{-1}-f(x)]+O(a_n)+O(b_n^2),\tag{3.1.9}$$

$$E[\eta_2(X_i)]=c_{K_1}f(x)f(y|x)a_n^{-1}[c_{K_2}b_n^{-1}-f(y|x)]+O(a_n^{-1}b_n).\tag{3.1.10}$$

由式 (3.1.9) 和式 (3.1.10) 可以得到无条件方差:

$$\begin{aligned}v_1&=\operatorname{var}(\eta_1(X_i))+E[\eta_2(X_i)]\\&=f(x)f(y|x)[c_{K_1}c_{K_2}a_n^{-1}b_n^{-1}-f(x)f(y|x)]+O(a_n)+O(a_n^{-1}b_n).\end{aligned}$$

将引理3.1.1 应用到式 (3.1.7) 即可得

$$E[\eta_3(X_i)]=c_{K_1}f(x)\left[f(y|x)+\frac{d_{K_2}}{2}\frac{\partial^2 f(y|x)}{\partial y^2}b_n^2\right]a_n^{-1}+O(a_n).$$

将 $E[\eta_3(X_i)]$ 减去 $\mu_1\mu_2$ 即可得到协方差:

$$v_{12}=c_{K_1}f(x)f(y|x)a_n^{-1}-f^2(x)f(y|x)+O(a_n)+O(a_n^{-1}b_n^2).$$

现在我们可以将定理 1.3.1 应用到式 (3.1.1) 中 $p=q=1$ 的情形. 这需要将上面得到的 μ_1,μ_2,v_1,v_2 和 v_{12} 代入到定理 1.3.1 中. 注意到 $1/(s+\delta)=1/s-\delta/s^2+o(\delta)$, 可得

$$\begin{aligned}\frac{\mu_1}{\mu_2}&=f(y|x)+\frac{d_{K_2}}{2}\frac{\partial^2 f(y|x)}{\partial y^2}b_n^2\\&\quad+\frac{d_{K_1}}{2}\left[\frac{2f'(x)}{f(x)}\frac{\partial f(y|x)}{\partial x}+\frac{\partial^2 f(y|x)}{\partial x^2}\right]a_n^2+o(a_n^2)+o(b_n^2),\end{aligned}$$

$$\frac{\mu_1 v_2}{\mu_2^3} = f(y|x)\left[\frac{c_{K_1}}{a_n f(x)} - 1\right] + O(a_n) + O(a_n^{-1}b_n^2),$$
$$\frac{\mu_{12}}{\mu_2^2} = f(y|x)\left[\frac{c_{K_1}}{a_n f(x)} - 1\right] + O(a_n) + O(a_n^{-1}b_n^2).$$

因此, 利用上面的结果和定理 1.3.1 的第一式即证得式 (3.1.3).

类似地, 可以得到

$$\frac{v_1}{\mu_2^2} = \frac{c_{K_1}c_{K_2}f(y|x)}{f(x)}a_n^{-1}b_n^{-1} - f^2(y|x) + O(a_n) + O(a_n^{-1}b_n),$$
$$\frac{\mu_1^2 v_2}{\mu_2^4} = \frac{c_{K_1}f^2(y|x)}{f(x)}a_n^{-1} - f^2(y|x) + O(a_n) + O(b_n^2),$$
$$\frac{\mu_1 v_{12}}{\mu_2^3} = \frac{c_{K_1}f^2(y|x)}{f(x)}a_n^{-1} - f^2(y|x) + O(a_n) + O(a_n^{-1}b_n^2).$$

因此, 利用上面所得到的结果和定理 1.3.1 的第二式即证得式 (3.1.4).

将式 (3.1.4) 加上式 (3.1.3) 的平方可得到 $\hat{f}_{\rm DK}(y|x)$ 的均方误差:

$$\begin{aligned}\mathrm{MSE}(\hat{f}_{\rm DK}(y|x)) = &\left\{\frac{d_{K_1}}{2}\left[\frac{2f'(x)}{f(x)}\frac{\partial f(y|x)}{\partial x} + f(x)\frac{\partial^2 f(y|x)}{\partial x^2}\right]a_n^2\right.\\ &\left.+\frac{d_{K_2}}{2}\frac{\partial^2 f(y|x)}{\partial y^2}b_n^2\right\}^2 + \frac{c_{K_1}c_{K_2}f(y|x)}{na_nb_nf(x)}\\ &+o(a_n^4) + o(b_n^4) + o((na_nb_n)^{-1}).\end{aligned} \tag{3.1.11}$$

我们也可以使用积分均方误差 (MISE) 来衡量 $\hat{f}_{\rm DK}(y|x))$ 的精度, 即

$$\mathrm{MISE}(\hat{f}_{\rm DK}) = \int_{-\infty}^{\infty}\int_{-\infty}^{\infty}\mathrm{MSE}(\hat{f}_{\rm DK}(y|x))f(x)w(x)\mathrm{d}x\mathrm{d}y, \tag{3.1.12}$$

其中权函数 $f(x)w(x)$ 是用来减少边界效应, 可以取某个区间上的示性函数. 由式 (3.1.11) 和式 (3.1.12), 经过计算可得

$$\mathrm{MISE}(\hat{f}_{\rm DK}) = A(a_n, b_n) + o(a_n^4) + o(b_n^4) + o((na_nb_n)^{-1}),$$

其中

$$A(a_n, b_n) = c_1a_n^4 + c_2b_n^4 + c_3a_n^2b_n^2 + c_4(na_nb_n)^{-1},$$

常数 c_1, c_2, c_3 和 c_4 的表达式为

$$c_1 = \int_{-\infty}^{\infty}\int_{-\infty}^{\infty}\frac{d_{K_1}^2}{4}\left[\frac{2f'(x)}{f(x)}\frac{\partial f(y|x)}{\partial x} + f(x)\frac{\partial^2 f(y|x)}{\partial x^2}\right]^2 f(x)w(x)\mathrm{d}x\mathrm{d}y,$$
$$c_2 = \int_{-\infty}^{\infty}\int_{-\infty}^{\infty}\frac{d_{K_2}^2}{4}\left(\frac{\partial^2 f(y|x)}{\partial y^2}\right)^2 f(x)w(x)\mathrm{d}x\mathrm{d}y,$$

$$c_3 = \int_{-\infty}^{\infty}\int_{-\infty}^{\infty}\frac{d_{K_1}d_{K_2}}{2}\left[\frac{2f'(x)}{f(x)}\frac{\partial f(y|x)}{\partial x}+f(x)\frac{\partial^2 f(y|x)}{\partial x^2}\right]$$
$$\times\left(\frac{\partial^2 f(y|x)}{\partial y^2}\right)^2 f(x)w(x)\mathrm{d}x\mathrm{d}y,$$
$$c_4 = \int_{-\infty}^{\infty} c_{K_1}c_{K_2}w(x)\mathrm{d}x.$$

极小化 $A(a_n, b_n)$ 即可得到最优带宽:

$$a^* = c_4^{1/6}\left[4\left(\frac{c_1^5}{c_2}\right)^{1/4}+2c_3\left(\frac{c_1}{c_2}\right)^{3/4}\right]^{-1/6} n^{-1/6},$$
$$b^* = c_4^{1/6}\left[4\left(\frac{c_2^5}{c_1}\right)^{1/4}+2c_3\left(\frac{c_2}{c_1}\right)^{3/4}\right]^{-1/6} n^{-1/6}.$$

上述两式说明, a^* 和 b^* 的阶都为 $n^{-1/6}$. 将 a^* 和 b^* 代入到式 (3.1.11) 可知 MISE ($\hat{f}_{\mathrm{DK}}$) 的阶为 $n^{-2/3}$.

在 2.3.2 小节中, 我们得到了单变量核密度估计的带宽 h_{opt} 的阶是 $n^{-1/5}$, 而 MISE($\hat{f}_{\mathrm{K}}$) 的收敛速度的阶是 $n^{-4/5}$. 我们期望得到的结果是在单变量情形下 MISE ($\hat{f}_{\mathrm{DK}}$) 的收敛速度是最优的. 然而, 由于在给定 X 的条件下使用在估计量中的点的数目实际上减少, 因此该收敛速度比核密度估计的收敛速度低.

3.1.3 双重核估计的带宽选择

3.1.2 小节得到的 a^* 和 b^* 不是实际的带宽选择规则, 因为它们是密度 $f(x)$ 和条件密度 $f(y|x)$ 的函数. 但它们可以用作带宽选择的基准. 通过假定条件和边缘密度为正态或其他参数形式可以得到一个粗糙的拇指准则, 参看 Bashtannyk 和 Hyndman(2001). Hall 与 Racine 和 Li(2004) 研究了条件密度估计及其交叉验证法. 单变量核密度估计的最优带宽选择的交叉验证 (CV) 法虽然对条件密度双重核估计是不同的, 但它的确为条件密度双重核估计的带宽选择提供了一种思路. 下面我们介绍条件密度双重核估计的带宽选择的 CV 方法.

对于条件密度 $f(y|x)$ 的双重核估计量 $\hat{f}_{\mathrm{DK}}(y|x)$, 积分平方误差 (ISE) 可写为

$$\begin{aligned}\mathrm{ISE}(\hat{f}_{\mathrm{DK}}) &= \int_{-\infty}^{\infty}\int_{-\infty}^{\infty}[\hat{f}_{\mathrm{DK}}(y|x)-f(y|x)]^2 f(x)\mathrm{d}x\\ &= \int_{-\infty}^{\infty}\int_{-\infty}^{\infty}\hat{f}_{\mathrm{DK}}^2(y|x)f(x)\mathrm{d}x\mathrm{d}y\\ &\quad -2\int_{-\infty}^{\infty}\int_{-\infty}^{\infty}\hat{f}_{\mathrm{DK}}(y|x)f(y|x)f(x)\mathrm{d}x+\int_{-\infty}^{\infty}\int_{-\infty}^{\infty}f^2(y|x)f(x)\mathrm{d}x\\ &= J_1(a_n,b_n)-2J_2(a_n,b_n)+J_3.\end{aligned}$$

注意到 J_3 不依赖于 (a_n, b_n), 因此可以忽略.

我们的确想极小化 $\mathrm{ISE}(\hat{f}_{\mathrm{DK}})$ 挑选带宽, 但这是不可行的, 因为它包含未知量. 解决这个问题的一个方法是利用一个基于 "抛一" 准则的估计量的交叉验证代替它. 用 $\hat{f}_{\mathrm{DK}}^{(-i)}(y|X_i)$ 表示抛去第 i 个观测后的估计量 $\hat{f}_{\mathrm{DK}}(y|X_i)$, 那么 $J_1(a_n, b_n)$ 和 $J_2(a_n, b_n)$ 的交叉验证估计量定义为

$$\hat{J}_1(a_n, b_n) = \frac{1}{n}\sum_{i=1}^{n}\int_{-\infty}^{\infty}\hat{f}_{\mathrm{DK}}^{(-i)}(y|X_i)^2\mathrm{d}y,$$

$$\hat{J}_2(a_n, b_n) = \frac{1}{n}\sum_{i=1}^{n}\hat{f}_{\mathrm{DK}}^{(-i)}(Y_i|X_i).$$

因此, 交叉验证函数定义为

$$M(a_n, b_n) = \hat{J}_1(a_n, b_n) - 2\hat{J}_2(a_n, b_n).$$

交叉验证最优带宽定义为 $M(a_n, b_n)$ 的极小值点. 经过计算可得

$$\hat{J}_1(a_n, b_n) = \frac{1}{n}\sum_{i=1}^{n}\frac{\sum\limits_{j\neq i}\sum\limits_{k\neq i}K_{1,a_n}(X_j - X_i)K_{1,a_n}(X_k - X_i)K_{2,b_n}^{*}(Y_j - Y_k)}{\left[\sum\limits_{j\neq i}K_{1,a_n}(X_j - X_i)\right]^2},$$

$$\hat{J}_2(a_n, b_n) = \frac{1}{n}\sum_{i=1}^{n}\frac{\sum\limits_{j\neq i}K_{1,a_n}(X_j - X_i)K_{2,b_n}(Y_j - Y_i)}{\sum\limits_{j\neq i}K_{1,a_n}(X_j - X_i)},$$

其中要求 $K_2(\cdot)$ 是对称的, $K_2^* = K_2 * K_2$ 表示核函数 $K_2(\cdot)$ 与它自身的卷积, 即

$$K_{2,b_n}^{*}(Y_j - Y_k) = \int_{-\infty}^{\infty}K_{2,b_n}(Y_j - y)K_{2,b_n}(Y_k - y)\mathrm{d}y.$$

如果 $K(\cdot)$ 取作 Gaussian 核, 则有

$$\hat{J}_1(a_n, b_n) = \frac{1}{n}\sum_{i=1}^{n}\frac{\sum\limits_{j\neq i}\sum\limits_{k\neq i}K_{1,a_n}(X_j - X_i)K_{1,a_n}(X_k - X_i)K_{2,\sqrt{2}b_n}(Y_j - Y_k)}{\left[\sum\limits_{j\neq i}K_{1,a_n}(X_j - X_i)\right]^2}.$$

3.1.4 双重核估计的渐近性质

1. 双重核估计的强相合性

首先讨论由式 (3.1.1) 定义的条件密度双重核估计 $\hat{f}_{\mathrm{DK}}(y|x)$ 的强相合性. 为方便起见, 我们使用下列记号: 对任意 $x \in \mathbf{R}^d$ 和 $B \subset \mathbf{R}^d$, 定义

$$R_{x,\delta}=\{u\in\mathbf{R}^d:\max_{1\leqslant i\leqslant d}|u_i-x_i|\leqslant\delta\},\qquad S_{x,\rho}=\{u\in\mathbf{R}^d:\|u-x\|\leqslant\rho\},$$

其中 $x=(x_1,\cdots,x_d)^{\mathrm{T}}$, $u=(u_1,\cdots,u_d)^{\mathrm{T}}$.

定理 3.1.2 设核 $K_1(\cdot)$ 和 $K_2(\cdot)$ 分别为 $\mathbf{R}^p$ 和 $\mathbf{R}^q$ 上的概率密度函数, 且存在常数 $c_2\geqslant c_1>0$, $c_3>0$, $r_1>0$ 和 $r_2>0$, 使得

$$c_1I(\|u\|\leqslant r_1)\leqslant K_1(u)\leqslant c_2I(\|u\|\leqslant r_1),\qquad K_2(v)\leqslant c_3I(\|v\|\leqslant r_2),$$

带宽 a_n 和 b_n 满足 $a_n\to0$, $b_n\to0$, $a_n^pb_n^q/\log n\to\infty$, 则对 $f(\cdot|\cdot)$ 的连续点 (x,y), 有

$$\hat{f}_{\mathrm{DK}}(y|x)\longrightarrow f(y|x),\ \text{a.s.}.$$

证 由于 $f(\cdot|\cdot)$ 的连续点 (x,y), 于是

$$\lim_{a,b\to0}\int_{S_{x,r_1a}}\int_{S_{y,r_2b}}|f(v|u)-f(y|x)|\mathrm{d}F(u)\mathrm{d}v/[b_n^qF(S_{x,r_1a})]=0,\tag{3.1.13}$$

其中 $0<a\leqslant b<\infty$. 利用 $f(\cdot|\cdot)$ 在点 (x,y) 的连续性, 容易证明: 存在常数 $c>0$, 使得

$$F(S_{x,r_1a_n})/a_n^p\geqslant c.\tag{3.1.14}$$

现在证明: 对任意 $\varepsilon>0$, 有

$$P\{|\widetilde{E}[\hat{f}_{\mathrm{DK}}(y|x)]-f(y|x)|>\varepsilon\}\leqslant\exp\{-cna_n^pb_n^q\},\tag{3.1.15}$$

其中 $\widetilde{E}(\cdot)=E(\cdot|\varDelta)$, $\varDelta=(X_1,X_2,\cdots)$. 为此, 记

$$A_i=\{\|X_i-x\|\leqslant r_1a_n\},\quad i=1,\cdots,n;\quad N=\sum_{i=1}^nI(A_i).$$

注意到对 $K_1(\cdot)$ 和 $K_2(\cdot)$ 施加的条件, 可得

$$|\widetilde{E}[\hat{f}_{\mathrm{DK}}(y|x)]-f(y|x)|\leqslant U_nI(N\neq0)+f(y|x)I(N=0),\tag{3.1.16}$$

其中

$$U_n=\frac{1}{N}\sum_{i=1}^nI(A_i)b_n^{-q}\int_{S_{y,r_2b_n}}|f(v|X_i)-f(y|x)|\mathrm{d}v.$$

当给定 $I(A_1),\cdots,I(A_n)$ 时, 不失一般性, 不妨设 $I(A_1)=\cdots=I(A_N)=1$, 且 $I(A_{N+1})=\cdots=I(A_n)=0$. 在上述条件下, $X_1,\cdots,X_N$ 是 iid 随机变量, 且 X_i 的分布是

$$F^*(\cdot)=F(\cdot\cap S_{x,r_1a_n})/F(S_{x,r_1a_n}).$$

用 E^* 表示在这个条件分布下的期望, 从式 (3.1.13) 可以看出

$$E^*(U_n) \leqslant \int_{S_{x,r_1an}} \int_{S_{y,r_2bn}} |f(v|u) - f(y|x)| \mathrm{d}F(u)\mathrm{d}v / [b_n^q F(S_{x,r_1a_n})] \longrightarrow 0. \tag{3.1.17}$$

记

$$\xi_i = b_n^{-q} \int_{S_{y,r_2bn}} |f(v|X_i) - f(y|x)| \mathrm{d}v, \quad i = 1, \cdots, n,$$

则 $\xi_1, \cdots, \xi_n$ 是 (条件)iid 随机变量, 且 $|\xi_i - E^*(\xi_i)| \leqslant 2b_n^{-q}$,

$$\begin{aligned}
\frac{1}{N}\sum_{i=1}^N E^*(\xi_i^2) &\leqslant 2b_n^{-q} E^*(\xi_1) \\
&= 2b_n^{-2q} \int_{S_{x,r_1an}} \int_{S_{y,r_2bn}} |f(v|u) - f(y|x)| \mathrm{d}F(u)\mathrm{d}v / F(S_{x,r_1a_n}) \\
&\leqslant 2c(x,y) b_n^{-q} \triangleq cb_n^{-q},
\end{aligned}$$

其中

$$c(x,y) = \sup_{a,b>0} \int_{S_{x,r_1a}} \int_{S_{y,r_2b}} f(v|u)\mathrm{d}v / [b_n^q F(S_{x,r_1a})] + r_2^q f(y|x).$$

利用 Bernstein 不等式 (定理 1.1.1) 可得

$$\begin{aligned}
&P\left\{c|U_n - E^*(U_n)| > \varepsilon/2 | I(A_1), \cdots, I(A_n)\right\} \\
&\leqslant 2\exp\left\{-\frac{N(\varepsilon/2c)^2}{2cb_n^{-q} + \varepsilon b_n^{-q}/c}\right\} \leqslant \exp\{-cNb_n^q\}.
\end{aligned} \tag{3.1.18}$$

记 $p_n = F(S_{x,r_1a_n})$. 由式 (3.1.18) 和 Bernstein 不等式可得

$$\begin{aligned}
&P\{c|U_n - E^*(U_n)| > \varepsilon/2\} \leqslant E[\exp(-cNb_n^q)] \\
&\leqslant E\left[\exp(-cNb_n^q) I(N \geqslant np_n/2)\right] + P\left\{\frac{N}{n} < \frac{1}{2}p_n\right\} \\
&\leqslant E\left[\exp(-cNb_n^q) I(N \geqslant cna_n^p/2)\right] + P\left\{\frac{N}{n} - p_n < -\frac{1}{2}p_n\right\} \\
&\leqslant \exp\{-c^2 na_n^p b_n^q/2\} + 2\exp\{-np_n/10\} \\
&\leqslant \exp\{-cna_n^p b_n^q\} + 2\exp\{-cna_n^p/10\} \leqslant \exp\{-cna_n^p b_n^q\}.
\end{aligned} \tag{3.1.19}$$

此外, 由式 (3.1.14) 可得

$$\begin{aligned}
P\{f(y|x)I(N=0)\} &\leqslant P\{N=0\} \\
&\leqslant P\{\|X_i - x\| > r_1 a_n, i = 1, \cdots, n\} \\
&= (1-p_n)^n \leqslant \exp\{-np_n\} \leqslant \exp\{-cna_n^p\}.
\end{aligned} \tag{3.1.20}$$

结合式 (3.1.16)、式 (3.1.17)、式 (3.1.19) 和式 (3.1.20) 即可得到式 (3.1.15).

下面证明: 对任意 $\varepsilon > 0$, 有

$$P\{|\hat{f}_{\rm DK}(y|x) - \widetilde{E}[\hat{f}_{\rm DK}(y|x)]| > \varepsilon\} \leqslant \exp\{-cna_n^p b_n^q\}. \tag{3.1.21}$$

为此, 对固定的 (x, y), 记

$$\phi_n = \frac{1}{N}\sum_{i=1}^{n} I(A_i) b_n^{-q} \int_{\mathbf{R}^q} K_2\left(\frac{v-y}{b_n}\right) f(v|X_i)\mathrm{d}v,$$

$$J_n = \hat{f}_{\rm DK}(y|x) - \widetilde{E}[\hat{f}_{\rm DK}(y|x)] = \sum_{i=1}^{n} w_{ni}(x) b_n^{-q}\eta_i,$$

其中

$$w_{ni}(x) = K_1\left(\frac{X_i - x}{a_n}\right) \Big/ \sum_{i=1}^{n} K_1\left(\frac{X_i - x}{a_n}\right),$$

$$\eta_i = K_2\left(\frac{Y_i - y}{b_n}\right) - \int_{\mathbf{R}^q} K_2\left(\frac{v-y}{b_n}\right) f(v|X_i)\mathrm{d}v.$$

当 $\varDelta$ 给定时, $\eta_1, \cdots, \eta_n$ 是均值为 0 的 iid 随机变量. 对任何 $t > 0$, 由 Markov 不等式可得

$$\begin{aligned} P\{J_n > \varepsilon|\varDelta\} = & I(|\phi_n - f(y|x)| > \varepsilon\} + I(N = 0) \\ & + I(\phi_n \leqslant \varepsilon + f(y|x), N \neq 0)\mathrm{e}^{-t\varepsilon} \prod_{i=1}^{n} \widetilde{E}\left[\exp(tw_{ni}(x) b_n^{-q}\eta_i)\right]. \end{aligned}$$

对 $i = 1, \cdots, n$, 有

$$\begin{aligned} & I(N \neq 0)\widetilde{E}\left[\exp(tw_{ni}(x)b_n^{-q}\eta_i)\right] \\ \leqslant & I(N \neq 0)\left\{1 + \frac{1}{2}\widetilde{E}\left[t^2 w_{ni}^2(x) b_n^{-2q}\eta_i^2 \exp(tw_{ni}(x)b_n^{-q}\eta_i)\right]\right\} \\ \leqslant & I(N \neq 0)\left\{1 + ct^2 N^{-2} I(A_i) b_n^{-2q} \exp(ctN^{-1}b_n^{-q})\psi_{ni}\right\} \\ \leqslant & I(N \neq 0)\exp\left\{ct^2 N^{-2} I(A_i) b_n^{-2q} \exp(ctN^{-1}b_n^{-q})\psi_{ni}\right\}, \end{aligned}$$

其中 $\psi_{ni} = \int_{-\infty}^{\infty} K_2^2\left(\frac{v-y}{b_n}\right) f(v|X_i)\mathrm{d}v$. 因此

$$\begin{aligned} P\{J_n > \varepsilon|\varDelta\} = & I(|\phi_n - f(y|x)| > \varepsilon\} + I(N = 0) \\ & + I(N \neq 0, \phi_n \leqslant c)\mathrm{e}^{-t\varepsilon} \exp\left\{ct^2 N^{-1} b_n^{-q}\phi_n \exp(ctN^{-1}b_n^{-q})\right\} \\ \leqslant & I(|\phi_n - f(y|x)| > \varepsilon\} + I(N = 0) \\ & + I(N \neq 0)\exp\left\{-t\varepsilon + ct^2 N^{-1} b_n^{-q} \exp(ctN^{-1}b_n^{-q})\right\}. \end{aligned}$$

取 $t = \lambda\varepsilon N b_n^q c^{-1}$, 那么对充分小的 $\lambda > 0$, 有

$$P\{J_n > \varepsilon|\Delta\} = I(|\phi_n - f(y|x)| > \varepsilon) + I(N = 0) \\ +I(N \neq 0)\exp\{-cNb_n^q\}.$$

因此

$$P\{J_n > \varepsilon\} = P\{|\phi_n - f(y|x)| > \varepsilon\} + I(N = 0) + E[\exp(-cNb_n^q)]. \tag{3.1.22}$$

由式 (3.1.15)、式 (3.1.19)、式 (3.1.20) 和式 (3.1.22) 可得

$$P\{J_n > \varepsilon\} \leqslant \exp\{-cna_n^p b_n^q\}.$$

利用同样的论证可以证得

$$P\{J_n < -\varepsilon\} \leqslant \exp\{-cna_n^p b_n^q\}.$$

结合上述两式即可证得式 (3.1.21). 由式 (3.1.15) 和式 (3.1.21) 可得

$$P\{|\hat{f}_{\mathrm{DK}}(y|x) - f(y|x)| > 2\varepsilon\} \leqslant \exp\{-cna_n^p b_n^q\}.$$

注意到 $na_n^p b_n^q / \log n \to \infty$, 知上式求级数收敛. 故由 Borel-Cantelli 引理 (定理 1.2.4) 即可完成本定理的证明.

2. 双重核估计的渐近正态性

薛留根 (1989) 在 $p = q = 1$ 的情形下证明了 $\hat{f}_{\mathrm{DK}}(y|x)$ 的渐近正态性, 即下述结果.

定理 3.1.3 设核 $K_1(\cdot)$ 和 $K_2(\cdot)$ 皆为 $\mathbf{R}$ 上的对称概率密度函数, 且满足

$$\sup_u (1 + |u|)K_l(u) \leqslant c_1 < \infty, \quad \int_{-\infty}^{\infty} u^2 K_l(u)\mathrm{d}u \leqslant c_2 < \infty, \quad l = 1, 2,$$

其中 c_1 和 c_2 为正的常数; 带宽 a_n 和 b_n 满足

$$\lim_{n\to\infty} na_n b_n = \infty, \quad \lim_{n\to\infty} na_n^5 b_n = \lim_{n\to\infty} na_n b_n^5 = \lim_{n\to\infty} na_n^3 b_n^3 = 0;$$

$f(x)$ 存在有界的二阶导数, $f(\cdot,\cdot)$ 在任意点 (x, y) 处存在有界连续的一阶和二阶偏导数, 则对任意满足 $f(x_i, y_i) > 0 (i = 1, \cdots, k)$ 的 k 个不同点 $(x_1, y_1), \cdots, (x_k, y_k)$, 有

$$\sqrt{na_n b_n}\left(\hat{f}_{\mathrm{DK}}(y_1|x_1) - f(y_1|x_1), \cdots, \hat{f}_{\mathrm{DK}}(y_k|x_k) - f(y_k|x_k)\right)^{\mathrm{T}} \xrightarrow{D} N(0, B),$$

其中 B=diag$(b_{11}, \cdots, b_{kk})$ 为对角形矩阵,

$$b_{ss} = \frac{f(x_s, y_s)}{f^2(x_s)} \int_{-\infty}^{\infty} K_1^2(u)\mathrm{d}u \int_{-\infty}^{\infty} K_2^2(v)\mathrm{d}v, \quad s = 1, \cdots, k.$$

证 不妨在 $k=2$ 的情形下证之. 为方便计, 引进如下记号. 对 $1 \leqslant i \leqslant n$, $s=1,2$, 记

$$\begin{aligned} U_{ni}^*(x_s) &= a_n^{-1}K_1\left(\frac{X_i-x_s}{a_n}\right), \\ U_{ni}(x_s) &= \sqrt{a_nb_n}\{U_{ni}^*(x_s)-E[U_{ni}^*(x_s)]\}, \\ V_{ni}^*(x_s,y_s) &= b_n^{-1}U_{ni}^*(x_s)K_2\left(\frac{Y_i-y_s}{b_n}\right), \\ V_{ni}(x_s,y_s) &= \sqrt{a_nb_n}\{V_{ni}^*(x_s,y_s)-E[V_{ni}^*(x_s,y_s)]\}, \\ \sqrt{n}Z_n &= \sum_{i=1}^n (U_{ni}(x_1),V_{ni}(x_1,y_1),U_{ni}(x_2),V_{ni}(x_2,y_2))^{\mathrm{T}}. \end{aligned}$$

首先证明

$$Z_n \xrightarrow{D} N(0,A), \tag{3.1.23}$$

其中 A=diag$(0,a_{11},0,a_{22})$ 为对角形矩阵,

$$a_{ss}=f(x_s,y_s)\int_{-\infty}^{\infty}K_1^2(u)\mathrm{d}u\int_{-\infty}^{\infty}K_2^2(v)\mathrm{d}v, \quad s=1,2.$$

由 Cramer-Wold 定理, 为证式 (3.1.23), 只需证明对任意非零向量 $e=(c_1,d_1,c_2.d_2)^{\mathrm{T}}$, 有

$$e^{\mathrm{T}}Z_n \xrightarrow{D} N\left(0,e^{\mathrm{T}}Ae\right). \tag{3.1.24}$$

为此, 记 $\xi_{ni}=c_1U_{ni}(x_1)+d_1V_{ni}(x_1,y_1)+c_2U_{ni}(x_2)+d_2V_{ni}(x_2,y_2)$, 则 $\{\xi_{ni};1\leqslant i\leqslant n\}$ 为独立随机变量序列, 且

$$e^{\mathrm{T}}Z_n=n^{-1/2}\sum_{i=1}^n\xi_{ni}.$$

由方差的性质可得

$$\begin{aligned} \sigma_n^2 \triangleq \mathrm{var}(e^{\mathrm{T}}Z_n) &= \frac{1}{n}\sum_{i=1}^n \mathrm{var}(\xi_{ni}) \\ &= \sum_{s=1}^2\{c_s^2E[U_{n1}^2(x_s)]+d_s^2E[V_{n1}^2(x_s,y_s)]\} \\ &\quad+\sum_{s\neq r}\{c_sc_rE[U_{n1}(x_s)U_{n1}(x_r)]+d_sd_rE[V_{n1}(x_s,y_s)V_{n1}(x_r,y_r)] \\ &\quad+\sum_{s,r}c_sd_rE[U_{n1}(x_s)V_{n1}(x_r,y_r)]\}. \end{aligned} \tag{3.1.25}$$

类似于式 (2.3.33)~ 式 (2.3.36) 的证明方法不难证得: 对 $s=1,2$, 有

$$\lim_{n\to\infty} E[U_{n1}^2(x_s)] = 0, \tag{3.1.26}$$

$$\lim_{n\to\infty} E[V_{n1}^2(x_s,y_s)] = f(x_s,y_s)\int_{-\infty}^{\infty} K_1^2(u)\mathrm{d}u\int_{-\infty}^{\infty} K_2^2(v)\mathrm{d}v; \tag{3.1.27}$$

对 $s=1,2,\ s\neq r$, 有

$$\lim_{n\to\infty} E[U_{n1}(x_s)U_{n1}(x_r)] = 0, \tag{3.1.28}$$

$$\lim_{n\to\infty} E[V_{n1}(x_s,y_s)V_{n1}(x_r,y_r)] = 0; \tag{3.1.29}$$

对 $s=1,2$, 有

$$\lim_{n\to\infty} E[U_{n1}(x_s)V_{n1}(x_r,y_r)] = 0. \tag{3.1.30}$$

由式 (3.1.26)$\sim$ 式 (3.1.30) 可以看出, 当 d_1,d_2 全为零时, $e^{\mathrm{T}}Z_n$ 期望和方差皆为零, 故 $e^{\mathrm{T}}Z_n$ 服从退化分布. 当 d_1,d_2 至少有一个为零时, 由式 (3.1.26)$\sim$ 式 (3.1.30) 可得

$$\lim_{n\to\infty} \sigma_n^2 = e^{\mathrm{T}}Ae. \tag{3.1.31}$$

此外, 由于

$$\rho_n^3 = n^{-3/2}\sum_{i=1}^{n} E(|\xi_{ni}|^3) \leqslant c\max_{s=1,2}\left\{\frac{E[U_{n1}^2(x_s)]}{\sqrt{na_nb_n}}, \frac{E[V_{n1}^2(x_s,y_s)]}{\sqrt{na_nb_n}}\right\},$$

因此由式 (3.1.26) 和式 (3.1.27) 可得

$$\lim_{n\to\infty} \rho_n^3 = 0. \tag{3.1.32}$$

注意到矩阵 A 的行列式为

$$|A| = f(x_1,y_1)f(x_2,y_2)\left(\int_{-\infty}^{\infty} K_1^2(u)\mathrm{d}u\int_{-\infty}^{\infty} K_2^2(v)\mathrm{d}v\right)^2,$$

于是由 $f(x_s,y_s)>0,\ s=1,2$, 知 A 是正定矩阵. 从而对非零元素 e 且当 d_1,d_2 至少有一个为零时, 有 $e^{\mathrm{T}}Ae>0$. 因此由式 (3.1.31) 和式 (3.1.32) 可得 $\lim\limits_{n\to\infty}\rho_n/\sigma_n=0$. 应用 Berry-Esseen 定理 (定理 1.1.10) 即知式 (3.1.24) 成立.

其次证明

$$Z_n^* \xrightarrow{D} N(0,A), \tag{3.1.33}$$

其中

$$\sqrt{\frac{n}{a_nb_n}}Z_n^* = \sum_{i=1}^{n}(\zeta_{ni}(x_1),\eta_{ni}(x_1,y_1),\zeta_{ni}(x_2),\eta_{ni}(x_2,y_2))^{\mathrm{T}},$$

$$\zeta_{ni}(x_s) = U_{ni}^*(x_s) - f(x_s),\quad s=1,2,$$

$$\eta_{ni}(x_s,y_s) = V_{ni}^*(x_s,y_s) - f(x_s,y_s),\quad s=1,2.$$

如果证明了

$$Z_n^* - Z_n \longrightarrow 0, \tag{3.1.34}$$

那么注意到 $Z_n^* = Z_n + (Z_n^* - Z_n)$, 利用式 (3.1.23) 和式 (3.1.34) 以及 Slutsky 定理即可证得式 (3.1.33).

下面证明式 (3.1.34). 令 $Q_n = (\zeta_{ni}^*(x_1), \eta_{ni}^*(x_1, y_1), \zeta_{ni}^*(x_2), \eta_{ni}^*(x_2, y_2))^{\mathrm{T}}$, 其中

$$\begin{aligned}
\zeta_{ni}^*(x_s) &= E[U_{ni}^*(x_s)] - f(x_s), \quad s = 1, 2, \\
\eta_{ni}^*(x_s, y_s) &= E[V_{ni}^*(x_s, y_s)] - f(x_s, y_s), \quad s = 1, 2.
\end{aligned}$$

由式 (2.3.41) 可知 $\zeta_{ni}^*(x_s) = O(a_n^2)$, $s = 1, 2$. 类似的论证可以得到

$$\eta_{ni}^*(x_s, y_s) = O(a_n^2) + O(b_n^2) + O(a_n b_n), \quad s = 1, 2.$$

因此

$$Z_n^* - Z_n = \sqrt{n a_n b_n} Q_n = O(\sqrt{n a_n^5 b_n}) + O(\sqrt{n a_n b_n^5}) + O(\sqrt{n a_n^3 b_n^3}).$$

故由上式和施加在带宽上的条件即可得到式 (3.1.34).

最后完成本定理的证明. 定义 $\mathbf{R}^4$ 到 $\mathbf{R}^2$ 的函数 H 为

$$H(u_1, u_2, u_3, u_4) = (H_1(u_1, u_2, u_3, u_4), H_2(u_1, u_2, u_3, u_4))^{\mathrm{T}},$$

其中 $H_1(u_1, u_2, u_3, u_4) = u_2/u_1$, $H_2(u_1, u_2, u_3, u_4) = u_4/u_3$. 记 $Z_n^* = \sqrt{n a_n b_n}(T_n - \theta)^{\mathrm{T}}$, 其中

$$\begin{aligned}
T_n &= (T_{n1}, T_{n2}, T_{n3}, T_{n4}), \quad \theta = (f(x_1), f(x_1, y_1), f(x_2), f(x_2, y_2)), \\
T_{n1} &= \frac{1}{n}\sum_{i=1}^n U_{ni}^*(x_1), \quad T_{n2} = \frac{1}{n}\sum_{i=1}^n V_{ni}^*(x_1, y_1), \\
T_{n3} &= \frac{1}{n}\sum_{i=1}^n U_{ni}^*(x_2), \quad T_{n4} = \frac{1}{n}\sum_{i=1}^n V_{ni}^*(x_2, y_2),
\end{aligned}$$

则由式 (3.1.33) 和 Mann-Wold 定理 (Rao, 1965) 可得

$$\sqrt{n a_n b_n}[H(T_n) - H(\theta)] \xrightarrow{D} N\left(0, CAC^{\mathrm{T}}\right), \tag{3.1.35}$$

其中

$$C = \begin{pmatrix} \dfrac{\partial H_1}{\partial u_1} & \dfrac{\partial H_1}{\partial u_2} & \dfrac{\partial H_1}{\partial u_3} & \dfrac{\partial H_1}{\partial u_4} \\ \dfrac{\partial H_2}{\partial u_1} & \dfrac{\partial H_2}{\partial u_2} & \dfrac{\partial H_2}{\partial u_3} & \dfrac{\partial H_2}{\partial u_4} \end{pmatrix}_{(u_1, u_2, u_3, u_4) = \theta}.$$

容易验证 $CAC^{\mathrm{T}}=B$,

$$H(T_n)-H(\theta)=\left(\hat{f}_{\mathrm{DK}}(y_1|x_1)-f(y_1|x_1),\hat{f}_{\mathrm{DK}}(y_2|x_2)-f(y_2|x_2)\right)^{\mathrm{T}}.$$

上式与式 (3.1.35) 结合就完成了本定理的证明.

3. 双重核估计的收敛速度

下面在 $p=q=1$ 的情形下给出 $\hat{f}_{\mathrm{DK}}(y|x)$ 的收敛速度.

定理 3.1.4　设 $K_1(\cdot)$ 和 $K_2(\cdot)$ 都为对称的概率密度函数且满足式 (3.1.2), 对给定的 $(x,y)\in\mathbf{R}\times\mathbf{R}$, $f(x)>0$, $f(x)$ 在 x 处存在有界连续的二阶导数, $f(y|x)$ 在 (x,y) 处存在有界连续的一阶和二阶偏导数. 如果选取 $a_n=b_n=(n/\log n)^{-1/6}$, 则对任何 $0<c_n\to\infty$, 有

$$\hat{f}_{\mathrm{DK}}(y|x))-f(y|x)=o\left(c_n\left(\frac{\log n}{n}\right)^{1/3}\right),\ \text{a.s.}. \tag{3.1.36}$$

证　记

$$f_n(x)=\frac{1}{na_n}\sum_{i=1}^{n}K_1\left(\frac{X_i-x}{a_n}\right),$$

$$g_n(x,y)=\frac{1}{n}\sum_{i=1}^{n}\frac{1}{a_n}K_1\left(\frac{X_i-x}{a_n}\right)\left[\frac{1}{b_n}K_2\left(\frac{Y_i-y}{b_n}\right)-f(y|x)\right].$$

简单计算可得

$$\hat{f}_{\mathrm{DK}}(y|x)-f(y|x)=\frac{g_n(x,y)}{f_n(x)}. \tag{3.1.37}$$

利用引理 3.1.1, 仿照定理 2.3.4 的证明方法不难证明

$$f_n(x)\longrightarrow f(x),\ \text{a.s.}. \tag{3.1.38}$$

记 $\nu_n=c_n\,(n/\log n)^{-1/3}$. 不妨设 $c_n=o(\log n)$. 由式 (3.1.37) 和式 (3.1.38) 可知, 为证式 (3.1.36), 只需证明

$$\nu_n^{-1}g_n(x,y)\longrightarrow 0,\ \text{a.s.}. \tag{3.1.39}$$

利用引理 3.1.1, 类似式 (3.1.8) 的证明方法可以证得

$$\begin{aligned}E[g_n(x,y)]=&\frac{1}{2}d_{K_1}\left[2f'(x)\frac{\partial f(y|x)}{\partial x}+f(x)\frac{\partial^2 f(y|x)}{\partial x^2}\right]a_n^2\\&+\frac{1}{2}d_{K_2}f(x)\frac{\partial^2 f(y|x)}{\partial y^2}b_n^2+o(a_n^2)+o(b_n^2),\end{aligned}$$

其中 $d_{K_\nu}(\nu=1,2)$ 由式 (3.1.2) 定义. 因此, 由 a_n 和 b_n 的取法可知

$$\nu_n^{-1}E[g_n(x,y)] \longrightarrow 0, \text{ a.s.}. \tag{3.1.40}$$

于是, 由式 (3.1.40) 可知, 为证式 (3.1.39), 只需证明

$$\nu_n^{-1}\{g_n(x,y)-E[g_n(x,y)]\} \longrightarrow 0, \text{ a.s.}. \tag{3.1.41}$$

对 $i=1,\cdots,n$, 记

$$\xi_i=\frac{1}{a_n}K_1\left(\frac{X_i-x}{a_n}\right)\left[\frac{1}{b_n}K_2\left(\frac{Y_i-y}{b_n}\right)-f(y|x)\right],$$

$\eta_i=\xi_i-E(\xi_i)$, 则 $\eta_i,\cdots,\eta_n$ 为均值为零的 iid 随机变量, 且 $|\eta_i|\leqslant c(a_nb_n)^{-1}$. 显然, $g_n(x,y)-E[g_n(x,y)]=n^{-1}\sum\limits_{i=1}^{n}\eta_i$. 利用引理 3.1.1, 类似式 (3.1.10) 的证明方法可以证得: 当 n 充分大时,

$$\begin{aligned}\operatorname{var}(\eta_1)&\leqslant c_{K_1}f(x)f(y|x)a_n^{-1}[c_{K_2}b_n^{-1}+f(y|x)]+O(a_n^{-1}b_n)\\&\leqslant c_1(x,y)(a_nb_n)^{-1},\end{aligned}$$

其中 $c_{K_\nu}(\nu=1,2)$ 在引理 3.1.1 中定义, $0<c_1(x,y)<\infty$. 故由 Bernstein 不等式 (定理 1.1.1), 对任给的 $\varepsilon>0$, 当 n 充分大时, 有

$$\begin{aligned}&P\left\{\nu_n^{-1}|g_n(x,y)-E[g_n(x,y)]|\geqslant\varepsilon\right\}\\&=P\left\{\left|\frac{1}{n}\sum_{i=1}^{n}\eta_i\right|\geqslant\varepsilon\nu_n\right\}\\&\leqslant 2\exp\left\{-\frac{n\varepsilon^2\nu_n^2}{2c_1(x,y)(a_nb_n)^{-1}+c\varepsilon\nu_n(a_nb_n)^{-1}}\right\}\\&\leqslant 2\exp\left\{-c_2(x,y)c_n^2\log n\right\}=O(n^{-2}).\end{aligned}$$

故由 Borel-Cantelli 引理 (定理 1.2.4) 即证得式 (3.1.41). 这就完成了本定理的证明.

3.1.5 相依样本下条件密度的双重核估计

薛留根 (1991) 在样本序列为平稳 φ 混合的情形下证明了条件密度双重核估计的强相合性和渐近正态性, 并给出了估计量的强收敛速度. 本小节介绍这方面的结果. 本小节仅考虑一维条件密度的的情形, 首先给出条件密度双重核估计 $\hat{f}_{\mathrm{DK}}(y|x)$ 的强相合性.

定理 3.1.5 设 $\{X_n; n\geqslant 1\}$ 为平稳 φ 混合序列, 且混合系数 $\varphi(n)$ 满足

$$\sum_{n=1}^{\infty}\varphi(n)<\infty, \tag{3.1.42}$$

则在定理 3.1.2 的条件下, $\hat{f}_{\mathrm{DK}}(y|x)$ 具有强相合性, 即定理 3.1.2 的结论仍成立.

证 仿照定理 3.1.2 的证明方法即证, 故从略.

下面的结果说明了条件密度双重核估计 $\hat{f}_{\mathrm{DK}}(y|x)$ 的渐近正态性.

定理 3.1.6 设 $\{X_n; n \geqslant 1\}$ 为平稳 φ 混合序列, 且混合系数 $\varphi(n)$ 满足式 (3.1.42). 又设对任意 $j > 1$, (X_1, Y_1, X_j, Y_j), (X_1, Y_1, X_j), (X_1, X_j, Y_j), (X_1, X_j) 的联合密度皆为有界连续函数, 则在定理 3.1.3 的条件下, $\hat{f}_{\mathrm{DK}}(y|x)$ 具有渐近正态性, 即定理 3.1.3 的结论仍成立.

证 仿照定理 3.1.3 和定理 2.3.12 的证明方法即证, 故从略.

下面的定理给出了条件密度双重核估计 $\hat{f}_{\mathrm{DK}}(y|x)$ 的强收敛速度.

定理 3.1.7 设 $\{X_n; n \geqslant 1\}$ 为平稳 φ 混合序列, 且混合系数 $\varphi(n)$ 满足式 (3.1.42), 核函数 $K_1(\cdot)$ 和 $K_2(\cdot)$ 满足定理 3.1.2 的条件. 又设存在有限函数 $c_1(x, y) > 0$, $c_2(x, y) > 0$ 和 $0 < \lambda \leqslant 1$, 使对 a.e. $(x, y)(F \times L)$, 存在 $\delta_1 = \delta_1(x, y) > 0$, $\delta_2 = \delta_2(x, y) > 0$, 使得当 $r_1 < \delta_1$, $r_2 < \delta_2$ 时, 有

$$\frac{\int_{S_{x,\rho_1}} \int_{S_{y,\rho_2}} |f(v|u) - f(y|x)| \mathrm{d}F(u)\mathrm{d}v}{b_n^q F(S_{x,\rho_1})} \leqslant c_1(x, y)\rho_1^\lambda + c_2(x, y)\rho_2^\lambda, \tag{3.1.43}$$

其中 F 为 X 的分布所诱导的测度, L 为 $\mathbf{R}^q$ 上的 Lebesgue 测度. 如果选取 $a_n = b_n = (\sqrt{n}/\log n)^{-1/(p+q+\lambda)}$ 时, 则对 a.e. $(x, y)(F \times L)$ 以及任何 $0 < c_n \to \infty$, 有

$$\hat{f}_{\mathrm{DK}}(y|x)) - f(y|x) = o\left(c_n \left(\frac{\log n}{\sqrt{n}}\right)^{1/(p+q+\lambda)}\right), \text{ a.s..}$$

证 仿照定理 3.1.2 和定理 3.1.4 的证明方法即证, 故从略.

上述三个定理的详细证明可参看薛留根 (1991).

3.1.6 相关文献及成果注记

对条件密度的双重核估计的研究, 除了上面介绍的一些成果外, 还有一些其他成果. 孙东初 (1985) 证明了条件密度双重核估计的逐点强相合性和一致强相合性. Zhao 和 Liu(1985) 研究了条件密度函数的核估计的强相合性. 袁敖 (1989) 证明了条件密度随机带宽双重核估计的强相合性. 薛留根 (1993) 证明了条件密度递归双重核估计的渐近正态性. 樊家琨和薛留根 (1994) 在相依样本下证明了条件密度递归双重核估计的强相合性. 薛留根 (1994) 在相依样本下证明了条件密度通常的和递归形式的双重核估计的强相合性. Xue 等 (1999) 在平稳序列下给出了条件密度双重核估计的强收敛速度. Xue 和 Cai(2000) 研究了条件密度双重核估计的误差分布的逼近速度. 薛留根和樊明智 (2001) 给出了条件密度双重核估计的强收敛速度.

3.2 条件密度的近邻–核估计

3.2.1 近邻 – 核估计的定义

设 (X,Y) 是 $\mathbf{R}^p \times \mathbf{R}^q$ 上的随机变量, X 的边缘分布和边缘密度函数分别为 $F(x)$ 和 $f(x)$, 在给定 $X=x$ 的条件下 Y 具有条件密度 $f(y|x)$, 它是 (x,y) 的 Borel 可测函数. 又设 $(X_1,Y_1),\cdots,(X_n,Y_n)$ 是来自 (X,Y) 的 iid 样本. 对固定的 $x\in\mathbf{R}^p$, 令 $(R_1,\cdots,R_n)$ 是满足 $\|X_{R_1}-x\|\leqslant\cdots\leqslant\|X_{R_n}-x\|$ 的足标 $(1,\cdots,n)$ 的一个置换. 约定当 $\|X_i-x\|=\|X_j-x\|$, 而 $i<j$ 时, $\|X_i-x\|$ 在上式中排在 $\|X_j-x\|$ 之前, 其中 $\|\cdot\|$ 为 Euclidean 模. $f(y|x)$ 的近邻 - 核估计定义为

$$\hat{f}_{\mathrm{NK}}(y|x)=\frac{1}{kh_n^q}\sum_{i=1}^{k}K\left(\frac{Y_{R_i}-y}{h_n}\right), \tag{3.2.1}$$

其中 $\{h_n;n\geqslant1\}$ 为一收敛于 0 的常数列, $\{k=k_n;n\geqslant1\}$ 为一满足 $k\leqslant n$ 的正整数列, $K(v)$ 为 $\mathbf{R}^q$ 上的 Borel 可测函数.

3.2.2 近邻 – 核估计的渐近性质

为行文方便, 本小节总用 $c>0$ 表示与 n 无关的常数, 但可能与 (x,y) 有关, 每次出现时, 即使在同一式中也可能取不同值. 用 $\widetilde{P}$, $\widetilde{E}$ 和 $\widetilde{\mathrm{var}}$ 分别表示给定 $\Delta=(X_1,X_2,\cdots)$ 下的条件概率、条件期望和条件方差. 用 $P^*(\cdot)$, $E^*(\cdot)$ 和 var^* 分别表示在给定 $\|X_{R_{k+1}}-x\|=\zeta$ 的条件下的条件概率、条件期望和条件方差.

1. 一个引理

在讨论近邻–核估计的渐近性质之前, 首先给出一个引理.

引理 3.2.1 设 $k=k_n$ 满足 $k/n\to0$, $k/\log n\to\infty$, 则对任何 $0<a_n\to0$, 有

$$a_n(n/k)^{1/p}\|X_{R_k}-x\|\longrightarrow0,\ \text{a.s., a.e. } x(F). \tag{3.2.2}$$

证 记 $\nu_n=a_n^{-1}(k/n)^{1/p}$, 不妨设 $\nu_n\to0$. x 属于 $F(x)$ 的支撑集 $S(F)$, 且使定理 1.3.3 的极限式成立. 对任给的 $\varepsilon>0$, 记 $p_n=F(S_{x,\varepsilon\nu_n})$, η_n 为服从二项分布 $B(n,p_n)$ 的随机变量, 则由定理 1.3.3 可得 $\nu_n^p/p_n\to\varepsilon^{1/p}g(x)$. 故存在 $c(x)>0$, 当 n 充分大时, 有

$$p_n\geqslant c(x)\nu_n^p>2k/n,\quad \frac{k}{n}-p_n<-\frac{p_n}{2}.$$

因此, 由推论 1.1.1 可得

$$P\{\|X_{R_k}-x\|>\varepsilon\nu_n\}\leqslant P\left\{\frac{\eta_n}{n}<\frac{k}{n}\right\}\leqslant P\left\{\frac{\eta_n}{n}-p_n<-\frac{p_n}{2}\right\}$$

$$\leqslant 2\exp\left\{-\frac{n(p_n/2)^2}{2p_n+p_n/2}\right\}\leqslant 2\exp\left\{-\frac{1}{10}np_n\right\}\leqslant 2\exp\left\{-\frac{1}{5}k\right\}.$$

由 $k/\log n \to \infty$ 知上式右端是一收敛级数的通项. 故由 Borel-Cantelli 引理 (定理 1.2.4) 即证得本引理.

2. 近邻–核估计的强相合性

刘志军 (1986) 研究了条件密度函数的近邻–核估计的强相合性, 其结果如下.

定理 3.2.1 设核 $K(\cdot)$ 为 $\mathbf{R}^q$ 上的概率密度函数, 且存在常数 $c>0$ 和 $r>0$, 使得

$$K(v) \leqslant cI(\|v\| \leqslant r), \tag{3.2.3}$$

h_n 和 k 满足 $h_n \to 0$, $k/n \to 0$, $kh_n^q/\log n \to \infty$, 则对 $f(\cdot|\cdot)$ 的连续点 (x,y), 有

$$\hat{f}_{\mathrm{NK}}(y|x) \longrightarrow f(y|x), \text{ a.s..}$$

证 首先证明: 对任意 $\varepsilon>0$, 有

$$P\{|\widetilde{E}[\hat{f}_{\mathrm{NK}}(y|x)] - f(y|x)| > \varepsilon\} \leqslant \exp(-ckh_n^q). \tag{3.2.4}$$

注意到施加在 $K(\cdot)$ 上的条件可知

$$|\widetilde{E}[\hat{f}_{\mathrm{NK}}(y|x)] - f(y|x)| \leqslant \frac{c}{k}\sum_{i=1}^{k} h_n^{-q}\int_{S_{y,rhn}} |f(v|X_{R_i}) - f(y|x)|\mathrm{d}v \triangleq cU_n. \tag{3.2.5}$$

由引理 3.2.1 可得

$$\lim_{n\to\infty} \|X_{R_k} - x\| = 0, \text{ a.s., a.e. } x(F).$$

由式 (3.1.13) 可知, 对 $f(y|x)$ 的连续点 (x,y), 有

$$E^*(U_n) \leqslant \int_{S_{x,\zeta}}\int_{S_{y,rhn}} |f(v|u) - f(y|x)|\mathrm{d}F(u)\mathrm{d}v/[h_n^q F(S_{x,\zeta})] \longrightarrow 0. \tag{3.2.6}$$

记

$$g(u) = h_n^{-q}\int_{S_{y,rhn}} |f(v|u) - f(y|x)|\mathrm{d}v,$$

则有

$$U_n = \frac{1}{k}\sum_{i=1}^{k} g(X_{R_i}).$$

在给定 $\|X_{R_{k+1}} - x\| = \zeta$ 的条件下, U_n 与 $k^{-1}\sum_{i=1}^{k} g(V_i)$ 同分布, 其中 $V_1,\cdots,V_k$iid, 其共同分布是 $F^*(\cdot) = F(\cdot \cap S_{x,\zeta})/F(S_{x,\zeta})$. 注意到

$$|g(V_i) - E^*[g(V_i)]| \leqslant ch_n^{-q}, \quad i = 1, \cdots, k,$$
$$\frac{1}{k}\sum_{i=1}^{k} \mathrm{var}^*(g(V_i)) \leqslant \frac{1}{k}\sum_{i=1}^{k} E^*[g^2(V_i)] \leqslant ch_n^{-q}.$$

因此, 利用 Bernstein 不等式 (定理 1.1.1) 可得

$$\begin{aligned}&P^*\left\{|U_n - E^*(U_n)| > \varepsilon\right\}\\ \leqslant\ & P^*\left\{\left|\frac{1}{k}\sum_{i=1}^{k} g(V_i) - E^*[g(V_1)]\right| > \varepsilon\right\} \leqslant 2\exp\{-ckh_n^q\}.\end{aligned} \tag{3.2.7}$$

结合式 (3.2.5)～ 式 (3.2.7) 即可得到式 (3.2.4).

下面考虑 $J_n \triangleq \hat{f}_{\mathrm{NK}}(y|x) - \widetilde{E}[\hat{f}_{\mathrm{NK}}(y|x)]$. 记

$$\eta_i = h_n^{-q} K\left(\frac{Y_{R_i} - y}{h_n}\right) - h_n^{-q}\int_{\mathbf{R}^q} K\left(\frac{v-y}{h_n}\right) f(v|X_{R_i})\mathrm{d}v,$$

则有 $J_n = k^{-1}\sum_{i=1}^{k}\eta_i$. 由于在 $\varDelta$ 给定的条件下 $\eta_1, \cdots, \eta_n$ 相互独立, $|\eta_i| < ch_n^{-q}$, 且

$$\begin{aligned}\frac{1}{k}\sum_{i=1}^{k}\widetilde{\mathrm{var}}(\eta_i) &\leqslant \frac{1}{k}\sum_{i=1}^{k}\widetilde{E}(\eta_i^2)\\ &\leqslant ch_n^{-q}\frac{1}{k}\sum_{i=1}^{k} h_n^{-q}\int_{\mathbf{R}^q} K\left(\frac{v-y}{h_n}\right) f(v|X_{R_i})\mathrm{d}v\\ &\leqslant ch_n^{-q}\widetilde{E}[\hat{f}_{\mathrm{NK}}(y|x)].\end{aligned}$$

记 $\psi_n = \widetilde{E}[\hat{f}_{\mathrm{NK}}(y|x)]$. 注意到 $|\psi_n - f(y|x)| \leqslant cU_n$, 那么由 Bernstein 不等式, 对任给 $\varepsilon > 0$ 和 $\delta > 0$, 有

$$\begin{aligned}P\{|J_n| > \varepsilon\} &= E\left[\widetilde{P}\left(|J_n| > \varepsilon\right)\right] \leqslant 2E\left[\exp\left(-\frac{ckh_n^q}{\psi_n + 1}\right)\right]\\ &\leqslant 2E\left[\exp\left(-\frac{ckh_n^q}{\psi_n+1}\right)\right] I(U_n > \delta)\\ &\quad + 2E\left[\exp\left(-\frac{ckh_n^q}{\psi_n+1}\right)\right] I(U_n \leqslant \delta)\\ &\leqslant 2P\{U_n > \delta\} + 2\exp\{-ckh_n^q\}.\end{aligned} \tag{3.2.8}$$

由式 (3.2.7) 即可得

$$\begin{aligned}P\{U_n>\delta\}&\leqslant P\left\{|U_n-E^*(U_n)|>\frac{1}{2}\delta\right\}+P\left\{E^*(U_n)>\frac{1}{2}\delta\right\}\\&\leqslant E\left[P^*\left(|U_n-E^*(U_n)|>\frac{1}{2}\delta\right)\right]+P\left\{E^*(U_n)>\frac{1}{2}\delta\right\}\\&\leqslant 2\exp\{-ckh_n^q\}+P\left\{E^*(U_n)>\frac{1}{2}\delta\right\}.\end{aligned}\tag{3.2.9}$$

由前面关于 $E^*(U_n)$ 的事实, 要使 $E^*(U_n)>\delta/2$, 必然有某个常数 $\zeta_0>0$, 使得 $\zeta\geqslant\zeta_0$, 则类似于引理 3.2.1 的证明可得

$$P\left\{E^*(U_n)>\frac{1}{2}\delta\right\}\leqslant P\{\zeta\geqslant\zeta_0\}\leqslant 2\exp\left\{-\frac{1}{10}P(\|X-x\|\leqslant\zeta_0)n\right\},\tag{3.2.10}$$

这里取 x 属于 $F(x)$ 的支撑集. 结合式 (3.2.8)$\sim$ 式 (3.2.10) 可得

$$P\{|\hat{f}_{\rm NK}(y|x)-\widetilde{E}[\hat{f}_{\rm NK}(y|x)]|>\varepsilon\}\leqslant 2\exp\{-ckh_n^q\}+2\exp\{-cn\}.\tag{3.2.11}$$

由式 (3.2.4) 和式 (3.2.11) 可得

$$P\{|\hat{f}_{\rm NK}(y|x)-f(y|x)|>2\varepsilon\}\leqslant 4\exp\{-ckh_n^q\}+2\exp\{-cn\}.$$

注意到 $kh_n^q/\log n\to\infty$, 知上式求级数收敛, 故由 Borel-Cantelli 引理 (定理 1.2.4) 即证得本定理.

3. 近邻–核估计的渐近正态性

薛留根 (1996) 研究了条件密度函数的近邻–核估计 $\hat{f}_{\rm NK}(y|x)$ 的渐近正态性, 得到了下面的结果.

定理 3.2.2 设式 (3.1.43) 成立, 又设核 $K(\cdot)$ 为 $\mathbf{R}^q$ 上的概率密度函数, 且满足式 (3.2.3), k 和 h_n 满足

$$\frac{k}{n}\to 0,\quad \frac{k}{\log n}\to\infty,\quad kh_n^q\to\infty,\quad kh_n^{q+2\lambda}\to 0,\quad k=nh^p,\tag{3.2.12}$$

其中 $\lambda\in(0,1]$ 为某个常数, 则对 a.e. $(x,y)(F\times L)$,

$$\sqrt{kh_n^q}\left[\hat{f}_{\rm NK}(y|x)-f(y|x)\right]\xrightarrow{D}N\left(0,\sigma^2(x,y)\right),$$

其中 $\sigma^2(x,y)=f(y|x)\int_{-\infty}^{\infty}K^2(v){\rm d}v$.

证 为行文方便, 不失一般性, 不妨设式 (3.1.43) 和式 (3.2.2) 对一切 $(x,y)\in\mathbf{R}^p\times\mathbf{R}^q$ 成立. 首先证明

$$M_n\triangleq\sqrt{kh_n^q}\left[\hat{f}_{\rm NK}(y|x)-\widetilde{E}[\hat{f}_{\rm NK}(y|x)]\right]\xrightarrow{D}N\left(0,\sigma^2(x,y)\right).\tag{3.2.13}$$

对任何 $z \in \mathbf{R}$, 简单计算, 有

$$\begin{aligned}
&|P\{M_n < z\} - \varPhi(z/\sigma(x,y))| \\
\leqslant\ & E\left|\widetilde{P}\left\{\frac{M_n}{\sqrt{\widetilde{\text{var}}(M_n)}} < \frac{z}{\sqrt{\widetilde{\text{var}}(M_n)}}\right\} - \varPhi\left(\frac{z}{\sqrt{\widetilde{\text{var}}(M_n)}}\right)\right| \\
&+E\left|\varPhi\left(\frac{z}{\sqrt{\widetilde{\text{var}}(M_n)}}\right) - \varPhi\left(\frac{z}{\sigma(x,y)}\right)\right| \\
\leqslant\ & E(|M_{n1}|) + E(|M_{n2}|).
\end{aligned} \tag{3.2.14}$$

注意到

$$M_n = \sum_{i=1}^{k} \frac{1}{\sqrt{kh_n^q}}\left\{K\left(\frac{Y_{R_i}-y}{h_n}\right) - \widetilde{E}\left[K\left(\frac{Y_{R_i}-y}{h_n}\right)\right]\right\} \triangleq \sum_{i=1}^{k}\xi_i,$$

在给定 $\varDelta$ 的条件下, $\xi_1,\cdots,\xi_k$ 相互独立, 于是由定理 1.1.9(Esseen 不等式) 可得

$$|M_{n1}| \leqslant A_1 \frac{\sum\limits_{i=1}^{k}\widetilde{E}(|\xi_i|^3)}{\left[\sum\limits_{i=1}^{k}\widetilde{\text{var}}(\xi_i)\right]^{3/2}} \triangleq \frac{\rho_n^3}{(\sigma_n^2)^{3/2}}. \tag{3.2.15}$$

可以证明: 对 $m \geqslant 1$, 有

$$L_n \triangleq \frac{1}{kh_n^q}\sum_{i=1}^{k}\int_{\mathbf{R}^q} K^m\left(\frac{v-y}{h_n}\right) f(v|X_{R_i})\mathrm{d}v \xrightarrow{P} f(y|x)\int_{\mathbf{R}^q} K^m(v)\mathrm{d}v. \tag{3.2.16}$$

事实上, 由式 (3.2.5)∼ 式 (3.2.7) 可得

$$U_n \triangleq \frac{1}{kh_n^q}\sum_{i=1}^{k}\int_{S_{y,rhn}} |f(v|X_{R_i}) - f(y|x)|\mathrm{d}v \xrightarrow{P} 0.$$

因此

$$\left|L_n - f(y|x)\int_{\mathbf{R}^q} K^m(v)\mathrm{d}v\right| \leqslant c^m U_n \xrightarrow{P} 0.$$

这就证明了式 (3.2.16). 利用式 (3.2.16) 可以得到

$$\begin{aligned}
\sigma_n^2 =& \frac{1}{kh_n^q}\sum_{i=1}^{k}\int_{\mathbf{R}^q} K^2\left(\frac{v-y}{h_n}\right) f(v|X_{R_i})\mathrm{d}v \\
&-\frac{1}{kh_n^q}\sum_{i=1}^{k}\left[\int_{\mathbf{R}^q} K\left(\frac{v-y}{h_n}\right) f(v|X_{R_i})\mathrm{d}v\right]^2
\end{aligned}$$

$$\xrightarrow{P} f(y|x)\int_{\mathbf{R}^q} K^2(v)\mathrm{d}v, \tag{3.2.17}$$

$$\rho_n^3 \leqslant \frac{4}{(kh_n^q)^{3/2}}\sum_{i=1}^k \int_{\mathbf{R}^q} K^3\left(\frac{v-y}{h_n}\right) f(v|X_{R_i})\mathrm{d}v \xrightarrow{P} 0. \tag{3.2.18}$$

因此, 由式 (3.2.15)、式 (3.2.17) 和式 (3.2.18) 可得 $M_{n1} \xrightarrow{P} 0$. 由于 M_{n1} 为两个概率函数之差, 所以 $|M_{n1}| \leqslant 2$. 从而由控制收敛定理可得

$$E(|M_{n1}|) \xrightarrow{P} 0. \tag{3.2.19}$$

同理可证得

$$E(|M_{n2}|) \xrightarrow{P} 0. \tag{3.2.20}$$

将式 (3.2.19) 和式 (3.2.20) 代入到式 (3.2.14) 即证得式 (3.2.13).

此外, 由式 (3.2.5) 和式 (3.2.6) 以及条件 (3.1.43) 可得

$$I_n \triangleq E^*(|\widetilde{E}[\hat{f}_{\mathrm{NK}}(y|x)] - f(y|x)|) \leqslant c_1(x,y)\zeta^\lambda + c_2(x,y)(rh_n)^\lambda. \tag{3.2.21}$$

取 $a_n = (k/n)^{1/p}(kh_n^q)^{1/2\lambda}$, 由条件 (3.2.12) 知 $a_n = (kh_n^{q+2\lambda})^{1/2\lambda} \to 0$. 因此, 再由条件 (3.2.12) 和引理 3.2.1 可得

$$\sqrt{kh_n^q} I_n \leqslant c_1(x,y)[a_n(n/k)^{1/p}\zeta]^\lambda + c_2(x,y)r^\lambda\sqrt{kh_n^{q+2\lambda}} \longrightarrow 0, \text{ a.s..}$$

从而

$$\sqrt{kh_n^q}|\widetilde{E}[\hat{f}_{\mathrm{NK}}(y|x)] - f(y|x)| \xrightarrow{P} 0. \tag{3.2.22}$$

最后, 综合式 (3.2.13) 和式 (3.2.22) 即可完成本定理的证明.

4. 近邻–核估计的强收敛速度

薛留根 (1990) 给出了条件密度函数的近邻–核估计的强收敛速度, 具体结果如下.

定理 3.2.3 设条件密度函数满足式 (3.1.43), 核 $K(\cdot)$ 为 $\mathbf{R}^q$ 上的概率密度函数, 且满足式 (3.2.3). 如果取 $k = \lfloor (n^{q+2\lambda}\log^p n)^{1/(p+q+2\lambda)} \rfloor$, $h_n = (k/n)^{1/p}$, 则对 a.e.$(x,y)(F\times L)$ 以及任何 $0 < c_n \to \infty$, 有

$$\hat{f}_{\mathrm{NK}}(y|x) - f(y|x) = o\left(c_n\left(\frac{\log n}{n}\right)^{\lambda/(p+q+2\lambda)}\right), \text{ a.s..}$$

证　仍沿用定理 3.2.1 的证明中的记号. 记 $\nu_n = c_n^{-1}(n/\log n)^{\lambda/(p+q+2\lambda)}$. 不妨设式 (3.1.43) 和式 (3.2.2) 对一切 $(x,y)\in \mathbf{R}^p\times\mathbf{R}^q$ 成立. 由式 (3.2.5) 和式 (3.2.6) 以及条件 (3.1.43)、引理 3.2.1、k 和 h_n 的取法可得

$$\nu_n^{-1}E^*(U_n)\leqslant c_1(x,y)[c_n^{-1/\lambda}(n/k)^{1/p}\zeta]^\lambda + c_2(x,y)r^\lambda c_n^{-1}\longrightarrow 0,\ \text{a.s.}. \tag{3.2.23}$$

利用 Bernstein 不等式 (定理 1.1.1) 并类似于式 (3.2.7) 的证明可得: 对任给的 $\varepsilon>0$, 有

$$P^*\left\{\nu_n^{-1}|U_n - E^*(U_n)|>\varepsilon\right\}\leqslant 2\exp\{-cc_n^2\log n\}. \tag{3.2.24}$$

结合式 (3.2.5)、式 (3.2.23) 和式 (3.2.24) 可得

$$P\left\{\nu_n^{-1}|\widetilde{E}[\hat{f}_{\mathrm{NK}}(y|x)] - f(y|x)|>\varepsilon\right\}\leqslant 2\exp\{-cc_n^2\log n\}. \tag{3.2.25}$$

类似于式 (3.2.11) 的证明可得: 对任给的 $\varepsilon>0$, 有

$$P\left\{\nu_n^{-1}|\hat{f}_{\mathrm{NK}}(y|x) - \widetilde{E}[\hat{f}_{\mathrm{NK}}(y|x)]|>\varepsilon\right\}\leqslant 2\exp\{-cc_n^2\log n\} + 2\exp\{-cn\}. \tag{3.2.26}$$

结合式 (3.2.25) 和式 (3.2.26) 可得

$$P\left\{\nu_n^{-1}|\hat{f}_{\mathrm{NK}}(y|x) - f(y|x)]|>\varepsilon\right\}\leqslant 2\exp\{-cc_n^2\log n\} + \leqslant 2\exp\{-cn\}.$$

显然上式求级数收敛, 故由 Borel-Cantelli 引理 (定理 1.2.4) 即证得本定理.

最后指出, 薛留根和廖靖宇 (2001) 获得了条件密度近邻–核估计的误差分布的正态逼近精度, 然后利用随机加权法构造了近邻–核估计的随机加权统计量, 获得了随机加权逼近精度.

3.3　条件密度的局部线性估计

3.3.1　局部线性估计的定义

假设 $(X_1,Y_1),\cdots,(X_n,Y_n)$ 是一个严平稳过程, 且与 (X,Y) 有相同的分布, 其中 X 是 p 维向量, Y 是标量. 设 $f(y|x)$ 是给定 X 下 Y 的条件密度, 它关于 x 和 y 是光滑的. 用 $\dot{f}(y|x)$ 表示 $f(y|x)$ 关于 x 的偏导数. 估计条件密度及其偏导数可看作非参数回归问题. 为了与回归拟合联系起来, 注意到当 $b_n\to 0$,

$$E[K_{2,b_n}(Y-y)|X=x]\approx f(y|x), \tag{3.3.1}$$

其中 $K_{2,b_n}(\cdot)=b_n^{-1}K_2(\cdot/b_n)$, $K_2(\cdot)$ 是概率密度函数, b_n 是带宽. 式 (3.3.1) 左边可以看作 $K_{2,b_n}(Y-y)$ 关于 X 的回归. Fan 与 Yao 和 Tong(1996) 使用局部多项式回归

发展了条件密度及其偏导数的非参数估计, 并提出了一个带宽选择方法. 我们这里使用局部线性拟合来对条件密度函数及其导数进行估计. 取定 $x=(x_1,\cdots,x_p)^{\mathrm{T}}\in\mathbf{R}^p$, 由 Taylor 公式可得

$$f(y|u)\approx f(y|x)+\dot{f}(y|x)^{\mathrm{T}}(u-x)\triangleq\beta_0+\beta_1^{\mathrm{T}}(u-x).$$

利用最小二乘法, 设 $\hat{\beta}_0$ 和 $\hat{\beta}_1$ 是极小化函数

$$Q(\beta_0,\beta_1)=\sum_{i=1}^n[K_{2,b_n}(Y_i-y)-\beta_0-\beta_1^{\mathrm{T}}(X_i-x)]K_{1,a_n}(X_i-x) \tag{3.3.2}$$

的解, 其中 $K_1(\cdot)$ 是概率密度函数, a_n 是带宽. 经过计算可得

$$\hat{\beta}=(\hat{\beta}_0,\hat{\beta}_1)^{\mathrm{T}}=(\mathcal{X}^{\mathrm{T}}\mathcal{W}\mathcal{X})^{-1}\mathcal{X}^{\mathrm{T}}\mathcal{W}\mathcal{Y}, \tag{3.3.3}$$

其中 $\mathcal{X}$ 是最小二乘问题 (3.3.2) 的设计矩阵,

$$\begin{aligned}\mathcal{W}&=\mathrm{diag}\{K_{1,a_n}(X_1-x),\cdots,K_{1,a_n}(X_n-x)\},\\ \mathcal{Y}&=\mathrm{diag}\{K_{2,b_n}(Y_1-y),\cdots,K_{2,b_n}(Y_n-y)\}.\end{aligned}$$

定义 $f(y|x)$ 和 $\dot{f}(y|x)$ 的局部线性估计量分别为

$$\hat{f}_{\mathrm{LL}}(y|x)=\hat{\beta}_0,\quad \hat{\dot{f}}_{\mathrm{LL}}(y|x)=\hat{\beta}_1. \tag{3.3.4}$$

如果使用局部常数拟合, 在式 (3.3.2) 中令 $\beta_1=0$, 由最小二乘法可以得到 $f(y|x)$ 的形如式 (3.1.1) 的核估计 $(q=1)$.

为叙述方便, 下面仅考虑单变量 x 的情形, 即 $p=1$. 简单计算可得

$$\hat{\beta}_\nu(x,y)=\frac{1}{a_n}\sum_{i=1}^n W_{n,\nu}\left(\frac{X_i-x}{a_n}\right)K_{2,b_n}(Y_i-y),\quad \nu=0,1,$$

其中

$$W_{n,\nu}(t)=e_\nu^{\mathrm{T}}S_n^{-1}(1,a_nt)^{\mathrm{T}}K_1(t),$$

e_ν 是第 $\nu+1$ 个元素为 1 的单位向量,

$$S_n=\begin{pmatrix}S_{n,0} & S_{n,1}\\ S_{n,1} & S_{n,2}\end{pmatrix},$$

$$S_{n,j}=\sum_{i=1}^n(X_i-x)^jK_{1,a_n}(X_i-x),\quad j=0,1,2. \tag{3.3.5}$$

3.3.2 带宽选择

本小节提出一个简单而直观的选择光滑参数的方法. 对于给定的带宽 b_n, 式 (3.3.2) 是 $Z_i(y) = K_{2,b_n}(Y_i - y)$ 关于 X_i 的非参数回归问题. 一个简单而吸引人的带宽选择规则是由 Fan 和 Gijbels(1995) 提出的残差平方准则, 也就是转换成下面的特殊情况. 设 $\hat{Z}_i(y)$ 是 $Z_i(y)$ 的拟合值, 则定义加权残差平方和为

$$\hat{\sigma}^2(x, y; a_n) = \frac{1}{\operatorname{tr}(W - S_n^{-1}T_n)} \sum_{i=1}^{n} [Z_i(y) - \hat{Z}(y)]^2 K_{1,a_n}(X_i - x),$$

其中 $S_n = \mathcal{X}^{\mathrm{T}}\mathcal{W}\mathcal{X}$, $T_n = \mathcal{X}^{\mathrm{T}}\mathcal{W}^2\mathcal{X}$. 令

$$\mathrm{RSC}(x, y; a_n) = \hat{\sigma}^2(x, y; a_n)[1 + 3V_n(x; a_n)], \tag{3.3.6}$$

其中 $V_n(x; a_n)$ 是矩阵 $S_n^{-1}T_nS_n^{-1}$ 的第一个对角线元素.

对于给定的 b_n 和 y, 定义带宽 a_n 为

$$\hat{a}(y) = \mathrm{adj} \times \arg\min_a \int_{-\infty}^{\infty} \mathrm{RSC}(x, y; a)\mathrm{d}x, \tag{3.3.7}$$

其中积分限是估计曲线关于 x 的取值范围. 这里常数 "adj" 依赖于核函数 K_1, 它是用来调整选择的带宽使其收敛到理论的最优带宽. 由 Fan 和 Gijbels(1995) 的表 1 可知: 对 Epanechnikov 核 $K_1(u) = 0.75(1 - u^2)I(|u| \leqslant 1)$, adj=0.7643; 对 Gaussian 核, $K_1(u) = (2\pi)^{-1/2}\exp\left(-u^2/2\right)$, adj=0.8403. 对于局部线性拟合, 可以类似地讨论.

提出的带宽 (3.3.7) 依赖于 y. 如果需要常数带宽, 我们选择

$$\check{a} = \mathrm{adj} \times \arg\min_a \int_{-\infty}^{\infty}\int_{-\infty}^{\infty} \mathrm{RSC}(x, y; a)\mathrm{d}x\mathrm{d}y, \tag{3.3.8}$$

其中积分区域是 x 和 y 的定义域.

下面考虑 b_n. 为简单起见, 我们使用正态参照规则 (Silverman, 1986, 45), 得到

$$\hat{b} = \left[\frac{8\sqrt{\pi}c_{K_2}}{3d_{K_2}^2}\right]^{1/5} s_y n^{-1/5}, \tag{3.3.9}$$

其中 s_y 是 Y 的样本标准差, c_{K_2} 和 d_{K_2} 在式 (3.1.4) 和式 (3.1.2) 中定义. 当 $K_2(\cdot)$ 是 Gaussian 核时, $\hat{b} = 1.06s_yn^{-1/5}$; 对 Epanechnikov 核, $\hat{b} = 2.34s_yn^{-1/5}$.

下面我们通过一个模拟的例子说明上述方法.

例 3.3.1 考虑二次模型

$$X_t = 0.23X_{t-1}(16 - X_{t-1}) + 0.4\varepsilon_t, \quad t \geqslant 1, \tag{3.3.10}$$

其中 $\varepsilon_t(t \geqslant 1)$ 是独立的随机变量且与 48 个独立均匀分布 $U[-0.25, 0.25]$ 之和同分布. 按照中心极限定理, ε_t 可以近似看作标准正态分布, 且具有有界支撑 $[-12, 12]$. 假设 $Y_t = X_{t+m}$, $m = 1, 2, 3$. 试作出条件密度函数估计的图像.

解　从模型 (3.3.10) 中产生 1000 个样本. 核 $K_1(\cdot)$ 和 $K_2(\cdot)$ 取为 Gaussian 核. 使用式 (3.3.8), 对 $m = 1, 2, 3$, 选取 $\check{a} = 0.62, 0.70, 0, 71$. 由式 (3.3.9) 得到 $\hat{b} = 0.98$. 条件密度函数的估计 $\hat{f}_m(y|x) \equiv \hat{\beta}_0(x, y)$ 展示在图 3.3.1 中.

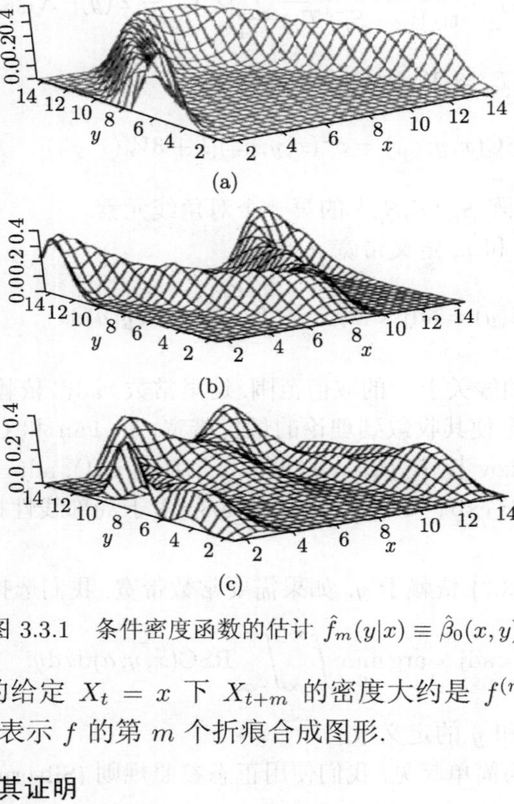

图 3.3.1　条件密度函数的估计 $\hat{f}_m(y|x) \equiv \hat{\beta}_0(x, y)$

图 3.3.1 展示的给定 $X_t = x$ 下 X_{t+m} 的密度大约是 $f^{(m)}(x)$, 其中 $f(x) = 0.23x(16 - x)$, $f^{(m)}$ 表示 f 的第 m 个折痕合成图形.

3.3.3　主要结果及其证明

我们仅给出 $\hat{f}_{\mathrm{LL}}(y|x)$ 的渐近正态性, 即有下面的定理.

定理 3.3.1　设核 $K_1(\cdot)$ 和 $K_2(\cdot)$ 皆为对称有界的概率密度函数, 且具有有界支撑; $\{(X_n, Y_n); n \geqslant 1\}$ 是 φ 混合序列, 且混合系数满足式 (3.1.42); 又条件密度函数 $f(y|x)$ 具有有界连续的三阶导数, 且对 $l > 1$, (X_1, Y_1, X_l, Y_l) 的联合密度皆为有界连续函数. 如果 $na_nb_n \to \infty$, $na_n^3 \to \infty$, $\limsup_{n\to\infty} na_n^5 b_n < \infty$ 和 $\limsup_{n\to\infty} na_n b_n^5 < \infty$, 则对 $x \in \{x : f(x) > 0\}$,

$$\sqrt{na_nb_n}\,[\hat{f}_{\mathrm{LL}}(y|x) - f(y|x) - w(x, y)] \xrightarrow{D} N(0, \gamma^2(x, y)), \tag{3.3.11}$$

其中 $w(x,y)=\dfrac{1}{2}a_n^2 d_{K_1}\dfrac{\partial^2 f(y|x)}{\partial x^2}$, $\gamma^2(x,y)=c_{K_1}c_{K_2}f(y|x)/f(x)$, $f(x)$ 是 X 的密度函数, c_{K_ν} 和 $d_{K_\nu}(\nu=1,2)$ 在式 (3.1.4) 和式 (3.1.2) 中定义.

证 记 $m(x,y)=E[K_{2,b_n}(Y_i-y)|X_i=x]$, $H=\mathrm{diag}\{1,a_n\}$,

$$\beta\triangleq(m_0(x,y),m_1(x,y))^{\mathrm{T}}=\left(m(x,y),\frac{\partial m(x,y)}{\partial x}\right)^{\mathrm{T}}.$$

由式 (3.3.3) 可得

$$H(\hat\beta-\beta)=S_n^{*-1}[(t_{n,0},t_{n,1})^{\mathrm{T}}+(r_{n,0},r_{n,1})^{\mathrm{T}}], \tag{3.3.12}$$

其中

$$t_{n,j}=\frac{1}{n}\sum_{i=1}^n\left(\frac{X_i-x}{a_n}\right)^j K_{1,a_n}(X_i-x)[K_{2,b_n}(Y_i-y)-m(X_i,y)],$$

$$r_{n,j}=\frac{1}{n}\sum_{i=1}^n\left(\frac{X_i-x}{a_n}\right)^j K_{1,a_n}(X_i-x)[m(X_i,y)-m(x,y)-m_1(x,y)(X_i-x)],$$

$$s_{n,j}^*=\frac{1}{n}\sum_{i=1}^n\left(\frac{X_i-x}{a_n}\right)^j K_{1,a_n}(X_i-x),\quad S_n^*=(s_{n,i+j-2}^*)_{2\times2}.$$

利用平稳混合序列的条件, 并通过计算 $s_{n,j}^*$ 的均值和方差可得

$$S_n^*=f(x)\begin{pmatrix}1&0\\0&d_{K_1}\end{pmatrix}+O_P((na_n)^{-1/2}+a_n).$$

由于对任意矩阵 A 和 B,

$$(A+a_nB)^{-1}=A^{-1}-a_nA^{-1}BA^{-1}+O(a_n^2),$$

使用上述事实, 我们可以得到

$$S_n^{*-1}=[f(x)]^{-1}\begin{pmatrix}1&0\\0&d_{K_1}^{-1}\end{pmatrix}+O_P((na_n)^{-1/2}+a_n). \tag{3.3.13}$$

因此, 由式 (3.3.12) 和式 (3.3.13) 可得

$$\hat f(y|x)-f(y|x)=[f(x)]^{-1}t_{n,0}+r_{n,0}+o_P((na_nb_n)^{-1/2}). \tag{3.3.14}$$

由 Taylor 公式可得

$$m_j(x,y)=\frac{\partial^j f(y|x)}{\partial x^j}+\frac{1}{2}b_n^2d_{K_2}\frac{\partial^{j+2}f(y|x)}{\partial x^j\partial y^2}+o(b_n^2).$$

利用上述公式可以得到

$$r_{n,0} = \frac{1}{2} a_n^2 d_{K_1} f(x) \frac{\partial^2 f(y|x)}{\partial x^2} + o_P(a_n^2). \tag{3.3.15}$$

采用 "小块和大块" 论据, 并仿照定理 3.1.3 和定理 2.3.12 的证明方法可以证得

$$\sqrt{na_n b_n}\, t_{n,0} \xrightarrow{D} N(0, c_{K_1} c_{K_2} f(y|x) f(x)). \tag{3.3.16}$$

综合式 (3.3.14)~ 式 (3.3.16) 即可完成本定理的证明.

3.3.4　相关文献及成果注记

Gu(1995) 将条件似然概率密度估计推广到条件密度的估计中. Robins 与 Hsieh 和 Newey(1995) 在缺失数据下提出了条件密度的半参数有效估计, 并证明了估计量的相合性和渐近正态性. Hyndman 和 Yao(2002) 基于局部拟合对数线性模型和约束的局部多项式估计提出了两种条件密度估计方法, 并针对所给的两个估计量提出了带宽选择的算法. Faugeras(2009) 基于数据的分位数变换和连系回归 (copula representation) 提出了条件密度的一个核类估计, 并研究了估计量的大样本性质. Efromovich(2010) 提出了条件密度的一个正交级数估计量, 并获得了估计量的积分均方误差的最小最大收敛速度. Liang 和 de Una-Alvarez(2011) 针对随机左截断和右删失模型定义了条件密度的非线性小波估计, 并在平稳 α 序列下给出了估计量的积分均方误差的渐近表示. 限于篇幅, 这里不再一一介绍.

参考文献

樊家琨, 薛留根. 1994. 相依样本下条件密度递归双重核估计的强相合性. 应用数学, 7(3): 1–7

刘志军. 1986. 条件密度近邻 - 核估计的强相合性. 应用概率统计, 2(3): 247–251

孙东初. 1985. 条件密度的强相合的双重核估计. 应用概率统计, 1(2): 95–101

薛留根. 1989. 条件密度双重核估计的渐近分布. 工程数学学报, 6(1): 59–65

薛留根. 1990. 条件密度近邻－核估计的收敛速度. 应用概率统计, 6(1)：62–66

薛留根. 1991. 相依样本下条件密度的双重核估计. 高效应用数学学报, 6(4): 591–603

薛留根. 1993. 条件密度递归双重核估计的渐近分布. 工程数学学报, 10(4): 35–43

薛留根. 1994. 相依样本下条件密度双重核估计的强相合性. 数学杂志, 14(4): 503–513

薛留根. 1996. 条件密度近邻－核估计的渐近正态性. 应用概率统计, 12(4): 355–360

薛留根, 樊明智. 2001. 条件密度双重核估计的强收敛速度. 工程数学学报, 18(1): 89–93

薛留根, 廖靖宇. 2001. 条件密度近邻 - 核估计的逼近速度. 应用概率统计, 17(2): 163–167

袁敖. 1989. 条件密度随机窗宽双重核估计的相合. 四川大学学报, 26(4): 403–410

Bashtannyk D M, Hyndman R J. 2001. Bandwidth selection for kernel conditional density estimation. Computational Statistics & Data Analysis, 36(3): 279–298

Efromovich S. 2010. Dimension reduction and adaptation in conditional density estimation. Journal of the American Statistical Association, 105(490): 761–774

Fan J Q, Gijbels I. 1995. Data-driven bandwidth selection in local polynomial fitting: variable bandwidth and spatial adaptation. Journal of the Royal Statistical Society, Series B, 57(2): 371–394.

Fan J Q, Yao Q W, Tong H. 1996. Estimation of conditional densities and sensitivity measures in nonlinear dynamical systems. Biometrika, 83(1): 189–206

Faugeras O P. 2009. A quantile-copula approach to conditional density estimation. Journal of Multivariate Analysis, 100(9): 2083–2099

Gu C. 1995. Smoothing spline density-estimation: conditional distribution. Statistica Sinica, 5(2): 709–726

Hall P, Racine J, Li Q. 2004. Cross-validation and the estimation of conditional probability densities. Journal of the American Statistical Association, 99(468): 1015–1026

Hyndman R J, Bashtannyk D M, Grunwald G K. 1996. Estimating and Visualizing Conditional Densities. Journal of Computational and Graphical Statistics, 5(4): 315–336

Hyndman R J, Yao Q W. 2002. Nonparametric estimation and symmetry tests for conditional density functions. Journal of Nonparametric Statistics, 14(3): 259–278

Liang H Y, de Una-Alvarez J. 2011. Wavelet estimation of conditional density with truncated, censored and dependent data. Journal of Multivariate Analysis, 102(3): 448–467

Rao C R. 1965. Linear Statistical Inference and Its Applications. New York: Wiley

Rosenblatt M. 1969. Conditional probability density and regression estimators, in: Multivariate Analysis, II (Proc. Second Internat. Sympos., Dayton, Ohio,1968). New York: Academic Press, 25–31

Robins J, Hsieh F, Newey W. 1995. Semiparametric efficient estimation of a conditional density with missing or mismeasured covariates. Journal of the Royal Statistical Society. Series B, 57(2): 409–424

Silverman B W. 1986. Density Estimationfor Statistics and Data Analysis. London: Chapman and Hall

Xue L G, Li X C, Ma Q F. 1999. Strong convergence rates of double kernel estimates of conditional density under stationary sequences. Chinese Quarterly Journal of Mathematics, 14(1): 1–10

Xue L G, Cai G L. 2000. Approximation rates of error distribution of double kernel estimates conditional density. Applied Mathematics, A Journal of Chinese Universities, Series B, 15(4): 425–432

Zhao L C, Liu Z J. 1985. Strong consistency of the kernel estimators of conditional density function. Acta Mathematica Sinica, New Series, 1(4): 314–318

第4章 非参数回归

设 X 是 d 维协变量, Y 是一维响应变量, $(X_1,Y_1),\cdots,(X_n,Y_n)$ 是来自 (X,Y) 的一个样本, 那么 X 与 Y 之间的回归关系为

$$Y_i = m(X_i) + \varepsilon_i, \quad i=1,\cdots,n,$$

其中 $m(\cdot)$ 是未知的回归函数, ε_i 是随机误差. 假定 $\varepsilon_1,\cdots,\varepsilon_n$ 独立同分布, 并满足:

(i) 在 X_i 为非随机变量时, $E(\varepsilon_i)=0$, $\mathrm{var}(\varepsilon_i)=\sigma^2<\infty$;

(ii) 在 X_i 为随机变量时, $E(\varepsilon_i|X_i)=0$, $\mathrm{var}(\varepsilon_i|X_i=x)=\sigma^2(x)<\infty$.

人们通常称情形 (i) 为固定设计模型, 此时 $E(Y_i)=m(X_i)$; 称情形 (ii) 为随机设计模型, 此时 $E(Y_i|X_i)=m(X_i)$.

回归曲线描述了协变量 X 和响应变量 Y 之间的大致关系. 通过观测 X 的值, 使用给出的回归函数 $m(x)$ 可以得到 Y 的平均值. 因此, 了解 X 与 Y 之间的依赖关系具有重要意义. 我们下面较详细地介绍未知函数 $m(x)$ 的几种估计及其统计性质, 其中包括核估计、局部多项式估计、近邻估计、样条估计、小波估计等.

4.1 回归函数的核估计

4.1.1 核估计的定义

Nadaraya 和 Watson 于 1964 年分别提出了回归函数 $m(x)$ 的核光滑 (kernel smoothing) 方法, 即选定 $\mathbf{R}^d$ 上的 Borel 可测函数 $K(\cdot)$ 和正的常数列 h_n, 定义

$$\hat{m}_{\mathrm{K}}(x) = \sum_{i=1}^{n} W_{ni}(x) Y_i, \tag{4.1.1}$$

其中

$$W_{ni}(x) = \frac{K\left(\dfrac{X_i - x}{h_n}\right)}{\displaystyle\sum_{j=1}^{n} K\left(\dfrac{X_j - x}{h_n}\right)}, \quad i=1,\cdots,n, \tag{4.1.2}$$

则称 $\hat{m}_{\mathrm{K}}(x)$ 为 $m(x)$ 的核估计, $K(\cdot)$ 为核函数, h_n 为带宽. 人们也称 $\hat{m}_{\mathrm{K}}(x)$ 为 Nadaraya-Watson 估计, 简称 N-W 估计, 并称 $W_{ni}(x)$ 为核权函数, 其中核函数

$K(\cdot)$ 通常取为某个概率密度函数, 假定 $h_n \to 0$. 核估计 $\hat{m}_{\mathrm{K}}(x)$ 是 Y_i 的加权平均值. 容易得到

$$\hat{m}_{\mathrm{K}}(x) = \arg\min_a \sum_{i=1}^n (Y_i - a)^2 K\left(\frac{X_i - x}{h_n}\right).$$

因此, 核估计等价于局部加权最小二乘估计. 当 $d=1$ 时, 常用的核函数有:

(1) 均匀核: $K(u) = \dfrac{1}{2} I(|u| \leqslant 1)$;

(2) Gaussian 核: $K(u) = \dfrac{1}{\sqrt{2\pi}} \mathrm{e}^{-\frac{u^2}{2}}$;

(3) Epanechnikov 核: $K(u) = \dfrac{3}{4}(1-u^2) I(|u| \leqslant 1)$.

带宽 h_n 通常称为光滑参数. 例如, 当 $d=1$, $K(u)$ 为均匀核时, $\hat{m}_{\mathrm{K}}(x)$ 就是落在邻域 $[x-h_n, x+h_n]$ 中的 X_i 对应的 Y_i 的算术平均值, 而 $2h_n$ 是这个邻域的宽度.

4.1.2 带宽的选取

在非参数回归中, 带宽是控制核估计精度的主要参数, 如何决定估计曲线的光滑程度是一个重要问题. 太大的带宽往往得到过分光滑的曲线. 如果带宽选太小, 那么得到的回归函数估计曲线就很不光滑, 这意味着随机误差项产生的噪声没有被排除. 因此, 人们把带宽也称为光滑参数.

1. 理论带宽

对于协变量是随机的情形, 在一定的条件下可以得到一元回归函数估计 $\hat{m}_{\mathrm{K}}(x)$ 的偏差和方差:

$$\mathrm{bias}(\hat{m}_{\mathrm{K}}(x)) = \frac{m'(x)f'(x) + f(x)m''(x)}{2f(x)} d_K h_n^2 + o(h_n^2), \tag{4.1.3}$$

$$\mathrm{var}(\hat{m}_{\mathrm{K}}(x)) = \frac{\sigma^2(x) c_K}{n h_n f(x)} + o\left((nh_n)^{-1}\right), \tag{4.1.4}$$

其中 $f(x)$ 为 X 的密度函数,

$$c_K = \int_{-\infty}^{\infty} K^2(u)\mathrm{d}u, \quad d_K = \int_{-\infty}^{\infty} u^2 K(u)\mathrm{d}u.$$

由此可见, $\hat{m}_{\mathrm{K}}(x)$ 的偏差随着带宽减小而减小, 而方差却随着带宽的减小而增大. 因此, 非参数回归估计就是寻求估计的偏差和方差之间的平衡, 使得均方误差达到最小. 经过计算可得

$$\begin{aligned}\mathrm{MSE}(\hat{m}_{\mathrm{K}}(x)) &= E[\hat{m}_{\mathrm{K}}(x) - m(x)]^2 \\ &= \mathrm{var}(\hat{m}_{\mathrm{K}}(x)) + [\mathrm{bias}(\hat{m}_{\mathrm{K}}(x))]^2.\end{aligned}$$

将式 (4.1.3) 和式 (4.1.4) 中的无穷小忽略后代入上式可得

$$\mathrm{MSE}(\hat{m}_{\mathrm{K}}(x)) \approx C_V c_K (nh_n)^{-1} + \frac{1}{4} C_B^2 d_K^2 h_n^4, \tag{4.1.5}$$

其中 C_V 和 C_B 是与核函数 $K(\cdot)$ 和带宽 h_n 无关的量. 因此, 使得均方误差达到最小的最优理论带宽具有形式

$$h_{\mathrm{opt}} = \left[\frac{C_V c_K}{C_B^2 d_K^2}\right]^{1/5} n^{-1/5} \triangleq cn^{-1/5}. \tag{4.1.6}$$

此时, 核估计在内点处可达到的最优收敛速度为

$$\mathrm{MSE}(\hat{m}_{\mathrm{K}}(x)) = O(n^{-4/5}).$$

由于 c 与 $f(x), f'(x), m'(x), m''(x)$ 和 $\sigma^2(x)$ 有关, 因此它是一个未知常数. 在应用最优理论带宽 $h_{\mathrm{opt}} = cn^{-1/5}$ 时, 首先必须估计 c, 而对 c 进行估计会产生偏差. 所以, 在实际应用中, 最优带宽的选择是不断地调整 c, 使得采用 $h_{\mathrm{opt}} = cn^{-1/5}$ 的核估计达到满意的结果.

2. 交叉验证

交叉验证 (CV) 方法是选择带宽 h_n 的一个常用方法, 基本思想如下. 去掉第 i 个观测 (X_i, Y_i), 得到 $m(x)$ 的具有带宽 h 的抛一估计

$$\hat{m}_h^{(-i)}(X_i) = \sum_{j \neq i} W_{nj}(X_i) Y_j.$$

使用这个修改过的估计量, 产生所谓的抛一交叉验证得分

$$\mathrm{CV}(h) = \frac{1}{n} \sum_{i=1}^{n} [Y_i - \hat{m}_h^{(-i)}(X_i)]^2 \omega(X_i), \tag{4.1.7}$$

其中 $\omega(x)$ 为非负的权因子函数, 在一维情形下可取 $\omega(x) = I(|x - 0.5| \leqslant 0.4)$. 那么, 自动最优带宽定义为

$$\hat{h}_{\mathrm{opt}} = \arg\min_{h>0} \mathrm{CV}(h).$$

交叉验证方法使用了 Allen(1974) 的思想. 该方法的关键是剔除了样本中的点 (X_i, Y_i), 这就去掉了 $\hat{m}_h^{(-i)}(X_i)$ 中使核权函数达到最大值的项 $W_{ni}(X_i)Y_i$, 从而排除了在观测点 $x = X_i$ 的过分夸大, 提高了其他观测点的重要程度, 避免了因没有剔除观测点 (X_i, Y_i) 而将有用数据排除在外的情况.

3. 广义交叉验证

由于对每个检验的带宽函数 (4.1.7) 的计算需要拟合 n 条曲线, 因此计算量很大. 一个改良的形式是由 Craven 和 Wahha(1979) 提出的广义交叉验证 (GCV). 下

面介绍这个准则. 假设 $\hat{m}_h(x)$ 为 $m(x)$ 的具有光滑参数 h 的任一个非参数回归估计, 那么可以把拟合值表示为

$$(\hat{m}_h(X_1), \cdots, \hat{m}_h(X_n))^{\mathrm{T}} = S_h Y,$$

其中 S_h 为仅依赖于 X 变量的 $n \times n$ 帽子矩阵, $Y = (Y_1, \cdots, Y_n)^{\mathrm{T}}$. GCV 统计量定义为

$$\mathrm{GCV}(h) = \frac{n^{-1}\sum_{i=1}^{n}[Y_i - \hat{m}_h(X_i)]^2}{[n^{-1}\mathrm{tr}(I - S_h)]^2}.$$

极小化 GCV(h) 即可得到所需要的最优光滑参数.

4.1.3 核函数的选择

核估计量的有效权函数 $\{W_{ni}(x)\}$ 的选择取决于核函数 $K(\cdot)$ 和带宽序列 h_n. 估计曲线 $\hat{m}_{\mathrm{K}}(x)$ 的精确度不只是带宽的函数, 而是 $K(\cdot)$ 和 h_n 的联立函数. 事实上, 在实际应用中核函数的选择不是主要问题, $\hat{m}_K(x)$ 的精度更应该说是带宽的选择问题.

将式 (4.1.6) 代入到式 (4.1.5) 可得

$$\mathrm{MSE_{opt}} = \frac{5}{4}(C_V^2 C_B c_K^2 d_K)^{2/5} n^{-4/5}.$$

因此, 最优的核函数是使 $\mathrm{MSE_{opt}}$ 达到最小的 K. 由于这个最小化的 MSE 仅依赖于

$$Q(K) = c_K^2 d_K = \left(\int_{-\infty}^{\infty} K^2(u)\mathrm{d}u\right)^2 \int_{-\infty}^{\infty} u^2 K(u)\mathrm{d}u,$$

最小化 $Q(K)$ 即可得到最优的核函数, 它就是 Epanechnikov 核.

4.1.4 核估计的性质

关于非参数回归函数核估计 $\hat{m}_{\mathrm{K}}(x)$ 的理论分析, 到目前为止其深入的结果也只有在大样本方面. 本小节主要讨论协变量为随机情形下 $\hat{m}_{\mathrm{K}}(x)$ 的一些性质. 为方便起见, 下面用 $c > 0$、$c_p > 0$、$c(x) > 0$ 和 $c_p(x) > 0$ 分别表示常数、仅与 p 有关的常数、仅与 x 有关的常数和仅与 (p, x) 有关的常数, 这些常数每次出现时可取不同值.

1. 核估计的相合性

关于 $\hat{m}_{\mathrm{K}}(x)$ 的逐点矩相合性, 有如下结果.

定理 4.1.1　设对某个 $p \geqslant 1$, $E(|Y|^p) < \infty$; 又设存在正的常数 r, c_1, c_2, 使得

$$c_1 I(||u|| \leqslant r) \leqslant K(u) \leqslant c_2 I(||u|| \leqslant r). \tag{4.1.8}$$

如果 $h_n \to 0$, $nh_n^d \to \infty$, 则

$$E(|\hat{m}_{\mathrm{K}}(x) - m(x)|^p) \longrightarrow 0, \text{ a.e. } x(F);$$

此时亦有 $\hat{m}_{\mathrm{K}}(x) \xrightarrow{P} m(x)$.

证　利用 Minkowski 不等式和 C_r 不等式, 对任何 $p \geqslant 1$, 有

$$\begin{aligned} E(|\hat{m}_{\mathrm{K}}(x) - m(x)|^p) \leqslant & 2^{p-1} E\left\{\left|\sum_{i=1}^n W_{ni}(x)[Y_i - m(X_i)]\right|^p\right\} \\ & + 2^{p-1} E\left\{\sum_{i=1}^n W_{ni}(x)|m(X_i) - m(x)|^p\right\} \\ & + |m(x)|^p P\left\{\sum_{i=1}^n W_{ni}(x) = 0\right\} \\ \triangleq & 2^{p-1}[J_{n1}(x) + J_{n2}(x)] + J_{n3}(x). \end{aligned} \tag{4.1.9}$$

首先考虑式 (4.1.9) 右边第三项. 由定理 1.3.3 知, 存在非负有限函数 $g(x)$, 使得对任何常数 $c > 0$, 有

$$\lim_{n\to\infty} h_n^d / F(S_{x,ch_n}) = g(x), \text{ a.e. } x(F). \tag{4.1.10}$$

因此, 由 $nh_n^d \to \infty$ 可得

$$nF(S_{x,ch_n}) \longrightarrow \infty, \text{ a.e. } x(F). \tag{4.1.11}$$

故由式 (4.1.11), 对 a.e. $x(F)$, 有

$$\begin{aligned} J_{n3}(x) & \leqslant |m(x)|^p \prod_{i=1}^n P\left\{K\left(\frac{X_i - x}{h_n}\right) = 0\right\} \\ & \leqslant c_p(x)\,[1 - F(S_{x,rh_n})]^n \\ & \leqslant c_p(x) \exp\{-nF(S_{x,rh_n})\} \longrightarrow 0, \text{ a.e. } x(F). \end{aligned} \tag{4.1.12}$$

下面证明

$$J_{n2}(x) \longrightarrow 0, \text{ a.e. } x(F). \tag{4.1.13}$$

可以证明

$$J_{n2}(x) \leqslant 7(c_2/c_1) \int_{S_{x,rhn}} |m(u) - m(x)|^p \mathrm{d}F(u) \Big/ F(S_{x,rh_n}). \tag{4.1.14}$$

事实上, 当 $n \leqslant 7$ 时, 式 (4.1.14) 显然成立. 对于固定的 $n > 7$, 定义

$$V_n(x) = \sum_{i=1}^{n-1} U_i(x), \quad U_i(x) = K\left(\frac{X_i - x}{h_n}\right), \tag{4.1.15}$$

$Z_n(x) = \min\{1, c_2/V_n(x)\}$. 由于 $W_{nn}(x) = U_n(x)/[U_n(x) + V_n(x)] \leqslant Z_n(x)$, 于是

$$J_{n2}(x) \leqslant nE[|m(X_n) - m(x)|^p I(||X_n - x|| \leqslant rh_n)]E[Z_n(x)]. \tag{4.1.16}$$

又对任何常数 $c > 0$, $E(Z_n) \leqslant P\{V_n(x) < c\} + c_2/c$, 取 $c = E[V_n(x)]/2$, 再利用 Chebyshev 不等式可得

$$\begin{aligned} P\{V_n(x) < c\} &\leqslant P\left\{V_n(x) - E[V_n(x)] < -\frac{1}{2}E[V_n(x)]\right\} \\ &\leqslant \frac{4\mathrm{var}(V_n(x))}{E^2[V_n(x)]} \leqslant \frac{4E[U_n^2(x)]}{(n-1)E^2[U_n(x)]} \leqslant \frac{4c_2}{(n-1)E[U_n(x)]}. \end{aligned}$$

因此, 由式 (4.1.16) 可得

$$J_{n2}(x) \leqslant 6[n/(n-1)]\{c_2/E[U_n(x)]\}\int_{S_{x,rhn}} |m(u) - m(x)|^p \mathrm{d}F(u).$$

故由上式, 并注意到 $E[U_n(x)] \geqslant c_1 F(S_{x,rh_n})$, 易知式 (4.1.14) 成立. 由式 (4.1.14) 和定理 1.3.2 即证得式 (4.1.13). 利用式 (4.1.9)、式 (4.1.12) 和式 (4.1.13), 如果证明了

$$J_{n1}(x) \longrightarrow 0, \ \text{a.e. } x(F). \tag{4.1.17}$$

即可完成定理 4.1.1 的证明. 下面证明式 (4.1.17), 分两种情况讨论.

(a) 当 $p \geqslant 2$ 时, 设 $\psi(x) = E(|Y - m(X)|^p | X = x)$. 由 Marcinkiewicz 和 Zygmund(1937) 及 Jensen 不等式, 存在仅依赖于 p 的常数 c_p, 使得

$$\begin{aligned} J_{n1}(x) &\leqslant c_p E\left\{\left|\sum_{i=1}^n W_{ni}^2(x)[Y_i - m(X_i)]^2\right|^{p/2}\right\} \\ &\leqslant c_p E\left\{\left[\sup_i W_{ni}(x)\right]^{p/2} \sum_{i=1}^n W_{ni}(x)|Y_i - m(X_i)|^p\right\} \\ &\leqslant c_p E\left\{\left[\sup_i W_{ni}(x)\right]^{p/2} \sum_{i=1}^n W_{ni}(x)\psi(X_i)\right\} \\ &\leqslant c_p n E\left\{\left[\sup_i W_{ni}(x)\right]^{p/2} W_{nn}(x)\psi(X_n)\right\} \\ &\leqslant c_p n P\left\{V_n(x) < E[V_n(x)]/2\right\} E\left\{I(||X_n - x|| \leqslant rh_n)\psi(X_n)\right\} \\ &\quad + c_p n\{2c_2/E[V_n(x)]\}^{p/2} E[W_{nn}(x)\psi(X_n)] \\ &\triangleq L_{n1}(x) + L_{n2}(x). \end{aligned}$$

由式 (4.1.14), 并注意到 $E[V_n(x)]=(n-1)E[U_n(x)]\geqslant c_1nF(S_{x,rh_n})/2$, 可以得到

$$L_{n2}(x)\leqslant c_p(4c_2/c_1)^{p/2}[nF(S_{x,rh_n})]^{-p/2}\int_{S_{x,rhn}}\psi(u)\mathrm{d}F(u)/F(S_{x,rh_n}).$$

由此及式 (4.1.11) 和定理 1.3.2 可得 $L_{n2}(x)\longrightarrow 0$, a.e. $x(F)$. 由 Bernstein 不等式 (定理 1.1.1) 可得

$$\begin{aligned}
&P\left\{V_n(x)<E[V_n(x)]/2\right\}\\
\leqslant\ &P\left\{V_n(x)-E[V_n(x)]<-E[V_n(x)]/2\right\}\\
\leqslant\ &2\exp\left\{-\frac{[E[V_n(x)]/2]^2}{2\mathrm{var}(V_n(x))+c_2E[V_n(x)]/2}\right\}\\
\leqslant\ &2\exp\{-(n-1)E[U_n(x)]/(10c_2)\}\\
\leqslant\ &2\exp\{-c_3nF(S_{x,rh_n})\},
\end{aligned}\tag{4.1.18}$$

其中 $c_3=c_1/(20c_2)$, $n\geqslant 2$. 因此

$$L_{n1}(x)\leqslant c_pn\exp\{-c_3nF(S_{x,rh_n})\}\int_{S_{x,rhn}}\psi(u)\mathrm{d}F(u).$$

故由上式及式 (4.1.11) 和定理 1.3.2 可得 $L_{n1}(x)\longrightarrow 0$, a.e. $x(F)$. 综合上述证明即可证得当 $p\geqslant 2$ 时式 (4.1.17) 成立.

(b) 当 $1\leqslant p\leqslant 2$ 时, 对整数 $t>0$, 定义 $Y_i'=Y_iI(|Y_i|\leqslant t)$, $Y_i''=Y_i-Y_i'$, $\varphi(x)=E(Y_1'|X_1=x)$, $\widetilde{\varphi}(x)=E(Y_1''|X_1=x)$. 因此, 由 Minkowski 不等式和 C_r 不等式可得

$$\begin{aligned}
J_{n1}(x)=\ &2^{p-1}\left\{E\left[\left|\sum_{i=1}^n W_{ni}(x)[Y_i'-\varphi(X_i)]\right|^p\right]\right.\\
&\left.+E\left[\sum_{i=1}^n W_{ni}(x)|Y_i''-\widetilde{\varphi}(X_i)|^p\right]\right\}\\
\triangleq\ &M_{n1}(x)+M_{n2}(x).
\end{aligned}$$

记 $g_t(x)=E(|Y_1''|^p|X_1=x)$. 由于

$$\begin{aligned}
M_{n2}(x)&\leqslant 2^pE\left(\sum_{i=1}^n W_{ni}(x)|Y_i''|^p\right)\\
&=2^pE\left(\sum_{i=1}^n W_{ni}(x)g_t(X_i)\right)\triangleq 2^pM_{n2}^*(x).
\end{aligned}$$

设 A_t 是当 $n\to\infty$ 时 $M_{n1}(x)\longrightarrow 0$ 和 $M_{n2}^*(x)\longrightarrow g_t(x)$ 成立的点所构成的集合. 由 (a) 可知, 对固定的 t, $F(A_t)=1$. 又记 B 是当 $t\to\infty$ 时 $g_t(x)\longrightarrow 0$ 成立的点

所构成的集合. 因为 $E[g_t(X)] \longrightarrow 0(t \to \infty)$, 且 $g_t(x)$ 关于 t 单调, 所以 $F(B) = 1$. 对任何 $x \in B \cap (\cap_t A_t)$, 先取 t 充分大, 使得 $g_t(x)$ 充分小, 然后令 $n \to \infty$, 即可证得 $J_{n1}(x) \longrightarrow 0$. 由于 $F(B \cap (\cap_t A_t)) = 1$, 即证得当 $1 \leqslant p \leqslant 2$ 时式 (4.1.17) 成立.

为证明 $\hat{m}_{\mathrm{K}}(\cdot)$ 的全局矩相合性, 我们需要给出下面的引理.

引理 4.1.1 设对定义在 $\mathbf{R}^d$ 上的某个函数 $\phi(x)$, 使 $\int_{\mathbf{R}^d} |\phi(u)| \log^+ |\phi(u)| \mathrm{d}F(u) < \infty$, 则 $\phi^*(x) \in L_1[F]$, 即 $\int_{\mathbf{R}^d} |\phi^*(x)| \mathrm{d}F(x) < \infty$, 其中 $\phi^*(x)$ 为相应于 $|\phi(x)|$ 的最大值函数, 即

$$\phi^*(x) = \sup_{\rho>0} \int_{S_{x,\rho}} |\phi(u)| \mathrm{d}F(u) / F(S_{x,\rho}).$$

证 对 $t > 0$, 定义 $g(x) = |\phi(x)| I(|\phi(x)| \geqslant t/2)$, 且设 $g^*(x)$ 为相应于 $g(x)$ 的最大值函数. 显然 $|\phi(x)| \leqslant g(x) + t/2$ 且 $\phi^*(x) \leqslant g^*(x) + t/2$. 因此, 由 $\{\phi^*(x) > t\}$ 可以推出 $\{g^*(x) > t/2\}$. 故对某个仅依赖于 d 的常数 $a = a(d)$, 有

$$\begin{aligned}
\int_{\phi^*(x)>t} \mathrm{d}F(x) &\leqslant \int_{g^*(x)>t/2} \mathrm{d}F(x) \leqslant (2a/t) \int_{\mathbf{R}^d} |g(x)| \mathrm{d}F(x) \\
&\leqslant (2a/t) \int_{|\phi(x)| \geqslant t/2} |\phi(x)| \mathrm{d}F(x).
\end{aligned} \tag{4.1.19}$$

记 $t_0 = 2a \int_{\mathbf{R}^d} |\phi(x)| \mathrm{d}F(x)$. 因此

$$\begin{aligned}
\int_{\mathbf{R}^d} \phi^*(x) \mathrm{d}F(x) &= \int_0^\infty F(x : \phi^*(x) > t) \mathrm{d}t \\
&\leqslant \int_{t_0}^\infty (2a/t) \int_{|\phi(x)| \geqslant t/2} |\phi(x)| \mathrm{d}F(x) + t_0 \\
&\leqslant 2a \int_{2|\phi(x)| \geqslant t_0} |\phi(x)| \int_{t_0}^{2|\phi(x)|} t^{-1} \mathrm{d}t \mathrm{d}F(x) + t_0 \\
&\leqslant 2a \int_{\mathbf{R}^d} |\phi(x)| \log^+(2|\phi(x)|/t_0) \mathrm{d}F(x) + t_0,
\end{aligned}$$

因此 $\int_{\mathbf{R}^d} \phi^*(x) \mathrm{d}F(x) < \infty$. 这就完成了引理 4.1.1 的证明.

下面的定理给出了 $\hat{m}_{\mathrm{K}}(\cdot)$ 的全局矩相合性.

定理 4.1.2 设对某个 $p \geqslant 1$, $E(|Y|^p \log^+ |Y|) < \infty$, 则在定理 4.1.1 的条件下, 有

$$E(|\hat{m}_{\mathrm{K}}(X) - m(X)|^p) \longrightarrow 0.$$

证　记 $\phi(x)=E(|Y|^p|X=x)$, 其相应的最大值函数记为 $\phi^*(x)$. 于是, 类似于式 (4.1.14) 的证明可得

$$\begin{aligned}E(|\hat{m}_{\rm K}(x)|^p)&\leqslant E\left(\sum_{i=1}^n W_{ni}(x)|Y_i|^p\right)\\&=E\left(\sum_{i=1}^n W_{ni}(x)\phi(X_i)\right)\leqslant 7(c_2/c_2)\phi^*(x).\end{aligned}$$

因此, 由引理 4.1.1 可得

$$\begin{aligned}E(|\hat{m}_{\rm K}(x)-m(x)|^p)&\leqslant 2^{p-1}\left[E(|\hat{m}_{\rm K}(x)|^p)+|m(x)|^p\right]\\&\leqslant c_p\phi^*(x)+2^{p-1}|m(x)|^p\in L_1[F].\end{aligned}$$

故由定理 4.1.1 和 Lebesgue 控制收敛定理即可完成定理 4.1.2 的证明.

需要指出, Devroye 和 Wagner(1980) 在另一组条件下证明了 $\hat{m}_{\rm K}(x)$ 的全局矩相合性. 定理 4.1.2 对 Y 所施加的矩条件比 Devroye 和 Wagner(1980) 中的条件 $E(|Y|^p)<\infty(p\geqslant 1)$ 稍强.

下面的定理给出了核估计 $\hat{m}_{\rm K}(x)$ 的强相合性.

定理 4.1.3　设对某个 $p>1$, $E(|Y|^p)<\infty$, $\alpha\in(1/p,1)$ 为一常数, $h_n\to 0$, $\inf\limits_n(h_n^d/n^{\alpha-1})>0$, 核 $K(\cdot)$ 满足式 (4.1.8), 则

$$\hat{m}_{\rm K}(x)\longrightarrow m(x),\ \text{a.s., 对 a.e. } x(F).$$

证　在以下的证明过程中, 我们将反复使用定理 1.3.2 和定理 1.3.3. 在每次使用时, 都有一个使其公式不成立的例外集, 其并集为 F 零集. 为简化书写, 不失一般性, 可以假定这个集合为空集. 用 $S(F)$ 表示 $F(\cdot)$ 的支撑集. 取定 $x\in S(F)$, 我们有

$$\begin{aligned}\hat{m}_{\rm K}(x)-m(x)&=\sum_{i=1}^n W_{ni}(x)[Y_i-m(X_i)]\\&\quad+\sum_{i=1}^n W_{ni}(x)[m(X_i)-m(x)]\\&\triangleq T_n(x)+M_n(x).\end{aligned}\tag{4.1.20}$$

首先考虑 M_n. 记 $A_i=\{||X_i-x||\leqslant rh_n\}$,

$$Q_n=\sum_{i=1}^n I(A_i),\quad p_n=F(S_{x,rh_n}).$$

由式 (4.1.8) 可得

$$|M_n(x)| \leqslant \frac{c_2}{c_1}\frac{1}{Q_n}\sum_{i=1}^{n} I(A_i)|m(X_i)-m(x)| \triangleq (c_2/c_1)U_n(x). \tag{4.1.21}$$

下面证明

$$U_n(x) \longrightarrow 0, \text{ a.s.}. \tag{4.1.22}$$

为此, 记 $\xi_i = |m(X_i)-m(x)|$, $d_n = (\log n)\log\log n$, $a_i = i^{1/p}$,

$$\xi_i' = \xi_i I(\xi_i > a_i), \quad U_n' = \frac{1}{Q_n}\sum_{i=1}^{n} I(A_i)\xi_i',$$

$$\xi_{ni}'' = \xi_i I(Q_n^{-1}I(A_i)\xi_i \leqslant d_n^{-1}), \quad U_n'' = \frac{1}{Q_n}\sum_{i=1}^{n} I(A_i)\xi_{ni}'',$$

$$\xi_{ni}''' = \xi_i - \xi_i' - \xi_i'', \quad U_n''' = \frac{1}{Q_n}\sum_{i=1}^{n} I(A_i)\xi_{ni}'''.$$

于是, $U_n(x) = U_n' + U_n'' + U_n'''$. 因此, 为证式 (4.1.22), 只需证明 $U_n' \xrightarrow{\text{a.s.}} 0$, $U_n'' \xrightarrow{\text{a.s.}} 0$, $U_n''' \xrightarrow{\text{a.s.}} 0$. 对于 $p>1$, 由 C_r 不等式可得 $E(|\xi_1|) \leqslant 2^{p-1}E(|Y_1|^p) < \infty$. 于是

$$\sum_{i=1}^{\infty} P\{\xi_i > a_i\} < \infty,$$

且由 Borel-Cantelli 引理 (定理 1.2.4) 知, $P\{\xi_i > a_i, \text{ i.o.}\} = 0$. 因此

$$\sum_{i=1}^{\infty} \xi_i^2 I(\xi_i > a_i) < \infty, \text{ a.s.}. \tag{4.1.23}$$

由式 (4.1.10) 不难得到, 对任何 n, 存在仅依赖于 x 的常数 $c(x)$, 使得

$$np_n = nF(S_{x,rh_n}) \geqslant c(x)nh_n^d \geqslant c(x)n^{\alpha}. \tag{4.1.24}$$

因此, 对任何 $\varepsilon > 0$ 和充分大的 n, 有 $(n\varepsilon)^{-1} \leqslant p_n/2$. 由 Bernstein 不等式 (定理 1.1.1), 当 n 充分大时, 有

$$\begin{aligned} P\left\{\frac{1}{Q_n} > \varepsilon\right\} &= P\left\{\frac{1}{n}Q_n - p_n < \frac{1}{n\varepsilon} - p_n\right\} \\ &\leqslant P\left\{\frac{1}{n}Q_n - p_n < -\frac{1}{2}p_n\right\} \\ &\leqslant 2\exp\left\{-\frac{n(p_n/2)^2}{2p_n + p_n/2}\right\} \\ &\leqslant 2\exp\left\{-np_n/10\right\}. \end{aligned} \tag{4.1.25}$$

因此, 由式 (4.1.24), 对任何 $\varepsilon > 0$, 有

$$\sum_{i=1}^{\infty} P\left\{\frac{1}{Q_n} > \varepsilon\right\} < \infty.$$

故由 Borel-Cantelli 引理 (定理 1.2.4) 可得

$$Q_n^{-1} \longrightarrow 0, \text{ a.s..} \tag{4.1.26}$$

利用 Schwarz 不等式, 并结合式 (4.1.23) 和式 (4.1.26) 可得

$$\begin{aligned}(U_n')^2 &\leqslant \frac{1}{Q_n^2}\sum_{i=1}^{n} I(A_i)\sum_{i=1}^{n}\xi_i^2 I(\xi_i > a_i)\\ &\leqslant \frac{1}{Q_n} I(Q_n > 0)\sum_{i=1}^{n}\xi_i^2 I(\xi_i > a_i) \longrightarrow 0, \text{ a.s..}\end{aligned}$$

这就证明了 $U_n' \xrightarrow{\text{a.s.}} 0$.

下面证明 $U_n'' \xrightarrow{\text{a.s.}} 0$. 记 $\widetilde{E}(\cdot) = E[\cdot|I(A_1), \cdots, I(A_n)]$, $Z_i = d_n I(A_i) Q_n^{-1}[\xi_{ni}'' - E(\xi_{ni}''|A_i)]$, 那么 $\widetilde{E}(Z_i) = 0$, $Z_i \leqslant 1$, $i = 1, \cdots, n$. 注意到 $E(|Y|^p) < \infty$, 取 $b < p$, $1 < b \leqslant 2$, 由于当 $z \leqslant 1$ 时, $\mathrm{e}^z \leqslant 1 + z + |z|^b$, 于是

$$\widetilde{E}\{\exp(Z_i)\} \leqslant 1 + \widetilde{E}(|Z_i|^b) \leqslant \exp\{\widetilde{E}(|Z_i|^b)\}.$$

当给定 $I(A_1), \cdots, I(A_n)$ 时, $Z_1, \cdots, Z_n$ 独立同分布, 因此

$$\begin{aligned}\widetilde{E}\{\exp[d_n(U_n'' - \widetilde{E}U_n'')]\} &\leqslant \exp\left\{d_n^b Q_n^{-b}\sum_{i=1}^{n} I(A_i)\widetilde{E}[|\xi_{ni}'' - \widetilde{E}(\xi_{ni}'')|^b]\right\}\\ &\leqslant \exp\left\{d_n^b Q_n^{-b}\sum_{i=1}^{n} I(A_i)\widetilde{E}[|m(X_i) - m(x)|^b]\right\}\\ &\leqslant \exp\left\{d_n^b Q_n^{-(b-1)} I(Q_n > 0)\varphi(x)\right\},\end{aligned}$$

其中

$$\varphi(x) = \sup_{\rho > 0}\int_{S_{x,\rho}} |m(u) - m(x)|^b \mathrm{d}F(u)/F(S_{x,\rho}). \tag{4.1.27}$$

注意到由定理 1.3.2 和 x 的选择, 有 $\varphi(x) < \infty$. 由式 (4.1.24) 和 $d_n = (\log n)\log\log n$ 可知, 对任意 $\varepsilon > 0$, 存在 $n_0 = n_0(x)$, 使得当 $n \geqslant n_0$ 时, 有

$$d_n^b\left(\frac{2}{np_n}\right)^{b-1}\varphi(x) < \frac{1}{2}d_n\varepsilon.$$

由 Berstein 不等式和 Markov 不等式可得

$$\begin{aligned}
P\{U_n''-\widetilde{E}(U_n'')\geqslant\varepsilon\}&\leqslant P\left\{Q_n<\frac{1}{2}np_n\right\}+P\left\{U_n''-\widetilde{E}(U_n'')\geqslant\varepsilon,\ Q_n\geqslant\frac{1}{2}np_n\right\}\\
&\leqslant P\left\{\frac{Q_n}{n}-p_n<-\frac{1}{2}p_n\right\}\\
&\quad+\exp\{-d_n\varepsilon\}\int_{Q_n\geqslant np_n/2}\widetilde{E}\{\exp[d_n(U_n''-\widetilde{E}U_n'')]\}\mathrm{d}P\\
&\leqslant 2\exp\{-np_n/10\}+\exp\{-d_n\varepsilon\}\exp\{d_n^b(2/np_n)^{b-1}\varphi(x)\}\\
&\leqslant 2\exp\{-np_n/10\}+\exp\{-d_n\varepsilon/2\}.
\end{aligned}$$

于是, 由式 (4.1.24) 和 d_n 的选择, 对任意的 $\varepsilon>0$, 有

$$\sum_{n=1}^{\infty}P\{U_n''-\widetilde{E}(U_n'')\geqslant\varepsilon\}<\infty.$$

因此, 由 Borel-Cantelli 引理 (定理 1.2.4) 可得

$$\limsup_{n\to\infty}[U_n''-\widetilde{E}(U_n'')]\leqslant 0,\ \text{a.s.}.$$

由定理 1.3.2 可得

$$\widetilde{E}(U_n'')\leqslant\int_{S_{x,rhn}}|m(u)-m(x)|\mathrm{d}F(u)/F(S_{x,rh_n})\longrightarrow 0,\ \text{a.s.}.$$

因此, $\limsup\limits_{n\to\infty}U_n''\leqslant 0$, a.s.. 这就证明了 $U_n''\xrightarrow{\text{a.s.}}0$.

下面证明 $U_n'''\xrightarrow{\text{a.s.}}0$. 令 $D_n=\{i:1\leqslant i\leqslant n, I(A_i)Q_n^{-1}>d_n^{-1}\}$, 我们有

$$Q_n^{-1}\sum_{i=1}^{n}I(A_i)\xi_{ni}'''\leqslant\sum_{i\in D_n}Q_n^{-1}I(A_i)a_i\leqslant Q_n^{-1}a_n\#(D_n).$$

因此, 对任何 $\varepsilon>0$, 为得到 $U_n'''\geqslant\varepsilon$, 必须有 $\#(D_n)\geqslant\varepsilon Q_n^{-1}a_n^{-1}$. 取正整数 $k>(p\alpha-1)^{-1}$. 由 $a_n=n^{1/p}$ 和式 (4.1.24) 可知, 存在 $n_0=n_0(x)$, 使得当 $n\geqslant n_0$ 时,

$$\begin{aligned}
&Q_n\geqslant\frac{1}{2}np_n,\quad U_n'''\geqslant\varepsilon\Rightarrow\#(D_n)\geqslant\frac{1}{2}np_na_n^{-1}\varepsilon\geqslant k,\\
&Q_n\geqslant\frac{1}{2}np_n,\quad i\in D_n\Rightarrow\xi_i>\frac{1}{2}np_nd_n^{-1}.
\end{aligned}$$

因此, 当 $n\geqslant n_0$ 时, 可得

$$
\begin{aligned}
P\{U_n''' \geqslant \varepsilon\} &\leqslant P\{Q_n < np_n/2\} + P\{U_n''' \geqslant \varepsilon,\ Q_n \geqslant np_n/2\} \\
&\leqslant P\left\{Q_n < \frac{1}{2}np_n\right\} + P\left\{\#\left[i : i \leqslant n, \xi_i > \frac{np_n}{2d_n}\right] > k\right\} \\
&\leqslant P\left\{Q_n < \frac{1}{2}np_n\right\} + \left\{\sum_{i=1}^{n} P\left(\xi_i > \frac{np_n}{2d_n}\right)\right\}^k \\
&\leqslant 2\exp\{-np_n/10\} + \left\{n\left(\frac{2d_n}{np_n}\right)^p E|\xi_1|^p\right\}^k \\
&\leqslant 2\exp\{-c(x)n^\alpha/10\} + c_1(x)d_n^{pk}n^{-k(p\alpha-1)},
\end{aligned}
$$

其中倒数第二个不等式右端第一项类似于式 (4.1.25) 的证明, 最后一个不等式用到了式 (4.1.24), $c_1(x)$ 为仅依赖于 x 的常数. 于是, 由 d_n 的选择, 对任意的 $\varepsilon > 0$, 有

$$
\sum_{n=1}^{\infty} P\{U_n''' \geqslant \varepsilon\} < \infty.
$$

因此, 由 Borel-Cantelli 引理 (定理 1.2.4) 和 $U_n''' \geqslant 0$ 可得 $U_n''' \xrightarrow{\text{a.s.}} 0$. 综上所证, 即完成了式 (4.1.22) 的证明.

下面证明

$$
T_n(x) \longrightarrow 0, \text{ a.s.}. \tag{4.1.28}
$$

为此, 记 $\eta_i = Y_i - m(X_i)$, d_n 和 a_i 同上, 并令

$$
\eta_i' = \eta_i I(\eta_i > a_i), \quad T_n' = \sum_{i=1}^{n} W_{ni}(x)\eta_i',
$$

$$
\eta_{ni}'' = \eta_i I(W_{ni}(x)\eta_i \leqslant d_n^{-1}), \quad T_n'' = \sum_{i=1}^{n} W_{ni}(x)\eta_{ni}'',
$$

$$
\eta_{ni}''' = \eta_i - \eta_i' - \eta_i'', \quad T_n''' = \sum_{i=1}^{n} W_{ni}(x)\eta_{ni}'''.
$$

于是, $T_n(x) = T_n' + T_n'' + T_n'''$. 类似于式 (4.1.23) 的证明可以证得

$$
\sum_{i=1}^{\infty} \eta_i^2 I(\eta_i > a_i) < \infty, \text{ a.s.}.
$$

于是, 利用 Schwarz 不等式, 并结合式 (4.1.26) 可得

$$
\begin{aligned}
(T_n')^2 &\leqslant \sum_{i=1}^{n} W_{ni}^2(x) \sum_{i=1}^{\infty} \eta_i^2 I(\eta_i > a_i) \\
&\leqslant (c_2/c_1)^2 Q_n^{-1} I(Q_n > 0) \sum_{i=1}^{\infty} \eta_i^2 I(\eta_i > a_i) \longrightarrow 0, \text{ a.s.}.
\end{aligned} \tag{4.1.29}
$$

下面考虑 T''_n. 记 $Z_i^* = d_n W_{ni}(x)\eta''_{ni}$, 有 $Z_i^* \leqslant 1$, 且在 $\Delta = (X_1, X_2, \cdots)$ 给定的条件下, $Z_1^*, \cdots, Z_n^*$ 独立, $E(Z_i^*|X_i) \leqslant 0$. 设 $1 < b \leqslant 2$, 记 $g_b(X_i) = E(|Y_i|^b|X_i)$, 则有

$$E(e^{Z_i^*}|X_i) \leqslant 1 + E(|Z_i^*|^b|X_i) \leqslant \exp\{E(|Z_i^*|^b|X_i)\},$$

$$E[\exp(d_n T''_n)|\Delta] \leqslant \exp\left\{c d_n^b Q_n^{-b} \sum_{i=1}^{n} I(A_i) g_b(X_i)\right\}. \tag{4.1.30}$$

设 $p > 1$, 由 $\alpha > p^{-1}$, 我们可以取 $b > 1$ 充分接近于 1, 使 $q = p/b > 1$ 且 $\alpha > 1/q$. 于是, $E(|g_b(X_i)|^q) \leqslant E(|Y_i|^p) < \infty$, 而 $1/q < \alpha < 1$. 因此, 由式 (4.1.22) 的证明可得

$$\frac{1}{Q_n}\sum_{i=1}^{n} I(A_i) g_b(X_i) \longrightarrow g_b(x), \text{ a.s..}$$

记 $F^\infty = F \times F \times \cdots$, 我们有

$$\frac{c}{Q_n}\sum_{i=1}^{n} I(A_i) g_b(X_i) \leqslant c(x, \Delta), \text{ a.e. } \Delta(F^\infty), \tag{4.1.31}$$

其中 $c(x, \Delta)$ 是仅与 x 和 Δ 有关的常数. 利用 Bernstein 不等式 (定理 1.1.1), 类似于式 (4.1.25) 的证明可以证得

$$\sum_{i=1}^{\infty} P\left\{Q_n \leqslant \frac{1}{2} n p_n\right\} \leqslant \sum_{i=1}^{\infty} 2\exp\{c(x) n^\alpha/10\} < \infty.$$

故由 Borel-Cantelli 引理 (定理 1.2.4) 可得

$$P\left\{Q_n \leqslant \frac{1}{2} n p_n, \text{ i.o.}\right\} = 0.$$

因此, 当 n 充分大时, 有

$$Q_n > \frac{1}{2} n p_n, \text{ a.e. } \Delta(F^\infty). \tag{4.1.32}$$

由式 (4.1.30)~ 式 (4.1.32), 并注意到 $np_n \geqslant c(x) n^\alpha$ 和 $d_n = (\log n)\log\log n$ 可知, 对 a.e. $\Delta(F^\infty)$ 和给定的 $\varepsilon > 0$, 存在 $n_0 = n_0(x, \Delta)$, 当 $n \geqslant n_0$ 时,

$$\begin{aligned}
P\{T''_n \geqslant \varepsilon|\Delta\} &\leqslant \mathrm{e}^{-d_n\varepsilon} E[\exp(d_n T''_n)|\Delta] \\
&\leqslant \mathrm{e}^{-d_n\varepsilon} \exp\{d_n^b Q_n^{-(b-1)} I(Q_n > 0) c(x, \Delta)\} \\
&\leqslant \mathrm{e}^{-d_n\varepsilon} \exp\left\{d_n^b (np_n/2)^{-(b-1)} c(x, \Delta)\right\} \\
&\leqslant \mathrm{e}^{-d_n\varepsilon} \mathrm{e}^{d_n\varepsilon/2} = \exp\{-d_n\varepsilon/2\},
\end{aligned}$$

其中由式 (4.1.30) 和式 (4.1.31) 可得第二个不等式, 由式 (4.1.32) 可得第三个不等式. 因此, 对任何 $\varepsilon > 0$, 有

$$\sum_{n=1}^{\infty} P\{T_n'' \geqslant \varepsilon | \varDelta\} < \infty.$$

故由 Borel-Cantelli 引理 (定理 1.2.4), 有

$$P\left\{\limsup_{n\to\infty} T_n'' \leqslant 0 | \varDelta\right\} = 1, \text{ a.e. } \varDelta(F^{\infty}).$$

再由 Fubini 定理可得

$$\limsup_{n\to\infty} T_n'' \leqslant 0, \text{ a.s.}. \tag{4.1.33}$$

下面考虑 T_n'''. 记 $D_n = \{i : 1 \leqslant i \leqslant n, W_{ni}(x)\eta_i > d_n^{-1}\}$, 那么

$$\sum_{i=1}^{n} W_{ni}(x)\eta_{ni}''' \leqslant \sum_{i\in D_n} (c_2/c_1)Q_n^{-1}I(A_i)a_i \leqslant (c_2/c_1)Q_n^{-1}a_n\#(D_n).$$

因此, 对任何 $\varepsilon > 0$, 为得到 $T_n''' \geqslant \varepsilon$, 我们必须有 $\#(D_n) \geqslant (c_1/c_2)\varepsilon Q_n a_n^{-1}$. 取非负整数 $k > (p\alpha - 1)^{-1}$, 正如前面所证, 存在 $n_0 = n_0(x)$, 使得当 $n \geqslant n_0$ 时, 有

$$\begin{aligned}
&Q_n \geqslant \frac{1}{2}np_n, \quad T_n''' \geqslant \varepsilon \Rightarrow \#(D_n) \geqslant k,\\
&Q_n \geqslant \frac{1}{2}np_n, \quad i \in D_n \Rightarrow \eta_i > c_1 np_n/(2c_2 d_n) \triangleq cnp_n/d_n.
\end{aligned}$$

因此, 当 $n \geqslant n_0$ 时, 可得

$$\begin{aligned}
P\{T_n''' \geqslant \varepsilon\} &\leqslant P\{Q_n < np_n/2\} + P\{T_n''' \geqslant \varepsilon,\ Q_n \geqslant np_n/2\}\\
&\leqslant P\left\{Q_n < \frac{1}{2}np_n\right\} + P\left\{\#\left[i : i \leqslant n, \eta_i > cnp_n/d_n\right] > k\right\}\\
&\leqslant P\left\{Q_n < \frac{1}{2}np_n\right\} + \left\{\sum_{i=1}^{n} P\left(\eta_i > cnp_n/d_n\right)\right\}^k\\
&\leqslant 2\exp\{-np_n/10\} + \left\{n\left[d_n/(cnp_n)\right]^p E|\eta_1|^p\right\}^k\\
&\leqslant 2\exp\{-c(x)n^{\alpha}/10\} + c_2(x)d_n^{pk}n^{-k(p\alpha-1)},
\end{aligned}$$

其中倒数第二个不等式右端第一项类似于式 (4.1.25) 的证明, 最后一个不等式用到了式 (4.1.24), $c_2(x)$ 为仅依赖于 x 的常数. 于是, 由 d_n 的选择, 对任意的 $\varepsilon > 0$, 有

$$\sum_{n=1}^{\infty} P\{T_n''' \geqslant \varepsilon\} < \infty.$$

因此, 由 Borel-Cantelli 引理 (定理 1.2.4) 可得

$$\limsup_{n\to\infty} T_n''' \leqslant 0, \text{ a.s.}. \tag{4.1.34}$$

由式 (4.1.29)、式 (4.1.33) 和式 (4.1.34) 以及 $T_n = T_n' + T_n'' + T_n'''$ 可得

$$\limsup_{n\to\infty} T_n \leqslant 0, \text{ a.s.}. \tag{4.1.35}$$

用 $-\eta_i$ 代替 η_i, 由式 (4.1.35) 可推出

$$\liminf_{n\to\infty} T_n \geqslant 0, \text{ a.s.}. \tag{4.1.36}$$

由式 (4.1.35) 和式 (4.1.36) 可得式 (4.1.28).

最后由式 (4.1.20)~ 式 (4.1.22) 和式 (4.1.28) 可得

$$\hat{m}_{\mathrm{K}}(x) \longrightarrow m(x), \text{ a.s., } x \in S(F).$$

因 $S(F)$ 的 F 测度为 1, 故由 Funbini 定理即可证得 4.1.3.

Mack 和 Silverman(1982) 在一维 $(d=1)$ 情况下研究了核回归估计的一致强相合性, 得到如下结果.

定理 4.1.4 设对某个 $p \geqslant 2$, $E(|Y|^p) < \infty$, $\sup\limits_x \int_{-\infty}^{\infty} |y|^p f(x,y)\mathrm{d}y < \infty$, 其中 $f(x,y)$ 为 (X,Y) 的联合密度函数; X 的密度函数 $f(x)$ 的支撑是闭区间 $\boldsymbol{I}$, 且 $\sup\limits_{x\in\boldsymbol{I}} f(x) = a > 0$; $f(x,y)$, $f(x)$ 和 $g(x)$ 在 $\boldsymbol{I}$ 上连续, 其中 $g(x) = \int_{-\infty}^{\infty} yf(x,y)\mathrm{d}y$; 核函数 $K(u)$ 为一致连续且有界变差的概率密度函数, 并满足 $\int_{-\infty}^{\infty} |u\log|u||^{1/2}\mathrm{d}K(u) < \infty$, $\lim\limits_{|x|\to\infty} K(x) = 0$; 带宽 h_n 满足 $h_n \to 0$, 对某个 $\lambda > 0$, $\sum\limits_{n=1}^{\infty} h_n^{\lambda} < \infty$, 且对某个 $\eta < 1 - p^{-1}$, $n^\eta h_n \to \infty$, 则

$$\sup_{x\in\boldsymbol{I}} |\hat{m}_{\mathrm{K}}(x) - m(x)| \longrightarrow 0, \text{ a.s.}. \tag{4.1.37}$$

证 由式 (4.1.1) 中 $\hat{m}_{\mathrm{K}}(x)$ 的定义, 可以将 $\hat{m}_{\mathrm{K}}(x)$ 表示为

$$\hat{m}_{\mathrm{K}}(x) = \hat{g}(x)/\hat{f}_{\mathrm{K}}(x), \tag{4.1.38}$$

其中 $\hat{f}_{\mathrm{K}}(x)$ 在式 (2.3.2) 中定义, 而

$$\hat{g}(x) = \frac{1}{nh_n}\sum_{i=1}^{n} K\left(\frac{X_i - x}{h_n}\right) Y_i.$$

这里 $\hat{f}_{\rm K}(x)$ 和 $\hat{g}(x)$ 分别为 $f(x)$ 和 $g(x)$ 的估计. 由式 (4.1.38), 并注意到 $m(x)=g(x)/f(x)$, 简单计算可得

$$\hat{m}_{\rm K}(x)-m(x)=\frac{1}{\hat{f}_{\rm K}(x)}[\hat{g}(x)-g(x)]-\frac{g(x)}{\hat{f}_{\rm K}(x)f(x)}[\hat{f}_{\rm K}(x)-f(x)]. \tag{4.1.39}$$

由定理 2.3.6(Silverman, 1978) 可得

$$\sup_{x\in\boldsymbol{I}}|\hat{f}_{\rm K}(x)-f(x)|\longrightarrow 0,\ \text{a.s.}. \tag{4.1.40}$$

因此, 当 n 充分大时, 有

$$\sup_{x\in\boldsymbol{I}}|\hat{f}_{\rm K}(x)-f(x)|<a/2,\ \text{a.s.}.$$

于是, 当 n 充分大时, 有

$$\sup_{x\in\boldsymbol{I}}\hat{f}_{\rm K}(x)\geqslant\sup_{x\in\boldsymbol{I}}f(x)-\sup_{x\in\boldsymbol{I}}|\hat{f}_{\rm K}(x)-f(x)|>a/2,\ \text{a.s.}. \tag{4.1.41}$$

因 $g(x)$ 在闭区间 $\boldsymbol{I}$ 上连续, 所以有界. 于是 $\sup\limits_{x\in\boldsymbol{I}}|g(x)|=L<\infty$. 因此, 由式 (4.1.39) 和式 (4.1.41) 可得

$$\sup_{x\in\boldsymbol{I}}|\hat{m}_{\rm K}(x)-m(x)|\leqslant\frac{2}{a}\sup_{x\in\boldsymbol{I}}|\hat{g}(x)-g(x)|+\frac{2L}{a^2}\sup_{x\in\boldsymbol{I}}|\hat{f}_{\rm K}(x)-f(x)|. \tag{4.1.42}$$

故由式 (4.1.42), 为证明由式 (4.1.37), 只需证明

$$\sup_{x\in\boldsymbol{I}}|\hat{g}(x)-g(x)|\longrightarrow 0,\ \text{a.s.}. \tag{4.1.43}$$

下面证明式 (4.1.43). 首先证明

$$\sup_{x\in\boldsymbol{I}}|E[\hat{g}(x)]-g(x)|\longrightarrow 0,\ \text{a.s.}. \tag{4.1.44}$$

取定 $\delta>0$, 注意到 $g(x)=m(x)f(x)$, 有

$$\begin{aligned}
&\sup_{x\in\boldsymbol{I}}|E[\hat{g}(x)]-g(x)|\\
&=\sup_{x\in\boldsymbol{I}}\left|\int_{-\infty}^{\infty}\frac{1}{h_n}K\left(\frac{u}{h_n}\right)[g(x+u)-g(x)]\mathrm{d}u\right|\\
&\leqslant\sup_{x\in\boldsymbol{I}}\sup_{|u|<\delta}|g(x+u)-g(x)|+2L\int_{|u|\geqslant\delta/h_n}K(u)\mathrm{d}u\\
&\triangleq J_{n1}+J_{n2}.
\end{aligned}$$

因为 $g(x)$ 在闭区间 $\boldsymbol{I}$ 上连续, 所以一致连续. 于是, 当 $\delta>0$ 充分小时, J_{n1} 可任意小. 固定此 δ, 由 $\delta/h_n\to\infty$ 和 $K(u)$ 的可积性可得 $J_{n2}\to 0$. 这就证得了式 (4.1.44).

下面证明

$$\sup_{x\in\boldsymbol{I}}|\hat{g}(x)-E[\hat{g}(x)]|\longrightarrow 0,\ \text{a.s.}. \tag{4.1.45}$$

令 $\gamma=(1-p^{-1}-\eta)/3$, $b_n=n^{\gamma+1/p}$. 引入截断估计

$$\tilde{g}_n(x)=\frac{1}{nh_n}\sum_{i=1}^{n}K\left(\frac{X_i-x}{h_n}\right)Y_iI(|Y_i|<b_n).$$

简单计算可得

$$\hat{g}(x)-E[\hat{g}(x)]\triangleq L_{n1}(x)+L_{n2}(x), \tag{4.1.46}$$

其中

$$\begin{aligned}L_{n1}(x)&=\hat{g}(x)-\tilde{g}_n(x)-E[\hat{g}(x)-\tilde{g}_n(x)],\\ L_{n2}(x)&=\tilde{g}_n(x)-E[\tilde{g}_n(x)].\end{aligned}$$

因 $P\{|Y_n|>b_n\}\leqslant b_n^{-p}E(|Y|^p)\leqslant cn^{-(1+\gamma p)}$, 于是由 Borel-Cantelli 引理 (定理 1.2.4) 知, 当 n 充分大时, 以概率 1, 有 $|Y_n|\leqslant b_n$. 注意到 b_n 是递增的, 因此, 当 n 充分大时, 有

$$|Y_i|\leqslant b_n,\ \text{a.s.},\quad \text{对所有}i\leqslant n.$$

这就推出

$$\sup_{x\in\boldsymbol{I}}|\hat{g}(x)-\tilde{g}_n(x)|\longrightarrow 0,\ \text{a.s.}.$$

经过计算可得

$$\begin{aligned}\sup_{x\in\boldsymbol{I}}|E[\hat{g}(x)-\tilde{g}_n(x)]|&\leqslant\sup_{x\in\boldsymbol{I}}\iint_{|y|\geqslant b_n}\frac{1}{h_n}K\left(\frac{x-u}{h_n}\right)|y|f(u,y)\mathrm{d}y\mathrm{d}u\\ &\leqslant\sup_{t}\int_{|y|\geqslant b_n}|y|f(t,y)\mathrm{d}y\mathrm{d}u\\ &=O(b_n^{1-p})=o(n^{-(p-1)/p})=o(n^{-\delta}),\ \text{a.s.}.\end{aligned}$$

结合上述两式即可证得

$$\sup_{x\in\boldsymbol{I}}L_{n1}(x)\longrightarrow 0,\ \text{a.s.}. \tag{4.1.47}$$

下面证明

$$\sup_{x\in \boldsymbol{I}} L_{n2}(x) \longrightarrow 0, \text{ a.s.}. \tag{4.1.48}$$

利用分部积分法, 经过计算可得

$$\begin{aligned} L_{n2}(x) &= n^{-1/2}\iint_{|y|<b_n} \frac{1}{h_n} K\left(\frac{x-u}{h_n}\right) y \mathrm{d}Z_n(u,y) \\ &\triangleq n^{-1/2}\rho_n(x) + \varepsilon_n(x). \end{aligned} \tag{4.1.49}$$

其中

$$\rho_n(x) = \iint_{|y|<b_n} \frac{1}{h_n} K\left(\frac{x-u}{h_n}\right) y \mathrm{d}B_0(T(u,y)),$$

$B_0(\cdot)$ 是二维 Brownian 桥, $T(x,y) = (F_X(x), F_{Y|X}(y|x))$ 是 $\mathbf{R}^2$ 到 $[0,1]^2$ 的变换, $F_X(x)$ 是 X 的边缘分布函数, $F_{Y|X}(y|x)$ 是给定 X 下 Y 的条件分布函数,

$$\begin{aligned} \varepsilon_n(x) &= n^{-1/2}h_n^{-1}\int_{-\infty}^{\infty} \varDelta_n(u)\mathrm{d}_u K\left(\frac{x-u}{h_n}\right), \\ \varDelta_n(u) &= \int_{|y|<b_n} y\mathrm{d}_y[Z_n(u,y) - B_0(T(u,y))], \end{aligned}$$

$Z_n(u,y) = \sqrt{n}\,[F_n(u,y) - F(u,y)]$ 是二维经验过程. 利用二维经验过程的强逼近的结果 (Tusnády, 1977), 我们可以找到一个支撑 Z_n 和 B_0 的适当的概率空间, 使得

$$\sup_{u,y} |Z_n(u,y) - B_0(T(u,y))| = O(n^{-1/2}\log^2 n), \text{ a.s.}.$$

将上式应用到 $\varepsilon_n(x)$ 中可得

$$\sup_{x\in \boldsymbol{I}} |\varepsilon_n(x)| = O(b_n(nh_n)^{-1}\log^2 n) = o((n^{\eta}h_n)^{-1}), \text{ a.s.}. \tag{4.1.50}$$

下面考虑 $\rho_n(x)$. 我们证明

$$\sup_{x\in \boldsymbol{I}} |\rho_n(x)| = O\left((h_n/\log h_n^{-1})^{-1/2}\right), \text{ a.s.}. \tag{4.1.51}$$

因为这里的证明方法类似于 Silverman(1976, 1978) 所使用的方法, 所以我们仅给出证明的梗概. 定义

$$U_n^b(u) = \int_{|y|<b_n} y\mathrm{d}_y Z_n(u,y), \quad U_n^*(u) = \int_{|y|<b_n} y\mathrm{d}_y B_0(T(u,y)).$$

注意到 $U_n^*(u)$ 与 $U_n^b(u)$ 有相同的协方差结构, 即对 $s<t$

$$\operatorname{cov}(YI(X<t, |Y|<b_n), YI(X<s, |Y|<b_n)) = \nu_n^b(s) - \mu_n^b(s)\mu_n^b(t),$$

其中

$$\nu_n^b(\cdot) = \int_{|y|<b_n} y^2 \mathrm{d}_y F(\cdot, y), \quad \mu_n^b(\cdot) = \int_{|y|<b_n} y \mathrm{d}_y F(\cdot, y).$$

因此

$$\begin{aligned} E[U_n^*(s) - U_n^*(t)]^2 &= \nu_n^b(t) - \nu_n^b(s) - [\mu_n^b(t) - \mu_n^b(s)]^2 \\ &\leqslant \nu_n^b(t) - \nu_n^b(s) \\ &= \int_{|y|<b_n} \int_s^t y^2 f(x,y) \mathrm{d}x \mathrm{d}y \\ &\leqslant \int_{-\infty}^{\infty} \int_s^t y^2 f(x,y) \mathrm{d}x \mathrm{d}y \\ &\leqslant \nu(t) - \nu(s), \end{aligned} \tag{4.1.52}$$

其中 $\nu(\cdot) = \int_{-\infty}^{\infty} y^2 \mathrm{d}_y F(\cdot, y)$. 于是, 在条件 $\sup\limits_x \int_{-\infty}^{\infty} y^2 f(x,y) \mathrm{d}y = M < \infty$ 下, 对所有 x, 我们有

$$\nu(x) = \int_{-\infty}^{\infty} y^2 f(x,y) \mathrm{d}y \leqslant M < \infty.$$

因此, 对 $0 < \tau < \sigma^2 = E(Y^2) = \nu(\infty)$, 可以定义 $\nu^{-1}(\tau)$, 使得 $\nu^{-1}(\nu(\tau)) = \tau$. 定义 $V_n(\tau) = U_n^*(\nu^{-1}(\tau))$. 由式 (4.1.52) 可得, 对所有 s, $U_n^*(s) = V_n(\nu(s))$, 且

$$E[V_n(\tau) - V_n(\tau')]^2 \leqslant |\tau - \tau'|.$$

假设 $\theta(\cdot)$ 是 $V_n(\cdot)$ 的连续调整. 则由 Silverman(1976) 给出的引理 2 可以推出, 存在一个满足 $E(\xi) \leqslant 4\sqrt{2}\sigma^4$ 的随机变量 ξ, 使得 $\theta(\varepsilon)$ 由 $16\sqrt{\varepsilon \log \xi} + 16\sqrt{2} q(\varepsilon)$ 所控制, 其中 $q(\varepsilon) = \int_0^{\varepsilon} \frac{1}{2} \sqrt{r^{-1} \log r^{-1}} \mathrm{d}r$. 因此

$$\begin{aligned} |\rho_n(x)| &= \left| \int_{-\infty}^{\infty} \frac{1}{h_n} K\left(\frac{x-u}{h_n}\right) \mathrm{d}U_n^*(u) \right| \\ &= \left| \int_{-\infty}^{\infty} \frac{1}{h_n} [U_n^*(x - h_n t) - U_n^*(x)] \mathrm{d}K(t) \right| \\ &\leqslant \frac{1}{h_n} \int_{-\infty}^{\infty} |V_n(\nu(x - h_n t)) - V_n(\nu(x))| |\mathrm{d}K(t)| \\ &\leqslant \frac{1}{h_n} \int_{-\infty}^{\infty} \theta(M h_n |t|) |\mathrm{d}K(t)|. \end{aligned}$$

记 $\alpha_n = (h_n / \log h_n^{-1})^{1/2}$. 可得

$$\begin{aligned} \alpha_n \sup_{x \in \boldsymbol{I}} |\rho_n(x)| \leqslant{} & 16\sqrt{M \log \xi} (\log h_n^{-1})^{-1/2} \int_{-\infty}^{\infty} \sqrt{|t|} |\mathrm{d}K(t)| \\ & + 16\sqrt{2} (h_n \log h_n^{-1})^{-1/2} \int_{-\infty}^{\infty} q(M h_n |t|) |\mathrm{d}K(t)|. \end{aligned} \tag{4.1.53}$$

使用本定理的条件, 并类似于 Silverman(1978) 的证明, 可以证得式 (4.1.53) 右端第一项是 $O(1)$, 且第二项趋于 $16\sqrt{2M}\int_{-\infty}^{\infty}\sqrt{|t|}|\mathrm{d}K(t)|$. 这就证明了式 (4.1.51).

将式 (4.1.50) 和式 (4.1.51) 代入到式 (4.1.49), 并注意到 h_n 满足的条件和 b_n 的取法, 即可证得式 (4.1.48).

最后, 结合式 (4.1.46)$\sim$ 式 (4.1.48) 即可证得式 (4.1.45). 再结合式 (4.1.44) 和式 (4.1.45) 即可证得式 (4.1.43). 这就完成了定理 4.1.4 的证明.

2. 核估计的渐近正态性

下面我们在一维 $(d = 1)$ 情形下讨论核估计量 $\hat{m}_{\mathrm{K}}(x)$ 具有渐近正态性. Nadaraya(1964) 指出: 如果 Y 是有界随机变量, $nh_n^2 \to 0$, 则 $\sqrt{nh_n}\{\hat{m}_{\mathrm{K}}(x) - E[\hat{m}_{\mathrm{K}}(x)]\}$ 的渐近分布是正态分布 $N(0,\gamma(x))$, 其中 $\gamma(x) = c_K\sigma^2(x)/f(x)$, $\sigma^2(x) = \mathrm{var}(Y|X = x)$, $f(x)$ 为 X 的密度函数, c_K 在式 (4.1.4) 中定义. 更感兴趣的是 $\sqrt{nh_n}[\hat{m}_{\mathrm{K}}(x)-m(x)]$ 的渐近分布. 人们试图通过建立 $\sqrt{nh_n}[E[\hat{m}_{\mathrm{K}}(x)]-m(x)] = o(1)$ 来处理这个统计量的渐近分布. 由此可以推出 $\sqrt{nh_n}[\hat{m}_{\mathrm{K}}(x)-m(x)]$ 与 $\sqrt{nh_n}\{\hat{m}_{\mathrm{K}}(x)-E[\hat{m}_{\mathrm{K}}(x)]\}$ 具有相同的渐近分布. 本小节探讨这个问题, 证明 $\hat{m}_{\mathrm{K}}(x)$ 的分子和分母都是渐近正态, 因此 $\hat{m}_{\mathrm{K}}(x)$ 是渐近正态的. 事实上, Schuster(1972) 证明了在不同的点 $x_1,\cdots,x_k$ 处, $\sqrt{nh_n}(\hat{m}_{\mathrm{K}}(x_1) - m(x_1),\cdots,\hat{m}_{\mathrm{K}}(x_k) - m(x_k))^{\mathrm{T}}$ 是渐近多维正态的. 为方便起见, 我们引入下列记号. 设 $f(x,y)$ 为 (X,Y) 的联合密度函数. 记 $g(x) = \int_{-\infty}^{\infty} yf(x,y)\mathrm{d}y$, $v(x) = \int_{-\infty}^{\infty} y^2 f(x,y)\mathrm{d}y$. 我们有下列定理.

定理 4.1.5 设对某个 $\delta > 1/2$, $E(|Y|^{2+\delta}) < \infty$; 核 $K(\cdot)$ 是对称的概率密度函数, 且满足 $(1+|u|)K(u) < \infty$, $\int_{-\infty}^{\infty} u^2K^2(u)\mathrm{d}u < \infty$; 带宽 h_n 满足 $nh_n^{1+2/\delta} \to \infty$, $nh_n^5 \to 0$; $v'(x)$, $f''(x)$ 和 $g''(x)$ 存在且有界, 则对任意满足 $f(x_i) > 0(i = 1,\cdots,k)$ 的 k 个不同点 $x_1,\cdots,x_k$, 有

$$\sqrt{nh_n}(\hat{m}_{\mathrm{K}}(x_1) - m(x_1),\cdots,\hat{m}_{\mathrm{K}}(x_1) - m(x_1))^{\mathrm{T}} \xrightarrow{D} N(0,\mathit{\Gamma}), \tag{4.1.54}$$

其中 $\mathit{\Gamma} = \mathrm{diag}\{\gamma(x_1),\cdots,\gamma(x_k)\}$, $\gamma(\cdot)$ 如前定义.

证 为了简单起见, 我们在 $k = 2$ 的情形下证明这个定理, 其证明方法具有一般性. 为了写法简单, 我们对 $i = 1,\cdots,n$ 和 $s = 1,2$, 定义

$$\begin{aligned} U_{ni}^*(x_s) &= h_n^{-1}K\left(\frac{X_i - x_s}{h_n}\right), \\ U_{ni}(x_s) &= \sqrt{h_n}\{U_{ni}^*(x_s) - E[U_{ni}^*(x_s)]\}, \end{aligned}$$

$$V_{ni}(x_s) = \sqrt{h_n}\{Y_i U_{ni}^*(x_s) - E[Y_i U_{ni}^*(x_s)]\},$$

$$\sqrt{n} Z_n = \sum_{i=1}^{n} (U_{ni}(x_1), V_{ni}(x_1), U_{ni}(x_2), V_{ni}(x_2))^{\mathrm{T}}.$$

首先证明

$$Z_n \xrightarrow{D} N(0, A), \tag{4.1.55}$$

其中

$$A = \int_{-\infty}^{\infty} K^2(u)\mathrm{d}u \begin{pmatrix} f(x_1) & g(x_1) & 0 & 0 \\ g(x_1) & v(x_1) & 0 & 0 \\ 0 & 0 & f(x_2) & g(x_2) \\ 0 & 0 & g(x_2) & v(x_2) \end{pmatrix}.$$

由 Cramer-Wold 定理 (Rao, 1965), 为证式 (4.1.55), 只需证明对任意非零向量 $e = (c_1, d_1, c_2, d_2)^{\mathrm{T}}$, 有

$$e^{\mathrm{T}} Z_n \xrightarrow{D} N\left(0, e^{\mathrm{T}} A e\right). \tag{4.1.56}$$

为此, 记 $\xi_{ni} = c_1 U_{ni}(x_1) + d_1 V_{ni}(x_1) + c_2 U_{ni}(x_2) + d_2 V_{ni}(x_2)$, 则 $\{\xi_{ni}; 1 \leqslant i \leqslant n\}$ 为独立随机变量序列, 且

$$e^{\mathrm{T}} Z_n = n^{-1/2} \sum_{i=1}^{n} \xi_{ni}.$$

由方差的性质可得

$$\begin{aligned} v_n^2 \triangleq \operatorname{var}(e^{\mathrm{T}} Z_n) &= \frac{1}{n} \sum_{i=1}^{n} \operatorname{var}(\xi_{ni}) \\ &= \sum_{s=1}^{2} \{c_s^2 E[U_{n1}^2(x_s)] + d_s^2 E[V_{n1}^2(x_s)]\} \\ &\quad + \sum_{s \neq r} \{c_s c_r E[U_{n1}(x_s) U_{n1}(x_r)] + d_s d_r E[V_{n1}(x_s) V_{n1}(x_r)] \\ &\quad + \sum_{s,r} c_s d_r E[U_{n1}(x_s) V_{n1}(x_r)]\}. \end{aligned} \tag{4.1.57}$$

类似于式 (2.3.33)~ 式 (2.3.36) 的证明方法不难证得: 对 $s = 1, 2$, 有

$$\lim_{n \to \infty} E[U_{n1}^2(x_s)] = f(x_s) \int_{-\infty}^{\infty} K^2(u)\mathrm{d}u, \tag{4.1.58}$$

$$\lim_{n \to \infty} E[V_{n1}^2(x_s)] = v(x_s) \int_{-\infty}^{\infty} K^2(u)\mathrm{d}u, \tag{4.1.59}$$

$$\lim_{n \to \infty} E[U_{n1}(x_s) V_{n1}(x_s)] = g(x_s) \int_{-\infty}^{\infty} K^2(u)\mathrm{d}u; \tag{4.1.60}$$

对 $s=1,2,\ s\neq r$, 有

$$\lim_{n\to\infty} E[U_{n1}(x_s)U_{n1}(x_r)]=0, \tag{4.1.61}$$

$$\lim_{n\to\infty} E[V_{n1}(x_s)V_{n1}(x_r)]=0, \tag{4.1.62}$$

$$\lim_{n\to\infty} E[U_{n1}(x_s)V_{n1}(x_r)]=0. \tag{4.1.63}$$

由于 $f(x)v(x)-g^2(x)=f^2(x)\sigma^2(x)$ 和 $f(x_s)>0(s=1,2)$, 可以推出 A 是正定矩阵. 因此, 利用式 (4.1.57)~ 式 (4.1.63) 可以得到, 对 $e\neq 0$,

$$\lim_{n\to\infty} \upsilon_n^2=e^{\mathrm{T}}Ae>0. \tag{4.1.64}$$

此外, 类似于式 (2.3.39) 或式 (4.1.58) 和式 (4.1.59) 的证明方法可以证得

$$\begin{aligned}\rho_n^{2+\delta}&=n^{-\delta/2}E(|\xi_{ni}|^{2+\delta})\\&\leqslant cn^{-\delta/2}\max_{s=1,2}\left\{E[|U_{n1}(x_s)|^{2+\delta}],E[|V_{n1}(x_s)|^{2+\delta}]\right\}\\&=O(n^{-\delta/2}h_n^{-1-\delta/2})=O((nh_n^{1+2/\delta})^{-\delta/2}).\end{aligned} \tag{4.1.65}$$

因此, 由式 (4.1.64) 和式 (4.1.65), 并注意到 $nh_n^{1+2/\delta}\to\infty$ 可得 $\lim\limits_{n\to\infty}\rho_n/\upsilon_n=0$. 故由 Berry-Esseen 不等式 (定理 1.1.10), 即知式 (4.1.55) 成立.

其次证明

$$Z_n^*\xrightarrow{D} N(0,A), \tag{4.1.66}$$

其中

$$Z_n^*=(h_n/n)^{1/2}\sum_{i=1}^n(\zeta_{ni}(x_1),\eta_{ni}(x_1),\zeta_{ni}(x_2),\eta_{ni}(x_2))^{\mathrm{T}},$$

$$\zeta_{ni}(x_s)=U_{ni}^*(x_s)-f(x_s),\quad \eta_{ni}(x_s)=V_{ni}^*(x_s)-g(x_s),\quad s=1,2.$$

令 $Q_n=(\zeta_{ni}^*(x_1),\eta_{ni}^*(x_1),\zeta_{ni}^*(x_2),\eta_{ni}^*(x_2))^{\mathrm{T}}$, 其中

$$\zeta_{ni}^*(x_s)=E[U_{ni}^*(x_s)]-f(x_s),\quad \eta_{ni}^*(x_s)=E[V_{ni}^*(x_s)]-g(x_s),\quad s=1,2.$$

由式 (2.3.41) 可知 $\zeta_{ni}^*(x_s)=O(h_n^2),\ s=1,2$. 类似的论证可以得到 $\eta_{ni}^*(x_s)=O(h_n^2),\ s=1,2$. 于是 $Q_n=O(h_n^2)$. 因此

$$Z_n^*-Z_n=\sqrt{nh_n}Q_n=O(\sqrt{nh_n^5})=o(1). \tag{4.1.67}$$

注意到 $Z_n^*=Z_n+(Z_n^*-Z_n)$, 结合式 (4.1.55) 和式 (4.1.67), 然后再利用 Slutsky 定理即可证得式 (4.1.66).

最后完成本定理的证明. 定义 $\mathbf{R}^4$ 到 $\mathbf{R}^2$ 的函数 H 为

$$H(u_1,u_2,u_3,u_4)=(H_1(u_1,u_2,u_3,u_4),H_2(u_1,u_2,u_3,u_4))^{\mathrm{T}},$$

其中 $H_1(u_1,u_2,u_3,u_4)=u_2/u_1$, $H_2(u_1,u_2,u_3,u_4)=u_4/u_3$. 记 $Z_n^*=\sqrt{nh_n}(T_n-\theta)^{\mathrm{T}}$, 其中

$$\begin{aligned}
T_n&=(T_{n1},T_{n2},T_{n3},T_{n4}),\quad \theta=(f(x_1),g(x_1),f(x_2),g(x_2)),\\
T_{n1}&=\frac{1}{n}\sum_{i=1}^{n}U_{ni}^*(x_1),\quad T_{n2}=\frac{1}{n}\sum_{i=1}^{n}V_{ni}^*(x_1),\\
T_{n3}&=\frac{1}{n}\sum_{i=1}^{n}U_{ni}^*(x_2),\quad T_{n4}=\frac{1}{n}\sum_{i=1}^{n}V_{ni}^*(x_2),
\end{aligned}$$

则由式 (4.1.66) 和 Mann-Wold 定理 (Rao, 1965) 可得

$$\sqrt{nh_n}[H(T_n)-H(\theta)]\xrightarrow{D}N\left(0,CAC^{\mathrm{T}}\right), \tag{4.1.68}$$

其中

$$C=\left(\begin{array}{cccc}\dfrac{\partial H_1}{\partial u_1}&\dfrac{\partial H_1}{\partial u_2}&\dfrac{\partial H_1}{\partial u_3}&\dfrac{\partial H_1}{\partial u_4}\\ \dfrac{\partial H_2}{\partial u_1}&\dfrac{\partial H_2}{\partial u_2}&\dfrac{\partial H_2}{\partial u_3}&\dfrac{\partial H_2}{\partial u_4}\end{array}\right)_{(u_1,u_2,u_3,u_4)=\theta}.$$

容易验证 $CAC^{\mathrm{T}}=B$,

$$H(T_n)-H(\theta)=(\hat{m}_{\mathrm{K}}(x_1)-m(x_1),\hat{m}_{\mathrm{K}}(x_2)-m(x_2))^{\mathrm{T}}.$$

上式与式 (4.1.68) 结合就完成了本定理的证明.

推论 4.1.1 在定理 4.1.5 的条件下, 有

$$\sqrt{nh_n}\left[\hat{m}_{\mathrm{K}}(x)-m(x)\right]\xrightarrow{D}N\left(0,\gamma(x)\right).$$

利用推论 4.1.1, 可以得到

$$\sqrt{nh_n}\left[\hat{m}_{\mathrm{K}}(x)-m(x)\right]/\sqrt{\hat{\gamma}(x)}\xrightarrow{D}N\left(0,1\right), \tag{4.1.69}$$

其中 $\hat{\gamma}(x)=c_K\hat{\sigma}^2(x)/\hat{f}_{\mathrm{K}}(x)$, $\hat{f}_{\mathrm{K}}(x)$ 是由式 (2.3.2) 定义的 $f(x)$ 的核估计, $\hat{\sigma}^2(x)$ 为 $\sigma^2(x)$ 的相合估计, 即

$$\hat{\sigma}^2(x)=\sum_{i=1}^{n}W_{ni}(x)[Y_i-\hat{m}_{\mathrm{K}}(x)]^2,$$

权函数 $W_{ni}(x)$ 在式 (4.1.2) 中定义. 利用式 (4.1.69). 可以得到 $m(x)$ 的近似 $1-\alpha$ 置信区间, 即

$$\hat{m}_{\mathrm{K}}(x) \pm z_{1-\alpha/2}\hat{\sigma}(x)[nh_n\hat{f}_{\mathrm{K}}(x)(x)]^{-1/2}\left(\int_{-\infty}^{\infty}K^2(u)\mathrm{d}u\right)^{1/2},$$

其中 $1-\alpha$ 为置信水平, $z_{1-\alpha/2}$ 为标准正态分布的 $1-\alpha/2$ 分位数.

3. 核估计的收敛速度

我们首先讨论 $\hat{m}_{\mathrm{K}}(x)$ 的 L_p 收敛速度. 为此, 需要下列引理.

引理 4.1.2　设对某个 $p\in[1,2]$, $E(|Y|^p)<\infty$, 核函数 $K(\cdot)$ 满足式 (4.1.8). 又设存在某个 $\lambda\in(0,1]$, 使回归函数 $m(x)$ 满足 λ 阶 Lipschitz 条件, 则

$$\begin{aligned}Q_{np}(x) &= O(q_n^p(nh_n^d)^{-p/2}) + O(h_n^{-d}E(|\widetilde{Y}^{(n)}|^p))\\&\quad + O(h_n^{\lambda p}) + O(\mathrm{e}^{-c(x)nh_n^d}),\ \text{a.e. } x(F),\end{aligned}$$

其中 $Q_{np}(x)=E[|\hat{m}_{\mathrm{K}}(x)-m(x)|^p]$, $\widetilde{Y}^{(n)}=YI(|Y|>q_n)$, $\{q_n\}$ 为非降的的正数序列.

证　仍沿用定理 4.1.1 证明中的式 (4.1.9) 及其记号. 由式 (4.1.10) 知, 存在有限函数 $c(x)>0$, 使得对任意正整数 n, 有

$$F(S_{x,ch_n}) \geqslant c(x)h_n^d,\ \text{a.e. } x(F). \tag{4.1.70}$$

因此, 将式 (4.1.70) 到式 (4.1.12) 可得

$$J_{n3}(x) \leqslant c_p(x)\mathrm{e}^{-c(x)nh_n^d},\ \text{a.e. } x(F). \tag{4.1.71}$$

对 $J_{n2}(x)$, 利用式 (4.1.14), 再根据 $m(x)$ 满足 λ 阶 Lipschitz 条件可得

$$J_{n2}(x) \leqslant c_p h_n^{\lambda p}. \tag{4.1.72}$$

下面考虑 $J_{n1}(x)$. 引入记号

$$\begin{aligned}Y_i^{(n)} &= Y_iI(|Y_i|\leqslant q_n), \quad \widetilde{Y}_i^{(n)} = Y_i - Y_i^{(n)},\\ \varphi_n(x) &= E[Y_i^{(n)}|X=x], \quad \widetilde{\varphi}_n(x) = m(x) - \varphi_n(x),\end{aligned}$$

由 Minkowski 不等式和 C_r 不等式可得

$$\begin{aligned}J_{n1}(x) &= 2^{p-1}\left\{E\left[\left|\sum_{i=1}^n W_{ni}(x)[Y_i^{(n)}-\varphi_n(X_i)]\right|^p\right]\right.\\&\quad\left.+E\left[\sum_{i=1}^n W_{ni}(x)|\widetilde{Y}_i^{(n)}-\widetilde{\varphi}_n(X_i)|^p\right]\right\}\\&\triangleq 2^{p-1}[L_{n1}(x)+L_{n2}(x)].\end{aligned} \tag{4.1.73}$$

由式 (4.1.14) 和式 (4.1.70) 以及 Jensen 不等式可得

$$\begin{aligned}L_{n2}(x) &\leqslant 2E\left[\sum_{i=1}^{n} W_{ni}(x)E(|\widetilde{Y}_i^{(n)}|^p|X_i)\right]\\&\leqslant 14(c_2/c_1)\int_{S_{x,rhn}} E(|\widetilde{Y}^{(n)}|^p|X=u)\mathrm{d}F(u)/F(S_{x,rh_n})\\&\leqslant cE(|\widetilde{Y}^{(n)}|^p)/F(S_{x,rh_n}) \leqslant c(x)h_n^{-d}E(|\widetilde{Y}^{(n)}|^p),\ \text{a.e. } x(F). \quad (4.1.74)\end{aligned}$$

又由于 $|Y_i^{(n)}| \leqslant b_n$, 有 $|\varphi_n(X_i)|^2 \leqslant E(|Y_i^{(n)}|^2X_i) \leqslant b_n^2$. 于是, 由式 (4.1.14) 和 Jensen 不等式可得

$$\begin{aligned}L_{n1}^{2/p}(x) &\leqslant E\left\{\left|\sum_{i=1}^{n} W_{ni}(x)[Y_i^{(n)} - \varphi_n(X_i)]\right|^2\right\}\\&\leqslant E\left\{E\left[\left|\sum_{i=1}^{n} W_{ni}(x)[Y_i^{(n)} - \varphi_n(X_i)]\right|^2\middle|X_1,\cdots,X_n\right]\right\}\\&\leqslant E\left\{\sum_{i=1}^{n} W_{ni}^2(x)E[|Y_i^{(n)} - \varphi_n(X_i)|^2|X_i]\right\}\\&\leqslant 4q_n^2E\left\{\sum_{i=1}^{n} W_{ni}^2(x)\right\} \leqslant 4q_n^2E[Z_n(x)], \quad (4.1.75)\end{aligned}$$

其中 $Z_n(x) = \min\{1, c_2/T_n(x)\}$,

$$T_n(x) = \sum_{i=1}^{n} U_i(x), \quad U_i(x) = K\left(\frac{X_i - x}{h_n}\right).$$

注意到 $\mathrm{var}(U_n(x)) \leqslant c_2E[U_n(x)]$, 于是由 Chebyshev 不等式可得

$$\begin{aligned}P\left\{T_n(x) < \frac{1}{2}E[T_n(x)]\right\} &\leqslant P\left\{T_n(x) - E[T_n(x)] < -\frac{1}{2}E[T_n(x)]\right\}\\&\leqslant \frac{4\mathrm{var}(T_n(x))}{E^2[T_n(x)]} \leqslant \frac{4E[U_n^2(x)]}{nE^2[U_n(x)]} \leqslant \frac{4c_2}{nE[U_n(x)]}.\end{aligned}$$

因此, 由式 (4.1.70) 知

$$\begin{aligned}E[Z_n(x)] &\leqslant P\left\{T_n(x) < \frac{1}{2}E[T_n(x)]\right\} + \frac{2c_2}{E[T_n(x)]}\\&\leqslant \frac{4c_2}{nE[U_n(x)]} + \frac{2c_2}{nE[U_n(x)]} \leqslant \frac{6c_2}{nE[U_n(x)]}\\&\leqslant \frac{6c_2}{c_1nF(S_{x,ch_n})} \leqslant c(x)(nh_n^d)^{-1},\ \text{a.e. } x(F). \quad (4.1.76)\end{aligned}$$

结合式 (4.1.75) 和式 (4.1.76) 可得

$$L_{n1}(x) \leqslant c_p(x)q_n^p(nh_n)^{-p/2}, \text{ a.e. } x(F). \tag{4.1.77}$$

将式 (4.1.74) 和式 (4.1.77) 代入到式 (4.1.73) 可以得到

$$J_{n1}(x) \leqslant c(x)h_n^{-d}E(|\widetilde{Y}^{(n)}|^p) + c_p(x)q_n^p(nh_n)^{-p/2}, \text{ a.e. } x(F). \tag{4.1.78}$$

最后, 将式 (4.1.71)、式 (4.1.72) 和式 (4.1.78) 代入到式 (4.1.9) 即可完成引理 4.1.2 的证明.

为了利用引理 4.1.2 给出具体结果, 我们对 Y 的分布提出如下三种假设条件:

(A4.1.1) Y 的分布的支撑集有界;

(A4.1.2) 存在 $\alpha > 0$ 和 $\beta > 0$, 使当 $q > 0$ 充分大时, 有 $E[|Y|^pI(|Y| > q)] \leqslant \mathrm{e}^{-\beta q^\alpha}$;

(A4.1.3) 存在 $\alpha > d/\lambda$ 和 $\beta > 0$, 使当 $q > 0$ 充分大时, 有 $E[|Y|^pI(|Y| > q)] \leqslant \beta q^{-\alpha}$.

针对这三种假设条件, 我们有下列结果.

定理 4.1.6　在引理 4.1.2 的条件下, 当 Y 的分布分别满足条件 (A4.1.1)、(A4.1.2) 和 (A4.1.3) 时, 如果取 $h_n = cn^{-1/(d+2\lambda)}$, 其中 $c > 0$ 为常数, 则分别有下面相应的结果:

$$Q_{np}(x) = O(n^{-\lambda p/(d+2\lambda)}), \text{ a.e. } x(F); \tag{4.1.79}$$

$$Q_{np}(x) = O(n^{-\lambda p/(d+2\lambda)}(\log n)^{p/\alpha}), \text{ a.e. } x(F); \tag{4.1.80}$$

$$Q_{np}(x) = O(n^{-p(\lambda\alpha-d)/[(d+2\lambda)(\alpha+p)]}), \text{ a.e. } x(F). \tag{4.1.81}$$

证　首先证明式 (4.1.79). 由条件 (A4.1.1), 取 $q_n = q_0$ 充分大, 使

$$E(|\widetilde{Y}^{(n)}|^p) = E[|Y|^pI(|Y| > q_0)] = 0.$$

因此, 由引理 4.1.2 和 h_n 的取法即证得式 (4.1.79).

其次证明式 (4.1.80). 在引理 4.1.2 中取 $h_n = cn^{-1/(d+2\lambda)}$ 和 $q_n = (\beta^{-1}\log n)^{1/\alpha}$, 那么由条件 (A4.1.2) 可得

$$\begin{aligned} h_n^{-d}E(|\widetilde{Y}^{(n)}|^p) &= h_n^{-d}E[|Y|^pI(|Y| > q_0)] \leqslant (nh_n^d)^{-1} \\ &= n^{-2\lambda/(d+2\lambda)} \leqslant n^{-\lambda p/(d+2\lambda)}. \end{aligned}$$

因此, 利用上式和引理 4.1.2 以及 h_n 的取法即证得式 (4.1.80).

最后证明式 (4.1.81). 取 $h_n = cn^{-1/(d+2\lambda)}$ 和 $q_n = n^{(d+\lambda p)/[(d+2\lambda)(\alpha+p)]}$, 那么由条件 (A4.1.3) 可得

$$\begin{aligned} h_n^{-d}E(|\widetilde{Y}^{(n)}|^p) &= h_n^{-d}E[|Y|^p I(|Y| > q_0)] \leqslant h_n^{-d}\beta q_n^{-\alpha} \\ &= \beta n^{-p(\lambda\alpha-d)/[(d+2\lambda)(\alpha+p)]}. \end{aligned}$$

因此, 利用上式和引理 4.1.2 以及 h_n 的取法即证得式 (4.1.81).

下面的定理取消了对 Y 的分布提出的假设条件 (A4.1.1)~(A4.1.3), 在 Y 的分布存在二阶矩的情况下, 给出了 $Q_{np}(x)$ 的收敛速度.

定理 4.1.7　设 $E(Y^2) < \infty$, 核函数 $K(\cdot)$ 满足式 (4.1.8). 又设存在某个 $\lambda(0,1]$, 使回归函数 $m(x)$ 满足 λ 阶 Lipschitz 条件. 如果选取 $h_n = cn^{-1/(d+2\lambda)}$, 则

$$Q_{np}(x) = O(n^{-\lambda p/(d+2\lambda)}), \text{ a.e. } x(F), \quad p \in [1,2]. \tag{4.1.82}$$

证　为证明本定理, 我们可以利用定理 4.1.1 证明中的式 (4.1.9) 和引理 4.1.2 证明中的式 (4.1.71) 和式 (4.1.72) 及其记号. 因此, 只需对 $J_{n1}(x)$ 作出估计即可. 下面估计 $J_{n1}(x)$. 记 $\varphi(x) = E[|Y - m(X)|^2|X = x]$. 由 Jensen 不等式和条件期望的性质可得

$$\begin{aligned} J_{n1}^{2/p}(x) &\leqslant E\left[\left|\sum_{i=1}^n W_{ni}(x)[Y_i - m(X_i)]\right|^2\right] \\ &= E\left\{E\left[\left|\sum_{i=1}^n W_{ni}(x)[Y_i - m(X_i)]\right|^2 \middle| X_1, \cdots, X_n\right]\right\} \\ &= E\left\{\sum_{i=1}^n W_{ni}^2(x) E[|Y_i - m(X_i)|^2|X_i]\right\} \\ &= E\left\{\sum_{i=1}^n W_{ni}^2(x)\varphi(X_i)\right\} \\ &= nE[\varphi(X_n)]P\{V_n(x) \leqslant E[V_n(x)]/2\} \\ &\quad + nE\{W_{nn}^2(x)\varphi(X_n)I[V_n(x) > E(V_n(x))/2]\} \\ &\triangleq L_{n1}(x) + L_{n2}(x), \end{aligned} \tag{4.1.83}$$

其中 $V_n(x)$ 在式 (4.1.15) 中定义. 上式最后一步用到了 $V_n(x)$ 与 $\varphi(X_n)$ 相互独立, 即 $V_n(x)$ 仅与 $X_1, \cdots, X_{n-1}$ 有关. 注意到 $E[\varphi(X)] = E\{[Y - m(X)]^2\} \leqslant 4E(Y^2) < \infty$. 于是由式 (4.1.18) 和式 (4.1.70) 可得

$$L_{n1}(x) \leqslant 8E(Y^2)n\mathrm{e}^{-c(x)nh_n^d}, \text{ a.e. } x(F). \tag{4.1.84}$$

由 Wheeden 和 Zygmund(1977) 中的结果知

$$0<\varphi^*(x)=\sup_{\rho>0}\int_{S_{x,\rho}}|\varphi(u)|\mathrm{d}F(u)/F(S_{x,\rho})<\infty,\ \text{a.e. } x(F).$$

于是, 由式 (4.1.14) 和式 (4.1.70) 可得

$$\begin{aligned}L_{n2}(x)&\leqslant\frac{2c_2}{E[V_n(x)]}E\left[\sum_{i=1}^{n}W_{ni}(x)\varphi(X_i)\right]\\&\leqslant 7\left(\frac{c_2}{c_1}\right)\left(\frac{2c_2}{E[V_n(x)]}\right)\varphi^*(x)\\&\leqslant c(x)[(n-1)F(S_{x,rh_n})]^{-1}\leqslant c(x)(nh_n^d)^{-1}.\end{aligned}\tag{4.1.85}$$

将式 (4.1.84) 和式 (4.1.85) 代入到式 (4.1.83) 可得

$$J_{n1}(x)\leqslant c_pn^{p/2}\mathrm{e}^{-c_p(x)nh_n^d}+c_p(x)(nh_n^d)^{-p/2},\ \text{a.e. } x(F).\tag{4.1.86}$$

最后, 结合式 (4.1.9)、式 (4.1.71)、式 (4.1.72) 和式 (4.1.86) 以及 h_n 的取法即可证得式 (4.1.82). 这就完成了本定理的证明.

下面我们在 $p\geqslant 2$ 的情况下给出了 $Q_{np}(x)$ 的收敛速度.

定理 4.1.8 设对某个 $p\geqslant 2$, $E(|Y|^p)<\infty$, 核函数 $K(\cdot)$ 满足式 (4.1.8). 又设存在某个 $\lambda\in(0,1]$, 使回归函数 $m(x)$ 满足 λ 阶 Lipschitz 条件. 如果选取 $h_n=cn^{-1/(d+2\lambda)}$, 则

$$Q_{np}(x)=O(n^{-\lambda p/(d+2\lambda)}),\ \text{a.e. } x(F).\tag{4.1.87}$$

证 注意到当 $p\geqslant 2$ 时, 定理 4.1.1 证明中的式 (4.1.9) 和引理 4.1.2 证明中的式 (4.1.71) 和式 (4.1.72) 亦成立. 因此, 我们只需在 $p\geqslant 2$ 的情形下去估计 $J_{n1}(x)$ 即可. 由 Wheeden 和 Zygmund(1977) 中的结果知

$$0<\psi^*(x)=\sup_{\rho>0}\int_{S_{x,\rho}}|\psi(u)|\mathrm{d}F(u)/F(S_{x,\rho})<\infty,\ \text{a.e. } x(F),$$

其中 $\psi(x)=E[|Y-m(X)|^p|X=x]$. 再注意到 $E[\psi(X)]=E[|Y-m(X)|^p]\leqslant 2^pE(|Y|^p)<\infty$. 因此, 根据定理 4.1.1 证明中 (a) 段的证明和式 (4.1.70) 可得

$$\begin{aligned}J_{n1}(x)\leqslant&\ c_pn\exp\{-c_3nF(S_{x,rh_n})\}\int_{S_{x,rhn}}\psi(u)\mathrm{d}F(u)\\&+c_p[nF(S_{x,rh_n})]^{-p/2}\int_{S_{x,rhn}}\psi(u)\mathrm{d}F(u)/F(S_{x,rh_n})\\\leqslant&\ c_pn\mathrm{e}^{-c(x)nh_n^d}+c_p\psi^*(x)(nh_n)^{-p/2}.\end{aligned}\tag{4.1.88}$$

最后, 结合式 (4.1.9)、式 (4.1.71)、式 (4.1.72) 和式 (4.1.88) 以及 h_n 的取法即可证得式 (4.1.87). 这就完成了本定理的证明.

Härdle(1984) 在 $d=1$ 的情形下研究了核回归估计的重对数律, 得到了下述结果.

定理 4.1.9 设核 $K(x)$ 为连续的概率密度函数, 具有紧支撑 $[-1.1]$, $c_K \triangleq \int_{-\infty}^{\infty} K^2(u)\mathrm{d}u < \infty$; 带宽 h_n 满足 $nh_n^5/\log\log n \to 0$,

$$\lim_{\varepsilon\to 0}\limsup_{n\to\infty}\sup_{m\in\{m:|m-n|\leqslant n\varepsilon\}}\left|\frac{h_m}{h_n}-1\right|=0,$$

$$\sum_{n=1}^{\infty}(h_n/\log\log n)E[Y^2I(|Y|>a_n)]<\infty,$$

其中 $0<a_n\to\infty$, 且 $a_n=o((nh_n^{-1}\log\log n)^{1/2}/\log^2 n)$. 如果 $f(x)$ 和 $m(x)$ 二次可微且 $\sigma^2(x)$ 连续, 则

$$\limsup_{n\to\infty}\pm\sqrt{\frac{nh_n}{2\log\log n}}[\hat{m}_{\mathrm{K}}(x)-m(x)]=\sigma(x)\sqrt{c_K/f(x)}, \text{ a.s.},$$

其中 $\sigma^2(x)=\mathrm{var}(Y|X=x)$, $f(x)$ 为 X 的概率密度函数.

4.1.5 相依数据分析

本小节在样本为相依情形下讨论回归函数核估计的渐近性质. 设 $\{X_i,Y_i\}$ 是 $\mathbf{R}^d\times\mathbf{R}$ 上的随机向量序列. 允许向量 X_i 取值 $(Y_{i-1},\cdots,Y_{i-d})^{\mathrm{T}}$. 回归函数 $m(x)$ 的核估计 $\hat{m}_{\mathrm{K}}(x)$ 的定义如同式 (4.1.1). 我们首先给出下列条件.

(B4.1.1) 对某个 $p>2$, $E(|Y|^p)<\infty$.

(B4.1.2) X 的密度函数 $f(x)$ 一致有界, $f(x)$ 和 $f(x)m(x)$ 的二阶导数有界且一致连续, $\sup\limits_x E(|Y|^p|X=x)f(x)<\infty$.

(B4.1.3) 存在某个 $j_0<\infty$, 使得对所有 $j\geqslant j_0$, 有

$$\sup_{x,x_j}E(|YY_j|^p|X=x,X_j=x_j)f_j(x,x_j)<\infty,$$

其中 $f_j(x,x_j)$ 为 (X,X_j) 的联合密度函数.

(B4.1.4) 核函数 $K(\cdot)$ 是 $\mathbf{R}^d$ 上具有有界支撑的有界概率密度函数, 且满足一阶 Lischitz 条件, 或 $K(x)$ 是可微的, 且存在常数 $\alpha>1$, $M>0$ 和 $L>0$, 使得 $|(\partial/\partial x)K(x)|\leqslant M$, 且对 $||x||>L$, $|(\partial/\partial x)K(x)|\leqslant M||x||^{-\alpha}$.

(B4.1.5) 序列 $\{X_i,Y_i\}$ 是强平稳强混合的, 混合系数 $\alpha(n)$ 满足: 对某常数 A 和 $q>0$, $\alpha(n)\leqslant An^{-\beta}$, 其中 $\beta>[1+(p-1)(1+d+dq^{-1})]/(p-2)$.

(B4.1.6) 带宽 h_n 满足 $h_n \to 0$, $n^\theta h_n/\log n \to \infty$, 其中

$$\theta = \frac{\beta - 1 - d - dq^{-1} - (1+\beta)(p-1)^{-1}}{\beta + 3 - d - (1+\beta)(p-1)^{-1}}.$$

定理 4.1.10　设条件 (B4.1.1)~(B4.1.6) 成立. 如果 $\delta_n = \sup\limits_{||x|| \leqslant c_n} f(x) > 0$, $\delta_n^{-1} a_n \to 0$, 其中 $c_n = O((\log n)^{1/d} n^{1/2q})$, $a_n = (nh_n^d/\log n)^{-1/2} + h_n^2$, 则

$$\sup_{||x|| \leqslant c_n} |\hat{m}_{\mathrm{K}}(x) - m(x)| = O_P\left(\delta_n^{-1} a_n\right).$$

当 β 充分大时, $\hat{m}_{\mathrm{K}}(x)$ 的最优一致收敛速度为

$$\sup_{||x|| \leqslant c_n} |\hat{m}_{\mathrm{K}}(x) - m(x)| = O_P\left(\delta_n^{-1} (n^{-1} \log n)^{2/(d+4)}\right).$$

如果加强条件 (B4.1.5) 和 (B4.1.6), 则可以得到 $\hat{m}_{\mathrm{K}}(x)$ 的强一致收敛速度. 我们给出如下条件.

(B4.1.7) 序列 $\{X_i, Y_i\}$ 是强平稳强混合的, 混合系数 $\alpha(n)$ 满足: 对某常数 A 和 $q > 0$, $\alpha(n) \leqslant An^{-\beta}$, 其中 $\beta > [2 + p(3 + d + dq^{-1})]/(p-2)$.

(B4.1.8) 带宽 h_n 满足 $h_n \to 0$, $[(\log\log n)^2 \log n]^2/n^\theta h_n = O(1)$, 其中

$$\theta = \frac{\beta(1 - 2p^{-1}) - 2p^{-1} - 3 - d - dq^{-1}}{\beta + 3 - d}.$$

定理 4.1.11　设条件 (B4.1.1)~(B4.1.4)、(B4.1.7) 和 (B4.1.8) 成立. 如果 $\delta_n = \sup\limits_{||x|| \leqslant c_n} f(x) > 0$, $\delta_n^{-1} a_n \to 0$, 其中 $c_n = O([(\log\log n)^2 \log n]^{1/d} n^{1/2q})$, $a_n = (nh_n^d/\log n)^{-1/2} + h_n^2$, 则

$$\sup_{||x|| \leqslant c_n} |\hat{m}_{\mathrm{K}}(x) - m(x)| = O\left(\delta_n^{-1} a_n\right), \text{ a.s.}.$$

当 β 充分大时, $\hat{m}_{\mathrm{K}}(x)$ 的最优强一致收敛速度为

$$\sup_{||x|| \leqslant c_n} |\hat{m}_{\mathrm{K}}(x) - m(x)| = O\left(\delta_n^{-1} (n^{-1} \log n)^{2/(d+4)}\right), \text{ a.s.}.$$

定理 4.1.10 和定理 4.1.11 的证明可参见 Hansen(2008). 这里省略.

4.1.6　删失数据分析

1. 估计量的定义

考虑实随机变量 Y 和强平稳随机变量序列 $\{Y_i; i \geqslant 1\}$, 其公共分布 $V(y)$ 是绝对连续函数. 在生存分析中, 这些随机变量可能是受试患者的生存时间. 假设

$\{C_i; i \geqslant 1\}$ 是具有公共未知分布 $G(\cdot)$ 的删失随机变量序列. 相对于完全数据的统计推断, 删失数据涉及数对 $(T_i, \varDelta_i)$, $i = 1, \cdots, n$, 即仅能观测到 $T_i = \min(X_i, C_i)$ 和 $\varDelta_i = I(X_i \leqslant C_i)$, 其中 $I(A)$ 表示 A 的示性函数. 设 X 是 $\mathbf{R}^d$ 值随机变量, 且 $X_1, \cdots, X_n$ 是来自 X 的随机样本. 因此, 我们可以利用观测 $\{(T_i, \varDelta_i, X_i); 1 \leqslant i \leqslant n\}$ 进行统计推断. 在回归分析中, 人们希望确定 X_i 与 Y_i 之间的相关性. 这就意味着寻找一个函数 $m(x)$ 来描述这种相关性, 并实现均方误差准则的极小值. 众所周知, 这个极小值由定义在 $\mathbf{R}^d$ 上的回归函数 $m(x) = E(Y|X = x)$ 来达到. 在删失数据下, $m(x)$ 的核估计可以定义为

$$\hat{m}_{\mathrm{CK}}(x) = \sum_{i=1}^{n} W_{ni}(x) \varDelta_i T_i / [1 - \hat{G}(T_i)], \tag{4.1.89}$$

其中 $W_{ni}(x)$ 由式 (4.1.2) 定义. $\hat{G}(\cdot)$ 是 $G(\cdot)$ 的 Kaplan-Meier 估计, 即

$$1 - \hat{G}(t) = \begin{cases} \displaystyle\prod_{i=1}^{n} \left(1 - \frac{1 - \varDelta_i}{n - i + 1}\right)^{I(Y_i \leqslant t)}, & t < Y_{(n)}, \\ 0, & t \geqslant Y_{(n)}. \end{cases} \tag{4.1.90}$$

它是 $1 - G(x)$ 的 K-M 估计.

2. 估计量的渐近性质

记 $\tau_V = \sup\{y : V(y) < 1\}, \tau_G = \sup\{y : G(y) < 1\}$. 假定 $\tau_V < \infty$ 且 $G(\tau_V) < 1$ (本条件蕴涵 $\tau_V \leqslant \tau_G$). 我们设 $\{C_i; i \geqslant 1\}$ 与 $\{(X_i, Y_i); i \geqslant 1\}$ 相互独立. 对任何 $x \in \mathbf{R}^d$, 记 $||x|| = \sum_{i=1}^{n} |x_i|$. 设 $f(x)$ 为 X 的密度函数. 记 $\boldsymbol{C}_0 = \{x : x \in \mathbf{R}^d, f(x) > 0\}$, $\boldsymbol{C} \subset \boldsymbol{C}_0$ 是 $\mathbf{R}^d$ 的紧集. 用 $f(x, y)$ 表示 (X, Y) 的联合密度函数.

为得到 $\hat{m}_{\mathrm{CK}}(x)$ 渐近性质, 我们首先给出下列条件.

(C4.1.1) 核 $K(\cdot)$ 是有界的, 且满足:

(i) $\displaystyle\int_{\mathbf{R}^d} ||t|| K(t) \mathrm{d}t < \infty$;

(ii) $\displaystyle\int_{\mathbf{R}^d} (t_1 + \cdots + t_d) K^2(t) \mathrm{d}t < \infty, \quad \int_{\mathbf{R}^d} K^2(t) \mathrm{d}t < \infty$;

(iii) 存在常数 $\lambda > 0$ 和 $M > 0$, 使得 $|K(t) - K(s)| \leqslant M||t - s||^{\lambda}$.

(C4.1.2) 序列 $\{(X_i, Y_i); i \geqslant 1\}$ 是强平稳 α 混合的, 混合系数 $\alpha(n)$ 满足: 对某个常数 $\nu > q + \sqrt{q^2 + 3(d-1)}$, $\alpha(n) = O(n^{-\nu})$, 其中 $q = [\lambda(4 + d) + d]/2\lambda$.

(C4.1.3) 带宽 h_n 满足: $h_n \to 0, nh_n \to \infty, \sqrt{h_n^{\theta} \log\log n} = o(1)$, 其中 $0 < \theta < d$; 又存在 $\theta > 0, c_1 > 0$ 和 $c_2 > 0$, 使得

$$c_1 n^{\theta d + \frac{\lambda(3-\nu)}{\lambda(\nu+1)+2\lambda+1}} \leqslant h_n^d \leqslant c_2 n^{\frac{d}{1-\nu}}.$$

(C4.1.4) 函数 $f(x)$ 是连续可微的, 且 $\sup_{x\in\boldsymbol{C}}|(\partial/\partial x_i)f(x)|<\infty$, $i=1,\cdots,d$; 进一步, 存在常数 $b>0$, 使得 $\inf_{x\in\boldsymbol{C}}f(x)>b$.

(C4.1.5) 函数 $r_1(x)=\int_{\boldsymbol{R}}yf(x,y)\mathrm{d}y$ 是连续可微的, 且 $\sup_{x\in\boldsymbol{C}}|(\partial/\partial x_i)r_1(x)|<\infty$, $i=1,\cdots,d$.

(C4.1.6) 函数 $r_2(x)=\int_{\boldsymbol{R}}y^2f(x,y)\mathrm{d}y$ 是连续可微的, 且 $\sup_{x\in\boldsymbol{C}}|(\partial/\partial x_i)r_2(x)|<\infty$, $i=1,\cdots,d$.

(C4.1.7) 存在常数 $C>0$, 使得 $\sup_{x,y\in\boldsymbol{C}}|f_{ij}(x,y)-f_i(x)f_j(y)|<C$, 其中 $f_{ij}(x,y)$ 为 (X_i,X_j) 的联合密度函数, $f_i(x)$ 和 $f_j(x)$ 分别为 X_i 和 X_j 的边缘密度函数.

下列定理给出了 $\hat{m}_{\mathrm{CK}}(x)$ 的强一致收敛速度.

定理 4.1.12 设条件 (C4.1.1)~(C4.1.7) 成立. 则

$$\sup_{x\in\boldsymbol{C}}|\hat{m}_{\mathrm{CK}}(x)-m(x)|=O\left(\max\{a_n,h_n\}\right),\ \text{a.s.},$$

其中 $a_n=(nh_n^d/\log n)^{-1/2}$.

4.1.7 测量误差数据分析

1. 估计量的定义

本小节考虑在协变量包含随机测量误差的样本下回归函数 $m(x)$ 的非参数估计. 设 $(W_1,Y_1),\cdots,(W_n,Y_n)$ 是由模型

$$Y_j=m(X_j)+\varepsilon_j,\quad W_j=X_j+U_j,\quad j=1,\cdots,n \tag{4.1.91}$$

产生的 iid 样本, 其中 ε_j 满足 $E(\varepsilon_j|U_j)=0$, 误差变量 U_j 与 (X_i,Y_j,ε_j) 独立. 假设 X_i 具有密度函数 $f_X(x)$, 误差密度 $f_{U_j}(u)$ 可以依赖于观测数 j 和样本量 n. Fan 和 Truong(1993) 在 U_j 具有相同的密度下构造了 $m(x)$ 的核估计, 并证明了核估计量可以达到局部和全局的最优收敛速度. Delaigle 和 Meister(2007) 将 Fan 和 Truong(1993) 所构造了的核估计进行了改进, 在不假定诸 U_j 同分布的情形下, 构造了 $m(x)$ 的核估计, 即

$$\hat{m}_{\mathrm{MK}}(x)=\frac{1}{h_n}\sum_{j=1}^{n}Y_jK_{U_j}\left(\frac{x-W_j}{h_n}\right)\Big/\hat{f}_X(x), \tag{4.1.92}$$

其中 $\hat{f}_X(x)$ 为 $f_X(x)$ 的估计量, 即

$$\hat{f}_X(x)=\frac{1}{h_n}\sum_{j=1}^{n}K_{U_j}\left(\frac{x-W_j}{h_n}\right). \tag{4.1.93}$$

这里

$$
\begin{aligned}
K_{U_j}(x) = & \ \frac{1}{2\pi}\int_{-\infty}^{\infty}\exp(-itx)\phi_K(t)\psi_j(t/h_n)\mathrm{d}t, \\
\psi_j(t) = & \ \phi_{U_j}(-t)\Big/\sum_{k=1}^{n}|\phi_{U_k}(t)|^2,
\end{aligned}
$$

$\phi_K(t)$ 表示 $K(\cdot)$ 的 Fourier 变换, $\phi_{U_j}(t)$ 表示 U_j 的特征函数.

需要说明的是, 函数 $\psi_j(t)$ 是 Fan 和 Truong(1993) 的相应函数的推广, 即在诸 U_j 同分布的情形下, 有 $\psi_j(t)=[n\phi_U(t)]^{-1}$.

2. 估计量的相合性

为证明 $\hat{m}_{\mathrm{MK}}(x)$ 相合性, 我们首先给出如下条件.

(D4.1.1) 存在 j, 使得对所有 $t\in\mathbf{R}$, $|\phi_{U_j}(t)|\neq 0$, 对几乎所有 t,

$$
\sum_{j=1}^{n}|\phi_{U_j}(t)|^2\longrightarrow 0,\quad 且\quad \inf\sum_{j=1}^{n}|\phi_{U_j}(t)|^2>0,\ \forall t.
$$

(D4.1.2) 密度函数 $f_X(x)$ 满足: $f_X(x)\neq 0$; $f_X(x)$, $m^2(x)f_X(x)$ 和 $\sigma^2(x)f_X(x)$ 是有界连续的, 且 $m\phi_X, f_X\in L_1(\mathbf{R})$, 其中 $\sigma^2(x)=\mathrm{var}(Y|X=x)$.

(D4.1.3) 核函数 $K\in L_1(\mathbf{R})\cap L_2(\mathbf{R})$, 其 Fourier 变换 $\phi_K(t)$ 的支撑为 $[-1,1]$, 且当 $t\to 0$ 时, $|\phi_K(t)-1|\searrow 0$

(D4.1.4) 带宽 h_n 满足: $h_n\to 0$, $\displaystyle\int_{|t|\leqslant 1/h_n}\left(\sum_{j=1}^{n}|\phi_{U_j}(t)|^2\right)^{-1}\mathrm{d}t\longrightarrow 0.$

(D4.1.5) 存在常数 $c>0$, $\kappa>0$ 和 $\delta>1$, 使得

$$
cn^{1+\kappa-\delta}\leqslant h_n\to 0,\qquad \int_{|t|\leqslant 1/h_n}\left(\sum_{j=1}^{n}|\phi_{U_j}(t)|^2\right)^{-2}\mathrm{d}t=O(n^{-\delta}).
$$

下列定理给出了 $\hat{m}_{\mathrm{MK}}(x)$ 的相合性.

定理 4.1.13　在条件 (D4.1.1)~(D4.1.3) 下, 有下列结果:

(a) 如果条件 (D4.1.4) 成立, 则

$$
\hat{m}_{\mathrm{MK}}(x)\xrightarrow{P} m(x);
$$

(b) 如果条件 (D4.1.5) 成立, 又设 $\sup\limits_x|m(x)|<\infty$, 且对所有整数 j 和 $0<p\leqslant 2\lceil 1/\kappa\rceil+2$, $E(|\varepsilon_j|^p)<\infty$, 则

$$
\hat{m}_{\mathrm{MK}}(x)\longrightarrow m(x),\ \text{a.s.},
$$

其中 $\lceil a\rceil$ 表示不小于 a 的最小整数.

3. 估计量的收敛速度

下面我们获得估计量 $\hat{m}_{\mathrm{MK}}(x)$ 在任意固定点 $x\in\mathbf{R}$ 的逐点收敛速度, 并证明相应于模型 (4.1.91) 中的任何估计量在最小最大意义下是最优的. 为得到估计量的精确性质, 我们需要确定 $m(x)$ 和 $f_X(x)$ 的光滑度. 为此, 对任意固定点 $x\in\mathbf{R}$, 定义下列函数类: $\mathcal{F}_{r,C,D}=\{g: g$ 和 ϕ_g 在 $\mathbf{R}$ 上可积, 且对任意 $u\in(x-D,x+D), |g^{(r)}(u)|\leqslant C\}$, 其中 $g^{(r)}(u)$ 表示 $g(u)$ 的 r 阶导数, C 和 D 是正的常数. 我们需要下列假设条件.

(E4.1.1) 函数 $f_X(x)$ 和 $m(x)$ 满足: 对整数 r 和 $C_1, D>0$ 以及 $f_X, mf_X\in\mathcal{F}_{r,C_1,D}$; 存在整数 C_2 和 C_3, 使 $m(x)\leqslant C_2$ 和 $f_X(x)\geqslant C_3>0$; $m(x)f_X(x)$ 在 $\mathbf{R}$ 上连续且可积; $f_X(x)$, $m^2(x)f_X(x)$ 和 $\sigma^2(x)f_X(x)$ 在 $\mathbf{R}$ 上一致有界.

(E4.1.2) 核 $K(\cdot)$ 是 $\mathbf{R}$ 上的概率密度函数, 其 Fourier 变换 ϕ_K 的支撑为 $[-1,1]$, 且存在某个整数 $k\geqslant 2r$, 使得

$$\int_{-\infty}^{\infty}u^jK(u)\mathrm{d}u=0,\quad j=1,\cdots,k-1,\quad \int_{-\infty}^{\infty}u^kK(u)\mathrm{d}u<\infty,$$

其中 r 同式 (E4.1.1) 中定义.

(E4.1.3) 存在正数 α 和 C_4, 使对任意 j, $P\{|U_j|\leqslant\alpha\}\geqslant C_4$.

(E4.1.4) 存在正的单调递增函数 $\underline{\varphi}_{j,n}(t)$ 和 $\overline{\varphi}_{j,n}(t)$ 以及常数 $b_1>0$, $b_2>1$ 和 $T>0$, 使得对任意 $t>0$, $\underline{\varphi}_{j,n}(t)\geqslant b_1\overline{\varphi}_{j,n}(b_2t)$, 且 $\phi_{U_j}(t)$ 和 $\phi'_{U_j}(t)$ 满足:

(i) $|\phi_{U_j}(t)|\geqslant\underline{\varphi}_{j,n}(t)$, $\forall|t|\leqslant T$;

(ii) $\underline{\varphi}_{j,n}(t)\leqslant|\phi_{U_j}(t)|\leqslant\overline{\varphi}_{j,n}(t)$, $\forall t>T$;

(iii) $|\phi'_{U_j}(t)|\leqslant\overline{\varphi}_{j,n}(t)$, $\forall t>T$.

条件 (E4.1.4) 是对 $|\phi_{U_j}(t)|$ 所施加的较弱的条件. 特别地, Fan 和 Truong(1993) 的术语中所谓的 "平凡光滑密度" $f_{U_j}(u)$ 满足 $\underline{\varphi}_{j,n}(t)=d_0|t|^{-\beta}$, $\bar{\varphi}_{j,n}(t)=d_1|t|^{-\beta}$; 相应地, "超光滑密度" 有 $\underline{\varphi}_{j,n}(t)=d_0|t|^{\beta_0}\exp\{-|t|^{\beta}/\gamma\}$, $\bar{\varphi}_{j,n}(t)=d_1|t|^{\beta_1}\exp\{-|t|^{\beta}/\gamma\}$, 其中 d_0, d_1, β 和 γ 都是正的常数, β_0 和 β_1 是常数.

下面 c 表示任意正的常数, $\mathcal{F}$ 表示满足条件 (E4.1.1)~(E4.1.4) 的一切函数对 (m,f_X). 下面的定理给出了 $\hat{m}_{\mathrm{MK}}(x)$ 的逐点收敛速度.

定理 4.1.14　设条件 (E4.1.1)~(E4.1.4) 成立. 又设存在序列 $a_n\nearrow\infty$, 使得对正的常数 r 和 $c_2\geqslant c_1$,

$$c_1a_n^{1+2r}\leqslant\sum_{j=1}^{n}|\overline{\varphi}_{j,n}(a_n)|^2\leqslant c_2a_n^{1+2r}.$$

(a) 如果取 $h_n=b_2a_n^{-1}$, 其中 b_2 如同式 (E4.1.4) 中定义, 则

$$\limsup_{n\to\infty}\sup_{(m,f_X)\in\mathcal{F}}P\{|\hat{m}_{\mathrm{CK}}(x)-m(x)|^2>da_n^{-2r}\}\leqslant cd^{-1},\quad\forall d>0.$$

(b) 对于任意估计量 $\widetilde{m}_n(x) = \widetilde{m}_n(x; (W_1, Y_1), \cdots, (W_n, Y_n))$ 和 $\mathcal{F} = \mathcal{F}_{r,C,D}$ 中充分大的常数 C 和 D, 存在常数 $c_3 > 0$, 使得

$$\liminf_{n\to\infty} \sup_{(m,f_X)\in\mathcal{F}} P\{|\hat{m}_{\rm CK}(x) - m(x)|^2 > c_3 a_n^{-2r}\} \geqslant c,$$

其中 $c > 0$ 为常数.

4.1.8 缺失数据分析

1. 估计量的定义

设 X 是 d 维协变量, Y 是受 X 影响的响应变量, 则 Y 关于 X 的回归函数为 $m(x) = E(Y|X = x)$. 在实际问题中, 人们获得的数据 $\{(X_i, Y_i, \delta_i); 1 \leqslant i \leqslant n\}$ 常常是不完全的随机样本, 其中诸 X_i 能够完全被观测到, 而 Y_i 不能够完全被观测, 即如果 Y_i 缺失 $\delta_i = 0$, 否者 $\delta_i = 1$. 本小节使用随机缺失 (MAR) 机制, 即

$$P(\delta = 1|Y, X) = P(\delta = 1|X) \triangleq p(X), \tag{4.1.94}$$

其中 $p(\cdot)$ 称为选择概率函数, MAR 假定蕴涵 δ 和 Y 条件独立.

在缺失观测下, 我们定义 $m(x)$ 的截断核估计量为

$$\hat{m}_{TK}(x) = \frac{\dfrac{1}{nh_n^d}\displaystyle\sum_{i=1}^n \delta_i Y_i K\left(\frac{X_i - x}{h_n}\right)}{\max\left\{b_n, \dfrac{1}{nh_n^d}\displaystyle\sum_{i=1}^n \delta_i K\left(\frac{X_i - x}{h_n}\right)\right\}}, \tag{4.1.95}$$

其中 $0 < h_n \to 0$, $0 < b_n \to 0$, $K(\cdot)$ 为核函数.

2. 估计量的均方收敛速度

下面讨论估计量 $\hat{m}_{TK}(x)$ 的渐近性质. 为此, 用 $f(x)$ 和 $F(x)$ 分别表示 X 的密度函数和分布函数, 并记 $g(x) = p(x)f(x)$. 对任何向量 $z = (z_1, \cdots, z_d)^{\rm T}$, 记 $||z|| = \displaystyle\sum_{i=1}^d |z_i|$. 为了得到 $\hat{m}_{TK}(x)$ 的渐近性质, 首先给出下列条件.

(H4.1.1) $\sup\limits_x E(Y^2|X = x) < \infty$.

(H4.1.2) 核 $K(\cdot)$ 是 r 阶非负有界函数, 且具有紧支撑, 其中 $r \geqslant \max\{2, d/2\}$.

(H4.1.3) 函数 $p(x)$, $f(x)$ 和 $m(x)$ 皆有直到 r 阶的有界偏导数, 其中 $r \geqslant \max\{2, d/2\}$, 且 $\inf\limits_x p(x) > 0$.

(H4.1.4) $\sqrt{n}E[|m(X)|I(g(X) < 2b_n)] \to 0$, 其中 b_n 在式 (4.1.95) 中定义.

定理 4.1.15　设条件 (H4.1.1)~(H4.1.4) 成立, 则

$$E[\hat{m}_{TK}(X)-m(X)]^2 = O\left((nh_n^d b_n^2)^{-1}\right)+O\left(h_n^{2r}b_n^{-2}\right)+o\left(n^{-1/2}\right).$$

如果选取 $h_n = O(n^{-/(d+2r)})$, 则最优收敛速度为

$$E[\hat{m}_{TK}(X)-m(X)]^2 = O\left(n^{-2r/(d+2r)}b_n^{-2}\right),$$

其中 b_n 满足条件 (H4.1.4) 且 $b_n = O(n^{-(r-d/2)/(d+2r)})$.

证　记 $g_b(x) = \max\{b_n, g(x)\}$, $m_b(x) = m(x)g(x)/g_b(x)$, 则有

$$E[m_b(X)-m(X)]^2 \leqslant cE[|m(X)|I(g(X)<b_n)] = o\left(n^{-1/2}\right),$$

其中 c 是正的常数. 因此, 为证明定理 4.1.15, 只需证明

$$E\{\hat{m}_{TK}(X)-m_b(X)\}^2 = O\left((nh_n^d b_n^2)^{-1}\right)+O\left(h_n^{2r}b_n^{-2}\right)+o\left(n^{-1/2}\right). \quad (4.1.96)$$

定义

$$\hat{g}(x) = \frac{1}{nh_n^d}\sum_{i=1}^n \delta_i K\left(\frac{X_i-x}{h_n}\right), \quad \hat{g}_b(x) = \max\{b_n, \hat{g}(x)\},$$

$$\eta_n(x) = \frac{1}{nh_n^d}\sum_{i=1}^n \delta_i [Y_i - m(X_i)]K\left(\frac{X_i-x}{h_n}\right),$$

$$\zeta_n(x) = \frac{1}{nh_n^d}\sum_{i=1}^n \delta_i [m(X_i) - m(x)]K\left(\frac{X_i-x}{h_n}\right),$$

$$Q_n(x) = m(x)[\hat{g}(x)g_b(x) - g(x)\hat{g}_b(x)]/[g_b(x)\hat{g}_b(x)],$$

并记 $T_n(x) = \hat{m}_{TK}(x) - m_b(x)$. 直接计算可得

$$T_n(x) = [\eta_n(x)+\zeta_n(x)]/\hat{g}_b(x) + Q_n(x).$$

因此

$$E[T_n^2(X)] \leqslant 3b_n^{-2}E[\eta_n^2(X)] + 3b_n^{-2}E[\zeta_n^2(X)] + 3E[Q_n^2(X)]. \quad (4.1.97)$$

如果证明了

$$E[\eta_n^2(X)] = O\left((nh_n^d)^{-1}\right), \quad (4.1.98)$$

$$E[\zeta_n^2(X)] = O\left((nh_n^{d-2})^{-1}\right)+O\left(h_n^{2r}\right), \quad (4.1.99)$$

$$E[Q_n^2(X)] = O\left((nh_n^d b_n^2)^{-1}\right)+O\left(h_n^{2r}b_n^{-2}\right)+o\left(n^{-1/2}\right). \quad (4.1.100)$$

那么, 结合式 (4.1.97)~ 式 (4.1.100) 即可证得式 (4.1.96).

下面证明 (4.1.98)~ 式 (4.1.100). 首先证明式 (4.1.98). 由条件 (H4.1.1)~(H4.1.3) 可得

$$
\begin{aligned}
E[\eta_n^2(X)] &= (nh_n^d)^{-2}\sum_{i=1}^n E\left[p(X_i)\sigma^2(X_i)K^2\left(\frac{X_i-X}{h_n}\right)\right]\\
&\leqslant c(nh_n^d)^{-2}n\int_{-\infty}^{\infty}\int_{-\infty}^{\infty}K^2\left(\frac{u-x}{h_n}\right)f(u)f(x)\mathrm{d}u\mathrm{d}x\\
&= O\left((nh_n^d)^{-1}\right).
\end{aligned}
$$

这就证明了式 (4.1.98).

其次证明式 (4.1.99). 由条件 (H4.1.1)~(H4.1.3) 可得

$$
\begin{aligned}
&E\{[\zeta_n(X)-E(\zeta_n(X)|X)]^2|X\}\\
&\leqslant (nh_n^{2d})^{-1}\int_{-\infty}^{\infty}[m(u)-m(X)]^2K^2\left(\frac{X_i-X}{h_n}\right)f(u)\mathrm{d}u\\
&\leqslant c(nh_n^{d-2})^{-1}\int_{-\infty}^{\infty}||u||^2K^2(u)f(X+h_nu)\mathrm{d}u\\
&\leqslant c(nh_n^{d-2})^{-1},
\end{aligned}
\tag{4.1.101}
$$

再利用条件 (H4.1.1)~(H4.1.3) 亦可得到

$$
\begin{aligned}
E[\zeta_n(X)|X] &= \int_{-\infty}^{\infty}[m(X+h_nu)-m(X)]g(X+h_nu)K(u)\mathrm{d}u\\
&= \int_{-\infty}^{\infty}P_n(u)K(u)\mathrm{d}u + h_n^r\int_{-\infty}^{\infty}R_n(\xi,u)K(u)\mathrm{d}u,\quad 0<\xi<1,
\end{aligned}
$$

其中 $P_n(u)$ 是 $r-1$ 多项式. 因此, 由条件 (H4.1.2) 知 $\int_{-\infty}^{\infty}P_n(u)K(u)\mathrm{d}u=0$, 且 $R_n(\xi,u)$ 是 Taylor 展式的第 r 阶残差并满足 $\int_{-\infty}^{\infty}|R_n(\xi,u)K(u)|\mathrm{d}u<\infty$. 这就证明了

$$
|E[\zeta_n(X)|X]| \leqslant ch_n^r,\quad i=1,\cdots,n. \tag{4.1.102}
$$

因此, 由式 (4.1.101) 和式 (4.1.102) 即可证得式 (4.1.99).

最后证明式 (4.1.100). 简单计算可得

$$
\begin{aligned}
Q_n(x) &= m(x)[\hat{g}(x)b_n^{-1}-1]I[g(x)\geqslant b_n,\hat{g}(x)<b_n]\\
&\quad + m(x)\left(\frac{\hat{g}(x)}{\hat{g}_b(x)}-\frac{g(x)}{b_n}\right)I(g(x)<b_n).
\end{aligned}
$$

于是

$$|Q_n(x)| \leqslant 2|m(x)|I(|\hat{g}(x)-g(x)|>b_n)+4|m(x)|I(g(x)<2b_n). \qquad (4.1.103)$$

类似于式 (4.1.99) 的证明可以证得

$$E[|\hat{g}(X)-g(X)|^2|X] \leqslant c(nh_n^d)^{-1}+ch_n^{2r}.$$

因此可得

$$\begin{aligned} P\{|\hat{g}(X)-g(X)|>b_n|X\} &\leqslant b_n^{-2}E[|\hat{g}(X)-g(X)|^2|X] \\ &\leqslant c(nh_n^d b_n^2)^{-1}+ch_n^{2r}b_n^{-2}. \qquad (4.1.104) \end{aligned}$$

结合式 (4.1.103) 和式 (4.1.104), 再利用条件 (H4.1.4) 可得

$$\begin{aligned} E[Q_n^2(X)] &\leqslant cE[m^2(X)P(|\hat{g}(X)-g(X)|>b_n|X)] \\ &\quad + cE[|m(X)|I(g(X)<2b_n)] \\ &\leqslant c(nh_n^d b_n^2)^{-1}+ch_n^{2r}b_n^{-2}+o\left(n^{-1/2}\right). \end{aligned}$$

这就证明了式 (4.1.100). 从而完成了本定理的证明.

4.1.9 纵向数据分析

1. 估计量的定义

假设数据是由 n 个个体组成, 且每个个体具有 J 次观测. 用 X_{ij} 和 Y_{ij} 分别表示第 i 个个体的第 j 次观测的协变量和响应变量, 其中 X_{ij} 是标量. 个体之间是相互独立的, 但同一个个体的观测可能是相关的. 给定协变量 $X_{ij}=x$ 下, Y_{ij} 的均值和方差分别为 $E(Y_{ij}|X_{ij}=x)=m(x)$ 和 $\mathrm{var}(Y_{ij}|X_{ij}=x)=\phi_j v(m(x))$, 其中 ϕ_j 是尺度参数, 也称之为散度; $v(\cdot)$ 是一个已知的光滑函数, 也称之为方差函数; $m(\cdot)$ 是未知的光滑函数. 一般情况下, 上述条件方差可能包含一个因子 w_{ij}. 为表达简单, 我们在这里把它省略了, 但并不失一般性. 在非参数回归模型中, 上述回归模型可以写成

$$Y_{ij}=m(X_{ij})+\sigma(X_{ij})\varepsilon_{ij}, \quad i=1,\cdots,n, \quad j=1,\cdots,J, \qquad (4.1.105)$$

其中 $\sigma(\cdot)=\sqrt{v(m(\cdot))}$, 误差 ε_{ij} 满足

$$E(\varepsilon_{ij}|X_{i1},\cdots,X_{iJ})=0, \quad \mathrm{var}(\varepsilon_{ij}|X_{i1},\cdots,X_{iJ})=\phi_j, \quad j=1,\cdots,J.$$

在我们研究有关估计量的渐近性质时, 总假定 J 是有界的, 而 n 趋于无穷大.

记 $\Phi = \mathrm{diag}\{\phi_1, \cdots, \phi_J\}$, $\Sigma_i = \mathrm{diag}\{\sigma^2(X_{i1}), \cdots, \sigma^2(X_{iJ})\}$, 且

$$V_{i0} = \mathrm{var}\{(Y_{i1}, \cdots, Y_{iJ})^{\mathrm{T}} | X_{i1}, \cdots, X_{iJ}\}.$$

那么 $R_{i0} = (\Phi\Sigma_i)^{-1/2} V_{i0} (\Phi\Sigma_i)^{-1/2}$ 为给定 $\{X_{ij}, j = 1, \cdots, J\}$ 下 $\{Y_{ij}, j = 1, \cdots, J\}$ 的条件相关阵, 也称之为样本 $\{(X_{ij}, Y_{ij}); 1 \leqslant i \leqslant n, 1 \leqslant j \leqslant J\}$ 的组内相关阵. 一个关键的思想是利用可逆的工作相关阵 $R_i = R(\delta, X_{i1}, \cdots, X_{iJ})$ 来建模 R_{i0}. 例如, 人们可以利用自回归模型和可交换模型来建模相关性. 一般情况下, R_i 可能依赖于未知参数 δ, 但可以利用矩方法来估计 δ. 注意到参数 δ 能以比非参数估计更快的收敛速度来估计, 因此为表达简单并不失一般性, 下面假定 δ 是固定的, R_i 和 R_{i0} 的元素都是协变量的连续函数, 其特征值一致有界且远离 0.

取定带宽 $h = h_n > 0$ 和核函数 $K(\cdot)$, 记 $K_h(\cdot) = h_n^{-1} K(\cdot/h_n)$. 对固定的 x, 记 $K_{ih}(x) = \mathrm{diag}\{K_h(X_{i1} - x), \cdots, K_h(X_{iJ} - x)\}$,

$$W_i(x) = K_{ih}^{1/2}(x) \Phi^{-1/2} (I_i R_i I_i)^{-1} \Phi^{-1/2} K_{ih}^{1/2}(x), \tag{4.1.106}$$

其中 A^{-1} 表示 $J \times J$ 矩阵 A 的 Moore-Penrose 广义逆, 即 $AA^{-1}A = A$, $A^{-1}AA^{-1} = A^{-1}$,

$$I_i = \mathrm{diag}\{I[K_h(X_{i1} - x) > 0], \cdots, I[K_h(X_{iJ} - x) > 0]\}.$$

记 $Y_i = (Y_{i1}, \cdots, Y_{iJ})^{\mathrm{T}}$, $\mathbf{1}$ 表示所有分量都是 1 的 J 维列向量. 极小化 m 的加权最小二乘目标函数

$$Q(m) = \sum_{i=1}^{n} (Y_i - \mathbf{1}m)^{\mathrm{T}} W_i(x) (Y_i - \mathbf{1}m),$$

可以解得

$$\hat{m}_{\mathrm{WK}}(x) = A_n^{-1}(x) \sum_{i=1}^{n} \mathbf{1}^{\mathrm{T}} W_i(x) Y_i, \tag{4.1.107}$$

其中

$$A_n(x) = \sum_{i=1}^{n} \mathbf{1}^{\mathrm{T}} W_i(x) \mathbf{1}. \tag{4.1.108}$$

称 $\hat{m}_{\mathrm{WK}}(x)$ 为 $m(x)$ 的加权核估计.

2. 估计量的渐近偏差与方差

用 $\mathcal{F}_n^X$ 表示由 $\{(X_{i1}, \cdots, X_{iJ}), 1 \leqslant i \leqslant n\}$ 产生的 σ 代数. 由 $\sigma^2(\cdot) > 0$ 在 x 的连续性, 直接计算可以得到

$$\mathrm{var}(\hat{m}_{\mathrm{WK}}(x) | \mathcal{F}_n^X) = \sigma^2(x) A_n^{-1}(x) B_n(x) A_n^{-1}(x) [1 + o_P(1)], \tag{4.1.109}$$

其中 $A_n(x)$ 在式 (4.1.108) 中定义,

$$B_n(x)=\sum_{i=1}^{n}\mathbf{1}^{\mathrm{T}}\varPhi^{-1/2}K_{ih}^{1/2}(I_iR_iI_i)^{-1}K_{ih}^{1/2}R_{i0}K_{ih}^{1/2}(I_iR_iI_i)^{-1}K_{ih}^{1/2}\varPhi^{-1/2}\mathbf{1}.$$

设 $f_j(\cdot)$ 为 X_{ij} 的边缘密度, 其公共支撑为 $\boldsymbol{C}$. 取定 $x\in\boldsymbol{C}$. 我们有下述定理.

定理 4.1.16 设回归函数 $m(\cdot)$ 在点 x 处具有二阶连续的导数; $\sigma^2(\cdot)$ 在点 x 处连续; $(X_{i1},\cdots,X_{iJ})$ 的联合密度存在, X_{ij} 的边缘密度 $f_j(\cdot)$ 在 x 处连续可微; 对任何 $j_1\neq j_2$, (X_{ij_1},X_{ij_2}) 的联合密度 $f_{j_1j_2}(\cdot,\cdot)$ 在 (x,u) 处连续可微, 其中 u 为 $\boldsymbol{C}$ 的内点; 存在 j_0 使得 $\inf\limits_{x\in\mathbf{C}}f_{j_0}(x)>0$. 又设核 $K(\cdot)$ 是有界对称的概率密度函数, 且具有紧支撑 $[-1,1]$. 如果 $h_n\to0$, $nh_n\to\infty$, 则

$$\mathrm{bias}(\hat{m}_{\mathrm{WK}}(x)|\mathcal{F}_n^X)=d_Kh_n^2\left(\frac{m'(x)\sum\limits_{j=1}^{J}f_j'(x)\phi_j^{-1}}{\sum\limits_{j=1}^{J}f_j(x)\phi_j^{-1}}+\frac{1}{2}m''(x)\right)+o_P(h_n^2),\tag{4.1.110}$$

$$\mathrm{var}(\hat{m}_{\mathrm{WK}}(x)|\mathcal{F}_n^X)=\frac{1}{nh_n}\frac{c_K\sigma^2(x)}{\sum\limits_{j=1}^{J}f_j(x)\phi_j^{-1}}+o_P\left(\frac{1}{nh_n}\right),\tag{4.1.111}$$

其中

$$c_K=\int_{-\infty}^{\infty}K^2(u)\mathrm{d}u,\quad d_K=\int_{-\infty}^{\infty}u^2K(u)\mathrm{d}u.\tag{4.1.112}$$

证 记 $S_{x,h}=[x-h,x+h]$,

$$\mathcal{G}_r(h)=\{\text{对}\forall j=r,X_{1j}\in S_{x,h},\text{且对}\forall j\neq r,X_{1j}\bar{\in}S_{x,h}\},$$

经过计算可得

$$\begin{aligned}E[A_n(x)]&=n\sum_{i=1}^{J}E\left[\mathbf{1}^{\mathrm{T}}W_i(x)\mathbf{1}|\mathcal{G}_j(h)\right]P\{\mathcal{G}_j(h)\}\\&=n\sum_{i=1}^{J}E\left[K_{1h}^{1/2}(x)\varPhi^{-1/2}(I_1R_1I_1)^{-1}\varPhi^{-1/2}K_{1h}^{1/2}(x)|\mathcal{G}_j(h)\right]\\&=n\sum_{i=1}^{J}\phi_j^{-1}\int_{-\infty}^{\infty}K(u)f_j(x+h_nu)\mathrm{d}u\\&=n\sum_{i=1}^{J}f_j(x)\phi_j^{-1}[1+o(1)].\end{aligned}$$

类似地, 可以得到 $\sqrt{\operatorname{var}(A_n(x))} = o(n)$. 因此

$$A_n(x) = E[A_n(x)] + O_P\left(\sqrt{\operatorname{var}(A_n(x))}\right) = n\sum_{i=1}^{J} f_j(x)\phi_j^{-1}[1+o(1)]. \quad (4.1.113)$$

同理可得

$$\begin{aligned}&\sum_{i=1}^{n} \mathbf{1}^{\mathrm{T}} W_i(x)[\boldsymbol{m}(X_i) - \boldsymbol{m}(x)] \\ &= d_K n h_n^2 \left(m'(x)\sum_{j=1}^{J} f_j'(x)\phi_j^{-1} + \frac{1}{2}m''(x)\sum_{j=1}^{J} f_j(x)\phi_j^{-1}\right) + o_P(h_n^2), \quad (4.1.114)\end{aligned}$$

其中 $\boldsymbol{m}(X_i) = (m(X_{i1}), \cdots, m(X_{iJ}))^{\mathrm{T}}$, $\boldsymbol{m}(x) = \mathbf{1}m(x)$. 注意到

$$\begin{aligned}\operatorname{bias}(\hat{m}_{\mathrm{WK}}(x)|\mathcal{F}_n^X) &= E[\hat{m}_{\mathrm{WK}}(x)|\mathcal{F}_n^X] - \mathbf{1}m(x) \\ &= A_n^{-1}(x)\sum_{i=1}^{n} \mathbf{1}^{\mathrm{T}} W_i(x)[\boldsymbol{m}(X_i) - \boldsymbol{m}(x)]. \quad (4.1.115)\end{aligned}$$

因此, 由式 (4.1.113)∼ 式 (4.1.115) 即可证得式 (4.1.110).

为证式 (4.1.111), 仿照式 (4.1.113) 的证明可以证得

$$B_n(x) = c_K n h_n^{-1} \sum_{i=1}^{J} f_j(x)\phi_j^{-1}[1+o(1)]. \quad (4.1.116)$$

因此, 由式 (4.1.109), 式 (4.1.113) 和式 (4.1.116) 即可证得式 (4.1.111). 这就完成了本定理的证明.

从定理 4.1.16 可以看出, 当协变量的联合密度存在时, 渐近偏差和方差的表达式中不出现建模的协方差阵, 因此不影响曲线估计的精度. 事实上, 出现这种现象一点也不惊讶. 一个启发式的直观解释如下: 在构造估计量 $\hat{m}_{\mathrm{WK}}(x)$ 时, 仅使用了满足 $|X_{ij} - x| \leqslant h_n$ 的那些观测对 (X_{ij}, Y_{ij}). 存在联合密度确保了恰使用一个观测对的个体数是 $2nh_n \sum_{j=1}^{J} f_j(x)[1+o_P(1)]$. 而使用两个或更多观测的个体数是 $O_P(nh_n^2)$. 显然, 估计量 $\hat{m}_{\mathrm{WK}}(x)$ 主要由恰使用一个观测的个体来确定. 因此, 建模组内相关变成为多余的了, 纵向数据的加权核光滑本质上变为非纵向数据的核光滑.

在式 (4.1.107) 中, 如果将 $W_i(x)$ 中的 $(I_iR_iI_i)^{-1}$ 用 R_i^{-1} 代替, 所得到的 $m(x)$ 的估计量 $\hat{m}^*_{\mathrm{WK}}(x)$ 比 $\hat{m}_{\mathrm{WK}}(x)$ 的精度低. 实际上, 我们有下述结果.

定理 4.1.17　在定理 4.1.16 的条件下, 有

$$\operatorname{bias}(\hat{m}_{\mathrm{WK}}^{*}(x)|\mathcal{F}_n^X) = d_K h_n^2 \left(\frac{m'(x)\sum_{j=1}^{J} f_j'(x) r_j \phi_j^{-1}}{\sum_{j=1}^{J} f_j(x) r_j \phi_j^{-1}} + \frac{1}{2} m''(x) \right) + o_P(h_n^2), \tag{4.1.117}$$

$$\operatorname{var}(\hat{m}_{\mathrm{WK}}^{*}(x)|\mathcal{F}_n^X) = \frac{1}{nh_n} \frac{c_K \sigma^2(x) \sum_{j=1}^{J} f_j(x) r_j^2 \phi_j^{-1}}{\left[\sum_{j=1}^{J} f_j(x) r_j \phi_j^{-1}\right]^2} + o_P\left(\frac{1}{nh_n}\right), \tag{4.1.118}$$

其中 c_K 和 d_K 在式 (4.1.112) 中定义, $r_j = E(r^{ij}|X_{ij} = x)$, r^{ij} 是 R_i^{-1} 的第 j 个对角线元素. 此外, 估计量 $\hat{m}_{\mathrm{WK}}^{*}(x)$ 比 $\hat{m}_{\mathrm{WK}}(x)$ 的渐近方差大; 但当 R_i 为单位阵 (工作独立) 时, $\hat{m}_{\mathrm{WK}}^{*}(x)$ 和 $\hat{m}_{\mathrm{WK}}(x)$ 具有相同的渐近偏差和方差.

证　类似于定理 4.1.16 的证明可证得式 (4.1.117) 和式 (4.1.118), 这里省略其证明. 至于本定理的后一部分的证明, 可以比较式 (4.1.111) 和式 (4.1.118), 直接利用 Cahuchy-Schwartz 不等式得到.

这里需要说明, 如果不假定 $(X_{i1}, \cdots, X_{iJ})$ 的联合密度存在, 则在 $R_i = R_{i0}$ 且 $K(\cdot)$ 为均匀核时, 估计量 $\hat{m}_{\mathrm{WK}}(x)$ 有最小渐近方差

$$\sigma^2(x) \left(\sum_{i=1}^{n} \mathbf{1}^{\mathrm{T}} \varPhi^{-1/2} (I_i R_{i0} I_i)^{-1} \varPhi^{-1/2} \mathbf{1} \right)^{-1} [1 + o_P(1)].$$

特别地, 如果 $(X_{i1}, \cdots, X_{iJ})$ 的联合密度存在, 则当 R_i 为任意相关阵且 $K(\cdot)$ 为均匀核时, 估计量 $\hat{m}_{\mathrm{WK}}(x)$ 的渐近方差最小. 上述结论的详细的讨论可参见 Chen 和 Jin(2005).

3. 带宽的选取

核估计的一个重要步骤是选择带宽参数 h_n. 基于均方误差准则, 定理 4.1.16 提供了在点 x 处最优的理论局部带宽. 然而, 在实际中全局带宽是一个常数. 通过极小化条件加权的积分均方误差

$$\mathrm{MISE} = \int_{-\infty}^{\infty} \mathrm{MSE}(\hat{m}_{\mathrm{WK}}(x)|\mathcal{F}_n^X) w(x) \mathrm{d}x,$$

可以得到渐近最优的全局带宽的表达式, 其中 $w(x)$ 是非负的权函数,

$$\mathrm{MSE}(\hat{m}_{\mathrm{WK}}(x)|\mathcal{F}_n^X) = [\operatorname{bias}(\hat{m}_{\mathrm{WK}}(x)|\mathcal{F}_n^X)]^2 + \operatorname{var}(\hat{m}_{\mathrm{WK}}(x)|\mathcal{F}_n^X). \tag{4.1.119}$$

简单计算可得最优的全局带宽的表达式为

$$h_{\text{opt}} = \left[\frac{C_V c_K}{C_B^2 d_K^2}\right]^{1/5} n^{-1/5}, \tag{4.1.120}$$

其中 C_V 和 C_B 是与核 $K(\cdot)$ 和带宽 h_n 无关的常量, c_K 和 d_K 在式 (4.1.112) 中定义.

将式 (4.1.120) 代入到式 (4.1.119) 即可得到 $\hat{m}_{\text{WK}}(x)$ 在内点处的最优收敛速度:

$$\text{MSE}(\hat{m}_{\text{WK}}(x)|\mathcal{F}_n^X) = O_P(n^{-4/5}).$$

常用的交叉验证 (CV) 方法也可以用来选取带宽, 即最优的带宽是目标函数

$$\text{CV}(h) = \sum_{i=1}^{n}\sum_{j=1}^{J}\frac{[Y_i - \hat{m}_{\text{WK}}^{(-i)}(X_{ij};h)]^2}{\hat{\phi}_j v(\hat{m}_{\text{WK}}^{(-i)}(X_{ij};h))}$$

的极小值, 其中 $\hat{m}_{\text{WK}}^{(-i)}(\cdot;h)$ 是利用抛去第 i 个个体后的样本计算得到的加权核估计, 其计算公式类似于式 (4.1.107).

4.1.10 模拟计算

本节通过计算机模拟给出非参数回归函数的核估计曲线, 并考虑带宽的选择对核估计的影响.

例 4.1.1 考虑非参数回归模型

$$Y_i = 6\sin(\pi X_i) + \varepsilon_i, \quad i = 1, \cdots, 100,$$

其中回归函数 $m(x) = 6\sin(\pi x)$, 协变量 X_i 服从区间 $(0,1)$ 上的均匀分布, 误差 ε_i 服从正态分布 $N(0, 0.6^2)$, 样本容量 $n = 100$. 试作出 $m(x)$ 的曲线图及其核估计的曲线图, 并讨论带宽对估计曲线的影响.

解 使用 Epanechnikov 核: $K(u) = 0.75(1-u^2)I(|u| \leqslant 1)$. 选取 4 个不同的带宽: $h_n = cn^{-1/5}$, $c = 0.05, 0.3, 0.6, 0.9$. 当 $n = 100$ 时, 得到带宽 0.02, 0.12, 0.24, 0.36. 进行 1 次模拟计算, 其结果展示在图 4.1.1 中.

从图 4.1.1 可以看到, 回归函数的核估计对带宽的选择很敏感. 太小的带宽给出很粗糙的估计曲线, 而大的带宽给出较光滑的估计. 当带宽太大时, 估计曲线显得过于平坦, 这就会掩盖曲线的峰度.

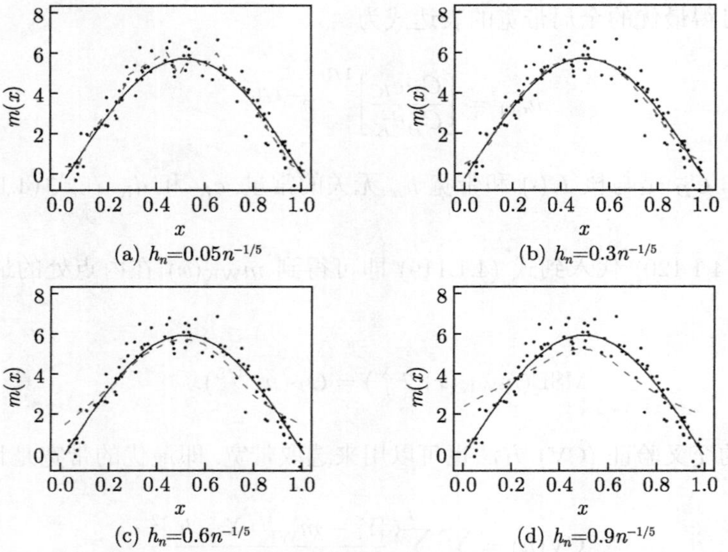

(a) $h_n=0.05n^{-1/5}$　(b) $h_n=0.3n^{-1/5}$

(c) $h_n=0.6n^{-1/5}$　(d) $h_n=0.9n^{-1/5}$

图 4.1.1　回归函数的核估计曲线, 其中实线为真实函数, 虚线为核估计, 圆点为模拟产生的数据

下面考虑用交叉验证和广义交叉验证选择的带宽对核估计的影响程度. 使用平均平方误差的平方根 (square root of average squared error, RASE) 来评估核估计 $\hat{m}_{\mathrm{K}}(\cdot)$ 的精度. RASE 的定义为

$$\mathrm{RASE}(\hat{m}_{\mathrm{K}})=\left\{n_{\mathrm{grid}}^{-1}\sum_{k=1}^{n_{\mathrm{grid}}}[\hat{m}_{\mathrm{K}}(x_k)-m(x_k)]^2\right\}^{1/2}, \tag{4.1.121}$$

其中 n_{grid} 是格子点数目, $\{x_k, k=1,\cdots,n_{\mathrm{grid}}\}$ 是等距的格子点.

例 4.1.2　考虑非参数回归模型

$$Y_i=0.5\exp\{X_i^2\}+\varepsilon_i,\quad i=1,\cdots,100,$$

其中回归函数 $m(x)=0.5\exp\{x^2\}$, 协变量 X_i 服从区间 $(-1,1)$ 上的均匀分布, 误差 ε_i 服从正态分布 $N(0,4X_i^2)$, 样本容量 $n=100$. 用交叉验证 (CV) 和广义交叉验证 (GCV) 的带宽选择方法选择带宽, 作出 $m(x)$ 的核估计曲线图, 并讨论两种带宽对核估计的影响.

解　采用 Epanechnikov 核, 使用交叉验证和广义交叉验证方法选择带宽. 格子点的数目 n_{grid} 为 20. 进行 500 次模拟计算, $m(x)$ 的估计是 500 次估计的平均值, 其结果展示在图 4.1.2 中.

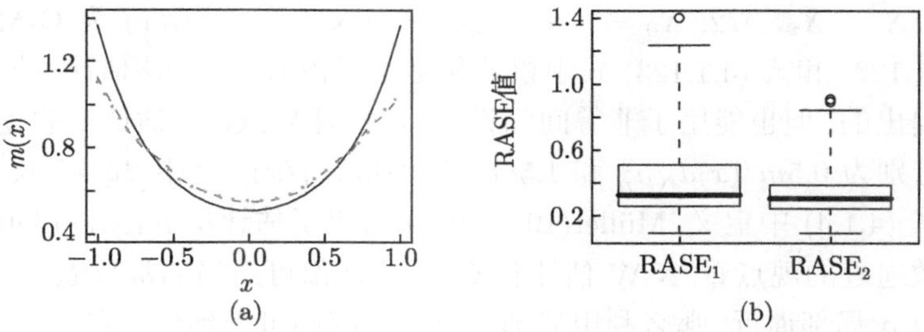

图 4.1.2 回归函数的核估计曲线和 RASE 箱线图

(a) 实线为真实函数, 虚线为使用 CV 带宽得到的核估计, 点线为使用 GCV 带宽得到的核估计; (b) 为 500 个 RASE 的箱线图, 其中 RASE_1 为使用 CV 带宽得到的 RASE, RASE_2 为使用 GCV 带宽得到的 RASE

从图 4.1.2 可以看到, 使用 GCV 带宽得到核估计比使用 CV 带宽得到的核估计法略好一些. 从 RASE 看, GCV 明显优于 CV 方法.

4.1.11 相关文献及成果注记

Devorye(1978) 证明了回归函数核估计的一致强相合性. Greblicki 等 (1984) 和 Devorye(1981) 在不同的条件下证明了回归函数核估计的逐点相合性. 陈桂景 (1983) 研究了概率密度及其导函数、众数核估计的强收敛速度. Zhao 和 Fang(1985) 得到了回归函数核估计的强收敛速度. 薛留根 (1990a) 给出了回归函数核估计的 p 阶矩收敛速度. 薛留根 (1990a) 给出了回归函数递归核估计的渐近分布. 张团峰 (1991) 得到了回归函数核估计在有界区间上的正态逼近速度. 薛留根 (1994) 证明了回归函数两类改良估计的相合性及其收敛速度. 关于估计量 $\hat{m}_{\mathrm{K}}(x)$ 的更精细的研究可参考 Härdle(1990) 与 Pagan 和 Ullah(1999). 对于多维核估计 (4.1.1), 渐近偏差和渐近方差的类似的结果亦成立, 参看 Härdle 等 (2004). 关于非参数函数估计的参考书有 Prakasa Rao(1983) 和 Efromovich(1999).

当对式 (4.1.1) 给出的估计量求导数和获得它的渐近性质时, 它的随机分母是不方便的. 另外两类其他类型的核光滑也是值得考虑的. 假设数据已经按照 X 样本由小到大排序. 取定核函数 $K(\cdot)$ 和带宽 $h=h_n$. Priestley 和 Chao(1972) 定义了下列类型的估计

$$\hat{m}_{\mathrm{PC}}(x)=\sum_{i=1}^{n-1}(X_i-X_{i-1})K_h(u-x)\mathrm{d}uY_i, \tag{4.1.122}$$

其中 $K_h(\cdot)=h_n^{-1}K(\cdot/h_n)$. 后来, Gasser 和 Müller(1979) 提出了类似类型的估计量:

$$\hat{m}_{\mathrm{GM}}(x)=\sum_{i=1}^{n}\int_{s_{i-1}}^{s_i}K_h(u-x)\mathrm{d}uY_i, \tag{4.1.123}$$

其中 $s_i=(X_i+X_{i+1})/2$, $X_0=-\infty$, $X_{n+1}=+\infty$. 称 $\hat{m}_{\mathrm{GM}}(x)$ 为 G-M 估计. 注意到式 (4.1.122) 和式 (4.1.123) 式中权的和是 1 且没有分母. 该估计量原先是对等间隔设计提出的, 但也能用于非等间隔设计. 可以计算, G-M 估计量的逐点渐近偏差和方差分别为 $0.5m''(x)d_Kh_n^2$ 和 $1.5c_K\sigma^2(x)/[nh_nf(x)]$, 其中 d_K 和 c_K 分别在式 (4.1.3) 和式 (4.1.4) 中定义. Müller(1988,1991) 给出了估计量 $\hat{m}_{\mathrm{GM}}(x)$ 的详细讨论.

从函数逼近的观点看, N-W 估计和 G-M 估计都可用局部常数逼近. 假设 $m(\cdot)$ 用一个常数 a 局部逼近, 那么利用局部最小二乘回归可得到估计量

$$\hat{a}=\arg\min_a\sum_{i=1}^n(Y_i-a)^2w_i=\sum_{i=1}^n w_iY_i\Big/\sum_{i=1}^n w_i.$$

由此可以看出, N-W 估计和 G-M 估计的权的形式分别是 $w_i=K_h(X_i-x)$ 和 $w_i=\displaystyle\int_{s_{i-1}}^{s_i}K_h(u-x)\mathrm{d}u$.

4.2　回归函数的局部多项式估计

4.2.1　局部多项式估计的定义

回归函数的核估计存在边界效应, 即它在边界处收敛于真实函数的速度慢于在内点处的收敛速度, 问题是能否构造新的估计来避免边界效应? 答案是肯定的. 从 4.1.1 小节可知, 回归函数的核估计是由局部加权最小二乘得到的局部常数估计, 这意味着利用 p 阶局部多项式而不是局部常数可以改进估计. 下面就一元回归函数 $m(x)$ 进行讨论. 令 x 为其上想要估计 $m(x)$ 的某个固定值, 并设回归函数 $m(\cdot)$ 在 x 的一个邻域内有连续的 p 阶导数. 利用 Taylor 公式可以在 x 的邻域内用下面的多项式来近似回归函数 $m(u)$:

$$m(u)\approx\sum_{j=0}^p\frac{m^{(j)}(x)}{j!}(u-x)^j\triangleq\sum_{j=0}^p\beta_j(u-x)^j,\tag{4.2.1}$$

其中 $\beta_j=m^{(j)}(x)/j!$. 从统计建模的观点上看, 式 (4.2.1) 是用一个简单的多项式模型来局部建模 $m(u)$. 这就提出使用局部多项式回归

$$\sum_{i=1}^n\left[Y_i-\sum_{j=0}^p\beta_j(X_i-x)^j\right]^2K_h\left(X_i-x\right),\tag{4.2.2}$$

其中 $K_h(\cdot)=h_n^{-1}K(\cdot/h_n)$, $K(\cdot)$ 为核函数, $h=h_n$ 为带宽. 用 $\hat{\beta}_j(j=0,1,\cdots,p)$ 表示极小化式 (4.2.2) 的解. 因此可以用 $\hat{\beta}=(\hat{\beta}_0,\cdots,\hat{\beta}_p)^{\mathrm{T}}$ 来估计 $\beta=(\beta_0,\cdots,\beta_p)^{\mathrm{T}}$.

为了便于求解 $\hat{\beta}$, 我们以向量形式表示式 (4.2.2). 记 $\boldsymbol{W}=\operatorname{diag}\{K_h(X_i-x)\}$ 为 $n\times n$ 对角矩阵, $\boldsymbol{Y}=(Y_1,\cdots,Y_n)^{\mathrm{T}}$,

$$\boldsymbol{X}=\begin{pmatrix}1 & X_1-x & \cdots & (X_1-x)^p\\ \vdots & \vdots & & \vdots\\ 1 & X_n-x & \cdots & (X_n-x)^p\end{pmatrix}.$$

我们可以把式 (4.2.2) 重新写为

$$(\boldsymbol{Y}-\boldsymbol{X}\beta)^{\mathrm{T}}\boldsymbol{W}(\boldsymbol{Y}-\boldsymbol{X}\beta).$$

将上式极小化就得到 β 加权最小二乘估计

$$\hat{\beta}=(\boldsymbol{X}^{\mathrm{T}}\boldsymbol{W}\mathbf{X})^{-1}\boldsymbol{X}^{\mathrm{T}}\boldsymbol{W}\boldsymbol{Y}. \tag{4.2.3}$$

估计量 $\hat{\beta}$ 依赖于目标值 x. 若要突出这个依赖关系, 则记 $\hat{\beta}(x)=(\hat{\beta}_0(x),\cdots,\hat{\beta}_p(x))^{\mathrm{T}}$. 用 $e_{\nu+1}$ 表示 $p+1$ 维单位列向量, 其第 $\nu+1$ 个分量为 1, 其他分量全为 0. 那么 $\hat{\beta}_\nu(x)=e_{\nu+1}^{\mathrm{T}}\hat{\beta}(x)$, $\nu=0,\cdots,p$. 因此, $m^{(\nu)}(x)$ 的估计量为

$$\hat{m}_\nu(x)=\nu!\hat{\beta}_\nu(x),\quad \nu=0,\cdots,p. \tag{4.2.4}$$

当 x 在适当的估计范围内变化时, 通过实施上述局部多项式回归可以得到整个曲线 $\hat{m}_\nu(x)$. 特别地, 回归函数 $m(x)$ 的局部多项式估计为 $\hat{m}_0(x)$.

局部多项式估计是线性估计类中的最优估计, 它有几个吸引人的特点. 例如, 它适用于诸如随机设计和固定设计模型; 它不存在边界效应, 因此不需要进行边界修正; 它有好的最小最大有效性; 它容易解释、实施并适应于导数的估计等.

4.2.2 局部多项式估计的偏差和方差

本小节给出估计量 $\hat{m}_\nu(x)$ 的偏差和方差的渐近表达式. 注意到式 (4.2.4) 中 $\hat{m}_\nu(x)$ 的表示形式, 我们先考虑 $\hat{\beta}$ 的条件偏差和方差. 用 $\mathcal{F}_n$ 表示由 $\{X_i, 1\leqslant i\leqslant n\}$ 产生的 σ 代数. 由式 (4.2.3) 可得

$$E(\hat{\beta}|\mathcal{F}_n)=\beta+(\boldsymbol{X}^{\mathrm{T}}\boldsymbol{W}\boldsymbol{X})^{-1}\boldsymbol{X}^{\mathrm{T}}\boldsymbol{W}\boldsymbol{r}, \tag{4.2.5}$$

$$\operatorname{var}(\hat{\beta}|\mathcal{F}_n)=(\boldsymbol{X}^{\mathrm{T}}\boldsymbol{W}\boldsymbol{X})^{-1}(\boldsymbol{X}^{\mathrm{T}}\varSigma\boldsymbol{X})(\boldsymbol{X}^{\mathrm{T}}\boldsymbol{W}\boldsymbol{X})^{-1}, \tag{4.2.6}$$

其中 $\boldsymbol{r}=\boldsymbol{m}-\boldsymbol{X}\beta$ 为局部多项式逼近的残差向量, $\boldsymbol{m}=(m(X_1),\cdots,m(X_n))^{\mathrm{T}}$, $\varSigma=\operatorname{diag}\{K_h^2(X_i-x)\sigma^2(X_i)\}$ 为 $n\times n$ 对角矩阵.

我们还不能直接应用上述偏差和方差的确切表达式, 因为其中包含两个未知量: 残差 $\boldsymbol{r}$ 和对角矩阵 $\varSigma$. 因此, 我们需要给出偏差和方差的渐近表达式. 为此引

入如下记号: $S=(\mu_{j+l})_{0\leqslant j,l\leqslant p}$, $S^*=(\nu_{j+l})_{0\leqslant j,l\leqslant p}$, $c_p=(\mu_{p+1},\cdots,\mu_{2p+1})^{\mathrm{T}}$, 其中

$$\mu_j=\int_{-\infty}^{\infty}u^jK(u)\mathrm{d}u,\quad \nu_j=\int_{-\infty}^{\infty}u^jK^2(u)\mathrm{d}u,\quad 0\leqslant j\leqslant p.$$

仍用 $f(x)$ 表示 X 的概率密度函数. Ruppert 和 Wand(1994) 给出了下面的定理.

定理 4.2.1 设回归函数 $m(\cdot)$ 在点 x 处具有 $p+1$ 阶连续的导数; $f(\cdot)$ 和 $\sigma^2(\cdot)$ 在点 x 处连续, 且 $f(x)>0$. 又设核 $K(\cdot)$ 是有界对称的概率密度函数, 且具有紧支撑 $[-1,1]$. 如果 $h_n\to 0$, $nh_n\to\infty$, 则 $\hat{m}_\nu(x)$ 的渐近条件方差为

$$\mathrm{var}(\hat{m}_\nu(x)|\mathcal{F}_n)=e_{\nu+1}^{\mathrm{T}}S^{-1}S^*S^{-1}e_{\nu+1}\frac{\nu!^2\sigma^2(x)}{f(x)nh_n^{1+2\nu}}+o_P\left(\frac{1}{nh_n^{1+2\nu}}\right).\tag{4.2.7}$$

当 $p-\nu$ 为奇数时, 渐近条件偏差为

$$\mathrm{bias}(\hat{m}_\nu(x)|\mathcal{F}_n)=e_{\nu+1}^{\mathrm{T}}S^{-1}c_p\frac{\nu!m^{(p+1)}(x)}{(p+1)!}h_n^{p+1-\nu}+o_P(h_n^{p+1-\nu}).\tag{4.2.8}$$

进一步, 当 $p-\nu$ 为偶数时, 式 (4.2.8) 仍成立, 只是右边第一项是 0.

证 我们仅给出证明的梗概, 其细节可参看 Ruppert 和 Wand(1994). 首先证明式 (4.2.7). 记 $S_n=\boldsymbol{X}^{\mathrm{T}}\boldsymbol{W}\boldsymbol{X}$, $S_n^*=\boldsymbol{X}^{\mathrm{T}}\varSigma\boldsymbol{X}$,

$$S_{n,j}=\sum_{i=1}^n(X_i-x)^jK_h(X_i-x),\quad j=0,1,2,\tag{4.2.9}$$

$$S_{n,j}^*=\sum_{i=1}^n(X_i-x)^jK_h^2(X_i-x)\sigma^2(X_i),\quad j=0,1,2,$$

则 $(p+1)\times(p+1)$ 矩阵 S_n 和 S_n^* 可分别表示为 $S_n=(S_{n,j+l})_{0\leqslant j,l\leqslant p}$ 和 $S_n^*=(S_{n,j+l}^*)_{0\leqslant j,l\leqslant p}$. 因此, 式 (4.2.6) 的条件方差可重写为

$$\mathrm{var}(\hat{\beta}|\mathcal{F}_n)=S_n^{-1}S_n^*S_n^{-1}.\tag{4.2.10}$$

通过计算 $S_{n,j}$ 的期望和方差, 并由 $h_n\to 0$ 和 $nh_n\to\infty$ 可得

$$\begin{aligned}S_{n,j}&=E(S_{n,j})+O_P\left(\sqrt{\mathrm{var}(S_{n,j})}\right)\\&=nh_n^j\left[f(x)\mu_j+o(1)+O_P(1/\sqrt{nh_n})\right]\\&=nh_n^jf(x)\mu_j[1+o_P(1)].\end{aligned}\tag{4.2.11}$$

由此我们立刻得到

$$S_n=nf(x)HSH[1+o_P(1)],\tag{4.2.12}$$

其中 $H=\mathrm{diag}\{1,h_n,\cdots,h_n^p\}$. 同理可证得

$$S_{n,j}^*=nh_n^{j-1}f(x)\sigma^2(x)\nu_j[1+o_P(1)].$$

因此

$$S_n^*=nh_n^{-1}f(x)\sigma^2(x)HS^*H[1+o_P(1)]. \tag{4.2.13}$$

将式 (4.2.12) 和式 (4.2.13) 代入到式 (4.2.10) 可得

$$\mathrm{var}(\hat{\beta}|\mathcal{F}_n)=H^{-1}S^{-1}S^*S^{-1}H^{-1}\frac{\sigma^2(x)}{nh_nf(x)}[1+o_P(1)].$$

注意到 $\hat{m}_\nu(x)=\nu!e_{\nu+1}^{\mathrm{T}}\hat{\beta}$, 再由上式即可得到式 (4.2.7).

下面证明式 (4.2.8). 由式 (4.2.5), 对 $\boldsymbol{r}$ 使用 Taylor 公式可得

$$\begin{aligned}\mathrm{bias}(\hat{\beta}|\mathcal{F}_n)&=S_n^{-1}\boldsymbol{X}^{\mathrm{T}}\boldsymbol{W}\left[\beta_{p+1}(X_i-x)^{p+1}+o_P((X_i-x)^{p+1})\right]_{1\leqslant i\leqslant n}\\&=S_n^{-1}[\beta_{p+1}a_n+o_P(nh_n^{p+1})],\end{aligned} \tag{4.2.14}$$

其中 $a_n=(S_{n,p+1},\cdots,S_{n,2p+1})^{\mathrm{T}}$, $\beta_{p+1}=m^{(p+1)}(x)/(p+1)!$. 在式 (4.2.14) 中应用式 (4.2.11) 和式 (4.2.12) 可得

$$\mathrm{bias}(\hat{\beta}|\mathcal{F}_n)=H^{-1}S^{-1}c_p\beta_{p+1}h_n^{p+1}[1+o_P(1)]. \tag{4.2.15}$$

由式 (4.2.15) 立刻得到式 (4.2.8).

上面的推导过程对任何 $p-\nu$ 的值都成立, 但在 $p-\nu$ 为偶数时, $S^{-1}c_p$ 的第 $\nu+1$ 元素是 0. 事实上, 通过写出矩阵 S 和向量 c_p 的结构, 并注意到对称核的奇数阶矩为 0, 即可导出这个结果. 因此当 $p-\nu$ 为偶数时, 式 (4.2.15) 中主阶项的第 $\nu+1$ 个元素是 0. 这就得到当 $p-\nu$ 为偶数时, 式 (4.2.8) 右边第一项是 0.

4.2.3 等价核

本小节介绍局部多项式逼近方法是如何将权分配到每一个数据点的. 这样能更深入地理解这个方法, 从而也可获得估计量的渐近偏差和方差等性质.

注意到式 (4.2.3) 中估计量 $\hat{\beta}$ 的定义, 并利用记号 $S_n=\boldsymbol{X}^{\mathrm{T}}\boldsymbol{W}\boldsymbol{X}$ 和式 (4.2.9) 可得

$$\hat{\beta}_\nu=e_{\nu+1}^{\mathrm{T}}S_n^{-1}\boldsymbol{X}^{\mathrm{T}}\boldsymbol{W}\boldsymbol{Y}=\sum_{i=1}^nW_{n\nu}^*\left(\frac{X_i-x}{h_n}\right)Y_i, \tag{4.2.16}$$

其中 $W_{n\nu}^*(u)=e_{\nu+1}^{\mathrm{T}}S_n^{-1}(1,uh_n,\cdots,(uh_n)^p)^{\mathrm{T}}K(u)/h_n$. 从式 (4.2.16) 可以看出, 除"核"$W_{n\nu}^*(\cdot)$ 依赖于设计点和位置外, 估计量 $\hat{\beta}_\nu$ 非常像通常的核估计. 这就解释了

为什么局部多项式拟合能够自动地适应于各种设计和边界估计. 由权 $W_{n\nu}^*(\cdot)$ 和 S_n 的定义可以推得

$$
\begin{aligned}
&\sum_{i=1}^{n}(X_i-x)^q W_{n\nu}^*\left(\frac{X_i-x}{h_n}\right)\\
&=e_{\nu+1}^{\mathrm{T}}S_n^{-1}\sum_{i=1}^{n}(X_i-x)^q\begin{pmatrix}1\\ X_i-x\\ \vdots\\ (X_i-x)^p\end{pmatrix}K_h(X_i-x)\\
&=e_{\nu+1}^{\mathrm{T}}S_n^{-1}S_n e_{q+1}=\delta_{\nu,q},\quad 0\leqslant \nu,q\leqslant p,
\end{aligned}
\tag{4.2.17}
$$

其中 $\delta_{\nu,q}$ 为 Kronecker 符号, 即当 $\nu=q$ 时 $\delta_{\nu,q}=1$, 否则 $\delta_{\nu,q}=0$. 式 (4.2.17) 称为权 $W_{n\nu}^*(\cdot)$ 的离散矩条件. 由式 (4.2.12) 可得

$$
W_{n\nu}^*(u)=\frac{1}{nh_n^{\nu+1}f(x)}e_{\nu+1}^{\mathrm{T}}S^{-1}(1,u,\cdots,u^p)^{\mathrm{T}}K(u)[1+o_P(1)].
$$

因此

$$
\hat{\beta}_\nu=\frac{1}{nh_n^{\nu+1}f(x)}\sum_{i=1}^{n}K_\nu^*\left(\frac{X_i-x}{h_n}\right)Y_i[1+o_P(1)],\tag{4.2.18}
$$

其中

$$
K_\nu^*(u)=e_{\nu+1}^{\mathrm{T}}S_n^{-1}(1,u,\cdots,u^p)^{\mathrm{T}}K(u).\tag{4.2.19}
$$

我们把 $K_\nu^*(u)$ 看作等价核. 它满足下列矩条件:

$$
\int_{-\infty}^{\infty}u^qK_\nu^*(u)\mathrm{d}u=e_{\nu+1}^{\mathrm{T}}S^{-1}Se_{q+1}=\delta_{\nu,q},\quad 0\leqslant \nu,q\leqslant p.\tag{4.2.20}
$$

式 (4.2.20) 是由式 (4.2.17) 表示的离散矩条件的渐近形式.

从式 (4.2.16) 和式 (4.2.18) 可清楚地看到, 局部多项式拟合自动地产生依赖于未知设计密度 $f(\cdot)$ 的高阶权体系. 此权体系不仅将偏差校正到 p 阶多项式, 而且自动地适应所有设计密度.

利用等价核 $K_\nu^*(u)$, 可以将由式 (4.2.7) 和由式 (4.2.8) 给出的 $\hat{m}_\nu(x)$ 的条件方差和偏差重新表示为渐近表达式

$$
\operatorname{var}(\hat{m}_\nu(x)|\mathcal{F}_n)=\frac{\nu!^2a_\nu\sigma^2(x)}{f(x)nh_n^{1+2\nu}}+o_P\left(\frac{1}{nh_n^{1+2\nu}}\right),\tag{4.2.21}
$$

$$
\operatorname{bias}(\hat{m}_\nu(x)|\mathcal{F}_n)=\frac{\nu!b_\nu m^{(p+1)}(x)}{(p+1)!}h_n^{p+1-\nu}+o_P(h_n^{p+1-\nu}),\tag{4.2.22}
$$

其中

$$a_\nu = \int_{-\infty}^{\infty} K_\nu^{*2}(u)\mathrm{d}u, \quad b_\nu = \int_{-\infty}^{\infty} u^{p+1} K_\nu^*(u)\mathrm{d}u, \ \ 0 \leqslant \nu \leqslant p.$$

式 (4.2.21) 和式 (4.2.22) 可分别由式 (4.2.18) 和式 (4.2.20) 直接推出. 这就从另一条途径提供了定理 4.2.1 的证明思路.

4.2.4 带宽选择

1. 理论带宽

本小节主要讨论局部和常数带宽的选择方法. 估计量 $\hat{m}_\nu(x)$ 的理论最优局部带宽是通过极小化条件均方误差 (MSE)

$$\mathrm{MSE}(\hat{m}_\nu(x)|\mathcal{F}_n) = \mathrm{var}(\hat{m}_\nu(x)|\mathcal{F}_n) + [\mathrm{bias}(\hat{m}_\nu(x)|\mathcal{F}_n)]^2$$

而得到. 局部带宽的理想选择可以通过渐近最优局部带宽来逼近, 即极小化渐近 MSE 的带宽. 利用式 (4.2.21) 和式 (4.2.22) 可以得到 $\mathrm{MSE}(\hat{m}_\nu(x)|\mathcal{F}_n)$ 的渐近表达式, 再对它极小化可以导出最优局部带宽

$$h_{\nu,\mathrm{opt}}(x) = C_{\nu,p}(K)\left\{\frac{\sigma^2(x)}{[m^{(p+1)}(x)]^2 n f(x)}\right\}^{1/(2p+3)}, \tag{4.2.23}$$

其中

$$C_{\nu,p}(K) = \left[\frac{(p+1)!^2(2\nu+1)a_\nu}{2(p+1-\nu)b_\nu^2}\right]^{1/(2p+3)},$$

一个通常使用的整体度量是积分均方误差 (MISE):

$$\mathrm{MISE}(\hat{m}_\nu|\mathcal{F}_n) = \int_{-\infty}^{\infty} \mathrm{MSE}(\hat{m}_\nu(x)|\mathcal{F}_n)w(x)\mathrm{d}x,$$

其中 $w(x)$ 是某个非负权函数. 同样使用式 (4.2.21) 和式 (4.2.22) 可以得到 MISE $(\hat{m}_\nu(x)|\mathcal{F}_n)$ 的渐近表达式, 然后极小化它可以得到最优常数带宽

$$h_{\nu,\mathrm{opt}} = C_{\nu,p}(K)\left\{\frac{\displaystyle\int_{-\infty}^{\infty}\sigma^2(x)w(x)/f(x)\mathrm{d}x}{\displaystyle\int_{-\infty}^{\infty}[m^{(p+1)}(x)]^2 w(x)\mathrm{d}x}\right\}^{1/(2p+3)} n^{-1/(2p+3)},$$

在上式中, 可以选取 $w(x)$ 使得积分有限且分母不为零.

上述渐近最优的带宽依赖于未知量 $f(x)$, $\sigma^2(x)$ 和 $m^{(p+1)}(x)$, 因此在实际中还不能直接使用. 一个可行的方法是用辅助估计代替这些未知量, 这就导致所谓的 “嵌入” 类带宽选择器.

2. 辅助带宽选择

Fan 和 Gijbels(1995, 1996) 详细讨论了局部多项式估计的带宽选择问题. 下面介绍辅助带宽选择的方法. 为了选择一个辅助带宽, Fan 和 Gijbels(1995) 引入了残差平方准则 (residual square criterion, RSC):

$$\mathrm{RSC}(x;h_n)=\hat{\sigma}^2(x)[1+(p+1)V], \tag{4.2.24}$$

其中 V 是矩阵 $S_n^{-1}\tilde{S}_nS_n^{-1}$ 的第 1 个对角元素, $S_n=\boldsymbol{X}^{\mathrm{T}}\boldsymbol{W}\boldsymbol{X}$, $\tilde{S}_n=\boldsymbol{X}^{\mathrm{T}}\boldsymbol{W}^2\boldsymbol{X}$, $\hat{\sigma}^2(x)$ 是局部拟合一个 p 阶多项式的规范化残差平方和, 即

$$\hat{\sigma}^2(x)=\frac{(\boldsymbol{Y}-\boldsymbol{X}\hat{\beta})^{\mathrm{T}}\boldsymbol{W}(\boldsymbol{Y}-\boldsymbol{X}\hat{\beta})}{\mathrm{tr}(\boldsymbol{W})-\mathrm{tr}(S_n^{-1}\tilde{S}_n)}. \tag{4.2.25}$$

由式 (4.2.6) 不难得到

$$\mathrm{var}(\hat{\beta}|\mathcal{F}_n)\approx S_n^{-1}\tilde{S}_nS_n^{-1}\sigma^2(x). \tag{4.2.26}$$

因此, V 表示了局部数据点的有效数. $\mathrm{RSC}(x;h_n)$ 的表达式直观意义如下. 当带宽 h_n 太大时, 多项式拟合的不好, 偏差大, 于是残差平方和 $\hat{\sigma}^2(x)$ 也大. 当带宽 h_n 太小时, 拟合的方差大, 于是 V 也大. $\hat{\sigma}^2(x)$ 和 V 以这样的方式包含在 $\mathrm{RSC}(x;h_n)$ 中: 带宽的极端选择使这些量变大. 因此, 我们可以选择带宽 h_n, 使得 $\mathrm{RSC}(x;h_n)$ 达到最小. 可以证明, 当 $h_n\to 0$ 和 $nh_n\to\infty$ 时, 有

$$\begin{aligned}E[\mathrm{RSC}(x;h_n)|\mathcal{F}_n]=\sigma^2(x)+C_p\beta_{p+1}^2h_n^{2p+1}+\frac{(p+1)a_0\sigma^2(x)}{nh_nf(x)}\\+o_P(h_n^{2p+1}+(nh_n)^{-1}),\end{aligned}$$

其中 $C_p=(\mu_{2p+2}-c_p^{\mathrm{T}}S^{-1}c_p)/\mu_0$, 而 μ_j, c_p 和 S 在 4.2.2 小节中定义, a_0 在 4.2.3 小节中定义. 该结果的证明可参看 Fan 和 Gijbels(1996) 中的定理 4.1. 这个结果蕴涵 $\mathrm{RSC}(x;h_n)$ 的极小值点约等于

$$h_{\mathrm{o}}(x)=\left[\frac{a_0\sigma^2(x)}{2C_p\beta_{p+1}^2nf(x)}\right]^{1/(2p+3)}.$$

将 $h_{\mathrm{o}}(x)$ 与式 (4.2.23) 比较可得

$$h_{\nu,\mathrm{opt}}(x)=\mathrm{adj}_{\nu,p}h_{\mathrm{o}}(x), \tag{4.2.27}$$

其中

$$\mathrm{adj}_{\nu,p}=\left[\frac{(2\nu+1)C_pa_\nu}{(p+1-\nu)a_0b_\nu^2}\right]^{1/(2p+3)}.$$

因此, $\mathrm{RSC}(x;h_n)$ 的极小值点乘以一个常数因子即可得到一个目标最优带宽 $h_{\nu,\mathrm{opt}}(x)$. 然而, 这个带宽依赖于点 x. 我们可以利用 RSC 选择一个常数带宽. 令

$$h_{\nu,p}^{*}=\arg\min_{h}\int_{[a,b]}\mathrm{RSC}(x;h)\mathrm{d}x,$$

其中 a 和 b 为常数, 则 RSC 选择的带宽定义为

$$h_{\nu,p}^{\mathrm{RSC}}=\mathrm{adj}_{\nu,p}h_{\nu,p}^{*}. \tag{4.2.28}$$

这个 RSC 带宽选择规则执行得相当好. 然而, 由于收敛速度慢使得这个方法显得笨拙, 从一些模拟结果明显看出有改良的余地 (参看 (Fan 和 Gijbles, 1996)). 因此, RSC 仅用于估计曲线的辅助步, 并称 $h_{\nu,p}^{\mathrm{RSC}}$ 为辅助带宽.

3. 精炼的带宽选择

我们现在讨论如何精炼带宽选择器. 按照 Fan 和 Gijbels(1996), 精练方法的思想如下. 使用由式 (4.2.28) 定义的 $h_{p+1,p+2}^{\mathrm{RSC}}$ 作为辅助带宽 h^* 拟合一个 $p+2$ 阶多项式, 得到估计 $\hat{\beta}_{p+1}$ 和 $\hat{\beta}_{p+2}$. 由此可以构造 $\hat{\beta}$ 的条件偏差和方差的估计. 下面我们讨论这个问题. 由式 (4.2.5) 可知 $\hat{\beta}$ 的条件偏差 $(\boldsymbol{X}^{\mathrm{T}}\boldsymbol{W}\boldsymbol{X})^{-1}\boldsymbol{X}^{\mathrm{T}}\boldsymbol{W}\boldsymbol{r}$ 包含未知量 $\boldsymbol{r}=\boldsymbol{m}-\boldsymbol{X}\beta$. 使用 2 阶 Taylor 公式, 此条件偏差可以用 $(\boldsymbol{X}^{\mathrm{T}}\boldsymbol{W}\boldsymbol{X})^{-1}\boldsymbol{X}^{\mathrm{T}}\boldsymbol{W}\tau$ 来近似, 其中 τ 是 $n\times 1$ 向量, 其第 i 个元素为

$$\beta_{p+1}(X_i-x)^{p+1}+\beta_{p+2}(X_i-x)^{p+2}.$$

回顾式 (4.2.9) 中 $S_{n,j}$ 的定义及记号 $S_n=\boldsymbol{X}^{\mathrm{T}}\boldsymbol{W}\boldsymbol{X}$, 近似偏差可以写作

$$S_n^{-1}\begin{pmatrix}\beta_{p+1}S_{n,p+1}+\beta_{p+2}S_{n,p+2}\\ \vdots\\ \beta_{p+1}S_{n,2p+1}+\beta_{p+2}S_{n,2p+2}\end{pmatrix}.$$

因此, 条件偏差的估计定义为

$$\widehat{\mathrm{bias}}(\hat{\beta}|\mathcal{F}_n)=S_n^{-1}\begin{pmatrix}\hat{\beta}_{p+1}S_{n,p+1}+\hat{\beta}_{p+2}S_{n,p+2}\\ \vdots\\ \hat{\beta}_{p+1}S_{n,2p+1}+\hat{\beta}_{p+2}S_{n,2p+2}\end{pmatrix}. \tag{4.2.29}$$

为了改进有限的样本性质, 需要对式 (4.2.29) 进行微小修正, 尤其对高阶拟合 $(p\geqslant 2)$ 的情况. 一个满意的修正是在式 (4.2.29) 中令

$$S_{n,p+3}=0,\cdots,S_{n,2p+2}=0. \tag{4.2.30}$$

这个操作的作用是减少诸项 $\{(X_i-x)^j\}$ 之间的共线性, 如 $\{(X_i-x)^2\}$ 与 $\{(X_i-x)^4\}$. 然而, 此操作不会影响渐近性质, 这是因为式 (4.2.29) 中仅涉及高阶项.

下面考虑 $\hat{\beta}$ 的条件方差的估计. 由式 (4.2.26) 知, 为估计条件方差, 需要估计 $\sigma^2(x)$. 类似于式 (4.2.25) 的定义可以构造 $\sigma^2(x)$ 的估计量, 仍记为 $\hat{\sigma}^2(x)$, 此时式 (4.2.25) 中的 $\hat{\beta}$ 为使用辅助带宽 h^* 得到的局部 $p+2$ 阶多项式估计, $\boldsymbol{X}$ 和 $\boldsymbol{W}$ 分别为使用这个局部 $p+2$ 阶多项式拟合的设计矩阵和权矩阵. 因此, 条件方差的估计定义为

$$\widehat{\mathrm{var}}(\hat{\beta}|\mathcal{F}_n) = S_n^{-1}\tilde{S}_n S_n^{-1}\hat{\sigma}^2(x). \tag{4.2.31}$$

利用式 (4.2.29) 和式 (4.2.31) 给出估计的条件偏差和方差, 我们得到 $\hat{\beta}_\nu = \hat{m}_\nu(x)/\nu!$ 的均方误差的估计量:

$$\widehat{\mathrm{MSE}}_{\nu,p}(x;h) = \hat{b}^2_{\nu,p}(x;h_n) + \hat{V}_{\nu,p}(x;h_n), \tag{4.2.32}$$

其中 $\hat{b}^2_{\nu,p}(x;h_n)$ 是由式 (4.2.29) 给出的向量 $\widehat{\mathrm{bias}}(\hat{\beta}|\mathcal{F}_n)$ 的第 $\nu+1$ 个元素, 且具有式 (4.2.30) 提及的微小修正. $\hat{V}_{\nu,p}(x;h_n)$ 是由式 (4.2.31) 给出的矩阵 $\widehat{\mathrm{var}}(\hat{\beta}|\mathcal{F}_n)$ 的第 $\nu+1$ 个对角元素. 利用估计的条件均方误差 (4.2.32), 可以定义精炼带宽:

$$\hat{h}_{\nu,p} = \arg\min_h \int_{[a,b]} \widehat{\mathrm{MSE}}_{\nu,p}(x;h)\mathrm{d}x. \tag{4.2.33}$$

利用 $\hat{h}_{\nu,p}$ 拟合一个 p 阶多项式, 即可得到估计量 $\hat{m}_\nu(x)$. 这种精炼的确蕴涵着对上述 RSC 带宽选择的重要改进, 参看 Fan 和 Gijbles(1996).

4.2.5　置信区间

估计的偏差 (4.2.29) 和方差 (4.2.31) 不仅可以用来选择带宽, 而且可以用来构造 $m^{(\nu)}(x)$ 的逐点置信区间. 在适当的正则条件下, 可以证明 $m^{(\nu)}(x)$ 的局部多项式估计 $\hat{m}_\nu(x)$ 具有渐近正态性, 即

$$[\hat{m}_\nu(x) - m^{(\nu)}(x) - b_{\nu,p}(x)]/\sqrt{V_\nu(x)} \xrightarrow{D} N(0,1),$$

其中 $b_{\nu,p}(x)$ 和 $V_\nu(x)$ 分别为 $\hat{m}_\nu(x)$ 的渐近偏差和方差, 它们可以由式 (4.2.22) 和式 (4.2.21) 得到. 利用上述结果以及在式 (4.2.32) 中定义的估计的偏差和方差, 我们可以定义 $m^{(\nu)}(x)$ 的近似 $1-\alpha$ 置信区间, 即

$$\hat{m}_\nu(x) - \nu!\hat{b}_{\nu,p}(x) \pm z_{1-\alpha/2}\nu!\sqrt{V_\nu(x)},$$

其中 $z_{1-\alpha/2}$ 为标准正态分布的 $1-\alpha/2$ 分位数.

偏差的估计量 $\hat{b}_{\nu,p}(x)$ 间接地涉及要估计一些回归函数的高阶导数. 因此, 它自身将是不可靠的. 为了稳定这个估计, 人们可以在 x 的一个邻域内使用 $\hat{b}_{\nu,p}(u)$ 的加权平均, 即使用

$$\hat{b}^*_{\nu,p}(x) = \int_{-\infty}^{\infty} \hat{b}_{\nu,p}(u) K\left(\frac{u-x}{h_n}\right) \mathrm{d}u.$$

这个积分实际上是可实施的, 即它可以用一些格子点上的加权平均来近似计算.

4.2.6 局部线性回归估计及其性质

1. 局部线性回归估计的定义

在实际中要求选择 p. 从渐近性质可知奇数阶多项式胜过偶数阶多项式, 通常取 p 为奇数会减少设计偏差和边界偏差. 令 $p=0$ 则回到核估计. 在 $p=1$ 时, 称估计量 $\hat{m}_0(x)$ 为局部线性估计, 并将它改记为 $\hat{m}_{\mathrm{LL}}(x)$, 它是人们推荐的常用估计量. 经过计算可以得到

$$\hat{m}_{\mathrm{LL}}(x) = \sum_{i=1}^{n} W_{ni}^{\mathrm{LL}}(x) Y_i, \tag{4.2.34}$$

其中

$$W_{ni}^{\mathrm{LL}}(x) = \frac{K_h(X_i - x)[S_{n,2} - (X_i - x)S_{n,1}]}{S_{n,0}S_{n,2} - S_{n,1}^2},$$

$S_{n,j}$ 在式 (4.2.9) 中定义. 同核估计一样, 可以利用交叉验证和广义交叉验证选择估计量 $\hat{m}_{\mathrm{LL}}(x)$ 的最优带宽. 我们在 4.1.2 小节中已经介绍了这两个方法. 交叉验证法不但适用于 $m(x)$ 的估计, 而且适用于导函数 $m'(x)$ 的估计. 如何选择 $m'(x)$ 的估计的带宽, 其具体操作细节可参考 Härdle(1990).

2. 估计的精度

在适当条件下, 局部线性估计量 $\hat{m}_{\mathrm{LL}}(x)$ 具有相合性和渐近正态性, 且式 (4.1.69) 仍成立. 由此可以构造 $m(x)$ 的大样本置信区间. 由式 (4.2.21) 和式 (4.2.22) 可以得到局部线性估计量 $\hat{m}_{\mathrm{LL}}(x)$ 条件方差和偏差:

$$\mathrm{var}(\hat{m}_{\mathrm{LL}}(x)|\mathcal{F}_n) = \frac{\nu_0\sigma^2(x)}{f(x)}\frac{1}{nh_n} + o_P\left((nh_n)^{-1}\right), \tag{4.2.35}$$

$$\mathrm{bias}(\hat{m}_{\mathrm{LL}}(x)|\mathcal{F}_n) = \frac{1}{2}\mu_2 m''(x)h_n^2 + o_P(h_n^2), \tag{4.2.36}$$

因此, $\hat{m}_{\mathrm{LL}}(x)$ 的条件 MSE 为

$$\mathrm{MSE}(\hat{m}_{\mathrm{LL}}(x)|\mathcal{F}_n) = \left\{\frac{\nu_0\sigma^2(x)}{f(x)}\frac{1}{nh_n} + \frac{1}{4}\mu_2^2[m''(x)]^2h_n^4\right\}[1+o_P(1)]. \tag{4.2.37}$$

由式 (4.2.23) 可知最优局部带宽为

$$h_{\text{opt}}(x)=\left[\frac{\nu_0\sigma^2(x)}{\mu_2^2[m''(x)]^2f(x)}\right]^{1/5}n^{-1/5}. \tag{4.2.38}$$

将式 (4.2.38) 代入到式 (4.2.37) 可得

$$\text{MSE}(\hat{m}_{\text{LL}}(x)|\mathcal{F}_n)=\frac{5}{4}\left[\frac{\nu_0\sqrt{\mu_2 m''(x)}\sigma^2(x)}{nf(x)}\right]^{4/5}[1+o_P(1)]. \tag{4.2.39}$$

因此, 局部线性估计的最优均方收敛速度为 $O_P(n^{-4/5})$.

由式 (4.2.35) 给出的 $\hat{m}_{\text{LL}}(x)$ 的条件方差与式 (4.1.4) 给出的核估计量的方差一样. 比较式 (4.2.36) 与式 (4.1.3) 可以发现一个异常的差别: $\hat{m}_{\text{LL}}(x)$ 的偏差不依赖于密度, 即它是自适应设计的, 参见 Fan 和 Gijbels(1996). 当 $m(\cdot)$ 是线性函数时, 偏差消失. 因此, 当设计点稀疏时局部线性估计优于核估计. 此外, 局部线性估计的偏差和方差在 $m(x)$ 的边界和内部是同阶的, 不需要在边界点处用特殊权函数来减少边界效应. 也就是说, 局部线性估计在边界点处也有很好的性能. 在实际中, 它可以在设计的边界点处改良估计量的性质.

3. 估计的最小最大有效性

现有文献中大多数回归估计是响应的加权平均, 即具有形式

$$\hat{m}_{\text{L}}(x)=\sum_{i=1}^{n}W_i(x;X_1,\cdots,X_n)Y_i.$$

这样的估计量称为线性光滑器. 从式 (4.1.1)、式 (4.1.123) 和式 (4.2.34) 可以看出, 核估计、G-M 估计和局部线性估计都是线性光滑器. 与核估计和 G-M 估计相比较, 局部线性估计的性能如何? 回答这个问题的一个方法是研究线性最小最大风险. 设线性光滑器的最小最大风险为

$$R_L(n,\mathcal{C}_2)=\inf_{\hat{m}_{\text{L}}\text{ linear}}\sup_{m\in\mathcal{C}_2}E\{[\hat{m}_{\text{L}}(x)-m(x)]^2|\mathcal{F}_n\},$$

其中 $\mathcal{C}_2=\{m:|m(u)-m(x)-m'(x)(u-x)|\leqslant C|u-x|^2/2\}$, C 为正的常数. $\mathcal{C}_2$ 是所有回归函数组成的类, 其中每个函数的二阶导数被 C 所界. 我们有下列结果.

定理 4.2.2　设 $f(\cdot)$ 和 $\sigma^2(\cdot)$ 在点 x 处连续, 且 $f(x)>0$, 核 $K(\cdot)$ 是有界对称的概率密度函数, 且具有紧支撑 $[-1,1]$. 如果 $h_n\to 0$, $nh_n\to\infty$, 则

$$R_L(n,\mathcal{C}_2)=\frac{3}{4}15^{-1/5}\left[\frac{\sqrt{C}\sigma^2(x)}{nf(x)}\right]^{4/5}[1+o_P(1)]. \tag{4.2.40}$$

如果取 Epanechnikov 核和带宽 $h_n = \{15\sigma^2(x)/[nf(x)C^2]\}^{1/5}$, 则局部线性回归估计 $\hat{m}_{\rm LL}(x)$ 可达到线性最小最大风险.

证 利用 Fan(1992) 的引理 1 可得

$$\begin{aligned}\mathrm{MSE}(\hat{m}_{\rm L}|\mathcal{F}_n) &\triangleq E\{[\hat{m}_{\rm L}(x)-m(x)]^2|\mathcal{F}_n\}\\&=\left[\sum_{i=1}^n W_i m(X_i)-m(x)\right]^2+\sum_{i=1}^n W_i^2\sigma^2(X_i)\\&\geqslant \frac{m^2(x)}{1+\sum\limits_{i=1}^n m^2(X_i)/\sigma^2(X_i)}.\end{aligned}\tag{4.2.41}$$

由于随机变量 $X_1,\cdots,X_n$ iid, 于是可得

$$\begin{aligned}&\sum_{i=1}^n m^2(X_i)/\sigma^2(X_i)\\&=nE[m^2(X_1)/\sigma^2(X_1)]+O_P\left(\sqrt{nE[m^4(X_1)/\sigma^4(X_1)]}\right).\end{aligned}\tag{4.2.42}$$

取 $m_0(y)=(b_n^2/2)[1-C(y-x)^2/b_n^2]_+$, 其中 $b_n=\{15\sqrt{C}\sigma^2(x)/[nf(x)]\}^{1/5}$. 显然 $m_0\in\mathcal{C}_2$. 直接计算可得

$$E[m_0^2(X_1)/\sigma^2(X_1)]=\frac{4f(x)b_n^5}{15\sqrt{C}\sigma^2(x)}[1+o(1)],\tag{4.2.43}$$

且 $E[m_0^4(X_1)/\sigma^4(X_1)]=O(b_n^8)$. 结合式 (4.2.41)∼ 式 (4.2.43) 可得

$$\begin{aligned}\mathrm{MSE}(\hat{m}_{\rm L}|\mathcal{F}_n)&\geqslant\frac{b_n^4/4}{1+\{4f(x)nb_n^5/[15\sqrt{C}\sigma^2(x)]\}[1+o_P(1)]}\\&=\frac{3}{4}15^{-1/5}\left[\frac{\sqrt{C}\sigma^2(x)}{nf(x)}\right]^{4/5}[1+o_P(1)],\end{aligned}$$

其中最后一个结果是根据 b_n 的选取, 将第一个不等式右边的表达式极大化而得到. 因此, 由线性最小最大风险的定义可得

$$R_L(n,\mathcal{C}_2)\geqslant\frac{3}{4}15^{-1/5}\left[\frac{\sqrt{C}\sigma^2(x)}{nf(x)}\right]^{4/5}[1+o_P(1)].\tag{4.2.44}$$

此外, 由式 (4.2.37) 可得

$$\sup_{m\in\mathcal{C}_2}\mathrm{MSE}(\hat{m}_{\rm LL}(x)|\mathcal{F}_n)\leqslant\left[\frac{\nu_0\sigma^2(x)}{f(x)}\frac{1}{nh_n}+\frac{1}{4}\mu_2^2C^2h_n^4\right][1+o_P(1)].\tag{4.2.45}$$

现在 $\hat{m}_{\mathrm{L}}(x)$ 取为局部线性回归估计, 它具有 Epanechnikov 核和本定理给定的带宽, 那么根据式 (4.2.45) 可以推出

$$R_L(n,\mathcal{C}_2) \leqslant \frac{3}{4}15^{-1/5}\left[\frac{\sqrt{C}\sigma^2(x)}{nf(x)}\right]^{4/5}[1+o_P(1)]. \tag{4.2.46}$$

结合式 (4.2.44) 和式 (4.2.46) 即可证得式 (4.2.40).

从上面的推导过程也可以看出, 对于具有 Epanechnikov 核和本定理给定带宽下的局部线性回归估计 $\hat{m}_{\mathrm{LL}}(x)$, 能够达到线性最小最大风险. 这就完成了本定理的证明.

局部线性回归估计 $\hat{m}_{\mathrm{LL}}(x)$ 是最好的线性光滑器, 这是因为

$$\frac{R_L(n,\mathcal{C}_2)}{\sup_{m\in\mathcal{C}_2}E\{[\hat{m}_{\mathrm{LL}}(x)-m(x)]^2|\mathcal{F}_n\}}\xrightarrow{P}1.$$

线性最小最大风险对评估所有线性光滑类之间的线性光滑器的最小最大效起着重要作用. 对线性光滑器 $\hat{m}_{\mathrm{L}}(x)$, 最小最大效定义为

$$\mathrm{eff}(\hat{m}_{\mathrm{L}}) = \left(\frac{R_L(n,\mathcal{C}_2)}{\sup_{m\in\mathcal{C}_2}E\{[\hat{m}_{\mathrm{L}}(x)-m(x)]^2|\mathcal{F}_n\}}\right)^{5/4}. \tag{4.2.47}$$

因此, 一个 80% 有效估计仅使用可用数据的大约 80%. 换句话说, 基于样本量 100 的估计量与样本量仅 80 的最好线性光滑器的估计效果一样好.

现在讨论几种线性光滑器的最小最大效. 我们首先考虑局部线性回归估计 $\hat{m}_{\mathrm{LL}}(x)$. 选择带宽使得式 (4.2.45) 右端达到最小. 那么类似于式 (4.2.39) 的推证可以得到

$$\sup_{m\in\mathcal{C}_2}\mathrm{MSE}(\hat{m}_{\mathrm{LL}}(x)|\mathcal{F}_n) \leqslant \frac{5}{4}\left[\frac{\nu_0\sqrt{\mu_2 C}\sigma^2(x)}{nf(x)}\right]^{4/5}[1+o_P(1)]. \tag{4.2.48}$$

因此, 根据式 (4.2.47) 中最小最大效的定义, 再利用式 (4.2.40) 和式 (4.2.48), 容易得到 $\hat{m}_{\mathrm{LL}}(x)$ 的渐近最小最大效由

$$0.268(\mu_2\nu_0^2)^{-1/2}$$

确定, 其中 $0.268=(3/5\times 15^{-1/5})^{5/4}$. 对于 Epanechnikov 核、Gaussian 核和均匀核, 估计量 $\hat{m}_{\mathrm{LL}}(x)$ 的渐近最小最大效分别为 100%, 95.12%, 92.95%.

在随机设计模型下, G-M 估计的渐近最小最大效为

$$\frac{2}{3}\times 0.268(\mu_2\nu_0^2)^{-1/2}.$$

在 Epanechnikov 核、Gaussian 核和均匀核下, G-M 估计量的渐近最小最大效分别为 66.67%, 63.41%, 61,97%.

核估计的偏差依赖于导数 $f'(x)$ 和 $m'(x)$, 因此除 $f'(x)=0$ 外, 它在 $\mathcal{C}_2$ 上的最大风险是无限的, 故它的渐近最小最大效是 0.

上述最小最大性可以推广到局部多项式回归估计的一般情况, 相关内容可参考 Fan 和 Gijbels(1996). 这里不再赘述.

4.2.7 模拟计算

例 4.2.1 考虑非参数回归模型

$$Y_i = \cos(2\pi X_i) + \varepsilon_i, \quad i = 1, \cdots, 100,$$

其中回归函数 $m(x) = \cos(2\pi x)$, 协变量为固定设计: $X_i = i/n$, $i = 1, \cdots, n$, 样本容量 $n = 100$. 试作出 $m(x)$ 的核估计和局部线性估计曲线图, 并比较两种估计的 RASE, 其中 RASE 如同式 (4.1.121) 定义.

解 采用 Epanechnikov 核, 用广义交叉验证方法选择带宽. 使用式 (4.1.121) 计算 RASE, 其中格子点的数目 n_{grid} 为 20. 进行 500 次模拟计算, $m(x)$ 的估计是 500 次估计的平均值, 其结果展示在图 4.2.1 中.

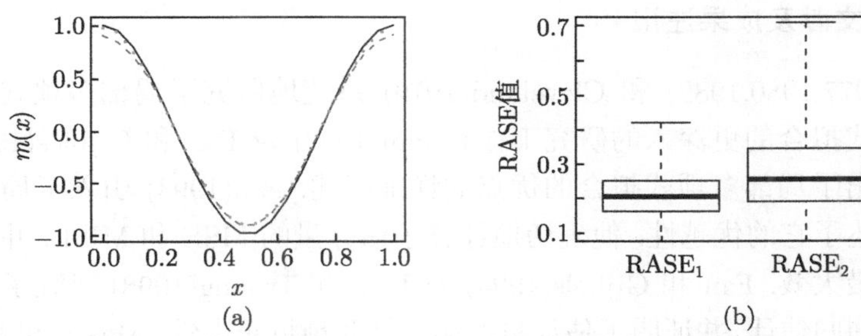

图 4.2.1 回归函数的核估计和局部线性估计曲线及其 RASE 箱线图

(a) 实线为真实函数, 虚线为核估计, 点线为局部线性估计; (b) 为 500 个 RASE 的箱线图, 其中 RASE_1 为核估计的 RASE, RASE_2 为局部线性估计的 RASE

从图 4.2.1 可以看到, 核估计在边界点处没有局部线性估计的效果好, 即核估计存在边界效应. 但就本例来说, 核估计的 RASE 比局部线性估计的 RASE 小.

例 4.2.2 考虑异方差非参数回归模型

$$Y_i = \exp\{-X_i^2\} + \varepsilon_i, \quad i = 1, \cdots, 100,$$

其中回归函数 $m(x) = \exp\{-x^2\}$, 协变量 X_i 服从区间 $(-1, 1)$ 上的均匀分布, 误差 ε_i 服从正态分布 $N(0, X_i^2)$, 样本容量 $n = 100$. 试作出 $m(x)$ 的核估计和局部线性估计曲线图, 并比较两种估计的 RASE.

解　采用 Epanechnikov 核, 用广义交叉验证方法选择带宽. 使用式 (4.1.121) 计算 RASE, 其中格子点的数目 n_{grid} 为 20. 进行 500 次模拟计算, $m(x)$ 的估计是 500 次估计的平均值, 其结果展示在图 4.2.2 中.

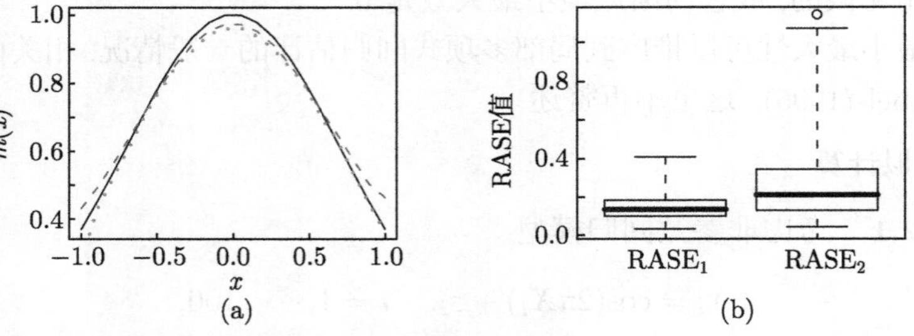

图 4.2.2　回归函数的核估计和局部线性估计曲线及其 RASE 箱线图

(a) 实线为真实函数, 虚线为核估计, 点线为局部线性估计; (b) 为 500 个 RASE 的箱线图, 其中 RASE_1 为核估计的 RASE, RASE_2 为局部线性估计的 RASE

从图 4.2.2 又一次看出, 对于异方差的情况, 核估计存在边界效应. 但本例中核估计的 RASE 比局部线性估计的 RASE 小.

4.2.8　相关文献及成果注记

Stone(1977,1980,1982) 和 Cleveland(1979) 系统地研究了局部多项式回归. 关于局部多项式拟合的更深入的研究工作有 Fan(1992) 及 Fan 和 Gijbles(1992,1996). 这些文献给出了局部多项式拟合的优点的详细阐述. Fan(1993) 引入了局部线性回归估计并阐述了它的优越性. 他确切地计算了估计量的 MSE 和 MISE, 并研究了估计量的最小最大效. Fan 和 Gijbels(1994) 及 Kim 和 Truong(1998) 研究了删失数据的局部线性回归估计, 并证明了估计量的相合性和渐近正态性. Masry 和 Fan(1997) 利用局部多项式拟合研究了条件均值函数及其导数的估计问题, 其中这些函数包括条件矩、条件分布及条件密度函数. 在强混合和 ρ 混合过程下, 他们建立了导数估计量的联合渐近正态性. Ruppert(1997) 给出了局部多项式回归和密度估计的经验偏差带宽. Xia(1998) 利用局部线性估计得到了回归曲线的纠偏置信带. 针对分类数据的单协变量, Lin 和 Carroll(2000) 利用广义估计方程得到了局部多项式回归估计, 并给出了所提出的估计量的偏差和方差的渐近表达式. Claeskens 和 Van Keilegom(2003) 利用局部 p 阶多项式估计研究了回归曲线及其 p 阶导数的置信带. Zhang 和 Liu(2003) 基于经验似然研究了局部多项式拟合及其渐近性质. Chen 和 Jin(2005) 提出了分类数据分析下局部多项式光滑的加权最小二乘法, 所构造的估计量有分类形式的表达式和优良的大样本性质. Masry(2008) 在平稳随机过程下研究了多元回归函数及其偏导数的局部高阶多项式估计问题, 在强混合过程下证明了所构造的估计量的一致强相合性, 并得到了估计量的收敛速度. Xue(2010) 研究了分类数据的局部多项式经验似然推断问题, 构造了回归函数及其导数的经验似然比和极大经验似然估计量, 并得到了它们的渐近分布, 这些结果可以用来构造回归函数及其导数的逐点置信区间和同时置信带.

4.3 回归函数的最近邻估计

4.3.1 最近邻估计的定义

回归函数的最近邻估计不同于核估计. 其直观想法是: 对于给定的样本 $X_1, \cdots, X_n$ 和 $x \in \mathbf{R}^d$, 虽然可能没有一个 X_i 恰好等于 x, 但可将 "等于 x" 的要求降低为 "与 x 接近", 依每个 X_i 对给定 x 的距离重新排序, 与 x 距离越近的点其重要程度越大. 下面介绍最近邻估计的构造方法. 先引进 $\mathbf{R}^d$ 中的距离 $\|\cdot\|$, 可以是欧氏距离或 $\max\limits_{1\leqslant i\leqslant d}|x_i|$. 将 $X_1, \cdots, X_n$ 依 $\|\cdot\|$ 与 x 接近程度排序:

$$\|X_{R_1} - x\| \leqslant \cdots \leqslant \|X_{R_n} - x\|, \tag{4.3.1}$$

其中当有等号出现时, 采用足标靠前的原则, 即如果 $\|X_i - x\| = \|X_j - x\|$ 且 $i < j$, 则在式 (4.3.1) 的排序中, X_i 出现在 X_j 之前. 然后选定 n 个常数 $\{v_{ni}, 1 \leqslant i \leqslant n\}$, 满足

$$v_{n1} \geqslant \cdots \geqslant v_{nn} \geqslant 0, \quad \sum_{i=1}^{n} v_{ni} = 1, \tag{4.3.2}$$

因 X_{R_1} 与 x 最近, 赋予权 v_{n1}, 其次一个是 X_{R_2}, 赋予权 $v_{n2}, \cdots$. 定义

$$W_{nR_i}(x) = v_{ni}, \quad i = 1, \cdots, n, \tag{4.3.3}$$

或等价地写成

$$W_{ni}(x) = v_{nR_i}, \quad i = 1, \cdots, n.$$

定义 $m(x)$ 的最近邻估计为

$$\hat{m}_{\mathrm{NN}}(x) = \sum_{i=1}^{n} W_{ni}(x) Y_i.$$

在此估计中, $\lambda = (v_{n1}, \cdots, v_{nn})^{\mathrm{T}}$ 可看成为光滑参数. 注意到式 (4.3.1) 中的下标 $R_1, \cdots, R_n$ 既同 x 有关, 又同样本 $X_1, \cdots, X_n$ 有关. 不难验证

$$W_{ni}(x) \geqslant 0, \quad 1 \leqslant i \leqslant n; \quad \sum_{i=1}^{n} W_{ni}(x) = 1.$$

因此, 最近邻权是概率权函数.

4.3.2 最近邻估计的性质

1. 最近邻估计的相合性

仍考虑解释变量 X 为随机的情形. 下面的定理给出了最近邻估计的逐点矩相合性.

定理 4.3.1 设对某个 $p \geqslant 1$, $E(|Y|^p) < \infty$; 又设存在一个序列 $k = k_n$, 使得 $\sup_n \left\{k \max_{1\leqslant i\leqslant k} v_{ni}\right\} < \infty$, 且当 $i > k$ 时, $v_{ni} = 0$. 如果当 $n \to \infty$ 时, $k \to \infty$ 且 $k/n \to \infty$, 则

$$E(|\hat{m}_{\rm NN}(x) - m(x)|^p) \longrightarrow 0, \text{ a.e. } x(F);$$

此时亦有 $\hat{m}_{\rm NN}(x) \xrightarrow{P} m(x)$.

证 利用 Minkowski 不等式和 C_r 不等式, 对任何 $p \geqslant 1$, 有

$$\begin{aligned}E(|\hat{m}_{\rm NN}(x) - m(x)|^p) &\leqslant 2^{p-1}E\left\{\left|\sum_{i=1}^n W_{ni}(x)[Y_i - m(X_i)]\right|^p\right\}\\&\quad +2^{p-1}E\left\{\sum_{i=1}^n W_{ni}(x)|m(X_i) - m(x)|^p\right\}\\&\triangleq 2^{p-1}[J_{n1}(x) + J_{n2}(x)].\end{aligned} \tag{4.3.4}$$

首先考虑式 (4.3.4) 右边第二项. 可以证明

$$J_{n2}(x) \longrightarrow 0, \text{ a.e. } x(F). \tag{4.3.5}$$

由定理 1.3.2 可得

$$\int_{S_{x,\rho}} |m(u) - m(x)|^p \mathrm{d}F(u) \Big/ F(S_{x,\rho}) \longrightarrow 0, \quad \rho \to 0. \tag{4.3.6}$$

用 A 表示式 (4.3.6) 成立的点所构成的集合, 并用 $m^*(x)$ 表示相应于 $|m(x)|^p$ 的最大值函数. 对固定的 $x \in A$ 和任何 $\varepsilon > 0$, 存在 $\delta > 0$, 当 $\rho < \delta$ 时, 有式 (4.3.6) 左端小于 ε. 设 S_{x,ζ_k} 是以 x 为中心, $\zeta_k = ||X_{R_{k+1}} - x||$ 为半径的闭球, B 是相应的开球. 因此, 存在常数 $c > 0$, 使得

$$\begin{aligned}J_{n2}(x) &\leqslant cE\left(\frac{1}{k}\sum_{i=1}^k |m(X_{R_i}) - m(x)|^p\right)\\&\leqslant cE\left(\max\left\{\frac{1}{F(B)}\int_B |m(u) - m(x)|^p \mathrm{d}F(u),\right.\right.\\&\qquad\left.\left.\frac{1}{F(S_{x,\zeta_k})}\int_{S_{x,\zeta_k}} |m(u) - m(x)|^p \mathrm{d}F(u)\right\}\right)\end{aligned}$$

$$\leqslant cE\left(\sup_{0<\rho\leqslant\zeta_k}\frac{1}{F(S_{x,\rho})}\int_{S_{x,\rho}}|m(u)-m(x)|^p\mathrm{d}F(u)\right)$$
$$\leqslant c\varepsilon+c2^{p-1}(m^*(x)+|m(x)|^p)P\{\zeta_k\geqslant\delta\},\tag{4.3.7}$$

其中

$$m^*(x)=\sup_{\rho>0}\int_{S_{x,\rho}}|m(u)|^p\mathrm{d}F(u)/F(S_{x,\rho}).\tag{4.3.8}$$

由式 (4.1.19) 的证明知, 存在仅依赖于 d 的常数 $a=a(d)$, 使得对任何 $b>0$, 有

$$F(\{x:m^*(x)>b\})\leqslant(a/b)\int_{\mathbf{R}^d}|m(u)|^p\mathrm{d}F(u).$$

于是, $0<m^*(x)<\infty$, a.e. $x(F)$. 类似于引理 3.2.1 的证明可以证得 $P\{\zeta_k\geqslant\delta\}\to 0$. 故由式 (4.3.7) 和 ε 的任意性即证得式 (4.3.5). 利用式 (4.3.4) 和式 (4.3.5), 如果证明了

$$J_{n1}(x)\longrightarrow 0,\ \text{a.e. } x(F).\tag{4.3.9}$$

即可完成定理 4.3.1 的证明. 下面证明式 (4.3.9), 分两种情况讨论.

(a) 当 $p\geqslant 2$ 时, 设 $\psi(x)=E(|Y-m(X)|^p|X=x)$. 由 Marcinkiewicz 和 Zygmund(1937) 不等式及 Jensen 不等式, 并类似于式 (4.1.17) 的证明可以证得, 存在仅依赖于 p 的常数 $c_p>0$, 使得

$$J_{n1}(x)\leqslant c_pE\left\{\left[\sup_i W_{ni}(x)\right]^{p/2}\sum_{i=1}^n W_{ni}(x)\psi(X_i)\right\}.$$

由于 $E(|Y|^p<\infty$, 可知 $\int_{\mathbf{R}^d}\psi(u)\mathrm{d}F(u)<\infty$. 因此, 类似于式 (4.3.5) 的证明, 知存在常数 $c>0$, 使得 $\sum_{i=1}^n W_{ni}(x)\psi(X_i)\leqslant c$, a.e. $x(F)$. 又 $\sup_i W_{ni}(x)=\sup_i v_{ni}\to 0(n\to\infty)$. 这就证得当 $p\geqslant 2$ 时式 (4.3.9) 成立.

(b) 当 $1\leqslant p\leqslant 2$ 时, 与定理 4.1.1 的证明中情况 (b) 同样的证明即可证得式 (4.3.9) 成立. 定理证毕.

下面的定理给出了最近邻估计 $\hat{m}_{\mathrm{NN}}(x)$ 的全局矩相合性.

定理 4.3.2 设对某个 $p\geqslant 1$, $E(|Y|^p\log^+|Y|)<\infty$, 则在定理 4.3.1 的条件下, 有

$$E(|\hat{m}_{\mathrm{NN}}(X)-m(X)|^p)\longrightarrow 0.$$

证 与定理 4.1.2 的证明类似, 这里证明省略.

下面的引理对证明 $\hat{m}_{\rm NN}(x)$ 的强相合性是非常有用的, 其证明可参见赵林城和白志东 (1984). 这里省略其证明.

引理 4.3.1 设 $\xi_1,\cdots,\xi_n$ 为独立同分布的随机变量, 对某个 $p>0$, $E(|\xi_1|^p)<\infty$, 则

$$\max_{1\leqslant i\leqslant n}|\xi_i|/n^{1/p}\longrightarrow 0, \text{ a.s.}.$$

赵林城和白志东 (1984) 证明了 $\hat{m}_{\rm NN}(x)$ 的强相合性, 即有下面的结果.

定理 4.3.3 设对某个 $p>1$, $E(|Y|^p)<\infty$. 又设 $k=k_n$ 和 $\{v_{ni},1\leqslant i\leqslant n\}$ 满足

(i) $\lim\limits_{n\to\infty}(k/n)=0$, $\inf\limits_{n}(k/n^{\alpha})>0$, 其中 $\alpha\in(1/p,1)$ 为常数;

(ii) $\sup\limits_{n}\left\{k\max\limits_{1\leqslant i\leqslant k}v_{ni}\right\}<\infty$, $\sum\limits_{i=k+1}^{n}v_{ni}=O(n^{-1/p})$,

则当 $n\to\infty$ 时, 有

$$\hat{m}_{\rm NN}(x)\longrightarrow m(x), \text{ a.s., 对 a.e. } x(F).$$

证 在下面的证明过程中, 我们将反复使用定理 1.3.2 和定理 1.3.3. 在每次使用时, 都有一个使其公式不成立的例外集, 其并集为 F 零集. 为简化书写, 不失一般性, 可以假定这个集合为空集. 用 $S(F)$ 表示 $F(\cdot)$ 的支撑集. 取定 $x\in S(F)$, 令 $\widetilde{W}_{ni}(x)=\tilde{v}_{ni}$, 其中

$$\tilde{v}_{ni}=\begin{cases}v_{ni}, & 1\leqslant i\leqslant k,\\ 0, & k<i\leqslant n.\end{cases}$$

容易得到

$$\begin{aligned}\hat{m}_{\rm NN}(x)-m(x)=&\sum_{i=1}^{n}\widetilde{W}_{ni}(x)[Y_i-m(X_i)]\\&+\sum_{i=1}^{k}v_{ni}[m(X_{R_i})-m(x)]\\&+\sum_{i=k+1}^{n}v_{ni}[Y_{R_i}-m(x)]\\\triangleq& T_n(x)+M_n(x)+M_n'(x).\end{aligned}\tag{4.3.10}$$

由引理 4.3.1 和条件 (ii) 可得

$$M_n'(x)\leqslant\sum_{i=k+1}^{n}v_{ni}\max_{1\leqslant i\leqslant n}|Y_i-m(x)|\longrightarrow 0, \text{ a.s.}.\tag{4.3.11}$$

记 $\psi(u)=|m(u)-m(x)|$, 则

$$|M_n(x)| \leqslant \frac{c}{k}\sum_{i=1}^{k}|m(X_{R_i})-m(x)| = c\frac{1}{k}\sum_{i=1}^{k}\psi(X_{R_i}) \triangleq cU_n(x). \tag{4.3.12}$$

下面证明

$$U_n(x) \longrightarrow 0, \ \text{a.s.}. \tag{4.3.13}$$

在 $\zeta_k=||X_{R_{k+1}}-x||$ 给定的条件下, $U_n(x)$ 与 $\dfrac{1}{k}\sum\limits_{i=1}^{k}\psi(V_i)$ 同分布, 其中 $V_1,\cdots,V_k$ 独立同分布, V_1 的分布为 $F^*(\cdot)=F(\cdot\cap S_{x,\zeta_k})/F(S_{x,\zeta_k})$. 在此条件分布下所取的期望记为 $E^*(\cdot)$, 则有

$$\begin{aligned} E^*\left[U_n(x)\right] &= E^*\left[\frac{1}{k}\sum_{i=1}^{k}\psi(V_i)\right] = E^*[\psi(V_1)] \\ &= \int_{S_{x,\zeta_k}}\psi(u)\mathrm{d}F(u)/F(S_{x,\zeta_k}). \end{aligned}$$

由引理 3.2.1 可得 $||X_{R_{k+1}}-x|| \xrightarrow{\text{a.s.}} 0$. 因此, 再由定理 1.3.2 可得

$$E^*[U_n(x)] \longrightarrow 0, \ \text{a.s.}. \tag{4.3.14}$$

记 $\xi_i=\psi(X_i)$, $d_n=(\log n)\log\log n$, $a_i=i^{1/p}$,

$$\begin{aligned} \xi_i' &= \xi_i I(\xi_i>a_i), \quad U_n'=\frac{1}{k}\sum_{i=1}^{k}\xi_{R_i}', \\ \xi_i'' &= \xi_i I(\xi_i\leqslant a_i), \quad U_n''=\frac{1}{k}\sum_{i=1}^{k}\xi_{R_i}'', \\ \xi_i''' &= \xi_i I(\xi_i\leqslant kd_n^{-1}), \quad U_n'''=\frac{1}{k}\sum_{i=1}^{k}\xi_{R_i}'''. \end{aligned}$$

于是, $U_n(x)=U_n'+U_n''+U_n'''$. 因此, 为证式 (4.3.13), 只需证明 $U_n' \xrightarrow{\text{a.s.}} 0$, $U_n'' \xrightarrow{\text{a.s.}} 0$, $U_n''' \xrightarrow{\text{a.s.}} 0$. 对于 $p>1$, 由 C_r 不等式可得 $E(|\xi_1|)\leqslant 2^{p-1}E(|Y_1|^p)<\infty$. 于是

$$\sum_{i=1}^{\infty}P\{\xi_i>a_i\}<\infty,$$

且由 Borel-Cantelli 引理 (定理 1.2.4) 知, $P\{\xi_i>a_i, \ \text{i.o.}\}=0$. 因此

$$\sum_{i=1}^{\infty}\xi_i^2 I(\xi_i>a_i)<\infty, \ \text{a.s.}. \tag{4.3.15}$$

再由 $k = k_n \to \infty$ 知, 当 $n \to \infty$ 时, 有

$$\begin{aligned}(U_n')^2 &\leqslant \frac{1}{k}\sum_{i=1}^{k} \xi_{R_i}^2 I(\xi_{R_i} > a_{R_i}) \\ &\leqslant \frac{1}{k}\sum_{i=1}^{\infty} \xi_i^2 I(\xi_i > a_i) \longrightarrow 0, \text{ a.s..}\end{aligned}$$

这就证明了 $U_n' \xrightarrow{\text{a.s.}} 0$.

在定理 4.3.3 的假定下, 不难看出, 当 $\xi_i \leqslant a_i$ 时, 对充分大的 n, 有 $\xi_i \leqslant kd_n^{-1}$, 此时 $\xi_i'' \leqslant \xi_i'''$, 于是 $U_n'' \leqslant U_n'''$. 因此, 为证 $U_n'' \xrightarrow{\text{a.s.}} 0$ 和 $U_n''' \xrightarrow{\text{a.s.}} 0$, 只需证明 $\limsup\limits_{n\to\infty} U_n''' \leqslant 0$, a.s.. 由式 (4.3.14) 知, $E^*[U_n'''] \xrightarrow{\text{a.s.}} 0$. 故我们只需证明

$$\limsup_{n\to\infty}[U_n''' - E^*(U_n''')] \leqslant 0, \text{ a.s..} \tag{4.3.16}$$

下面证明式 (4.3.16). 在 $\zeta_k = ||X_{R_{k+1}} - x||$ 给定的条件下, $U_n(x)$ 与

$$\frac{1}{k}\sum_{i=1}^{k} Z_i \triangleq \frac{1}{k}\sum_{i=1}^{k}\left\{\psi(V_i)I(\psi(V_i) \leqslant kd_n^{-1}) - E^*[\psi(V_i)I(\psi(V_i) \leqslant kd_n^{-1})]\right\}$$

同分布, $Z_1, \cdots, Z_k$ 独立同分布, $k^{-1}d_nZ_i \leqslant 1$, $E^*(Z_i) = 0$, $i = 1, \cdots, k$. 注意到 $E(|Y|^p) < \infty$, 取 $b < p$, $1 < b \leqslant 2$, 由于当 $z \leqslant 1$ 时, $\mathrm{e}^z \leqslant 1 + z + |z|^b$, 于是

$$E^*\{\exp(k^{-1}d_nZ_i)\} \leqslant 1 + k^{-b}d_n^bE^*(|Z_i|^b) \leqslant \exp\{k^{-b}d_n^bE^*(|Z_i|^b)\}.$$

因此

$$\begin{aligned}E^*\{\exp[d_n(U_n''' - E^*(U_n'''))]\} &\leqslant \exp\left\{d_n^b k^{-b}\sum_{i=1}^{k} E^*\left[|Z_i|^b\right]\right\} \\ &\leqslant \exp\left\{d_n^b k^{-(b-1)} E^*\left[|\psi(V_1)|^b\right]\right\} \\ &\leqslant \exp\left\{d_n^b k^{-(b-1)}\int_{S_{x,\zeta_k}} \psi^b(u)\mathrm{d}F(u)/F(S_{x,\zeta_k})\right\} \\ &\leqslant \exp\left\{d_n^b k^{-(b-1)}\varphi(x)\right\},\end{aligned} \tag{4.3.17}$$

其中 $\varphi(x)$ 如同式 (4.1.27) 定义. 注意到由定理 1.3.2 和 x 的选择, 有 $\varphi(x) < \infty$. 故由式 (4.3.17) 可得

$$E\{\exp[d_n(U_n''' - E^*(U_n'''))]\} \leqslant \exp\left\{d_n^b k^{-(b-1)}\varphi(x)\right\}, \tag{4.3.18}$$

由条件 (i), 总有 $\inf_n\{k/(\log n)^{1+\alpha}\} > 0$. 又由 $d_n = (\log n)\log\log n$ 可知, 对任意 $\varepsilon > 0$, 存在 $n_0 = n_0(x)$, 当 $n \geqslant n_0$ 时, 有 $d_n^b k^{-(b-1)}\varphi(x) < d_n\varepsilon/2$. 故由式 (4.3.18) 可得

$$\begin{aligned}\sum_{n\geqslant n_0} P\{U_n''' - E^*(U_n''') \geqslant \varepsilon\} &\leqslant \sum_{n\geqslant n_0} \mathrm{e}^{-d_n\varepsilon} E\{\exp[d_n(U_n''' - E^*(U_n''))]\}\\ &\leqslant \sum_{n\geqslant n_0} \mathrm{e}^{-d_n\varepsilon}\mathrm{e}^{d_n\varepsilon/2}\\ &\leqslant \sum_{n=1}^{\infty} \exp\{-d_n\varepsilon/2\} < \infty.\end{aligned}$$

因此, 由 Borel-Cantelli 引理 (定理 1.2.4) 可得式 (4.3.16). 综上所证, 即完成了式 (4.3.13) 的证明.

下面证明

$$T_n(x) \longrightarrow 0, \text{ a.s..} \tag{4.3.19}$$

为此, 记 $\eta_i = Y_i - m(X_i)$, 仍取 d_n 和 a_i 同上, 并令

$$\begin{aligned}\eta_i' &= \eta_i I(\eta_i > a_i), & T_n' &= \sum_{i=1}^n \widetilde{W}_{ni}(x)\eta_i',\\ \eta_{ni}'' &= \eta_i I(\eta_i \leqslant a_i), & T_n'' &= \sum_{i=1}^n \widetilde{W}_{ni}(x)\eta_{ni}'',\\ \eta_{ni}''' &= \eta_i I(\widetilde{W}_{ni}(x)\eta_i \leqslant d_n^{-1}), & T_n''' &= \sum_{i=1}^n \widetilde{W}_{ni}(x)\eta_{ni}'''.\end{aligned}$$

于是, $T_n(x) = T_n' + T_n'' + T_n'''$. 类似于式 (4.3.15) 的证明可以证得

$$\sum_{i=1}^{\infty} \eta_i^2 I(\eta_i > a_i) < \infty, \text{ a.s..}$$

于是, 利用 Schwarz 不等式可得

$$\begin{aligned}(T_n')^2 &\leqslant \sum_{i=1}^n \widetilde{W}_{ni}^2(x)\sum_{i=1}^{\infty} \eta_i^2 I(\eta_i > a_i)\\ &\leqslant \sum_{i=1}^k v_{ni}^2 \sum_{i=1}^{\infty} \eta_i^2 I(\eta_i > a_i)\\ &\leqslant \frac{c}{k}\sum_{i=1}^{\infty} \eta_i^2 I(\eta_i > a_i) \longrightarrow 0, \text{ a.s..}\end{aligned} \tag{4.3.20}$$

容易看出, 当 $\eta_i \leqslant a_i$ 时, 对充分大的 n, 有 $\widetilde{W}_{ni}(x)\eta_i \leqslant ck^{-1}a_i$. 因此, 当 n 充分大时,

$$\eta_i'' \leqslant \eta_i''', \quad T_n'' \leqslant T_n'''. \tag{4.3.21}$$

记 $Z_i^* = d_n\widetilde{W}_{ni}(x)\eta_{ni}'''$, 有 $Z_i^* \leqslant 1$, 且在 $\Delta = (X_1, X_2, \cdots)$ 给定的条件下, $Z_1^*, \cdots, Z_n^*$ 独立, $E(Z_i^*|X_i) \leqslant 0$. 设 $1 < b \leqslant 2$, 记 $g_b(X_i) = E(|Y_i|^b|X_i)$, 则同样有

$$\begin{aligned} &E(\mathrm{e}^{Z_i^*}|X_i) \leqslant 1 + E(|Z_i^*|^b|X_i) \leqslant \exp\{E(|Z_i^*|^b|X_i)\}, \\ &E[\exp(d_nT_n''')|\Delta] \leqslant \exp\left\{cd_n^b k^{-b}\sum_{i=1}^k g_b(X_{R_i})\right\}. \end{aligned} \tag{4.3.22}$$

设 $p > 1$, 由 $\alpha > p^{-1}$, 则可以取 $b > 1$ 充分接近于 1, 使 $q = p/b > 1$ 且 $\alpha > 1/q$. 于是, $E(|g_b(X_i)|^q) \leqslant E(|Y_i|^p) < \infty$, 而 $1/q < \alpha < 1$. 因此, 由式 (4.3.13) 的证明可得

$$\frac{1}{k}\sum_{i=1}^k g_b(X_{R_i}) \longrightarrow g_b(x), \text{ a.s..}$$

故对 a.e.Δ, 我们有

$$\frac{c}{k}\sum_{i=1}^k g_b(X_{R_i}) \leqslant c(x, \Delta) < \infty, \tag{4.3.23}$$

其中 $c(x, \Delta)$ 是仅与 x 和 Δ 有关的常数. 由式 (4.3.22) 和式 (4.3.23), 并注意到 $\inf\limits_n\{k/(\log n)^{1+\alpha}\} > 0$ 和 $d_n = (\log n)\log\log n$ 可知, 对 a.e.Δ 及给定的 $\varepsilon > 0$, 存在 $n_0 = n_0(x, \Delta)$, 当 $n \geqslant n_0$ 时,

$$\begin{aligned} \sum_{n\geqslant n_0} P\{T_n''' \geqslant \varepsilon|\Delta\} &\leqslant \sum_{n\geqslant n_0} \mathrm{e}^{-d_n\varepsilon}E[\exp(d_nT_n''')|\Delta] \\ &\leqslant \sum_{n\geqslant n_0} \mathrm{e}^{-d_n\varepsilon}\exp\{d_n^b k^{-(b-1)}c(x, \Delta)\} \\ &\leqslant \sum_{n\geqslant n_0} \mathrm{e}^{-d_n\varepsilon}\mathrm{e}^{d_n\varepsilon/2} \leqslant \sum_{n=1}^\infty \mathrm{e}^{-d_n\varepsilon/2} < \infty, \end{aligned}$$

其中由式 (4.3.22) 和式 (4.3.23) 可得第二个不等式. 故由 Borel-Cantelli 引理 (定理 1.2.4), 对 a.e. Δ, 有

$$P\left\{\limsup_{n\to\infty} T_n''' \leqslant 0|\Delta\right\} = 1.$$

再由 Fubini 定理可得

$$\limsup_{n\to\infty} T_n''' \leqslant 0, \text{ a.s..} \tag{4.3.24}$$

由式 (4.3.21) 可得

$$\limsup_{n\to\infty} T_n'' \leqslant 0, \text{ a.s..} \tag{4.3.25}$$

由式 (4.3.20)、式 (4.3.24) 和式 (4.3.25) 以及 $T_n = T_n' + T_n'' + T_n'''$ 可得

$$\limsup_{n\to\infty} T_n \leqslant 0, \text{ a.s..} \tag{4.3.26}$$

用 $-\eta_i$ 代替 η_i, 由式 (4.3.26) 可推出

$$\liminf_{n\to\infty} T_n \geqslant 0, \text{ a.s..} \tag{4.3.27}$$

因此, 由式 (4.3.26) 和式 (4.3.27) 可得式 (4.3.19).

最后由式 (4.3.10)~ 式 (4.3.13) 和式 (4.3.19) 知, 当 $x \in S(F)$ 时,

$$\hat{m}_{\text{NN}}(x) \longrightarrow m(x), \text{ a.s..} \tag{4.3.28}$$

因为集合 $S(F)$ 的 F 测度为 1, 故由式 (4.3.38) 和 Funbini 定理即可证得定理 4.3.3.

为证明最近邻估计的一致强相合性, 我们需要下面的引理.

引理 4.3.2 设 $\xi_1, \cdots, \xi_n$ 是均值为 0 的独立随机变量, 且满足下列条件: 对任何 $\varepsilon > 0$, 存在 $c(\varepsilon) > 0$, 使得对所有 $|s| \leqslant c(\varepsilon)$, 有

$$E(\mathrm{e}^{s\xi_i}) \leqslant \mathrm{e}^{|s|\varepsilon}, \quad 1 \leqslant i \leqslant n.$$

如果 $(a_1, \cdots, a_n)$ 是概率权向量, 则

$$P\left\{\left|\sum_{i=1}^n a_i\xi_i\right| \geqslant \varepsilon\right\} \leqslant 2\exp\left\{-C/\max_{1\leqslant i\leqslant n} a_i\right\},$$

其中 $C = c(\varepsilon/2)/2$.

证 根据引理的条件可得

$$\begin{aligned}
P\left\{\sum_{i=1}^n a_i\xi_i \geqslant \varepsilon\right\} &\leqslant \mathrm{e}^{-s\varepsilon}\prod_{i=1}^n E(\mathrm{e}^{sa_iX_i}), \quad \text{对所有} s > 0 \\
&\leqslant \mathrm{e}^{-|s|\varepsilon}\exp\left\{\sum_{i=1}^n |s|a_i\varepsilon/2\right\}, \quad \text{对} a_i|s| \leqslant c(\varepsilon/2) \text{的} s \\
&\leqslant \exp\{-|s|\varepsilon/2\} \leqslant \exp\left\{-[c(\varepsilon/2)/2]/\max_{1\leqslant i\leqslant n} a_i\right\}.
\end{aligned}$$

因此, 由对称性即证得引理 4.3.2.

下面的定理给出了最近邻估计的一致强相合性.

定理 4.3.4 设对某个 $p > 0$, $E(|Y|^p) < \infty$, 回归函数 $m(x)$ 连续, X 的分布 $F(x)$ 具有紧支撑 B. 又设下列两个条件成立:

(i) $\frac{k}{n} \to 0$, $\left(\max_{1\leqslant i\leqslant k} v_{ni}\right)\log n \to 0$, $\sum_{i=k+1}^{n} v_{ni} = O(n^{-1/p})$,

(ii) 对于任何 $\varepsilon > 0$, 存在 $c(\varepsilon) > 0$, 使得对所有 $|s| \leqslant c(\varepsilon)$, 有

$$\sup_{x\in B}\int_{-\infty}^{\infty}\exp\{s[y-m(x)]\}\mathrm{d}F_{Y|x}(y) \leqslant \exp\{|s|\varepsilon\},$$

其中 $F_{Y|x}(y)$ 为给定 $X = x$ 下 Y 的条件分布函数, 则

$$\sup_{x\in B}|\hat{m}_{\mathrm{NN}}(x) - m(x)| \longrightarrow 0, \text{ a.s..}$$

证 我们仍沿用定理 4.3.3 的证明中的式 (4.3.10). 首先考虑 $M_n'(x)$. 由 $m(x)$ 连续知, $m(x)$ 在紧集 B 上有界, 于是 $\sup_{x\in B}|m(x)| < \infty$. 由引理 4.3.1 和条件 (i) 可得

$$\sup_{x\in B}|M_n'(x)| \leqslant cn^{-1/p}\left[\max_{1\leqslant i\leqslant n}|Y_i| + \sup_{x\in B}|m(x)|\right] \longrightarrow 0, \text{ a.s..} \tag{4.3.29}$$

下面考虑 $M_n(x)$. 因为 $m(x)$ 连续, 所以 $m(x)$ 在紧集 B 上一致连续, 于是对任给的 $\varepsilon > 0$, 存在 $\delta > 0$, 使得对所有 $u, x \in B$, 当 $||u-x|| \leqslant \delta$ 时, 有 $|m(u)-m(x)| \leqslant \varepsilon/2$. 记 $A_n = \{x : x \in B, ||X_{R_k} - x|| \leqslant \delta\}$. 于是

$$P\left\{A_n, \sup_{x\in B}|M_n(x)| > \varepsilon/2\right\} = 0. \tag{4.3.30}$$

用 $F_n(A)$ 表示 $X_1, \cdots, X_n$ 在集 A 上的经验测度, 相应于分布 $F(x)$ 的测度仍记为 F. 易知

$$A_n \subseteq \{F_n(S_{x,\delta}) < k/n, \text{对某个} x \in B\}, \quad \inf_{x\in B} F(S_{x,\delta/2}) = a > 0. \tag{4.3.31}$$

因 B 是紧集, 于是我们可以在 B 中找有限个点 $x_1, \cdots, x_N$, 使得对每个 $x \in B$, 有 $||x_i - x|| \leqslant \delta/2$. 又当 n 充分大时, $k/n < a/2$. 因此, 由式 (4.3.30) 和式 (4.3.31) 以及 Bernstein 不等式 (定理 1.1.1) 可得

$$\begin{aligned} P\left\{\sup_{x\in B}|M_n(x)| > \varepsilon\right\} &\leqslant P\{A_n^c\} + P\left\{A_n, \sup_{x\in B}|M_n(x)| > \varepsilon/2\right\} \\ &\leqslant P\{A_n^c\} \leqslant P\left\{\inf_{x\in B} F_n(S_{x,\delta}) < k/n\right\} \end{aligned}$$

$$
\begin{aligned}
&\leqslant P\left\{\bigcup_{i=1}^{N}\{F_n(S_{x,\delta/2})<k/n\}\right\}\\
&\leqslant N\sup_{x\in B}P\left\{F_n(S_{x,\delta/2})<k/n\right\}\\
&\leqslant N\sup_{x\in B}P\left\{F_n(S_{x,\delta/2})-F(S_{x,\delta/2})<-a/2\right\}\\
&\leqslant 2N\exp\{-na^2/2\}.
\end{aligned}
$$

故由 Borel-Cantelli 引理 (定理 1.2.4) 可得

$$\sup_{x\in B}|M_n(x)|\longrightarrow 0,\ \text{a.s.}. \tag{4.3.32}$$

最后考虑 $T_n(x)$. 设 $\mathcal{D}=\mathcal{D}(X_1,\cdots,X_n)$ 是来自 $\{1,\cdots,n\}$ 的所有 k 指标集的全体, 使得 $A=\{j_1,\cdots,j_k\}\in\mathcal{D}$ 当且仅当存在 $x\in\mathbf{R}^d$, 使 $X_{j_1},\cdots,X_{j_k}$ 是 $X_1,\cdots,X_n$ 之中的 X_i 到 x 的 k 个近邻点 (不需要排序). 用 $\mathcal{A}$ 表示 $\{1,\cdots,n\}$ 的所有子集; $\mathcal{S}$ 表示 $\mathbf{R}^d$ 中所有闭球和开球所构成的类; $\mathcal{N}(\mathcal{S},n)$ 表示 $\{\{x_1,\cdots,x_n\}\cap A: A\in\mathcal{S}\}$ 中不同集的最大数目, 其中 $(x_1,\cdots,x_n)$ 取遍所有 $\mathbf{R}^n$ 的点. 记 $\tilde{x}_n=(x_1,\cdots,x_k)$. 经过计算可得

$$
\begin{aligned}
&P\left\{\sup_{x\in B}|T_n(x)|>\varepsilon\right\}\\
\leqslant\ & E\left\{P\left(\sup_{x\in B}|T_n(x)|>\varepsilon\Big|X_1,\cdots,X_n\right)\right\}\\
\leqslant\ & E\left\{P\left(\sup_{A\in\mathcal{D}}\Big|\sum_{i\in A}v_{ni}[Y_i-m(X_i)]\Big|>\varepsilon\Big|X_1,\cdots,X_n\right)\right\}\\
\leqslant\ & E\left\{\mathcal{N}(\mathcal{S},n)\sup_{\mathcal{A}}P\left(\Big|\sum_{i=1}^{k}v_{nj_i}[Y_{j_i}-m(X_{j_i})]\Big|>\varepsilon\Big|X_1,\cdots,X_n\right)\right\}\\
\leqslant\ & \mathcal{N}(\mathcal{S},n)\sup_{\tilde{x}_n\in B^k}P\left(\Big|\sum_{i=1}^{k}v_{ni}[Y_i-m(X_i)]\Big|>\varepsilon\Big|X_1=x_1,\cdots,X_k=x_k\right)\\
\leqslant\ & 2\mathcal{N}(\mathcal{S},n)\exp\left\{-C/\max_{1\leqslant i\leqslant k}v_{ni}\right\}.
\end{aligned}
\tag{4.3.33}
$$

注意到, 对最大分量模有 $\mathcal{N}(\mathcal{S},n)\leqslant(1+n)^{2d}$, 且对标准 L_2 模有 $\mathcal{N}(\mathcal{S},n)\leqslant(2n)^{d+1}$. 因此, 由式 (4.3.33) 和条件 (i) 可得

$$\sum_{n=1}^{\infty}P\left\{\sup_{x\in B}|T_n(x)|>\varepsilon\right\}\leqslant\sum_{n=1}^{\infty}\frac{1}{n^2}<\infty.$$

故由 Borel-Cantelli 引理 (定理 1.2.4) 可得

$$\sup_{x\in B}|T_n(x)|\longrightarrow 0,\ \text{a.s.}. \tag{4.3.34}$$

最后, 结合式 (4.3.10)、式 (4.3.29)、式 (4.3.32) 和式 (4.3.34) 即可完成定理 4.3.4 的证明.

2. 最近邻估计的渐近正态性

在适当条件下, $\hat{m}_{\mathrm{NN}}(x)$ 具有渐近正态性, 我们有下面的定理.

定理 4.3.5 设 $E(Y^2)<\infty$, 且下列条件成立:

(i) $k\to\infty$, $\sup\limits_n\left\{k\max\limits_{1\leqslant i\leqslant k}v_{ni}\right\}<\infty$, $\inf\limits_n(k\delta_n)>0$, $\delta_n^2=\sum\limits_{i=1}^k v_{ni}^2$,

(ii) $\sum\limits_{i=k+1}^n v_{ni}=O\left(n^{-1/2}\delta_n\right)$,

(iii) 对某 $\lambda\in(0,1]$, $\lim\limits_{n\to\infty}(k^{1+d/2\lambda}/n)=0$,

(iv) 存在有限函数 $C(x)$, 使对 a.e. $x(F)$, 存在 $\eta=\eta(x)>0$, 当 $0<\rho\leqslant\eta$ 时, 有

$$\frac{1}{F(S_{x,\rho})}\int_{S_{x,\rho}}|m(u)-m(x)|\mathrm{d}F(u)\leqslant C(x)\rho^{\lambda},$$

则对 a.e. $x(F)$, 有

$$[\hat{m}_{\mathrm{NN}}(x)-m(x)]/\delta_n\xrightarrow{D}N(0,\sigma^2(x)),$$

其中 $\sigma^2(x)=\mathrm{var}(Y|X=x)$.

证 我们仍沿用定理 4.3.3 的证明中的式 (4.3.10). 首先考虑 $M_n'(x)$. 取定 $x\in S(F)$, 其中 $S(F)$ 表示 $F(\cdot)$ 的支撑集. 由条件 (ii) 和引理 4.3.1 可得

$$M_n'(x)/\delta_n\leqslant\sum_{i=k+1}^n v_{ni}\max_{1\leqslant i\leqslant n}|Y_i-m(x)|/\delta_n\longrightarrow 0,\ \text{a.s.}. \tag{4.3.35}$$

记 $\psi(u)=|m(u)-m(x)|$, 则

$$\frac{|M_n(x)|}{\delta_n}\leqslant\frac{c}{\sqrt{k}}\sum_{i=1}^k|m(X_{R_i})-m(x)|=\frac{c}{\sqrt{k}}\sum_{i=1}^k\psi(X_{R_i})\triangleq cU_n(x). \tag{4.3.36}$$

在 $\zeta_k=||X_{R_{k+1}}-x||$ 给定的条件下, $U_n(x)$ 与 $\frac{1}{k}\sum\limits_{i=1}^k\psi(V_i)$ 同分布, 其中 $V_1,\cdots,V_k$ 独立同分布, V_1 的分布为 $F^*(\cdot)=F(\cdot\cap S_{x,\zeta_k})/F(S_{x,\zeta_k})$. 在此条件分布下所取的期望记为 $E^*(\cdot)$. 由引理 3.2.1 和条件 (iv) 知, 当 $\zeta_k\leqslant a_n^{-1}(k/n)^{1/d}$ 且 $a_n^{-1}(k/n)^{1/d}\to 0$ 时,

$$E^*\left[U_n(x)\right]=\frac{\sqrt{k}}{F(S_{x,\zeta_k})}\int_{S_{x,\zeta_k}}|m(u)-m(x)|\mathrm{d}F(u)\leqslant C(x)a_n^{-\lambda}\sqrt{k}\left(\frac{k}{n}\right)^{\lambda/d}.$$

因此, 对任何 $\varepsilon > 0$, 类似于引理 3.2.1 的证明可得

$$\begin{aligned} P\{U_n \geqslant \varepsilon\} &\leqslant P\{\zeta_k \geqslant a_n^{-1}(k/n)^{1/d}\} + \varepsilon^{-1}E\{E^*(U_n)I[\zeta_k < a_n^{-1}(k/n)^{1/d}]\} \\ &\leqslant 2\mathrm{e}^{-k/5} + \varepsilon^{-1}C(x)a_n^{-\lambda}\sqrt{k}(k/n)^{\lambda/d}. \end{aligned}$$

取 $a_n = \varepsilon^{-2/\lambda}k^{1/2\lambda}(k/n)^{1/d}$, 则由条件 (iii) 和上式可得 $U_n \xrightarrow{P} 0$. 因此, 由式 (4.3.36) 可得

$$M_n(x)/\delta_n \xrightarrow{P} 0, \text{ a.e. } x(F). \tag{4.3.37}$$

如果证明了

$$T_n(x)/\delta_n \xrightarrow{D} N(0, \sigma^2(x)), \tag{4.3.38}$$

那么由式 (4.3.10) 和式 (4.3.36)~ 式 (4.3.38) 即可完成本定理的证明. 下面证明式 (4.3.38). 为此, 记 $Z_{ni} = \widetilde{W}_{ni}(x)[Y_i - m(X_i)]/\delta_n$, $S_{ni} = \sum_{j=1}^{i} Z_{nj}$, $\mathcal{F}_{ni} = \sigma\{X_1, \cdots, X_n, Y_1, \cdots, Y_n\}$, $1 \leqslant i \leqslant n$, $\mathcal{F}_{n0} = \sigma\{X_1, \cdots, X_n\}$, 则 $S_{ni} = T_n(x)/\delta_n$, 且有

$$E(Z_{ni}|\mathcal{F}_{n,i-1}) = \widetilde{W}_{ni}(x)E\{[Y_i - m(X_i)]|X_i\}/\delta_n = 0, \quad 1 \leqslant i \leqslant n.$$

由条件 (i) 易见

$$\sup_n \left\{ k \max_{1 \leqslant i \leqslant k} v_{ni}^2 \Big/ \sum_{i=1}^{k} v_{ni}^2 \right\} < \infty.$$

记 $W_{ni}^* = v_{ni}^2 \Big/ \sum_{i=1}^{k} v_{ni}^2$. 由式 (4.3.5) 可得

$$\begin{aligned} \sum_{i=1}^{n} E(Z_{ni}^2|\mathcal{F}_{n,i-1}) &= \sum_{i=1}^{n} \widetilde{W}_{ni}^2(x)E\{[Y_i - m(X_i)]^2|X_i\}/\delta_n \\ &= \sum_{i=1}^{k} W_{ni}^* E\{[Y_{R_i} - m(X_{R_i})]^2|X_{R_i}\} \xrightarrow{P} \sigma^2(x). \end{aligned}$$

由于 $E(Y^2) < \infty$, $k \to \infty$, 于是对充分小的 $\varepsilon > 0$, 当 n 充分大时, 同样有

$$\begin{aligned} &\sum_{i=1}^{n} E[Z_{ni}^2 I(|Z_{ni}| \geqslant \varepsilon)|\mathcal{F}_{n,i-1}] \\ &= \sum_{i=1}^{k} W_{ni}^* E\{[Y_{R_i} - m(X_{R_i})]^2 I(|Y_{R_i} - m(X_{R_i})| \geqslant \varepsilon\sqrt{k})|X_{R_i}\} \xrightarrow{P} 0. \end{aligned}$$

由于 $S(F)$ 的 F 测度为 1, 故由 Dvoretzky 定理 (Dvoretzky, 1972) 即证得式 (4.3.38).

关于定理 4.3.5 的实际应用, 我们作如下说明, 由于 $\sigma^2(x)$ 是未知的, 不能直接应用定理的结论, 需要对 $\sigma^2(x)$ 进行估计. 定义 $\sigma^2(x)$ 的估计量为

$$\hat{\sigma}^2(x)=\sum_{i=1}^n W_{ni}(x)Y_i^2-\left(\sum_{i=1}^n W_{ni}(x)Y_i\right)^2.$$

根据 Stone(1977) 的结论可知, 在定理 4.3.5 的条件下, 有 $\hat{\sigma}^2(x)\xrightarrow{P}\sigma^2(x)$, a.e. $x(F)$. 因此, 由定理 4.3.5 可得

$$[\hat{m}_{\mathrm{NN}}(x)-m(x)]/[\hat{\sigma}(x)\delta_n]\xrightarrow{D}N(0,1),$$

利用上式即可对 $m(x)$ 作区间估计和假设检验.

设定一个介于 1 和 n 之间的整数 $k=k_n$, 定义

$$v_{ni}=\begin{cases}\dfrac{1}{k}, & 1\leqslant i\leqslant k,\\ 0, & k<i\leqslant n.\end{cases}\tag{4.3.39}$$

此时相应的最近邻估计为

$$\hat{m}_{\mathrm{KN}}(x)=\frac{1}{k}\sum_{i=1}^k Y_{R_i}.\tag{4.3.40}$$

它恰好是最接近 x 的 k 个样本的算术平均 (严格地说 Y_{R_i} 只是 X_{R_i} 的匹配者, 无次序而言). 称 $\hat{m}_{\mathrm{KN}}(x)$ 为 k 近邻估计. 可以利用交叉验证和广义交叉验证选择最优的 k, 这只需将式 (4.1.7) 和式 (4.1.8) 中的 h 换为 k 即可.

利用定理 4.3.5 可以得到下列推论.

推论 4.3.1　设 $E(Y^2)<\infty$, 且对某个 $\lambda\in(0,1]$, 定理 4.3.5 的条件 (iii) 和 (iv) 成立, 则当 $k\to\infty$ 时, 有

$$\sqrt{k}[\hat{m}_{\mathrm{KN}}(x)-m(x)]\xrightarrow{D}N(0,\sigma^2(x)),\ \text{a.e. } x(F).$$

3. 最近邻估计的收敛速度

下面用 $c>0$ 和 $c(x)>0$ 表示常数和仅与 x 有关的常数, 每次出现时, 即使在同一式中, 也可表示不同的值. 关于 $\hat{m}_{\mathrm{KN}}(x)$ 的渐近偏差和渐近方差, 有下述结果.

定理 4.3.6　当 $n\to\infty$ 时, $k\to\infty$, $\dfrac{k}{n}\to 0$, 则 k 近邻估计 (4.3.40) 的偏差和方差由下式给出:

$$\begin{aligned}\mathrm{bias}(\hat{m}_{\mathrm{KN}}(x))&\approx\frac{1}{24f^3(x)}[m''(x)f(x)+2m'(x)f'(x)]\left(\frac{k}{n}\right)^2,\\ \mathrm{var}(\hat{m}_{\mathrm{KN}}(x))&\approx\frac{\sigma^2(x)}{k},\quad \sigma^2(x)=\mathrm{var}(\varepsilon|X=x).\end{aligned}$$

该定理的证明见 Lai(1977). 由定理 4.3.3 可以得出

$$E[\hat{m}_{\mathrm{KN}}(x)-m(x)]^2=O((k/n)^2)+O(k^{-1}).$$

如果取 $k\approx n^{4/5}$, 则有

$$E[\hat{m}_{\mathrm{KN}}(x)-m(x)]^2=O(n^{-4/5}).$$

这就意味着

$$\hat{m}_{\mathrm{KN}}(x)-m(x)=O_P(n^{-2/5}),$$

即 $\hat{m}_{\mathrm{KN}}(x)$ 依概率收敛到 $m(x)$ 的速度为 $O(n^{-2/5})$.

下面研究 $\hat{m}_{\mathrm{NN}}(x)$ 的收敛速度. 首先考虑矩相合的收敛速度, 为此先给出如下条件.

(I) 回归函数 $m(x)$ 满足 λ 阶 Lipschitz 条件, 即对某个 $\lambda\in(0,1]$, 存在 $\delta(x)>0$ 和 $C(x)>0$, 使得当 $||u-x||<\delta(x)$ 时, 有

$$|m(u)-m(x)|\leqslant C(x)||u-x||^{\lambda}. \tag{4.3.41}$$

(II) 自然数 $k=k_n$ 和权向量 $\{v_{ni},1\leqslant i\leqslant n\}$ 满足

$$\sup_n\left\{k\max_{1\leqslant i\leqslant n}v_{ni}\right\}<\infty,\quad v_{ni}=O\left(n^{-\frac{\lambda p}{d+2\lambda}-1}\right),\quad i=k+1,\cdots,n.$$

引理 4.3.3 设对某个 $p\geqslant 1$, $E(|m(X)|^p)<\infty$, 且条件 (I) 和 (II) 成立, 如果取 $k=\lfloor n^{-2\lambda/(d+2\lambda)}\rfloor$, 则

$$E\left[\sum_{i=1}^n W_{ni}(x)|m(X_i)-m(x)|^p\right]=O\left(n^{-\lambda p/(d+2\lambda)}\right),\ \text{a.e. } x(F).$$

证 简单计算可得

$$\begin{aligned}&E\left[\sum_{i=1}^n W_{ni}(x)|m(X_i)-m(x)|^p\right]\\&=E\left[\sum_{i=1}^k v_{ni}|m(X_i)-m(x)|^p\right]+E\left[\sum_{i=k+1}^n v_{ni}|m(X_i)-m(x)|^p\right]\\&=L_{n1}(x)+L_{n2}(x).\end{aligned} \tag{4.3.42}$$

首先考虑 $L_{n1}(x)$. 记 $\zeta_k=||X_{R_{k+1}}-x||$. 由条件 (II) 知, 存在常数 $c>0$, 使得

$v_{ni} \leqslant c/k, 1 \leqslant i \leqslant k$. 因此, 可以推得, 当 n 充分大时,

$$
\begin{aligned}
L_{n1}(x) &\leqslant cE\left[\frac{1}{k}\sum_{i=1}^{k}|m(X_i)-m(x)|^p\right] \\
&= cE\left\{E\left[\frac{1}{k}\sum_{i=1}^{k}|m(X_i)-m(x)|^p\Big|\zeta_k\right]\right\} \\
&= cE\left\{\int_{S_{x,\zeta_k}}|m(u)-m(x)|^p\mathrm{d}F(u)/F(S_{x,\zeta_k})\right\}.
\end{aligned}
$$

任取 $0 < a_n \to 0$, 记 $\nu_n = a_n^{-1}(k/n)^{1/d}$. 由条件 (I), 当 $\zeta_k \leqslant \delta(x)\nu_n$ 时, 有

$$
L_{n1}(x) \leqslant cC(x)[\delta(x)\nu_n]^{\lambda p} + 2^{p-1}[m^*(x)+|m(x)|^p]P\{\zeta_k > \delta(x)\nu_n\}, \tag{4.3.43}
$$

其中 $m^*(x)$ 如同式 (4.3.8) 定义, 且由式下面的定义知 $0 < m^*(x) < \infty$, a.e. $x(F)$. 由引理 3.2.1 的证明知

$$
P\{\zeta_k > \delta(x)\nu_n\} \leqslant 2\mathrm{e}^{-k/5}. \tag{4.3.44}
$$

将式 (4.3.44) 代入到式 (4.3.43), 再由 k 的取法可得

$$
\begin{aligned}
L_{n1}(x) &\leqslant c(x)a^{-\lambda p}(k/n)^{\lambda p/d} + c(x)\mathrm{e}^{-k/5} \\
&\leqslant c(x)a^{-\lambda p}n^{-\lambda p/(d+2\lambda)}, \text{ a.e. } x(F).
\end{aligned}
$$

对于任意的 a_n, 取 $\tilde{a}_n = a_n^{2\lambda p}$, 那么有 $\tilde{a}_n n^{\lambda p/(d+2\lambda)} L_{n1}(x) \to 0$, a.e. $x(F)$. 于是由定理 1.3.4 可得

$$
\limsup_{n\to\infty} n^{\lambda p/(d+2\lambda)} L_{n1}(x) < \infty, \text{ a.e. } x(F).
$$

因此

$$
L_{n1}(x) = O\left(n^{-\lambda p/(d+2\lambda)}\right), \text{ a.e. } x(F). \tag{4.3.45}
$$

下面考虑 $L_{n2}(x)$. 记 $S_{x,\zeta_k}^c = \mathbf{R}^d - S_{x,\zeta_k}$. 由条件 (II) 可知

$$
v_{ni} \leqslant cn^{-\lambda p/(d+2\lambda)}(n-k)^{-1}, \quad i = k+1, \cdots, n.
$$

$$
\begin{aligned}
L_{n2}(x) &\leqslant cE\left[\frac{1}{n-k}\sum_{i=k+1}^{n}|m(X_{R_i})-m(x)|^p\right]n^{-\lambda p/(d+2\lambda)} \\
&\triangleq cE(J_0)n^{-\lambda p/(d+2\lambda)},
\end{aligned} \tag{4.3.46}
$$

其中

$$E(J_0)=E[E(J_0|\zeta_k)]=E\left[\int_{S^c_{x,\zeta_k}}|m(u)-m(x)|^p\mathrm{d}F(u)/F(S_{x,\zeta_k})\right].$$

令 $G(\rho)=F(S_{x,\rho})$, 则 $\zeta_k=||X_{k+1}-x||$ 的分布为

$$n\binom{n-1}{k-1}[G(\rho)]^{k-1}[1-G(\rho)]^{n-k}\mathrm{d}G(\rho). \tag{4.3.47}$$

记 $\widetilde{m}(x)=\int_{\mathbf{R}^d}|m(u)-m(x)|^p\mathrm{d}F(u)$, 则 $\widetilde{m}(x)\leqslant 2^{p-1}\{E[|m(X)|^p]+|m(x)|^p\}\triangleq c_0(x)$. 因此

$$\begin{aligned}E(J_0)&\leqslant \tilde{f}(x)n\binom{n-1}{k-1}\int_0^\infty\frac{1}{1-G(\rho)}[G(\rho)]^{k-1}[1-G(\rho)]^{n-k}\mathrm{d}G(\rho)\\&\leqslant \tilde{f}(x)n\binom{n-1}{k-1}\int_0^1 y^{k-1}(1-y)^{n-k-1}\mathrm{d}y\\&\leqslant \tilde{f}(x)n\binom{n-1}{k-1}\frac{(k-1)!(n-k-1)!}{(n-1)!}=\tilde{f}(x)n/(n-k).\end{aligned}$$

由于 $n/(n-k)\to 1$. 因此, 当 n 充分大时, 有 $E(J_0)\leqslant 2\tilde{f}(x)\leqslant 2c_0(x)$. 故将此式代入到式 (4.3.46) 可得

$$L_{n2}(x)=O\left(n^{-\lambda p/(d+2\lambda)}\right). \tag{4.3.48}$$

最后将式 (4.3.45) 和式 (4.3.48) 代入到式 (4.3.42) 即可完成引理 4.3.3 的证明.

利用引理 4.3.3, 我们可以得到 $\hat{m}_{\mathrm{NN}}(x)$ 的逐点矩相合速度, 即有下面的结果.

定理 4.3.7 设对某个 $p\in[1,2]$, $E(|Y|^p)<\infty$, 且条件 (I) 和 (II) 成立. 如果 Y 的分布分别满足下列条件:

(i) Y 的分布的支撑集有界;

(ii) 存在 $\alpha>0$ 和 $\beta>0$, 使得当 $q>0$ 充分大时, 有

$$E[|Y|^pI(|Y|>q)]\leqslant\exp\{-\beta q^\alpha\};$$

(iii) 存在 $\alpha>0$ 和 $\beta>0$, 使得当 $q>0$ 充分大时, 有

$$E[|Y|^pI(|Y|>q)]\leqslant\beta q^{-\alpha},$$

则当选取 $k=\lfloor n^{2\lambda/(d+2\lambda)}\rfloor$ 时, 分别有下列相应的结果:

$$E(|\hat{m}_{\mathrm{NN}}(x)-m(x)|^p)=O\left(n^{-\lambda p/(d+2\lambda)}\right),\ \text{a.e. } x(F); \tag{4.3.49}$$

$$E(|\hat{m}_{\mathrm{NN}}(x)-m(x)|^p)=O\left(n^{-\lambda p/(d+2\lambda)}(\log n)^{p/\alpha}\right),\ \text{a.e. } x(F); \tag{4.3.50}$$

$$E(|\hat{m}_{\mathrm{NN}}(x)-m(x)|^p)=O\left(n^{-\lambda p\alpha/[(d+2\lambda)(\alpha+p)]}\right),\ \text{a.e. } x(F). \tag{4.3.51}$$

证 仍沿用定理 4.3.1 的证明中式 (4.3.4). 对给定的非减正数列 $\{b_n\}$, 记

$$\begin{aligned}
Y^{(n)} &= YI(|Y| \leqslant b_n), \quad \widetilde{Y}^{(n)} = Y - Y^{(n)}; \\
Y_i^{(n)} &= Y_iI(|Y_i| \leqslant b_n), \quad \widetilde{Y}_i^{(n)} = Y_i - Y_i^{(n)}, \quad i = 1, \cdots, n; \\
\varphi_n(x) &= E[Y^{(n)}|X = x], \quad \widetilde{\varphi}_n(x) = m(x) - \varphi_n(x).
\end{aligned}$$

首先证明

$$J_{n1}(x) = O\left(b_n^p n^{-\lambda p/(d+2\lambda)}\right) + O\left(E(|Y^{(n)}|^p)n^{-d/(d+2\lambda)}\right). \tag{4.3.52}$$

利用 Minkowski 不等式和 C_r 不等式, 对任何 $p \geqslant 1$, 有

$$\begin{aligned}
J_{n1}(x) &\leqslant 2^{p-1}E\left\{\left|\sum_{i=1}^n W_{ni}(x)[Y_i^{(n)} - \varphi_n(X_i)]\right|^p\right\} \\
&\quad +2^{p-1}E\left\{\sum_{i=1}^n W_{ni}(x)|\widetilde{Y}_i^{(n)} - \widetilde{\varphi}_n(X_i)|^p\right\}. \\
&\triangleq 2^{p-1}\left[J_{n1}^{(1)}(x) + J_{n1}^{(2)}(x)\right].
\end{aligned} \tag{4.3.53}$$

因为 $|Y_i^{(n)}| \leqslant b_n$, 所以

$$|\varphi_n(X_i)|^2 \leqslant E[|Y_i^{(n)}|^2|X_i] \leqslant b_n^2, \quad i = 1, \cdots, n.$$

于是, 由 Jensen 不等式和条件期望的性质可得

$$\begin{aligned}
[J_{n1}^{(1)}(x)]^{2/p} &\leqslant E\left\{\left|\sum_{i=1}^n W_{ni}(x)[Y_i^{(n)} - \varphi_n(X_i)]\right|^2\right\} \\
&= E\left\{\sum_{i=1}^n W_{ni}^2(x)E[(Y_i^{(n)} - \varphi_n(X_i))^2|X_i]\right\} \\
&\leqslant 4b_n^2E\left\{\sum_{i=1}^n W_{ni}^2(x)\right\} = 4b_n^2E\left\{\sum_{i=1}^k v_{ni}^2 + \sum_{i=k+1}^n v_{ni}^2\right\} \\
&\leqslant 4b_n^2\left\{ck^{-1} + cn^{-[d+2\lambda(p+1)]/(d+2\lambda)}\right\}.
\end{aligned}$$

不妨取 $k = n^{2\lambda/(d+2\lambda)}$, 可得

$$J_{n1}^{(1)}(x) = O\left(b_n^p n^{-\lambda p/(d+2\lambda)}\right). \tag{4.3.54}$$

再利用 Jensen 不等式和条件期望的性质可得

$$\begin{aligned}
J_{n1}^{(2)}(x) &\leqslant 2^p E\left\{\sum_{i=1}^n W_{ni}(x) E\left[|\widetilde{Y}_i^{(n)}|^p|X_i\right]\right\} \\
&= 2^p E\left\{\sum_{i=1}^k v_{ni} E\left[|\widetilde{Y}_{R_i}^{(n)}|^p|X_{R_i}\right]\right\} + 2^p E\left\{\sum_{i=k+1}^n v_{ni} E\left[|\widetilde{Y}_{R_i}^{(n)}|^p|X_{R_i}\right]\right\} \\
&\leqslant 2^p E\left\{\int_{S_{x,\zeta_k}} E\left[|\widetilde{Y}^{(n)}|^p|X=x\right] \mathrm{d}F(u)/F(S_{x,\zeta_k})\right\} + cn^{-\lambda p/(d+2\lambda)} \\
&\leqslant 2^p E\left[|\widetilde{Y}^{(n)}|^p\right] E\left\{\frac{1}{F(S_{x,\zeta_k})}\right\} + cn^{-\lambda p/(d+2\lambda)}. \qquad (4.3.55)
\end{aligned}$$

由于 ζ_k 的分布为式 (4.3.47), 于是

$$\begin{aligned}
E\left\{\frac{1}{F(S_{x,\zeta_k})}\right\} &= n\binom{n-1}{k-1}\int_0^\infty \frac{1}{G(\rho)}[G(\rho)]^{k-1}[1-G(\rho)]^{n-k}\mathrm{d}G(\rho) \\
&= n\binom{n-1}{k-1}\int_0^1 y^{k-2}(1-y)^{n-k}\mathrm{d}y \\
&= \frac{n!}{(k-1)!(n-k)!}\cdot\frac{(k-2)!(n-k)!}{(n-1)!} \\
&= \frac{n}{k-1} \leqslant cn^{-d/(d+2\lambda)}. \qquad (4.3.56)
\end{aligned}$$

将式 (4.3.56) 代入到式 (4.3.55) 可得

$$J_{n1}^{(2)}(x) = O\left(E(|Y^{(n)}|^p)n^{-d/(d+2\lambda)}\right) + O\left(n^{-\lambda p/(d+2\lambda)}\right). \qquad (4.3.57)$$

故将式 (4.3.54) 和式 (4.3.57) 代入到式 (4.3.53) 即证得式 (4.3.52).

利用式 (4.3.4) 和式 (4.3.52) 以及引理 4.3.3 可得, 对 a.e. $x(F)$, 有

$$E\left[|\hat{m}_{\mathrm{NN}}(x)-m(x)|^p\right] = O\left(b_n^p n^{-\frac{\lambda p}{d+2\lambda}}\right) + O\left(E(|Y^{(n)}|^p)n^{-\frac{d}{d+2\lambda}}\right). \qquad (4.3.58)$$

下面利用式 (4.3.58) 证明定理 4.3.7 的三个结论.

首先证明 (4.3.49). 由条件 (i), 取 $b_n = b_0$ 充分大, 使 $E(|Y^{(n)}|^p) = E[|Y|^p I(|Y| > b_0)] = 0$. 故由式 (4.3.58) 即证得式 (4.3.49).

其次证明 (4.3.50). 令 $b_n = (\beta^{-1}\log n)^{1/\alpha}$, 则由条件 (ii) 得, $E(|Y^{(n)}|^p) \leqslant n^{-1}$. 故将此式代入到式 (4.3.58) 即证得式 (4.3.50).

最后证明 (4.3.51). 令 $b_n = n^{\lambda p/[(d+2\lambda)(\alpha+p)]}$, 则由条件 (iii) 得

$$E(|Y^{(n)}|^p) = E[|Y|^p I(|Y| > b_n)] \leqslant \beta n^{-\lambda p\alpha/[(d+2\lambda)(\alpha+p)]}.$$

故将此式代入到式 (4.3.58) 即证得式 (4.3.51). 定理证毕.

如果增强 Y 的矩条件, 则可以得到 $\hat{m}_{\mathrm{NN}}(x)$ 的逐点矩相合速度的理想结果.

定理 4.3.8　设对某个 $r \geqslant 1$, $E(|Y|^r) < \infty$, 其中 $r = \max\{2, p\}$, $p \geqslant 1$, 且条件 (I) 和 (II) 成立. 如果选取 $k = \lfloor n^{2\lambda/(d+2\lambda)} \rfloor$, 则

$$E(|\hat{m}_{\rm NN}(x) - m(x)|^p) = O\left(n^{-\lambda p/(d+2\lambda)}\right), \text{ a.e. } x(F). \tag{4.3.59}$$

证　注意到式 (4.3.4) 和引理 4.3.3 对 $p \geqslant 1$ 皆成立, 故仅需估计 $J_{n1}(x)$. 分为两种情况讨论.

(a) 当 $1 \leqslant p \leqslant 2$ 时. 记 $\psi(x) = E[(Y - m(x))^2 | X = x]$. 由 Jensen 不等式和条件期望的性质可得

$$\begin{aligned} J_{n1}^{2/p}(x) &\leqslant E\left\{\left|\sum_{i=1}^n W_{ni}(x)[Y_i - m(X_i)]\right|^2\right\} \\ &= E\left\{\sum_{i=1}^n W_{ni}^2(x) E[(Y_i - m(X_i))^2 | X_i]\right\} \\ &= E\left\{\sum_{i=1}^k v_{ni}^2 \psi(X_{R_i})\right\} + E\left\{\sum_{i=k+1}^n v_{ni}^2 \psi(X_{R_i})\right\} \\ &\triangleq M_{n1}(x) + M_{n2}(x). \end{aligned} \tag{4.3.60}$$

注意到 $E[\psi(X)] = E\{[Y - m(X)]^2\} \leqslant 4E(Y^2) < \infty$. 于是

$$0 < \psi^*(x) \triangleq \sup_{\rho > 0} \int_{S_{x,\rho}} \psi(u) \mathrm{d}F(u) / F(S_{x,\rho}) < \infty, \text{ a.e. } x(F).$$

类似于式 (4.3.43) 的证明可以推得

$$\begin{aligned} M_{n1}(x) &\leqslant ck^{-1} E\left\{\frac{1}{k}\sum_{i=1}^k \psi(X_{R_i})\right\} \\ &= ck^{-1} E\left\{E\left[\frac{1}{k}\sum_{i=1}^k \psi(X_{R_i}) \middle| \zeta_k\right]\right\} \\ &= ck^{-1} E\left\{\int_{S_{x,\zeta_k}} \psi(u) \mathrm{d}F(u) / F(S_{x,\zeta_k})\right\} \\ &\leqslant c\psi^*(x) k^{-1}, \text{ a.e. } x(F). \end{aligned} \tag{4.3.61}$$

注意到 $E[\psi(X)] \leqslant 4E(Y^2) < \infty$ 以及 $\zeta_k = \|X_{R_{k+1}} - x\|$ 的分布为式 (4.3.47), 类似于式 (4.3.48) 的证明可以证得

$$\begin{aligned} M_{n2}(x) &\leqslant cn^{-1-2\lambda p/(d+2\lambda)} E\left[\frac{1}{n-k}\sum_{i=k+1}^n \psi(X_{R_i})\right] \\ &\leqslant cn^{-1-2\lambda p/(d+2\lambda)} [n/(n-k)] E[\psi(X)] \\ &\leqslant cn^{-1-2\lambda p/(d+2\lambda)}. \end{aligned} \tag{4.3.62}$$

将式 (4.3.61) 和式 (4.3.62) 代入到式 (4.3.60) 可得

$$\begin{aligned} J_{n1}(x) &\leqslant 2^{p-1}[M_{n1}^{p/2}(x)+M_{n2}^{p/2}(x)] \\ &\leqslant c(x)k^{-p/2}+cn^{-\lambda p/(d+2\lambda)}, \text{ a.e. } x(F). \end{aligned} \tag{4.3.63}$$

(b) 当 $p \geqslant 2$ 时. 记 $\varphi(x)=E[|Y-m(x)|^p|X=x]$, 则由 $[\varphi(X)]=E[|Y-m(X)|^p] \leqslant 2^p E(|Y|^p)<\infty$. 由 Marcinkiewicz 和 Zygmund 不等式以及 Jensen 不等式, 类似于式 (4.3.61) 和式 (4.3.62) 的证明可证得

$$\begin{aligned} J_{n1}(x) &\leqslant cE\left\{\left|\sum_{i=1}^{n} W_{ni}^2(x)[Y_i-m(X_i)]^2\right|^{p/2}\right\} \\ &\leqslant cE\left\{\sum_{i=1}^{n}[W_{ni}(x)]^{1+p/2}E[|Y_i-m(X_i)|^p|X_i]\right\} \\ &= cE\left\{\sum_{i=1}^{k} v_{ni}^{1+p/2}\varphi(X_{R_i})\right\}+E\left\{\sum_{i=k+1}^{n} v_{ni}^{1+p/2}\varphi(X_{R_i})\right\} \\ &\triangleq c\varphi^*(x)k^{-p/2}+cn^{-\lambda p/(d+2\lambda)}, \text{ a.e. } x(F), \end{aligned} \tag{4.3.64}$$

其中

$$0<\varphi^*(x) \triangleq \sup_{\rho>0}\int_{S_{x,\rho}}\varphi(u)\mathrm{d}F(u)/F(S_{x,\rho})<\infty, \text{ a.e. } x(F).$$

最后, 结合式 (4.3.4)、式 (4.3.63) 和式 (4.3.64) 以及引理 4.3.3 即可证得式 (4.3.59). 这就完成了定理 4.3.8 的证明.

下面的定理给出了最近邻估计 $\hat{m}_{\mathrm{NN}}(x)$ 的强收敛速度.

定理 4.3.9 设对某个 $p>1$, $E(|Y|^p)<\infty$, 且回归函数 $m(x)$ 满足定理 4.3.5 的条件 (iv). 又设 $k=k_n$ 和 $\{v_{ni}, 1\leqslant i\leqslant n\}$ 满足

(i) $\lim\limits_{n\to\infty}(k/n)=0$, $\inf\limits_{n}(k/n^{\alpha})>0$, 其中 $\alpha\in(1/p,1)$ 为常数;

(ii) $\sup\limits_{n}\left\{k\max\limits_{1\leqslant i\leqslant k} v_{ni}\right\}<\infty$, $\sum\limits_{i=k+1}^{n} v_{ni}=O(n^{-1/p}r_n^{-1})$, 其中

$$r_n=\begin{cases} \min\left\{(n/k)^{\lambda/d}, \sqrt{k/\log n}\right\}, & p\alpha>2, \\ \min\left\{(n/k)^{\lambda/d}, (k/\log n)^{1-1/p\alpha}\right\}, & 1<p\alpha\leqslant 2, \end{cases}$$

常数 $\lambda>0$ 在定理 4.3.5 的条件 (iv) 中定义, 则对任何 $0<a_n\to 0$, 有

$$a_n r_n|\hat{m}_{\mathrm{NN}}(X)-m(X)| \longrightarrow 0, \text{ a.s.}.$$

证 本定理的证明类似于定理 4.3.3 的证明, 其证明细节可参看赵林城和苏淳 (1986). 这里证明省略.

4.3.3　模拟研究

例 4.3.1　考虑非参数回归模型

$$Y_i = \exp\{-X_i^2\} + 8\sin(\pi X_i) + \varepsilon_i, \quad i = 1, \cdots, 100,$$

其中回归函数 $m(x) = \exp\{-x^2\} + 8\sin(\pi x)$, 样本容量 $n = 100$, 协变量 X_i 服从区间 $(0,1)$ 上的均匀分布, 误差 ε_i 服从正态分布 $N(0, 1.5^2)$. 试作出 $m(x)$ 的核估计、局部线性估计和 k 近邻估计曲线图, 并比较三种估计的 RASE, 其中 RASE 如同式 (4.1.121) 定义.

解　采用 Epanechnikov 核, 用广义交叉验证方法选择带宽和 k. 使用式 (4.1.121) 计算 RASE, 其中格子点的数目 n_{grid} 为 20. 进行 500 次模拟计算, $m(x)$ 的估计是 500 次估计的平均值, 其结果展示在图 4.3.1 中.

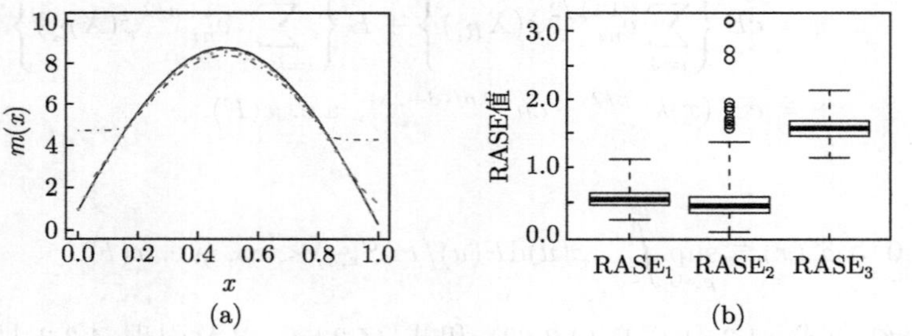

图 4.3.1　回归函数的核估计、局部线性估计和 k 近邻估计曲线及其 RASE 箱线图

(a) 实线为真实函数, 虚线为核估计, 点线为局部线性估计, 点虚线为 k 近邻估计; (b) 为 500 个 RASE 的箱线图, 其中 RASE_1 为核估计的 RASE, RASE_2 为局部线性估计的 RASE, RASE_3 为 k 近邻估计的 RASE

从图 4.3.1 可以看到, k 近邻估计在边界处的估计效果很差, 其 RASE 比核估计和局部线性估计的 RASE 来得大. 就 RASE 的中位数而言, 核估计与局部线性估计相差不大.

4.3.4　相关文献及成果注记

Stone(1977) 将权函数方法与最小二乘法相结合, 提出了回归函数的加权估计. 他在一般条件下, 证明了加权估计的矩相合性; 在概率权函数下, 给出了加权估计的矩相合的充分必要条件, 并将该结果应用到了最近邻估计, 给出了全局矩相合性成立的充分条件. 孙东初 (1986) 研究了回归函数的随机窗宽核估计, 证明了所构造的估计量的一致弱相合性. 孙东初 (1987) 研究了基于次序统计量之伴随量的非参数回归函数改良估计的强相合性, 并给出了强收敛速度. 洪圣岩 (1989) 证明了非参数回归函数的随机窗宽核估计的重对数律. 秦更生 (1995) 给出了 k 近邻回归估计的泛函中心极限定理.

4.4 回归函数的最近邻–核估计

4.4.1 最近邻–核估计的定义

本小节假定 (X,Y) 是二维随机变量, Y 有有限均值, $m(x)=E(Y|X=x)$ 是回归函数; $(X_1,Y_1),\cdots,(X_n,Y_n)$ 是来自总体 (X,Y) 的 iid 样本, 它的分布和经验分布函数分别记为 $H(x,y)$ 和 $H_n(x,y)$. Yang(1981) 首先提出了 $m(x)$ 的如下估计

$$\hat{m}_{\mathrm{NK}}(x)=\frac{1}{nh_n}\sum_{i=1}^{n}K\left(\frac{F_n(X_i)-F_n(x)}{h_n}\right)Y_i, \tag{4.4.1}$$

其中 $F_n(\cdot)$ 是 $X_1,\cdots,X_n$ 的经验分布函数, $h_n>0$ 是带宽, $K(\cdot)$ 是核函数. 技术上, $\hat{m}_{\mathrm{NK}}(x)$ 仅依赖于 $X_1,\cdots,X_n$ 的秩. 这就意味着如果 X 具有连续的分布函数 $F(x)$, 估计 $m(x)$ 的最初的问题可以转换为利用 $[0,1]$ 上均匀分布的 X 样本在 $F(x)$ 处估计一个回归函数的问题.

当 $K(x)=I(|x|\leqslant 1/2)$ 时, 可以看出 $\hat{m}_{\mathrm{NK}}(x)$ 实际上是一个最近邻类估计. 在这种情况下 $\hat{m}_{\mathrm{NK}}(x)$ 是那些 Y_i 的平均数, 其相应的 X_i 大于等于 x 时, 存在不多于 $k_n=nh_n/2$ 个 $X_j\geqslant x$ 的 X_j 值, 使得 $X_j<X_i$. 因此, 我们称 $\hat{m}_{\mathrm{NK}}(x)$ 为最近邻–核估计.

4.4.2 最近邻–核估计的性质

Yang(1981) 研究了 $\hat{m}_{\mathrm{NK}}(x)$ 的均方收敛性. Stute(1984) 在较弱的条件下证明了 $\hat{m}_{\mathrm{NK}}(x)$ 的渐近正态性. 本小节阐述 $\hat{m}_{\mathrm{NK}}(x)$ 的大样本性质.

1. 最近邻–核估计的强相合性

下面我们证明 $\hat{m}_{\mathrm{NK}}(x)$ 的强相合性. 为此, 首先给出如下引理.

引理 4.4.1 设存在正的常数 C 和 r, 使

$$0\leqslant K(u)\leqslant CI(|u|\leqslant r), \tag{4.4.2}$$

带宽 h_n 满足 $h_n\to 0$, 随机变量 X 的分布函数 $F(x)$ 在 $\mathbf{R}$ 上连续. 如果对某个 $p>0$ 和可测函数 $g(x)$, 有 $E(|g(X)|^p)<\infty$, 则对 a.e. $x(F)$, 有

$$J_n(x)\triangleq\frac{1}{h_n}\int_{-\infty}^{\infty}K\left(\frac{F(u)-F(x)}{h_n}\right)|g(u)-g(x)|^p\mathrm{d}F(u)\longrightarrow 0. \tag{4.4.3}$$

证 记 $F^{-1}(u)=\inf\{x:F(x)\geqslant u\}$, $0<u<1$. 由 $F(x)$ 的连续性可得

$$\begin{aligned}J_n(x)&=\frac{1}{h_n}\int_0^1 K\left(\frac{t-F(x)}{h_n}\right)|g(F^{-1}(t))-g(x)|^p\mathrm{d}t\\&\leqslant\frac{C}{h_n}\int_{|t-F(x)|\leqslant rh_n}|g(F^{-1}(t))-g(F^{-1}(F(x)))|^p\mathrm{d}t.\end{aligned}\tag{4.4.4}$$

因 $\int_0^1|g(F^{-1}(t))|^p\mathrm{d}t=E[|g(X)|^p]<\infty$, 于是由 $h_n\to 0$ 和定理 1.3.2 可知式 (4.4.4) 右边对 a.e. $x(F)$ 趋于 0. 这就证明了本引理.

下面将反复使用引理 4.4.1, 涉及可列个 $g(\cdot)$, 且对某些随机变量 $Z(E(|Z|)<\infty)$, 用到

$$\lim_{b\to 0}E[ZI(|Z|>b)|X=x]=0,\ \text{a.e. } x(F).\tag{4.4.5}$$

不失一般性, 可假设使式 (4.4.3) 和式 (4.4.5) 不成立的例外集为空集.

定理 4.4.1 设式 (4.4.2) 成立. 又设存在正的常数 M 和 $1/2\leqslant\lambda\leqslant 1$, 使

$$|K(u)-K(x)|\leqslant M|u-x|^\lambda,\tag{4.4.6}$$

带宽 h_n 满足 $h_n\to 0$, $nh_n^{2+2/\lambda}/\log\log n\to 0$. 如果对某个 $p>1$, $E(|Y|^p)<\infty$, 且 $\liminf\limits_{n\to\infty}nh_n^{p/(p-1)}/\log n>0$, 则

$$\hat m_{\mathrm{NK}}(x)\longrightarrow m(x),\ \text{a.s.}.\tag{4.4.7}$$

证 用 $S(F)$ 表示 $F(\cdot)$ 的支撑. 取 $b_n=h_n^{-1/(p-1)}$. 当 $x\in S(F)$ 时, 有

$$\begin{aligned}&\hat m_{\mathrm{NK}}(x)-m(x)\\&=\frac{1}{nh_n}\sum_{i=1}^n\left[K\left(\frac{F_n(X_i)-F_n(x)}{h_n}\right)-K\left(\frac{F_n(X_i)-F(x)}{h_n}\right)\right]Y_iI(|Y_i|\leqslant b_n)\\&\quad+\frac{1}{nh_n}\sum_{i=1}^n K\left(\frac{F_n(X_i)-F(x)}{h_n}\right)\{Y_iI(|Y_i|\leqslant b_n)-E[Y_iI(|Y_i|\leqslant b_n)]\}\\&\quad+\left[\frac{1}{nh_n}\sum_{i=1}^n K\left(\frac{F_n(X_i)-F(x)}{h_n}\right)E(Y_i)-m(x)\right]\\&\quad+\frac{-1}{nh_n}\sum_{i=1}^n K\left(\frac{F_n(X_i)-F(x)}{h_n}\right)E[Y_iI(|Y_i|>b_n)]\\&\quad+\frac{1}{nh_n}\sum_{i=1}^n K\left(\frac{F_n(X_i)-F_n(x)}{h_n}\right)Y_iI(|Y_i|>b_n)\\&\triangleq\sum_{i=1}^5 J_{ni}(x).\end{aligned}\tag{4.4.8}$$

由式 (4.4.6) 可得

$$|J_{n1}(x)| \leqslant Mh_n^{-(\lambda+1)}|F_n(x)-F(x)|^\lambda \cdot \frac{1}{n}\sum_{i=1}^n |Y_i|I(|Y_i| \leqslant b_n).$$

根据 Kolmogorov 强大数定律知

$$\frac{1}{n}\sum_{i=1}^n |Y_i|I(|Y_i| \leqslant b_n) \longrightarrow E(|Y|),\ \text{a.s.}.$$

由 $nh_n^{2+2/\lambda}/\log\log n \to 0$ 和重对数律可得

$$h_n^{-(\lambda+1)}|F_n(x)-F(x)|^\lambda \longrightarrow 0,\ \text{a.s.}.$$

因此

$$J_{n1}(x) \longrightarrow 0,\ \text{a.s.}. \tag{4.4.9}$$

下面考虑 $J_{n2}(x)$. 对任意 ε 和 t, 有

$$\begin{aligned}
&P\{J_{n2}(x) > \varepsilon\} \\
\leqslant\ & \mathrm{e}^{-\varepsilon t n h_n} \sum_{i=1}^n E\Bigg(\exp\left\{ tK\left(\frac{F_n(X_i)-F(x)}{h_n}\right) \right. \\
& \times \big[Y_iI(|Y_i| \leqslant b_n) - E(Y_iI(|Y_i| \leqslant b_n))\big] \Bigg\}\Bigg) \\
\leqslant\ & \exp\Bigg\{ -tnh_n\Bigg[\varepsilon - \frac{t}{2}\mathrm{e}^{2Ctb_n} \\
& \times \sum_{i=1}^n K^2\left(\frac{F_n(X_i)-F(x)}{h_n}\right)\mathrm{var}\big(Y_iI(|Y_i| \leqslant b_n)\big)\Bigg]\Bigg\}.
\end{aligned} \tag{4.4.10}$$

设 $X_{(i)}$ 为 $X_1, \cdots, X_n$ 的第 i 个次序统计量, $Y_{(i)}$ 是 $X_{(i)}$ 相应的伴随量, 则有

$$\begin{aligned}
&\frac{1}{nh_nb_n}\sum_{i=1}^n K^2\left(\frac{F_n(X_i)-F(x)}{h_n}\right)\mathrm{var}\big(Y_iI(|Y_i| \leqslant b_n)\big) \\
=\ & \frac{1}{nh_nb_n}\sum_{i=1}^n K^2\left(\frac{i/n-F(x)}{h_n}\right)\mathrm{var}\big(Y_{(i)}I(|Y_{(i)}| \leqslant b_n)\big) \triangleq L_n(x).
\end{aligned} \tag{4.4.11}$$

可以证明, 对 $x \in S(F)$, 存在收敛于 0 的正数列 $\{\alpha_n(x)\}$, 使得

$$L_n(x) \leqslant \alpha_n(x). \tag{4.4.12}$$

事实上, 对任意给定的 $\varepsilon>0$, 当 n 充分大时, 有

$$
\begin{aligned}
L_n(x) \leqslant & \frac{C\varepsilon}{nh_n}\sum_{i=1}^{n}K\left(\frac{i/n-F(x)}{h_n}\right)E(|Y_{(i)}|) \\
& +\frac{C}{nh_n}\sum_{i=1}^{n}K\left(\frac{i/n-F(x)}{h_n}\right)E[|Y_{(i)}|I(|Y_{(i)}|\geqslant \varepsilon b_n)] \\
\triangleq & L_{n1}(x)+L_{n2}(x). \qquad (4.4.13)
\end{aligned}
$$

注意到

$$
\begin{aligned}
L_{n1}(x) = & \frac{C\varepsilon}{nh_n}\sum_{i=1}^{n}K\left(\frac{i/n-F(x)}{h_n}\right)E[E(|Y_{(i)}||X_{(i)})] \\
= & \frac{C\varepsilon}{h_n}\int_{-\infty}^{\infty}\sum_{i=1}^{n}\left[K\left(\frac{i/n-F(x)}{h_n}\right)-K\left(\frac{F(u)-F(x)}{h_n}\right)\right] \\
& \times E(|Y||X=u)p(i,n,F(u))\mathrm{d}F(u) \\
& +\frac{C\varepsilon}{h_n}\int_{-\infty}^{\infty}K\left(\frac{F(u)-F(x)}{h_n}\right)[E(|Y||X=u)-E(|Y||X=x)]\mathrm{d}F(u) \\
& +\frac{C\varepsilon}{h_n}E(|Y||X=x)\int_{-\infty}^{\infty}K\left(\frac{F(u)-F(x)}{h_n}\right)\mathrm{d}F(u) \\
\triangleq & L_{n3}(x)+L_{n4}(x)+L_{n5}(x),
\end{aligned}
$$

其中 $p(i,n,t)=\binom{n-1}{i-1}t^{i-1}(1-t)^{n-i}$, $0\leqslant t\leqslant 1$, $i=1,\cdots,n$, 令 ξ 为服从二项分布 $B(n,F(u))$ 的随机变量, 则

$$
\begin{aligned}
& \frac{1}{h_n}\sum_{i=1}^{n}\left|K\left(\frac{i/n-F(x)}{h_n}\right)-K\left(\frac{F(u)-F(x)}{h_n}\right)\right|p(i,n,F(u)) \\
\leqslant & \frac{M}{F(u)(nh_n)^{\lambda+1}}\sum_{i=1}^{n}|i-nF(u)|^{\lambda}i\binom{n}{i}[F(u)]^{i}[1-F(u)]^{n-i} \\
\leqslant & \frac{M}{F(u)(nh_n)^{\lambda+1}}\{E[|\xi-E(\xi)|^{2\lambda}]E(\xi^2)\}^{1/2} \\
\leqslant & c[1-F(u)]^{\lambda/2}(n^{\lambda/2}h_n^{\lambda+1})^{-1},
\end{aligned}
$$

其中 c 是正的常数. 因此

$$
L_{n3}(x)\leqslant cE(|Y|)(n^{\lambda/2}h_n^{\lambda+1})^{-1}\longrightarrow 0.
$$

此外, 由引理 4.4.1 知, $L_{n4}(x)\longrightarrow 0$ 和 $L_{n5}(x)\longrightarrow \varepsilon CE(|Y||X=x)$. 从而

$$
L_{n1}(x)\longrightarrow 0. \qquad (4.4.14)
$$

固定 b_k, 同理可得

$$\begin{aligned}L_{n2}(x) &\leqslant \frac{C}{nh_n}\sum_{i=1}^{n}K\left(\frac{i/n-F(x)}{h_n}\right)E[|Y_{(i)}|I(|Y_{(i)}|\geqslant \varepsilon b_k)]\\&\longrightarrow CE[|Y|I(|Y|\geqslant \varepsilon b_k)|X=x].\end{aligned}$$

因 $E(|Y|)<\infty$, 且 $b_n\to 0$. 于是 $\lim\limits_{k\to\infty}E[|Y|I(|Y|\geqslant \varepsilon b_k)|X=x]=0$. 从而

$$L_{n2}(x)\longrightarrow 0. \tag{4.4.15}$$

将式 (4.4.14) 和式 (4.4.15) 代入到式 (4.4.13) 即可证得式 (4.4.12). 由式 (4.4.10)~式 (4.4.12) 可得

$$P\{J_{n2}(x)>\varepsilon\}\leqslant \exp\{-tnh_n[\varepsilon-(tb_n/2)\alpha_n(x)\mathrm{e}^{2Ctb_n}]\}.$$

选择 $t_n(x)$ 满足方程 $tnh_n\alpha_n(x)\exp\{2Ctb_n\}=\varepsilon$. 此外, 注意到 $\lim\limits_{n\to\infty}\alpha_n(x)=0$ 和 $\lim\limits_{n\to\infty}b_n=\infty$, 必存在正数序列 $\{\beta_n(x)\}$, 使 $t_n(x)=\beta_n(x)/b_n$, 且 $\lim\limits_{n\to\infty}\beta_n(x)=\infty$. 因此

$$P\{J_{n2}(x)>\varepsilon\}\leqslant \exp\{-\varepsilon nh_n\beta_n(x)/(2b_n)\}.$$

再由 $\lim\limits_{n\to\infty}\beta_n(x)=\infty$ 和 $\liminf\limits_{n\to\infty}nh_n/(b_n\log n)=\liminf\limits_{n\to\infty}nh_n^{p/(p-1)}/\log n>0$ 知

$$\sum_{n=1}^{\infty}P\{J_{n2}(x)>\varepsilon\}<\infty.$$

类似地

$$\sum_{n=1}^{\infty}P\{J_{n2}(x)<-\varepsilon\}<\infty.$$

由 Borel-Cantelli 引理 (定理 1.2.4) 知

$$J_{n2}(x)\longrightarrow 0,\ \text{a.s.}. \tag{4.4.16}$$

类似于式 (4.4.14) 和式 (4.4.15) 的证明可以证得

$$J_{ni}(x)\longrightarrow 0,\quad i=3,4. \tag{4.4.17}$$

下面考虑 $J_{n5}(x)$. 由于 $E(|Y|^p)<\infty$, 于是由 Kolmogrov 强大数定律可知, 对任意 b_k, 有

$$\begin{aligned}|J_{n5}(x)| &\leqslant \frac{C}{nh_n}\sum_{i=1}^{n}|Y_i|I(|Y_i|>b_n)\\&\leqslant Ch_n^{-1}b_n^{-(p-1)}\cdot\frac{1}{n}\sum_{i=1}^{n}|Y_i|^pI(|Y_i|>b_n)\end{aligned}$$

$$\leqslant \ C\cdot\frac{1}{n}\sum_{i=1}^{n}|Y_i|^pI(|Y_i|>b_k)$$
$$\longrightarrow CE[|Y|^pI(|Y|>b_k)], \text{ a.s..}$$

令 $k\to\infty$, 可得

$$J_{n5}(x)\longrightarrow 0, \text{ a.s..} \tag{4.4.18}$$

将式 (4.4.9) 和式 (4.4.16)~ 式 (4.4.18) 代入到式 (4.4.8) 可得

$$\hat{m}_{\mathrm{NK}}(x)\longrightarrow m(x), \text{ a.s., } x\in S(F).$$

由于 $S(F)$ 的 F 测度为 1, 故由 Fubini 定理知式 (4.4.7) 成立. 这就完成了定理 4.4.1 的证明.

2. 最近邻–核估计的渐近正态性

下面我们讨论最近邻–核估计 $\hat{m}_{\mathrm{NK}}(x)$ 的渐近正态性. 首先给出两个引理.

引理 4.4.2 设 $Y_1,\cdots,Y_n$ 为来自均匀分布 $U(0,1)$ 的 iid 样本, 其经验分布函数为 $G_n(t)$, $0\leqslant t\leqslant 1$. 如果 $0<a,\delta<1$ 和 $s>0$ 满足: (i) $a<\delta/4$, (ii) $(s\delta)^2\geqslant 8$, (iii) 对某个 $x_\delta>0$, $s\leqslant x_\delta\sqrt{na}$, 则

$$P\left\{\sup_{0\leqslant t\leqslant a}\sqrt{n}|G_n(t)-t|>s\sqrt{a}\right\}\leqslant 4\exp\{-s^2(1-\delta)^3/2\}.$$

本引理的证明可参见 van Ryzin(1969), 这里省略.

引理 4.4.3 设随机变量 X 具有连续的分布函数 $F(x)$, $g(x)$ 为 $\mathbf{R}$ 上的 Borel 可测函数, 且关于 $F(x)$ 在任何有界 Borel 集上可积, $E[g^2(X)]<\infty$. 如果核函数 $K(\cdot)$ 连续且满足式 (4.4.2), 带宽 h_n 满足 $h_n\to 0, nh_n\to\infty$, 则对给定的 $x\in\mathbf{R}$ 和 $\nu\geqslant 1$, 有

$$\frac{1}{nh_n}\sum_{i=1}^{n}K^\nu\left(\frac{F(X_i)-F(x)}{h_n}\right)g(X_i)\xrightarrow{P}g(x)\int_{-\infty}^{\infty}K^\nu(u)\mathrm{d}u. \tag{4.4.19}$$

证 简单计算可得

$$\begin{aligned}
&\frac{1}{nh_n}\sum_{i=1}^{n}K^\nu\left(\frac{F(X_i)-F(x)}{h_n}\right)g(X_i)-g(x)\int_{-\infty}^{\infty}K^\nu(u)\mathrm{d}u\\
=&\frac{1}{nh_n}\sum_{i=1}^{n}K^\nu\left(\frac{F(X_i)-F(x)}{h_n}\right)[g(X_i)-g(x)]\\
&+g(x)\left[\frac{1}{nh_n}\sum_{i=1}^{n}K^\nu\left(\frac{F(X_i)-F(x)}{h_n}\right)-\int_{-\infty}^{\infty}K^\nu(u)\mathrm{d}u\right]\\
\triangleq&\ M_{n1}+g(x)M_{n2}.
\end{aligned}$$

类似于定理 2.3.3 的证明可以证得 $M_{n2} \xrightarrow{P} 0$. 因此, 为证式 (4.4.19), 只需证明

$$M_{n1} \xrightarrow{P} 0. \tag{4.4.20}$$

记 $A_i = I(|X_i - x| \leqslant ch_n)$, $B_i = I(F(X_i) - F(x)| \leqslant rh_n)$, 则有

$$\begin{aligned}|E(M_{n1})| &\leqslant cE\left[\frac{1}{nh_n}\sum_{i=1}^{n} I(B_i)|g(X_i) - g(x)|\right]\\ &= cE\left\{E\left[\frac{1}{nh_n}\sum_{i=1}^{n} I(B_i)|g(X_i) - g(x)||A_1, \cdots, A_n\right]\right\}\\ &= cE\left\{\frac{1}{nh_n}\sum_{i=1}^{n} I(B_i)\int_{S_{x,chn}} |g(u) - g(x)|\mathrm{d}F(u)/F(S_{x,ch_n})\right\}.\end{aligned}$$

注意到 $F(X)$ 为服从均匀分布 $U(0,1)$ 的随机变量, 因此

$$\begin{aligned}E\left[\frac{1}{nh_n}\sum_{i=1}^{n} I(B_i)\right] &= h_n^{-1}P\{|F(X) - F(x)| < rh_n\}\\ &= h_n^{-1}\int_{F(x)-rh_n}^{F(x)+rh_n} \mathrm{d}u = 2r.\end{aligned} \tag{4.4.21}$$

故由定理 1.3.2 可得

$$E(M_{n1}) \longrightarrow 0. \tag{4.4.22}$$

类似的计算可得

$$\begin{aligned}\mathrm{var}(M_{n1}) &\leqslant \frac{1}{n^2h_n^2}\sum_{i=1}^{n} E\left\{K^{2\nu}\left(\frac{F(X_i) - F(x)}{h_n}\right)[g(X_i) - g(x)]^2\right\}\\ &= cE\left[\frac{1}{n^2h_n^2}\sum_{i=1}^{n} I(B_i)[g(X_i) - g(x)]^2\right]\\ &= cE\left\{\frac{1}{n^2h_n^2}\sum_{i=1}^{n} I(B_i)\int_{S_{x,chn}} [g(u) - g(x)]^2\mathrm{d}F(u)/F(S_{x,ch_n})\right\}.\end{aligned}$$

由式 (4.4.21) 和 $nh_n \to \infty$ 以及定理 1.3.2 可得 $\mathrm{var}(M_{n1}) \longrightarrow 0$. 故由 Chebyshev 不等式可得 $M_{n1} - E(M_{n1}) \xrightarrow{P} 0$. 此式与式 (4.4.22) 结合即证得式 (4.4.20). 这就完成了引理 4.4.3 的证明.

下面的定理给出了 $\hat{m}_{\mathrm{NK}}(x)$ 的渐近正态性.

定理 4.4.2 设随机变量 X 具有连续的分布函数 $F(x)$, $E(Y^2) < \infty$. 又设核函数 $K(\cdot)$ 是二次连续可微的对称概率密度函数, 且满足式 (4.4.2), 带宽 h_n 满足

$nh_n^3/M_n \to \infty$, $nh_n^5 \to 0$, 其中 $0 < M_n \to 0$. 如果 $m \circ F^{-1}(\cdot)$ 在 $0 < F(x) < 1$ 的某个邻域内二次连续可微, 其中 $m \circ F^{-1}(u) = E(Y|F(X) = u)$, 则对给定的 $x \in \mathbf{R}$,

$$\sqrt{nh_n}\,[\hat{m}_{\rm NK}(x) - m(x)] \xrightarrow{D} N(0, \gamma^2(x)),$$

其中 $\gamma^2(x) = \operatorname{var}(Y|X = x) \displaystyle\int_{-\infty}^{\infty} K^2(u)\mathrm{d}u$.

证　给定 $x \in \mathbf{R}$, 记

$$m_n(x) = \frac{1}{h_n}\int_{\mathbf{R}^2} K\left(\frac{F(u) - F(x)}{h_n}\right) v\mathrm{d}H(u, v),$$

则有

$$\begin{aligned} m_n(x) - m(x) &= \frac{1}{h_n}\int_{-\infty}^{\infty} K\left(\frac{F(u) - F(x)}{h_n}\right)[m(u) - m(x)]\mathrm{d}F(u) \\ &= \int_{-\infty}^{\infty} K(u)[m \circ F^{-1}(F(x) - uh_n) - m \circ F^{-1}(F(x))]\mathrm{d}u. \end{aligned}$$

由 $m \circ F^{-1}$ 的二次可微性可得

$$m_n(x) - m(x) = O(h_n^2). \tag{4.4.23}$$

从而, 由 $nh_n^5 \to 0$ 可得

$$\sqrt{nh_n}\,[m_n(x) - m(x)] \longrightarrow 0. \tag{4.4.24}$$

下面考虑 $\hat{m}_{\rm NK}(x) - m_n(x)$. 记

$$\psi_n(u) = K\left(\frac{F_n(u) - F_n(x)}{h_n}\right) - K\left(\frac{F(u) - F(x)}{h_n}\right).$$

经过计算可得

$$\begin{aligned} &\hat{m}_{\rm NK}(x) - m_n(x) \\ =& \frac{1}{h_n}\int_{\mathbf{R}^2} \psi_n(u) v\mathrm{d}(H_n(u, v) - H(u, v)) \\ &+ \frac{1}{h_n}\int_{\mathbf{R}^2} K\left(\frac{F(u) - F(x)}{h_n}\right)[v - m(x)]\mathrm{d}(H_n(u, v) - H(u, v)) \\ &+ \frac{1}{h_n}\int_{\mathbf{R}^2} \psi_n(u) v\mathrm{d}H(u, v) \\ &+ \frac{1}{h_n}\int_{-\infty}^{\infty} K\left(\frac{F(u) - F(x)}{h_n}\right) m(x)\mathrm{d}(F_n(u) - F(u)) \\ \triangleq& J_{n1} + J_{n2} + J_{n3} + J_{n4}. \end{aligned} \tag{4.4.25}$$

将 J_{n1} 进行分解可得

$$\begin{aligned} J_{n1} &= \frac{1}{h_n}\int_{-\infty}^{\infty}\psi_n(u)[m(u)-m(x)]\mathrm{d}(F_n(u)-F(u)) \\ &\quad +m(x)h_n^{-1}\int_{-\infty}^{\infty}\psi_n(u)\mathrm{d}(F_n(u)-F(u)) \\ &\triangleq L_{n1}+L_{n2}. \end{aligned} \tag{4.4.26}$$

对于 L_{n2}, 由 $m(\cdot)$ 在 x 处连续和 $K'(\cdot)$ 存在且有界, 可得

$$|L_{n2}| \leqslant ch_n^{-2}\int_{|F(u)-F(x)|\leqslant rh_n}|F_n(u)-F_n(x)-F(u)+F(x)|\mathrm{d}|F_n(u)-F(u)|.$$

由引理 4.4.2, 当取 $a=rh_n$ 和 $s=h_n^{-1/2}$ 时, 有

$$\sup_{|F(u)-F(x)|\leqslant rh_n}|F_n(u)-F_n(x)-F(u)+F(x)|=O_P(n^{-1/2}).$$

因此

$$|L_{n2}|\leqslant ch_n^{-2}\sup_{|F(u)-F(x)|\leqslant rh_n}|F_n(u)-F_n(x)-F(u)+F(x)|^2=O_P((nh_n^2)^{-1}).$$

从而, 由条件 $nh_n^3/M_n\to\infty$ 可得

$$\sqrt{nh_n}L_{n2}=O_P((nh_n^3)^{-1/2})=o_P(1). \tag{4.4.27}$$

并且有

$$\sqrt{nh_n}L_{n1}=O(\sqrt{nh_n}L_{n2})=o_P(1). \tag{4.4.28}$$

将式 (4.4.27) 和式 (4.4.28) 代入到式 (4.4.26) 可得

$$\sqrt{nh_n}J_{n1}=o_P(1). \tag{4.4.29}$$

下面考虑 J_{n2}. 注意到

$$J_{n2}=\frac{1}{nh_n}\sum_{i=1}^{n}K\left(\frac{F(X_i)-F(x)}{h_n}\right)[Y_i-m(X_i)],$$

且上式右端的求和为独立同分布的随机变量之和, 从而可以利用 Esseen 定理. 用 $\tilde{P}$, $\widetilde{E}$ 和 $\widetilde{\mathrm{var}}$ 分别表示给定 $X_1,\cdots,X_n$ 下的条件概率、条件均值和条件方差. 简单计算可得

$$
\begin{aligned}
&|P\{\sqrt{nh_n}J_{n2}<z\}-\Phi(z/\gamma(x))|\\
\leqslant & E\left|\tilde{P}\left\{\frac{\sqrt{nh_n}J_{n2}}{\sqrt{\widetilde{\mathrm{var}}(\sqrt{nh_n}J_{n2})}}<\frac{z}{\sqrt{\widetilde{\mathrm{var}}(\sqrt{nh_n}J_{n2})}}\right\}-\Phi\left(\frac{z}{\sqrt{\widetilde{\mathrm{var}}(\sqrt{nh_n}J_{n2})}}\right)\right|\\
&+E\left|\Phi\left(\frac{z}{\sqrt{\widetilde{\mathrm{var}}(\sqrt{nh_n}J_{n2})}}\right)-\Phi\left(\frac{z}{\gamma(x)}\right)\right|\\
\triangleq & E(|L_{n3}|)+E(|L_{n4}|). \qquad (4.4.30)
\end{aligned}
$$

因此, 由 Esseen 定理可得

$$
|L_{n3}|\leqslant\frac{c}{\sqrt{nh_n}}\frac{\dfrac{1}{nh_n}\displaystyle\sum_{i=1}^{n}K^3\left(\frac{F(X_i)-F(x)}{h_n}\right)E[|Y_i-m(X_i)|^3|X_i]}{\left[\dfrac{1}{nh_n}\displaystyle\sum_{i=1}^{n}K^2\left(\frac{F(X_i)-F(x)}{h_n}\right)\mathrm{var}(Y_i|X_i)\right]^{3/2}}.
$$

由引理 4.4.3 可得

$$
\begin{aligned}
&\frac{1}{nh_n}\sum_{i=1}^{n}K^2\left(\frac{F(X_i)-F(x)}{h_n}\right)\mathrm{var}(Y_i|X_i)\xrightarrow{P}\gamma^2(x),\\
&\frac{1}{nh_n}\sum_{i=1}^{n}K^3\left(\frac{F(X_i)-F(x)}{h_n}\right)E[|Y_i-m(X_i)|^3|X_i]=O_P(1).
\end{aligned}
$$

故 $L_{n3}\xrightarrow{P}0$. 由于 L_{n3} 为两个概率之差, 于是 $|L_{n3}|\leqslant 2$. 因此, 由 Lebesgue 控制收敛定理可得 $E(|L_{n3}|)\longrightarrow 0$. 同理可证得 $E(|L_{n4}|)\longrightarrow 0$. 由此及式 (4.4.30) 可知

$$
\sqrt{nh_n}J_{n2}\xrightarrow{D}N(0,\gamma^2(x)). \qquad (4.4.31)
$$

余下只需证明

$$
\sqrt{nh_n}(J_{n3}+J_{n4})\xrightarrow{P}0. \qquad (4.4.32)
$$

经过计算可得

$$
\begin{aligned}
J_{n3}=&h_n^{-2}\int_{\mathbf{R}^2}[F_n(u)-F_n(x)-F(u)+F(x)]K'\left(\frac{F(u)-F(x)}{h_n}\right)v\mathrm{d}H(u,v)\\
&+h_n^{-3}\int_{\mathbf{R}^2}[F_n(u)-F_n(x)-F(u)+F(x)]^2K''(\Delta)v\mathrm{d}H(u,v)\\
\triangleq & L_{n5}+L_{n6}, \qquad (4.4.33)
\end{aligned}
$$

其中 Δ 为 $[F_n(u)-F(x)]/h_n$ 与 $[F(u)-F(x)]/h_n$ 之间的数. 因为 $K(\cdot)$ 的支撑集为 $(-r,r)$, 所以式 (4.4.33) 右端的积分限为 $|F_n(u)-F_n(x)|\leqslant rh_n$, $|F(u)-F(x)|\leqslant rh_n$.

从而, 由 $K''(\cdot)$ 的有界性和 $E(|Y|)<\infty$ 知

$$|L_{n6}|=O\left(h_n^{-3}\sup_{|F(u)-F(x)|\leqslant rh_n}[F_n(u)-F_n(x)-F(u)+F(x)]^2\right).$$

利用引理 4.4.2, 取 $a=rh_n$, $s=M_n^{1/4}$, 其中 $0<M_n\to\infty$, 可得

$$\sqrt{nh_n}|L_{n6}|=O_P\left(\sqrt{nh_n}\cdot\frac{\sqrt{M_n}}{nh_n^2}\right)=O_P\left(\sqrt{\frac{M_n}{nh_n^3}}\right)=o_P(1). \tag{4.4.34}$$

对于 J_{n4}, 利用分部积分公式可得

$$\begin{aligned}J_{n4}&=h_n^{-1}m(x)\int_{-\infty}^{\infty}K\left(\frac{F(u)-F(x)}{h_n}\right)\mathrm{d}[F_n(u)-F_n(x)-F(u)+F(x)]\\&=h_n^{-2}m(x)\int_{-\infty}^{\infty}[F_n(u)-F_n(x)-F(u)+F(x)]K'\left(\frac{F(u)-F(x)}{h_n}\right)\mathrm{d}F(u).\end{aligned}$$

因此

$$\begin{aligned}L_{n5}+J_{n4}=h_n^{-2}&\int_{|F(u)-F(x)|\leqslant rh_n}[F_n(u)-F_n(x)-F(u)+F(x)]\\&\times K'\left(\frac{F(u)-F(x)}{h_n}\right)[m(u)-m(x)]\mathrm{d}F(u).\end{aligned}$$

由 $m\circ F^{-1}(\cdot)$ 二次连续可微知 $m(\cdot)$ 为一次连续可微函数. 于是, 对 $0<\delta\leqslant 1$, 当 $|u-x|<\delta$ 时, $|m(u)-m(x)|\leqslant c|u-x|$. 又 $|F(u)-F(x)|\leqslant rh_n$, 从而由微分中值定理可得 $|F(u)-F(x)|=|f(\xi)(u-x)|\leqslant rh_n$, 其中 ξ 位于 x 与 u 之间, 而 $f(\cdot)$ 在 x 的邻域有界且大于 0. 因此

$$\begin{aligned}|L_{n5}+J_{n4}|\leqslant ch_n^{-2}&\sup_{|F(u)-F(x)|\leqslant rh_n}|F_n(u)-F_n(x)-F(u)+F(x)|\\&\times\int_{|F(u)-F(x)|\leqslant rh_n}|u-x|\mathrm{d}|F(u)-F(x)|=O_P(n^{-1/2}).\end{aligned}$$

故有

$$\sqrt{nh_n}|L_{n5}+J_{n4}|=O_P\left(\sqrt{h_n}\right)=o_P(1). \tag{4.4.35}$$

结合式 (4.4.33)~ 式 (4.4.35) 即证得式 (4.4.32). 将式 (4.4.29)、式 (4.4.31) 和式 (4.4.32) 代入到式 (4.4.25) 可得

$$\sqrt{nh_n}\,[\hat{m}_{\mathrm{NK}}(x)-m_n(x)]\xrightarrow{D}N(0,\gamma^2(x)), \tag{4.4.36}$$

最后, 由式 (4.4.24) 和式 (4.4.36) 即可完成定理 4.4.2 的证明.

下面的定理给出了 $\hat{m}_{\mathrm{NK}}(x)$ 重对数律.

定理 4.4.3 设随机变量 X 具有连续的分布函数 $F(x)$, 且 $E(|Y|)<\infty$. 又设核函数 $K(\cdot)$ 是二次连续可微的对称概率密度函数, 且满足式 (4.4.2), 带宽 h_n 满足

$$(nh_n^3\log\log n)/\log^2 n\to\infty,\quad nh_n^5/\log\log n\to 0,\tag{4.4.37}$$

$$\lim_{\varepsilon\to 0}\limsup_{n\to\infty}\sup_{\{m:|m-n|\leqslant\varepsilon n\}}\left|\frac{h_n}{h_n}-1\right|=0,$$

$$\sum_{n=1}^{\infty}\frac{h_n}{\log\log n}E[Y^2I(|Y|\geqslant a_n)]<\infty,\quad a_n=o\left(\frac{\sqrt{n\log\log n}}{\sqrt{h_n}\log^2 n}\right).$$

如果 $m\circ F^{-1}$ 在 $0<F(x)<1$ 的某个邻域内是二次连续可微的, 则

$$\limsup_{n\to\infty}\pm\left(\frac{nh_n}{\log\log n}\right)^{1/2}[\hat{m}_{\rm NK}(x)-m(x)]=V(x),\ \text{a.s.},$$

其中 $V^2(x)=E\{[Y-m(x)]^2|X=x\}\displaystyle\int_{-\infty}^{\infty}K^2(u)\mathrm{d}u$.

证 仍沿用定理 4.4.2 的证明中的记号. 由式 (4.4.23) 和式 (4.4.37) 可得

$$\lim_{n\to\infty}\left(\frac{nh_n}{\log\log n}\right)^{1/2}[m_n(x)-m(x)]=0.\tag{4.4.38}$$

因此, 只需证明

$$\limsup_{n\to\infty}\pm\left(\frac{nh_n}{\log\log n}\right)^{1/2}[\hat{m}_{\rm NK}(x)-m_n(x)]=V(x),\ \text{a.s.}.\tag{4.4.39}$$

仍利用式 (4.4.25). 对于 J_{n1}, 据式 (4.4.26), 在引理 4.4.2 中取 $a=rh_n$, $s=c\sqrt{\log n}$, 有

$$\sup_{|F(u)-F(x)|\leqslant rh_n}|F_n(u)-F_n(x)-F(u)+F(x)|=O_P\left(\left(\frac{h_n\log n}{n}\right)^{1/2}\right).$$

因此

$$\begin{aligned}|L_{n2}|&\leqslant ch_n^{-2}\sup_{|F(u)-F(x)|\leqslant rh_n}|F_n(u)-F_n(x)-F(u)+F(x)|^2\\&=O_P\left(\frac{\log n}{nh_n}\right).\end{aligned}$$

从而, 由条件 (4.4.37) 可得

$$\left(\frac{nh_n}{\log\log n}\right)^{1/2}L_{n2}=O_P\left(\left(\frac{nh_n}{\log\log n}\right)^{1/2}\left(\frac{\log n}{nh_n}\right)\right)=o_P(1).\tag{4.4.40}$$

并且有

$$\left(\frac{nh_n}{\log\log n}\right)^{1/2} L_{n1} = O_P\left(\left(\frac{nh_n}{\log\log n}\right)^{1/2} L_{n2}\right) = o_P(1). \tag{4.4.41}$$

将式 (4.4.40) 和式 (4.4.41) 代入到式 (4.4.26) 可得

$$\lim_{n\to\infty}\left(\frac{nh_n}{\log\log n}\right)^{1/2} J_{n1} = 0. \tag{4.4.42}$$

下面考虑 J_{n2}. 利用 Härdle(1984) 中证明的结果, 把此处 $F(X_i)$ 看作那里的 X_i, 就有 $f_{F(X)}(x) = 1$. 因此

$$\limsup_{n\to\infty} \pm \left(\frac{nh_n}{\log\log n}\right)^{1/2} J_{n2} = V(x), \text{ a.s..} \tag{4.4.43}$$

仿照式 (4.4.32) 的证明同样可证得

$$\lim_{n\to\infty}\left(\frac{nh_n}{\log\log n}\right)^{1/2} (J_{n3} + J_{n4}) = 0. \tag{4.4.44}$$

将式 (4.4.42)~ 式 (4.4.44) 代入到式 (4.4.25) 即可得到式 (4.4.39). 最后, 由式 (4.4.38) 和式 (4.4.39) 即可完成定理 4.4.3 的证明.

最后指出, 孙东初 (1987) 将回归函数的最近邻–核估计 $\hat{m}_{\mathrm{NK}}(x)$ 进行了改良, 构造了回归函数的的基于次序统计量之伴随量的估计, 并证明了所构造的估计量的强相合性. 这里不再赘述.

4.5 回归函数的样条估计

所谓样条就是拟合分段多项式, 用样条逼近函数曲线的方法称之为样条方法. 逼近函数的导数的间断点称之为 "节". 样条实际上可用来逼近任何光滑函数, 至少当节点数目充分大时可以做到这一点. 这个特性使得样条能很好地适合非参数回归问题. 本节考虑协变量 $x_i \in [0,1]$ 为非随机变量的情形, 即讨论模型

$$Y_i = m(x_i) + \varepsilon_i, \quad i = 1, \cdots, n, \tag{4.5.1}$$

其中 $m(\cdot)$ 是定义在 $[0,1]$ 上的未知函数, 随机误差 ε_i 具有均值 0 和方差 σ^2. 假定 $\varepsilon_1, \cdots, \varepsilon_n$ 独立同分布. 本节针对上述模型介绍四种样条估计: 光滑样条估计、多项式样条估计、惩罚样条估计、局部自适应回归样条估计.

4.5.1 光滑样条估计

设 $\mathcal{G}_2^k$ 是 $[0,1]$ 上的 $k-1$ 阶导数绝对连续且 k 阶导数二次可积的函数类. 对 $\mathcal{G}_2^k$ 中的任何函数 $m(\cdot)$, 定义

$$C_{k,\lambda}(m)=\frac{1}{n}\sum_{i=1}^{n}[Y_i-m(x_i)]^2+\lambda\int_0^1[m^{(k)}(x)]^2\mathrm{d}x,$$

其中 $\lambda>0$ 为光滑参数. 上式右边包含两项, 第一项提供了 $m(\cdot)$ 对数据拟合程度的度量, 第二项用来度量 $m(\cdot)$ 的光滑度. 常数 λ 是用来控制拟合度和光滑度之间的平衡, 也反映了拟合的相对重要性和 $m(\cdot)$ 的光滑性; 小的 λ 表示拟合更重要, 反之大的 λ 表示函数的光滑比拟合更重要. 极小化 $C_{k,\lambda}(m)$ 得到 $\hat{m}_{\mathrm{SS}}(\cdot)$, 称它为 $m(\cdot)$ 的光滑样条估计.

常用的光滑样条是三次样条 $(k=2)$, 其估计量用 $\hat{m}_{\mathrm{TS}}(\cdot)$ 表示. 尤其, $\hat{m}_{\mathrm{TS}}(\cdot)$ 具有下列性质: 一是它在 $x_1,\cdots,x_n$ 处有 “节”; 二是它在每一个区间 $[x_{i-1},x_i]$ 上是一个立方多项式, $i=1,\cdots,n$; 三是它具有二阶连续的导数.

考虑 $\lambda=0$ 和 $\lambda=\infty$ 两种极端情况是有价值的. 显然, 当 $\lambda=0$ 时, 相应的解是一个内插函数 $m(x_i)=Y_i$, 而 $\lambda=\infty$ 时导致一个线性回归 $m(x)=\alpha+\beta x$. 当 λ 在 0 到 ∞ 范围内变化时, $m(x)$ 的估计在最复杂的模型 (内插) 和最简单的模型 (线性模型) 之间变化. 因此, 光滑样条方法的模型复杂性由光滑参数 λ 来有效地控制.

众所周知, 对 $C_{2,\lambda}(m)$ 的极小化的解是区间 $[x_{(1)},x_{(n)}]$ 上的三次样条. 此解在这个数据范围内也是唯一的. 此外, 容易推出 $\hat{m}_{\mathrm{TS}}(x)$ 关于响应变量 Y_i 是线性的, 即存在权函数 $W_{\mathrm{TS}}(x,u)$ 使得

$$\hat{m}_{\mathrm{TS}}(x)=\frac{1}{n}\sum_{i=1}^{n}W_{\mathrm{TS}}(x,x_i)Y_i, \tag{4.5.2}$$

其中 $W_{\mathrm{TS}}(x,u)$ 依赖于设计点 $x_1,\cdots,x_n$(Härdle, 1990). Silverman(1984b) 证明了三次样条估计 $\hat{m}_{\mathrm{TS}}(\cdot)$ 近似地等价于核估计, 其带宽依赖于设计点的局部密度, 即对远离边界的 x_i 以及对大的 n 和相对小的 λ, 且

$$W_{\mathrm{TS}}(x,u)\approx[f(u)h(u)]^{-1}K_1\left(\frac{x-u}{h(u)}\right), \tag{4.5.3}$$

其中 $h(u)=[\lambda/f(u)]^{1/4}$,

$$K_1(t)=0.5\exp(-|t|/\sqrt{2})\sin(|t|/\sqrt{2}+\pi/4).$$

正如 Messer(1991) 所说, 这个逼近也可以用来计算光滑样条估计量 $\hat{m}_{\mathrm{TS}}(x)$ 的均值和方差. 近似公式 (4.5.3) 提供了从直观上理解光滑样条在点 x 的局部邻域内所指定权的形式.

Priestley 和 Chao(1972) 构造了如下形式的核估计:

$$\hat{m}_{\mathrm{PC}}(x) = \sum_{i=1}^{n}(x_i - x_{i-1})h_n^{-1}K_2((x - x_i)/h_n)Y_i.$$

如果用 $[nf(x_i)]^{-1}$ 代替 $x_i - x_{i-1}$, 那么 Priestley-Chao 估计可化为

$$\hat{m}_{\mathrm{PC}}(x) = \frac{1}{n}\sum_{i=1}^{n} W_{\mathrm{PC}}(x, x_i)Y_i, \tag{4.5.4}$$

其中权函数 $W_{\mathrm{PC}}(x, x_i)$ 为

$$W_{\mathrm{PC}}(x, x_i) \approx [f(x_i)h_n]^{-1}K_2\left(\frac{x - x_i}{h_n}\right).$$

比较式 (4.5.2) 和式 (4.5.4) 可以看出, 光滑样条估计近似地等价于具有局部带宽 $[\lambda/f(u)]^{1/4}$ 和核 $K_1(\cdot)$ 的核估计.

Nychka(1995) 给出了估计量 $\hat{m}_{\mathrm{SS}}(\cdot)$ 的偏差和方差渐近表达式. 在对 λ 的收敛速度的适当限制下, 如果 $m(x)$ 具有 $2k$ 阶连续导数, 则对 $[0,1]$ 中的任何内点, 有

$$\mathrm{bias}(\hat{m}_{\mathrm{SS}}(x)) = \frac{(-1)^{k-1}\lambda}{a_k f(x)} m^{(2k)}(x) + o(\lambda),$$

$$\mathrm{var}(\hat{m}_{\mathrm{SS}}(x)) = \frac{b_k\sigma^2}{nf(x)}\left[\frac{f(x)}{\lambda}\right]^{1/(2k)} + o\left((n\lambda^{1/(2k)})^{-1}\right),$$

其中 a_k 和 b_k 皆为仅依赖于样条阶 k 的常数. 令 $h_k(x) = [\lambda/f(x)]^{1/(2k)}$. 如果忽略上述两式的无穷小项, 则可以得到均方误差的近似表达式:

$$E[\hat{m}_{\mathrm{SS}}(x) - m(x)]^2 \approx h_k^{4k}(x)[m^{(2k)}(x)/a_k]^2 + \frac{b_k\sigma^2}{nh_k(x)f(x)}.$$

在上式中, $h_k(x)$ 可以理解为变带宽, 估计量 $\hat{m}_{\mathrm{SS}}(x)$ 的精度可与 $2k$ 阶核估计比较. 基于 Fan(1992,1993) 的工作, 逐点均方误差可与局部加权回归估计比较. 上述讨论仅针对区间 $[0,1]$ 的内点 x. 样条估计在边界点呈现较低的收敛速度, 这依赖于 $m(x)$ 在端点处的导数. Rice 和 Rosenblatt(1983) 给出了这方面的结果. 他们研究了回归函数的三次光滑样条估计的统计性质.

4.5.2 多项式样条估计

假设我们打算用一个样条函数逼近未知回归函数 $m(x)$. 具有连续 q 阶导数的分段多项式常用作这样的逼近. 设 $t_1, \cdots, t_J$ 是一个固定的节序列, 使得 $0 < t_1 < \cdots < t_J < 1$. 那么, q 次多项式样条是 q 次多项式, 它对区间 $[0, t_1]$, $(t_1, t_2]$, $\cdots$, $(t_J, 1]$

的每一个为 $q-1$ 次连续可微函数. 所有 q 次多项式样条构成 $q+J$ 维线性空间. 有两个这种线性空间的样条基: 幂基和 B 样条基. 幂基的形式为

$$1, x, \cdots, x^q, (x-t_1)_+^q, \cdots, (x-t_J)_+^q, \tag{4.5.5}$$

其中 $q \geqslant 0$ 为整数, $a_+ = \max\{0, a\}$. 通常, B 样条基在计算上更稳定, 因为基函数间的多重相关性小; 而幂样条基具有这样的优越性: 删除基函数 $(x-t_j)_+^q$ 与删除节 t_j 一样.

设 $B(x) = (B_1(x), \cdots, B_{q+J}(x))^{\mathrm{T}}$ 是一个样条基. 那么, 样条函数可表示为

$$s(x) = \gamma^{\mathrm{T}} B(x),$$

其中 $\gamma = (\gamma_1, \cdots, \gamma_{q+J})^{\mathrm{T}}$ 为样条系数. $m(x)$ 可以用 $s(x)$ 逼近. 定义目标函数

$$Q(\gamma) = \sum_{i=1}^{n} \left[Y_i - \gamma^{\mathrm{T}} B(x_i)\right]^2. \tag{4.5.6}$$

记 $\hat{\gamma}_{\mathrm{PS}} = (\hat{\gamma}_1, \cdots, \hat{\gamma}_{q+J})^{\mathrm{T}}$ 为极小化 $Q(\gamma)$ 的解, 那么回归函数 $m(x)$ 的样条最小二乘估计为

$$\hat{m}_{\mathrm{PS}}(x) = \hat{\gamma}_{\mathrm{PS}}^{\mathrm{T}} B(x).$$

多项式样条方法对节点个数 J 和节点位置的选择是敏感的. 可以选取等距的节点. 通常把节点放在曲率变化大的位置上. 我们使用节点删除法选取节点. 下面介绍它的基本思想. 设 $t_1, \cdots, t_J$ 是在节点选择过程中可以被删除的初始节点. 节点数 J 通常取为 $\lfloor n/2 \rfloor$ 或 $\lfloor n/3 \rfloor$, 其中 $\lfloor a \rfloor$ 表示不超过 a 的最大正整数. 通常把这些节点放在 $x_1, \cdots, x_n$ 的次序统计量上, 即 $t_j = x_{(2j)}$, $j = 1, \cdots, \lfloor n/2 \rfloor$. 设相应的幂基如同式 (4.5.5). 删除具有最小绝对 t 值 $|\hat{\gamma}_j|/\mathrm{SE}(\hat{\gamma}_j)(1 \leqslant j \leqslant J)$ 的第 $j_0(1 \leqslant j_0 \leqslant J)$ 个节点, 其中 $\mathrm{SE}(\hat{\gamma}_j)$ 为 $\hat{\gamma}_j$ 的标准误. 重复上述删除过程 (每步删除一个节点). 我们获得一列由 $j(0 \leqslant j \leqslant J)$ 标示的模型: 第 j 个模型包含具有残差平方和 RRS_j 的 $q+J-j$ 个自由参数. 极小化修正的 Mallows C_p 准则 (Mallows, 1973):

$$C_j = \mathrm{RSS}_j + \alpha(q+J-j)\hat{\sigma}^2,$$

可选出模型 $\hat{j}$, 其中 $\hat{\sigma}$ 是在第 0 个模型 (完整模型) 上估计的标准误, α 是对太复杂模型惩罚的光滑参数. 这就完成了节点的选择过程. 第 $\hat{j}$ 个模型涉及的节点用作最后的样条建模. 这个思想常被 Stone 和他的合作者所使用, 如 Koopergerg 和 Stone(1991), Koopergerg 与 Stone 和 Truong(1995a, 1995b).

节点个数 J 在拟合数据和非参数函数估计的光滑程度之间起平衡作用. 随着节点个数的增加, 样条估计的方差随之增大, 而偏差变小, 此时估计会过分地拟合

数据. 此外, 随着节点个数的减少, 样条估计的方差随之变小, 但是偏差变大, 此时估计出的函数会充分地光滑. 因此, 在实际应用中, 选取合适的节点个数往往是很重要的.

多项式样条与光滑样条的估计方法都是用样条函数来估计未知的非参数回归函数, 其主要区别在于光滑样条估计方法保守地选择较多数目的节点, 然后再通过惩罚系数防止估计过分地拟合数据. 而多项式样条估计方法直接通过节点来平衡拟合数据和估计函数的光滑度. 因此, 相对于光滑样条方法, 多项式样条估计在一般情况下所需要的节点个数较少, 从而待估的参数也较少.

4.5.3　惩罚样条估计

虽然样条在非参数建模中具有相当魅力, 但选择节点的最优数目和位置是一个复杂的工作. 相比之下, 惩罚样条更稳健, 其光滑参数可以用交叉验证方法来选择. 下面就幂基样条和 B 样条两种情况进行讨论.

1. 幂基样条情形

设 $B(x)$ 是幂基 (4.5.5), 则可定义 γ 的惩罚最小二乘样条估计 $\hat{\gamma}_{\mathrm{PP}}$ 为极小化

$$Q_\lambda(\gamma)=\sum_{i=1}^{n}\left[Y_i-\gamma^{\mathrm{T}}B(x_i)\right]^2+\lambda\sum_{j=1}^{J}\gamma_{q+j}^2 \tag{4.5.7}$$

的解, 其中 $\lambda>0$ 为某个光滑参数.

记样条设计矩阵 $\boldsymbol{B}=(B^{\mathrm{T}}(x_1),\cdots,B^{\mathrm{T}}(x_n))^{\mathrm{T}}$, 响应向量 $\boldsymbol{Y}=(Y_1,\cdots,Y_n)^{\mathrm{T}}$, $D_q=\mathrm{diag}\{0_{q+1},1_J\}$. 矩阵 D_q 的作用是仅惩罚样条系数. 因此, 估计量 $\hat{\gamma}_{\mathrm{PP}}$ 由下列岭回归公式给出:

$$\hat{\gamma}_{\mathrm{PP}}=(\boldsymbol{B}^{\mathrm{T}}\boldsymbol{B}+\lambda D_q)^{-1}\boldsymbol{B}^{\mathrm{T}}\boldsymbol{Y}. \tag{4.5.8}$$

相应的 $\boldsymbol{m}=(m(x_1),\cdots,m(x_n))^{\mathrm{T}}$ 的估计向量为

$$\hat{\boldsymbol{m}}_{\mathrm{PP}}=\boldsymbol{B}\hat{\gamma}_{\mathrm{PP}}=\boldsymbol{B}(\boldsymbol{B}^{\mathrm{T}}\boldsymbol{B}+\lambda D_q)^{-1}\boldsymbol{B}^{\mathrm{T}}\boldsymbol{Y}, \tag{4.5.9}$$

其中 $\hat{\boldsymbol{m}}_{\mathrm{PP}}=(\hat{m}_{\mathrm{PP}}(x_1),\cdots,\hat{m}_{\mathrm{PP}}(x_n))^{\mathrm{T}}$.

2. B 样条情形

Gijbels 和 Verhasselt(2010) 考虑了微分类型的惩罚, 并研究了微分算子的阶的影响. 设 $B(x)=(B_1(x),\cdots,B_{q+J}(x))^{\mathrm{T}}$ 是一个 q 次 B 样条基. 我们使用标准化 B 样条, 即 $B(x)$ 在 $[0,1]$ 上具有 $J+1$ 个等距的节点 $t_0=0,t_1=1/J,\cdots,t_J=1$, $\sum_{j=1}^{q+J}B_j(x)=1$, 且 $\gamma=(\gamma_1,\cdots,\gamma_{q+J})^{\mathrm{T}}$. 则可定义 γ 的惩罚最小二乘样条估计 $\hat{\gamma}_{\mathrm{PB}}$

为极小化

$$Q_\lambda(\gamma)=\sum_{i=1}^{n}\left[Y_i-\gamma^{\mathrm{T}}B(x_i)\right]^2+\lambda\sum_{j=k+1}^{q+J}(\Delta^k\gamma_j)^2 \tag{4.5.10}$$

的解, 其中 $\lambda>0$ 为某个光滑参数, $k\geqslant 0$ 为整数, Δ 为微分算子, 即

$$\Delta^k\gamma_j=\sum_{l=0}^{k}(-1)^l\binom{k}{l}\gamma_{j-l}.$$

特别地, 对 $k=1$ 和 $k=2$, 有 $\Delta^1\gamma_j=\gamma_j-\gamma_{j-1}$, $\Delta^2\gamma_j=\gamma_j-2\gamma_{j-1}+\gamma_{j-2}$. 参数 λ 影响拟合曲线的光滑度. 如果 $\lambda\to 0$, 则式 (4.5.10) 变为 B 样条的最小二乘回归. 当 $k=0$ 时, 式 (4.5.10) 的最优化问题相应于岭回归. 参看 Hastie 与 Tibshirani 和 Friedman(2001).

仍记 $\boldsymbol{B}=(B^{\mathrm{T}}(x_1),\cdots,B^{\mathrm{T}}(x_n))^{\mathrm{T}}$, $\boldsymbol{Y}=(Y_1,\cdots,Y_n)^{\mathrm{T}}$, D_k 是 $(q+J-k)\times(q+J)$ 矩阵, 即

$$D_k=\begin{pmatrix}(-1)^0\binom{k}{0} & \cdots & (-1)^k\binom{k}{k} & 0 & \cdots & 0\\ 0 & (-1)^0\binom{k}{0} & \cdots & (-1)^k\binom{k}{k} & \cdots & 0\\ \vdots & \ddots & \ddots & \ddots & \ddots & \vdots\\ 0 & \cdots & 0 & (-1)^0\binom{k}{0} & \cdots & (-1)^k\binom{k}{k}\end{pmatrix},$$

其中 $\begin{pmatrix}k\\r\end{pmatrix}=k!/[r!(k-r)!]$. 注意到 $\boldsymbol{B}$ 是半正定、对称有界矩阵, 其 $2q+1$ 阶子对角线的元素异于 0. 进一步, $D_k^{\mathrm{T}}D_k$ 是半正定、对称有界矩阵, 其 $2k+1$ 阶子对角线的元素异于 0. 因此式 (4.5.10) 可以重新表示为矩阵形式

$$Q_\lambda(\gamma)=(\boldsymbol{Y}-\boldsymbol{B}\gamma)^{\mathrm{T}}(\boldsymbol{Y}-\boldsymbol{B}\gamma)+\lambda\gamma^{\mathrm{T}}D_k^{\mathrm{T}}D_k\gamma.$$

极小化 $Q_\lambda(\gamma)$ 可以得到 γ 的惩罚最小二乘估计量

$$\hat{\gamma}_{\mathrm{PB}}=(\boldsymbol{B}^{\mathrm{T}}\boldsymbol{B}+\lambda D_k^{\mathrm{T}}D_k)^{-1}\boldsymbol{B}^{\mathrm{T}}\boldsymbol{Y}.$$

因此, 相应的 $\boldsymbol{m}=(m(x_1),\cdots,m(x_n))^{\mathrm{T}}$ 的估计向量为

$$\hat{\boldsymbol{m}}_{\mathrm{PB}}=\boldsymbol{B}(\boldsymbol{B}^{\mathrm{T}}\boldsymbol{B}+\lambda D_k^{\mathrm{T}}D_k)^{-1}\boldsymbol{B}^{\mathrm{T}}\boldsymbol{Y},$$

其中 $\hat{\boldsymbol{m}}_{\mathrm{PB}}=(\hat{m}_{\mathrm{PB}}(x_1),\cdots,\hat{m}_{\mathrm{PB}}(x_n))^{\mathrm{T}}$.

3. 光滑参数的选择

为了避免过拟合, 需要寻找一个最优的光滑参数使得均方误差达到最小. 我们可以使用交叉验证 (CV) 和广义交叉验证 (GCV) 选择光滑参数. 对通常的交叉验

证, Ruppert 等 (2003) 建议极小化

$$\mathrm{CV}(\lambda) = \frac{1}{n}\sum_{i=1}^{n}\left[\frac{Y_i - \hat{m}_\lambda(x_i)}{1-h_{ii}}\right]^2,$$

其中 $\hat{m}_\lambda(\cdot)$ 为 $\hat{m}_{\mathrm{PP}}(\cdot)$ 或 $\hat{m}_{\mathrm{PB}}(\cdot)$, h_{ii} 是帽子矩阵 $H(\lambda)$ 的对角元素; 如对幂基样条, $H(\lambda) = \boldsymbol{B}(\boldsymbol{B}^{\mathrm{T}}\boldsymbol{B} + \lambda D_p)^{-1}\boldsymbol{B}^{\mathrm{T}}$; 对 B 样条, $H(\lambda) = \boldsymbol{B}(\boldsymbol{B}^{\mathrm{T}}\boldsymbol{B} + \lambda D_k^{\mathrm{T}} D_k)^{-1}\boldsymbol{B}^{\mathrm{T}}$.

广义交叉验证的目标函数定义为

$$\mathrm{GCV}(\lambda) = \frac{1}{n}\sum_{i=1}^{n}\left[\frac{Y_i - \hat{m}_\lambda(x_i)}{1-n^{-1}\mathrm{tr}(H(\lambda))}\right]^2,$$

其中 $\hat{m}_\lambda(\cdot)$ 为 $\hat{m}_{\mathrm{PP}}(\cdot)$ 或 $\hat{m}_{\mathrm{PB}}(\cdot)$, $\mathrm{tr}(H(\lambda))$ 表示矩阵 $H(\lambda)$ 的迹. 极小化 $\mathrm{GCV}(\lambda)$ 可以得到光滑参数 $\hat{\lambda}$. Craven 和 Whaba(1979) 给出了更详细合理的解释, 并在一定程度上验证了广义交叉验证在计算上的优越性以及良好的统计性质. 尤其对等方差的独立误差数据和充分大的 n, 他们证明了广义交叉验证在均方误差最小的意义下近似地产生 λ 的最优值.

最后指出, 交叉验证和广义交叉验证方法也可以用于 4.5.1 小节给出光滑样条估计 $\hat{m}_{\mathrm{SS}}(x)$ 的带宽的选择. 此外, Akaike 信息准则 (AIC) 也可以用来选择光滑参数, 参看 Gijbels 和 Verhasselt(2010). 这里不再赘述.

4.5.4 局部自适应回归样条估计

局部自适应回归样条估计是与光滑样条估计平行的一个方法, 该方法由 Mammen 和 van de Geer 于 1997 年提出. 它与光滑样条估计相比是计算复杂的, 但有更好的局部自适应性. 设输入 $x_1, \cdots, x_n \in [0,1]$, 且具有次序 $x_1 < \cdots < x_n$, 观测 $Y_1, \cdots, Y_n$ 取值于 $\mathbf{R}$. 对任意给定的整数 $k \geqslant 0$, 定义节点的扩展集

$$T = \begin{cases} \{x_{k/2+2}, \cdots, x_{n-k/2}\}, & k\text{为偶数}, \\ \{x_{(k+1)/2+2}, \cdots, x_{n-(k+1)/2}\}, & k\text{为奇数}. \end{cases} \tag{4.5.11}$$

它本质上恰好是输入 $\{x_1, \cdots, x_n\}$ 的集合, 但去掉了接近左边界和右边界的点. 那么, 我们定义 k 阶局部自适应回归样条估计

$$\hat{m}_{\mathrm{AS}} = \arg\min_{m\in\mathcal{G}_k} \frac{1}{2}\sum_{i=1}^{n}[Y_i - m(x_i)]^2 + \lambda\cdot\mathrm{TV}(m^{(k)}), \tag{4.5.12}$$

其中 $m^{(k)}$ 是函数 m 的 k 阶弱导数, $\lambda \geqslant 0$ 是调整参数, $\mathrm{TV}(m^{(k)})$ 是函数 $m^{(k)}(x)$ 的总变差, 即

$$\mathrm{TV}(m^{(k)}) = \sup\left\{\sum_{j=1}^{p}|m^{(k)}(z_{j+1}) - m^{(k)}(z_j)| : z_1 < \cdots < z_p\text{是 } [0,1] \text{ 的划分}\right\},$$

且如果 $m^{(k)}(x)$ 是 (强) 可微的, 则它变为 $\mathrm{TV}(m^{(k)})=\int_0^1|m^{(k+1)}(x)|\mathrm{d}x$, $\mathcal{G}_k$ 是集

$$\mathcal{G}_k=\{m:[0,1]\to\mathbf{R}, m\text{是节点包含在 } T \text{ 中的 } k \text{ 次样条}\}.$$

式 (4.5.12) 定义的局部自适应回归样条估计与 Mammen 和 van de Geer(1997) 的原始定义有所不同. 他们定义局部自适应回归样条估计为

$$\hat{m}\in\arg\min_{m\in\mathcal{F}_k}\frac{1}{2}\sum_{i=1}^{n}[Y_i-m(x_i)]^2+\lambda\cdot\mathrm{TV}(m^{(k)}),\tag{4.5.13}$$

其中 $\mathcal{F}_k$ 是集

$$\mathcal{F}_k=\{m:[0,1]\to\mathbf{R}, m\text{是 } k \text{ 次弱可微的且}\mathrm{TV}(m^{(k)})<\infty\},$$

我们称式 (4.5.13) 为无约束的局部自适应回归样条问题. Mamme 和 van de Geer (1997) 证明了 k 次样条总能获得这个无约束问题的极小值点, 且如果 $k=0$ 或 1, 该样条具有包含在 T 中的节点. 但如果 $k\geqslant 2$, 可能有节点在 T 之外 (事实上, 在输入集 $\{x_1,\cdots,x_n\}$ 的外面). 换句话说, 当 $k=0$ 或 1 时, 式 (4.5.12) 的解总是式 (4.5.13) 中的一个解, 但是当 $k\geqslant 2$ 时, 这不需要是真的; 在后者情况下, 即使存在极小化式 (4.5.13) 的 k 次样条, 它的节点可能出现在非输入点上.

Mammen 和 van de Geer(1997) 研究了无约束的局部自适应回归样条估计 (4.5.13) 的统计性质, 但实际地讲, 当 $k>2$ 时这个估计很难计算, 因为合理的节点位置一般不易确定 (Rosset and Zhu, 2007). 此外, 在式 (4.5.13) 定义的约束估在计算时更易处理. 幸运的是, Mammen 和 van de Geer(1997) 证明了, 他们对无约束估计的所有理论结果可以应用到约束估计上, 只要输入点不会相隔太远. 特别对等距输入 $x_i=i/n$, $i=1,\cdots,n$, 无约束与有约束估计的收敛速度是相同的.

4.5.5 模拟计算

例 4.5.1 考虑非参数回归模型

$$Y_i=\sin(2\pi x_i)+\varepsilon_i,\quad i=1,\cdots,60,$$

其中回归函数 $m(x)=\sin(2\pi x)$, 协变量为固定设计: $x_i=i/n$, $i=1,\cdots,n$, 样本容量 $n=60$. 试作出 $m(x)$ 的样条估计和局部线性估计曲线图, 并比较两种估计的 RASE, 其中 RASE 如同式 (4.1.121) 定义.

解 采用 Epanechnikov 核, 用广义交叉验证方法选择光滑参数. 使用立方样条、惩罚样条和局部线性拟合计算 $m(x)$ 的估计, 并利用式 (4.1.121) 计算 RASE, 其中格子点的数目 n_{grid} 为 20. 进行 500 次模拟计算, $m(x)$ 的估计是 500 次估计的平均值, 其结果展示在图 4.5.1 中.

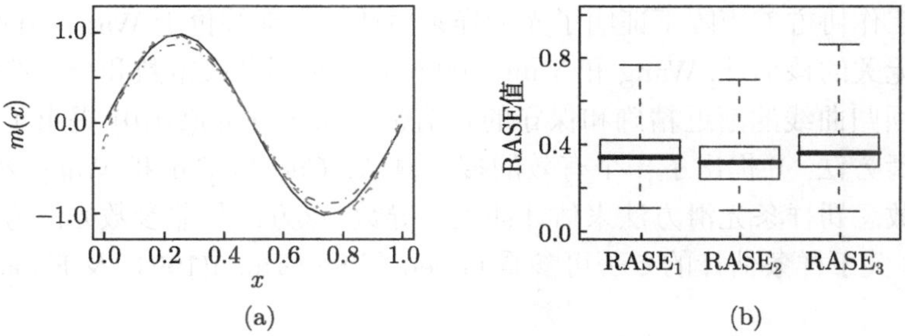

图 4.5.1 回归函数的样条估计和局部线性估计曲线及其 RASE 箱线图

(a) 实线为真实函数, 虚线为立方样条估计, 点线为惩罚样条估计, 点虚线为局部线性估计; (b) 为 500 个 RASE 的箱线图, 其中 RASE_1 为立方样条估计的 RASE, RASE_2 为惩罚样条估计的 RASE, RASE_3 为局部线性估计的 RASE

从图 4.5.1 可以看到, 惩罚样条估计比另外两个估计有更好的拟合效果, 即惩罚样条估计比另外两个估计有更小的 RASE. 此外, 局部线性估计没有边界效应.

4.5.6 相关文献及成果注记

光滑样条的思想始于 Whittaker(1922), Schoenberg(1964) 和 Reinsche(1967) 奠定了样条函数光滑的理论基础, Wahba(1975) 及 Craven 和 Wahha(1979) 研究了回归函数的光滑样条估计的统计分析. 后来, 许多作者研究了回归函数的样条光滑方法, 下面列举一些主要的成果. Cox(1983) 给出了回归函数的 M 型光滑样条估计的收敛速度. Wahba(1983) 使用交叉验证的光滑样条来估计回归函数, 并研究了这个估计的 Bayesian 置信区间. Silverman(1984b) 提出了样条回归中选择光滑参数的高效交叉验证方法. Speckman(1985) 得到了样条回归估计的最优收敛速度. Nussbaum(1985) 研究了非参数回归函数的样条估计及其渐近有效性. Wahba(1985) 在广义光滑问题中比较了选择光滑参数的广义交叉验证与广义极大似然方法的优良性. Messer(1991) 进一步研究了由 Rice 和 Rosenblatt(1983) 提出的光滑样条估计及其相应的等价核估计的特殊情况, 得到了两个估计量的偏差和方差函数的渐近表示及其收敛速度; 通过比较说明两个估计量是类似的. Eilers 和 Marx(1996) 提出了一个 B 样条和惩罚的灵活方法. 他们使用大数目的节点和相邻 B 样条系数的差分惩罚, 解决了选择最优的节点位置和数目的复杂问题. Gao 和 Shi(1997) 构造了回归函数的 M 型样条估计, 并研究了估计量的渐近性质. Welsh 等 (2002) 证明了 Gao 和 Shi(1997) 的结果对纵向 (分类) 数据不成立. Huang(2003) 针对回归问题在多项式样条空间上建立了最小二乘估计的渐近正态性, 并研究了样条逼近的偏差的量级. Lin 等 (2004) 在纵向 (分类) 数据下进一步研究了样条光滑和核光滑之间的关系. 他们在任何工作协方差矩阵下证明了光滑样条估计近似地等价于 Wang(2003) 提出的看来似乎无关的核估计. Wang 和 Yang(2009) 分别利用分段常数和分段线性样条估计构造了回归曲线的渐近精确和保守的置信带. Liu 和 Guo(2010) 提出了一个适应性样条光滑方法, 并提出了一个有效的搜索算法. Cao 与 Cai 和 Wang(2012) 提出了一个参数惩罚样条光滑方法来估计曲线和导数, 该方法与非参数光滑方法有同样的灵活性. 关于样条估计的专著可参看 Green 和 Silverman(1994) 及 Eubank(1999).

4.6 回归函数的正交级数估计

4.6.1 正交级数估计的定义

回归函数的正交级数估计是 20 世纪 80 年代提出的非参数估计方法, 与核估计和样条估计等局部光滑方法相比, 它是一个全局光滑方法. 下面就固定和随机设计模型下给出线性和非线性正交级数估计.

1. 固定设计模型

在固定设计模型 (4.5.1) 下, 不妨假定设计点 $x_1, \cdots, x_n$ 满足

$$0 = x_0 \leqslant x_1 \leqslant \cdots \leqslant x_{n-1} \leqslant x_n = 1.$$

用 μ 表示 $[0,1]$ 上的 Lebesgue-Borel 测度, $L_2(\mu)$ 表示 $[0,1]$ 上所有平方可积函数构成的集合. 设 $m \in L_2(\mu)$, $\{\varphi_i(x), i \geqslant 1\}$ 是定义在 $L_2(\mu)$ 上的完全正交基, 即

$$\int_0^1 \varphi_j(x)\varphi_k(x)\mathrm{d}\mu(x) = \delta_{jk}, \quad j,k \geqslant 1,$$

其中 δ_{jk} 是 Kronecker 符号, 即当 $j=k$ 是 $\delta_{jk}=1$, 否则 $\delta_{jk}=0$, 且 $L_2(\mu)$ 中的每一个函数恰好可由 $\{\varphi_i(x), i \geqslant 1\}$ 的线性组合逼近. 因此 $m(x)$ 可用 $\{\varphi_i(x), i \geqslant 1\}$ 的 Fourier 级数来表示, 即

$$m(x) = \sum_{j=1}^{\infty} a_j\varphi_j(x), \quad a_j = \int_0^1 m(x)\varphi_j(x)\mathrm{d}\mu(x). \tag{4.6.1}$$

为构造 $m(x)$ 的正交级数估计, 我们首先估计级数表达式 (4.6.1) 的系数估计. 为此, 定义 a_j 的估计为

$$\breve{a}_j = \sum_{i=1}^{n}(x_i - x_{i-1})Y_i\varphi_j(x_i), \quad j \geqslant 1.$$

特别地, 当 $x_1, \cdots, x_n$ 是 $[0,1]$ 上的等距点时, 上式变为

$$\breve{a}_j = \frac{1}{n}\sum_{i=1}^{n} Y_i\varphi_j(x_i), \quad j \geqslant 1. \tag{4.6.2}$$

因此, $m(x)$ 的正交级数估计定义为

$$\hat{m}_{\mathrm{LO}}(x)=\sum_{j=1}^{N}\check{a}_j\varphi_j(x), \tag{4.6.3}$$

其中 N 为某个正整数. 杨瑛 (1994) 研究了估计量 $\hat{m}_{\mathrm{LO}}(x)$ 的逐点弱和强相合性、渐近正态性以及分布函数的渐近展开.

在估计量 $\hat{m}_{\mathrm{LO}}(x)$ 的均方误差最小的意义下, 人们需选择 N, 使在 $\{\varphi_i(x), i\geqslant 1\}$ 的所有子集合中, 集合 $\{\varphi_1,\cdots,\varphi_N\}$ 是 "最好" 的. 这无疑需要假定关于 $m(x)$ 的大多数重要信息包含在级数表达式 (4.6.1) 的前 N 个系数之中.

为克服上述假定, Kohler(2003) 提出了回归函数的非线性正交级数估计:

$$\check{m}_{\mathrm{NO}}(x)=\sum_{j=1}^{K}\eta_{\delta_n}(\check{a}_j)\varphi_j(x), \tag{4.6.4}$$

其中正整数 K 通常比式 (4.6.3) 中的 N 更大, $\delta_n>0$ 为门限,

$$\eta_{\delta_n}(a)=\begin{cases} a, & |a|>\delta_n, \\ 0, & |a|\leqslant\delta_n. \end{cases} \tag{4.6.5}$$

最流行选择的正交系统 $\{\varphi_i(x), i\geqslant 1\}$ 是所谓的小波系统, 其中 φ_j 是由所谓父小波和母小波的转换所构造. 有关回归函数的小波估计将在 4.7 节介绍.

2. 随机设计模型

受固定设计模型下回归函数的正交级数估计的启发, Kohler(2003) 也将类似的估计应用到随机设计模型, 其中所考虑的样本 $(X_1,Y_1),\cdots,(X_n,Y_n)$ 是 iid 的. 这里需要克服的困难是寻找估计系数 a_j 的一个合理方法. 如果 X 服从 $[0,1]$ 上的均匀分布, 则可以使用类似式 (4.6.2) 中的估计, 即

$$\hat{a}_j=\frac{1}{n}\sum_{i=1}^{n}Y_i\varphi_j(X_i), \quad j\geqslant 1. \tag{4.6.6}$$

显然, 如果 X 不服从 $[0,1]$ 上的均匀分布, 那么 $\hat{a}_j$ 不是一个合理的估计. 在这种情况下, 文献中描述的一个方法是利用样本 $(X_1,Y_1),\cdots,(X_n,Y_n)$ 来构造一个新的等距样本 $(x_1,\widetilde{Y}_1),\cdots,(x_n,\widetilde{Y}_n)$, 其中 $x_1,\cdots,x_n$ 在 $[0,1]$ 中是等距的, $\widetilde{Y}_i$ 是 $m(x_i)$ 的估计, 然后将新样本应用到式 (4.6.2) 中. 这类估计量的结果仅在 X 具有有界的密度假定下获得. 这个假定的主要缺点是人们通常不知道它在应用中是否满足.

下面使用不同的方法以便将上述思想应用到一般设计测度的回归估计中. 用 $F_n(x)$ 表示设计测度的经验分布, 可以构造 $L_2(F_n)$ 中的正交系统 $\{\varphi_j, 1\leqslant j\leqslant K\}$,

满足

$$\frac{1}{n}\sum_{i=1}^{n}\varphi_j(X_i)\varphi_k(X_i)=\delta_{jk},\quad j,k=1,\cdots,K,$$

其中 $K=K(X_1,\cdots,X_n)\approx n$. 正交系统 $\{\varphi_j,1\leqslant j\leqslant K\}$ 的构造是基于 $[0,1]$ 的嵌套分割法. Kohler(2003) 构造了一个分段多项式正交系统. 给定这样一个正交系统, $m(x)$ 的最优近似是

$$m(x)\approx\sum_{j=1}^{K}a_j\varphi_j(x),\quad a_j=\frac{1}{n}\sum_{i=1}^{n}m(X_i)\varphi_j(X_i).\tag{4.6.7}$$

因此, 使用硬门限定义估计

$$\hat{m}_{\rm NO}(x)=\sum_{j=1}^{K}\eta_{\delta_n}(\hat{a}_j)\varphi_j(x),\tag{4.6.8}$$

其中 $\eta_{\delta_n}(\cdot)$ 和 $\hat{a}_j$ 如同式 (4.6.5) 和式 (4.6.6) 定义. 最后, 在随机设计模型下回归函数的非线性正交级数估计定义为

$$\hat{m}^*_{\rm NO}(x)\triangleq T_{\beta_n}(\hat{m}_{\rm NO}(x))=\begin{cases}\beta_n, & \hat{m}_{\rm NO}(x)>\beta_n,\\ \hat{m}_{\rm NO}(x), & |\hat{m}_{\rm NO}(x)|\leqslant\beta_n,\\ -\beta_n, & \hat{m}_{\rm NO}(x)<-\beta_n,\end{cases}\tag{4.6.9}$$

其中 $0<\beta_n\to\infty$.

3. 与最小二乘估计的联系

设 $\{\varphi_j,1\leqslant j\leqslant K\}$ 是实数集 $\mathbf{R}$ 上的函数族. 对 $\boldsymbol{J}\subseteq\{1,\cdots,K\}$, 定义诸 φ_j 的线性共轭 $\mathcal{P}_{n,\boldsymbol{J}}$, 即

$$\mathcal{P}_{n,\boldsymbol{J}}=\left\{\sum_{j\in\boldsymbol{J}}a_j\varphi_j:a_j\in\mathbf{R},j\in\boldsymbol{J}\right\}.$$

则 $m(x)$ 的最小二乘估计 $\hat{m}_{{\rm LS},\boldsymbol{J}}(x)\in\mathcal{P}_{n,\boldsymbol{J}}$ 定义为极小化问题

$$\frac{1}{n}\sum_{i=1}^{n}[Y_i-\hat{m}_{{\rm LS},\boldsymbol{J}}(X_i)]^2=\min_{g\in\mathcal{P}_{n,\boldsymbol{J}}}\frac{1}{n}\sum_{i=1}^{n}[Y_i-g(X_i)]^2\tag{4.6.10}$$

的解. 简单计算可得

$$\hat{m}_{{\rm LS},\boldsymbol{J}}(x)=\sum_{j\in\boldsymbol{J}}\tilde{a}_j\varphi_j,\tag{4.6.11}$$

其中 $\tilde{\boldsymbol{a}}=(\tilde{a}_1,\cdots,\tilde{a}_K)^{\mathrm{T}}$ 满足

$$\boldsymbol{B}^{\mathrm{T}}\boldsymbol{B}\tilde{\boldsymbol{a}}=\boldsymbol{B}^{\mathrm{T}}\boldsymbol{Y}. \tag{4.6.12}$$

此处 $\boldsymbol{B}=(\varphi_j(X_i))_{1\leqslant i\leqslant n,i\in\boldsymbol{J}}$, $\boldsymbol{Y}=(Y_1,\cdots,Y_n)^{\mathrm{T}}$. 在 $L_2(\mu_n)$ 中的 $\{\varphi_j,1\leqslant j\leqslant K\}$ 是正交的特殊情况下, 式 (4.6.12) 的解为

$$\tilde{a}_j=\frac{1}{n}\sum_{i=1}^{n}Y_i\varphi_j(X_i),\quad j\in\boldsymbol{J}. \tag{4.6.13}$$

利用式 (4.6.13) 定义的 $\tilde{a}_j$, 令

$$\hat{\boldsymbol{J}}=\{j\in\{1,\cdots,K\}:|\tilde{a}_j|>\delta_n\}, \tag{4.6.14}$$

那么正交级数估计 $\hat{m}_{\mathrm{NO}}(x)$ 等于 $\hat{m}_{\mathrm{LS},\hat{\boldsymbol{J}}}(x)$, 因此它是 $\mathcal{P}_{n,\hat{\boldsymbol{J}}}$ 中 $m(x)$ 的最小二乘估计.

下面我们推证, 通过对惩罚项的适当选择可以得到由式 (4.6.14) 定义的门限估计. 定义惩罚项

$$P_n(\boldsymbol{J})=c_nn^{-1}\#(\boldsymbol{J}),\quad \boldsymbol{J}\subseteq\{1,\cdots,K\},$$

其中 c_n 待定. 选择 $\boldsymbol{J}^*\subseteq\{1,\cdots,K\}$, 使得 $\boldsymbol{J}^*$ 为目标函数

$$Q(\boldsymbol{J})=\frac{1}{n}\sum_{i=1}^{n}[Y_i-\hat{m}_{\mathrm{LS},\boldsymbol{J}}(X_i)]^2+P_n(\boldsymbol{J}) \tag{4.6.15}$$

的极小值点. 经过计算可得

$$\begin{aligned}Q(\boldsymbol{J})&=\frac{1}{n}\sum_{i=1}^{n}[Y_i-\hat{m}_{\mathrm{LS},\{1,\cdots,K\}}(X_i)]^2+\sum_{j=1}^{K}\left\{\tilde{a}_j^2I(j\bar{\in}\boldsymbol{J})+c_nn^{-1}I(j\in\boldsymbol{J})\right\}\\&\geqslant\frac{1}{n}\sum_{i=1}^{n}[Y_i-\hat{m}_{\mathrm{LS},\{1,\cdots,K\}}(X_i)]^2+\sum_{j=1}^{K}\min\left\{\tilde{a}_j^2,c_nn^{-1}\right\}.\end{aligned} \tag{4.6.16}$$

如果取 $c_n=n\delta_n^2$, 可以得到

$$\begin{aligned}\min\left\{\tilde{a}_j^2,c_nn^{-1}\right\}&=\tilde{a}_j^2I(\tilde{a}_j^2\leqslant\delta_n^2)+c_nn^{-1}I(\tilde{a}_j^2>\delta_n^2)\\&\geqslant\tilde{a}_j^2I(j\bar{\in}\hat{\boldsymbol{J}})+c_nn^{-1}I(j\in\hat{\boldsymbol{J}}),\quad j\in\{1,\cdots,K\}.\end{aligned} \tag{4.6.17}$$

从式 (4.6.15)~ 式 (4.6.17) 可以看出, 由式 (4.6.14) 定义的 $\hat{\boldsymbol{J}}$ 可使 $Q(\boldsymbol{J})$ 达到最小. 因此, 式 (4.6.10) 和式 (4.6.15) 是与正交级数估计平行的定义方法.

4.6.2 正交级数估计的渐近性质

为了证明正交级数估计的相合性, 我们需要将它的定义稍作修正. 令 $\alpha \in (0,1/2)$. 设诸函数 φ_j 和估计系数 $\hat{a}_j$ 如同 4.6.1 小节定义. 用 $(\hat{a}_{(1)},\varphi_{(1)}),\cdots,(\hat{a}_{(K)},\varphi_{(K)})$ 表示 $(\hat{a}_1,\varphi_1),\cdots,(\hat{a}_K,\varphi_K)$ 的一个排列, 且满足

$$|\hat{a}_{(1)}| \geqslant \cdots \geqslant |\hat{a}_{(K)}|.$$

那么估计量 $\hat{m}_{\mathrm{NO}}(x)$ 可改写为

$$\hat{m}_{\mathrm{NO}}(x) = \sum_{j=1}^{\min\{K,\lfloor n^{1-\alpha}\rfloor\}} \eta_{\delta_n}(\hat{a}_{(j)})\varphi_{(j)}(x), \tag{4.6.18}$$

这就确保了 $\hat{m}_{\mathrm{NO}}(x)$ 是至多 $n^{1-\alpha}$ 的诸 φ_j 的线性组合. 如同 4.6.1 小节的证明可以证得

$$\hat{m}_{\mathrm{NO}}(x) = \hat{m}_{\mathrm{LS},\tilde{\boldsymbol{J}}}(x),$$

其中 $\tilde{\boldsymbol{J}}$ 满足 $\#(\tilde{\boldsymbol{J}}) \leqslant n^{1-\alpha}$,

$$Q(\tilde{\boldsymbol{J}}) = \min_{\boldsymbol{J}\subseteq\{1,\cdots,K\},\#(\boldsymbol{J})\leqslant n^{1-\alpha}} Q(\boldsymbol{J}),$$

其中 $Q(\tilde{\boldsymbol{J}})$ 在式 (4.6.15) 中定义, $P_n(\boldsymbol{J}) = \delta_n^2(\boldsymbol{J})$.

设估计量 $\hat{m}^*_{\mathrm{NO}}(x)$ 由式 (4.6.6)、式 (4.6.18) 和式 (4.6.9) 定义. Kohler(2003) 证明了 $\hat{m}^*_{\mathrm{NO}}(x)$ 的均方相合性, 即有下面的结果.

定理 4.6.1 设 $E(Y^2) < \infty$, $\beta_n \leqslant \log n$, $\delta_n \leqslant 1/(\log n + 1)^2$, 则对 (X,Y) 的每个分布及 $X \in [0,1]$ a.s., 有

$$E\{[\hat{m}^*_{\mathrm{NO}}(X) - m(X)]^2\} \longrightarrow 0.$$

Kohler(2003) 也给出了 $\hat{m}^*_{\mathrm{NO}}(x)$ 的均方收敛速度. 这里不再赘述.

4.6.3 依靠数据选择门限

在本小节中, 我们对给定的容量为 n 的样本 $\mathcal{D}_n = \{(X_1,Y_1),\cdots,(X_n,Y_n)\}$, 给出选择门限的一个方法. 我们将样本分成两部分: 学习样本 $\mathcal{D}_{n_1} = \{(X_1,Y_1),\cdots,(X_{n_1},Y_{n_1})\}$ 和检验样本 $\{(X_{n_1+1},Y_{n_1+1}),\cdots,(X_n,Y_n)\}$. 对实数 $\delta > 0$, 我们利用训练样本 $\mathcal{D}_{n_1}$ 并仿照式 (4.6.6)、式 (4.6.18) 和式 (4.6.9) 可以构造门限 $\delta_{n_1} = \delta$ 的估计 $\hat{m}^*_{\mathrm{NO},\delta}(X)$. 具体操作如下. 利用 $\mathcal{D}_{n_1}$, 构造 $L_2(F_{n_1})$ 中的正交系统 $\{\varphi_j, 1 \leqslant j \leqslant K\}$. 定义

$$\hat{m}_{\mathrm{NO},\delta}(x) = \sum_{j=1}^{\min\{K,\lfloor n_1^{1-\alpha}\rfloor\}} \eta_{\delta}(\hat{a}_{(j)})\varphi_{(j)}(x),$$

其中 $|\hat{a}_{(1)}| \geqslant \cdots \geqslant |\hat{a}_{(K)}|$,

$$\hat{a}_j = \frac{1}{n_1}\sum_{i=1}^{n_1} Y_i\varphi_j(X_i).$$

因此, 回归函数的非线性正交级数估计定义为 $\hat{m}^*_{\mathrm{NO},\delta}(x) = T_{\log n}(\hat{m}_{\mathrm{NO},\delta}(x))$, 其中 $T_{\log n}(\cdot)$ 同式 (4.6.9) 中定义. 如果 $\hat{a}_{(j)} \leqslant \delta < \tilde{\delta} < \hat{a}_{(j+1)}$, 则 $\hat{m}_{\mathrm{NO},\delta}(x) = \hat{m}_{\mathrm{NO},\tilde{\delta}}(x)$. 因此, $\{\hat{m}^*_{\mathrm{NO},\delta}(x) : \delta > 0\}$ 至多由 n_1 个不同的估计量组成. 我们用检验样本评估这些估计量, 且在它们中选择具有最小误差的那一个, 即选择 $\delta^* > 0$, 使得它为目标函数

$$M(\delta) = \frac{1}{n-n_1}\sum_{i=n_1+1}^{n}[Y_i - \hat{m}_{\mathrm{NO},\delta}(X_i)]^2$$

的极小值点. Kohler(2003) 证明了这样选取的 δ^* 可以使 $\hat{m}^*_{\mathrm{NO},\delta^*}(x)$ 均方误差达到最小.

4.6.4 相关文献及成果注记

Rutkowski(1981,1982) 提出了回归函数的正交级数的序贯估计及其算法, 并讨论了二阶平均相合性. Greblicki 和 Pawlak(1985) 构造了回归函数的 Fourier-Hermite 级数估计, 证明了估计量的强相合性, 并得到了它的收敛速度. Rafajlowicz(1987) 考虑了回归函数的一类非参数正交级数型估计, 在积分均方误差意义下给出了估计量达到最优收敛速度的必要条件. Eubank 与 Hart 和 Speckman(1990) 构造了回归函数的正交级数估计, 并研究了估计量的大样本性质. Eubank 和 Speckman(1991) 给出了正交和多项式正交回归估计的收敛速度. 基于选择和收缩方法, Droge(1998) 研究了回归函数的两种非线性正交级数估计的统计性质. Kohler(2008) 在随机设计模型下引入了回归函数的多元正交级数估计, 并研究了它的渐近性质.

4.7 回归函数的小波估计

4.7.1 线性小波估计

1. 固定设计模型

本小节仍考虑固定设计模型 (4.5.1). 不妨假定设计点 $x_1, \cdots, x_n$ 满足 $0 \leqslant x_1 \leqslant \cdots, \leqslant x_n \leqslant 1$; 随机误差 $\varepsilon_1, \cdots, \varepsilon_n$ 独立同分布, 且具有均值 0 和方差 σ^2. 为了构造 $m(x)$ 的小波估计, 取定一个具有单位积分的尺度函数 $\phi(\cdot)$, 相伴 $L_2(\mathbf{R})$ 的多分辨分析为 $\{V_s, s \in \mathbf{Z}\}$, 这里 $\mathbf{Z}$ 为整数集合. V_s 的再生核为 $E_s(x,u)$, 满足

$$E_s(x,u) = 2^s \sum_{k\in\mathbf{Z}} \phi(2^s x - k)\phi(2^s u - k). \tag{4.7.1}$$

Antoniadis 与 Gregoire 和 Mckeague(1994) 给出了如下形式的小波估计

$$\hat{m}_{\mathrm{LW}}(x)=\sum_{i=1}^{n} Y_i \int_{A_i} E_s(x,u)\mathrm{d}u, \tag{4.7.2}$$

其中 $A_i=[u_{i-1},u_i]$ 是区间 [0,1] 的一个划分, 满足 $x_i\in A_i$, $1\leqslant i\leqslant n$. 它正是 Gasser-Müller 估计 (4.1.123) 或正交级数估计 (4.6.3) 的小波形式.

与小波估计一样, 正交级数估计利用到闭子空间 $L_2(\mathbf{R})$ 的投影来表示连续逼近. 然而, 使用正交级数估计的投影是有限维的, 而使用小波估计的投影是无有限维的. 不能认为小波估计是局部适应性核估计 (Breiman et al., 1977). 事实上, 人们完全把小波估计作为 δ 序列估计 (Walter and Blum, 1979). 估计量 $\hat{m}_{\mathrm{LW}}(x)$ 是由 Isogai(1990) 研究的 δ 序列估计的特例.

我们可以得到 $\hat{m}_{\mathrm{LW}}(x)$ 的收敛速度和 $\hat{m}_{\mathrm{LW}}(x)$ 的适当修正版本的渐近正态性. 为此, 我们首先介绍一些小波的基本概念和性质. 有关小波的较详细介绍可参看 2.8.1 小节.

有关小波的运算需要两个基本函数类型: 尺度函数 (父小波)$\phi(x)$ 和母小波 $\psi(x)$. 函数 $\phi(x)$ 是两个差分方程的解:

$$\phi(x)=\sum_{k\in\mathbf{Z}} d_k\phi(2x-k) \tag{4.7.3}$$

和标准化

$$\int_{\mathbf{R}}\phi(x)\mathrm{d}x=1,$$

其中 $\boldsymbol{Z}$ 为整数集合. 函数 $\psi(x)$ 定义为

$$\psi(x)=\sum_{k\in\mathbf{Z}}(-1)^k d_{1+k}\phi(2x+k), \tag{4.7.4}$$

其中 d_k 称为滤波系数, 它的选择可构造具有满意特性的母小波函数. 条件 $\sum\limits_k d_k=2$ 可以确保式 (4.7.1) 唯一 $L_1(\mathbf{R})$ 解的存在性. 定义

$$\phi_{jk}(x)=2^{j/2}\phi(2^jx-k),\quad j,k\in\mathbf{Z},$$
$$\psi_{jk}(x)=2^{j/2}\psi(2^jx-k),\quad j,k\in\mathbf{Z}.$$

滤波系数的附加条件为

$$\sum_k d_k d_{k+2l}=\begin{cases}2, & l=0,\\ 0, & l\neq 0, l\in\mathbf{Z}.\end{cases}$$

这个条件与其他正则条件结合可以推出: $\{\psi_{jk}, j, k \in \mathbf{Z}\}$ 是 $L_2(\mathbf{R})$ 的正交基; 对每个 $j \in \mathbf{Z}$, $\{\phi_{jk}, k \in \mathbf{Z}\}$ 是 $L_2(\mathbf{R})$ 中的正交系统. 参看 Daubechies(1990).

为得到本书的主要结果, 要对 $m(\cdot)$ 和 $\phi(\cdot)$ 施加一些条件. 为此, 先给出下面两个定义 (参看 (Antoniadis et al., 1994)).

定义 4.7.1 一个尺度函数 $\phi(\cdot)$ 称为 q 正则的 ($q \in$**N**), 如果对任何正整数 k, 有

$$\left|\frac{\mathrm{d}^l \phi}{\mathrm{d}x^l}\right| \leqslant C_k(1+|x|)^{-k}, \quad l = 1, \cdots, q,$$

其中 C_k 是仅依赖于 k 的常数, **N**是正整数集合.

定义 4.7.2 一个函数空间 $H^\alpha(\alpha \in \mathbf{R})$ 称为 Sobolev 空间，如果对任何 $f \in H^\alpha$, 有

$$\int |f^*(\omega)|^2(1+\omega^2)^\alpha \mathrm{d}\omega < \infty,$$

其中 $f^*(\cdot)$ 为 $f(\cdot)$ 的 Fourier 变换.

现在给出如下基本条件:

(A4.7.1) $m(\cdot) \in H^\alpha$, $\alpha > 3/2$;

(A4.7.2) $\phi(\cdot)$ 为 q 正则的, $q \geqslant \alpha$; $\phi(\cdot)$ 满足一阶 Lipschitz 条件, 具有紧支撑, 且当 $\xi \to 0$ 时, $|\phi^*(\xi) - 1| = O(\xi)$, 其中 $\phi^*(\cdot)$ 为 $\phi(\cdot)$ 的 Fourier 变换;

(A4.7.3) $\max\limits_{1 \leqslant i \leqslant n}(u_i - u_{i-1}) = O(1/n)$.

定理 4.7.1 设条件 (A4.7.1)~(A4.7.3) 成立, 对某个 $r > 1$, $\sup\limits_i E(|Y_i|^r) < \infty$. 如果取 $2^s = n^{(r-1)/2r}(\log n)^{-1/2}(\log\log n)^{-\delta/2}$, $\delta > 1$, 则对任何 $0 < c_n \to \infty$, 有

$$\sup_{0 \leqslant x \leqslant 1} |\hat{m}_{\mathrm{LW}}(x) - m(x)| = o\left(2^{-s}c_n\right), \quad \text{a.s..}$$

下面所出现的 c 均表示正的常数, 每次出现时可表示不同的值.

引理 4.7.1 设条件 (A4.7.2) 成立, 则

(i) $\sup\limits_{0 \leqslant x \leqslant 1} \displaystyle\int_0^1 |E_s(x,u)|\mathrm{d}u \leqslant c$;

(ii) $\sup\limits_{0 \leqslant x, u \leqslant 1} |E_s(x,u)| = O(2^s)$.

证 从式 (4.7.1) 容易看出, $E_s(x,u) = 2^s E_0(2^s x, 2^s u)$, 且对 $k \in \mathbf{Z}$, $E_0(x+k, u+k) = E_0(x,u)$. 显然, $E_0(x,u)$ 不是一个卷积核, 但 $\phi(\cdot)$ 的正则性蕴涵它可以用一个卷积核界定, 即 $|E_0(x,u)| \leqslant K(x-u)$, 其中 $K(\cdot)$ 是满足矩条件的有界可积的正函数. 参见 Meyer(1990). 因此

$$|E_s(x,u)| \leqslant 2^s K(2^s(u-x)).$$

由上式即可推出 (i) 和 (ii).

引理 4.7.2 设条件 (A4.7.1)~(A4.7.3) 成立, 则

$$\sup_{0\leqslant x\leqslant 1}\left|\sum_{i=1}^{n} m(x_i)\int_{A_i} E_s(x,u)\mathrm{d}u - m(x)\right| = O(2^{-s}).$$

证 首先我们有

$$\begin{aligned}
&\sum_{i=1}^{n} m(x_i)\int_{A_i} E_s(x,u)\mathrm{d}u - m(x)\\
&=\left[\sum_{i=1}^{n}\int_{A_i} E_s(x,u)m(x_i)\mathrm{d}u - \int_0^1 E_s(x,u)m(u)\mathrm{d}u\right]\\
&\quad+\left[\int_0^1 E_s(x,u)m(u)\mathrm{d}u - m(x)\right]\\
&\triangleq J_{n1}(x)+J_{n2}(x).
\end{aligned}\tag{4.7.5}$$

由文献 Antoniadis 等 (1994) 可知, 当 $\alpha>3/2$ 时, 由条件 (A4.7.1) 可得 $m(\cdot)$ 连续可微. 因此, $m(\cdot)$ 在 $[0,1]$ 上满足一阶 Lipschitz 条件. 于是

$$\sup_{0\leqslant x\leqslant 1}|J_{n1}(x)| = \sup_{0\leqslant x\leqslant 1}\left|\sum_{i=1}^{n}\int_{A_i} E_s(x,u)[m(x_i)-m(u)]\mathrm{d}u\right| = O(n^{-1}).\tag{4.7.6}$$

Antoniadis 等 (1994) 的定理 3.2 的证明中的式 (6.2) 已证得: 对 $\alpha>3/2$,

$$\sup_{0\leqslant x\leqslant 1}|J_{n2}(x)| = O\left(2^{-s}\right).\tag{4.7.7}$$

将式 (4.7.6) 和式 (4.7.7) 代入到式 (4.7.5) 即可完成引理 4.7.1 的证明.

定理 4.7.1 的证 取 $b_n = n^{1/r}$, 并记

$$\widetilde{m}_n(x) = \sum_{i=1}^{n} Y_i I(|Y_i|\leqslant b_n)\int_{A_i} E_s(x,u)\mathrm{d}u,$$

$$m_n(x) = \sum_{i=1}^{n} Y_i I(|Y_i|> b_n)\int_{A_i} E_s(x,u)\mathrm{d}u.$$

由 $\hat{m}_{\mathrm{LW}}(x)$ 的定义可得

$$\hat{m}_{\mathrm{LW}}(x)-m(x) = [\widetilde{m}_n(x)-m(x)] + m_n(x).\tag{4.7.8}$$

首先证明

$$\sup_{0\leqslant x\leqslant 1}|\widetilde{m}_n(x)-m(x)| = o\left(2^{-s}c_n\right),\quad \text{a.s.}.\tag{4.7.9}$$

记 $a_{ni}(x)=\int_{A_i}E_s(x,u)\mathrm{d}u$. 经过计算可得

$$\begin{aligned}\widetilde{m}_n(x)-m(x)=&\sum_{i=1}^n a_{ni}(x)\{Y_iI(|Y_i|\leqslant b_n)-E[Y_i(|Y_i|\leqslant b_n)]\}\\&-\sum_{i=1}^n a_{ni}(x)E[Y_iI(|Y_i|\geqslant b_n)]\\&+\left[\sum_{i=1}^n a_{ni}(x)E(Y_i)-m(x)\right]\\\triangleq& L_{n1}(x)-L_{n2}(x)+L_{n3}(x).\end{aligned}\tag{4.7.10}$$

记 $\xi_{ni}=Y_iI(|Y_i|\leqslant b_n)-E[Y_i(|Y_i|\leqslant b_n)]$, 则 $\xi_{n1},\cdots,\xi_{nn}$ 相互独立, 均值为 0. 因此

$$\begin{aligned}L_{n1}(x)=&\sum_{i=1}^n\xi_{ni}\int_{A_i}E_s(x,u)\sum_{j=1}^n I(u_{j-1}<x\leqslant u_j)\mathrm{d}u\\=&\sum_{i=1}^n\xi_{ni}\int_{A_i}\sum_{j=1}^n[E_s(x,u)-E_s(x_j,u)]I(u_{j-1}<x\leqslant u_j)\mathrm{d}u\\&+\sum_{i=1}^n\xi_{ni}\int_{A_i}\sum_{j=1}^n E_s(x_j,u)I(u_{j-1}<x\leqslant u_j)\mathrm{d}u\\\triangleq& L_{n4}(x)+L_{n5}(x).\end{aligned}\tag{4.7.11}$$

由独立随机变量的强大数定律知, 若 $\sup\limits_i E(|Y_i|)<\infty$, 则 $\dfrac{1}{n}\sum\limits_{i=1}^n[|Y_i|-E(|Y_i|)]\xrightarrow{\text{a.s.}}0$. 从而有 $\limsup\limits_{n\to\infty}\dfrac{1}{n}\sum\limits_{i=1}^n|Y_i|<\infty$, a.s.. 再注意到 $E_0(x,u)$ 关于 x 一致满足一阶 Lipschitz 条件, 可以得到

$$\begin{aligned}\sup_{0\leqslant x\leqslant 1}|L_{n4}(x)|\leqslant&\sup_{0\leqslant x\leqslant 1}\sum_{i=1}^n|\xi_{ni}|\sum_{j=1}^n c\cdot 2^{2s}n^{-2}I(u_{j-1}<x\leqslant u_j)\mathrm{d}u\\\leqslant& c\cdot 2^{2s}n^{-2}\sum_{i=1}^n[|Y_i|+E(|Y_i|)]=O\left(2^{2s}n^{-1}\right),\quad\text{a.s.}.\end{aligned}\tag{4.7.12}$$

对于 $L_{n5}(x)$, 有

$$\begin{aligned}\sup_{0\leqslant x\leqslant 1}|L_{n5}(x)|=&\sup_{0\leqslant x\leqslant 1}\left|\sum_{j=1}^n I(u_{j-1}<x\leqslant u_j)\sum_{i=1}^n\xi_{ni}\int_{A_i}E_s(x_j,u)\mathrm{d}u\right|\\\leqslant&\max_{1\leqslant j\leqslant n}\left|\sum_{i=1}^n a_{ni}(x_j)\xi_{ni}\right|.\end{aligned}\tag{4.7.13}$$

由引理 4.7.1 可得

$$\max_{1\leqslant j\leqslant n}\sum_{i=1}^{n}|a_{ni}(x_j)|\leqslant \sup_{0\leqslant x\leqslant 1}\sum_{i=1}^{n}|a_{ni}(x)|\leqslant \sup_{0\leqslant x\leqslant 1}\int_0^1|E_s(x,u)|\mathrm{d}u\leqslant c,$$
$$\max_{1\leqslant i,j\leqslant n}|a_{ni}(x_j)|\leqslant \sup_{x,u}|E_s(x,u)|\max_{1\leqslant i\leqslant n}|u_i-u_{i-1}|\leqslant cn^{-1}2^s. \tag{4.7.14}$$

由此, 再注意到 $\sup_i E(|Y_i|^r)<\infty(r>1)$, 可以得到 $\max_{1\leqslant i,j\leqslant n}|a_{ni}(x_j)\xi_{ni}|\leqslant cn^{-1}2^sb_n$. 由式 (4.7.14) 可得

$$\sum_{i=1}^{n}\mathrm{var}(a_{ni}(x_j)\xi_{ni})\leqslant c\sum_{i=1}^{n}a_{ni}^2(x_j)E[Y_i^2I(|Y_i|\leqslant b_n)]\leqslant c2^sn^{-1}b^{2-p(r)},$$

其中 $p(r)=\min(r,2)$, $r>1$. 记 $q_n=2^{-s}c_n$. 对任何 $\varepsilon>0$, 由 Bernstain 不等式 (定理 1.1.1) 可得

$$\begin{aligned}
&P\left\{\max_{1\leqslant j\leqslant n}\left|\sum_{i=1}^{n}a_{ni}(x_j)\xi_{ni}\right|>\varepsilon q_n\right\}\\
\leqslant&\sum_{j=1}^{n}P\left\{\left|\sum_{i=1}^{n}a_{ni}(x_j)\xi_{ni}\right|>\varepsilon q_n\right\}\\
\leqslant&2n\exp\left\{-\frac{\varepsilon^2q_n^2}{2c\cdot 2^sn^{-1}b_n^{2-p(r)}+2c\cdot 2^sn^{-1}b_n\varepsilon q_n}\right\}\\
\leqslant&2n\exp\{-c\varepsilon^2c_n\log n\}\leqslant cn^{-2}.
\end{aligned}$$

故由 Borel-Cantelli 引理 (定理 1.2.4) 可得

$$\max_{1\leqslant j\leqslant n}\left|\sum_{i=1}^{n}a_{ni}(x_j)\xi_{ni}\right|\longrightarrow 0,\quad \text{a.s.}. \tag{4.7.15}$$

因此, 由式 (4.7.11)~ 式 (4.7.13) 和式 (4.7.15) 可得

$$\sup_{0\leqslant x\leqslant 1}|L_{n1}(x)|=o\left(2^{-s}c_n\right),\quad \text{a.s.}. \tag{4.7.16}$$

由式 (4.7.14) 知

$$\sup_{0\leqslant x\leqslant 1}|L_{n2}(x)|\leqslant \sup_i E(|Y_i|^r)b_n^{1-r}\sup_{0\leqslant x\leqslant 1}\sum_{i=1}^{n}|a_{ni}(x)|\leqslant cb_n^{1-r}. \tag{4.7.17}$$

故由式 (4.7.10)、式 (4.7.16)、式 (4.7.17) 和引理 4.7.2 即证得式 (4.7.9).

下面证明

$$\sup_{0\leqslant x\leqslant 1}|m_n(x)|=o\left(2^{-s}\right),\quad \text{a.s.}. \tag{4.7.18}$$

首先, 我们有

$$2^s \sup_{0\leqslant x\leqslant 1} |m_n(x)| \leqslant c2^{2s}n^{-1}\sum_{i=1}^n Y_i I(|Y_i| \geqslant i^{1/r}) \triangleq cd_n S_n, \tag{4.7.19}$$

其中 $d_n = 2^{2s}n^{-1} = n^{-1/r}(\log n)^{-1}(\log\log n)^{-\delta}$. 对每个 $n > 2$, 存在 $k = k_n$, 使得 $2^k \leqslant n < 2^{k+1}$, $k \to \infty$, 当 $n \to \infty$. 于是

$$d_n S_n \leqslant d_{2^k}|S_n - S_{2^k}| + d_{2^k}|S_{2^k}|. \tag{4.7.20}$$

对于任意给定的 $\varepsilon > 0$, 有

$$\begin{aligned}\sum_{k=1}^\infty P(d_{2^k}S_{2^k} \geqslant \varepsilon) &\leqslant \sum_{k=1}^\infty E(S_{2^k})d_{2^k}\varepsilon^{-1}\\ &\leqslant \varepsilon^{-1}\sum_{k=1}^\infty d_{2^k}\sum_{i=1}^{2^k} E[|Y_i|I(|Y_i| \geqslant i^{1/r})]\\ &\leqslant \varepsilon^{-1}\sup_i E(|Y_i|^r)\sum_{k=1}^\infty d_{2^k}\sum_{i=1}^{2^k} i^{(1-r)/r}\\ &\leqslant c\sum_{k=1}^\infty d_{2^k}2^{k/r} \leqslant c\sum_{k=1}^\infty k^{-1}(\log k)^{-\delta} < \infty;\end{aligned}$$

$$\begin{aligned}\sum_{k=1}^\infty P\{d_{2^k}|S_n - S_{2^k}| \geqslant \varepsilon\} &\leqslant \sum_{k=1}^\infty P\left\{d_{2^k}\sum_{i=2^k+1}^{2^{k+1}} |Y_i|I(|Y_i| \geqslant i^{1/r}) \geqslant \varepsilon\right\}\\ &\leqslant c\sum_{k=1}^\infty d_{2^k}\sum_{i=2^k+1}^{2^{k+1}} E[|Y_i|I(|Y_i| \geqslant i^{1/r})]\\ &\leqslant c\sum_{k=1}^\infty k^{-1}(\log k)^{-\delta} < \infty.\end{aligned}$$

故由 Borel-Cantelli 引理 (定理 1.2.4) 知, 当 $k \to \infty$ 时, 有 $d_{2^k}S_{2^k} \xrightarrow{\text{a.s.}} 0$ 和 $d_{2^k}|S_n - S_{2^k}| \xrightarrow{\text{a.s.}} 0$. 由此再结合式 (4.7.19) 和式 (4.7.20) 式即证得式 (4.7.18).

最后, 结合式 (4.7.8)、式 (4.7.9) 和式 (4.7.18) 即可完成定理 4.7.1 的证明.

2. 随机设计模型

设 (X, Y) 是二维随机变量, $(X_1, Y_1), \cdots, (X_n, Y_n)$ 是来自 (X, Y) 的 iid 样本, $m(x) = E(Y|X = x)$ 是定义在 $[0, 1]$ 上的回归函数, $\varepsilon_i = Y_i - m(X_i)$ 是模型误差.

假定随机变量 X 具有密度函数 $f(x)$. 在随机设计模型下, $m(x)$ 的线性小波估计定义为

$$\hat{m}_{\rm LW}^*(x) = \frac{1}{n}\sum_{i=1}^n Y_i E_s(x, X_i)/\hat{f}_{\rm LW}(x), \tag{4.7.21}$$

其中 $E_s(x,u)$ 由式 (4.7.1) 定义, $\hat{f}_{\rm LW}(x)$ 是 $f(x)$ 的小波估计, 它由式 (2.8.9) 定义, 即

$$\hat{f}_{\rm LW}(x) = \frac{1}{n}\sum_{i=1}^n E_s(x, X_i). \tag{4.7.22}$$

在 2.8.3 小节讨论了 $\hat{f}_{\rm LW}(x)$ 的收敛速度. 估计量 $\hat{m}_{\rm LW}^*(x)$ 正是 Nadaraya(1964) 和 Watson(1964) 提出的核估计的小波版本. 它也可以看作由 Härdle(1984) 研究的正交级数估计的小波版本. Antoniadis 等 (1994) 证明了 $\hat{m}_{\rm LW}^*(x)$ 的相合性和渐近正态性. 这里不再赘述.

3. 交叉验证

前面给出的小波估计量都需要选择讨厌参数 $s = s_n$. 这个问题可以利用交叉验证方法来解决. 选择 s 的问题比核估计的带宽选择问题要容易些, 因为此时带宽本质上简化为形式 2^{-s}, 其中 $s < 0.5\log_2 n$. 交叉验证方法是极小化函数

$${\rm CV}(s) = \frac{1}{n}\sum_{i=1}^n [Y_i - \hat{m}^{(i)}(X_i)]^2$$

来选择 s, 其中 $\hat{m}^{(i)}(\cdot)$ 是 $m(\cdot)$ 的 "抛一" 估计, 即将第 i 个数据点去掉后得到的小波估计. 在实际中, 对 100 到 200 之间的样本量, s 的范围仅是 3, 4, 5. 参见 Antoniadis 等 (1994).

例 4.7.1　设 X 服从 $[0,1]$ 上的均匀分布 $U[0,1]$, $X_1, \cdots, X_{100}$ 是来自 X 的一个样本, 试计算回归函数 $m(x) = \sin(2\pi x) + \exp\{-(x-1)^2\}$ 的小波和核估计, 并计算 RASE.

解　采用 Haar 小波 $\phi(x) = I(0 \leqslant x < 1)$ 和 Epanechnikov 核, 并利用交叉验证方法选择 s 和带宽 h_n. 进行 500 次运行, $m(x)$ 的估计是 500 次运行结果的平均值, 其结果展示在图 4.7.1 中.

图 4.7.1 给出的小波和核估计曲线都接近真实曲线. 从图 4.7.1 可以看出, $m(x)$ 的核估计曲线光滑, 但小波估计曲线不光滑, 呈现阶梯形状. 此外, 核估计的 RASE 比小波估计的 RASE 稍分散.

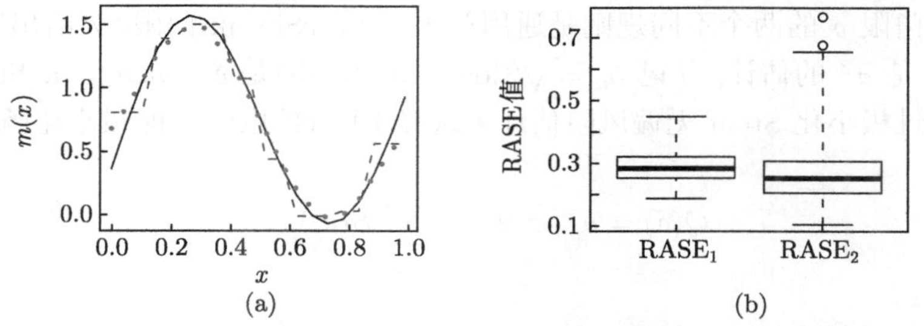

图 4.7.1 回归函数的小波估计和核估计曲线以及 RASE 箱线图

(a) 实线为真实函数, 虚线是小波估计, 点线核估计; (b) 为 500 个 RASE 的箱线图, 其中 RASE$_1$ 为使用小波方法得到的 RASE, RASE$_2$ 为使用核方法得到的 RASE

4.7.2 非线性小波估计

本小节仍考虑模型 (4.5.1). 对固定设计模型, 假定 $\{x_i, 1 \leqslant i \leqslant n\}$ 是等距设计点, 即 $x_i = i/n$. 设 $\phi(x)$ 和 $\psi(x)$ 分别由式 (4.7.3) 和式 (4.7.4) 的尺度函数和母小波, 且对某个给定的正整数 j_0, $\{\psi_{jk}, 0 \leqslant k \leqslant 2^{j_0}-1; \phi_{jk}, j \geqslant j_0, 0 \leqslant k \leqslant 2^j - 1\}$ 是由 $\phi(\cdot)$ 和 $\psi(\cdot)$ 产生的 $L_2([0,1])$ 的正交集. 参看 4.7.1 小节, 使用这个正交系统, 回归函数 $m(x)$ 可以用一个 Fourier 级数表示, 即如果 $m(x) \in L_2([0,1])$, 则

$$m(x) = \sum_{k=0}^{2^{j_0}-1} a_{j_0k}\phi_{j_0k}(x) + \sum_{j=j_0}^{\infty}\sum_{k=0}^{2^j-1} b_{jk}\psi_{jk}(x),$$

其中小波系数为

$$a_{j_0k} = \int_0^1 m(x)\phi_{j_0k}(x)\mathrm{d}x, \quad b_{jk} = \int_0^1 m(x)\psi_{jk}(x)\mathrm{d}x.$$

我们可以定义 a_{j_0k} 和 b_{jk} 的小波估计为

$$\hat{a}_{j_0k} = \frac{1}{n}\sum_{i=1}^{n}\phi_{j_0k}(x_i)Y_i, \quad \hat{b}_{jk} = \frac{1}{n}\sum_{i=1}^{n}\psi_{jk}(x_i)Y_i.$$

因此, $m(x)$ 的非线性小波估计定义为

$$\hat{m}_{\mathrm{NLW}}(x) = \sum_{k=0}^{2^{j_0}-1} \hat{a}_{j_0k}\phi_{j_0k}(x) + \sum_{j=j_0}^{j_1}\sum_{k=0}^{2^j-1} \hat{b}_{jk}I(|\hat{b}_{jk}| \geqslant \delta)\psi_{jk}(x), \tag{4.7.23}$$

其中 $j_1 \geqslant j_0$ 是某个正整数, $\delta \geqslant 0$ 为门限. 式 (4.7.23) 使用了硬门限. 如果使用软门限, 则只需将式 (4.7.23) 中的 $\hat{b}_{jk}I(|\hat{b}_{jk}| \geqslant \delta)$ 改为 $\mathrm{sign}(\hat{b}_{jk})(|\hat{b}_{jk}| - \delta)_+$ 即可, 其中 $\mathrm{sign}(\cdot)$ 为符号函数, $a_+ = \max\{a, 0\}$.

选择门限 δ 的两个不同规则是通用门限和 SureShrink 门限. 为给出它们的定义, 设 $\hat{\sigma}^2$ 是 σ^2 的估计, 并记 $\rho_n=\sqrt{2\log n}$. 通用门限是 $\delta=\rho_n\hat{\sigma}/\sqrt{n}$. SureShrink 规则是通过极小化 Stein 无偏风险估计来选择不同的门限 δ_j, 即极小化函数

$$Q(\delta)=n^{-1}\hat{\sigma}^2 2^{j_0}+\sum_{j=j_0}^{j_1}S(\delta_j),$$

其中

$$S(\delta_j)=\sum_{k=1}^{2^j}\left[n^{-1}\hat{\sigma}^2-2n^{-1}\hat{\sigma}^2 I(|\hat{b}_{jk}|\leqslant\delta_j)+\min\{\hat{b}_{jk}^2,\delta_j^2\}\right].$$

这个极小化运算通常在范围 $0\leqslant\delta_j\leqslant\rho_{2^j}\hat{\sigma}/\sqrt{n}$ 内执行. SureShrink 规则也可以用来选择全局门限, 即在每一个水平上使用同一个常数 δ 来极小化 $Q(\delta)$.

在随机设计模型下, Zhang 和 Zheng(1999a, 1999c) 构造了形如式 (4.7.23) 的回归估计, 并使用交叉验证方法选择估计量的光滑参数 δ, j_0 和 j_1, 在此意义下得到了相合性和收敛速度. 这里不再赘述.

4.7.3 相关文献及成果注记

Antoniadis 等 (1994) 引入了回归函数 $m(x)$ 的小波估计, 并研究了估计量的相合性和渐近正态性. Engel(1994) 基于递归划分体系提出了非参数回归的简单小波方法, 并得到了回归函数估计的收敛速度. Hall 和 Patil(1995) 提出了估计回归函数的小波方法, 得到了偏差、方差和均方误差的计算公式. Hall 和 Patil(1996) 在随机设计模型下发展了回归函数的非线性小波估计的渐近理论. Hall 和 Turlach(1997) 在随机设计或非双值规则设计的非参数回归问题中引入了使能够做非线性小波估计的插补方法. Antoniadis 和 Pham(1998) 在随机和不规则设计情况下引入了回归函数的小波估计, 并发展了一个快速算法. Marron 等 (1998) 利用精确的风险分析工具来理解小波回归估计的小样本性质. Zhang 和 Zheng(1999b) 在随机设计模型下构造了回归函数的非线性小波估计, 并在宽松的条件下得到了 Besov 空间上估计量的一致收敛速度. Antoniadis 和 Leblanc(2000) 讨论了线性小波回归在二响应回归问题中的应用, 证明了小波回归是相合的, 达到了最小最大收敛速度. Kovac 和 Silverman(2000) 考虑了非参数回归的小波方法的各个方面, 其主要目的是将小波方法的应用范围推广到不规则空间数据、任意个数的规则空间数据、异方差和相关数据以及包含异常点的数据; 方法论的核心是在给定的方差结构的列表中寻找出所有方差和内水平协方差的算法. Masry(2000) 使用正交小波基构造了 Besov 空间上的回归函数的估计, 并对强混合过程建立了估计量在 R^d 的紧子集上的强一致收敛速度. Zhang 与 Wong 和 Zheng(2002) 针对随机设计模型构造了回归函数的小波门限估计, 并在一般的假定下证明了估计量的最优收敛速度. Renaud(2002) 给出了小波

估计的通用公式, 它可以应用与密度和回归函数估计. 薛留根 (2002a, 2002b) 在完全、删失和混合数据下给出了回归函数小波估计的强一致收敛速度. Angelini 与 De Canditiis 和 Leblanc(2003) 针对非参数混合效应模型研究了回归函数的小波估计. Barber 和 Nason(2004) 提出了两个复杂值小波收缩技术: 一是基于多元小波型收缩, 另一个是使用 Bayesian 方法; 提出的方法比其他方法既简单又快捷. Delouille 与 Simoens 和 von Sachs(2004) 使用光滑适应设计小波处理非参数随机回归, 提出的方法自动适应于回归问题的类型, 即对设计的不规则性、区间数据和任意样本量都适应. Genovese 和 Wasserman(2005) 在 Besov 球上使用小波构造了回归函数的置信集. Uddin 和 Naik-Nimbalkar(2005) 使用样条小波构造了回归函数的估计, 得到了估计量的积分均方误差的界. Amato 与 Antoniadis 和 Pensky(2006) 在非等距设计下研究了回归函数的小波核惩罚估计及其渐近性质. Park 和 Kim(2006) 建立了单个跳跃点的回归函数的变点估计和小波块门限估计的渐近性质. Doosti 与 Chaubey 和 Niroumand(2007) 在引入回归函数估计时考虑了联合密度函数的二维小波表示, 并研究了所提出的估计量的渐近性质. Pensky 和 Sapatinas(2007) 在 iid 误差而不是正态分布下研究了小波回归模型中 Bayes 因子估计的理论特性. Brown 与 Cai 和 Zhou(2008) 应用小波块门限方法来构造回归函数的估计, 证明了估计量在 Besov 类的广泛范围内达到最优收敛速度和局部适应性最小最大速度. Bochkina 和 Sapatinas(2009) 进一步研究了小波回归模型中 Bayes 因子估计的理论问题. Li 和 Guo(2009) 基于强混合序列考虑了固定设计回归模型, 构造了回归函数的小波估计并建立了它的渐近正态性. de Uña-Álvarez 与 Liang 和 Rodríguez-Casal(2010) 在随机左截断下定义了回归函数的小波估计, 并给出了估计量的积分均方误差的渐近表示. Zhou 等 (2010) 使用小波方法探查和估计回归函数的变点. Li 与 Wei 和 Xing(2011) 在由 φ 混合序列产生的线性过程误差下获得了回归函数小波估计的 Berry-Esseen 界. Zhou 和 Lin(2012) 在鞅差误差结构下研究了具有重复测量的回归函数的小波估计, 证明了小波估计量的相合性和渐近正态性, 并给出了它的收敛速度. Chaubey 与 Chesneau 和 Shirazi(2013) 在平稳 α 混合序列下构造了多元回归函数的小波估计, 并研究了它的渐近性质.

4.8 回归函数的分段多项式估计

4.8.1 分段多项式估计的定义

本小节采用分段多项式方法来构造回归函数 $m(x) = E(Y|X = x)$ 的估计. 不失一般性, 假定 X 在区间 $[0,1]$ 上取值. 分段多项式估计的思想如下: 给定与 n 有关的正整数 M_n, 将闭区间 $[0,1]$ 等分为 M_n 份, 并记为 $I_{n\nu} = [(\nu-1)/M_n, \nu/M_n)$, $1 \leqslant$

$\nu < M_n$, $I_{nM_n} = [1 - 1/M_n, 1]$. 对 $\nu = 1, \cdots, M_n$, 用 $\psi_{n\nu}(x)$ 表示 $I_{n\nu}$ 的示性函数, 记

$$\varphi_{n\nu}(x) = \psi_{n\nu}(x)(1, x - x_\nu, \cdots, (x - x_\nu)^k)^{\mathrm{T}},$$
$$\varphi_n(x) = (\varphi_{n1}^{\mathrm{T}}(x), \cdots, \varphi_{nM_n}^{\mathrm{T}}(x))^{\mathrm{T}},$$

其中 x_ν 可取为 $I_{n\nu}$ 的中点, 也可取为 $I_{n\nu}$ 中其他的点. 因此, 可以用区间 $[0,1]$ 上的 k 次分段多项式函数 $\gamma^{\mathrm{T}}\varphi_n(x)$ 来逼近 $m(x)$, 即

$$m(x) \approx \gamma^{\mathrm{T}}\varphi_n(x),$$

其中 γ 是 $q \times 1$ 的参数向量, $q = (k+1)M_n$. γ 的估计 $\hat{\gamma}$ 定义为极小化目标函数

$$Q_n(\gamma) = \frac{1}{n}\sum_{i=1}^{n}[Y_i - \gamma^{\mathrm{T}}\varphi_n(X_i)]^2$$

的解, 则 $m(x)$ 的分段多项式估计定义为

$$\hat{m}_{\mathrm{PP}}(x) = \hat{\gamma}^{\mathrm{T}}\varphi_n(x). \tag{4.8.1}$$

注意到估计过程中涉及 k, M_n 以及节点 $x_1, \cdots, x_{M_n}$ 的选取问题. 对估计量影响较大的是段数 M_n, 因此, 需根据具体情况对 M_n 给以适当限制. Chen(1987) 讨论了分段多项式最小二乘段数的渐近最优选择问题.

4.8.2 通过趋势滤波的自适应分段多项式估计

1. 估计方法

本小节考虑固定设计模型 (4.5.1). 不妨假定诸设计点 x_i 在 $[0,1]$ 中的取值是等距的, 即 $x_i = i/n$, $i = 1, \cdots, n$. Tibshirani(2014) 利用趋势滤波 (trend filtering) 方法研究了回归函数的自适应分段多项式估计, 并通过与光滑样条估计进行比较展示了趋势滤波估计的优越性, 但它类似于局部自适应回归样条. 下面我们介绍这种方法. 对给定的整数 $k \geqslant 0$, $(m(x_1), \cdots, m(x_n))^{\mathrm{T}}$ 的 k 阶趋势滤波估计 $\hat{\beta} = (\hat{\beta}_1, \cdots, \hat{\beta}_n)^{\mathrm{T}}$ 定义为惩罚最小二乘极小化问题, 即

$$\hat{\beta} = \arg\min_{\beta \in \mathbf{R}^n} \frac{1}{2}\|Y - \beta\|_2^2 + \frac{n^k}{k!}\lambda\|D^{(k+1)}\beta\|_1, \tag{4.8.2}$$

其中 $Y = (Y_1, \cdots, Y_n)^{\mathrm{T}}$, $\lambda \geqslant 0$ 是调整参数, $D^{(k+1)} \in \mathbf{R}^{(n-k-1)\times n}$ 是 $k+1$ 阶离散的微分算子. 常数因子 $n^k/k!$ 是不重要的, 它可以吸收到调整参数 λ 里面, 之所以乘以它是有助于与其他方法的比较. 图 4.8.1 给出了这种想法的直观解释.

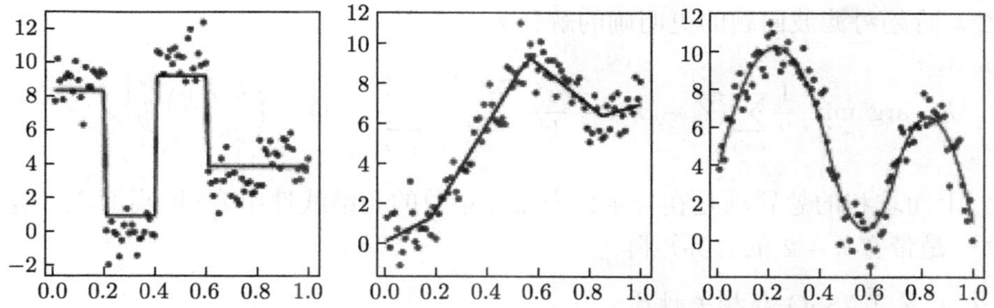

图 4.8.1 对常数、线性和平方阶 $(k=0,1,2)$, 趋势滤波估计的拟合曲线

虽然趋势滤波估计仅定义在离散点 $x_i=i/n,\ i=1,\cdots,n$, 但为形象化, 我们在区间 $[0,1]$ 上使用插补来延伸曲线估计.

下面我们讨论算子 $D^{(k+1)}$. 当 $k=0$ 时,

$$D^{(1)}=\begin{pmatrix}-1 & 1 & 0 & \cdots & 0 & 0\\ 0 & -1 & 1 & \cdots & 0 & 0\\ \vdots & \vdots & \vdots & & \vdots & \vdots\\ 0 & 0 & 0 & \cdots & -1 & 1\end{pmatrix}\in\mathbf{R}^{(n-1)\times n},\tag{4.8.3}$$

于是 $\|D^{(1)}\beta\|_1=\sum_{i=1}^{n-1}|\beta_{i+1}-\beta_i|$. 因此, 0 阶趋势滤波 (也称为常数趋势滤波) 与 1 维融合 LASSO(Tibshirani et al., 2005) 相同. 在 $k=0$ 的情况下, 趋势滤波估计的分量形成分段常数结构, 并具有相应于 $D^{(1)}\hat{\beta}=(\hat{\beta}_2-\hat{\beta}_1,\cdots,\hat{\beta}_n-\hat{\beta}_{n-1})$ 的非零处的断点.

对 $k\geqslant 1$, 算子 $D^{(k+1)}$ 通常可以用递推的方法来定义, 即 $D^{(k+1)}=D^{(1)}\cdot D^{(k)}$, 其中 $D^{(1)}$ 是 1 阶离散微分算子 (4.8.3) 的 $(n-k-1)\times(n-k)$ 版本. 人们可用 k 阶趋势滤波估计的分量来刻画 k 次分段多项式的结构, 即对 1 阶趋势滤波, 估计是分段线性的; 对 2 阶趋势滤波, 估计是分段四次的. 直接计算可得

$$D^{(2)}=\begin{pmatrix}1 & -2 & 1 & 0 & \cdots & 0\\ 0 & 1 & -2 & 1 & \cdots & 0\\ 0 & 0 & 1 & -2 & \cdots & 0\\ \vdots & \vdots & \vdots & \vdots & & \vdots\end{pmatrix},$$

$$D^{(3)}=\begin{pmatrix}-1 & 3 & -3 & 1 & \cdots & 0\\ 0 & -1 & 3 & -3 & \cdots & 0\\ 0 & 0 & -1 & 3 & \cdots & 0\\ \vdots & \vdots & \vdots & \vdots & & \vdots\end{pmatrix}.$$

因此, k 阶趋势滤波问题的更明确的解释为

$$\hat{\beta} = \arg\min_{\beta \in \mathbf{R}^n} \frac{1}{2}\sum_{i=1}^{n}(Y_i - \beta_i)^2 + \frac{n^k}{k!}\sum_{i=1}^{n-k-1}\left|\sum_{j=i}^{i+k+1}(-1)^{j-i}\binom{k+1}{j-i}\beta_j\right|.$$

因此, 上面求和的惩罚项是在 $k+2$ 个相邻系数的相继线性组合, 即离散微分算子 $D^{(k+1)}$ 是带宽 $k+2$ 的有界矩阵.

2. 广义 LASSO 与相关性质

对于任意阶 $k \geqslant 0$, 由于准则 (4.8.2) 是严格凹函数, 因此能唯一确定趋势滤波估计. 更进一步, 趋势滤波是具有单位预测矩阵 $X = I$ 和特选的惩罚矩阵 $D = D^{(k+1)}$ 的广义 LASSO 形式. 因此, 趋势滤波估计的一些性质可由广义 LASSO 的已知结果推出 (Tibshirani and Taylor, 2011, 2012). 例如, 趋势滤波估计能以它的有用集和符号的形式来确切表示, 且它的自由度公式为

$$\mathrm{df}(\hat{\beta}) = E(\hat{\beta}\text{中节点数}) + k + 1, \tag{4.8.4}$$

其中 $\hat{\beta}$ 中节点数目理解为 $D^{(k+1)}\hat{\beta}$ 中非零元数. 在式 (4.8.2) 中的结果似乎是非凡的. 例如, 具有 q 个固定节点的 k 维回归样条也有 $q+k+1$ 个自由度, 趋势滤波并没有利用固定节点，而是自适应地选择它们. 那么为什么趋势滤波没有更大的自由度呢? 答案就在于式 (4.8.2) 中 L_1 惩罚的收缩: 与相应于等约束最小二乘估计的同数量相比较, $D^{(k+1)}\hat{\beta}$ 中非零元素是收缩于 0. 换句话说, 当与相同节点的 k 次回归样条比较时, 趋势滤波在每个由自适应选择的节点所定义的区间内拟合一个 k 次多项式, 它的 k 阶导数在相邻区间向它的 k 阶导数收缩. 图 4.8.2 给出了这种现象的实证.

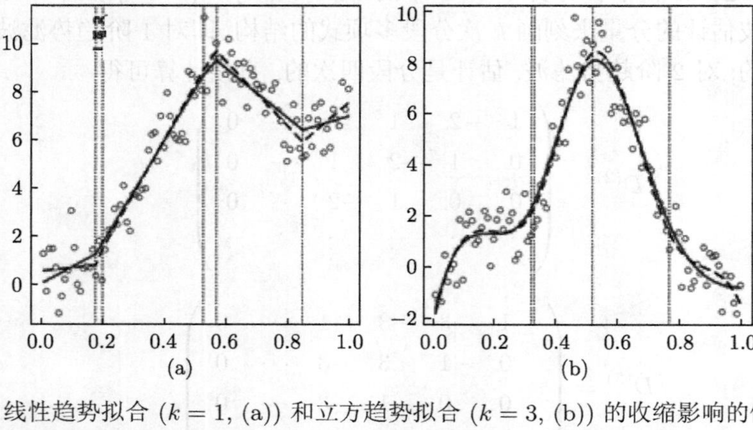

图 4.8.2　线性趋势拟合 ($k=1$, (a)) 和立方趋势拟合 ($k=3$, (b)) 的收缩影响的例子. 在每一个图中, 实线是趋势滤波估计 (对 λ 的一个特殊值), 虚线是相同阶和节点的回归样条估计

从图 4.8.1 和图 4.8.2 我们可以看出, 趋势滤波估计不但有分段多项式结构, 而且还有样条结构. 即, k 次样条就是在它的节点处具有连续的 $k-1$ 阶导数的 k 次分段多项式.

人们在研究中发现, 对 $k=0,1$(常数和线性阶), 趋势滤波估计的连续时间版本的确是 k 次样条; 此外, 它们与 k 次局部自适应回归样条完全相同. 对 $k \geqslant 2$(平方和高阶), 趋势滤波估计的连续时间版本的确不是样条, 但它是接近样条的分段多项式函数 (在节点处的低阶导数不连续); 因此它们与 k 次局部自适应回归样条不同. 再者, 对于任何 k, 如果函数 $m(x)$ 的 k 阶导数是有界变差的, 则 k 阶趋势滤波估计以最小最大 (minimax) 速度 $n^{-(2k+2)/(2k+3)}$ 依概率收敛到 $m(x)$. 局部自适应回归样条能达到这个速度 (Mammen and van de Geer, 1997), 但光滑样条和任何其他关于 Y 的线性估计都达不到这个速度 (Donoho and Johnstone, 1998).

我们应当注意, 尽管趋势滤波与局部自适应回归样条对 $k \geqslant 2$ 是截然不同的估计, 但是对大多数例子用视觉是无法分辨的. 这样的相似度, 在有限样本下超出了我们能够展示的理论范围. 然而, Tibshirani(2014) 证明了趋势滤波估计与局部自适应回归样条估计是相互收敛的. 我们还需要指出趋势滤波与光滑样条的区别: 趋势滤波使用的是 L_1 惩罚, 而光滑样条则使用 L_2 惩罚. 趋势滤波估计展示出了比光滑样条更好的局部适应性.

在算法上, 离散的差分算子 $D^{(k+1)}\hat{\beta}$ 是有界的, 这对求解式 (4.8.2) 中广义 Lasso 问题是有利条件. Kim 等 (2009) 对线性趋势滤波 ($k=1$) 描述了在固定值 λ 处求解 (4.8.2) 的 primal-dual 内点方法, 其中每次迭代都本质上变为求解线性系统 $D^{(k+1)}(D^{(k+1)})^{\mathrm{T}}$, 需花费 $O(n)$ 次运算. 在最坏情况下, 该算法需要 $O(n^{1/2})$ 迭代, 因此它的复杂度是 $O(n^{3/2})$. 上述结论适合一般情况. 此外, 在固定 λ 处代替求解 (4.8.2), Tibshirani 和 Taylor(2011) 在 $\lambda \in [0,\infty)$ 的所有值上描述了一个利用求解 (4.8.2) 的轨道算法, 即计算在 λ 处的全部解轨道 $\hat{\beta}=\hat{\beta}(\lambda)$. 这个解轨道作为 λ 的函数是分段线性的 (不要与任何固定的 λ 处的估计自身相混淆, 它在输入点 $x_1,\cdots,x_n$ 处有分段多项式结构). 此外, $D^{(k+1)}$ 的有界性是有效计算的关键.

这两个算法的软件都可在网上免费下载. 对于 primal-dual 内点方法, 参见 http:// stanford.edu/~boyd/11_tf, 那里提供了 Matlab 与 C 的使用. 对于轨道算法，在 R 包 genlasso 中可找到函数 trendfilter, 它在 CRAN 库中是可用的.

4.8.3 相关文献及成果注记

由于最小二乘法得到的估计量缺乏稳健性, 因此 Huber(1981) 提出了稳健估计思想. 施沛德和陈希孺 (1994) 利用分段多项式逼近方法研究了回归函数的稳健 M 估计, 并获得了估计量的最优收敛速度. 关于分段多项式最小二乘估计的方法及应用问题, 读者可参阅 McZgee 和 Carleton(1970) 及 Tisber 和 Zang(1981) 等文献.

4.9 非参数回归中的自助法和随机加权法

4.9.1 自助法

所谓自助法就是 bootstrap 法. 在随机设计下的非参数回归是基于 $\mathbf{R}^d \times \mathbf{R}$ 中的样本 $\{(X_i, Y_i), 1 \leqslant i \leqslant n\}$ 来估计 $\mathbf{R}^d$ 上的函数 $m(x) = E(Y|X=x)$. 前面已经介绍了 $m(x)$ 的若干种估计方法. 另一个问题是构造 $m(x)$ 的置信区间. 我们可以利用 $m(x)$ 的估计量的渐近分布来构造 $m(x)$ 的置信区间, 但这种方法需要估计渐近方差. bootstrap 法是寻找置信区间的另一个方法. 该方法由 Efron(1979) 首先提出, 后来受到很多理论和实际工作者的广泛注意, 人们将该方法应用于许多统计模型和实际问题之中. Härdle 和 Marrow(1991) 引入了广义 bootsrtap, 并用之构造同时误差棒. 下面我们介绍这种方法. 具体步骤如下.

(1) 构造估计的残差 $\hat{\varepsilon}_i = Y_i - \hat{m}_h(X_i)$, $i = 1, \cdots, n$, 其中 $\hat{m}_h(\cdot)$ 是具有带宽 h 的核估计.

(2) 对每个指标 i, 取来自中心两点分布的 bootstrap 残差 ε_i^*, 使得它的二、三阶矩分别等于 $\hat{\varepsilon}_i$ 的平方和立方. 可以选取这种分布: 在点 $a = \hat{\varepsilon}_i(1-\sqrt{5})/2$ 处, 赋予概率 $\gamma = (5+\sqrt{5})/10$; 在点 $b = \hat{\varepsilon}_i(1+\sqrt{5})/2$ 处, 赋予概率 $1-\gamma$.

(3) 对每个 i, 定义 bootstrap 样本 $Y_i^* = \hat{m}_g(X_i) + \hat{\varepsilon}_i^*$, 其中 $\hat{m}_g(\cdot)$ 是具有带宽 g 的核估计, 带宽 g 大于 h.

(4) 基于 bootstrap 样本 $\{(X_i, Y_i^*), 1 \leqslant i \leqslant n\}$, 构造核估计 $\hat{m}_h^*(\cdot)$.

下面使用记号 P^* 表示在给定 $(X_1, Y_1), \cdots, (X_n, Y_n)$ 下的 bootstrap 概率; 用 $\tilde{P}$ 表示在给定 $(X_1, \cdots, X_n)$ 下的条件概率. 记 $f(x)$ 为 X 的密度函数, $\varepsilon = Y - m(X)$ 为模型误差, $\sigma^2(x) = \mathrm{var}(\varepsilon|X=x)$. 我们可以用 $\hat{m}_h^*(x) - \hat{m}_g(x)$ 的分布逼近 $\hat{m}_h(x) - m(x)$ 的分布, 即有下列结果.

定理 4.9.1 设 $\sup\limits_x E(\varepsilon^3|X=x) < \infty$, 核 $K(\cdot)$ 是对称非负函数, $\int_{-\infty}^{\infty} K^2(u)\mathrm{d}u < \infty$, $\int_{-\infty}^{\infty} u^2 K(u)\mathrm{d}u < \infty$, $m(x)$, $f(x)$ 和 $\sigma^2(x)$ 是二次连续可微的, $\inf\limits_x f(x) > 0$, 则对几乎所有的样本序列, 有

$$\begin{aligned}\sup_{h\in\mathcal{H}_n}\sup_{g\in\mathcal{G}_n}\Big|&\tilde{P}\left\{\sqrt{nh^d}[\hat{m}_h(x)-m(x)] \leqslant z\right\}\\ &-P^*\left\{\sqrt{nh^d}[\hat{m}_h^*(x)-\hat{m}_g(x)] \leqslant z\right\}\Big| \xrightarrow{P} 0,\end{aligned} \tag{4.9.1}$$

其中 $\mathcal{H}_n = [c_1 n^{-1/(4+d)}, c_2 n^{-1/(4+d)}]$, $\mathcal{G}_n = [n^{-1/(4+d)+\delta}, n^{-\delta}]$, c_1, c_2, δ 皆为正的常数.

定理 4.9.1 的证明可参看 Härdle 和 Marrow(1991), 这里省略其证明. 由 Härdle 和 Marrow(1991) 的定理 3 可知, 在 $d=1$ 时带宽 g 的收敛速度为 $n^{-1/9}$. 在实践中这样的 g 稍微过光滑. 此外, 在定理 4.9.1 的假定下, 对 $d=1$, h 的合理选择是阶 $n^{-1/5}$. 顺便指出, 在 $d=1$ 时 Cao-Abad(1991) 证明了式 (4.9.1) 的一致收敛速度为 $n^{-2/9}$.

由定理 4.9.1 得到 $m(x)$ 的近似 $1-\alpha$ 置信区间:

$$\hat{m}_h(x) \pm u^*_{1-\alpha/2}(nh_n^d)^{-1/2}, \tag{4.9.2}$$

其中 $u^*_{1-\alpha/2}$ 满足 $P^*\{\sqrt{nh^d}[\hat{m}^*_h(x)-\hat{m}_g(x)] \leqslant u^*_{1-\alpha/2}\} = 1-\alpha/2$.

4.9.2 随机加权法

薛留根 (2002c) 利用随机加权法构造非参数回归函数的随机加权统计量, 给出了用随机加权统计量的分布去逼近原估计量的误差分布的精度. 下面我们介绍这种方法.

设 (X,Y) 是取值于 $\mathbf{R}^d\times\mathbf{R}$ 随机向量, $m(x)=E(Y|X=x)$ 是 Y 关于 X 的回归函数, X 具有边缘概率密度函数 $f(x)$. 从 (X,Y) 抽取 iid 样本 $(X_1,Y_1),\cdots,(X_n,Y_n)$, 构造 $m(x)$ 的权函数估计

$$\hat{m}_{\mathrm{W}}(x) = \sum_{i=1}^n W_{ni}(x)Y_i, \tag{4.9.3}$$

其中 $\{W_{ni}(x), 1\leqslant i\leqslant n\}$ 为概率权, 即满足: $W_{ni}(x)\geqslant 0$, $\sum\limits_{i=1}^n W_{ni}(x)=1$. 它可以取核权、局部多项式权、近邻权等.

为了得到 $m(x)$ 的随机加权统计量, 取定一列 iid 随机变量 $\eta_1,\cdots,\eta_n$, 满足条件:

(W) $E(\eta_i)=0$, $\mathrm{var}(\eta_i)=1$, $E(|\eta_i|^3)<\infty$, $\{\eta_i, 1\leqslant i\leqslant n\}$ 与 $\{(X_i,Y_i), 1\leqslant i\leqslant n\}$ 独立.

令 $Y_i^*=\eta_iY_i+(1-\eta_i)\hat{m}_{\mathrm{W}}(x)$. 利用 $(X_1,Y_1^*),\cdots,(X_n,Y_n^*)$ 构造 $m(x)$ 的权函数估计

$$\hat{m}^*_{\mathrm{W}}(x) = \sum_{i=1}^n W_{ni}(x)Y_i^*, \tag{4.9.4}$$

其中权 $\{W_{ni}(x), 1\leqslant i\leqslant n\}$ 如同式 (4.9.3) 中定义. 我们可以用 $\hat{m}^*_{\mathrm{W}}(x)-\hat{m}_{\mathrm{W}}(x)$ 的分布去模拟 $\hat{m}_{\mathrm{W}}(x)-m(x)$ 的分布. 与 bootstrap 方法相比有两个优点: 一是逼近

精度提高了, 二是 $\hat{m}^*_{\mathrm{W}}(x)$ 计算简单, 不需要进行再抽样. 记

$$G_n(z)=P\left\{\sqrt{nh_n^d}[\hat{m}_{\mathrm{W}}(x)-m(x)]\leqslant z\right\},$$

$$G^*_n(z)=P^*\left\{\sqrt{nh_n^d}[\hat{m}^*_{\mathrm{W}}(x)-\hat{m}_{\mathrm{W}}(x)]\leqslant z\right\}.$$

薛留根 (2002c) 在核估计下给出了下列逼近结果.

定理 4.9.2 设 $E[|Y|^{2(d+2)}]<\infty$, $K(u)$ 是 $\mathbf{R}^d$ 上的有界、对称的概率密度函数, 且存在正的常数 ρ, c_1 和 c_2, 使得

$$c_1I(\|u\|)\leqslant\rho)\leqslant K(u)\leqslant c_2I(\|u\|\leqslant\rho).$$

又设在固定点 x 的某个邻域内, $m(u)$ 的所有一、二阶导数存在且有界, $f(u)$ 和 $\sigma^2(u)$ 都满足一阶 Lipschitz 条件, $f(x)>0$, $\inf\limits_u\sigma^2(u)>0$ 且条件 (W) 满足. 如果选取 $h_n=cn^{-1/(d+2)}$, 其中 $c>0$ 为某个常数, 则

$$\sup_y|G_n(z)-G^*_n(z)|=o\big(n^{-1/(d+2)}\sqrt{\log nc_n}\big),\quad \text{a.s.},$$

其中 $c_n>0$ 以任意慢的速度趋于无穷大.

下面我们利用定理 4.9.2 来构造 $m(x)$ 的逐点置信区间. 给定数值 $\alpha(0<\alpha<1)$, 定义常数 $\hat{u}_{1-\alpha/2}$ 和 $u_{1-\alpha/2}$, 使满足

$$G^*_n(\hat{u}_{1-\alpha/2})=G_n(u_{1-\alpha/2})=1-\alpha/2. \tag{4.9.5}$$

如果 $G_n(z)$ 能够确切知道, 那么利用 $u_{1-\alpha/2}$ 可以得出 $m(x)$ 的近似 $1-\alpha$ 置信区间

$$\hat{m}_{\mathrm{W}}(x)\pm u_{1-\alpha/2}(nh_n^d)^{-1/2}.$$

一般情况下, $G_n(z)$ 是未知的, 由式 (4.9.5) 还无法得到 $u_{1-\alpha/2}$. 此时, 我们可以用随机加权估计 $\hat{u}_{1-\alpha/2}$ 代替 $u_{1-\alpha/2}$, 从而得到 $m(x)$ 的近似 $1-\alpha$ 置信区间:

$$\hat{m}_{\mathrm{W}}(x)\pm\hat{u}_{1-\alpha/2}(nh_n^d)^{-1/2}. \tag{4.9.6}$$

以 L_n 记置信区间 (4.9.6) 的长度, 则有 $L_n=2\hat{u}_{1-\alpha/2}(nh_n^d)^{-1/2}$. 由此我们看到: 当给定 α 时, 区间长度 L_n 随 n 的增加而减少. 若希望区间长度小, n 就必须取得大.

4.9.3 相关文献及成果注记

薛留根 (1999) 利用随机加权法构造了回归函数的最近邻和核估计的随机加权统计量, 证明了用随机加权统计量的分布逼近两类估计量的误差分布之精度可达

到 $o(n^{-1/2p})$, 其中 $1 < p \leqslant 2$. 薛留根和胡玉萍 (2001) 利用 Dirichlet 分布构造了回归函数核估计的随机加权统计量, 得到了用随机加权统计量的分布逼近原估计量的误差分布的精度, 所得结果可以用来构造回归函数的置信区间. Gijbels 和 Goderniaux(2004) 研究了非参数回归中变点的 bootatrap 检验问题. Lin 与 Fan 和 Tan(2008) 建议用逐块的 bootstrap 小波来估计回归函数, 得到了估计量的偏差和方差的渐近阶, 并证明了修正估计量的渐近正态性. McMurry 和 Politis(2008) 在固定设计模型下构造了回归函数的 bootstrap 置信区间.

4.10 纵向数据的经验似然局部多项式回归

4.10.1 朴素的经验似然

假设纵向数据来自 n 个个体, 其第 i 个个体具有 J_i 次观测 $(i = 1, \cdots, n)$. 第 i 个个体的第 j 次观测由单协变量 $X_{ij} \in \mathbf{R}$ 和响应变量 Y_{ij} 组成. 虽然本小节的结果在诸个体长度不同时成立, 但为方便起见, 我们假定每个个体的观测数具有同样的值 J. 假设观测的完全数据集 $\{X_{ij}, Y_{ij}\}$ 可以建模为

$$Y_{ij} = m(X_{ij}) + \varepsilon_{ij}, \quad i = 1, \cdots, n, \quad j = 1, \cdots, J, \tag{4.10.1}$$

其中诸 ε_{ij} 是随机误差, $E(\varepsilon_{ij}|X_{i1}, \cdots, X_{iJ}) = 0$, $\mathrm{var}(\varepsilon_{ij}|X_{i1}, \cdots, X_{iJ}) = \sigma^2(X_{ij})$, $m(\cdot)$ 是一个光滑的回归函数.

模型 (4.10.1) 对分析纵向数据相当有用, 许多学者用不同方法对该模型进行了研究. 参见 4.1.9 小节和以后各节相关内容. Zhang 和 Liu(2003) 结合局部多项式光滑和经验似然方法构造了回归函数及其导数的估计, 并证明了所提出的估计量的相合性和渐近正态性. 然而, 构造回归函数的逐点置信区间也是一个重要的问题. Xue(2010) 利用局部多项式光滑构造了模型 (4.10.1) 中 $m(\cdot)$ 及其导数的经验似然比统计量, 并证明了该统计量渐近服从 χ^2 分布, 所得结果可以用来构造 $m(\cdot)$ 及其导数的逐点置信区间. 下面我们介绍这种方法. 在后面讨论有关估计量的渐近性质时, 我们假设个体长度 J 是有界的, 而个体数 n 趋于无穷大. 此外假设 X_{ij} 独立地取自不同个体, 且具有 Lebesgue 可测的密度 $f_j(\cdot)$.

1. *基本方法*

假设函数 $m(x)$ 在点 x_0 处具有 $p+1$ 阶导数, 那么利用 Taylor 公式可得: 对 x_0 的某个邻域中的 x,

$$m(x) \approx m(x_0) + m'(x_0)(x - x_0) + \cdots + \frac{m^{(p)}(x_0)}{p!}(x - x_0)^p,$$

其中 $p \geqslant 0$ 为整数. 记 $Z_{ij}(x_0) = (1, X_{ij}-x_0, \cdots, (X_{ij}-x_0)^p)^{\mathrm{T}}$, $\beta_\nu(x_0) = m^{(\nu)}(x_0)/\nu!$, $\nu = 0, \cdots, p$, 其中 $m^{(0)}(x_0) = m(x_0)$. 设 $\beta(x_0) = (\beta_0(x_0), \cdots, \beta_p(x_0))^{\mathrm{T}}$ 是真局部参数, 则在 x_0 处, $m(X_{ij})$ 建模为

$$m(X_{ij}) \approx Z_{ij}^{\mathrm{T}}(x_0)\beta(x_0). \tag{4.10.2}$$

虽然在不同的个体之间样本是独立的, 但在每个个体内它们可能是相关的. 关键的思想是用可逆的工作相关矩阵 $R_i = R(\delta, X_{i1}, \cdots, X_{iJ})$ 来建模个体内相关矩阵 R_{i0}, 其中 R_{i0} 是给定 $\{X_{ij}, j = 1, \cdots, J\}$ 下 $\{Y_{ij}, j = 1, \cdots, J\}$ 的条件协方差矩阵. 在一般情况下, R_i 也许依赖于未知参数 δ, 此参数可以利用矩法来估计. 注意到参数 δ 的估计量的收敛速度比非参数估计的速度更快. 为论述简单且不失一般性, 假设 δ 是固定的. 又设 R_i 和 R_{i0} 的特征值一致有界且远离 0, 且它们的元素是协变量的连续函数. 记 $A_i = \mathrm{diag}\{\sigma^2(X_{i1}), \cdots, \sigma^2(X_{iJ})\}$, $V_{i0} = \mathrm{var}\{(Y_{i1}, \cdots, Y_{iJ})^{\mathrm{T}} | X_{i1}, \cdots, X_{iJ}\}$. 那么 $R_{i0} = A_i^{-1/2} V_{i0} A_i^{-1/2}$. 给定带宽 $h_n > 0$ 和核函数 $K(\cdot)$, 记 $H = \mathrm{diag}\{1, h_n, \cdots, h_n^p\}$, $K_{ih}(x_0) = \mathrm{diag}\{K((X_{i1} - x_0)/h_n), \cdots, K((X_{iJ} - x_0)/h_n)\}$,

$$W_i(x_0) = K_{ih}^{1/2}(x_0)(I_i R_i I_i)^{-} K_{ih}^{1/2}(x_0),$$

其中 A^- 表示任何 $J \times J$ 对称矩阵 A 的 Moore-Penrose, 即 $AA^-A = A$ 且 $A^-AA^- = A^-$,

$$I_i = \mathrm{diag}\{I[K((X_{i1} - x_0)/h_n) > 0], \cdots, I[K((X_{iJ} - x_0)/h_n) > 0]\}.$$

记 $Z_i(x_0) = (Z_{i1}(x_0), \cdots, Z_{iJ}(x_0))^{\mathrm{T}}$, $Y_i = (Y_{i1}, \cdots, Y_{iJ})^{\mathrm{T}}$. 使用模型 (4.10.2), 构造辅助随机向量

$$\eta_i(\beta(x_0)) = H^{-1} Z_i^{\mathrm{T}}(x_0) W_i(x_0)[Y_i - Z_i(x_0)\beta(x_0)]. \tag{4.10.3}$$

那么, $\beta(x_0)$ 的朴素的经验对数似然比函数定义为

$$l(\beta(x_0)) = -2\max\left\{\sum_{i=1}^n \log(nw_i) : w_i \geqslant 0, \sum_{i=1}^n w_i = 1, \sum_{i=1}^n w_i \eta_i(\beta(x_0)) = 0\right\}.$$

对给定的 $\beta(x_0)$, 如果原点在点 $(\eta_1(\beta(x_0)), \cdots, \eta_n(\beta(x_0)))$ 的凸集内, 那么 $l(\beta(x_0))$ 存在唯一值 (Owen, 1990, 2001). 我们也可以极大化 $\{-l(\beta(x_0))\}$ 得到参数 $\beta(x_0)$ 的估计量 $\hat{\beta}(x_0)$, 称之为极大经验似然估计. 可以证明 $\hat{\beta}(x_0)$ 是估计方程 $\sum\limits_{i=1}^n \eta_i(\beta(x_0)) = 0$ 的解, 即

$$\hat{\beta}(x_0) = H^{-1}\hat{\Gamma}^{-1}(x_0) \cdot \frac{1}{nh_n}\sum_{i=1}^n H^{-1} Z_i^{\mathrm{T}}(x_0) W_i(x_0) Y_i, \tag{4.10.4}$$

其中

$$\hat{\Gamma}(x_0)=\frac{1}{nh_n}\sum_{i=1}^{n}H^{-1}Z_i^{\mathrm{T}}(x_0)W_i(x_0)Z_i(x_0)H^{-1}. \tag{4.10.5}$$

2. 渐近性质

下面讨论 $l(\beta(x_0))$ 和 $\hat{\beta}(x_0)$ 的渐近分布. 用 $\mathcal{C}$ 表示 $f_j(x)$ 的支撑的并集, 设 x_0 是 $\mathcal{C}$ 中的一个内点, 并令 $\hat{\beta}(x_0)=(\hat{\beta}_0(x_0),\cdots,\hat{\beta}_p(x_0))^{\mathrm{T}}$. 则 $m^{(\nu)}(x_0)$ 的加权估计量为 $\hat{m}^{(\nu)}(x_0)=\nu!\hat{\beta}_\nu(x_0)$, $\nu=0,\cdots,p$, 其中 $\hat{m}^{(0)}(x_0)=\hat{m}(x_0)$. 设 $S=(\mu_{i+j})_{0\leqslant i,j\leqslant p}$ 和 $S^*=(\nu_{i+j})_{0\leqslant i,j\leqslant p}$ 是 $(p+1)\times(p+1)$ 矩阵, 其中 S 是正定矩阵, $\mu_j=\int_{-1}^{1}u^jK(u)\mathrm{d}u$, $\nu_j=\int_{-1}^{1}u^jK^2(u)\mathrm{d}u$, $j=0,1,\cdots$. 为得到统计量的渐近性质, 下面的正则条件是必需的.

(A4.10.1) 带宽 h_n 满足 $h_n=c_0n^{-1/(2p+3)}$, 其中 $c_0>0$ 为某个常数.

(A4.10.2) 核 $K(\cdot)$ 是具有紧支撑 $[-1,1]$ 的有界对称的概率密度函数.

(A4.10.3) 存在常数 $\delta>0$, 使得 $\sup\limits_{ij}E\left(|\varepsilon_{ij}|^{2+\delta}\right)<\infty$.

(A4.10.4) $(X_{i1},\cdots,X_{iJ})$ 的联合密度存在; X_{ij} 的边缘密度$f_j(x)$和(X_{ij_1},X_{ij_2})的联合密度 $f_{j_1j_2}(x,s)(j_1\neq j_2)$ 分别在 x_0 和 (x_0,u_0) 是连续可微的, 其中 u_0 也是 $\mathcal{C}$ 的内点; 且存在 j 使得 $0<\inf\limits_{t\in\mathcal{C}}f_j(x)<\infty$.

(A4.10.5) 函数 $m^{(p+2)}(x)$ 和 $\sigma^2(x)$ 在 x_0 连续.

Xue(2010) 给出了 $l(\beta(x_0))$ 的渐近分布, 即下述定理.

定理 4.10.1 设条件 (A4.10.2)~(A4.10.5) 成立. 如果 $nh_n\to\infty$, $nh_n^{2p+3}\to 0$, 则 $l(\beta(x_0))\xrightarrow{D}\chi_{p+1}^2$.

Chen 和 Jin(2005) 给出了 $\hat{\beta}(x_0)$ 的条件偏差和方差. Xue(2010) 给出 $\hat{\beta}(x_0)$ 的渐近分布, 即下述定理.

定理 4.10.2 设条件 (A4.10.1)~(A4.10.5) 成立, 则

$$\sqrt{nh_n}H[\hat{\beta}(x_0)-\beta(x_0)]-\omega(x_0)\xrightarrow{D}N(0,\Sigma(x_0)), \tag{4.10.6}$$

其中 $\Sigma(x_0)=\Gamma^{-1}(x_0)\Lambda(x_0)\Gamma^{-1}(x_0)$, $\Lambda(x_0)=\sigma^2(x_0)\sum\limits_{j=1}^{J}f_j(x_0)S^*$, $\Gamma(x_0)=\sum\limits_{j=1}^{J}f_j(x_0)S$, $\omega(x_0)=\Gamma^{-1}(x_0)a(x_0)$, $a(x_0)=(a_0(x_0),\cdots,a_p(x_0))^{\mathrm{T}}$,

$$a_\nu(x_0)=\mu_{p+\nu+1}c_0^{(2p+3)/2}\frac{m^{(p+1)}(x_0)}{(p+1)!}\sum_{j=1}^{J}f_j(x_0).$$

如果将条件 (A4.10.1) 改为 $h_n = o(n^{-1/2p+3})$, 则式 (4.10.6) 的渐近偏差项消失, 即有

$$\sqrt{nh_n}H[\hat{\beta}(x_0) - \beta(x_0)] \xrightarrow{D} N(0, \Sigma(x_0)). \tag{4.10.7}$$

我们需要指出, 当协变量的联合密度存在时, 工作协方差矩阵并没有出现在渐近偏差和方差的表达式中, 因此不影响曲线估计的精度. 这种现象的直观解释如下: 在构造估计量 $\hat{\beta}(x_0)$ 时, 仅使用满足 $|X_{ij} - x_0| \leqslant h_n$ 的样本 (X_{ij}, Y_{ij}). 联合密度的存在确保了恰好使用一个 (X, Y) 观测的主阶是 $2nh_n \sum_{j=1}^{J} f_j(x_0)\{1 + o_P(1)\}$, 而使用两个或更多 (X, Y) 观测的主阶是 $O_P(nh_n^2)$, 显然, 估计 $\hat{\beta}(x_0)$ 是由使用一个 (X, Y) 观测的项所确定, 因此建模个体内相关变成为多余, 此时纵向数据的局部多项式光滑本质上成为非纵向数据分析的问题 (Chen and Jin, 2005). 从上述讨论可知, 我们可以取单位矩阵 (工作独立) 作为工作相关矩阵, 从而使工作相关矩阵的选择变得非常方便. 在后面的模拟研究中我们发现: 在工作独立下 $m(x)$ 的逐点置信区间的有限样本性质比真相关矩阵下的性质还要好.

在证明定理之前, 我们需要给出下列引理.

引理 4.10.1　设条件 (A4.10.2)~(A4.10.5) 成立, 则

$$\frac{1}{\sqrt{nh_n}} \sum_{i=1}^{n} \eta_i(\beta(x_0)) - a(x_0) \xrightarrow{D} N(0, \Lambda(x_0)),$$

其中 $a(x_0)$ 和 $\Lambda(x_0)$ 在定理 4.10.2 中定义.

证　为方便起见, 定义

$$\varphi_i(x_0) = H^{-1} Z_i^{\mathrm{T}}(x_0) W_i(x_0)[m(X_i) - Z_i(x_0)\beta(x_0)], \tag{4.10.8}$$

其中 $m(X_i) = (m(X_{i1}), \cdots, m(X_{iJ}))^{\mathrm{T}}$. 使用在式 (4.10.3) 中的记号 $\eta_i(\beta(x_0))$, 可得

$$\begin{aligned}\frac{1}{\sqrt{nh_n}} \sum_{i=1}^{n} \eta_i(\beta(x_0)) - a(x_0) &= \frac{1}{\sqrt{nh_n}} \sum_{i=1}^{n} H^{-1} Z_i^T(x_0) W_i(x_0) \varepsilon_i \\ &\quad + \frac{1}{\sqrt{nh_n}} \sum_{i=1}^{n} \left[\varphi_i(x_0) - (h/n)^{1/2} a(x_0)\right] \\ &\triangleq J_{n1}(x_0) + J_{n2}(x_0),\end{aligned} \tag{4.10.9}$$

其中 $\varepsilon_i = (\varepsilon_{i1}, \cdots, \varepsilon_{iJ})^{\mathrm{T}}$. 类似于 Chin 和 Jin(2005) 的命题 1 和推论 1 的证明, 容易证得 $E[J_{n1}(x_0)] = 0$, $\mathrm{cov}\,(J_{n1}(x_0)) = \Lambda(x_0) + o(1)$. 我们可以验证 $J_{n1}(x_0)$ 满足 Cramér-Wold 和 Lindeberg 条件 (Serfling, 1980). 因此

$$J_{n1}(x_0) \xrightarrow{D} N(0, \Lambda(x_0)). \tag{4.10.10}$$

直接计算可以得到 $E\{J_{n2}^2(x_0)\}=o(1)$. 因此, $J_{n2}(x_0)\xrightarrow{P}0$. 此式与式 (4.10.9) 和式 (4.10.10) 结合即可完成引理 4.10.1 的证明.

引理 4.10.2 设条件 (A4.10.2)~(A4.10.5) 成立. 如果 $h\to 0$, $nh_n\to\infty$, 则

$$\Lambda_n(\beta(x_0))\triangleq\frac{1}{nh_n}\sum_{i=1}^n\eta_i(\beta(x_0))\eta_i^{\mathrm T}(\beta(x_0))\xrightarrow{P}\Lambda(x_0),\tag{4.10.11}$$

其中 $\Lambda(x_0)$ 在定理 4.10.2 中定义.

证 记 $U_i(x_0)=H^{-1}Z_i^{\mathrm T}(x_0)W_i(x_0)\varepsilon_i$,

$$R_i(x_0)=H^{-1}Z_i^{\mathrm T}(x_0)W_i(x_0)\left[m(X_i)-Z_i(x_0)\beta(x_0)\right].$$

那么我们有 $\eta_i(\beta(x_0))=U_i(x_0)+R_i(x_0)$,

$$\begin{aligned}\Lambda_n(\beta(x_0))=&\frac{1}{nh_n}\sum_{i=1}^nU_i(x_0)U_i^{\mathrm T}(x_0)+\frac{1}{nh_n}\sum_{i=1}^nR_i(x_0)R_i^{\mathrm T}(x_0)\\&+\frac{1}{nh_n}\sum_{i=1}^nU_i(x_0)R_i^{\mathrm T}(x_0)+\frac{1}{nh_n}\sum_{i=1}^nR_i(x_0)U_i^{\mathrm T}(x_0)\\\triangleq&D_1(x_0)+D_2(x_0)+D_3(x_0)+D_4(x_0).\end{aligned}$$

可以证明 $D_1(x_0)\xrightarrow{P}\Lambda(x_0)$, $D_\nu(x_0)\xrightarrow{P}0$, $\nu=2,3,4$. 因此, 引理 4.10.2 得证.

引理 4.10.3 设条件 (A4.10.2)~(A4.10.5) 成立. 如果 $h\to 0$, $nh_n\to\infty$, 则

$$\max_{1\leqslant i\leqslant n}\|\eta_i(\beta(x_0))\|=o_P\left((nh_n)^{1/2}\right),$$

其中 $\eta_i(\beta(x_0))$ 在式 (4.10.3) 中定义.

证 我们仍使用引理 4.10.2 的证明中的记号 $U_i(x_0)$ 和 $R_i(x_0)$. 由 Markov 不等式, 对任何 $\epsilon>0$ 和某个 $\delta>0$, 有

$$\begin{aligned}P\Big\{\max_{1\leqslant i\leqslant n}\|U_i(x_0)\|>\epsilon(nh_n)^{1/2}\Big\}&\leqslant\sum_{i=1}^nP\left\{\|U_i(x_0)\|>\epsilon(nh_n)^{1/2}\right\}\\&\leqslant\left[\epsilon(nh_n)^{1/2}\right]^{-(2+\delta)}\sum_{i=1}^nE\left(\|U_i(x_0)\|^{2+\delta}\right)\\&\leqslant c(nh_n)^{-\delta/2}\to 0.\end{aligned}$$

因此可得 $\max_{1\leqslant i\leqslant n}\|U_i(x_0)\|=o_P((nh_n)^{1/2})$. 类似地, 可以证明 $\max_{1\leqslant i\leqslant n}\|R_i(x_0)\|=o_P((nh_n)^{1/2})$. 注意到 $\eta_i(\beta(x_0))=U_i(x_0)+R_i(x_0)$. 因此, 引理 4.10.3 得证.

定理 4.10.1 的证 由 Lagrange 乘子法, $l(\beta(x_0))$ 可表示为

$$l(\beta(x_0))=2\sum_{i=1}^n\log\left(1+\lambda^{\mathrm T}\eta_i(\beta(x_0))\right),\tag{4.10.12}$$

其中 $\lambda=\lambda(\beta(x_0))$ 是 $p\times 1$ 向量, 且满足

$$\sum_{i=1}^{n}\frac{\eta_i(\beta(x_0))}{1+\lambda^T\eta_i(\beta(x_0))}=0. \tag{4.10.13}$$

利用引理 4.10.1∼ 引理 4.10.3, 并类似于 Owen(1990) 的证明可以证得

$$\lambda=O_P\left((nh_n)^{-1/2}\right). \tag{4.10.14}$$

对式 (4.10.12) 应用 Taylor 公式, 并调用引理 4.10.1∼ 引理 4.10.3 和式 (4.10.14), 可以证明

$$l(\beta(x_0))=2\sum_{i=1}^{n}\left[\lambda^{\mathrm T}\eta_i(\beta(x_0))-\left[\lambda^{\mathrm T}\eta_i(\beta(x_0))\right]^2/2\right]+o_P(1). \tag{4.10.15}$$

由式 (4.10.13) 和 $(1+x)^{-1}=1-x+x^2/(1+x)$, 立刻推出

$$\begin{aligned}0=&\sum_{i=1}^{n}\frac{\eta_i(\beta(x_0))}{1+\lambda^{\mathrm T}\eta_i(\beta(x_0))}\\ =&\sum_{i=1}^{n}\eta_i(\beta(x_0))-\sum_{i=1}^{n}\eta_i(\beta(x_0))\eta_i^{\mathrm T}(\beta(x_0))\lambda+\sum_{i=1}^{n}\frac{\eta_i(\beta(x_0))[\lambda^{\mathrm T}\eta_i(\beta(x_0))]^2}{1+\lambda^{\mathrm T}\eta_i(\beta(x_0))}.\end{aligned}$$

再结合引理 4.10.1∼ 引理 4.10.3 和式 (4.10.14) 可证得

$$\sum_{i=1}^{n}[\lambda^{\mathrm T}\eta_i(\beta(x_0))]^2=\sum_{i=1}^{n}\lambda^{\mathrm T}\eta_i(\beta(x_0))+o_P(1),$$

由此可得

$$\lambda=\left[\sum_{i=1}^{n}\eta_i(\beta(x_0))\eta_i^{\mathrm T}(\beta(x_0))\right]^{-1}\sum_{i=1}^{n}\eta_i(\beta(x_0))+o_P\left((nh_n)^{-1/2}\right).$$

因此, 由式 (4.10.15) 可得

$$\begin{aligned}l(\beta(x_0))=&\left[\frac{1}{\sqrt{nh_n}}\sum_{i=1}^{n}\eta_i(\beta(x_0))\right]^{\mathrm T}\Lambda_n^{-1}(\beta(x_0))\left[\frac{1}{\sqrt{nh_n}}\sum_{i=1}^{n}\eta_i(\beta(x_0))\right]\\ &+o_P(1),\end{aligned} \tag{4.10.16}$$

其中 $\Lambda_n(\beta(x_0))$ 在式 (4.10.11) 中定义. 再结合引理 4.10.1 和引理 4.10.2 可完成定理 4.10.1 的证明.

定理 4.10.2 的证　通过简单计算可得

$$\hat\beta(x_0)-\beta(x_0)=H^{-1}\hat\Gamma^{-1}(x_0)(nh_n)^{-1}\sum_{i=1}^{n}\eta_i(\beta(x_0)). \tag{4.10.17}$$

类似于引理 4.10.2 的证明, 可以证明

$$\hat{\Gamma}(x_0) \xrightarrow{P} \Gamma(x_0), \tag{4.10.18}$$

其中 $\hat{\Gamma}(x_0)$ 和 $\Gamma(x_0)$ 分别在式 (4.10.5) 和定理 4.10.2 中定义. 因此, 使用式 (4.10.17) 和式 (4.10.18) 以及引理 4.10.1 和 Slutsky 定理, 即可完成定理 4.10.2 的证明.

4.10.2 残差调整的经验似然

从定理 4.10.1 可以看出, 带宽 h_n 的范围在区间 $(b_1n^{-1}, b_2n^{-1/(2p+3)})$ 内, 其中 b_1 和 b_2 是两个正的常数. 由于这个范围不包含最优带宽 $c_0n^{-1/(2p+3)}$, 因此需要运用欠光滑估计偏差. 然而, 这就涉及如何恰当地选择带宽. 为避开这个麻烦, 我们提出了一个残差调整的经验似然比函数. 下面我们阐述这个方法. 从式 (4.10.16)、引理 4.10.1 和引理 4.10.2 我们可以导出: 当 $h_n = c_0n^{-1/(2p+3)}(c_0 > 0)$ 时, $l(\beta(x_0))$ 不是渐近 χ^2 的. 因此, 做修正的一个自然想法是导出关于 $r(X_{ij})$ 的估计量, 其中 $r(X_{ij}) = m(X_{ij}) - Z_{ij}^{\mathrm{T}}(x_0)\beta(x_0)$ 是在点 X_{ij} 的近似误差. 假设对某个 $q > 0$, 函数 $m(\cdot)$ 在点 x_0 存在 $p+q+1$ 阶导数, 那么对 $m(X_{ij})$ 进一步进行 Taylor 展开可以给出近似误差的近似表达式:

$$\begin{aligned} r(X_{ij}) &\approx \beta_{p+1}(x_0)(X_{ij} - x_0)^{p+1} + \cdots + \beta_{p+d}(x_0)(X_{ij} - x_0)^{p+q} \\ &\triangleq r_{ij}(x_0), \end{aligned} \tag{4.10.19}$$

其中 q 是近似的阶, $\beta_{p+l}(x_0) = m^{(p+l)}(x_0)/(p+l)!$, $l = 1, \cdots, q$. q 的选择对估计的偏差的性能起到一些作用. Fan 和 Gijbels(1996) 讨论了 q 的选择问题. 他们指出, 在 $q = 2$ 时估计的偏差有好的性能. 因此, 我们在模拟中取 $q = 2$, 且在考虑的例子中用数据驱动带宽选择方法得到了良好效果. 设 $\hat{\beta}_{p+1}(x_0)$ 和 $\hat{\beta}_{p+2}(x_0)$ 是通过局部拟合 $p+2$ 阶多项式得到的估计的回归系数, 并使用 4.10.4 小节引入的残差平方准则 (RSC) 选择辅助带宽. 然后将这些估计量代入到式 (4.10.19), 得到 $r_{ij}(x_0)$ 的估计量 $\hat{r}_{ij}(x_0)$, $i = 1, \cdots, n$, $j = 1, \cdots, J$. 令 $r_i(x_0) = (r_{i1}(x_0), \cdots, r_{iJ}(x_0))^{\mathrm{T}}$, $\hat{r}_i(x_0) = (\hat{r}_{i1}(x_0), \cdots, \hat{r}_{iJ}(x_0))^{\mathrm{T}}$, 那么 $\hat{r}_i(x_0)$ 是 $r_i(x_0)$ 的一个估计量. 使用 $\hat{r}_i(x_0)$, 我们引入辅助随机向量

$$\hat{\eta}_i(\beta(x_0)) = H^{-1}Z_i^{\mathrm{T}}(x_0)W_i(x_0)\left[Y_i - Z_i(x_0)\beta(x_0) - \hat{r}_i(x_0)\right]. \tag{4.10.20}$$

显然, 诸 $\hat{\eta}_i(\cdot)$ 是 $\eta_i(\cdot)$ 的调整. 因此, 一个残差调整的经验对数似然比函数定义为

$$\hat{l}(\beta(x_0)) = -2\max\left\{\sum_{i=1}^{n}\log(nw_i) : w_i \geqslant 0, \sum_{i=1}^{n} w_i = 1, \sum_{i=1}^{n} w_i\hat{\eta}_i(\beta(x_0)) = 0\right\}.$$

下面的定理陈述了 $\hat{l}(\beta(x_0))$ 的渐近性质.

定理 4.10.3 设条件 (A4.10.1)~(A4.10.5) 成立, 则 $\hat{l}(\beta(x_0)) \xrightarrow{D} \chi^2_{p+1}$.

证 按照定理 4.10.1 的证明, 我们仅需证明

$$\frac{1}{\sqrt{nh_n}}\sum_{i=1}^n \hat{\eta}_i(\beta(x_0)) \xrightarrow{D} N(0, \Lambda(x_0)), \tag{4.10.21}$$

$$\frac{1}{nh_n}\sum_{i=1}^n \hat{\eta}_i(\beta(x_0))\hat{\eta}_i^{\mathrm{T}}(\beta(x_0)) \xrightarrow{P} \Lambda(x_0), \tag{4.10.22}$$

$$\max_{1\leqslant i\leqslant n}\|\hat{\eta}_i(\beta(x_0))\| = o_P\left((nh_n)^{1/2}\right), \tag{4.10.23}$$

其中 $\hat{\eta}_i(\beta(x_0))$ 在式 (4.10.20) 中定义.

我们首先考虑式 (4.10.21). 直接计算可以得到

$$\begin{aligned}\frac{1}{\sqrt{nh_n}}\sum_{i=1}^n \hat{\eta}_i(\beta(x_0)) &= \frac{1}{\sqrt{nh_n}}\sum_{i=1}^n H^{-1}Z_i^{\mathrm{T}}(x_0)W_i(x_0)\varepsilon_i \\ &\quad -\frac{1}{\sqrt{nh_n}}\sum_{i=1}^n[\hat{\varphi}_i(x_0)-\varphi_i(x_0)] \\ &\triangleq J_{n1}(x_0) - L_n(x_0).\end{aligned} \tag{4.10.24}$$

首先处理 $L_n(x_0)$. 由 Taylor 公式和条件 (A4.10.1)~(A4.10.5) 可知, $L_n(x_0)$ 中的求和式可以用

$$\sum_{i=1}^n H^{-1}Z_i^{\mathrm{T}}(x_0)W_i(x_0)\left\{[\hat{\beta}_{p+1}(x_0)-\beta_{p+1}(x_0)](X_i-x_0)^{p+1}+o_P(\|X_i-x_0\|^{p+2})\right\}$$

界定, 其中 $X_i=(X_{i1},\cdots,X_{iJ})^{\mathrm{T}}$, $\hat{\beta}_{p+1}(x_0)$ 是用局部拟合 $p+2$ 阶多项式得到的 $\beta_{p+1}(x_0)$ 的估计量. 可以证明: $\hat{\beta}_{p+1}(x_0)-\beta_{p+1}(x_0)\xrightarrow{P}0$, 以及

$$\frac{1}{\sqrt{nh_n}}\sum_{i=1}^n H^{-1}Z_i^{\mathrm{T}}(x_0)W_i(x_0)\|X_i-x_0\|^{p+\nu} = O_P(1),\quad \nu=1,2.$$

因此可得 $L_n(x_0)\xrightarrow{P}0$. 再结合式 (4.10.10) 和式 (4.10.24) 即可证得式 (4.10.21).

下面证明式 (4.10.22). 仍使用引理 4.10.2 和引理 4.10.3 的记号. 令 $\hat{R}_i(x_0)=\hat{\varphi}_i(x_0)-\varphi_i(x_0)$. 我们有 $\hat{\eta}_i(\beta(x_0))=U_i(x_0)+\hat{R}_i(x_0)$, 其中 $U_i(x_0)$ 在引理 4.10.2 的证明中定义. 类似于引理 4.10.2 和引理 4.10.3 的证明, 可以证得

$$\frac{1}{nh_n}\sum_{i=1}^n\|U_i(x_0)\|^2 = O_P(1),\qquad \frac{1}{nh_n}\sum_{i=1}^n\|\hat{R}_i(x_0)\|^2\xrightarrow{P}0,$$

从而可证得式 (4.10.22). 式 (4.10.23) 的证明类似于引理 4.10.3 的证明, 故从略. 最后, 类似于定理 4.10.1 的证明, 并使用式 (4.10.21)~ 式 (4.10.23) 即可完成定理 4.10.3 的证明.

4.10.3 近似置信域和置信区间

在本小节中, 我们基于经验似然和正态逼近构造 $\beta(x_0)$ 的一类近似置信域和 $\beta_\nu(x_0)$ 的置信区间, 其中 x_0 是给定的点.

1. 基于经验似然的近似置信域

利用定理 4.10.1 和定理 4.10.3, 我们可以构造 $\beta(x_0)$ 的近似置信域. 基于朴素的经验似然置信域定义为

$$R_\alpha(x_0)=\left\{\tilde{\beta}(x_0):\, l(\tilde{\beta}(x_0))\leqslant \chi^2_{p+1}(1-\alpha)\right\},$$

基于残差调整的经验似然置信域定义为

$$\hat{R}_\alpha(x_0)=\left\{\tilde{\beta}(x_0):\, \hat{l}(\tilde{\beta}(x_0))\leqslant \chi^2_{p+1}(1-\alpha)\right\}.$$

2. 基于经验似然的近似置信区间

假如我们对 $\beta(x_0)$ 的一个分量的置信区间感兴趣, 那么可以应用部分经验似然比. 我们首先考虑 $\beta(x_0)$ 的任何分量 $\beta_\nu(x_0)$ 的置信区间, 其基本思想是改进在 4.10.2 小节中定义的残差调整的经验似然比. 用 $e_{\nu+1}$ 表示第 $\nu+1$ 个分量为 1 的 $p+1$ 维单位向量. 由式 (4.10.4), $\beta(x_0)$ 的第 ν 个分量 $\beta_\nu(x_0)$ 的估计可表示为 $\hat{\beta}_\nu(x_0)=e^{\mathrm{T}}_{\nu+1}\hat{\beta}(x_0)$, $\nu=0,\cdots,p$. 令

$$\begin{aligned}&\hat{\eta}_{i,\nu}(\beta_\nu(x_0))\\&=e^{\mathrm{T}}_{\nu+1}H^{-1}\hat{\varGamma}^{-1}(x_0)\hat{\eta}_i(\hat{\beta}_0(x_0),\cdots,\hat{\beta}_{\nu-1}(x_0),\beta_\nu(x_0),\hat{\beta}_{\nu+1}(x_0),\cdots,\hat{\beta}_p(x_0)),\end{aligned}$$

其中 $\hat{\eta}_i(\cdot)$ 在式 (4.10.20) 中定义. 那么 $\beta_\nu(x_0)$ 的残差调整的经验对数似然比函数定义为

$$\begin{aligned}&\hat{l}_\nu(\beta_\nu(x_0))\\&=-2\max\left\{\sum_{i=1}^n\log(nw_i):\, w_i\geqslant 0,\sum_{i=1}^n w_i=1,\sum_{i=1}^n w_i\hat{\eta}_{i,\nu}(\beta_\nu(x_0))=0\right\}.\end{aligned}$$

在定理 4.10.3 的条件下, 我们可以得到 $\hat{l}_\nu(\beta_\nu(x_0))$ 的渐近分布是自由度为 1 的 χ^2 分布. 这是一个很有兴趣的结果, 因为在这种情况下其他分量的估计没有减弱 χ^2 收敛. 这个结果陈述如下.

定理 4.10.4 设条件 (A4.10.1)~(A4.10.5) 成立, 则 $\hat{l}_\nu(\beta_\nu(x_0))\xrightarrow{D}\chi^2_1$.

定理 4.10.4 的证明类似于定理 4.10.3 的证明, 故从略.

应用定理 4.10.4, 我们可以定义 $\beta_\nu(x_0)$ 的近似 $1-\alpha$ 置信区间, 即

$$\hat{I}_{\nu,\alpha}(x_0)=\left\{\tilde{\beta}_\nu(x_0):\, \hat{l}_\nu(\tilde{\beta}_\nu(x_0))\leqslant \chi^2_1(1-\alpha)\right\}. \tag{4.10.25}$$

我们也可以通过改进朴素的经验似然比来构造任何分量 $\beta_\nu(x_0)$ 的置信区间. 因为与前面的方法是类似的, 故我们省略其细节.

3. 基于正态逼近的近似置信域和置信区间

应用定理 4.10.2, 我们可以构造 $\beta(x_0)$ 和 $\beta_\nu(x_0)$ 的近似置信域和置信区间. 但我们需要使用渐近偏差和方差的嵌入估计量. 显然, $\hat{\beta}(x_0)$ 的渐近偏差和方差依赖于 $\Gamma(x_0)$, $\Lambda(x_0)$ 和 $a(x_0)$. 我们可以用式 (4.10.5) 中定义的 $\hat{\Gamma}(x_0)$ 作为 $\Gamma(x_0)$ 的估计量, 从而 $\Gamma^{-1}(x_0)$ 也可以用 $\hat{\Gamma}^{-1}(x_0)$ 来估计. $\Lambda(x_0)$ 的估计量定义为 $\hat{\Lambda}(x_0)=\Lambda_n(\hat{\beta}(x_0))$, 其中 $\Lambda_n(\cdot)$ 在式 (4.10.11) 中定义. 下面考虑 $a(x_0)$ 的估计. 由于 $a(x_0)$ 包含待估函数 $m^{(p+1)}(x_0)$ 和 $f_j(x_0)$, 如果我们用核方法估计它们, 将存在选择带宽的困难. 因此, 我们建议直接估计 $a(x_0)$. 简单计算可得

$$E[H^{-1}Z_i^{\mathrm{T}}(x_0)W_i(x_0)r_i(x_0)](n/h_n)^{1/2}=a(x_0)+o(1),$$

其中 $r_i(x_0)=(r_{i1}(x_0),\cdots,r_{iJ}(x_0))^{\mathrm{T}}$. 如果向量 $r_i(x_0)$ 已知, 则可以用矩法定义 $a(x_0)$ 的相合估计. 然而, $r_i(x_0)$ 是未知的, 但它们可以用其估计量 $\hat{r}_i(x_0)$ 来代替. 因此, $a(x_0)$ 的估计量定义为

$$\hat{a}(x_0)=\frac{1}{\sqrt{nh_n}}\sum_{i=1}^{n}H^{-1}Z_i^{\mathrm{T}}(x_0)W_i(x_0)\hat{r}_i(x_0).$$

因此, 通过用 $\hat{\Gamma}^{-1}(x_0)$ 和 $\hat{a}(x_0)$ 代替 $\omega(x_0)$ 的 $\Gamma^{-1}(x_0)$ 和 $a(x_0)$, 我们得到估计量 $\hat{\omega}(x_0)$; 并用 $\hat{\Gamma}^{-1}(x_0)$ 和 $\hat{\Lambda}(x_0)$ 代替 $\Sigma(x_0)$ 的 $\Gamma^{-1}(x_0)$ 和 $\Lambda(x_0)$, 得到估计量 $\hat{\Sigma}(x_0)$. 可以证明 $\hat{\Gamma}(x_0)$, $\hat{\Lambda}(x_0)$ 和 $\hat{a}(x_0)$ 分别是 $\Gamma(x_0)$, $\Lambda(x_0)$ 和 $a(x_0)$ 的相合估计. 因此, $\hat{\Sigma}(x_0)$ 和 $\hat{\omega}(x_0)$ 分别是 $\Sigma(x_0)$ 和 $\omega(x_0)$ 的相合估计. 由定理 4.10.2 可得

$$\hat{\Sigma}^{-1/2}(x_0)\left\{\sqrt{nh_n}\,H[\hat{\beta}(x_0)-\beta(x_0)]-\hat{\omega}(x_0)\right\}\xrightarrow{D}N(0,I_{p+1}),\tag{4.10.26}$$

其中 I_{p+1} 是 $p+1$ 阶单位矩阵.

定义 $\hat{\gamma}(\beta(x_0))=\sqrt{nh_n}\,H\{\hat{\beta}(x_0)-\beta(x_0)\}-\hat{\omega}(x_0)$. 使用式 (4.10.26) 和 Arnold (1981) 中的定理 10.2d 可得

$$\hat{\gamma}^{\mathrm{T}}(\beta(x_0))\hat{\Sigma}^{-1}(x_0)\hat{\gamma}(\beta(x_0))\xrightarrow{D}\chi^2_{p+1}.$$

这个结果可以用来构造 $\beta(x_0)$ 的置信域.

再次使用式 (4.10.26), 我们可以得到 $\beta_\nu(x_0)$ 的近似 $1-\alpha$ 置信区间, 即

$$\hat{\beta}_\nu(x_0)-(nh_n^{2\nu+1})^{-1/2}\hat{\omega}_\nu(x_0)\pm z_{1-\alpha/2}(nh_n^{2\nu+1})^{-1/2}\hat{\Sigma}_\nu^{1/2}(x_0),$$

其中 $\hat{\omega}_\nu(x_0)$ 是 $\hat{\omega}(x_0)$ 的第 ν 个分量, $\hat{\Sigma}_\nu(x_0)$ 是 $\hat{\Sigma}(x_0)$ 的 (ν,ν) 元素.

4.10.4 带宽选择

1. 辅助带宽和精炼带宽

在 4.2.4 小节中, 我们阐述了带宽选择的两个方法: 辅助带宽选择和精炼的带宽选择. 在那里提出的带宽选择方法对纵向数据情形仍成立. 也就是说, 在这里我们可以使用由式 (4.2.28) 定义的辅助带宽, 也可以使用由式 (4.2.33) 定义的精炼带宽. 这两个公式在此处的推导过程与 4.2.4 小节中第 2 和第 3 段的推导类似, 不同之处仅仅是式 (4.2.24) 和式 (4.2.26) 中的 $\hat{\sigma}^2(x)$, S_n 和 $\tilde{S}_n$ 的定义不同. 它们在纵向数据下的表达式分别为

$$\hat{\sigma}^2(x)=\frac{\sum_{i=1}^{n}[Y_i-Z_i(x)\hat{\beta}(x)]^{\mathrm{T}}W_i(x)[Y_i-Z_i(x)\hat{\beta}(x)]}{\mathrm{tr}\left\{\sum_{i=1}^{n}W_i(x)\right\}-\mathrm{tr}\{S_n^{-1}\tilde{S}_n\}},$$

$$S_n=\sum_{i=1}^{n}Z_i^{\mathrm{T}}(x)W_i(x)Z_i(x),$$

$$\tilde{S}_n=\sum_{i=1}^{n}Z_i^{\mathrm{T}}(x)W_i(x)R_{i0}W_i(x)Z_i(x).$$

2. 欠光滑带宽选择

为了在模拟计算中比较辅助的经验似然与其他方法的优劣, 我们需要考虑欠光滑带宽选择问题. 在定理 4.10.1 中, 关于带宽的条件是 $nh_n^{2p+3}\to 0$, 要得到一个选择带宽的合理规则是困难的, 因为这个条件排除了非参数回归的最优带宽速度. 也就是说, 我们的条件要求带宽 h_n 的速度为 $n^{-(p+1)/(2p+3)}$, 此速度对 $\beta(x_0)$ 的估计需要欠光滑. 欠光滑的思想如下: 我们首先根据公式 (4.2.33) 选择一个最优带宽 $h_{\rm opt}$. 然后结果带宽 $\hat{h}$ 取为 $h_{\rm opt}n^{-1/[2(2p+3)(p+1)]}$. 这个带宽选择保证了想要得到的最优渐近性质的带宽的阶.

4.10.5 模拟研究

例 4.10.1 数据由模型 (4.10.1) 产生, 其中 $m(x)=(x-1)^2+1$, $J=3$, 误差 $(\varepsilon_{i1},\varepsilon_{i2},\varepsilon_{i3})$ 服从均值为 0 的三变量正态分布, $\mathrm{var}(\varepsilon_{i1})=0.16$, $\mathrm{var}(\varepsilon_{i2})=0.09$, $\mathrm{var}(\varepsilon_{i3})=0.36$, $\mathrm{corr}(\varepsilon_{ij},\varepsilon_{ik})=0.6$, $j\neq k$, $j,k=1,2,3$. 协变量 X_{i1}, X_{i2} 和 X_{i3} 由均匀分布 $U[0,2]$ 独立产生. 误差和协变量是独立的. 试通过计算 $m(x)$ 的置信区间及其覆盖概率来比较经验似然和正态逼近在有限样本下的执行效果.

解 利用 $m(x)$ 的局部线性估计 $(p=1)$. 样本量 $n=60$, 进行 600 次模拟运行. 对每个模拟样本, 经验似然比和回归曲线估计 $\hat{m}_{\rm LL}(x)$ 在格子点 $t_j=0.1+0.12j$ $(j=$

$0, \cdots, 15)$ 上计算. 使用 Epanechnikov 核和前一小节介绍的方法选择带宽, 其中 $[a, b] = [0.1, 1.9]$. 对朴素的经验似然 (NEL), 使用欠光滑方法选择带宽. 设 h_{opt} 是由式 (4.2.33) 选择的最优带宽, 则欠光滑带宽是 $\hat{h} = h_{\text{opt}} n^{-1/20}$. 此近似带宽 $\hat{h}$ 满足定理 4.10.1 的条件.

基于残差调整的经验似然 (RAEL) 和正态逼近 (NA), 我们首先比较对不同工作相关矩阵的执行效果. 这里仅使用真相关矩阵和单位矩阵 (工作独立). 我们计算了 $m(x)$ 的近似 0.95 置信区间和它们相应的覆盖概率, 其结果展示在图 4.10.1 中.

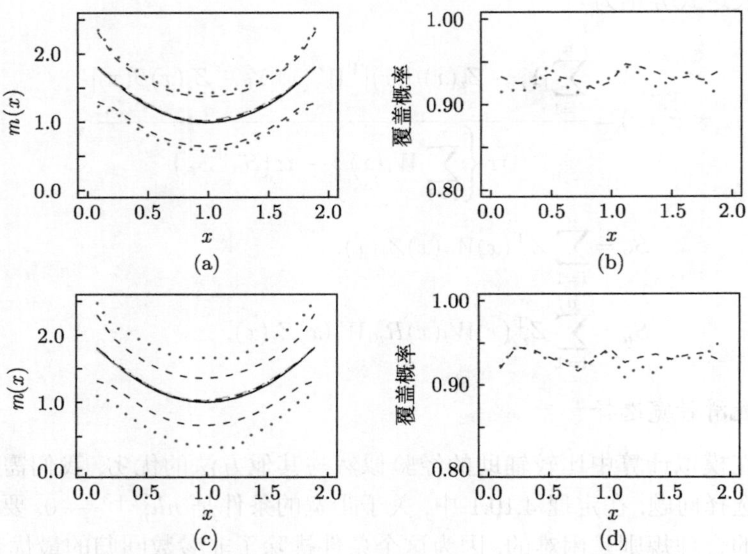

图 4.10.1 基于工作独立 (虚线) 和真相关矩阵 (点线), 对 RAEL 和 NA, $m(x)$ 的近似 0.95 置信区间和相应的覆盖概率的平均值

(a) 和 (b) 是 RAEL 的结果, (c) 和 (d) 是 NA 的结果. 长虚线和点虚线是分别基于工作独立 (长虚线) 和真相关矩阵 (点虚线) 的 $m(x)$ 的估计曲线的均值

图 4.10.1 说明了: 基于工作独立的 RAEL 和 NA 比基于真相关矩阵的 RAEL 和 NA 给出了更短的置信区间, 而两种情况的覆盖概率稍有不同. 此外, 在这两种情况下, $m(x)$ 的估计曲线非常接近真实曲线. 因此, 我们在实际计算中可以用单位矩阵代替工作相关矩阵. 这就克服了选择工作相关矩阵的困难.

对 $c \in [0.8, 1.1]$, 诸如 ch_{opt} 的带宽有类似的结果. 如果带宽取为 ch_{opt}, $c = 0.6, 0.7, 1.2$, 那么所有方法得到的覆盖概率和区间长度都不理想. 这里不再列出这些情况的模拟结果.

在工作独立下, 我们评估了三个方法: RAEL, NEL 和 NA. $m(x)$ 的近似 0.95

置信区间和相应的覆盖概率展示在图 4.10.2 中.

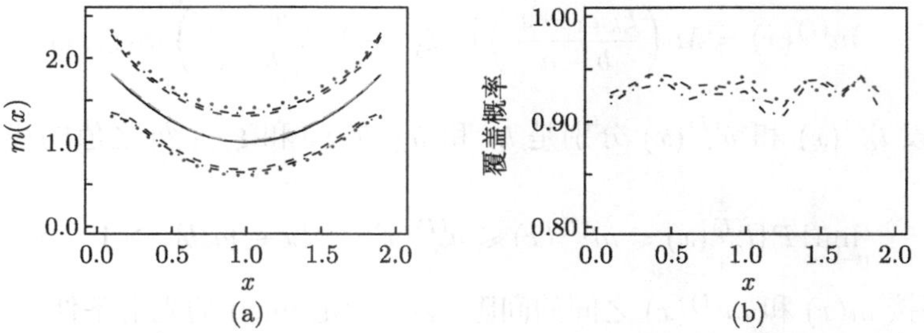

图 4.10.2 基于 RAEL(虚线)、NEL(点线) 和 NA(点虚线), $m(x)$ 的近似 0.95 置信区间和相应的覆盖概率的平均值

(a) 是置信区间的结果; (b) 是覆盖概率的结果. 实线是真曲线, 长虚线是估计曲线的均值

图 4.10.2 说明 REAL 比 NEL 和 NA 给出了更短的置信区间, 而三者的覆盖精度稍有差别. 这说明残差调整的经验似然方法比正态逼近执行效果好, 因此对经验似然比的调整是必要的.

4.11 回归函数的置信带

4.11.1 Bonferroni 型置信带

在本小节中, 我们介绍回归函数 $m(x)$ 在某个给定区间 $[a,b]$ 上置信带构造的 Bonferroni 方法. 基本思想如下: 在 $[a,b]$ 的每一个选出的格子点上来调用逐点置信区间, 用 Bonferroni 方法调整这些置信区间的置信水平得到一致置信带, 然后利用回归曲线的光滑条件桥接格子点之间的间隙, 这样即可得到 Bonferroni 型置信带. 参见 Knafl 等 (1985), Hall 和 Titterington(1988), Härdle(1990), Xue(2010).

给定点 $x_0 \in [0,1]$, 设 $m(x_0)$ 的近似 $1-\alpha$ 置信区间为 $[\hat{L}_\alpha(x_0), \hat{U}_\alpha(x_0)]$, 即

$$\lim_{n\to\infty} P\{\hat{L}_\alpha(x_0) \leqslant m(x_0) \leqslant \hat{U}_\alpha(x_0)\} = 1-\alpha.$$

给定某个正整数 M, 按照 $M+1$ 个等距的格子点分割 $[a,b]$, 使得 $a=\xi_1<\cdots<\xi_{M+1}=b$. 基于 Bonferroni 调整的方法就是选择包含 $[\hat{L}_{\alpha/(M+1)}(\xi_j),\ \hat{U}_{\alpha/(M+1)}(\xi_j)]$ 的区间 $[\hat{l}_\alpha(\xi_j),\ \hat{u}_\alpha(\xi_j)]$, 使得

$$\lim_{n\to\infty} P\{\hat{l}_\alpha(\xi_j) \leqslant m(\xi_j) \leqslant \hat{u}_\alpha(\xi_j), \forall\, j=1,\cdots,M+1\} \geqslant 1-\alpha.$$

上式意味着 $[\hat{l}_\alpha(\xi_j), \hat{u}_\alpha(\xi_j)]$ 为 $m(\xi_j)$ 的一个近似同时置信区间. 对 $x\in[\xi_j,\xi_{j+1}]$, 设

$m^{(I)}(x)$ 是 $m(\xi_j)$ 和 $m(\xi_{j+1})$ 的线性内插, 即

$$m^{(I)}(x) = M\left(\frac{\xi_{k+1} - x}{b-a}\right) m(\xi_j) + M\left(\frac{x - \xi_k}{b-a}\right) m(\xi_{j+1}).$$

类似地, 设 $\hat{l}_\alpha^{(I)}(x)$ 和 $\hat{u}_\alpha^{(I)}(x)$ 分别是 $\hat{l}_\alpha$ 和 $\hat{u}_\alpha$ 在 ξ_j 和 ξ_{j+1} 处之值的线性内插. 由此得出

$$\lim_{n\to\infty} P\{\hat{l}_\alpha^{(I)}(x) \leqslant m^{(I)}(x) \leqslant \hat{u}_\alpha^{(I)}(x), \quad \forall\, x \in [a,b]\} \geqslant 1-\alpha.$$

为桥接 $m(x)$ 和 $m^{(I)}(x)$ 之间的间隙, 必须指定 $m(x)$ 的光滑条件. 假定由 Knafl 等 (1985) 提出的两个条件:

$$\sup_{x\in[a,b]} |m'(x)| \leqslant c_1, \tag{4.11.1}$$

$$\sup_{x\in[a,b]} |m''(x)| \leqslant c_2, \tag{4.11.2}$$

其中 $c_1 > 0$ 和 $c_2 > 0$ 是给定的常数. 如果式 (4.11.1) 满足, 则由 Taylor 公式可以推出, 对所有 $x \in [\xi_j, \xi_{j+1}]$,

$$|m(x) - m^{(I)}(x)| \leqslant c_1\gamma^{-1}(\xi_{j+1} - x)(x - \xi_j),$$

其中 $\gamma = (b-a)/M$. 类似地, 如果式 (4.11.2) 满足, 则可以证明, 对所有 $x \in [\xi_j, \xi_{j+1}]$,

$$|m(x) - m^{(I)}(x)| \leqslant \frac{1}{2}c_2(\xi_{j+1} - x)(x - \xi_j).$$

如果调整 $m^{(I)}(x)$ 的带, 则在 $x \in [a,b]$ 上 $m(x)$ 的近似 $1-\alpha$ 置信带是

$$[\hat{l}_\alpha^{(I)}(x) - c_1\gamma^{-1}(\xi_{j+1} - x)(x - \xi_j),\ \hat{u}_\alpha^{(I)}(x) + c_1\gamma^{-1}(\xi_{j+1} - x)(x - \xi_j)], \tag{4.11.3}$$

或

$$[\hat{l}_\alpha^{(I)}(x) - \frac{1}{2}c_2(\xi_{j+1} - x)(x - \xi_j),\ \hat{u}_\alpha^{(I)}(x) + \frac{1}{2}c_2(\xi_{j+1} - x)(x - \xi_j)], \tag{4.11.4}$$

对所有 $x \in [\xi_j, \xi_{j+1}]$, $j = 1, \cdots, M$.

注 4.11.1 上述构造置信带的方法可以用来构造经验似然和正态逼近的置信带. 一个重要的问题是由式 (4.11.3) 和式 (4.11.4) 给出的置信带中 M 的选择. 对独立数据的核回归的情况, Hall 和 Titterington(1988) 提供了选择 M 的启发性建议, 即 $M > (b-a)/h_n$, 其中 h_n 为带宽. 但在现行情况下 M 的选择仍是公开问题, 因此 M 的最优选择也需要进一步研究.

4.11.2 基于极值分布逼近的置信带

为利用局部多项式回归方法构造回归函数 $m(x)$ 的置信带, 我们利用 4.2.1 小节中定义的估计量 (4.2.3). 因此, $m(x)$ 的局部多项式估计为

$$\hat{m}_{\mathrm{LP}}(x) = e_1^{\mathrm{T}}\hat{\beta} = e_1^{\mathrm{T}}(\boldsymbol{X}^{\mathrm{T}}\boldsymbol{W}\boldsymbol{X})^{-1}\boldsymbol{X}^{\mathrm{T}}\boldsymbol{W}\boldsymbol{Y}, \tag{4.11.5}$$

其中 e_1 表示 $p+1$ 维单位向量, 其第 1 个分量为 1, 其他分量全为 0. 上式中其他记号以及后面的记号与 4.2.1 小节中的记号相同. 用类似的方法可以得到 $m(x)$ 的 1 至 p 阶导数的估计. 模型误差 ε 的条件方差 $\sigma^2(x) = \mathrm{var}(\varepsilon|X=x)$ 的估计量由式 (4.2.25) 定义. 由式 (4.2.29) 和由式 (4.2.31) 可分别得到 $\hat{m}_{\mathrm{LP}}(x)$ 的条件渐近偏差和方差, 即

$$\widehat{\mathrm{bias}}(\hat{m}_{\mathrm{LP}}(x)|\mathcal{F}_n) = e_1^{\mathrm{T}}\widehat{\mathrm{bias}}(\hat{\beta}|\mathcal{F}_n), \qquad \widehat{\mathrm{var}}(\hat{m}_{\mathrm{LP}}(x)|\mathcal{F}_n) = e_1^{\mathrm{T}}\widehat{\mathrm{var}}(\hat{\beta}|\mathcal{F}_n),$$

其中 $\mathcal{F}_n$ 是 $\{X_i, 1 \leqslant i \leqslant n\}$ 产生的 σ 代数. 假定 X 取值 $[0,1]$, 其概率密度函数为 $f(x)$, 回归函数 $m(x)$ 在 $[0,1]$ 上定义. 我们有下面的定理.

定理 4.11.1 设对某个 $s > 2$, $E(|Y|^{2s}) < \infty$, 回归函数 $m(x)$ 具有 $p+2$ 阶连续导数, $f(x)$ 和 $\sigma^2(x)$ 具有二阶连续导数, 且 $\inf\limits_{x\in[0,1]} f(x) > 0$ 和 $\sigma^2(x) \neq 0$. 又设核 $K(x)$ 在其支撑集 $[-1,1]$ 上是绝对连续可微的对称密度函数, 并满足条件: (i) $K(1) \neq 0$ 或 (ii) $K(1) = 0$ 且 $K^2(x)$ 和 $[K'(x)]^2$ 在 $(-\infty,\infty)$ 上可积. 如果辅助带宽 h^* 为阶 $n^{-1/(2p+5)}$, 而带宽满足 $nh_n^{2p+4}\log^3 h_n \to 0$, 则

$$P\left\{\sqrt{-2\log h_n}\Big[\sup_{x\in[0,1]}|Z_n(x)| - d_n\Big] \leqslant z\right\} \xrightarrow{D} \exp\{-2\exp(-z)\},$$

其中

$$Z_n(x) = [\hat{m}_{\mathrm{LP}}(x) - m(x) - \widehat{\mathrm{bias}}(\hat{m}_{\mathrm{LP}}(x)|\mathcal{F}_n)][\widehat{\mathrm{var}}(\hat{m}_{\mathrm{LP}}(x)|\mathcal{F}_n)]^{-1/2},$$

在条件 (i) 成立时,

$$d_n = \sqrt{-2\log h_n} + \frac{1}{\sqrt{-2\log h_n}}\left[\log\frac{K^2(1)}{\nu_0\sqrt{\pi}} + \frac{1}{2}\log\log h_n^{-1}\right],$$

在条件 (ii) 成立时,

$$d_n = \sqrt{-2\log h_n} + \frac{1}{\sqrt{-2\log h_n}}\log\left(\frac{1}{4\nu_0\pi}\int_{-\infty}^{\infty}[K'(u)]^2\mathrm{d}u\right),$$

$$\nu_0 = \int_{-\infty}^{\infty}K^2(u)\mathrm{d}u.$$

类似于 Claeskens 和 Van Keilegom(2003) 定理 2.2 或 Fan 和 Zhang(2000) 中定理 2 的证明, 我们可以完成定理 4.11.1 的证明. 这里省略其证明. 利用定理 4.11.1 可以构造 $m(x)$ 在 $[0,1]$ 上的近似 $1-\alpha$ 置信带, 即

$$\hat{m}_{\mathrm{LP}}(x)-\widehat{\mathrm{bias}}(\hat{m}_{\mathrm{LP}}(x)|\mathcal{F}_n)\pm\Delta_\alpha(x),$$

其中

$$\Delta_\alpha(x)=[d_n-\log(-0.5\log(1-\alpha))(-2\log h_n)^{-1/2}]\widehat{\mathrm{var}}(\hat{m}_{\mathrm{LP}}(x)|\mathcal{F}_n)^{1/2}.$$

类似地, 我们也可以构造 $m(x)$ 的 1 至 p 阶导数的置信带.

4.11.3　bootstrap 置信带

Claeskens 和 van Keilegom(2003) 利用局部 p 次多项式估计研究了回归函数及其各阶导数的 bootstrap 置信带. 本小节介绍他们的方法. 我们主要考虑 $m(x)$ 的 bootstrap 置信带, 使用光滑的 bootstrap 方法产生 bootstrap 样本. 记 $g_n=h_n\hat{\sigma}_Y/\hat{\sigma}_X$, 其中 $\hat{\sigma}_X$ 和 $\hat{\sigma}_Y$ 分别为 X 和 Y 的样本标准差. (X,Y) 的联合密度 $f(x,y)$ 的估计量定义为

$$\hat{f}(x,y)=\frac{1}{nh_ng_n}\sum_{i=1}^{n}K\left(\frac{X_i-x}{h_n},\frac{Y_i-x}{g_n}\right),$$

其中带宽 h_n 与前面 $\hat{m}_{\mathrm{LP}}(x)$ 的带宽相同, 但也可以选择另一个带宽. 由 $\hat{f}(x,y)$ 产生 iid 样本 $(X_1^*,Y_1^*),\cdots,(X_n^*,Y_n^*)$. 我们之所以没有从样本 $(X_1,Y_1),\cdots,(X_n,Y_n)$ 的经验分布中产生 bootstrap 样本, 是因为渐近理论要求 bootstrap 分布光滑. 尤其对光滑的 bootstrap, (X^*,Y^*) 的 Rosenblatt 变换是 $[0,1]^2$ 上的均匀分布; 而当 (X^*,Y^*) 的分布不连续时, 这个性质不成立. 使用这些 bootstrap 样本, 我们构造一步 Fisher 得分估计量, 以此方式避免了为得到 bootstrap 估计的任何迭代计算. 我们提出下列条件偏差估计 $\widehat{\mathrm{bias}}(\hat{\beta}|\mathcal{F}_n)$ 和条件方差估计 $\widehat{\mathrm{var}}(\hat{\beta}|\mathcal{F}_n)$ 的 bootstrap 形式:

$$\begin{aligned}\widehat{\mathrm{bias}}^*(\hat{m}_{\mathrm{LP}}(x)|\mathcal{F}_n)&=e_1^{\mathrm{T}}(\boldsymbol{X}^{\mathrm{T}}\boldsymbol{W}\boldsymbol{X})^{-1}\boldsymbol{X}^{*\mathrm{T}}\boldsymbol{W}^*[\boldsymbol{Y}^*-\boldsymbol{X}^*\hat{\beta})],\\ \widehat{\mathrm{var}}^*(\hat{m}_{\mathrm{LP}}(x)|\mathcal{F}_n)&=e_1^{T}(\boldsymbol{X}^{\mathrm{T}}\boldsymbol{W}\boldsymbol{X})^{-1}(\boldsymbol{X}^{*\mathrm{T}}\Sigma^*\boldsymbol{X}^*)(\boldsymbol{X}^{\mathrm{T}}\mathbf{W}\mathbf{X})^{-1},\end{aligned}$$

其中 $\Sigma^*=(\boldsymbol{Y}^*-\boldsymbol{X}^*\hat{\beta})^{\mathrm{T}}\boldsymbol{W}^{*2}(\boldsymbol{Y}^*-\mathbf{X}^*\hat{\beta})$, $\boldsymbol{W}^*=\mathrm{diag}\{K_h^2(X_i^*-x)\}$ 为 $n\times n$ 对角矩阵, $\hat{\beta}$ 在式 (4.2.3) 中定义, $\boldsymbol{X}^*$ 是第 i 行元素为 $(1,X_i^*-x,\cdots,(X_i^*-x)^p)$ 的 $n\times(p+1)$ 矩阵, $\boldsymbol{Y}^*=(Y_1^*,\cdots,Y_n^*)^{\mathrm{T}}$. 用类似的方式可以得到 bootstrap 局部的分向量

$$A_n^*(x)=e_1^{\mathrm{T}}\boldsymbol{X}^{*\mathrm{T}}\boldsymbol{W}^*(\boldsymbol{Y}^*-\boldsymbol{X}^*\hat{\beta})-E^*[e_1^{\mathrm{T}}\boldsymbol{X}^{*\mathrm{T}}\boldsymbol{W}^*(\boldsymbol{Y}^*-\boldsymbol{X}^*\hat{\beta})],$$

其中 $E^*(\cdot)$ 表示给定样本 $(X_1,Y_1),\cdots,(X_n,Y_n)$ 下的条件期望. 因此, $m(x)$ 的 bootstrap 估计量定义为

$$\hat{m}_{\mathrm{LP}}^*(x)=\hat{m}_{\mathrm{LP}}(x)-e_1^{\mathrm{T}}(\mathbf{X}^{\mathrm{T}}\mathbf{W}\mathbf{X})^{-1}A_n^*(x),$$

并称它为 $m(x)$ 的一步估计量. 我们有下面的定理.

定理 4.11.2 在定理 4.11.1 的条件下, 有

$$P^*\left\{\sqrt{-2\log h_n}\Big[\sup_{x\in[0,1]}|Z_{n,\nu}(x)|-d_n\Big]\leqslant z\right\}\xrightarrow{D}\exp\{-2\mathrm{e}^{-z}\},\quad \text{a.s.},$$

其中 $P^*(\cdot)$ 表示给定样本 $(X_1,Y_1),\cdots,(X_n,Y_n)$ 下的条件概率, d_n 在定理 4.11.1 中定义, $\nu=1,2$,

$$Z_{n,1}(x)=[\hat{m}_{\mathrm{LP}}^*(x)-\hat{m}_{\mathrm{LP}}(x)-\widehat{\mathrm{bias}}(\hat{m}_{\mathrm{LP}}(x)|\mathcal{F}_n)][\widehat{\mathrm{var}}(\hat{m}_{\mathrm{LP}}(x)|\mathcal{F}_n)]^{-1/2},$$

$$Z_{n,2}(x)=[\hat{m}_{\mathrm{LP}}^*(x)-\hat{m}_{\mathrm{LP}}(x)-\widehat{\mathrm{bias}}^*(\hat{m}_{\mathrm{LP}}(x)|\mathcal{F}_n)][\widehat{\mathrm{var}}^*(\hat{m}_{\mathrm{LP}}(x)|\mathcal{F}_n)]^{-1/2}.$$

定理 4.11.2 的证明可参见 Claeskens 和 van Keilegom(2003) 定理 2.3 的证明. 利用定理 4.11.2, 我们定义 $m(x)$ 在 $[0,1]$ 上的近似 $1-\alpha$ 置信带为

$$\left\{m(x):\sup_{x\in[0,1]}|\hat{m}_{\mathrm{LP}}(x)-\widehat{\mathrm{bias}}(\hat{m}_{\mathrm{LP}}(x)|\mathcal{F}_n)-m(x)|[\widehat{\mathrm{var}}(\hat{m}_{\mathrm{LP}}(x)|\mathcal{F}_n)]^{-1/2}\leqslant\Delta_{\alpha,\nu}^*\right\},$$

其中 $\nu=1,2$, $\Delta_{\alpha,1}^*$ 和 $\Delta_{\alpha,2}^*$ 分别满足

$$P^*\left\{\sup_{x\in[0,1]}|Z_{n,1}(x)|\leqslant\Delta_{\alpha,1}^*\right\}=1-\alpha,\ \text{a.s.},$$

$$P^*\left\{\sup_{x\in[0,1]}|Z_{n,2}(x)|\leqslant\Delta_{\alpha,2}^*\right\}=1-\alpha,\ \text{a.s.}.$$

类似于上述方法, 我们也可以构造 $m(x)$ 的 1 至 p 阶导数的 bootstrap 置信带. 这里不再赘述.

4.11.4 模拟研究

例 4.11.1 考虑非参数回归模型

$$Y_i=\cos(2\pi X_i)+\varepsilon_i,\quad i=1,\cdots,60,$$

其中回归函数 $m(x)=\cos(2\pi x)$, 协变量 X_i 服从 $[0,1]$ 上的均匀分布, 误差 ε_i 服从正态分布 $N(0,1.5^2)$. 基于局部线性光滑, 并利用 Bonferroni、极值分布逼近

和 bootstrap 三个方法来计算 $m(x)$ 的近似 0.95 的置信带.

解　取 $[a,b]=[0.02,0.98]$, 样本量 $n=60$. 采用 Epanechnikov 核, 并用 4.2.4 小节和广义交叉验证方法选择带宽. 进行 1000 次运行, $m(x)$ 的估计和置信带是 1000 次运行结果的平均值, 其结果展示在图 4.11.1 中.

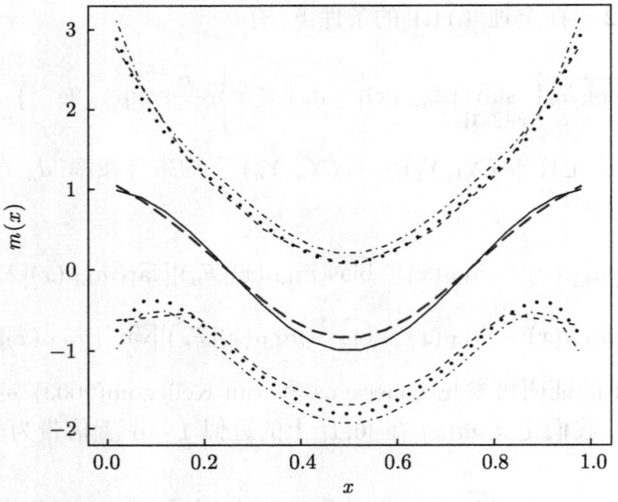

图 4.11.1　真曲线 $m(x)$(实线) 及其估计的曲线 (长虚线) 和近似 0.95 置信带, 虚线是基于 Bonferroni, 点线是基于极值分布逼近, 点虚线是基于 bootstrap

图 4.11.1 说明了 Bonferroni 方法比另外两个方法给出更狭窄的置信带. 用三个方法得到的置信带都有大于 0.95 的覆盖概率.

4.11.5　相关文献及成果注记

对 iid 样本, 回归函数的一类置信带是基于 Bickel 和 Rosenblatt(1973) 提出的密度函数核估计的理论. Johnston(1982) 和 Härdle(1989) 将 Bickel 和 Rosenblatt(1973) 的结果推广到核回归. Csörgö 和 Mielniczuk(1995) 在 $[0,1]$ 上的等距数据下构造了非参数模型的序贯置信带. Xia(1998) 使用局部线性估计得到了回归曲线的纠偏置信带. Zhou 与 Shen 和 Wolfe(1998) 建立了回归样条的渐近正态性, 并构造了回归函数的近似置信区间和置信带. Li 和 Van Keilegom(2002) 研究了删失数据的非参数回归的似然比置信带. Zhao 和 Wul(2008) 研究了非参数时间序列回归的置信带. Wang 和 Yang(2009) 构造了回归曲线的多项式样条置信带. 构造置信带的其他方法可参见文献 Eubank 和 Speckman(1993), Sun 和 Loader(1994) 等.

4.12 非参数回归的异方差检验

4.12.1 检验统计量及其渐近性质

考虑回归模型 $Y = m(X) + \varepsilon$, 其中 X 是 d 维协变量, $E(\varepsilon|X = x) = 0$, $E(\varepsilon^2|X = x) = \sigma^2(x)$. 不失一般性, 将它们分别记为 $E(\varepsilon|x)$ 和 $E(\varepsilon^2|x)$. 检验的假设可以写为

$$H_0 : \sigma^2(x) = \sigma^2, \text{ a.s.} \iff H_1 : \sigma^2(x) \neq \text{常数},$$

其中 σ^2 为正的常数. 显然, 如果原假设为真, σ^2 恰好是 ε 的方差 $E(\varepsilon^2)$. 因此 H_0 为真等价于

$$E(\varepsilon^2|x) - E(\varepsilon^2) = 0, \quad \text{对几乎所有}x.$$

如果 X 的分布函数连续, 则上式等价于

$$\begin{aligned} T(x) &\triangleq \int_{\mathbf{R}^d} I(X \leqslant x)[E(\varepsilon^2|X) - E(\varepsilon^2)]\mathrm{d}F(X) \\ &= E\{\varepsilon^2[I(X \leqslant x) - F(x)]\} = 0, \quad \text{对所有}x, \end{aligned}$$

其中 “$X \leqslant x$” 是指 X 的每个分量小于等于 x 的相应分量.

设 $(X_1, Y_1), \cdots, (X_n, Y_n)$ 是来自 (X, Y) 的 iid 样本. 基于这个样本, 拟合模型 $\hat{Y}_i = \hat{m}_{\mathrm{K}}(x)$ 产生残差 $\hat{\varepsilon} = Y_i - \hat{Y}_i$, 其中 $\hat{m}_{\mathrm{K}}(x)$ 是 $m(x)$ 的核估计. 利用 $T(x)$ 的经验表达式定义检验统计量

$$T_n(x) = \frac{1}{\sqrt{n}} \sum_{i=1}^{n} \hat{\varepsilon}_i^2 [I(X_i \leqslant x) - F_n(x)], \tag{4.12.1}$$

其中 $F_n(x)$ 是 $X_1, \cdots, X_n$ 的经验分布函数. $T_n(x)$ 是 x 的函数. 我们可以利用 $T_n(x)$ 定义 Cramér-von Mises 型统计量

$$S_n = V_n^{-2} \int_{\mathbf{R}^d} [T_n(x)]^2 \mathrm{d}F_n(x), \tag{4.12.2}$$

其中 V_n^2 是 $\hat{\varepsilon}_i^2$ 的样本方差.

上述检验统计量是由 Zhu 与 Fujikoshi 和 Naito(2001) 提出的. 他们所提出的方法可以应用于几个类型的模型, 如参数模型和非参数模型. 我们可以根据不同模型自身的特征来估计回归函数.

为了得到统计量 $T_n(x)$ 和 S_n 的渐近性质, 我们首先给出下列条件.

(A4.12.1) 对非负整数 $r_1, \cdots, r_d$, $r = r_1 + \cdots + r_d$, X 的密度函数 $f(x)$ 在 x 的第 i 个分量 x_i 处是 r_i 次可微的, $f(x)$ 和 $g(x) = m(x)f(x)$ 的 r 阶导数 $f^{(r)}(x)$ 和

$g^{(r)}(x)$ 满足一阶 Lipschitz 条件, $0 < \inf_x f(x) \leqslant \sup_x f(x) < \infty$.

(A4.12.2) $E(X^4) < \infty$, $E(Y^4) < \infty$.

(A4.12.3) 核 $K(x) = \prod_{j=1}^{d} K_j(x)$ 是 $[-1,1]$ 上的连续函数, 且满足: 对每个 $1 \leqslant j \leqslant d$, $K_j(x)$ 是 $[-1,1]$ 上的对称函数,

$$\int_{-1}^{1} K_j(u)\mathrm{d}u = 1, \quad \int_{-1}^{1} u^k K_j(u)\mathrm{d}u = 0, \quad k = 0, \cdots, r_j.$$

(A4.12.4) 带宽 $h_n = cn^{-\delta}$, 其中常数 $c > 0$, $1/[4(r+1)] < \delta < 1/(2d)$, $d < 2(r+1)$.

上述条件是非参数统计中研究核型估计量的渐近性质时常用的条件. 在上述条件下, Zhu 与 Fujikoshi 和 Naito(2001) 得到了下面的结果.

定理 4.12.1 设条件 (A4.12.1)~(A4.12.4) 成立, 则当 H_0 为真时, 在 Skorohod 空间 $D(\mathbf{R}^d)$ 上, $T_n(x) \xrightarrow{W} B_1(x)$, 且

$$S_n \xrightarrow{W} V^{-2} \int_{\mathbf{R}^d} B_1^2(x)\mathrm{d}F(x),$$

其中 $\xrightarrow{W}$ 表示弱收敛, $B_1(x)$ 是中心 Gaussian 过程, 其方差函数为

$$\begin{aligned} E[B_1(x)B_1(x_1)] = E\{(\varepsilon^2 - \sigma^2)^2[I(X \leqslant x \wedge x_1) - F(x)I(X \leqslant x_1) \\ -F(x_1)I(X \leqslant x) + F(x)F(x_1)]\}, \quad \text{对所有} x, x_1, \end{aligned}$$

其中 V^2 是 ε^2 的方差函数, $x \wedge x_1 = \min\{x, x_1\}$. 如果 x 和 x_1 是向量, 那么 $x \wedge x_1$ 也是向量, 其分量是 x 和 x_1 的相应分量的最小值.

由定理 4.12.1 立刻得到下列推论.

推论 4.12.1 设定理 4.12.1 的条件成立. 如果在原假设 H_0 下, $E[(\varepsilon^2 - \sigma^2)^2|X] = a$(常数), 则 $T_n(x) \xrightarrow{W} B_1(x)$, 其方差函数为

$$E[B_1(x)B_1(x_1)] = V^2 E[I(X \leqslant x \wedge x_1) - F(x)F(x_1)],$$

其中 V^2 是 ε^2 的方差函数. 在一维情况下, $S_n \xrightarrow{W} \int_0^1 B^2(x)\mathrm{d}x$, 其中 $B(x)$ 是 Brownian 桥.

我们现在讨论检验对备择假设的敏感性. 考虑一列局部备择假设

$$\sigma^2(x) = \sigma^2 + s(x)/n^a, \quad a > 0, \tag{4.12.3}$$

其中 $s(x)$ 是某个给定的函数. 下面的结论表明: 检验对所有全局备择假设 (相应于 $a=0$) 是相合的, 局部备择假设 (相应于 $0<a<1/2$) 以参数速度 $n^{-1/2}$ 收敛于原假设.

定理 4.12.2 设条件 (A4.12.1)~(A4.12.4) 成立, 则在式 (4.12.3) 的 $0\leqslant a<1/2$ 下, $S_n \xrightarrow{P} \infty$, 且在 $a=1/2$ 时,

$$T_n(x) \xrightarrow{W} B_1(x)+SF(x),$$

其中 $SF(x)=E[s(X)I(X\leqslant x)]-F(x)$ 是非随机改变函数. 因此, 对连续函数 $F(x)$,

$$S_n \xrightarrow{W} V^{-2}\int_{\mathbf{R}^d}[B_1^2(x)+SF(x)]^2\mathrm{d}F(x).$$

一个关键的问题是临界值的确定. 在一维情况下, 如果在原假设下误差 ε 与 X 独立, 临界值可由现成的表确定. 参见 Shorack 和 Wellner(1986). 但在一般尤其是高维情况下, 检验统计量 S_n 可能不是分布自由的. 近似原假设是必需的. 下面给出 Monte-Carlo 逼近方法.

4.12.2 Monte-Carlo 逼近

1. bootstrap *方法*

假设 ε_i^* 独立地取自 $\hat{\varepsilon}_i=Y_i-\hat{m}_{\mathrm{K}}(X_i)$(利用替代). 定义 bootstrap 过程

$$T_n^*(x)=\frac{1}{\sqrt{n}}\sum_{i=1}^n\varepsilon_i^{*2}[I(X_i\leqslant x)-F_n(x)],$$

由此定义 bootstrap 统计量

$$S_n^*=V_n^{-2}\int_{\mathbf{R}^d}[T_n^*(x)]^2\mathrm{d}F_n(x).$$

下面的定理给出了 S_n^* 的渐近性质.

定理 4.12.3 设条件 (A4.12.1) ~ (A4.12.4) 成立, 则对几乎所有的序列 $(X_1,Y_1),\cdots,(X_n,Y_n),\cdots$, S_n^* 的条件渐近分布与 S_n 的渐近零分布相同.

从定理 4.12.3 可以看出, 无论原假设是否为真, 当 $E(\varepsilon^4|X)$ 是常数时, 在 H_0 下 bootstrap 检验统计量 S_n^* 和统计量 S_n 的渐近分布相同. 这个结果可以用来计算检验的临界值. 然而, 在一般情况下 bootstrap 检验统计量是不相合的. 因此, 传统的 bootstrap 仅在某些特殊情况下使用. 下面提出另外一个方法.

2. 随机加权方法

假设 $\eta_1, \cdots, \eta_n$ 是等可能地取值 ± 1 的 iid 变量. 定义随机加权统计量

$$T_n(N_n, x) = \frac{1}{\sqrt{n}} \sum_{i=1}^{n} \eta_i(\hat{\varepsilon}_i^2 - \hat{\sigma}^2)[I(X_i \leqslant x) - F_n(x)],$$

其中 $N_n = (\eta_1, \cdots, \eta_n)$, $\hat{\sigma}^2 = n^{-1} \sum_{i=1}^{n} \hat{\varepsilon}_i^2$ 是 σ^2 的估计. 由此定义检验统计量

$$S_n(N_n) = V_n^{-2} \int_{\mathbf{R}^d} [T_n(N_n, x)]^2 \mathrm{d}F_n(x).$$

首先产生 N_n 的 q 个集 $N_n^{(j)}$, $j = 1, \cdots, q$, 然后得到 $S_n(N_n)$ 的 q 个值 $S_n(N_n^{(j)})$, $j = 1, \cdots, q$. 诸 $S_n(N_n^{(j)})$ 的 $1 - \alpha$ 分位数就是 S_n 的 $1 - \alpha$ 分位数.

下面的定理给出了 $S_n(N_n)$ 的渐近性质.

定理 4.12.4　设条件 (A4.12.1)~(A4.12.4) 成立, 则在式 (4.12.3) 下, 对几乎所有的序列 $\{(X_1, Y_1), \cdots, (X_n, Y_n), \cdots\}$, $S_n(N_n)$ 的条件分布收敛于定理 4.12.1 中 S_n 的渐近零分布.

在 $s(x) = 0$ 时相应于原假设; 而在 $s(x) \neq 0$ 时相应于备择假设. 定理 4.12.3 的结论说明, 在局部备择假设下由 $S_n(N_n)$ 确定的临界值近似地等于在原假设下的临界值. 因此, 在大样本意义下这个临界值仍不受常数条件方差的基本模型的影响. 此外, 对全局备择假设, 即 $a = 0$, $S_n(N_n)$ 具有有限的极限, 而 S_n 趋于无穷大. 因此检验是相合的.

4.12.3　相关文献及成果注记

Eubank 和 Thomas(1993) 利用尺度型检验研究了非参数回归模型中误差的异方差性, 并在方向局部备择假设下研究了检验的性质. Dette 和 Munk(1998) 在固定设计模型下提出了一个检验方法, 他们的方法不但有优良的性质, 而且不包括回归曲线的直接估计, 也不依赖于光滑参数的选择. Delgado 和 Manteiga(2001) 基于 bootstrap 提出了一个选择解释变量的检验. Li 与 Wong 和 Ip(2006) 基于小波提出了一个异方差的相合非参数检验, 并证明了检验统计量的渐近正态性. Neumeyer 与 Dette 和 Nagel(2006) 基于残差的经验过程研究了非参数回归模型中误差分布的参数形式的假设检验问题.

4.13　实际数据分析

本节主要将非参数回归估计方法应用到实际问题之中, 给出几个实际数据分析的例子.

例 4.13.1 居民消费价格指数是衡量通货膨胀的重要指标, 而商品出口额对居民的消费有直接的影响. 利用居民消费价格指数 Y 与商品出口额 X(亿美元) 的回归关系建立通货膨胀的回归模型. 商品出口额资料来自《海关统计》, 居民消费价格指数资料来自《中国物价》, 其中居民消费价格指数均转化为了以 1992 年 4 月为基期相同的可比价格指数, 基期的居民消费价格指数为 100. 表 4.13.1 给出了 1993 年 4 月至 1998 年 11 月共 68 个月的资料. 利用该数据集建立通货膨胀的非参数回归模型.

表 4.13.1 商品出口额与居民消费价格指数

时间	X/亿美元	Y	时间	X/亿美元	Y	时间	X/亿美元	Y
1993.04	69.00	117.00	1995.03	129.80	171.66	1997.02	98.47	202.77
1993.05	72.00	121.07	1995.04	119.90	172.54	1997.03	104.46	198.90
1993.06	70.00	124.82	1995.05	128.30	179.56	1997.04	147.95	197.85
1993.07	76.00	128.24	1995.06	120.40	180.88	1997.05	151.92	199.27
1993.08	76.00	128.77	1995.07	122.70	185.86	1997.06	153.73	204.77
1993.09	88.00	128.86	1995.08	125.30	186.74	1997.07	155.83	209.40
1993.10	81.00	131.00	1995.09	124.20	185.49	1997.08	160.27	208.47
1993.11	89.00	133.59	1995.10	123.40	186.15	1997.09	165.63	206.31
1993.12	136.0	137.57	1995.11	121.80	189.30	1997.10	178.17	205.46
1994.01	48.00	138.60	1995.12	172.40	189.68	1997.11	167.50	208.72
1994.02	56.00	143.50	1996.01	91.80	186.42	1997.12	191.90	207.73
1994.03	87.00	143.77	1996.02	86.50	190.57	1998.01	126.76	201.89
1994.04	89.40	144.14	1996.03	104.10	190.89	1998.02	121.58	204.95
1994.05	94.50	147.47	1996.04	113.90	191.35	1998.03	152.38	202.69
1994.06	109.00	153.16	1996.05	121.60	193.46	1998.04	139.52	199.24
1994.07	103.50	159.27	1996.06	122.70	198.61	1998.05	149.27	198.67
1994.08	102.10	163.67	1996.07	124,30	202.41	1998.06	156.09	203.54
1994.09	104.90	164.29	1996.08	141.30	202.99	1998.07	162.00	206.98
1994.10	104.30	166.36	1996.09	134.90	200.89	1998.08	156.00	205.76
1994.11	126.70	168.86	1996.10	151.92	201.23	1998.09	155.00	202.80
1994.12	185.10	170.73	1996.11	136.21	204.63	1998.10	147.00	202.59
1995.01	91.90	169.78	1996.12	183.26	204.66	1998.11	151.00	206.00
1995.02	89.00	172.77	1997.01	116.92	199.10			

解 记 $Y=$"居民消费价格指数", $X=$"商品出口额". 利用表 4.13.1 中的数据作出回归函数的核估计、局部线性估计和 k 近邻估计曲线图. 采用 Epanechnikov 核, 用广义交叉验证方法选择带宽 h_n 和近邻点个数 k. 核估计和局部线性估计的带宽分别为 202.5 和 61.5; 对 k 近邻估计, $k=4$. 利用下面的公式计算模型误差方差的估计:

$$\hat{\sigma}^2 = \frac{1}{n}\sum_{i=1}^{n}[Y_i - \hat{m}(X_i)]^2, \tag{4.13.1}$$

其中 $\hat{m}(\cdot)$ 为任何给定的估计. 计算结果展示在图 4.13.1 中.

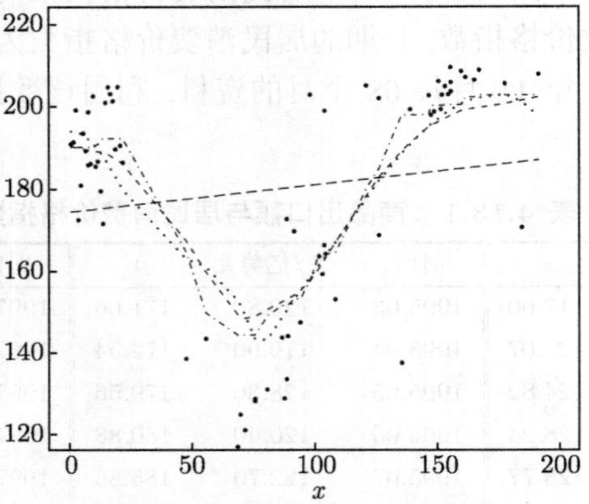

图 4.13.1　商品出口额与居民消费价格指数的回归估计曲线, 其中短虚线为核估计, 点线为局部线性估计, 点虚线为 k 近邻估计, 长虚线为线性回归的最小二乘估计, 圆点为真实数据

从图 4.13.1 可以看到, 三种估计曲线拟合较接近. 此外, 由核估计、局部线性估计建立的模型误差方差估计分别为 247.2440, 211.4245, 242.7997. 这说明局部线性估计精度最高, 而核估计和 k 近邻估计精度次之.

我们也可以调用 R 语言中的函数 ksmooth( ), loess( ) 和 lowess( ) 计算商品出口额与居民消费价格指数的非参数回归函数的估计, 其图形与上述三种非参数估计曲线基本吻合. 函数 ksmooth( ) 是 N-W 核回归光滑, 函数 lowess( ) 是局部多项式回归拟合, 函数 lowess( ) 是局部加权描点光滑.

利用最小二乘法也可以建立通货膨胀的线性模型. 用 R 语言的命令 lm(Y X) 可得到回归系数的估计, 从而得到经验回归直线

$$\hat{Y} = 174.4612 + 0.0656X, \tag{4.13.2}$$

其图形如图 4.13.1 所示. 该线性模型的误差方差的估计为 739.3244. 该数据很大, 说明此最小二乘估计的精度较低. 此外, 式 (4.13.2) 中 X 的系数相对很小, 其相关系数的估计为 0.1473, 此值也很小, 这说明 X 与 Y 不存在线性相关关系. 从图 4.13.1 的散点图可明显看到这一现象. 其次, 线性模型的斜率是固定不变的, 而非参数回归模型的斜率不断变化. 斜率的变化反映了商品出口额在不同时期对通货膨胀的影响程度不同. 因此, 通货膨胀的非参数回归模型优于线性模型.

例 4.13.2　我们现在使用 4.1~4.3 节提出的回归方法来分析癫痫病研究的实际数据. 在实验阶段, 允许两个不同的方案 (安慰剂和抗痫药物) 处理 58 个癫痫患

者. 患者被随机的安排接受其中的一种方案. 其中 28 个患者被使用安慰剂, 30 个患者使用抗痫药物治疗. 患者两周后到诊所做检查, 报告过去两周癫痫发作的次数. 检查结果和基准癫痫数量列于表 4.13.2 中. 一个科学的问题是药物能否有助于减少癫痫的发病次数. 试通过建立癫痫病数据的非参数回归模型, 比较两组患者的发病情况.

表 4.13.2 癫痫病数据

安慰剂组				抗癫痫药物组			
X	Y	X	Y	X	Y	X	Y
11	5	87	16	76	11	36	10
11	3	50	11	38	8	38	19
6	2	18	0	19	0	7	1
8	4	111	37	10	3	36	6
66	7	18	3	19	2	11	2
27	5	20	3	24	4	22	4
12	6	12	3	31	22	41	8
52	40	9	3	14	5	32	1
23	5	17	2	11	2	56	18
10	14	28	8	67	3	24	6
52	26	55	18	41	4	16	3
33	12	9	2	7	2	22	1
18	4	10	3	22	0	25	2
42	7	47	13	13	5	13	0
				46	11	12	1

解 在这项研究中, 协变量 X 为基准癫痫数量 (先除以 4 再做对数变换), 响应变量 Y 为两周中癫痫的次数. 利用表 4.13.2 中的数据作出回归函数的核估计、局部线性估计和 k 近邻估计曲线图. 采用 Epanechnikov 核, 用广义交叉验证方法选择带宽 h_n 和近邻点个数 k. 利用公式 (4.13.1) 计算模型误差方差的估计. 计算结果如图 4.13.2 所示.

对于安慰剂组, 由核估计、局部线性估计和 k 近邻估计建立的模型误差方差的估计分别为 37.82, 32.12, 47.96, 局部线性估计精度最高. 对于抗痫药物组, 由核估计、局部线性估计和 k 近邻估计建立的模型误差方差的估计分别为 20.62, 20.20, 19.07. k 近邻估计精度较高. 与使用安慰剂组相比, 抗痫药物组得到的模型具有较小的误差方差, 这表明基准癫痫次数具有显著的统计意义. 图 4.13.2 表明癫痫次数的预测均值随 X 的增加而增加. 由图 (a) 与 (b) 的比较可以看出, 药物组的回归估计值比安慰剂组明显小, 这表明了治疗效果非常明显, 即说明药物可以帮助减少癫痫的发病次数.

例 4.13.3 我们现在使用 4.10 节和 4.11 节提出的方法来分析来自 AIDS 临床

实验组 (ACTG) 的 CD4 数据集. ACTG 在三个抗病毒疗法中采集了 517 个 HIV-1 感染的患者, 并用这三个疗法之一来建模 CD4 细胞数响应. 在这个疗法中, 用高效的抗病毒疗法来治疗 166 个患者. 每隔 8 周检测一次 CD4 细胞数, 共进行了 120 周检测. 然而, 患者并没有遵循这个有计划的安排, 经常发生缺失 CD4 细胞测量值的临床观测. 这就使得此数据集是典型的纵向数据集. 每个患者的 CD4 细胞数测量值重复观测 2 次到 19 次. CD4 细胞数的分布范围是 1 到 1354. 分析的目的是描述在抗病毒疗法期间 CD4 细胞数恢复的变化趋势.

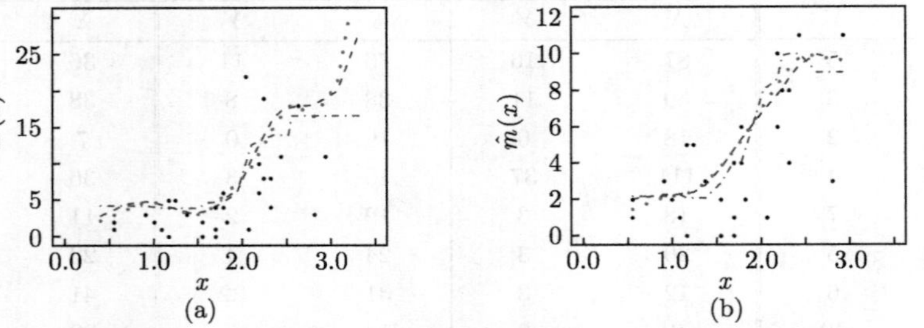

图 4.13.2 癫痫病数据的非参数回归估计, 其中虚线为核估计, 点线为局部线性估计, 点虚线为 k 近邻估计, 圆点为真实数据

(a) 对安慰剂组; (b) 对药物组

我们使用局部线性回归来拟合回归函数 $m(x)$, 其中协变量 X 是周数, 响应变量 Y 是 CD4 细胞数. 我们使用 Epanechnikov 核, 使用 4.10 节提出的方法选择最优带宽, 并取 $[a,b]=[1,119]$. 对总体条件均值 $m(x)$ 的估计, 我们找到的带宽是 16.53. 基于残差调整的经验似然 (RAEL) 和正态逼近 (NA), 我们得到了 $m(x)$ 的极大经验似然 (MEL) 估计曲线及其相应的近似 0.95 Bonferroni 型置信带, 其中 $M=8$, $c=0.062$. 计算结果展示在图 4.13.3 中.

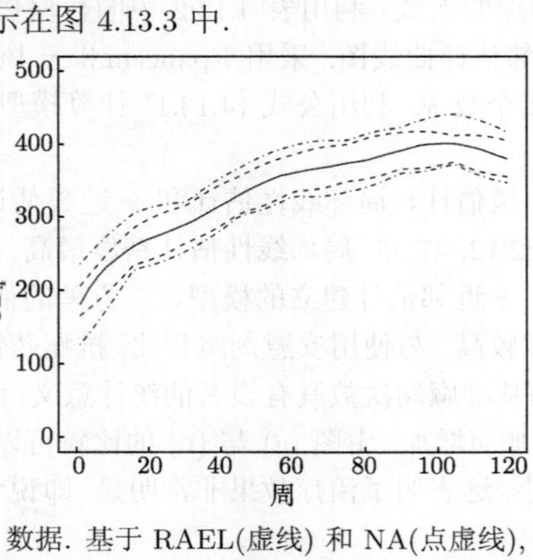

图 4.13.3 应用于 ACTG 数据. 基于 RAEL(虚线) 和 NA(点虚线), 166 个患者的 CD4 细胞数的均值的 MEL 估计曲线及其相应的近似 0.95 Bonferroni 型置信带, 实线是估计的曲线

从图 4.13.3 可以看出, 总体均值的 MEL 估计曲线是单调递增的. 这就说明 CD4 细胞数随着周数的增加而递增, 因此抗病毒疗法是有效的. 此外, RAEL 比 NA 运作得更好, 因为它给出的置信带比 NA 更狭窄.

参 考 文 献

洪圣岩. 1989. 非参数回归函数的随机窗宽核估计的重对数律. 系统科学与数学, 9(1): 61–68

秦更生. 1995. k- 近邻回归估计的泛函中心极限定理. 应用数学学报, 18(4): 559–566

施沛德, 陈希孺. 1994. 关于非参数回归 M 估计的最优收敛速度的一点注记. 数学年刊, 15A(2): 171–176

孙东初. 1986. 回归函数的相合随机窗宽核估计. 应用数学学报, 9(2): 215–221

孙东初. 1987. 基于次序统计量之伴随量的非参数回归的强相合性. 应用数学学报, 10(3): 352–359

薛留根. 1990a. 回归函数核估计的收敛速度. 数学学报, 33(3): 359–367

薛留根. 1990b. 回归函数递归核估计的渐近分布. 数理统计与应用概率, 5(2): 157–164

薛留根. 1994. 回归函数两类改良估计的相合性及其收敛速度. 工程数学学报, 11(2): 21–32

薛留根. 1999. 非参数回归函数估计的随机加权逼近. 应用概率统计, 15(4): 411–424

薛留根. 2002a. 完全与删失数据下回归函数小波估计的强一致收敛速度. 应用数学学报, 25(3): 430–438

薛留根. 2002b. 混合误差下回归函数小波估计的一致收敛速度. 数学物理学报, 22(4): 528–535

薛留根. 2002c. 非参数回归函数的置信区间. 应用科学学报, 20(1): 77–79

薛留根, 胡玉萍. 2001. 回归函数核估计的随机加权法. 系统科学与数学, 21(1): 9–22

杨瑛. 1994. 回归曲线的加权正交级数估计. 系统科学与数学, 14(4): 337–349

赵林城, 白志东. 1984. 非参数回归函数最近邻估计的强相合性. 中国科学, A 辑, (5): 387–393

赵林城, 苏淳. 1986. 非参数回归函数最近邻估计的强收敛速度. 数学学报, 29(1): 63–69

张团峰. 1991. 关于回归函数核估计的正态逼近速度. 应用数学学报, 14(3): 304–311

Allen D M. 1974. The relationship between variable and data augmentation and a method of prediction. Technometrics, 16: 125–127

Amato U, Antoniadis A, Pensky M. 2006. Wavelet kernel penalized estimation for non-equispaced design regression. Statistics and Computing, 16(1): 37–55

Angelini C, De Canditiis D, Leblanc F. 2003. Wavelet regression estimation in nonparametric mixed effect models. Journal of Multivariate Analysis, 85(2): 267–291

Antoniadis A, Gregoire G, Mckeague I W. 1994. Wavelet methods for curve estimation. Journal of the American Statistical Association, 89(428): 1340–1352

Antoniadis A, Leblanc F. 2000. Nonparametric wavelet regression for binary response. Statistics, 34(3): 183–213

Antoniadis A, Pham D T. 1998. Wavelet regression for random or irregular design. Computational Statistics & Data Analysis, 28(4): 353–369

Arnold S F. 1981. The theory of linear models and multivariate analysis. New York: John Wiley & Sons

Barber S, Nason G P. 2004. Real nonparametric regression using complex wavelets. Journal of the Royal Statistical Society, Series B, 66(4): 927–939

Bickel P L, Rosenblatt M. 1973. On some global measures of the deviations of density function estimates. The Annals of Statistics, 1(6): 1071–1095

Bochkina N, Sapatinas T. 2009. Minimax rates of convergence and optimality of Bayes factor wavelet regression estimators under pointwise risks. Statistica Sinica, 19(4): 1389–1406

Breiman L, Meisel W, Purcell E. 1977. Variable kernel regression estimates of probability densities. Technometrics, 19: 135–144

Brown L D, Cai T T, Zhou H H. 2008. Robust nonparametric estimation via wavelet median regression. The Annals of Statistics, 36(5): 2055–2084

Cao J G, Cai J, Wang L L. 2012. Estimating curves and derivatives with parametric penalized spline smoothing. Statistics and Computing, 22(5): 1059–1067

Cao-Abad R. 1991. Rate of convergence for the wild bootstrap in nonparametric regression. The Annals of Statistics, 19(4): 2226–2231

Celveland W S. 1979. Robust locally weighted regression and smoothing scatterplots. Journal of the American Statistical Association, 74(368): 829–836

Chaubey Y P, Chesneau C, Shirazi E. 2013. Wavelet-based estimation of regression function for dependent biased data under a given random design. Journal of Nonparametric Statistics, 25(1): 53–71

Chen K W. 1987. Asymptotic optimal of a piecewise polynomial estimator of a regression function. Journal of Multivariate Analysis, 22: 230–244

Chen K N, Jin Z Z. 2005. Local polynomial regression analysis of clustered data. Biometrika, 92(1): 59–74

Claeskens G, Van Keilegom I. 2003. Bootstrap confidence bands for regression curves and their derivatives. The Annals of Statistics, 31(6): 1852–1884

Cox D D. 1983. Asymptotics for M-type smoothing splines. The Annals of Statistics, 11(2): 530–551

Craven P, Wahha G. 1979. Smoothing noisy data with spline functions. Numerische Mathematik, 31(4): 377–403

Csörgő S, Mielniczuk J. 1995. Nonparametric regression under long-range dependent normal errors. The Annals of Statistics, 23(3): 1000–1014

Daubechies I. 1988. Orthonormal bases of compactly supported wavelets. Communications on Pure and Application Mathematics, 41(7): 909–996

de Uña-Álvarez J, Liang H Y, Rodríguez-Casal A. 2010. Nonlinear wavelet estimator of the regression function under left-truncated dependent data. Journal of Nonparametric Statistics, 22(3): 319–344

Delaigle A, Meister A. 2007. Nonparametric regression estimation in the heteroscedastic errors-in-variables problem. Journal of the American Statistical Association, 102(480): 1416–1426

Delgado M A, Manteiga W G. 2001. Significance testing in nonparametric regression based on the bootstrap. The Annals of Statistics, 29(5): 1469–1507

Delouille V, Simoens J, von Sachs R. 2004. Smooth design-adapted wavelets for nonparametric stochastic regression. Journal of the American Statistical Association, 99(467): 643–658

Dette H, Munk A. 1998. Testing heteroscedasticity in nonparametric regression. Journal of the Royal Statistical Society, Series B, 60(4): 693–708

Devroye L P. 1978. The uniform convergence of the Nadaraya-Watson regression function estimate. The Canadian Journal Statistics, 6(2): 179–191

Devroye L P. 1981. On the almost everywhere convergence of nonparametric regression function estimates. The Annals of Statistics, 9(6): 1310–1319

Devroye L P, Wagner T J. 1980. Distribution-free consistency results in nonparametric discrimination and regression estimation. The Annals of Statistics, 8(2): 231–239

Donoho D L, Johnstone I M. 1995. Adapting to unknown smoothness via wavelet shrinkage. Journal of the American Statistical Association, 90(432): 1200–1224

Donoho D L, Johnstone I M. 1998. Minimax estimation via wavelet shrinkage. The Annals of Statistics, 26(8): 879–921

Donoho D L, Johnstone I M, Kerkyacharian G, Picard D. 1995. Wavelet shrinkage: asymptotic. Journal of the Royal Statistical Society, Series B, 57: 301–369

Doosti H, Chaubey Y P, Niroumand H A. 2007. On a wavelet-based method of estimating a regression function. Communications in Statistics—Theory and Methods, 36(11): 2083–2098

Droge B. 1998. Minimax regret analysis of orthogonal series regression estimation: Selection versus shrinkage. Biometrika, 85(3): 631–643

Dvoretzky A. 1972. Central limit theorems for dependent random variables. Proceeding Sixth Berkeley Symposia for Mathematical Statistics and Probability, 2: 513–555

Efromovich S. 1999. Nonparemetric Curve Estimation, Methods, Theory, and Applications. New York: Springer-Verlag, Inc.

Efron B. 1979. bootstrap method: another look at the jackknife. The Annals of Statistics, 7(1): 1–26

Eilers H C, Marx B D. 1996. Flexible smoothing with B-splines and penalties. The Annals of Statistics, 11(2): 89–121

Engel J. 1994. A simple wavelet approach to nonparametric regression from recursive partitioning schemes. Journal of Multivariate Analysis, 49(2): 242–254

Eubank R L. 1999. Nonparametric Regression and Spline Smoothing. 2nd ed. New York: Marcel Dekker

Eubank R L, Hart J D, Speckman P. 1990. Trigonometric series regression-estimators with an application to partially linear-models. Journal of Multivariate Analysis, 32(1): 70–83

Eubank R L, Speckman P L. 1991. Convergence rates for trigonometric and polynomial-trigonometric regression estimators. Statistics & Probability Letters, 11(2): 119–124

Eubank R L, Speckman P L. 1993. Confidence bands in nonparametric regression. Journal of the American Statistical Association, 88(424): 1287–1301

Eubank R L, Thomas W. 1993. Detecting heteroscedasticity in nonparametric regression. Journal of the Royal Statistical Society, Series B, 55(1): 145–155

Fan J Q. 1992. Design-adaptive nonparametric regression. Journal of the American Statistical Association, 87(420): 998–1004

Fan J Q. 1993. Local linear regression smoothers and their minimax efficiency. The Annals of Statistics, 21(1): 196–216

Fan J Q, Gijbels I. 1992. Variable bandwidth and local linear regression smoothers. The Annals of Statistics, 20: 2008–2036

Fan J Q, Gijbels I. 1994. Censored regression: Local linear-approximations and their applications. Journal of the American Statistical Association, 89(426): 560–570

Fan J Q, Gijbels I. 1995. Data-driven bandwidth selection in local polynomial fitting: Variable bandwidth and spatial adaptation. Journal of the Royal Statistical Society, Series B, 57(2): 371–394

Fan J Q, Gijbels I. 1996. Local Polynomial Modeling and its Applications. London: Chapman and Hall

Fan J Q, Truong Y K. 1993. Nonparametric regression with errors-in-variables. The Annals of Statistics, 21(4): 1900–1925

Fan J Q, Zhang W Y. 2000. Simultaneous confidence bands and hypothesis testing in varying-coefficient models. Scandinavian Journal of Statistics, 27(4): 715–731

Gao J T, Shi P D. 1997. M-type smoothing splines in nonparametric and semiparametric regression models. Statistica Sinica, 7(4): 1155–1169

Gasser T, Müller H G. 1979. Kernel estimation of regression function. In Smoothing Techniques for Curve Estimation, Lecture Notes in Mathematics, 757: 23–68. New York: Springer-Verlag

Genovese C R, Wasserman L. 2005. Confidence sets for nonparametric wavelet regression. The Annals of Statistics, 33(2): 698–729

Gijbels I, Goderniaux A C. 2004. bootstrap test for change-points in nonparametric regression. Journal of Nonparametric Statistics, 16(3-4): 591–611

Gijbels I, Verhasselt A. 2010. P-splines regression smoothing and difference type of penalty. Statistics and Computing, 20(4): 499–511

Greblicki W, Pawlak M. 1985. Fourier and Hermite series estimates of regression functions. The Institute of Statistical Mathematics, 31(1): 443–454

Greblicki W, Krzyżak A, Pawlak M. 1984. Distribution-free pointwise consistency of kernel regression estimate. The Annals of Statistics, 12(4): 1570–1575

Green P J, Silverman B W. 1994. Nonparametric Regression and Generalized Linear Models: a Roughness Penalty Approach. London: Chapman and Hall.

Hall P, Patil P. 1995. On wavelet methods for estimating smooth function. Bernoulli, 1(1/2): 41–58.

Hall P, Patil P. 1996. On the choice of smoothing parameter, threshold and truncation in nonparametric regression by non-linear wavelet methods. Journal of the Royal Statistical Society, Series B, 58(2): 361–377

Hall P, Titterington D M. 1988. On confidence bands in nonparametric density estimation and regression. Journal of Multivariate Analysis, 27(1): 228–254

Hall P, Turlach B A. 1997. Interpolation methods for nonlinear wavelet regression with irregularly spaced design. The Annals of Statistics, 25(5): 1912–1925

Hansen B E. 2008. Uniform convergence rates for kernel estimation with dependent data. Econometric Theory, 24(3): 726–748

Härdle W. 1984. A law of the iterated logarithm for nonparametric regression function estimators. The Annals of Statistics, 12(2): 624–635

Härdle W. 1989. Asymptotic maximal deviation of M-smoothers. Journal of Multivariate Analysis, 29(2): 163–179

Härdle W. 1990. Applied Nonparametric Regression. Cambridge: Cambridge University Press

Härdle W, Marrow J S. 1991. Bootstrap simultaneous error bars for nonparametric regression. The Annals of Statistics, 19(2): 778–796

Härdle W, Müller M, Sperlich S, Werwatz A. 2004. Nonparametric and Semiparametric Models. Berlin: Springer-Verlag

Hastie T, Tibshirani R, Friedman J. 2001. The Elements of Statistical Learning: Data Mining, Inference, and Prediction. New York: Springer

Huang J Z. 2003. Local asymptotics for polynomial spline regression. The Annals of Statistics, 31(5): 1600–1635

Huber P J. 1981. Robust Statistics. New York: Wiley,

Isogai E. 1990. Nonparametric estimation of a regression function by delta sequences. Annals of the Institute Statistics Mathematics, 42(4): 699–708

Johnston G J. 1982. Probabilities of maximal deviations for nonparametric regression function estimates. Journal of Multivariate Analysis, 12: 402–414

Kim H T, Koh K, Boyd S, Gorinevsky D. 2009. l_1 trend filtering. SIAM Review, 51(2): 339–360

Kim H T, Truong Y K. 1998. Nonparametric regression estimates with censored data: Local linear smoothers and their applications. Biometrics, 54(4): 1434–1444

Knafl G, Sacks J, Ylvisaker D. 1985. Confidence bands for regression functions. Journal of the American Statistical Association, 80(391): 683–691

Kohler M. 2003. Nonlinear orthogonal series estimates for random design regression. Journal of Statistical Planning and Inference, 115(2): 491–520

Kohler M. 2008. Multivariate orthogonal series estimates for random design regression. Journal of Statistical Planning and Inference, 138(10): 3217–3237

Koopergerg C, Stone C J. 1991. A study of logspline density estimation. Computing Statistics and Data Analysis, 12(3): 327–347

Koopergerg C, Stone C J, Truong Y K. 1995a. Logspline estimation of a possibly mixed spectral distribution. Journal of Time Series Analysis, 16: 359–388

Koopergerg C, Stone C J, Truong Y K. 1995b. Rate of convergence for logspline spectral density estimation. Journal of Time Series Analysis, 16: 389–401

Kovac A, Silverman B W. 2000. Extending the scope of wavelet regression methods by coefficient-dependent thresholding. Journal of The American Statistical Association, 95(449): 172–183

Lai S L. 1977. Large sample properties of k-nearest neighbor procedures. Ph.D. dissertation, Department of Mathematics, UCLA, Los Angeles

Li G, Van Keilegom I. 2002. Likelihood ratio confidence bands in non-parametric regression with censored data. Scandinavian Journal of Statistics, 29(3): 547–562

Li Y, Wong H, Ip W. 2006. Testing heteroscedasticity by wavelets in a nonparametric regression model. Science in China, Series A-Mathematics, 49(9): 1211–1222

Li Y M, Guo J H. 2009. Asymptotic normality of wavelet estimator for strong mixing errors. Journal of the Korean Statistical Society, 38(4): 383–390

Li Y M, Wei C D, Xing G D. 2011. Berry-Esseen bounds for wavelet estimator in a regression model with linear process errors. Statistics & Probability Letters, 81(1): 103–110

Lin L, Fan Y Z, Tan L. 2008. Blockwise bootstrap wavelet in nonparametric regression model with weakly dependent processes. Metrika, 67(1): 31–48

Lin X H, Carroll R J. 2000. Nonparametric function estimation for clustered data when the predictor is measured without/with error. Journal of the American Statistical Association, 95(450): 520–534

Lin X H, Wang N Y, Welsh A H, Carroll R J. 2004. Equivalent kernels of smoothing splines in nonparametric regression for clustered/longitudinal data. Biometrika, 91(1): 177–193

Liu Z Y, Guo W S. 2010. Data driven adaptive spline smoothing. Statistica Sinica, 20(3): 1143–1163

Loftsgaarden D O, Quesenberry G P. 1965. A nonparametric estimate of a multivariate density function. The Annals of Mathematical Statistics, 36(3): 1049–1051

Mack Y P, Silverman B W. 1982. Weak and strong uniform consistency of kernel regression estimates. Zeitschrift fiür Wahrscheinlichkeitstheorie und verwandte Gebiete, 61(3): 405–415

Mallows G L. 1973. Some comments on C_p. Technometrics, 15: 661–675

Mammen E, van de Geer S. 1997. Locally apadtive regression splines. The Annals of Statistics, 25(1): 387–413

Marcinkiewicz J, Zygmund A. 1937. Sur les fonctions indépendantes. Fundamenta Mathematicae, 29(1): 60–90

Marron J S, Adak S, Johnstone I M, Neumann M H, Patil P. 1998. Exact risk analysis of wavelet regression. Journal of Computational and Graphical Statistics, 7(3): 278–309

Masry E. 2000. Wavelet-based estimation of multivariate regression functions in Besov spaces. Journal of Nonparametric Statistics, 12(2): 283–308

Masry E. 2008. Multivariate local polynomial regression for time series: Uniform strong consistency and rates. Journal of Time Series Analysis, 17: 571–599

Masry E, Fan J Q. 1997. Local polynomial estimation of regression functions for mixing processes. Scandinavian Journal of Statistics, 24: 165–179

McMurry T L, Politis D N. 2008. Bootstrap confidence intervals in nonparametric regression with built-in bias correction. Statistics & Probability Letters, 78(15): 2463–2469

McZgee V E, Carleton W T. 1970. Piecewise regression. Journal of the American Statistical Association, 65(331): 1109–1124

Messer K. 1991. A comparison of a spline estimate to its equivalent kernel estimate. The Annals of Statistics, 19(2): 817–829

Meyer Y. 1990. Ondelettes et Operateurs I: Ondelettes. Paris: Hermann

Müller H G. 1988. Nonparametric Regression Analysis of Longitudinal Data. Lecture Notes in Statistics, 46. New York: Springer-Verlag

Müller H G. 1991. Smooth optimum kernel estimators near endpoints. Biometrika, 78(3): 521–531

Nadaraya E A. 1964. On estimating regression. Theory of Probability and Its Application, 9(1): 141–142

Neumeyer N, Dette H, Nagel E R. 2006. Bootstrap tests for the error distribution in linear and nonparametric regression models. Australian & New Zealand Journal of Statistics, 48(2): 129–156

Nussbaum M. 1985. Spline smoothing in regression models and asymptotic efficiency in L_2. The Annals of Statistics, 13(3): 984–997

Nychka D. 1995. Splines as local smoothers. The Annals of Statistics, 23(4): 1175–1197

Owen A B. 1990. Empirical likelihood ratio confidence regions. The Annals of Statistics, 18(1): 90–120

Owen A B. 2001. Empirical Likelihood. London: Chapman & Hall

Pagan A, Ullah A. 1999. Nonparametric Econometrics. Cambridge: Cambridge University Press

Park C, Kim W C. 2006. Wavelet estimation of a regression function with a sharp change point in a random design. Journal of Statistical Planning and Inference, 136(7): 2381–2394

Pensky M, Sapatinas T. 2007. Frequentist optimality of bayes factor estimators in wavelet regression models. Statistica Sinica, 17(20): 599–633

Prakasa Rao B L S. 1983. Nonparametric Function Estimation. London: Academic Press

Priestley M B, Chao M T. 1972. Non-parametric function fitting. Journal of the Royal Statistical Society, Series B, 34: 385–392

Rafajlowicz E. 1987. Nonparametric orthogonal series estimators of regression: A class attaining the optimal convergence rate in L_2. Statistics & Probability Letters, 5(3): 219–224

Rao C R. 1965. Linear Statistical Inference and Its Applications. New York: Wiley

Reinsch C. 1967. Smoothing by spline functions. Numerische Mathematik, 10: 177–183

Renaud O. 2002. Sensitivity and other properties of wavelet regression and density estimators. Statistica Sinica, 12(4): 1275-1290

Rice J, Rosenblatt M. 1983. Smoothing splines: regression, derivatives and deconvolution. The Annals of Statistics, 11(1): 141–156

Rosset S, Zhu J. 2007. Piecewise linear regularized solution paths. The Annals of Statistics, 35(3): 1012–1030

Ruppert D. 1997. Empirical-bias bandwidths for local polynomial nonparametric regression and density estimation. Journal of the American Statistical Association, 92(439): 1049–1062.

Ruppert D, Wand M P. 1994. Multivariate locally weighted least squares regression. The Annals of Statistics, 22(3): 1346–1370

Ruppert D, Wand M, Carroll R. 2003. Semiparametric Regression. Cambridge: Cambridge University Press

Rutkowski L. 1981. Sequential estimates of a regression function by othonornal series with application in distribution. The First Pannonian Symposiumon Mathematical Statisties, Lectures in Srazistics, Springer Verlarg 8: 236–244

Rutkowski L. 1982. On system identification by nonparametric funetion fitting, Automatic Control. IEEE Transactions on, 27(1): 225–227

Schoenberg I J. 1964. Spline functions and the problem of graduation. Proceedings of the

National Academy of Sciences of the United States of America, 52(4): 947–950

Schuster E F. 1972. Joint asymptotic distribution of the estimated regression function at a finite number of distinct points. The Annals of Mathematical Statistics, 43(1): 84–88

Serfling R. 1980. Approximation Theorems of Mathematical Statistics. New York: Wiley

Shorack G, Wellner J A. 1986. The Empirical Processes with Applications to Statistics. New York: Wiley

Silverman B W. 1976. On a Gaussian process related to multivariate probability density estimation. Mathematical Proceedings of the Cambridge Philosophical Philosophical Society, 80: 135–144

Silverman B W. 1978. Weak and strong uniform consistency of the kernel estimate of a density and its derivatives. The Annals of Statistics, 6(1): 177–184

Silverman B W. 1984b. Spline smoothing: the equivalent variable kernel method. The Annals of Statistics, 12(3): 898–916

Silverman B W. 1984a. A fast and efficient cross-validation method for smoothing parameter choice in spline regression. The Annals of Mathematical Statistics, 79(387): 584–589

Speckman P. 1985. Spline smoothing and optimal rates of convergence in nonparametric regression models. The Annals of Statistics, 13(3): 970–983

Stone C J. 1977. Consistent nonparametric regression. The Annals of Statistics, 5(4): 595–645

Stone C J. 1980. Optimal rates of convergence for nonparametric estimators. The Annals of Statistics, 8(6): 1348–1360

Stone C J. 1982. Optimal global rates of convergence for nonparametric regression. The Annals of Statistics, 10(4): 1040–1053

Stute W. 1984. Asymptotic normality of nearest neighbor regression function estimates. The Annals of Statistics, 12(3): 917–926

Sun J, Loader C R. 1994. Simultaneous confidence bands for linear regression and smoothing. The Annals of Statistics, 22(3): 1328–1345

Tibshirani R J. 2014. Adaptive piecewise polynomial estimation via trend filtering. The Annals of Statistics, 42(1): 285–323

Tibshirani R J, Saunders M, Rosset S, Zhu J, Knight K. 2005. Sparsity and smoothness via the fused lasso. Journal of the Royal Statistical Society, Series B, 67(1): 91–108

Tibshirani R J, Taylor J. 2011. The solution path of the generalized lasso. The Annals of Statistics, 39(3): 1335–1371

Tibshirani R J, Taylor J. 2012. Degrees of freedom in lasso problems. The Annals of Statistics, 40(2): 1198–1232

Tishler A, Zang I. 1981. A maximum likelihood method for piecewise regression models with a continuous dependent variable. Journal of the Royal Statistical Society. Series

C (Applied Statistics), 30(2): 116–124

Tusnády G. 1977. A remark on the approximation of the sample d.f. in the multidimensional case. Periodica Mathematica Hungarica, 8(1): 53–55

Uddin M K, Naik-Nimbalkar U V. 2005. Regression function estimation using spline wavelets. Communications in Statistics — Theory and Methods, 34(4): 823–832

van Ryzin J. 1969. On strong consistency of density estimates. The Annals of Mathematical Statistics, 40(5): 1765–1772

Wahba G. 1983. Bayesian confidence-intervals for the cross-validated smoothing spline. Journal of the Royal Statistical Society, Series B, 45(1): 133–150

Wahba G. 1985. A comparison of GCV and GML for choosing the smoothing parameter in the generalized spline smoothing problem. The Annals of Mathematical Statistics, 13(4): 1378–1402

Walter G, Blum J. 1979. Probability density estimation using delta sequences. The Annals of Statistics, 7(2): 328–340

Wang J, Yang L J. 2009. Polynomial spline confidence bands for regression curves. Statistica Sinica, 19(1): 325–342

Wang N Y. 2003. Marginal nonparametric kernel regression accounting for within-subject correlation. Biometrika, 90(1): 43–52

Watson G S. 1964. Smooth regression analysis. Sankhya: The Indian Journal of Statistics, Series A, 26(4): 359–372

Welsh A H, Lin X H, Carroll R J. 2002. Marginal longitudinal nonparametric regression: Locality and efficiency spline and kernel methods. Journal of the American Statistical Association, 97(458): 482–493

Wheeden R L, Zygmund A. 1977. Measure and Integral. New York: Marcel Dekker

Whittaker E T. 1922. On a new method of graduation. Proceedings of the Edinburgh Mathematical Society, 41(1): 63–75

Xia Y C. 1998. Bias-corrected confidence bands in nonparametric regression. Journal of the Royal Statistical Society, Series B, 60(4): 797–811

Xue L G. 2010. Empirical likelihood local polynomial regression analysis of clustered Data. Scandinavian Journal of Statistics, 37(4): 644–663

Yang S S. 1981. Linear functions of concomitants of order statistics with applications to nonparametric estimation of a regression function. Journal of the American Statistical Association, 76(375): 658–662

Zhang J, Liu A. 2003. Local polynomial fitting based on empirical likelihood. Bernoulli, 9(4): 579–605

Zhang S L, Wong M Y, Zheng Z G. 2002. Wavelet threshold estimation of a regression function with random design. Journal of Multivariate Analysis, 80(2): 256–284

Zhang S L, Zheng Z G. 1999b. Nonlinear wavelet estimation of regression function with random design. Science in China Series A-Mathematics Physics Astronomy, 42(8): 825–833

Zhang S L, Zheng Z G. 1999a. Convergence rate of cross-validation in nonlinear wavelet regression estimation. Chinese Science Bulletin, 44(10): 898–901

Zhang S L, Zheng Z G. 1999c. On the consistency of cross-validation in nonlinear wavelet regression estimation. Acta Mathematica Scientia, 20(1): 1–11

Zhao L C, Fang Z B. 1985. Strong convergence of kernel estimates of nonparametric regression functions. Chinese Annals of Mathematics, Series B, 6(2): 147–155

Zhao Z B, Wul W B. 2008. Confidence bands in nonparametric time series regression. The Annals of Statistics, 36(4): 1854–1878

Zhou S, Shen X, Wolfe D A. 1998. Local asymptotics FOR regression splines and confidence regions. The Annals of Statistics, 26(5): 1760–1782

Zhou X C, Lin J G. 2012. A wavelet estimator in a nonparametric regression model with repeated measurements under martingale difference error's structure. Statistics & Probability Letters, 82(11): 1914–1922

Zhou Y, Wan A T K, Xie S Y, Wang X J. 2010. Wavelet analysis of change-points in a non-parametric regression with heteroscedastic variance. Journal of Econometrics, 159(1): 183–201

Zhu L X, Fujikoshi Y, Naito K. 2001. Heteroscedasticity test for regression models. Science in China, Series A, 44: 1237–1252

第 5 章　密度比模型

假设有 $k+1$ 个总体 $X_0, X_1, \cdots, X_k$, 且 X_i 具有分布函数 $F_i(x)$ 和密度函数 $f_i(x)$, $i=0,1,\cdots,k$. Anderson(1979) 提出的密度比模型 (DRM) 具有形式

$$\log\{f_i(x)/f_0(x)\} = \theta_i^{\mathrm{T}} \boldsymbol{q}(x), \quad i=0,1,\cdots,k,$$

其中 θ_i 是 $d\times 1$ 未知参数向量, $\boldsymbol{q}(x)$ 是某个 d 元已知函数. 我们要求 $\boldsymbol{q}(x)$ 的第一个元素是 1. 为记号简单, 令 $\theta_0=0$. 这个模型包括诸如正态和 Gamma 分布族. 在情况控制研究中通常使用的 logistic 回归模型也可以用 DRM 来刻画 (Qin and Zhang, 1997).

本章在 DRM 下讨论分布及其分位数函数的估计和模型检验问题. 基于经验似然方法构造感兴趣参数的估计, 由此得到分布及其分位数函数估计的 Bahadur 表示 (Bahadur, 1966). 所得结果可以用来构造分布及其分位数函数的近似置信区间和置信带. 此外, 我们提出用 Kolmogorov-Smirnov 统计量和 bootstrap 方法来检验 DRM 的有效性, 建立有关统计量的渐近结果.

5.1　经验似然方法

如果总体分布 $F_i(x)$ 满足 DRM, 则模型假定也可以写为

$$\mathrm{d}F_i(x) = \exp\{\theta_i^{\mathrm{T}} \boldsymbol{q}(x)\}\mathrm{d}F_0(x), \quad i=0,1,\cdots,k. \tag{5.1.1}$$

假设 $\{(X_{i1},\cdots,X_{in_i}); i=0,1,\cdots,k\}$ 是来自模型 (5.1.1) 的 iid 样本. 为构造参数 θ 的经验似然比函数, 我们给出下列记号:

$$h_n(x;\theta) = \sum_{i=0}^{k} \frac{n_i}{n}\exp\{\theta_i^{\mathrm{T}} \boldsymbol{q}(x)\}, \quad h_{ni}(x;\theta) = \frac{(n_i/n)\exp\{\theta_i^{\mathrm{T}} \boldsymbol{q}(x)\}}{h_n(x;\theta)}, \tag{5.1.2}$$

其中 $n=\sum\limits_{i=0}^{k} n_i$. 引入随机向量

$$\eta_{nrij}(\theta) = [\delta_{ri} - h_{nr}(X_{ij};\theta)]\boldsymbol{q}(X_{ij}), \tag{5.1.3}$$

其中如果 $i=r$, $\delta_{ri}=1$, 否则 $\delta_{ri}=1$, $1\leqslant r\leqslant k$. 由式 (5.1.1) 可得

$$\begin{aligned}E\{\eta_{nrij}(\theta)\}&=\int_{-\infty}^{\infty}[\delta_{ri}-h_{nr}(x;\theta)]\boldsymbol{q}(x)\exp\{\theta_i^{\mathrm{T}}\boldsymbol{q}(x)\}\mathrm{d}F_0(x)\\&=\frac{n}{n_i}\int_{-\infty}^{\infty}[\delta_{ri}h_{ni}(x;\theta)-h_{nr}(x;\theta)h_{ni}(x;\theta)]\boldsymbol{q}(x)h_n(x;\theta)\mathrm{d}F_0(x).\end{aligned}$$

注意到 $\sum\limits_{i=0}^{k}h_{ni}(x;\theta)=1$, 可得

$$\sum_{i=0}^{k}\sum_{j=1}^{n_i}E[\eta_{nrij}(\theta)]=0. \tag{5.1.4}$$

如果 $F_0(x)$ 是离散的, 那么 $\mathrm{d}F_0(x)=P\{X=x\}$. 记 $p_{ij}=\mathrm{d}F_0(X_{ij})$. 式 (5.1.4) 可以写为

$$\sum_{i=0}^{k}\sum_{j=1}^{n_i}p_{ij}\eta_{nrij}(\theta)=0.$$

令 $\eta_{nij}(\theta)=(\eta_{n0ij}^{\mathrm{T}}(\theta),\cdots,\eta_{nkij}^{\mathrm{T}}(\theta))^{\mathrm{T}}$. θ 的一个估计的经验似然比函数定义为

$$L(\theta)=\max_{\{p_{ij}\}}\left\{\prod_{i=0}^{k}\prod_{j=1}^{n_i}np_{ij}:p_{ij}\geqslant 0,\sum_{i=0}^{k}\sum_{j=1}^{n_i}p_{ij}=1,\sum_{i=0}^{k}\sum_{j=1}^{n_i}p_{ij}\eta_{nij}(\theta)=0\right\}. \tag{5.1.5}$$

我们可以极大化 $L(\theta)$ 得到 θ 的极大经验似然估计 (MELE), 即

$$\hat{\theta}=\arg\max_{\theta}L(\theta). \tag{5.1.6}$$

下列定理给出了 $\hat{\theta}$ 的渐近分布.

定理 5.1.1 设在真参数 θ 的某个邻域内有

$$\int_{-\infty}^{\infty}h(x,\tilde{\theta})\mathrm{d}F_0(x)<\infty,\quad i=0,1,\cdots,k, \tag{5.1.7}$$

$\boldsymbol{q}(x)$ 的分量是线性独立的, 且它的第一个元素是 1. 如果对每个 $0\leqslant i\leqslant k$, 当 $n\to\infty$ 时 n_i/n 趋于常数 ρ_i, 则 $\sqrt{n}(\hat{\theta}-\theta)$ 渐近于多维正态分布, 其均值为 0 且协方差矩阵为 $\Omega^{-1}-S$. Ω 和 S 都是 $kd\times kd$ 块正定矩阵, 其每块是 $d\times d$ 矩阵, 且它们的第 (r,s) 块分别是

$$\begin{aligned}\Omega_{rs}&=\int_{-\infty}^{\infty}[\delta_{rs}-h_s(x;\theta)]h_r(x;\theta)\boldsymbol{q}(x)\boldsymbol{q}^{\mathrm{T}}(x)h(x;\theta)\mathrm{d}F_0(x),\\S_{rs}&=(\rho_r^{-1}\delta_{rs}+\rho_0^{-1})\mathrm{diag}\{1,0,\cdots,0\},\end{aligned}$$

其中 $1\leqslant r,s\leqslant k$, $h(x;\theta)$ 是用 ρ_i 代替 $h_n(x;\theta)$ 中的 n_i/n 而得到, 而 $h_i(x;\theta)$ 是用 ρ_i 和 $h(x;\theta)$ 分别代替 $h_{ni}(x;\theta)$ 中的 n_i/n 和 $h_n(x;\theta)$ 而得到.

证 利用 Taylor 公式并按照 Qin 和 Lawless(1994) 的证明方法, 可以证明

$$\sqrt{n}(\hat{\theta}-\theta)=\Omega_n^{-1}\Psi_n+o_P(1), \tag{5.1.8}$$

其中

$$\Psi_n=\frac{1}{\sqrt{n}}\sum_{i=0}^{k}\sum_{j=1}^{n_i}\eta_{nij}(\theta), \quad \Omega_n=\Omega_n(\theta)=\frac{1}{n}\sum_{i=0}^{k}\sum_{j=1}^{n_i}\eta_{nij}(\theta)\eta_{nij}^{\mathrm{T}}(\theta). \tag{5.1.9}$$

注意到 Ψ_n 是独立随机变量之和, 且由式 (5.1.4) 知 $E(\Psi_n)=0$, $\mathrm{var}(\Psi_n)=\Omega-\Omega S\Omega+o(1)$. 因此

$$\Psi_n \xrightarrow{D} N(0,\Omega-\Omega S\Omega). \tag{5.1.10}$$

由大数定理可得

$$\Omega_n \xrightarrow{P} \Omega. \tag{5.1.11}$$

将式 (5.1.10) 和式 (5.1.11) 代入到式 (5.1.8) 即可完成定理 5.1.1 的证明.

为了应用定理 5.1.1 构造 θ 的置信域, 我们需要估计 Ω 和 S. 定义 $\hat{\Omega}=\Omega_n(\hat{\theta})$, 其中 $\hat{\theta}$ 和 $\Omega_n(\cdot)$ 分别在式 (5.1.6) 和式 (5.1.9) 中定义. S 的第 (r,s) 块 S_{rs} 的估计量分别定义为

$$\hat{S}_{rs}=\left[(n_r/n)^{-1}\delta_{rs}+(n_0/n)^{-1}\right]\mathrm{diag}\{1,0,\cdots 0\}, \tag{5.1.12}$$

由此得到 S 的估计量 $\hat{S}$. 可以证明 $\hat{\Omega}$ 和 $\hat{S}$ 分别是 Ω 和 S 的相合估计. 因此, 由定理 5.1.1 可以推出

$$[n^{-1}(\hat{\Omega}^{-1}-\hat{S})]^{-1/2}(\hat{\theta}-\theta)\xrightarrow{D} N(\mathbf{0}_{kd},I_{kd}),$$

其中 $N(\mathbf{0}_{kd},I_{kd})$ 是 kd 元标准正态分布, $\mathbf{0}_{kd}$ 是 kd 维零向量, I_{kd} 是 kd 阶单位矩阵. 使用 Arnold(1981) 中定理 10.2d 可以得到

$$(\hat{\theta}-\theta)[n^{-1}(\hat{\Omega}^{-1}-\hat{S})]^{-1}(\hat{\theta}-\theta)\xrightarrow{D}\chi_{kd}^2,$$

上述结果可以用来构造 θ 的置信域.

下列定理给出了 $-2\log L(\theta)$ 渐近于独立 χ_1^2 变量的加权和.

定理 5.1.2 设定理 5.1.1 的条件成立. 如果 θ 是真参数, 则

$$-2\log L(\theta)\xrightarrow{D} w_1\chi_{1,1}^2+\cdots+w_{kd}\chi_{1,kd}^2,$$

其中 $\chi_{1,1}^2,\cdots,\chi_{1,kd}^2$ 是独立的 χ_1^2 变量, 权 $\{w_l,1\leqslant l\leqslant kd\}$ 是 $\Omega^{-1}(\Omega-\Omega S\Omega)$ 的特征值, Ω 和 S 在定理 5.1.1 中定义.

证 由 Lagrange 乘子法, $\log L(\theta)$ 可以表示为

$$\log L(\theta) = -\sum_{i=0}^{k}\sum_{j=1}^{n_i}\log\left(1+\lambda^{\mathrm{T}}\eta_{nij}(\theta)\right), \tag{5.1.13}$$

其中 λ 由

$$\frac{1}{n}\sum_{i=0}^{k}\sum_{j=1}^{n_i}\frac{\eta_{nij}(\theta)}{1+\lambda^{\mathrm{T}}\eta_{nij}(\theta)} = 0 \tag{5.1.14}$$

确定. 可以证明

$$\max_{1\leqslant j\leqslant n_i}||\eta_{nij}(\theta)|| = o_P(\sqrt{n_i}),\ \ i=0,1,\cdots,k. \tag{5.1.15}$$

事实上, 有下述命题: 如果 $\{Y_{nj}, 1\leqslant j\leqslant n\}$ 是均值为 0 方差有限的 iid 随机变量, 则 $\max\limits_{1\leqslant j\leqslant n}|Y_{nj}| = o_P(\sqrt{n})$. 使用此命题即可证得式 (5.1.15). 利用式 (5.1.10) 和式 (5.1.11), 并类似于 Owen(1990) 中式 (2.14) 的证明可以证得

$$\lambda = o_P(n^{-1/2}). \tag{5.1.16}$$

对式 (5.1.13) 应用 Taylor 公式, 并利用式 (5.1.11)、式 (5.1.15) 和式 (5.1.16) 可得

$$\log L(\theta) = -\sum_{i=0}^{k}\sum_{j=1}^{n_i}\left\{\lambda^{\mathrm{T}}\eta_{nij}(\theta)-\frac{1}{2}\left[\lambda^{\mathrm{T}}\eta_{nij}(\theta)\right]^2\right\}+o_P(1). \tag{5.1.17}$$

由式 (5.1.14) 推出

$$\sum_{i=0}^{k}\sum_{j=1}^{n_i}\eta_{nij}(\theta)-\sum_{i=0}^{k}\sum_{j=1}^{n_i}\eta_{nij}(\theta)\eta_{nij}^{\mathrm{T}}(\theta)\lambda+\sum_{i=0}^{k}\sum_{j=1}^{n_i}\frac{\eta_{nij}(\theta)[\lambda^{\mathrm{T}}\eta_{nij}(\theta)]^2}{1+\lambda^{\mathrm{T}}\eta_{nij}(\theta)} = 0.$$

再应用式 (5.1.11) 和式 (5.1.16) 得到

$$\begin{aligned}\sum_{i=0}^{k}\sum_{j=1}^{n_i}[\lambda^{\mathrm{T}}\eta_{nij}(\theta)]^2 &= \sum_{i=0}^{k}\sum_{j=1}^{n_i}\lambda^{\mathrm{T}}\eta_{nij}(\theta)+o_P(1),\\ \lambda &= \varOmega_n^{-1}\varPsi_n n^{-1/2}+o_P\left(n^{-1/2}\right),\end{aligned}$$

其中 $\varPsi_n$ 和 $\varOmega_n$ 在式 (5.1.9) 中定义. 将上述结果代入到式 (5.1.17) 可得到

$$\log L(\theta) = -\frac{1}{2}\varPsi_n^{\mathrm{T}}\varOmega_n^{-1}\varPsi_n+o_P(1). \tag{5.1.18}$$

由式 (5.1.11) 和式 (5.1.18) 可得

$$-2\log L(\theta) = [(\varOmega-\varOmega S\varOmega)^{-1/2}\varPsi_n]^{\mathrm{T}}D[(\varOmega-\varOmega S\varOmega)^{-1/2}\varPsi_n]+o_P(1),$$

其中 $D=(\Omega-\Omega S\Omega)^{1/2}\Omega^{-1}(\Omega-\Omega S\Omega)^{1/2}$. 令 $\widetilde{D}=\mathrm{diag}(w_1,\cdots,w_{kd})$, 其中 $\{w_l,1\leqslant l\leqslant kd\}$ 在定理 5.1.2 中定义. 存在正交矩阵 Q, 使得 $Q\widetilde{D}Q=D$. 因此

$$-2\log L(\theta)=[Q(\Omega-\Omega S\Omega)^{-1/2}\Psi_n]^{\mathrm{T}}\widetilde{D}[Q(\Omega-\Omega S\Omega)^{-1/2}\Psi_n]+o_P(1),\quad(5.1.19)$$

由式 (5.1.8) 可得

$$Q(\Omega-\Omega S\Omega)^{-1/2}\Psi_n\xrightarrow{D}N(\mathbf{0}_{kd},I_{kd}).\quad(5.1.20)$$

将式 (5.1.20) 代入到式 (5.1.19) 即可完成定理 5.1.2 的证明.

我们可以使用 $\hat{\Omega}^{-1}(\hat{\Omega}-\hat{\Omega}\hat{S}\hat{\Omega})$ 的特征值 $\hat{w}_l$ 来估计 w_l, $l=1,\cdots,kd$. 设 $1-\alpha$ 是置信水平, $\hat{c}_{1-\alpha}$ 是给定数据下加权和 $\hat{u}=\hat{w}_1\chi^2_{1,1}+\cdots+\hat{w}_{kd}\chi^2_{1,kd}$ 的条件分布的分位数, 则 θ 的近似 $1-\alpha$ 置信域定义为

$$\mathcal{R}_\alpha=\{\tilde{\theta}:-2\log L(\tilde{\theta})\leqslant\hat{c}_{1-\alpha}\}.$$

可以证明 $\lim\limits_{n\to\infty}P(\theta\in\mathcal{R}_\alpha)=1-\alpha$. 在实践中, 给定样本 $\{X_{ij}:j=1,\cdots,n_i,i=0,1,\cdots,k\}$ 下, 加权和 $\hat{u}$ 的条件分布可以通过重复产生来自 χ^2_1 分布的独立样本 $\chi^2_{1,1},\cdots,\chi^2_{1,kd}$, 然后使用 Monte-Carlo 模拟来计算.

下面我们提出另一个调整的经验对数似然比, 其渐近分布是自由度为 kd 的 χ^2 分布. 该调整方法是遵循 Rao 和 Scott(1981) 的思想. 易知, $\rho(\theta)\sum\limits_{l=1}^{kd}w_l\chi^2_{1,l}$ 的分布可以用 χ^2_{kd} 逼近, 其中 $\rho(\theta)=kd/\mathrm{tr}(\Omega^{-1}(\Omega-\Omega S\Omega))$, $\mathrm{tr}(\cdot)$ 表示迹运算. 注意到 $kd=\mathrm{tr}((\Omega-\Omega S\Omega)^{-1}(\Omega-\Omega S\Omega))$. 因此可以定义调整因子

$$r_n(\theta)=\frac{\mathrm{tr}((\Omega_n(\theta)-\Omega_n(\theta)\hat{S}\Omega_n(\theta))^{-1}\Lambda_n(\theta))}{\mathrm{tr}(\Omega_n^{-1}(\theta)\Lambda_n(\theta))},$$

其中 $\Omega_n(\theta)$ 在式 (5.1.9) 中定义, 且

$$\Lambda_n(\theta)=\left[\sum_{i=0}^{k}\sum_{j=1}^{n_i}\eta_{nij}(\theta)\right]\left[\sum_{i=0}^{k}\sum_{j=1}^{n_i}\eta_{nij}(\theta)\right]^{\mathrm{T}}.$$

因此, 调整的经验对数似然比函数定义为

$$R(\theta)=r_n(\theta)[-2\log L(\theta)],$$

其中 $L(\theta)$ 在式 (5.1.5) 中定义.

定理 5.1.3　设定理 5.1.1 的条件成立. 如果 θ 是真参数, 则 $R(\theta)$ 渐近于自由度为 kd 的标准 χ^2 变量, θ 的近似 $1-\alpha$ 置信区间是 $\{\theta:R(\theta)\leqslant\chi^2_{kd}(1-\alpha)\}$.

证 回顾式 (5.1.5) 中 $L(\theta)$ 的定义, 由式 (5.1.18) 可得

$$R(\theta)=\varPsi_n^{\mathrm{T}}[\varOmega_n(\theta)-\varOmega_n(\theta)S\varOmega_n(\theta)]^{-1}\varPsi_n+o_P(1). \tag{5.1.21}$$

由式 (5.1.10)、式 (5.1.11) 和式 (5.1.21) 即可完成定理 5.1.3 的证明.

5.2 分布和分位数估计及其 Bahadur 表示

给定 θ 的 MELE $\hat{\theta}$, 对每个 $0\leqslant r\leqslant k$, $F_r(x)$ 的估计量定义为

$$\hat{F}_r(x)=\frac{1}{n_r}\sum_{i=0}^{k}\sum_{j=1}^{n_i}h_{nr}(X_{ij};\hat{\theta})I(X_{ij}\leqslant x), \tag{5.2.1}$$

其中 $\hat{\theta}$ 在式 (5.1.6) 中定义, $\hat{\theta}_0=0$, 并称 $\hat{F}_r(x)$ 为 $F_r(x)$ 的经验似然估计. 对 $t\in(0,1)$ 和每个 $0\leqslant r\leqslant k$, $F_r(x)$ 的 t 分位数定义为

$$\xi_r=\xi_r(t)=\inf\{x:F_r(x)\geqslant t\},$$

且它的经验似然估计定义为

$$\hat{\xi}_r=\hat{\xi}_r(t)=\inf\{x:\hat{F}_r(x)\geqslant t\}, \tag{5.2.2}$$

也称 $\hat{\xi}_r$ 为经验似然分位数 (ELQ). 为了构造 ξ_r 的置信区间或检验有关的假设, 我们感兴趣的是 ELQ $\hat{\xi}_r$ 的渐近性质的研究. 现有方法是使用多个总体在各自水平上的光滑函数. 因此, 多变量的渐近性质是有用的, 称之为 Bahadur 表示. 在考虑这个问题之前, 我们首先给出 $\hat{F}_r(x)$ 的渐近正态性. 这个结果对 ELQ 的 Bahadur 表示是有用的.

定理 5.2.1 设定理 5.1.1 的条件成立, 则对任何正整数 $0\leqslant r_1,\cdots,r_l\leqslant k$ 和 $F_0(x)$ 的支撑集上的实数 $x_1,\cdots,x_l$,

$$\sqrt{n}(\hat{F}_{r_1}(x_1)-F_{r_1}(x_1),\cdots,\hat{F}_{r_l}(x_l)-F_{r_l}(x_l))^{\mathrm{T}}$$

的联合分布渐近于均值为 0 的 l 元正态分布, 其协方差矩阵为 $\varGamma=(\gamma_{r_ir_j}(x_i,x_j))_{1\leqslant i,j\leqslant l}$, $\gamma_{r_ir_j}(x_i,x_j)$ 的一般形式为

$$\gamma_{rs}(x,y)=\sigma_{rs}(x,y)-(\rho_r\rho_s)^{-1}[a_{rs}(x\wedge y)-B_r^{\mathrm{T}}(x)\varOmega^{-1}B_s(y)], \tag{5.2.3}$$

其中 $x\wedge y=\min\{x,y\}$,

$$\begin{aligned}\sigma_{rs}(x,y)&=\rho_s^{-1}\delta_{rs}[F_r(x\wedge y)-F_r(x)F_s(y)],\\ a_{rs}(x)&=\int_{-\infty}^{x}[\delta_{rs}-h_s(t;\theta)]h_r(t;\theta)h(t;\theta)\mathrm{d}F_0(t),\end{aligned}$$

$B_r(x)$ 是长度为 kd 的向量, 其第 $s(0 \leqslant s \leqslant k)$ 段是

$$B_{r,s}(x) = \int_{-\infty}^{x} [\delta_{rs} - h_s(t;\theta)] h_r(t;\theta) \boldsymbol{q}(x) h(t;\theta) \mathrm{d}F_0(t),$$

$h(t;\theta)$ 和 $h_i(t;\theta)$ 在定理 5.1.1 中定义.

证 对每个 $0 \leqslant r \leqslant k$, 我们首先给出 $\hat{F}_r(x)$ 的渐近表示. 为此, 定义辅助函数

$$\tilde{F}_r(x) = \frac{1}{n_r} \sum_{i=0}^{k} \sum_{j=1}^{n_i} h_{nr}(X_{ij};\theta) I(X_{ij} \leqslant x). \tag{5.2.4}$$

应用 Taylor 公式和定理 5.1.1 可得

$$\hat{F}_r(x) - \tilde{F}_r(x) = R_{nr}^{\mathrm{T}}(x)(\hat{\theta} - \theta) + o_P(n^{-1/2}), \tag{5.2.5}$$

其中

$$R_{nr}(x) = \frac{1}{n_r} \sum_{i=0}^{k} \sum_{j=1}^{n_i} \dot{h}_{nr}(X_{ij};\theta) I(X_{ij} \leqslant x),$$

$\dot{h}_{nr}(x,\theta) = \left.\dfrac{\partial h_{nr}(x;\tilde{\theta})}{\partial \tilde{\theta}}\right|_{\tilde{\theta}=\theta}$. 由大数定律可以得到

$$R_{nr}(x) = \frac{1}{n_r} \sum_{i=0}^{k} n_i \int_{-\infty}^{x} \dot{h}_{nr}(t;\theta) \mathrm{d}F_i(t) + o_P(1) = \rho_r^{-1} B_r(x) + o_P(1), \tag{5.2.6}$$

其中 $B_r(x)$ 在定理 5.2.1 中定义. 由式 (5.1.8) 和式 (5.1.11) 可得

$$\sqrt{n}(\hat{\theta} - \theta) = \Omega^{-1} \Psi_n + o_P(1). \tag{5.2.7}$$

再由式 (5.2.5)~ 式 (5.2.7) 推出

$$\sqrt{n}[\hat{F}_r(x) - \tilde{F}_r(x)] = \rho_r^{-1} B_r^{\mathrm{T}}(x) \Omega^{-1} \Psi_n + o_P(1). \tag{5.2.8}$$

此外, 由 $\sum\limits_{i=0}^{k} h_i(x;\theta) = 1$ 可得

$$\begin{aligned} E[\tilde{F}_r(x)] &= n n_r^{-1} \int_{-\infty}^{x} h_{nr}(t;\theta) h_n(t;\theta) \mathrm{d}F_0(t) \\ &= \int_{-\infty}^{x} \exp\{\theta_r^{\mathrm{T}} \boldsymbol{q}(t)\} \mathrm{d}F_0(t) = F_r(x). \end{aligned}$$

因此

$$\begin{aligned} &\sqrt{n}[\tilde{F}_r(x) - F_r(x)] \\ &= \frac{\sqrt{n}}{n_r} \sum_{i=0}^{k} \sum_{j=1}^{n_i} \{h_{nr}(X_{ij};\theta) I(X_{ij} \leqslant x) - E[h_{nr}(X_{ij};\theta) I(X_{ij} \leqslant x)]\} + o_P(1) \\ &\equiv \pi_{nr}(x) + o_P(1). \end{aligned} \tag{5.2.9}$$

结合式 (5.2.8) 和式 (5.2.9) 可得

$$\sqrt{n}[\hat{F}_r(x)-F_r(x)]=\pi_{nr}(x)+\rho_r^{-1}B_r^{\mathrm{T}}(x)\Omega^{-1}\Psi_n+o_P(1). \tag{5.2.10}$$

我们下面计算协方差矩阵 $\Gamma(x,y)$. 根据表达式 (5.2.10), $\gamma_{rs}(x,y)$ 分解为 4 个协方差. 我们分别进行计算, 注意到 $\sum\limits_{i=0}^{k}h_n(t;\theta)=1$, 经过计算可得

$$\begin{aligned}
&\mathrm{cov}(\pi_{nr}(x),\pi_{ns}(y))\\
&=\frac{n^2}{n_rn_s}\bigg[\int_{-\infty}^{x\wedge y}h_{nr}(t;\theta)h_{ns}(t;\theta)h_n(t;\theta)\mathrm{d}F_0(t)\\
&\quad-\sum_{i=0}^{k}n_i\int_{-\infty}^{x}h_{nr}(t;\theta)\mathrm{d}F_i(t)\int_{-\infty}^{y}h_{ns}(t;\theta)\mathrm{d}F_i(t)\bigg]\\
&=(\rho_r\rho_s)^{-1}\left[c_{rs}(x\wedge y)-\sum_{i=0}^{k}\rho_i^{-1}c_{ri}(x)c_{si}(y)\right]+o(1),
\end{aligned} \tag{5.2.11}$$

其中

$$c_{rs}(x)=\int_{-\infty}^{x}h_r(t;\theta)h_s(t;\theta)h(t;\theta)\mathrm{d}F_0(t).$$

注意到 $\mathrm{var}(\Psi_n)=\Omega-\Omega S\Omega+o(1)$. 可以证得

$$\mathrm{cov}(B_r^{\mathrm{T}}(x)\Omega^{-1}\Psi_n,B_s^{\mathrm{T}}(y)\Omega^{-1}\Psi_n)=B_r^{\mathrm{T}}(x)(\Omega^{-1}-S)B_s(y)+o(1). \tag{5.2.12}$$

最后计算交叉项 $\mathrm{cov}(\pi_{nr}(x),\Psi_n)$. 注意到 $\Psi_n=(\Psi_{n1}^{\mathrm{T}},\cdots,\Psi_{nk}^{\mathrm{T}})^{\mathrm{T}}$, 经过计算可得

$$\mathrm{cov}(\pi_{nr}(x),\Psi_{ns})=-\rho_r^{-1}\sum_{i=1}^{k}\rho_i^{-1}c_{ri}(x)B_{si}^{\mathrm{T}}+o(1),$$

其中

$$B_{si}=\int_{-\infty}^{\infty}[\delta_{si}-h_i(x;\theta)]h_s(x;\theta)\boldsymbol{q}(x)h(x;\theta)\mathrm{d}F_0(x).$$

因此

$$\mathrm{cov}(\pi_{nr}(x),\Psi_n)=-\rho_r^{-1}\sum_{i=1}^{k}\rho_i^{-1}c_{ri}(x)B_i^{\mathrm{T}}+o(1),$$

其中 B_i 的第 s 段元素为 B_{si}. 于是可得

$$\mathrm{cov}(\pi_{nr}(x),B_s^{\mathrm{T}}(y)\Omega^{-1}\Psi_n)=-\rho_r^{-1}\sum_{i=1}^{k}\rho_i^{-1}c_{ri}(x)B_i^{\mathrm{T}}\Omega^{-1}B_s(y)+o(1). \tag{5.2.13}$$

结合式 (5.2.11)~ 式 (5.2.13) 可得

$$\gamma_{rs}(x,y)=(\rho_r\rho_s)^{-1}\Big\{c_{rs}(x\wedge y)-\sum_{i=0}^{k}\rho_i^{-1}c_{ri}(x)c_{si}(y)+B_r^{\mathrm{T}}(x)(\Omega^{-1}-S)B_s(y)$$
$$-\sum_{i=1}^{k}\rho_i^{-1}B_i^{\mathrm{T}}\Omega^{-1}[c_{ri}(x)B_s(y)+c_{si}(y)B_r(x)]\Big\}.$$

进一步, 经过计算可推出 $c_{r0}(x)+B_r^{\mathrm{T}}(x)\Omega^{-1}B_0=0$, $c_{ri}(x)+B_r^{\mathrm{T}}(x)\Omega^{-1}B_i=\delta_{ri}F_r(x)$, $\sum_{i=1}^{k}\rho_i^{-1}\Omega^{-1}B_iB_i^{\mathrm{T}}\Omega^{-1}=S$. 因此

$$\gamma_{rs}(x,y)=(\rho_r\rho_s)^{-1}[c_{rs}(x\wedge y)-\rho_r\delta_{rs}F_r(x)F_s(y)+B_r^{\mathrm{T}}(x)\Omega^{-1}B_s(y)],$$

注意到 $c_{rs}(x)=\rho_r\delta_{rs}F_r(x)-a_{rs}(x)$, 即可得到式 (5.2.3).

使用定理 5.2.1, 我们可以得到 ELQ 的 Bahadur 表示, 即有下列定理.

定理 5.2.2 设定理 5.2.1 的条件成立, 密度函数 $f_r(x)$ 在点 ξ_r 处连续且为正, 则 ELQ(5.2.2) 具有 Bahadur 表示, 即

$$\hat{\xi}_r=\xi_r+\frac{t-\hat{F}_r(\xi_r)}{f_r(\xi_r)}+O_P\left(n^{-3/4}\sqrt{\log n}\right),\tag{5.2.14}$$

其中 $\hat{F}_r(\cdot)$ 在式 (5.2.1) 中定义, ξ_r 是 $F_r(x)$ 的 t 分位数.

证 首先证明

$$\sup_{x\in S_n}|[\hat{F}_r(x)-\hat{F}_r(\xi_r)]-[F_r(x)-F_r(\xi_r)]|=O_P\left(n^{-3/4}\sqrt{\log n}\right),\tag{5.2.15}$$

其中 $S_n=\{x:|x-\xi_r|\leqslant cn^{-1/2}\}$, $c>0$ 为某个常数. 不失一般性, 假定 $x\geqslant\xi_r$. 注意到

$$\begin{aligned}&[\hat{F}_r(x)-\hat{F}_r(\xi_r)]-[\tilde{F}_r(x)-\tilde{F}_r(\xi_r)]\\&=\frac{1}{n_r}\sum_{i=0}^{k}\sum_{j=1}^{n_i}[h_{nr}(X_{ij};\hat{\theta})-h_{nr}(X_{ij};\theta)]I(\xi_r<X_{ij}\leqslant x),\end{aligned}$$

其中 $\tilde{F}_i(x)$ 在式 (5.2.4) 中定义. 由中值定理和 $h_{nr}(x;\theta)$ 的特有形式, 我们有

$$|h_{nr}(X_{ij};\hat{\theta})-h_{nr}(X_{ij};\theta)|\leqslant\sqrt{k}||\boldsymbol{q}(X_{ij})||||\hat{\theta}-\theta||.$$

由 $E[||\boldsymbol{q}(x)||]<\infty$ 可得 $E\left[\boldsymbol{q}(X_{ij})I(\xi_r<X_{ij}\leqslant x)\right]=O(n^{-1/2})$. 因此

$$\sup_{x\in S_n}|[\hat{F}_r(x)-\hat{F}_r(\xi_r)]-[\tilde{F}_r(x)-\tilde{F}_r(\xi_r)]|=O_P(n^{-1}).$$

利用这个结果, 如果证明了

$$\sup_{x\in S_n}|[\tilde{F}_r(x)-\tilde{F}_r(\xi_r)]-[F_r(x)-F_r(\xi_r)]|=O_P\left(n^{-3/4}\sqrt{\log n}\right),$$

则可证得式 (5.2.15). 因为 $\tilde{F}_r(x)$ 是有界变量之和, 且 $E[\tilde{F}_r(x)]=F_r(x)$, 所以按照 Serfling(1980) 的引理 2.5.4E 即可证得此结果. 这里省略证明细节. 这就证明了式 (5.2.15).

我们现在证明式 (5.2.14). 利用式 (5.2.15) 和定理 5.2.1 可知

$$\hat{F}_r(x)-F_r(x)=O_P(n^{-1/2})$$

在 ξ_r 的邻域内对 x 一致成立. 此结果蕴涵: 对给定的 t 分位数 ξ_r, $\hat{\xi}_r-\xi_r=O_P(n^{-1/2})$. 由于在 ξ_r 的邻域内 $F_r(x)$ 连续且为正, 于是

$$F_r(\hat{\xi}_r)-F_r(\xi_r)=f_r(\xi_r)(\hat{\xi}_r-\xi_r)+O_P(n^{-1}).$$

由式 (5.2.2) 中 $\hat{\xi}_r$ 的定义, 有 $\hat{F}_r(\hat{\xi}_r)=t+O(n^{-1})$. 因此, 用 $\hat{\xi}_r$ 代替 x, 式 (5.2.15) 的结果变成

$$[t-\hat{F}_r(\xi_r)]-f_r(\xi_r)(\hat{\xi}_r-\xi_r)=O_P(n^{-3/4}\sqrt{\log n}).$$

它与式 (5.2.14) 等价. 这就完成了定理 5.2.2 的证明.

由定理 5.2.1 和定理 5.2.2 可以推出 ELQ 的多元渐近正态性. 为记号简便, 我们仅在二维情形下陈述得出的结果. 用 ξ_r 表示 DRM 中第 r 个总体的水平为 t_r 的总体分位数. 可类似定义水平为 t_s 的总体分位数 ξ_s, 在 ξ_r 和 ξ_s 中没有标出确切的水平 t_r 和 t_s, 这一点并不重要. 我们有下列结果.

定理 5.2.3 设对 ξ_r 和 ξ_s, 定理 5.2.2 的条件成立, 则对任何正整数 $0\leqslant r,s\leqslant k$, $\sqrt{n}(\hat{\xi}_r-\xi_r,\hat{\xi}_s-\xi_s)^{\mathrm{T}}$ 渐近于均值为 0 且协方差矩阵为 $\varSigma_{\mathrm{EL}}$ 的二维正态分布, 其中

$$\varSigma_{\mathrm{EL}}=\begin{pmatrix}\gamma_{rr}(\xi_r,\xi_r)/f_r^2(\xi_r) & \gamma_{rs}(\xi_r,\xi_s)/[f_r(\xi_r)f_s(\xi_s)]\\ \gamma_{sr}(\xi_s,\xi_r)/[f_r(\xi_r)f_s(\xi_s)] & \gamma_{ss}(\xi_s,\xi_s)/f_s^2(\xi_s)\end{pmatrix},$$

$\gamma_{rs}(\cdot,\cdot)$ 在式 (5.2.3) 中定义.

上述结果没有限制两个总体或分位数水平的选择. 它也可以用来方便地得到 ELQ $\hat{\xi}_r$ 的渐近分布.

为了应用定理 5.2.1 和定理 5.2.3 构造 $F_r(x)$ 和 ξ_r 的置信区间和置信带, 我们需要估计渐近方差. $\varOmega$ 的估计量定义为 $\hat{\varOmega}=\varOmega_n(\hat{\theta})$, 其中 $\hat{\theta}$ 和 $\varOmega_n(\cdot)$ 分别在式

(5.1.6) 和式 (5.1.9) 中定义. $\sigma_{rs}(x,y)$, $a_{rs}(x)$ 和 $B_{rs}(x)$ 的估计量定义为

$$\hat{\sigma}_{rs}(x,y)=\frac{n}{n_s}\delta_{rs}[\hat{F}_r(x\wedge y)-\hat{F}_r(x)\hat{F}_s(y)],$$

$$\hat{a}_{rs}(x)=\frac{1}{n}\sum_{i=0}^{k}\sum_{j=1}^{n_i}[\delta_{rs}-h_{ns}(X_{ij};\hat{\theta})]h_{nr}(X_{ij};\hat{\theta})I(X_{ij}\leqslant x),$$

$$\hat{B}_{r,s}(x)=\frac{1}{n}\sum_{i=0}^{k}\sum_{j=1}^{n_i}[\delta_{rs}-h_{ns}(X_{ij};\hat{\theta})]h_{nr}(X_{ij};\hat{\theta})\boldsymbol{q}(X_{ij})I(X_{ij}\leqslant x),$$

其中 $h_{nr}(\cdot;\hat{\theta})$ 在式 (5.1.2) 中定义. 由此可以构造 $\gamma_{rs}(x,y)$ 的相合估计量:

$$\hat{\gamma}_{rs}(x,y)=\hat{\sigma}_{rs}(x,y)-\frac{n^2}{n_rn_s}\left[\hat{a}_{rs}(x\wedge y)-\hat{B}_r^{\mathrm{T}}(x)\hat{\Omega}^{-1}\hat{B}_s(y)\right]. \tag{5.2.16}$$

利用定理 5.2.1, 可以构造 $F_r(x)$ 的近似 $1-\alpha$ 置信区间

$$\hat{F}_r(x)\pm z_{1-\alpha/2}\hat{\gamma}_{rr}^{1/2}(x,x)n^{-1/2}, \tag{5.2.17}$$

其中 $z_{1-\alpha/2}$ 是标准正态分布的 $1-\alpha/2$ 分位数. 利用式 (5.2.17) 和 4.11.1 小节的方法, 我们可以构造 $F_r(x)$ 的 Bonferroni 型置信带.

用 $\hat{\Gamma}(x,y)$ 表示 2×2 矩阵, 其第一行元素是 $\hat{\gamma}_{rr}(x,x)$ 和 $\hat{\gamma}_{rs}(x,y)$, 且第二行元素是 $\hat{\gamma}_{sr}(y,x)$ 和 $\hat{\gamma}_{ss}(y,y)$. 那么 $\hat{\Gamma}(x,y)$ 是 $\Gamma(x,y)$ 的相合估计. 我们也可以使用定理 5.2.1 和 $\hat{\Gamma}(x,y)$ 构造 $(F_r(x),F_s(y))$ 的大样本置信域.

为构造 ξ_r 的置信区间和置信带, 我们需要构造 $\gamma_{rs}(\xi_r,\xi_s)$ 和 $f_r(\xi_r)$ 的估计. 由式 (5.2.16) 可以得到 $\gamma_{rs}(\xi_r,\xi_s)$ 的相合估计量, 即

$$\hat{\gamma}_{rs}(\xi_r,\xi_s)=\frac{n}{n_s}\delta_{rs}(t_r-t_rt_s)-\frac{n^2}{n_rn_s}\left[\hat{a}_{rs}(\hat{\xi}_r\wedge\hat{\xi}_s)-\hat{B}_r^{\mathrm{T}}(\hat{\xi}_r)\Omega^{-1}\hat{B}_s(\hat{\xi}_s)\right],$$

其中使用了事实: $F_r(\xi_r\wedge\xi_s)=t_r$, $F_r(\xi_r)=t_r$. 给定 MELE $\hat{\theta}$ 和核函数 $K(\cdot)$, 定义 $f_r(x)$ 的核估计为

$$\hat{f}_r(x)=\frac{1}{n_r}\sum_{i=0}^{k}\sum_{j=1}^{n_i}K_b(X_{ij}-x)h_{nr}(X_{ij};\hat{\theta}),$$

其中 $K_b(\cdot)=b^{-1}K(\cdot/b)$, $b=b_n>0$ 是带宽, $h_{nr}(\cdot)$ 在式 (5.1.2) 中定义. 可以证明, 如果核 $K(\cdot)$ 是有界且对称的概率密度函数, 并满足 $\int_{-\infty}^{\infty}x^2K(x)\mathrm{d}x<\infty$, 带宽 b_r 满足 $b_r\to 0$ 和 $nb_r\to\infty$, 则 $\hat{f}_r(x)$ 是 $f_r(x)$ 的相合估计. 因此, ξ_r 的近似 $1-\alpha$ 置信区间定义为

$$\hat{\xi}_r\pm z_{1-\alpha/2}\hat{\gamma}_{rr}^{1/2}(\xi_r,\xi_r)/[\sqrt{n}\hat{f}_r(\hat{\xi}_r)]. \tag{5.2.18}$$

利用式 (5.2.18) 和 4.11.1 小节的方法, 我们可以构造 ξ_r 的 Bonferroni 型置信带.

利用 $\hat{\gamma}_{rs}(\xi_r,\xi_s)$ 和 $\hat{f}_r(\hat{\xi}_r)$ 可以定义 Σ_{EL} 的相合估计 $\hat{\Sigma}_{\mathrm{EL}}$. 因此, 基于定理 5.2.3 和 $\hat{\Sigma}_{\mathrm{EL}}$ 也可以构造 $\xi_r-\xi_s$ 置信区间以及 (ξ_r,ξ_s) 的置信域. 在模拟研究中, 我们用交叉验证方法选择最优带宽 b_{opt}. 当然我们也可以按照 Silverman(1986) 提出的经验法则选择带宽, 即

$$\hat{b}=1.06\min\{\hat{\sigma},\hat{R}/1.34\}n^{-1/2},$$

其中 $\hat{\sigma}$ 为样本 $\{(X_{i1},\cdots,X_{in_i});i=0,1,\cdots,k\}$ 的标准差, $\hat{R}$ 是样本的 75% 的分位数与 25% 的分位数之差.

5.3 有效性比较

为讨论 ELQ 的有效性, 我们考虑基于经验分布的分位数估计. 设 $\check{F}_i(x)$ 是基于第 i 个总体的样本 $X_{i1},\cdots,X_{in_i}$ 的经验分布函数, 即

$$\check{F}_i(x)=\frac{1}{n_i}\sum_{j=1}^{n_i}I(X_{ij}\leqslant x),\quad i=0,1,\cdots,k. \tag{5.3.1}$$

又设 $\check{\xi}_i$ 是 $\check{F}_i(x)$ 的 t_i 分位数, 称之为经验分位数 (EQ). 基于通常的 Bahadur 表示, 在适当的条件下可以证明: 对任何 $0\leqslant r,s\leqslant k$, $\sqrt{n}(\check{\xi}_r-\xi_r,\check{\xi}_s-\xi_s)^{\mathrm{T}}$ 渐近于均值为 0 且协方差矩阵为 Σ_{EM} 的二维正态分布, 其中

$$\Sigma_{\mathrm{EM}}=\begin{pmatrix}\sigma_{rr}(\xi_r,\xi_r)/f_r^2(\xi_r) & \sigma_{rs}(\xi_r,\xi_s)/[f_r(\xi_r)f_s(\xi_s)]\\ \sigma_{sr}(\xi_s,\xi_r)/[f_r(\xi_r)f_s(\xi_s)] & \sigma_{ss}(\xi_s,\xi_s)/f_s^2(\xi_s)\end{pmatrix},$$

而 $\sigma_{rs}(\cdot,\cdot)$ 在定理 5.2.1 中定义.

上述结果的证明可以参考有关高等统计学的书籍, 这里省略其证明. 我们可以比较 ELQ 和 EQ 的有效性. 由于两种分位数都是渐近无偏的, 因此有效性比较仅需考虑两个渐近方差的比较. Chen 和 Liu(2013) 给出了下列结果, 它是 Zhang(2000) 的推论 4.3 的推广.

定理 5.3.1 对任何正整数 $0\leqslant r,s\leqslant k$ 和分位数水平 t_r 和 t_s, 有 $\Sigma_{\mathrm{EL}}-\Sigma_{\mathrm{EM}}\geqslant 0$, 该结论对任意多个分位数仍成立.

证 为叙述方便, 我们简化记号. 记

$$\Upsilon_{\mathrm{EL}}=\begin{pmatrix}\gamma_{rr}(x,x) & \gamma_{rs}(x,y)\\ \gamma_{rs}(x,y) & \gamma_{ss}(y,y)\end{pmatrix},\quad \Upsilon_{\mathrm{EM}}=\begin{pmatrix}\sigma_{rr}(x,x) & \sigma_{rs}(x,y)\\ \sigma_{rs}(x,y) & \sigma_{ss}(y,y)\end{pmatrix},$$

其中 $x=\xi_r$ 和 $y=\xi_s$ 是两个总体分位数或实数. 为证明定理 5.3.1, 只需证明 $\Upsilon_{\mathrm{EM}}-\Upsilon_{\mathrm{EL}}$ 是非负定的. 注意到 $\Upsilon_{\mathrm{EM}}-\Upsilon_{\mathrm{EL}}$ 的 (r,s) 元素为 $a_{rs}(x,y)-B_r^{\mathrm{T}}(x)\Omega^{-1}B_s^{\mathrm{T}}(y)$.

记

$$D_{11}=\begin{pmatrix} a_{rr}(x) & a_{rs}(x\wedge y) \\ a_{rs}(x\wedge y) & a_{ss}(y) \end{pmatrix},\quad D_{12}=\begin{pmatrix} B_r^{\mathrm{T}}(x) \\ B_s^{\mathrm{T}}(y) \end{pmatrix},$$

$D_{21}=D_{12}^{\mathrm{T}}, D_{22}=\Omega$, 那么 $\varUpsilon_{\mathrm{EM}}-\varUpsilon_{\mathrm{EL}}=D_{11}-D_{12}D_{22}^{-1}D_{21}$. 如果我们证明了: 对某个非负定矩阵 $U(z)$, $\varUpsilon_{\mathrm{EM}}-\varUpsilon_{\mathrm{EL}}=\int_{-\infty}^{\infty}U(z)h(z;\theta)\mathrm{d}F_0(z)$, 则 $\varUpsilon_{\mathrm{EM}}-\varUpsilon_{\mathrm{EL}}$ 是非负定矩阵. 下面寻找这样的 $U(z)$, 记 $\boldsymbol{h}(x;\theta)=(h_0(x;\theta),\cdots,h_k(x;\theta))^{\mathrm{T}}$, 定义 $(k+1)\times(k+1)$ 矩阵

$$\boldsymbol{H}(x)\equiv\boldsymbol{H}(x;\theta)=\mathrm{diag}\{\boldsymbol{h}(x;\theta)\}-\boldsymbol{h}(x;\theta)\boldsymbol{h}^{\mathrm{T}}(x;\theta).$$

使用 $\boldsymbol{H}(x)$ 和 Kronecker 乘积 $\otimes$, 可将 Ω, $B_r(x)$ 和 $a_{rs}(x\wedge y)$ 表示为

$$\begin{aligned}\Omega&=\int_{-\infty}^{\infty}\boldsymbol{H}[-1,-1](x)\otimes[\boldsymbol{q}(x)\boldsymbol{q}^{\mathrm{T}}(x)]h(x;\theta)\mathrm{d}F_0(x),\\ B_r(x)&=\int_{-\infty}^{\infty}I(z\leqslant x)\boldsymbol{H}[-1,r+1](z)\otimes\boldsymbol{q}(z)h(z;\theta)\mathrm{d}F_0(z),\\ a_{rs}(x\wedge y)&=\int_{-\infty}^{\infty}I(z\leqslant x)I(z\leqslant y)\boldsymbol{H}[r+1,s+1](z)h(z;\theta)\mathrm{d}F_0(z),\end{aligned}$$

其中 $\boldsymbol{H}[-1,-1](x)$ 是去掉 $\boldsymbol{H}(x)$ 的第 1 行和第 1 列元素后的 $k\times k$ 矩阵. 使用 Khatrin-Rao 乘积运算 $*$(Liu and Trenkler, 2008), 可以找到 $U(z)=A_1(z)*A_2(z)$, 其中

$$A_1(z)=P\begin{pmatrix}\boldsymbol{H}[r+1,r+1](z) & \boldsymbol{H}[r+1,s+1](z) & \boldsymbol{H}[r+1,-1](z)\\ \boldsymbol{H}[s+1,r+1](z) & \boldsymbol{H}[s+1,s+1](z) & \boldsymbol{H}[s+1,-1](z)\\ \boldsymbol{H}[-1,r+1](z) & \boldsymbol{H}[-1,s+1](z) & \boldsymbol{H}[-1,-1](z)\end{pmatrix}P,$$

$$A_2(z)=\begin{pmatrix}1 & 1 & \boldsymbol{q}^{\mathrm{T}}(z)\\ 1 & 1 & \boldsymbol{q}^{\mathrm{T}}(z)\\ \boldsymbol{q}(z) & \boldsymbol{q}(z) & \boldsymbol{q}(z)\boldsymbol{q}^{\mathrm{T}}(z)\end{pmatrix},\quad P=\begin{pmatrix}I(z\leqslant x) & 0 & 0\\ 0 & I(z\leqslant y) & 0\\ 0 & 0 & I_k\end{pmatrix}.$$

对任何 z, 矩阵 $A_2(z)$ 显然是非负定的. 注意到对任何 z, 矩阵 P 显然是非负定的. 矩阵 $A_1(z)$ 的非负定性也容易推出, 这是因为两个非负定矩阵的 $*$ 乘积仍是非负定的 (Liu and Trenkler, 2008). 因此对任何 z, $U(z)=A_1(z)*A_2(z)$ 也是非负定的. 这就完成了定理的证明. 本定理的证明方法可以推广到涉及任意多个分布或分位数的情况.

利用 $\sqrt{n}(\check{\xi}_r-\xi_r)$ 的渐近分布, 我们可以构造 ξ_r 的近似 $1-\alpha$ 置信区间

$$\check{\xi}_r\pm z_{1-\alpha/2}\check{\sigma}_{rr}^{1/2}(\xi_r,\xi_r)/[\sqrt{n}\check{f}_r(\check{\xi}_r)],\tag{5.3.2}$$

其中 $\check{\sigma}_{rr}(\xi_r,\xi_r)=\dfrac{n}{n_r}t_r(1-t_r)$ 是 $\sigma_{rr}(\xi_r,\xi_r)$ 的相合估计, $\check{f}_r(\cdot)$ 是 $f_r(\cdot)$ 的 N-W 核估计. 利用式 (5.3.2) 和 4.11.1 小节的方法, 我们也可以构造 ξ_r 的 Bonferroni 型置信带.

为比较 $F_r(x)$ 的经验似然估计 $\hat{F}_r(x)$ 和经验分布 $\check{F}_r(x)$ 的精度, 我们考虑 $F_r(x)$ 在经验分布 $\check{F}_r(x)$ 下的置信区间和置信带. 注意到 $\sqrt{n}[\check{F}_r(x)-F_r(x)]$ 的渐近分布为正态分布 $N(0,\sigma_{rr}(x,x))$, 其中 $\sigma_{rr}(x,x)$ 在定理 5.2.1 中定义. 因此, $F_r(x)$ 的近似 $1-\alpha$ 置信区间定义为

$$\check{F}_r(x)\pm z_{1-\alpha/2}\check{\sigma}_{rr}^{1/2}(x,x)n^{-1/2}. \tag{5.3.3}$$

利用式 (5.3.3) 和 4.11.1 小节的方法, 我们也可以构造 $F_r(x)$ 的 Bonferroni 型置信带.

5.4 拟合优度检验

为了构造 DRM 的检验统计量, 我们首先建立下列收敛定理.

定理 5.4.1 设定理 5.2.1 的条件成立, 则

$$\mathcal{V}_n\equiv\sqrt{n}(\hat{F}_0(x_0)-\check{F}_0(x_0),\hat{F}_1(x_1)-\check{F}_1(x_1),\cdots,\hat{F}_k(x_1)-\check{F}_k(x_k))^{\mathrm{T}}$$

在 $\mathbf{R}^{k+1}$ 弱收敛于均值函数为 0 的多维 Gaussian 过程 $(W_0(x_0),W_1(x_1),\cdots,W_k(x_k))^{\mathrm{T}}$, 其任何两个分量的协方差函数为

$$E[W_r(x)W_s(y)]=\gamma_{rs}(x,y)+\sum_{l=1}^{3}\gamma_{l,rs}(x,y),\quad r,s=0,1,\cdots,k,$$

其中 $\gamma_{rs}(x,y)$ 在定理 5.2.1 中定义,

$$\gamma_{1,rs}(x,y)=\delta_{rs}\rho_s\left[F_r(x\wedge y)-F_r(x)F_s(y)\right],$$

$\gamma_{2,rs}(x,y)=-[\tilde{\gamma}_{rs}(x,y)+\tilde{\gamma}_{sr}(y,x)]$, $\gamma_{3,rs}(x,y)=-[\breve{\gamma}_{rs}(x,y)+\breve{\gamma}_{sr}(y,x)]$. 这里

$$\begin{aligned}\tilde{\gamma}_{rs}(x,y)&=\rho_s\delta_{rs}\left[\int_{-\infty}^{x\wedge y}h_{nr}(t;\theta)\mathrm{d}F_r(t)-F_r(x)\int_{-\infty}^{y}h_{ns}(t;\theta)\mathrm{d}F_s(t)\right]\\ \breve{\gamma}_{rs}(x,y)&=\rho_r^{-1}[B_r^{\mathrm{T}}(x)-F_r(x)B_r]\Omega^{-1}B_s(y).\end{aligned}$$

证 由于 $\check{F}_r(x)$ 是由式 (5.3.1) 定义的经验分布函数, 于是由重对数律可得

$$\sqrt{n}[\check{F}_r(x)-F_r(x)]=\tilde{\pi}_{nr}(x)+o_P(1), \tag{5.4.1}$$

其中

$$\tilde{\pi}_{nr}(x)=\frac{\sqrt{n}}{n_r}\sum_{j=1}^{n_r}[I(X_{rj}\leqslant x)-F_r(x)].$$

因此, 由式 (5.2.10) 和式 (5.4.1) 可得

$$\sqrt{n}[\hat{F}_r(x)-\check{F}_r(x)]=\pi_{nr}(x)+B_r^{\mathrm{T}}(x)\Omega^{-1}\Psi_n-\tilde{\pi}_{nr}(x)+o_P(1), \tag{5.4.2}$$

其中 Ψ_n 和 $\pi_{nr}(x)$ 在式 (5.1.9) 和式 (5.2.9) 中定义, Ω 和 $B_r(x)$ 在定理 5.1.1 和定理 5.2.1 中定义. 因此由中心极限定理可知, $\mathcal{V}_n$ 在 $\mathbf{R}^{k+1}$ 上弱收敛于均值函数为 0 的多维 Gaussian 过程 $(W_0(x),W_1(x),\cdots,W_k(x))^{\mathrm{T}}$. 我们现在计算协方差函数 $E[W_r(x)W_s(y)]$. 根据表达式 (5.4.2), $E[W_r(x)W_s(y)]$ 可分成若干协方差函数, 其中三个协方差函数已在式 (5.2.11)~ 式 (5.2.13) 中给出. 我们现在计算其他协方差函数. 经过计算可得

$$\begin{aligned}\operatorname{cov}(\tilde{\pi}_{nr}(x),\tilde{\pi}_{ns}(y))&=\frac{n}{n_s}\delta_{rs}\left[F_r(x\wedge y)-F_r(x)F_s(y)\right]\\&=\gamma_{1,rs}(x,y)+o(1),\end{aligned} \tag{5.4.3}$$

其中 $\gamma_{1,rs}(x,y)$ 在定理 5.4.1 中定义. 类似的计算可得

$$\begin{aligned}&\operatorname{cov}(\tilde{\pi}_{nr}(x),\pi_{ns}(y))\\&=\frac{n}{n_s}\delta_{rs}\left[\int_{-\infty}^{x\wedge y}h_{nr}(t;\theta)\mathrm{d}F_r(t)-F_r(x)\int_{-\infty}^{y}h_{ns}(t;\theta)\mathrm{d}F_s(t)\right]\\&=\tilde{\gamma}_{rs}(x,y)+o(1),\end{aligned} \tag{5.4.4}$$

其中 $\tilde{\gamma}_{rs}(x,y)$ 在定理 5.4.1 中定义. 经过计算可得

$$\begin{aligned}&\operatorname{cov}(\tilde{\pi}_{nr}(x),\Psi_n)\\&=\frac{n}{n_r}\int_{-\infty}^{\infty}[\delta_{sr}-h_{ns}(t;\theta)]h_{nr}(t;\theta)\boldsymbol{q}(x)[I(t\leqslant x)-F_r(x)]h(t;\theta)\mathrm{d}F_0(t)\\&=\rho_r^{-1}[B_r^{\mathrm{T}}(x)-F_r(x)B_r]+o(1).\end{aligned}$$

于是, 最后一个交叉项的协方差矩阵为

$$\operatorname{cov}(\tilde{\pi}_{nr}(x),B_s^{\mathrm{T}}(y)\Omega^{-1}\Psi_n)=\breve{\gamma}_{rs}(x,y), \tag{5.4.5}$$

其中 $\breve{\gamma}_{rs}(x,y)$ 在定理 5.4.1 中定义. 因此, 结合式 (5.2.11)~ 式 (5.2.13) 和式 (5.4.3)~ 式 (5.4.5) 即可完成定理 5.4.1 的证明.

我们现在构造 DRM 的检验统计量. 设 $\hat{F}_i(x)$ 和 $\check{F}_i(x)$ 是由式 (5.2.1) 和式 (5.3.1) 定义的 $F_i(x)$ 的两个估计量. 又设

$$\varUpsilon_{ni}=\sup_x\sqrt{n}|\hat{F}_i(x)-\check{F}_i(x)|,\quad i=0,1,\cdots,k,$$

则 Υ_{ni} 是 $\hat{F}_i(x)$ 和 $\check{F}_i(x)$ 的绝对离差. 由于对每个 i 和 x, $\hat{F}_i(x)$ 和 $\check{F}_i(x)$ 都是 $F_i(x)$ 相合估计, 因此当模型 (5.1.1) 正确时, 我们希望离差 Υ_{ni} 较小, 而当模型 (5.1.1) 不正确时, 离差 Υ_{ni} 较大. 因此, Υ_{ni} 可以用来度量 DRM 假定的第 i 个总体与基准总体的偏离程度. 我们可以用 $\Upsilon_{n0}, \Upsilon_{n1}, \cdots, \Upsilon_{nk}$ 的加权和来度量 DRM 与基准模型的偏离程度. 注意到 $\sum_{i=0}^{k}(n_i/n)\sqrt{n}[\hat{F}_i(x) - \check{F}_i(x)] = o(1)$. 因此, 我们提出 Υ_{ni} 的加权统计量

$$\Upsilon_n = \frac{1}{k+1}\sum_{i=0}^{k}\frac{n_i}{n}\Upsilon_{ni} \tag{5.4.6}$$

来评估模型 (5.1.1) 的正确性. 显然, 检验统计量 Υ_n 可以用来度量 DRM 假定的全局偏离程度. 因为无论哪个总体是基准总体, Υ_n 都有的同样值, 所以这样一个全局检验对 $k+1$ 个总体是对称的. 因此, 为了基于 Υ_n 来检验模型 (5.1.1) 的正确性, 模型 (5.1.1) 中基准总体的选择是任意的.

在检验统计量 Υ_n 的基础上, 定理 5.4.1 成为检验模型 (5.1.1) 正确性的基本原则. 用 $c_{1-\alpha}$ 表示

$$\Xi_n = \frac{1}{k+1}\sum_{i=0}^{k}\frac{n_i}{n}\sup_x |W_i(x)|.$$

的分布的 $1-\alpha$ 分位数, 即 $P(\Xi_n \leqslant c_{1-\alpha}) = 1-\alpha$. 利用定理 5.4.1 和连续图定理 (Billingsley, 1968) 可得

$$\lim_{n\to\infty} P(\Upsilon_n \geqslant c_{1-\alpha}) = \alpha.$$

因此, 提出的拟合优度检验有下列判决准则: 如果 $\Upsilon_n > c_{1-\alpha}$, 则以水平 α 拒绝模型 (5.1.1). 为了使这种检验方法在实践中得以应用, 我们需要求出 Ξ_n 的分布, 由此计算出 $1-\alpha$ 分位数 $c_{1-\alpha}$. 不幸的是 Ξ_n 的分布函数没有解析表达式. 在 5.5 节论述的 bootstrap 方法是解决这一问题的有效方法.

5.5 bootstrap 方法

5.5.1 用于检验的 bootstrap 分位数

在本小节中, 我们介绍一种可用来近似 5.4 节末尾定义的分位数 $c_{1-\alpha}$ 的 bootstrap 方法. 假设 $X_{i1}^*, \cdots, X_{in_i}^*$ 是取自 $\hat{F}_i(x)$ 的随机样本, $i = 0, 1, \cdots, k$, 并设 $\{X_{ij}^*; j = 1, \cdots, n_i, i = 0, 1, \cdots, k\}$ 相互独立. 使用该 bootstrap 样本, 我们可以定义形如 (5.1.3) 随机向量 $\eta_{nrij}^*(\theta)$. 于是类似于 (5.1.5), 使用 $\eta_{nrij}^*(\theta)$ 定义 bootstrap 经验似然函数 $L^*(\theta)$, 并得到 θ 的 bootstrap 估计量, 即 $\hat{\theta}^* = \arg\max\limits_{\theta} L^*(\theta)$. 因此,

用 $\hat{\theta}^*$ 和 X_{ij}^* 代替式 (5.2.1) 中的 $\hat{\theta}$ 和 X_{ij} 可得到 $F_r(x)$ 的 bootstrap 估计量 $\hat{F}_r^*(x)$. 使用 bootstrap 样本并类似于 (5.3.1), 我们也可以定义 $F_i(x)$ 的 bootstrap 经验分布函数 $\check{F}_i^*(x)$. 由式 (5.4.6) 定义的 Υ_n 的相应 bootstrap 形式定义为

$$\Upsilon_n^* = \frac{1}{k+1}\sum_{i=0}^{k}\frac{n_i}{n}\Upsilon_{ni}^*,$$

其中 $\Upsilon_{ni}^* = \sup_x \sqrt{n}|\hat{F}_i^*(x) - \check{F}_i^*(x)|, i = 0, 1, \cdots, k$. 为看到提出的 bootstrap 方法的效果, 我们给出下面的定理.

定理 5.5.1　设定理 5.2.1 的条件成立, 则给定 $\{X_{ij}; j=1,\cdots,n_i, i=0,1,\cdots,k\}$, 沿着几乎所有的样本序列 $\{X_{ij}^*; j = 1, 2, \cdots, i = 0, 1, \cdots, k\}$, $\sqrt{n}(\hat{\theta}^* - \hat{\theta})$ 渐近于均值向量为 0 的多元正态分布, 其协方差矩阵为 $\Omega^{-1} - S$, 其中 S 和 Ω 在定理 5.1.1 中定义;

$$\mathcal{V}_n^* \equiv \sqrt{n}(\hat{F}_0^*(x_0) - \check{F}_0^*(x_0), \hat{F}_1^*(x_1) - \check{F}_1^*(x_1), \cdots, \hat{F}_k^*(x_k) - \check{F}_k^*(x_k))^{\mathrm{T}}$$

在 $\mathbf{R}^{k+1}$ 上弱收敛于定义在定理 5.4.1 中的多元 Gaussian 过程 $(W_0(x_0), W_1(x_1), \cdots, W_k(x_k))^{\mathrm{T}}$.

仿照定理 5.1.1 和定理 5.4.1 的证明方法并稍加修改可以证明上述定理. 这里省略其证明.

定理 5.4.1 和定理 5.5.1 表明 $\mathcal{V}_n^*$ 与 $\mathcal{V}_n$ 的极限过程一致. 由连续图定理可以推出 Υ_n^* 和 Υ_n 具有相同的渐近性质. 因此, 我们可以用 Υ_n^* 的分布的分位数近似 Υ_n 的分布的分位数. 给定 $\alpha \in (0,1)$, 定义 $c_{1-\alpha}^* = \inf\{t : P^*(\Upsilon_n^* \leqslant t) \geqslant 1 - \alpha\}$, 其中 P^* 表示在 $\hat{F}_i^*(x_i)(i = 0, 1, \cdots, k)$ 下的 bootstrap 概率. 我们有下列 bootstrap 判决准则: 如果 $\Upsilon_n > c_{1-\alpha}^*$, 则以水平 α 拒绝模型 (5.1.1).

5.5.2　分布函数的 bootstrap 置信带

bootstrap 方法也可以用来构造 $F_r(x)$ 的同时置信带, 其中 $x \in \mathbf{R}$. 在介绍此方法之前, 我们首先给出下列结果.

定理 5.5.2　设定理 5.2.1 的条件成立, 则对几乎所有的样本序列 $\{X_{ij}; j = 1, 2, \cdots, i = 0, 1, \cdots, k\}$, $\sqrt{n}[\hat{F}_r^*(x) - \hat{F}_r(x)]$ 和 $\sqrt{n}[\hat{F}_r(x) - F_r(x)]$ 在 $\mathbf{R}$ 上都弱收敛于 Gaussian 过程 $W_r(x)$, 其协方差函数 $\gamma_{rr}(x, y)$ 在定理 5.2.1 中定义.

将定理 5.2.1 的证明稍加修改可以证明定理 5.5.2, 因此省略该定理的证明. 由定理 5.5.2 和连续图定理, 对几乎所有的样本序列 $\{X_{ij}; j = 1, 2, \cdots, i = 0, 1, \cdots, k\}$,

$$\sqrt{n}\sup_x|\hat{F}_r(x) - F_r(x)|/\hat{\gamma}_{rr}^{1/2}(x, x) \quad 和 \quad \sqrt{n}\sup_x|\hat{F}_r^*(x) - \hat{F}_r(x)|/\hat{\gamma}_{rr}^{1/2}(x, x)$$

有相同的渐近分布, 其中 $\hat{\gamma}_{rr}(x,x)$ 在式 (5.2.17) 中定义. 因此, 上述第一个统计量的分布的分位数可以由第二个统计量的分布的分位数得到. 对 $[a,b]\subset\mathbf{R}$ 和给定的检验水平 $\alpha\in(0,1)$, 可以得到满足下式的 $\tilde{c}_{1-\alpha}$:

$$P^*\left[\sqrt{n}\sup_{a\leqslant x\leqslant b}|\hat{F}_r^*(x)-\hat{F}_r(x)|/\hat{\gamma}_{rr}^{1/2}(x,x)\leqslant\tilde{c}_{1-\alpha}\right]=1-\alpha,$$

因此, 在区间 $[a,b]$ 上 $F_r(x)$ 的近似 $1-\alpha$ bootstrap 置信带定义为

$$\hat{F}_r(x)\pm\tilde{c}_{1-\alpha}\hat{\gamma}_{rr}^{1/2}(x,x)n^{-1/2}.$$

5.5.3 分位数函数的 bootstrap 置信带

假设 $\hat{\xi}_r^*(t)\xi_r(t)$ 是由 $\hat{F}_r^*(x)$ 得到的分位数函数的估计量. 下面我们对定理 5.2.3 的 bootstrap 形式给出类似的结果.

定理 5.5.3 设定理 5.2.3 的条件成立, 并设 $f_r(\xi_r(t))$ 在区间 $[0,t_0]$ 连续且为正, 其中 $0<t_0<1$, 则对几乎所有的样本序列 $\{X_{ij};j=1,2,\cdots,i=0,1,\cdots,k\}$, $\sqrt{n}[\hat{\xi}_r^*(t)-\hat{\xi}_r(t)]$ 和 $\sqrt{n}[\hat{\xi}_r(t)-\xi_r(t)]$ 在区间 $[0,t_0]$ 上弱收敛于 Gaussian 过程 $W_r(t)$, 其协方差函数 $\gamma_{rr}(\xi_r(t),\xi_r(t))/f_r^2(\xi_r(t))$ 在定理 5.2.3 中定义.

我们可以模仿定理 5.2.3 的证明并稍加修改即可证明定理 5.5.3, 因此省略它的证明. 为使用定理 5.5.3 构造 $\xi_r(t)$ 在区间 $[a,b]\subset[0,1)$ 上的 $1-\alpha$ 同时置信带, 我们求 $q_{1-\alpha}$ 使得

$$P^*\left[\sqrt{n}\sup_{a\leqslant t\leqslant b}|\hat{\xi}_r^*(t)-\hat{\xi}_r(t)|\hat{f}_r(\hat{\xi}_r(t))/\hat{\gamma}_{rr}^{1/2}(\hat{\xi}_r(t),\hat{\xi}_r(t))\leqslant q_{1-\alpha}\right]=1-\alpha.$$

因此, 在 $[a,b]$ 上 $\xi_r(x)$ 的近似 $1-\alpha$ bootstrap 置信带定义为

$$\hat{\xi}_r(t)\pm q_{1-\alpha}\hat{\gamma}_{rr}^{1/2}(\hat{\xi}_r(t),\hat{\xi}_r(t))/[\sqrt{n}\hat{f}_r(\hat{\xi}_r(t))].$$

5.6 模拟研究

本小节的模拟研究重点考虑三个方面: 一是模型 (5.1.1) 中 $\boldsymbol{q}(x)$ 正确指定; 二是在错误指定下模型的性能; 三是模型的拟合优度检验. 对参数 θ, 我们用置信域的覆盖精度和平均面积来比较经验似然和正态逼近的优劣. 对分布和分位数函数, 我们通过度量覆盖概率 (CP) 和估计的平均宽度 (EAW) 来比较 Bonferroni 和 bootstrap 置信带. 使用平均平方误差的平方根 (RASE) 评估经验似然分布 (ELD) $\hat{F}_r(\cdot)$ 和经验似然分位数 (ELQ) $\hat{\xi}_r(\cdot)$ 的精度, 即

$$\text{RASE}(\hat{F}_r)=\left\{n_{\text{grid}}^{-1}\sum_{l=1}^{n_{\text{grid}}}[\hat{F}_r(x_l)-F_r(x_l)]^2\right\}^{1/2}, \tag{5.6.1}$$

$$\text{RASE}(\hat{\xi}_r)=\left\{n_{\text{grid}}^{-1}\sum_{l=1}^{n_{\text{grid}}}[\hat{\xi}_r(t_l)-\xi_r(t_l)]^2\right\}^{1/2}, \tag{5.6.2}$$

其中 $\{x_l, l=1,\cdots,n_{\text{grid}}\}$ 和 $\{t_l, l=1,\cdots,n_{\text{grid}}\}$ 是等距的格子点. 对经验分布 (ED) $\check{F}_r$ 和经验分位数 (EQ) $\check{\xi}_r$, 也可以使用式 (5.6.1) 和式 (5.6.2) 来计算 RASE. 在下面的模拟计算中, 我们使用 2.3.3 小节介绍的交叉验证 (CV) 方法来选择估计量 $\hat{f}_r(\cdot)$ 和 $\check{f}_r(\cdot)$ 的最优带宽, 并使用 Epanechnikov 核来计算 $\hat{f}_r(\cdot)$ 和 $\check{f}_r(\cdot)$ 的值.

5.6.1　正确指定模型的情况

例 5.6.1　设总体 $F_0(x)$ 和 $F_1(x)$ 分别服从指数分布 $\text{Exp}(\lambda_0)$ 和 $\text{Exp}(\lambda_1)$, 其中 $\lambda_0=4$, $\lambda_1=1.5$, 则相应的密度函数 $f_0(x)$ 和 $f_1(x)$ 具有下列关系:

$$f_1(x)=\exp\{\theta_1+\theta_2 x\}f_0(x),$$

其中 $\theta_1=\log(\lambda_1/\lambda_0)$, $\theta_2=\lambda_0-\lambda_1$, $\boldsymbol{q}(x)=(1,x)^{\text{T}}$. 样本量取为 $n_0=n_1=30$. 试在置信水平 0.95 下构造 (θ_1,θ_2) 的置信域, 以及 $F_1(x)$ 和 $\xi_1(t)$ 的置信带.

解　(i) 基于估计的经验似然 (EEL)、调整的的经验似然 (AEL) 和正态逼近 (NA), 在 $n_0=n_1=30$ 和 500 次模拟运行下计算 (θ_1,θ_2) 的置信域. 计算结果展示在图 5.6.1 中.

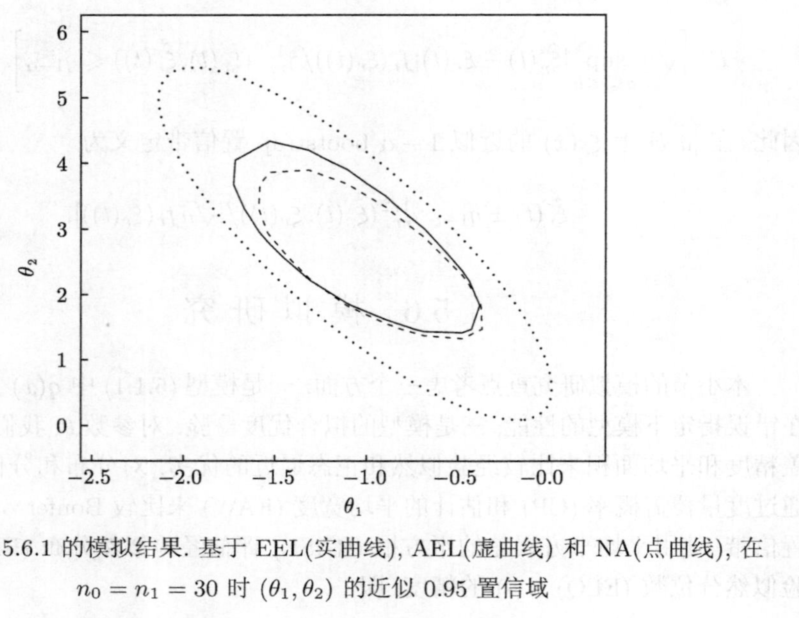

图 5.6.1　例 5.6.1 的模拟结果. 基于 EEL(实曲线), AEL(虚曲线) 和 NA(点曲线), 在 $n_0=n_1=30$ 时 (θ_1,θ_2) 的近似 0.95 置信域

从图 5.6.1 可以看出, AEL 比 EEL 和 NA 给出更小的置信域.

(ii) 使用三种方法构造 $F_1(x)$ 的置信带: Bonferroni 调整 (BA)、bootstrap 方法 (BM)、经验分布的 Bonferroni 调整 (EDBA). 在 2000 次模拟运行下计算 $F_1(x)$ 的近似 0.95 置信带和相应的覆盖概率, 以及 ELD 和 ED 的 RASE, 其结果展示在图 5.6.2 中.

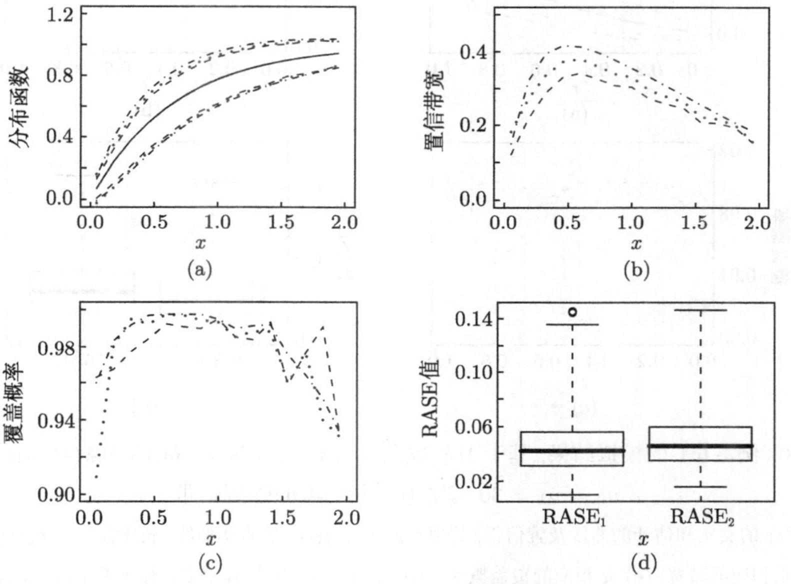

图 5.6.2 例 5.6.1 的模拟结果. 基于 BA(虚曲线)、BM(点曲线) 和 EDBA(点虚曲线), 在 $n_0 = n_1 = 30$ 时 $F_1(x)$ 的近似 0.95 置信带

(a) 是 $F_1(x)$ 的真实和估计的曲线及置信带, 其中实曲线是 $F_1(x)$ 的真实曲线, 长虚曲线是 $F_1(x)$ 的估计的曲线; (b) 是相应的带宽; (c) 是相应的覆盖概率; (d) 是 RASE, 其中 RASE_1 对应于 ELD, RASE_2 对应于 ED

从图 5.6.2(a)~(c) 可以看出, BA 比 BM 和 EDBA 执行效果好, 因为由 BA 得到的置信带狭窄且覆盖概率很大. 此外, 在图 (a) 中 $F_1(x)$ 的估计曲线非常接近真实曲线. 图 (d) 说明 $F_1(x)$ 的 ELD 比 ED 有更小的 RASE.

(iii) 使用三种方法构造分位数函数 $\xi_1(t)$ 的置信带: Bonferroni 调整 (BA)、bootstrap 方法 (BM)、经验分布的 Bonferroni 调整 (EDBA). 在 2000 次模拟运行下计算 $\xi_1(t)$ 的近似 0.95 置信带和相应的覆盖概率, 以及 ELQ 和 EQ 的 RASE, 其结果展示在图 5.6.3 中.

从图 5.6.3(a)~(c) 可以看出, BA 比 BM 和 EDBA 执行效果好, 因为由 BA 得到的置信带狭窄且覆盖概率接近于 1. 此外, 在图 (a) 中 $\xi_1(t)$ 的估计曲线非常接近真实曲线. 图 (d) 说明 $\xi_1(t)$ 的 ELQ 比 EQ 有更小的 RASE.

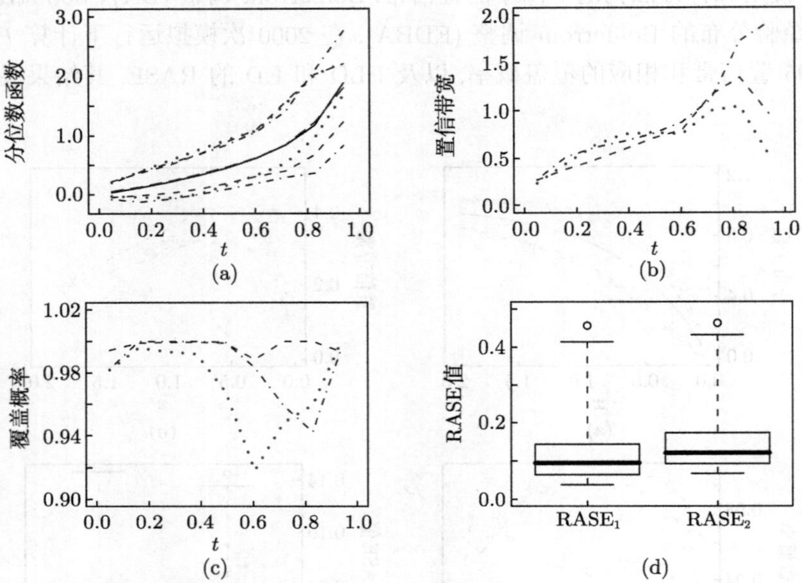

图 5.6.3　例 5.6.1 的模拟结果. 基于 BA(虚曲线)、BM(点曲线) 和 EDBA(点虚曲线), 在 $n_0 = n_1 = 30$ 时 $\xi_1(t)$ 的近似 0.95 置信带

(a) 是 $\xi_1(t)$ 的真实和估计的曲线及置信带, 其中实曲线是 $\xi_1(t)$ 的真实曲线, 长虚曲线是 $\xi_1(t)$ 的估计的曲线; (b) 是相应的带宽; (c) 是相应的覆盖概率; (d) 是 RASE, 其中 RASE_1 对应于 ELQ, RASE_2 对应于 EQ

上面我们仅仅给出了 $F_1(x)$ 和 $\xi_1(t)$ 的模拟结果. 我们的模拟对 $F_0(x)$ 和 $\xi_0(t)$ 得到了类似的模拟结果, 这里不再展出结果.

5.6.2　错误指定模型的情况

例 5.6.2　设总体 $F_0(x)$ 和 $F_1(x)$ 分别服从 Gamma 分布 $\Gamma(\alpha_0, \lambda_0)$ 和 $\Gamma(\alpha_1, \lambda_1)$, 其中 $\alpha_0 = 4$, $\alpha_1 = 6$, $\lambda_0 = \lambda_1 = 16$, 则相应的密度函数 $f_0(x)$ 和 $f_1(x)$ 具有下列关系:

$$f_1(x) = \exp\{\theta_1 + \theta_2 x + \theta_3 \log(x)\} f_0(x),$$

其中 $\theta_1 = \log(\Gamma(\alpha_0)\lambda_1^{\alpha_1 - 1}/(\Gamma(\alpha_1)\lambda_0^{\alpha_0 - 1}))$, $\theta_2 = \lambda_0 - \lambda_1$, $\theta_3 = \alpha_1 - \alpha_0$. 对没有错误指定模型的情况, $\boldsymbol{q}(x) = (1, x, \log(x))^{\mathrm{T}}$. 对错误指定模型的情况, $\boldsymbol{q}(x) = (1, x, \log(x), \sqrt{x})^{\mathrm{T}}$. 样本量取为 $n_0 = n_1 = 30$. 试在置信水平 0.95 下构造 $F_1(x)$ 和 $\xi_1(t)$ 的置信带.

解 (I) 使用三种方法构造 $F_1(x)$ 的置信带: Bonferroni 调整 (BA)、bootstrap 方法 (BM)、经验分布的 Bonferroni 调整 (EDBA). 在 2000 次模拟运行下计算 $F_1(x)$ 的近似 0.95 置信带, 以及 ELD 和 ED 的 RASE, 其结果展示在图 5.6.4 中.

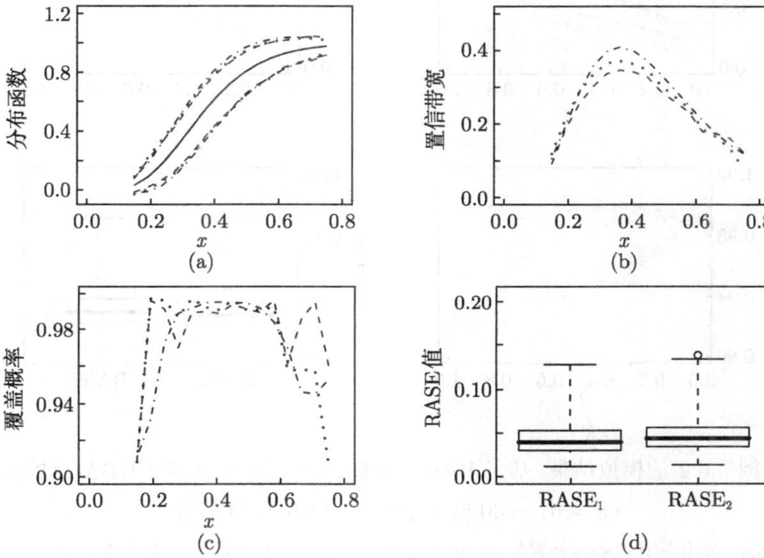

图 5.6.4 例 5.6.2 的模拟结果. 基于 BA(虚曲线)、BM(点曲线) 和 EDBA(点虚曲线), 在 $n_0 = n_1 = 30$ 时 $F_1(x)$ 的近似 0.95 置信带

(a) 是 $F_1(x)$ 的真实和估计的曲线及置信带, 其中实曲线是 $F_1(x)$ 的真实曲线, 长虚曲线是 $F_1(x)$ 的估计的曲线; (b) 是相应的带宽; (c) 是相应的覆盖概率; (d) 是 RASE, 其中 RASE_1 对应于 ELD, RASE_2 对应于 ED

从图 5.6.4(a)~(c) 可以看出, BA 比 BM 和 EDBA 执行效果好, 因为由 BA 得到的置信带狭窄且覆盖概率很大. 此外, 在图 (a) 中 $F_1(x)$ 的估计曲线非常接近真实曲线. 图 (d) 说明 $F_1(x)$ 的 ELD 比 ED 有更小的 RASE.

(II) 使用三种方法构造分位数函数 $\xi_1(t)$ 的置信带: Bonferroni 调整 (BA)、bootstrap 方法 (BM)、经验分布的 Bonferroni 调整 (EDBA). 在 2000 次模拟运行下计算 $\xi_1(t)$ 的近似 0.95 置信带, 其结果展示在图 5.6.5 中.

从图 5.6.5(a)~(c) 可以看出, BA 比 BM 和 EDBA 执行效果更好, 因为由 BA 得到的置信带狭窄且覆盖概率接近于 1. 此外, 在图 (a) 中 $\xi_1(t)$ 的估计曲线非常接近真实曲线. 图 (d) 说明 $\xi_1(t)$ 的 ELQ 比 EQ 有更小的 RASE. 对 $F_0(x)$ 和 $\xi_0(t)$ 我们也得到了类似的模拟结果. 这里不再展出.

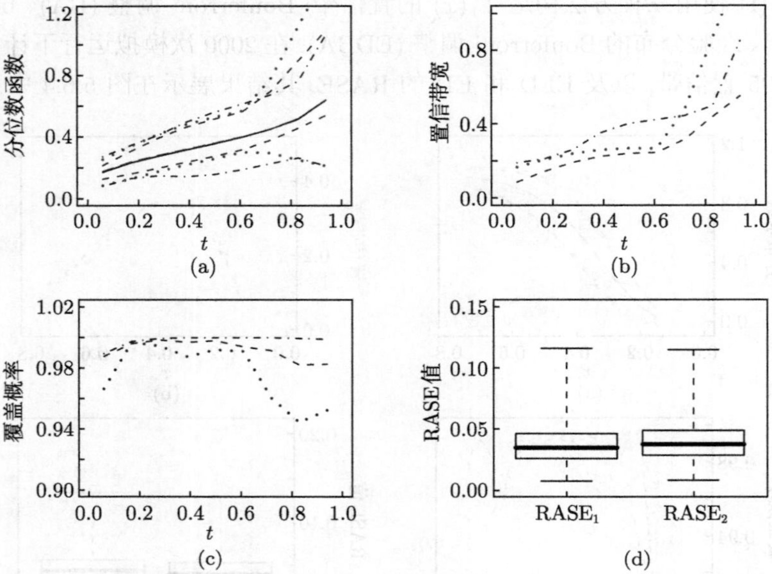

图 5.6.5　例 5.6.2 的模拟结果. 基于 BA(虚曲线)、BM(点曲线) 和 EDBA(点虚曲线), 在 $n_0 = n_1 = 30$ 时 $\xi_1(t)$ 的近似 0.95 置信带

(a) 是 $\xi_1(t)$ 的真实和估计的曲线及置信带, 其中实曲线是 $\xi_1(t)$ 的真实曲线, 长虚曲线是 $\xi_1(t)$ 的估计的曲线; (b) 是相应的带宽; (c) 是相应的覆盖概率; (d) 是 RASE, 其中 RASE$_1$ 对应于 ELQ, RASE$_2$ 对应于 EQ.

5.6.3　模型的拟合优度检验

例 5.6.3　设总体 $F_0(x), F_1(x), F_2(x)$ 分别服从 Gamma 分布 $\Gamma(6, \lambda_0), \Gamma(6, \lambda_1), \Gamma(\alpha_2, \lambda_2)$, 则相应的密度函数 $f_0(x), f_1(x), f_1(x)$ 具有下列关系:

$$f_1(x) = \exp\{\theta_{11} + \theta_{12}x\}f_0(x), \quad f_2(x) = \exp\{\theta_{21} + \theta_{22}x + \theta_{23}\log(x)\}f_0(x), \tag{5.6.3}$$

其中 $\theta_{11} = \log((\lambda_1/\lambda_0)^6)$, $\theta_{12} = \lambda_0 - \lambda_1$,

$$\theta_{21} = \log(\Gamma(6)\lambda_2^{\alpha_2}/(\Gamma(\alpha_2)\lambda_0^6)), \quad \theta_{22} = \lambda_0 - \lambda_2, \quad \theta_{23} = \alpha_2 - 6. \tag{5.6.4}$$

样本量取为 $n_0 = n_1 = 30$. 试在显著性水平 0.05 下进行模型的拟合优度检验.

解　可以看出, 在模型 (5.6.3) 下, 如果 $\alpha_2 = 6$, 则 $\theta_{23} = 0$, 因此模型 (5.1.1) 成立. 式 (5.4.6) 中的统计量 Υ_n 可以用来检验模型 (5.1.1) 对 $k = 2$ 的正确性. 在模拟中, 取 $\theta_{23} = 0.02(i-1)$, $i = 1, \cdots, 10$. 由式 (5.6.4) 可得 $\alpha_2 = 6 + 0.02(i-1)$, $i = 1, \cdots, 10$. 进一步, 给定 $(\lambda_0, \lambda_1, \lambda_2) = (29, 19, 16)$, 于是 $\theta_{11} = \log((19/29)^6)$,

$\theta_{12} = 10$, $\theta_{21} = \log((120/29^6)16^{\alpha_2}/\Gamma(\alpha_2))$, $\theta_{22} = 13$. 对 θ_{23} 的每个值, 分别产生 2000 个来自分布 $\Gamma(6, \lambda_0)$, $\Gamma(6, \lambda_1)$ 和 $\Gamma(\alpha_2, \lambda_2)$ 的随机样本. 此外, 对每次模拟产生 1000 个独立 bootstrap 样本来计算在显著性水平 0.1, 0.05 和 0.01 下 Υ_n 的临界值. 检验的功效展示在图 5.6.6 中.

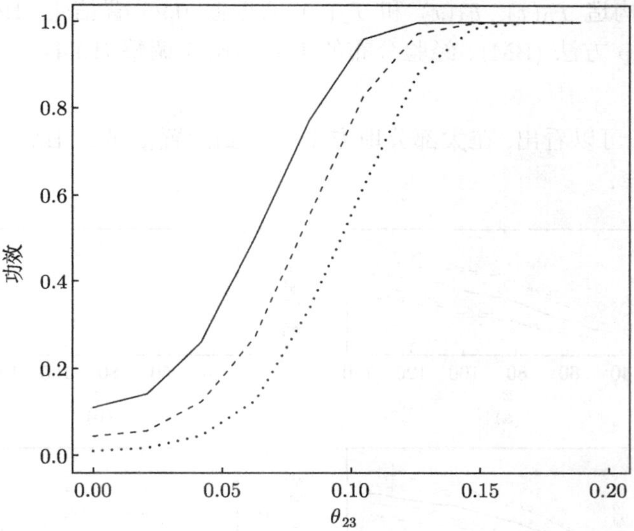

图 5.6.6 例 5.6.3 的模拟结果. 在显著性水平 0.1(实曲线)、0.05(虚曲线) 和 0.01(点曲线) 下, DRM 的拟合优度检验的功效

从图 5.6.6 可以看出, Υ_n 达到的显著性水平非常接近名义的显著性水平 0.1, 0.05 和 0.01, 且当 θ_{23} 远离 0 时 Υ_n 接近于 1.

5.7 实际数据分析

例 5.7.1 Schwartz 等 (1991) 通过用仪器测量患者的肺功能来研究吸烟的影响程度. 作为研究的一部分, 他们在三种人的样本中对预测残留量的百分比 (浓度) 进行测量. 用 X_0 表示 "从不吸烟者", X_1 表示 "以前吸烟者", X_2 表示 "现在吸烟者". 那么下列数据给出了按照吸烟历史对预测残留量的百分比的测量值: 对 X_0, 其值为 35, 120, 90, 109, 82, 40, 68, 84, 124, 77, 140, 127, 58, 110, 42, 57, 93, 70, 51, 74, 74; 对 X_1, 其值为 62, 73, 60, 77, 52, 115, 82, 52, 105, 143, 80, 78, 47, 85, 105, 46, 66, 91, 151, 40, 80, 57, 95, 82, 141, 64, 124, 65, 42, 53, 67, 95, 99, 69, 118, 131, 76, 69, 69, 97, 137, 103, 108, 56; 对 X_2, 其值为 96, 107, 63, 134, 140, 103, 158. 试用 DRM(5.1.1) 分析这组数据.

解　选取 $\boldsymbol{q}(x) = (1, x)^{\mathrm{T}}$. 参数 $(\theta_{11}, \theta_{12}, \theta_{21}, \theta_{22})^{\mathrm{T}}$ 的经验似然估计为

$$(-0.1524, 0.0015, -0.2399, 0.0022)^{\mathrm{T}}.$$

使用三种方法构造 $F_0(x)$, $F_1(x)$ 和 $F_2(x)$ 的近似 0.95 置信带: Bonferroni 调整 (BA)、bootstrap 方法 (BM)、经验分布的 Bonferroni 调整 (EDBA), 其结果展示在图 5.7.1 中.

从图 5.7.1 可以看出, 在大部分地方 BA 得到的置信带比 BM 和 EDBA 得到的置信带更狭窄.

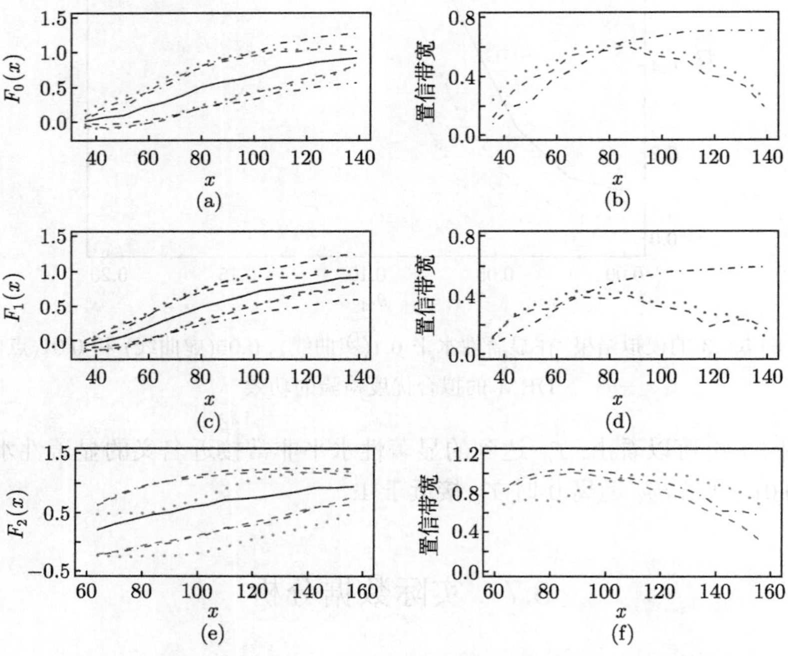

图 5.7.1　例 5.7.1 的计算结果. 基于 BA(虚曲线)、BM(点曲线) 和 EDBA(点虚曲线), $F_0(x)$, $F_1(x)$ 和 $F_2(x)$ 的近似 0.95 置信带. 实曲线是 $F_0(x)$, $F_1(x)$ 和 $F_2(x)$ 的估计的曲线

使用三种方法构造分位数函数 $\xi_0(t)$, $\xi_1(t)$ 和 $\xi_2(t)$ 的置信带: Bonferroni 调整 (BA)、bootstrap 方法 (BM)、经验分布的 Bonferroni 调整 (EDBA). 使用 Epanechnikov 核和交叉验证带宽计算密度估计. 它们的近似 0.95 置信带展示在图 5.7.2 中.

从图 5.7.2 可以看出, 在大部分地方 BA 得到的置信带比 BM 得到的置信带更狭窄.

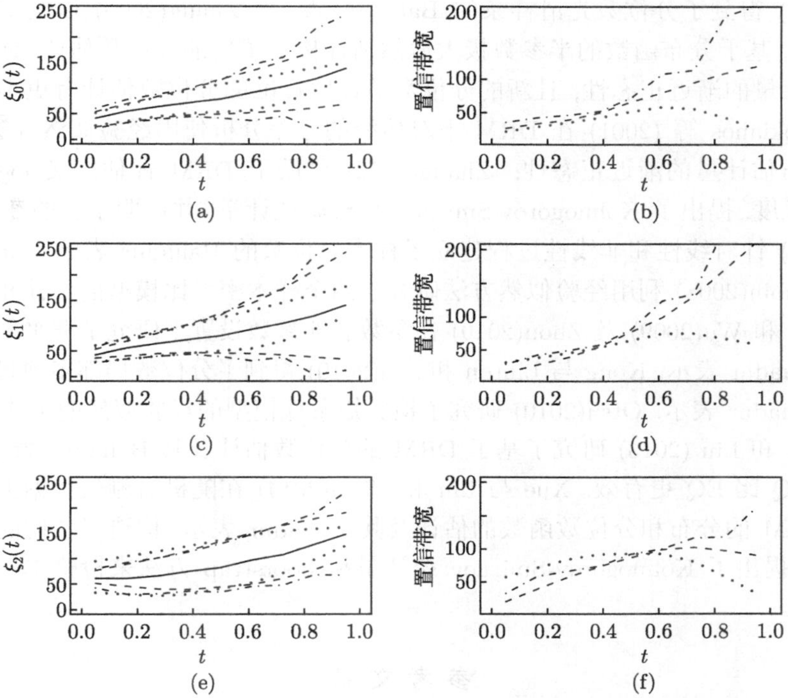

图 5.7.2 例 5.7.1 的计算结果. 基于 BA(虚曲线)、BM(点曲线) 和 EDBA(点虚曲线), $\xi_0(t)$, $\xi_1(t)$ 和 $\xi_2(t)$ 的近似 0.95 置信带. 实曲线是 $\xi_0(t)$, $\xi_1(t)$ 和 $\xi_2(t)$ 的估计的曲线

此外, 对拟合优度检验, 我们在模型 (5.1.1) 中对 $F_1(x)$ 和 $F_2(x)$ 分别假定 $\boldsymbol{q}(x) = (1, x)^{\mathrm{T}}$ 和 $\boldsymbol{q}(x) = (1, x, \log x)^{\mathrm{T}}$. (5.4.6) 定义的统计量 Υ_n 的值是 1.0879. 基于 Υ_n^* 的 1000 个 bootstrap 复制, 观察的 0.95 分位数和 p 值分别是 1.8108 和 1. 因此, 我们不能拒绝模型 (5.1.1).

5.8 相关文献及成果注记

Bahadur(1966) 提出的 Bahadur 表示对研究估计量的渐近性质是一个很有用的工具, 因为它用更小阶余项的独立变量和逼近估计量. 因此, 在统计推断中估计量的许多渐近性质可以从 Bahadur 表示中容易获得.

Kiefer(1967) 给出了样本分位数的 Bahadur 表示. Cheng(1984) 给出了乘积限估计的分位数的 Bahadur 表示. Hesse(1990) 对一大类平稳线性过程的 EQ 给出了一个 Bahadur 型表示. Chaudhuri(1991) 研究了非参数核分位数回归的逐点 Bahadur 表示. Xiang(1994, 1995) 建立了核分位数估计的 Bahadur 表示. Portnoy(1997) 得到了分位数光滑样条的 Bahadur 表示. Zhang(2000) 研究了两样本的 DRM, 基于分布函数的半参数极大似然估计构造了新的分位数估计, 证明了所提出估计量的渐近正态性, 且新的分位数估计比标准的分位数估计有更小的渐近方差. Fokianos 等 (2001) 在 DRM 下对传统的方差分析使用经验似然方法, 证明了所提出估计量的渐近正态性. Zhang(2002) 借助于 DRM 评估广义 logit 模型的拟合优度, 提出了 Kolmogorov-Smirnov 型检验统计量, 并证明了它的渐近性质. Wu(2005) 针对线性和非线性过程建立了样本分位数的 Bahadur 表示. Keziou 和 Leoni-Aubin(2008) 利用经验似然方法研究了两个样本密度比模型的估计和检验问题. Zhou 和 Wu(2009) 及 Zhou(2010) 在参数和非参数设置下研究了非平稳时间序列的 Bahadur 表示. Kong 与 Linton 和 Xia(2010) 得到了分位数局部多项式估计的一致 Bahadur 表示. Otsu(2010) 研究了检验矩条件模型的经验似然的 Bahadur 效率. Chen 和 Liu (2013) 研究了基于 DRM 的分位数估计及其 Bahadur 表示, 并证明了 ELQ 比 EQ 更有效. Xue 与 Liu 和 Chen(2014) 在随机右删失数据下研究了基于 DRM 的分布和分位数函数的估计及其 Bahadur 表示, 构造了它们的同时置信带, 并提出了 Kolmogorov-Smirnov 统计量和 bootstrap 方法来检验 DRM 的正确性.

参 考 文 献

Anderson J A. 1979. Multivariate logistic compounds. Biometrika, 66(1): 17–26

Arnold S F. 1981. The Theory of Linear Models and Multivariate Analysis. New York: John Wiley & Sons

Bahadur R R. 1966. A note on quantiles in large samples. The Annals of Mathematical Statistics, 37(3): 577–580

Chaudhuri P. 1991. Nonparametric estimates of regression quantiles and their local Bahadur representation. The Annals of Statistics, 19(2): 760–777

Chen J H, Liu Y K. 2013. Quantile and quantile-function estimations under density ratio model. The Annals of Statistics, 41(3): 1669–1692

Cheng K F. 1984. On almost sure representation for quantiles of the product limit estimator with applications. Sankhyā: Indian Journal of Statistics, 46: 426–443

Billingsley P. 1968. Convergence of Probability Measures. New York: Wiley

Fokianos K, Kedem B, Qin J, Short D A. 2001. A semiparametric approach to the one-way layout. Technometrics, 43(1): 56–65

Hesse C H. 1990. A Bahadur-type representation for empirical quantiles of a large class of stationary, possibly infinite-variance, linear processes. The Annals of Statistics, 18(3): 1188–1202

Keziou A, Leoni-Aubin S. 2008. On empirical likelihood for semiparametric two-sample density ratio models. Journal of Statistical Planning and Inference, 138(4): 915–928

Kiefer J. 1967. On Bahadur's representation of sample quantiles. The Annals of Mathematical Statistics, 38(5): 1323–1342

Kong E, Linton O, Xia Y. 2010. Uniform Bahadur representation for local polynomial estimates of M-regression and its application to the additive model. Econometric Theory, 26(5): 1529–1564

Liu S, Trenkler G. 2008. Hadamard, Khatri-Rao, Kronecker and other matrix products. International Journal of Information and Systems Sciences, 4: 160–177

Otsu T, 2010. On Bahadur efficiency of empirical likelihood. Journal of Econometrics, 157(2): 248–256

Owen A B. 1990. Empirical likelihood ratio confidence regions. The Annals of Statistics, 18(1): 90–120

Portnoy S. 1997. Local asymptotics for quantile smoothing splines. The Annals of Statistics, 25(1): 414–434

Qin J, Lawless J. 1994. Empirical likelihood and general estimating equations. The Annals of Statistics, 22(1): 300–325

Qin J, Zhang B. 1997. A goodness-of-fit test for logistic regression models based on case-control data. Biometrika, 84(3): 609–618

Rao J N K, Scott A J. 1981. The analysis of categorical data from complex sample surveys: Chi-squared tests for goodness of fits and independence in two-way tables. Journal of the American Statistical Association, 76(374): 221–230

Schwartz D A, Merchant R K, Helmers R A, Gilbert S R, Dayton C S, Hunninghake G W. 1991. The influence of cigarette smoking on lung function in patients with idiopathic pulmonary fibrosis. American Review of Respiratory Disease, 144(3): 504–506

Serfling R J. 1980. Approximation Theorems of Mathematical Statistics. New York: Wiley

Silverman B W. 1986. Density Estimation for Statistics and Data Analysis. New York: Chapman and Hall

Wu W B. 2005. On the Bahadur representation of sample quantiles for dependent sequences. The Annals of Statistics, 33(4): 1934–1963

Xiang X J. 1994. Bahadur representation of kernel quantile estimators. Scandinavian Journal of statistics, 21(2): 169–178

Xiang X J. 1995. Bahadur representation of the kernel quantile estimator under random censorship. Journal of Multivariate Analysis, 54(2): 193–209

Xue L G, Liu C L, Chen J H. 2014. Density ratio models for censored data. Working paper

Zhang B. 2000. Quantile estimation under a two-sample semi-parametric model. Bernoulli, 6(3): 491–511

Zhang B. 2002. Assessing goodness-of-fit of generalized logit models based on case-control data. Journal of Multivariate Analysis, 82(1): 17–38

Zhou Z. 2010. Nonparametric inference of quantile curves for nonstationary time series. The Annals of Statistics, 38(4): 2187–2217

Zhou Z, Wu W B. 2009. Local linear quantile estimation for nonstationary time series. The Annals of Statistics, 37(5B): 2696–2729

第 6 章　条件分位数估计

本章论述条件分位数的核估计和近邻估计, 证明了它们的渐近性质. 本章介绍的理论和方法有着广阔的应用前景.

6.1　条件分位数的核估计

本小节讨论条件分位数的核估计. 在适当的条件下, 证明了核估计的相合性和渐近正态性, 并给出了它的强收敛速度、正态逼近速度和 bootstrap 逼近速度.

6.1.1　核估计的定义

设 (X,Y) 为取值于 $\mathbf{R}^d\times\mathbf{R}$ 的随机向量, X 具有边缘分布函数 $F(x)$ 和边缘密度函数 $f(x)$, Y 关于 X 的条件分布函数为 $F(y|x)$. 对于固定的点 x, 以 $\zeta_x(t)$ 表示 $F(\cdot|x)$ 的条件 t 分位数, $0<t<1$, 即

$$\zeta_x(t)=\inf\{y:F(y|x)\geqslant t\}.$$

设 $(X_1,Y_1),\cdots,(X_n,Y_n)$ 是取自总体 (X,Y) 的 iid 随机样本. 令

$$W_{ni}(x)=K\left(\frac{X_i-x}{h_n}\right)\Big/\sum_{j=1}^n K\left(\frac{X_j-x}{h_n}\right),\quad i=1,\cdots,n,$$

其中带宽 $h=h_n$ 为一趋于零的正数列, 核 $K(\cdot)$ 为 $\mathbf{R}^d$ 上的概率密度函数. 定义 $F(y|x)$ 的核估计

$$F_n(y|x)=\begin{cases}1, & \displaystyle\sum_{i=1}^n K\left(\frac{X_i-x}{h_n}\right)=0\text{且}Y_{(n)}<y,\\ \displaystyle\sum_{i=1}^n W_{ni}(x)I(Y_i\leqslant y), & \displaystyle\sum_{i=1}^n K\left(\frac{X_i-x}{h_n}\right)\neq 0,\\ 0, & \displaystyle\sum_{i=1}^n K\left(\frac{X_i-x}{h_n}\right)=0\text{且}Y_{(n)}\geqslant y,\end{cases}$$

其中 $Y_{(n)}=\max\{Y_1,\cdots,Y_n\}$. 由此定义 $\zeta_x(t)$ 的估计

$$\hat{\zeta}_{x,\mathrm{K}}(t)=\inf\{y:F_n(y|x)\geqslant t\},\tag{6.1.1}$$

称 $\hat{\zeta}_{x,\mathrm{K}}(t)$ 为 $\zeta_x(t)$ 的核估计.

上述定义是由刘志军和涂冬生 (1986) 给出的. 它们在 $t = 1/2$ 的情形下研究了 $\hat{\zeta}_{x,\mathrm{K}}(t)$ 的强相合性和渐近正态性. 薛留根和胡玉萍 (2001) 研究了估计量 (6.1.1). 他们首先给出了 $\hat{\zeta}_{x,\mathrm{K}}(t)$ 的强收敛速度, 然后讨论了在给定 $(X_1, X_2, \cdots)$ 的条件下, 用正态分布逼近 $\sqrt{nh_n^d}[\hat{\zeta}_{x,\mathrm{K}}(t) - \zeta_x(t)]$ 的分布的速度. 同时也构造了 $\hat{\zeta}_{x,\mathrm{K}}(t)$ 的 bootstrap 统计量 $\hat{\zeta}^*_{x,\mathrm{K}}(t)$, 得到了用 $\sqrt{nh_n^d}[\hat{\zeta}^*_{x,\mathrm{K}}(t) - \hat{\zeta}_{x,\mathrm{K}}(t)]$ 的分布逼近 $\sqrt{nh_n^d}[\hat{\zeta}_{x,\mathrm{K}}(t) - \zeta_x(t)]$ 的分布的速度.

6.1.2　核估计的强相合性及收敛速度

为简便计, 下面用 $c > 0$ 和 $c(x) > 0$ 分别表示常数和与 x 有关的常数, 它们即使出现在同一式中，也可能代表不同的值. 记 $S_{x,r} = \{u : \|u - x\| \leqslant r\}$. 在给出本节的主要结果之前, 首先给出下列引理.

引理 6.1.1　设 $nh_n^d/\log n \to \infty$, 则

$$\frac{1}{nF(S_{x,rh_n})}\sum_{i=1}^{n} I(\|X_i - x\| \leqslant rh_n) - 1 \longrightarrow 0,\ \text{a.s.},\ \text{对 a.e. } x(F).$$

证　记 $A_i = \{\|X_i - x\| \leqslant rh_n\}$, $\eta_i = I(A_i) - E[I(A_i)]$, $Q_n = [nF(S_{x,rh_n})]^{-1} \sum\limits_{i=1}^{n} I(A_i)$, 则有 $Q_n - 1 = [nF(S_{x,rh_n})]^{-1}\sum\limits_{i=1}^{n}\eta_i$. 因此, 由 Bernstein 不等式 (定理 1.1.1), 对任意给定的 $\varepsilon > 0$, 有

$$\begin{aligned} P\{|Q_n - 1| > \varepsilon\} &= P\left\{\left|\frac{1}{n}\sum_{i=1}^{n}\eta_i\right| > \varepsilon F(S_{x,rh_n})\right\} \\ &\leqslant 2\exp\left\{-c\varepsilon nF(S_{x,rh_n})\right\}, \end{aligned}$$

其中 $c > 0$ 为某个常数. 由定理 1.3.3 可知, 存在 $c(x) > 0$, 使得对任何 $n \geqslant 1$, 有 $F(S_{x,rh_n}) > c(x)h_n^d$, a.e. $x(F)$. 因此

$$P\{|Q_n - 1| > \varepsilon\} \leqslant 2\exp\left\{-c(x)nh_n^d\right\} = O(n^{-2}),\ \text{a.e. } x(F).$$

故由 Borel-Cantelli 引理 (定理 1.2.4) 即可完成引理 6.1.1 的证明.

下面的定理给出了核估计 $\hat{\zeta}_{x,\mathrm{K}}(t)$ 的强相合性.

定理 6.1.1　设对任何 $y \in \mathbf{R}$, 当 $y > \zeta_x(t)$ 时, $F(y|x) > F(\zeta_x(t)|x)$. 又设存在正的常数 r, c_1, c_2, 使得

$$c_1 I(\|u\| \leqslant r) \leqslant K(u) \leqslant c_2 I(\|u\| \leqslant r). \tag{6.1.2}$$

则当 $h_n \to 0$ 和 $nh_n^d/\log n \to \infty$ 时, 有

$$\hat{\zeta}_{x,\mathrm{K}}(t) \longrightarrow \zeta_x(t),\ \text{a.s.},\ \text{对 a.e. } x(F). \tag{6.1.3}$$

进一步, 设 $F(y|x)$ 在 $\zeta_x(t)$ 的某个邻域内具有正的连续条件密度 $f(y|u)$, 且存在 $\zeta_x(t)$ 的某个邻域 U 及 $c(x)>0$, $\delta>0$ 和 $0<\lambda\leqslant 1$, 使得当 $||u-x||\leqslant\delta$ 时, 有

$$\sup_{y\in U}|F(y|u)-F(y|x)|\leqslant c(x)||u-x||^{\lambda}. \tag{6.1.4}$$

如果选取 $h_n=(n/\log n)^{-\frac{1}{d+2\lambda}}$, 则对任何 $0<c_n\to\infty$, 有

$$\hat{\zeta}_{x,\mathrm{K}}(t)-\zeta_x(t)=o\left((n/\log n)^{-\frac{\lambda}{d+2\lambda}}c_n\right),\ \text{a.s., 对 a.e. } x(F). \tag{6.1.5}$$

证 仅证明式 (6.1.5), 同理可证式 (6.1.3). 不失一般性, 不妨设引理 6.1.1 和定理 1.3.3 对一切 $x\in\mathbf{R}^d$ 成立. 记 $\nu_n=h_n^{\lambda}c_n$, $\Delta=(X_1,X_2,\cdots)$,

$$\begin{aligned}
p_i&=E\left[I(Y_i>\zeta_x(t)+\varepsilon\nu_n)|X_i\right]=1-F(\zeta_x(t)+\varepsilon\nu_n|X_i),\\
\xi_i&=K\left(\frac{X_i-x}{h_n}\right)\left[I(Y_i>\zeta_x(t)+\varepsilon\nu_n)-p_i\right],\\
M_n&=\sum_{i=1}^{n}K\left(\frac{X_i-x}{h_n}\right)(1-t-p_i).
\end{aligned}$$

由引理 6.1.1 知

$$P\left\{\liminf_{n\to\infty}\sum_{i=1}^{n}I(A_i)>0\right\}=1.$$

由式 (6.1.2) 对 $K(u)$ 的假设可得

$$\sum_{i=1}^{n}K\left(\frac{X_i-x}{h_n}\right)\geqslant c_1\sum_{i=1}^{n}I(A_i)>0,\ \text{a.s.}.$$

此时就有, 对任意给定的 $\varepsilon>0$,

$$\begin{aligned}
&P\left\{\hat{\zeta}_{x,\mathrm{K}}(t)-\zeta_x(t)>\varepsilon\nu_n\middle|\Delta\right\}\\
\leqslant&P\left\{\sum_{i=1}^{n}W_{ni}(x)I(Y_i>\zeta_x(t)+\varepsilon\nu_n)>1-t\middle|\Delta\right\}\\
\leqslant&P\left\{\sum_{i=1}^{n}\xi_i\geqslant M_n\middle|\Delta\right\},
\end{aligned} \tag{6.1.6}$$

简单计算可得

$$
\begin{aligned}
M_n &= \sum_{i=1}^{n} K\left(\frac{X_i - x}{h_n}\right)\left[F(\zeta_x(t)+\varepsilon\nu_n|X_i) - F(\zeta_x(t)|x)\right] \\
&= \sum_{i=1}^{n} K\left(\frac{X_i - x}{h_n}\right)\left[F(\zeta_x(t)+\varepsilon\nu_n|X_i) - F(\zeta_x(t)+\varepsilon\nu_n|x)\right] \\
&\quad + \sum_{i=1}^{n} K\left(\frac{X_i - x}{h_n}\right)\left[F(\zeta_x(t)+\varepsilon\nu_n|x) - F(\zeta_x(t)|x)\right] \\
&\triangleq Q_{n1} + Q_{n2}.
\end{aligned} \tag{6.1.7}
$$

由引理 6.1.1 可得

$$
\begin{aligned}
|Q_{n1}| &\leqslant \sum_{i=1}^{n} K\left(\frac{X_i - x}{h_n}\right) c(x)||X_i - x||^{\lambda} \\
&\leqslant c(x)(rh_n)^{\lambda} \sum_{i=1}^{n} I(||X_i - x|| \leqslant rh_n) \\
&= c(x)h_n^{\lambda} nF(S_{x,rh_n}), \text{ a.s.},
\end{aligned} \tag{6.1.8}
$$

又由引理 6.1.1 知

$$
\begin{aligned}
Q_{n2} &\geqslant c_1 f(\zeta_x(t)|x)\varepsilon\nu_n[1+o(1)] \sum_{i=1}^{n} I(||X_i - x|| \leqslant r) \\
&\geqslant \frac{1}{2} c_1 f(\zeta_x(t)|x)\varepsilon\nu_n nF(S_{x,rh_n}), \text{ a.s.}.
\end{aligned} \tag{6.1.9}
$$

注意到 $\nu_n = h_n^{\lambda} c_n$. 将式 (6.1.8) 和式 (6.1.9) 代入到式 (6.1.7), 当 n 充分大时, 有 $M_n \geqslant c(x)\nu_n nF(S_{x,rh_n})$, a.s.. 由定理 1.3.3 知 $F(S_{x,rh_n}) > c(x)h_n^d$. 因此, 利用式 (6.1.6) 和定理 1.1.1 可得

$$
\begin{aligned}
& P\left(\hat{\zeta}_{x,\mathrm{K}}(t) - \zeta_x(t) > \varepsilon\nu_n\right) \\
&= E\left[P\left(\hat{\zeta}_{x,\mathrm{K}}(t) - \zeta_x(t) > \varepsilon\nu_n \middle| \Delta\right)\right] \\
&\leqslant E\left[P\left(\left|\frac{1}{n}\sum_{i=1}^{n} U_{ni}\right| \geqslant c(x)\nu_n F(S_{x,rh_n}) \middle| \Delta\right)\right] \\
&\leqslant 2\exp\left\{-c(x)n\nu_n^2 F(S_{x,rh_n})\right\} \leqslant 2\exp\left\{-c(x)n\nu_n^2 h_n^d\right\} \\
&\leqslant 2\exp\left\{-c(x)c_n^2 \log n\right\} = O(n^{-2}).
\end{aligned}
$$

故由 Borel-Cantelli 引理 (定理 1.2.4) 可得

$$
\limsup_{n\to\infty} \nu_n^{-1}[\hat{\zeta}_{x,\mathrm{K}}(t) - \zeta_x(t)] \leqslant 0, \text{ a.s.}.
$$

同理可证得

$$\liminf_{n\to\infty} \nu_n^{-1}[\hat{\zeta}_{x,\mathrm{K}}(t) - \zeta_x(t)] \geqslant 0, \text{ a.s..}$$

结合上述两式即可完成定理 6.1.1 的证明.

6.1.3 核估计的渐近正态性及正态逼近速度

下面两个定理对证明本节的定理是有用的.

引理 6.1.2 设 $f(\cdot)$ 在固定点 x 的某个邻域内存在有界的导数, $K(u)$ 有界且满足 $\int_{\mathbf{R}^d} |u| K^m(u)\mathrm{d}u < \infty$, $m \geqslant 1$. 如果取 $h_n = (n/\log n)^{-\frac{1}{d+2}}$, 则对任何 $0 < c_n \to \infty$ 和 $m \geqslant 1$, 有

$$\frac{1}{nh_n^d}\sum_{i=1}^n K^m\left(\frac{X_i - x}{h_n}\right) = f(x)\int_{\mathbf{R}^d} K^m(u)\mathrm{d}u + o\left(h_n c_n\right), \text{ a.s..}$$

证 利用 Bernstein 不等式 (定理 1.1.1), 并类似定理 2.3.8 的证明即可证明本定理, 故从略.

引理 6.1.3 设 $f(\cdot)$ 在固定点 x 的某个邻域内连续且 $f(x) > 0$, $F(\zeta_x(t)|u)$ 关于 u 存在有界的二阶导数, $K(u)$ 是对称的概率密度函数且满足式 (6.1.2). 如果取 $h_n = (n/\log n)^{-\frac{1}{d+2}}$, 则当 y 属于 $\zeta_x(t)$ 的一个小邻域时, 对任何 $0 < c_n \to \infty$ 及 $m \geqslant 1$, 有

$$T_n \triangleq \sum_{i=1}^n K^m\left(\frac{X_i - x}{h_n}\right)\left[F(y|X_i) - F(y|x)\right] = o\left(c_n \log n\right), \text{ a.s..}$$

证 将 $F(y|u)$ 作为 u 的函数在点 x 附近展开可得

$$F(y|u) = F(y|x) + \beta^{\mathrm{T}}(u-x) + \frac{1}{2}(u-x)^{\mathrm{T}}D(u-x) + o(||u-x||^2),$$

其中 β 和 D 分别为 $d\times 1$ 向量和 $d\times d$ 矩阵, 元素有界. 又因为 $K(u)$ 对称, 所以对任何 d 维向量 α 及 $m \geqslant 1$, 有 $\int_{\mathbf{R}^d}\alpha^{\mathrm{T}} u K^m(u)\mathrm{d}u = 0$. 再注意到: $|\beta^{\mathrm{T}}u| \leqslant c||u||$, $|u^{\mathrm{T}}Du| \leqslant c||u||^2$. 于是

$$\begin{aligned}
|E(T_n)| &= n\left|\int_{\mathbf{R}^d} K^m\left(\frac{u-x}{h_n}\right)\left[F(y|u) - F(y|x)\right]\mathrm{d}F(u)\right| \\
&= nh_n^{d+1}\left|\int_{\mathbf{R}^d}\beta^{\mathrm{T}} u K^m(u) f(x+h_n u)\mathrm{d}u\right| \\
&\quad + \frac{1}{2}nh_n^{d+2}\left|\int_{\mathbf{R}^d} u^{\mathrm{T}} D u K^m(u) f(x+h_n u)\mathrm{d}u\right| \\
&\quad + nh_n^{d+2}\left|\int_{||u||\leqslant r} o(||u||^2) f(x+h_n u)\mathrm{d}u\right| \\
&\leqslant cnh_n^{d+2} = c\log n.
\end{aligned} \tag{6.1.10}$$

此外, 记 $\eta_i = K^m\left(\dfrac{X_i - x}{h_n}\right)(F(y|X_i) - F(y|x))$, $\xi_i = \eta_i - E(\eta_i)$, 则有 $T_n - E(T_n) = \sum_{i=1}^n \xi_i$, $\xi_1, \cdots, \xi_n$ iid, 均值为零, $|\xi_i| \leqslant ch_n$, $i = 1, \cdots, n$. 因此

$$\begin{aligned}\sum_{i=1}^n \mathrm{var}(\xi_i) &\leqslant n\int_{\mathbf{R}^d} K^{2m}\left(\frac{u-x}{h_n}\right)\left[F(y|u) - F(y|x)\right]^2 \mathrm{d}F(u)\\ &\leqslant nh_n^d \int_{||u||\leqslant r}(ch_n^2||u||^2 + ch_n^4||u||^4)\, f(x+h_nu)\mathrm{d}u\\ &\leqslant cnh_n^{d+2} = c\log n.\end{aligned}$$

从而由 Bernstein 不等式 (定理 1.1.1) 可得

$$\begin{aligned}P\left\{|T_n - E(T_n)| \geqslant \varepsilon c_n \log n\right\} &= P\left\{\left|\sum_{i=1}^n \xi_i\right| \geqslant \varepsilon c_n \log n\right\}\\ &\leqslant 2\exp\left\{-\frac{(\varepsilon c_n \log n)^2}{2c\log n + \varepsilon c h_n c_n \log n}\right\}\\ &\leqslant 2\exp\left\{-cc_n^2 \log n\right\}.\end{aligned}$$

故由 Borel-Cantelli 引理 (1.2.4) 可得

$$T_n - E(T_n) = o\left(c_n \log n\right), \text{ a.s..} \tag{6.1.11}$$

因此, 由式 (6.1.10) 和式 (6.1.11) 即可完成引理 6.1.3 的证明.

下面的定理给出了 $\hat{\zeta}_{x,\mathrm{K}}(t)$ 的渐近正态性及正态逼近速度.

定理 6.1.2　设 $f(\cdot)$ 在固定点 x 的某个邻域内连续且 $f(x) > 0$, $F(y|x)$ 在 $(x, \zeta_x(t))$ 的某个邻域内具有连续的条件密度 $f(y|x)$, $f(\zeta_x(t)|x) > 0$, 且 $F(\zeta_x(t)|u)$ 关于 u 存在有界导数, $K(u)$ 满足式 (6.1.2). 则当 $nh_n^d/\log n \to \infty$ 与 $nh_n^{d+2} \to 0$ 时,

$$\sqrt{nh_n^d}\left[\hat{\zeta}_{x,\mathrm{K}}(t) - \zeta_x(t)\right] \xrightarrow{D} N(0, \sigma^2(x)), \tag{6.1.12}$$

其中 $\sigma^2(x) = t(1-t)\int_{\mathbf{R}^d} K^2(u)\mathrm{d}u/[f(x)f^2(\zeta_x(t)|x)]$.

进一步, 设 $f(\cdot)$ 在 x 的某个邻域内存在有界的导数, $F(y|u)$ 在 x 的某个邻域内关于 u 存在有界的二阶导数, $K(u)$ 是对称的概率密度函数. 如果取 $h_n = (n/\log n)^{-\frac{1}{d+2}}$, 则对几乎所有的样本序列 $\varDelta = (X_1, X_2, \cdots)$ 及对任何 $0 < c_n \to \infty$, 有

$$\sup_z \left|P\{Z_n \leqslant z|\varDelta\} - \varPhi(z/\sigma(x))\right| = o\left(n^{-\frac{1}{d+2}}(\log n)^{\frac{d+4}{2(d+2)}}c_n\right), \text{ a.s.,} \tag{6.1.13}$$

其中 $Z_n = \sqrt{nh_n^d}[\hat{\zeta}_{x,\mathrm{K}}(t) - \zeta_x(t)]$.

证 由于式 (6.1.12) 与式 (6.1.13) 的证明类似, 因此仅证明式 (6.1.13). 记 $\psi_n = \zeta_x(t) + z(nh_n^d)^{-1/2}$, $p_i = E\big[I(Y_i > \psi_n)|X_i\big] = 1 - F(\psi_n|X_i)$,

$$A_n = \frac{1}{\sqrt{nh_n^d}} \sum_{i=1}^n K\left(\frac{X_i - x}{h_n}\right)(1 - t - p_i),$$

$$B_n = \frac{1}{nh_n^d} \sum_{i=1}^n K^2\left(\frac{X_i - x}{h_n}\right) p_i(1 - p_i).$$

经过简单计算可得

$$\begin{aligned}
&\left|P\left\{\sqrt{nh_n^d}\left[\hat{\zeta}_{x,\mathrm{K}}(t) - \zeta_x(t)\right] \leqslant z|\varDelta\right\} - \varPhi\left(\frac{z}{\sigma(x)}\right)\right| \\
=&\left|P\left\{\sum_{i=1}^n W_{ni}(x) I(Y_i > \psi_n) \leqslant 1 - t|\varDelta\right\} - \varPhi\left(\frac{z}{\sigma(x)}\right)\right| \\
\leqslant&\left|P\left\{\frac{1}{\sqrt{nh_n^d B_n}} \sum_{i=1}^n K\left(\frac{X_i - x}{h_n}\right)\left[I(Y_i > \psi_n) - p_i\right] \leqslant \frac{A_n}{\sqrt{B_n}}\middle|\varDelta\right\} - \varPhi\left(\frac{A_n}{\sqrt{B_n}}\right)\right| \\
&+\left|\varPhi\left(\frac{A_n}{\sqrt{B_n}}\right) - \varPhi\left(\frac{z}{\sigma(x)}\right)\right| \\
\triangleq& J_{n1} + J_{n2}.
\end{aligned} \tag{6.1.14}$$

首先设 $|z| \leqslant c_n^{1/4}\sqrt{\log n}$. 不妨设 $c_n = O(\log\log n)$. 由于

$$\begin{aligned}
A_n =& \frac{1}{\sqrt{nh_n^d}} \sum_{i=1}^n K\left(\frac{X_i - x}{h_n}\right)\left[F(\psi_n|X_i) - t\right] \\
=& \frac{1}{\sqrt{nh_n^d}} \sum_{i=1}^n K\left(\frac{X_i - x}{h_n}\right)\left[F(\psi_n|X_i) - F(\psi_n|x)\right] \\
&+ \frac{1}{\sqrt{nh_n^d}} \sum_{i=1}^n K\left(\frac{X_i - x}{h_n}\right)\left[F(\psi_n|x) - F(\zeta_x(t)|x)\right] \\
\triangleq& J_{n3} + J_{n4}.
\end{aligned}$$

由引理 6.1.3 可得

$$J_{n3} = o\left(n^{-\frac{1}{d+2}}(\log n)^{\frac{d+4}{2(d+2)}} c_n\right), \text{ a.s.}.$$

由引理 6.1.2 可得

$$\begin{aligned}
J_{n4} =& \frac{1}{\sqrt{nh_n^d}} \sum_{i=1}^n K\left(\frac{X_i - x}{h_n}\right)\left[f(\zeta_x(t)|x) z(nh_n^d)^{-1/2} + O\left(z^2(nh_n^d)^{-1}\right)\right] \\
=& f(x) f(\zeta_x(t)|x) z + o\left(n^{-\frac{1}{d+2}}(\log n)^{\frac{d+4}{2(d+2)}} c_n\right), \text{ a.s.}.
\end{aligned}$$

因此

$$A_n = f(x)f(\zeta_x(t)|x)z + o\left(n^{-\frac{1}{d+2}}(\log n)^{\frac{d+4}{2(d+2)}}c_n\right), \text{ a.s..} \tag{6.1.15}$$

由引理 6.1.2 和引理 6.1.3 容易得到

$$B_n = t(1-t)f(x)\int_{\mathbf{R}^d} K^2(u)\mathrm{d}u + o(1), \text{ a.s..} \tag{6.1.16}$$

于是利用定理 1.1.11、引理 6.1.2 和式 (6.1.16) 可得

$$\begin{aligned}
J_{n1} &\leqslant (nh_n^d B_n)^{-3/2}\sum_{i=1}^n K^3\left(\frac{X_i - x}{h_n}\right)E\left[|I(Y_i > \psi_n) - p_i|^3|X_i\right] \\
&\leqslant (nh_n^d)^{-3/2}\sum_{i=1}^n K^3\left(\frac{X_i - x}{h_n}\right)\Big/\left[t(1-t)f(x)\int_{\mathbf{R}^d} K^2(u)\mathrm{d}u + o(1)\right]^{3/2} \\
&= O\left((nh_n^d)^{-1/2}\right) = O\left(n^{-\frac{1}{d+2}}(\log n)^{-\frac{d}{2(d+2)}}\right), \text{ a.s..}
\end{aligned} \tag{6.1.17}$$

由式 (6.1.15) 和式 (6.1.16) 可得

$$\frac{A_n}{\sqrt{B_n}} = \frac{z}{\sigma(x)} + o\left(n^{-\frac{1}{d+2}}(\log n)^{-\frac{d+4}{2(d+2)}}c_n\right), \text{ a.s..}$$

利用初等不等式

$$\sup_y |\varPhi(y+a) - \varPhi(y)| \leqslant |a|/\sqrt{2\pi},$$

可以推得

$$\begin{aligned}
J_{n2} &= \left|\varPhi\left(\frac{z}{\sigma(x)} + o\left(n^{-\frac{1}{d+2}}(\log n)^{-\frac{d+4}{2(d+2)}}c_n\right)\right) - \varPhi\left(\frac{z}{\sigma(x)}\right)\right| \\
&= o\left(n^{-\frac{1}{d+2}}(\log n)^{-\frac{d+4}{2(d+2)}}c_n\right), \text{ a.s..}
\end{aligned} \tag{6.1.18}$$

故将式 (6.1.17) 和式 (6.1.18) 代入到式 (6.1.14) 可得

$$\begin{aligned}
&\sup_{z\in\mathcal{Z}_n}\left|P\left\{\sqrt{nh_n^d}\left[\hat{\zeta}_{x,\mathrm{K}}(t) - \zeta_x(t)\right] \leqslant z|\varDelta\right\} - \varPhi\left(\frac{z}{\sigma(x)}\right)\right| \\
&= o\left(n^{-\frac{1}{d+2}}(\log n)^{-\frac{d+4}{2(d+2)}}c_n\right), \text{ a.s.,}
\end{aligned} \tag{6.1.19}$$

其中 $\mathcal{Z}_n = \{z : |z| \leqslant c_n^{1/4}\sqrt{\log n}\}$. 此外,

$$\begin{aligned}
&\sup_{z\in\mathcal{Z}_n^c}\left|P\left\{\sqrt{nh_n^d}\left[\hat{\zeta}_{x,\mathrm{K}}(t) - \zeta_x(t)\right] \leqslant z|\varDelta\right\} - \varPhi\left(\frac{z}{\sigma(x)}\right)\right| \\
&\leqslant P\left\{|\hat{\zeta}_{x,\mathrm{K}}(t) - \zeta_x(t)| \geqslant (\log n/n)^{\frac{1}{d+2}}c_n|\varDelta\right\} \\
&\quad + \left|1 - \varPhi\left(\sigma_x^{-1}\sqrt{c_n\log n}\right)\right|,
\end{aligned} \tag{6.1.20}$$

其中 $\mathscr{Z}_n^c$ 表示 $\mathscr{Z}_n$ 的余集. 由定理 6.1.1 的证明知, 式 (6.1.20) 右方第一项对几乎所有的 Δ 为 $o(n^{-1})$, 而第二项当 n 充分大时为 $o(n^{-1})$. 再结合式 (6.1.1) 即知式 (6.1.13) 成立.

6.1.4 核估计的 bootstrap 逼近速度

为了模拟 $\hat{\zeta}_{x,\mathrm{K}}(t)$ 的分布, 我们构造了 $\hat{\zeta}_{x,\mathrm{K}}(t)$ 的 bootstrap 统计量. 固定 $(X_1, Y_1), \cdots, (X_n, Y_n)$, 视 $F_n(y|x)$ 为总体分布, 从中抽取 iid 样本 $Y_1^*, \cdots, Y_n^*$, 将式 (6.1.1) 中的 Y_i 换为 Y_i^* 得到 $F_n^*(y|x)$, 则称

$$\hat{\zeta}_{x,\mathrm{K}}^*(t) = \inf\{y : F_n^*(y|x) \geqslant t\}$$

为 $\hat{\zeta}_{x,\mathrm{K}}(t)$ 的 bootstrap 统计量. 我们用 $\sqrt{nh_n^d}[\hat{\zeta}_{x,\mathrm{K}}^*(t) - \hat{\zeta}_{x,\mathrm{K}}(t)]$ 的分布逼近 $\sqrt{nh_n^d} \times [\hat{\zeta}_{x,\mathrm{K}}(t) - \zeta_x(t)]$ 的分布, 得到了逼近速度. 为证明此结果, 首先给出下述引理.

引理 6.1.4 在定理 6.1.2 的条件下, 对任何 $0 < c_n \to \infty$, 有

$$H_n = o\left((n/\log n)^{-3/[2(d+2)]}c_n\right), \text{ a.s.},$$

其中

$$H_n = \sup_{||u|| \leqslant \omega_n} |F_n(\mu + v|x) - F_n(\mu|x) - \widetilde{F}_n(\mu + v|x) + \widetilde{F}_n(\mu|x)|,$$

$$\widetilde{F}_n(y|x) = \sum_{i=1}^n W_{ni}(x)F(y|X_i), \quad \omega_n = h_n c_n = (\log n/n)^{1/(d+2)}c_n.$$

证 记 $\gamma_n = \sqrt{\omega_n \log n}/\sqrt{nh_n^d}$, $b_n = \lfloor\sqrt{\omega_n nh_n^d/\log n}\rfloor$, 其中 $\lfloor x\rfloor$ 表示不超过 x 的最大正整数. 又记 $\eta_{r,n} = \mu + \omega_n b_n^{-1} r$, $r = -b_n, -b_n+1, \cdots, b_n$,

$$\begin{aligned}
\alpha_{r,n} &= \left|\widetilde{F}_n(\eta_{r+1,n}|x) - \widetilde{F}_n(\eta_{r,n}|x)\right|, \\
U_{r,n} &= \left|F_n(\eta_{r,n}|x) - F_n(\mu|x) - \widetilde{F}_n(\eta_{r,n}|x) + \widetilde{F}_n(\mu|x)\right|, \\
V_n &= \max\{U_{r,n},\ -b_n \leqslant r \leqslant b_n\}, \\
\beta_n &= \max\{\alpha_{r,n},\ -b_n \leqslant r \leqslant b_n - 1\}.
\end{aligned}$$

由 $F_n(\cdot|x)$ 和 $\widetilde{F}_n(\cdot|x)$ 的单调性, 容易推出

$$H_n \leqslant V_n + \beta_n. \tag{6.1.21}$$

根据定理 6.1.2 的条件, 不难推得

$$\alpha_{r,n} \leqslant c(x)\omega_n b_n^{-1}, \quad r = -b_n, \cdots, b_n - 1.$$

于是

$$\beta_n = o\left((n/\log n)^{-3/[2(d+2)]} c_n\right). \tag{6.1.22}$$

现在证明

$$V_n = o\left((n/\log n)^{-3/[2(d+2)]} c_n\right), \text{ a.s.}. \tag{6.1.23}$$

由于

$$U_{r,n} = \left|\sum_{i=1}^{n} W_{ni}(x)\left(I(Y_i \in (\mu, \eta_{r,n}]) - P(Y_i \in (\mu, \eta_{r,n}]|X_i)\right)\right|,$$

其中若 $\eta_{r,n} < \mu$, 则将事件 $\{Y_i \in (\mu, \eta_{r,n}]\}$ 看作 $\{Y_i \in (\eta_{r,n}, \mu]\}$. 仍记 $\Delta = (X_1, X_2, \cdots)$. 由定理 6.1.2 的条件和引理 6.1.2 可得

$$\begin{aligned}
\operatorname{var}(U_{r,n}|\Delta) &\leqslant \sum_{i=1}^{n} W_{ni}^2(x) P\left\{Y_i \in (\mu, \eta_{r,n}]|X_i\right\} \\
&= \sum_{i=1}^{n} W_{ni}^2(x)\left[F(\eta_{r,n}|X_i) - F(\mu|X_i)\right] \\
&\leqslant \sum_{i=1}^{n} W_{ni}^2(x) f(\mu|x)\omega_n b_n^{-1} r[1 + o(1)] \leqslant c(x)\omega_n (nh_n^d)^{-1}, \text{ a.s.},
\end{aligned}$$

以及 $\max\limits_{1\leqslant i\leqslant n} W_{ni}(x) \leqslant c(x)(nh_n^d)^{-1}$, a.s.. 由 Bernstein 不等式 (定理 1.1.1), 不难推出

$$P\{U_{r,n} \geqslant \gamma_n c_n \varepsilon|\Delta\} \leqslant 2\exp\{-c(x)c_n^2 \log n\}.$$

由此可得

$$\begin{aligned}
P\{V_n \geqslant \gamma_n c_n \varepsilon|\Delta\} &\leqslant \sum_{r=-b_n}^{b_n} P\{U_{r,n} \geqslant \gamma_n c_n \varepsilon|\Delta\} \\
&\leqslant 5b_n \exp\{-c(x)c_n^2 \log n\}.
\end{aligned}$$

因为当 n 充分大时, $b_n \leqslant (\omega_n nh_n^d/\log n)^{1/2} \leqslant (nh_n^d/\log n)^{1/4} \leqslant n$. 所以, 当 n 充分大时, 有

$$P\{V_n \geqslant \gamma_n c_n \varepsilon|\Delta\} \leqslant 5n\exp\{-c(x)c_n^2 \log n\} \leqslant cn^{-2}.$$

于是, $\sum\limits_n P\{V_n \geqslant \gamma_n c_n \varepsilon|\Delta\} < \infty$. 由 Borel-Cantelli 引理 (定理 1.2.4), 对 a.e. Δ, 有

$$P\left\{\limsup_{n\to\infty} (c_n\gamma_n)^{-1} V_n < \varepsilon|\Delta\right\} = 1.$$

故由 Fubini 定理可得 $V_n = o(\gamma_n c_n)$, a.s., 此即式 (6.1.23) 成立. 最后由式 (6.1.21)~式 (6.1.23) 即证得引理 6.1.4.

下面的定理给出了用 $\sqrt{nh_n^d}[\hat{\zeta}^*_{x,\mathrm{K}}(t) - \hat{\zeta}_{x,\mathrm{K}}(t)]$ 的分布来逼近 $\sqrt{nh_n^d}[\hat{\zeta}_{x,\mathrm{K}}(t) - \zeta_x(t)]$ 的分布的逼近速度.

定理 6.1.3 在定理 6.1.2 的条件下, 则几乎所有的样本序列 $\tilde{\Delta} = (X_1, Y_1), (X_2, Y_2), \cdots$ 及对任何 $0 < c_n \to \infty$, 有

$$\sup_z \left| P\{Z_n \leqslant z|\tilde{\Delta}\} - P^*\{Z_n^* \leqslant z\} \right| = o\left(n^{-\frac{1}{2(d+2)}} (\log n)^{\frac{d+3}{2(d+2)}} c_n\right), \text{ a.s.},$$

其中 $Z_n = \sqrt{nh_n^d}[\hat{\zeta}_{x,\mathrm{K}}(t) - \zeta_x(t)]$, $Z_n^* = \sqrt{nh_n^d}[\hat{\zeta}^*_{x,\mathrm{K}}(t) - \hat{\zeta}_{x,\mathrm{K}}(t)]$, P^* 表示在给定 $\tilde{\Delta}$ 下的条件概率.

证 仍沿用引理 6.1.4 的记号. 利用定理 6.1.2, 只需证明

$$\sup_z \left| P^*\{Z_n^* \leqslant z\} - \Phi\left(\frac{z}{\sigma(x)}\right) \right| = o\left(n^{-\frac{1}{2(d+2)}} (\log n)^{-\frac{d+3}{2(d+2)}} c_n\right), \text{ a.s.}, \tag{6.1.24}$$

其中 $\sigma^2(x) = t(1-t)\int_{\mathbf{R}^d} K^2(u)\mathrm{d}u/[f(x)f^2(\zeta_x(t)|x)]$. 记 $\phi_n = \hat{\zeta}_{x,\mathrm{K}}(t) + z(nh_n^d)^{-1/2}$, $p^* = 1 - F_n(\phi_n|x)$, $\omega_n = (\log n/n)^{1/(d+2)} c_n$,

$$A_n^* = \frac{1}{\sqrt{nh_n^d}} \sum_{i=1}^n K\left(\frac{X_i - x}{h_n}\right)(1 - t - p^*),$$

$$B_n^* = \frac{1}{nh_n^d} \sum_{i=1}^n K^2\left(\frac{X_i - x}{h_n}\right) p^*(1 - p^*).$$

先设 $|z| \leqslant c_n\sqrt{\log n}$, 则

$$\begin{aligned} &P^*\{Z_n^* \leqslant z\} \\ =&P^*\left\{\frac{1}{\sqrt{nh_n^d B_n^*}} \sum_{i=1}^n K\left(\frac{X_i - x}{h_n}\right) I(Y_i^* > \phi_n) - p^* \leqslant \frac{A_n^*}{\sqrt{B_n^*}}\right\}. \end{aligned} \tag{6.1.25}$$

由定理 6.1.1 和引理 6.1.4 可得

$$\begin{aligned} &\sup_{|v| \leqslant \omega_n} |F_n(\hat{\zeta}_{x,\mathrm{K}}(t) + v|x) - F_n(\hat{\zeta}_{x,\mathrm{K}}(t)|x) - \widetilde{F}_n(\hat{\zeta}_{x,\mathrm{K}}(t) + v|x) + \widetilde{F}_n(\hat{\zeta}_{x,\mathrm{K}}(t)|x)| \\ \leqslant &\sup_{|v| \leqslant \omega_n, |v^*| \leqslant \omega_n} |F_n(\zeta_x(t) + v + v^*|x) - F_n(\zeta_x(t) + v^*|x) \\ &- \widetilde{F}_n(\zeta_x(t) + v + v^*|x) + \widetilde{F}_n(\zeta_x(t) + v^*|x)| \\ \leqslant &2 \sup_{|v| \leqslant 2\omega_n} |F_n(\zeta_x(t) + v|x) - F_n(\zeta_x(t)|x) - \widetilde{F}_n(\zeta_x(t) + v|x) + \widetilde{F}_n(\zeta_x(t)|x)| \\ = &o\left((\log n/n)^{3/[2(d+2)]} c_n\right), \text{ a.s..} \end{aligned} \tag{6.1.26}$$

利用引理 6.1.3 知, 对适当小的 v, 有

$$\begin{aligned}
&|\widetilde{F}_n(\zeta_x(t)+v|x)-\widetilde{F}_n(\zeta_x(t)|x)| \\
=&\left|\sum_{i=1}^n W_{ni}(x)\big[F(\zeta_x(t)+v|X_i)-F(\zeta_x(t)|X_i)\big]\right| \\
\leqslant&\left|\sum_{i=1}^n W_{ni}(x)\big[F(\zeta_x(t)+v|X_i)-F(\zeta_x(t)+v|x)\big]\right| \\
&+\left|\sum_{i=1}^n W_{ni}(x)\big[F(\zeta_x(t)+v|x)-F(\zeta_x(t)|x)\big]\right| \\
&+\left|\sum_{i=1}^n W_{ni}(x)\big[F(\zeta_x(t)|x)-F(\zeta_x(t)|X_i)\big]\right| \\
=&\,o\left((nh_n^d)^{-1}c_n\log n\right)+f(\zeta_x(t)|x)v+o(|v|^2),\ \text{a.s.}.
\end{aligned}\tag{6.1.27}$$

应用式 (6.1.26) 和式 (6.1.27), 并注意到 $F_n(\hat{\zeta}_{x,\mathrm{K}}(t)|x)=t+O\left((nh_n^d)^{-1}\right)$, a.s.. 可以得到: 当 $|v|\leqslant\omega_n$ 时

$$F_n(\hat{\zeta}_{x,\mathrm{K}}(t)+v|x)-t=f(\zeta_x(t)|x)v+o\left((\log n/n)^{\frac{3}{2(d+2)}}c_n\right),\ \text{a.s.}.\tag{6.1.28}$$

因此, 当 $|z|\leqslant c_n\sqrt{\log n}$ 时

$$p^*=1-t-f(\zeta_x(t)|x)(nh_n^d)^{-1/2}z+o\left((\log n/n)^{\frac{3}{2(d+2)}}c_n\right),\ \text{a.s.}.$$

于是, 由引理 6.1.2 可以推得

$$\begin{aligned}
A_n^*=&f(x)f(\zeta_x(t)|x)z+o\left(n^{-\frac{1}{d+2}}(\log n)^{\frac{d+3}{2(d+2)}}c_n\right),\ \text{a.s.},\\
B_n^*=&t(1-t)f(x)\int_{\mathbf{R}^d}K^2(u)\mathrm{d}u+o(1),\ \text{a.s.}.
\end{aligned}$$

因此, 当 $|z|\leqslant c_n\sqrt{\log n}$ 时, 有

$$\frac{A_n^*}{\sqrt{B_n^*}}=\frac{z}{\sigma(x)}+O\left(n^{-\frac{1}{2(d+2)}}(\log n)^{\frac{d+3}{2(d+2)}}c_n\right),\ \text{a.s.}.\tag{6.1.29}$$

由式 (6.1.25) 和式 (6.1.29), 仿照定理 6.1.2 的证明方法不难推得: 当 $|z|<c_n\sqrt{\log n}$ 时, 式 (6.1.24) 成立, 而当 $|z|\geqslant c_n\sqrt{\log n}$ 时, 利用式 (6.1.28) 和 Bernstein 不等式 (定理 1.1.1) 可得

$$P^*\left\{|\hat{\zeta}_{x,\mathrm{K}}^*(t)-\hat{\zeta}_{x,\mathrm{K}}(t)|\geqslant(\log n/n)^{1/(d+2)}c_n\right\}=O\left(n^{-1}\right),\ \text{a.s.}.$$

由此易知, 当 $|z|\geqslant c_n\sqrt{\log n}$ 时式 (6.1.24) 亦成立.

6.2 条件分位数的最近邻估计

本节讨论条件分位数的最近邻估计. 在适当的条件下, 证明了最近邻估计的相合性和渐近正态性, 并给出了它的强收敛速度、正态逼近速度和 bootstrap 逼近速度.

6.2.1 最近邻估计的定义

设 (X, Y) 为取值于 $\mathbf{R}^d \times \mathbf{R}$ 的随机向量, X 具有边缘分布函数 $F(x)$ 和边缘密度函数 $f(x)$, Y 关于 X 的条件分布函数为 $F(y|x)$. 对于固定的点 x 和 $0 < t < 1$, $F(\cdot|x)$ 的条件 t 分位数 $\zeta_x(t)$ 由式 (6.1.1) 给出. 设 $(X_1, Y_1), \cdots, (X_n, Y_n)$ 是取自总体 (X, Y) 的 iid 随机样本. 用 $(R_1, \cdots, R_n)$ 表示 $(1, \cdots, n)$ 的一个随机置换, 它满足条件

$$||X_{R_1} - x|| \leqslant \cdots \leqslant ||X_{R_n} - x||, \tag{6.2.1}$$

其中 $||\cdot||$ 表示 $\mathbf{R}^d$ 上的 Euclidean 模. 我们在式 (6.2.1) 中约定: 当 $||X_i - x|| = ||X_j - x||$ 且 $i < j$ 时, $||X_i - x||$ 在式 (6.2.1) 中的位置排在 $||X_j - x||$ 之前. 设 $k = k_n$ 为一整数列, 满足 $1 \leqslant k \leqslant n$, $k \to \infty (n \to \infty)$. 记 $I_n = \{R_i : 1 \leqslant i \leqslant k\}$. 用 $F_{(k)}(y)$ 表示由 $\{Y_i, i \in I_n\}$ 所定义的经验分布, 即

$$F_{(k)}(y) = \frac{1}{k} \sum_{i \in I_n} I(Y_i \leqslant y). \tag{6.2.2}$$

那么 $\zeta_x(t)$ 的最近邻估计定义为

$$\hat{\zeta}_{x,\mathrm{NN}}(t) = \inf\{y : F_{(k)}(y) \geqslant t\}. \tag{6.2.3}$$

下面各节分别讨论 $\hat{\zeta}_{x,\mathrm{NN}}(t)$ 的强相合性、渐近正态性及收敛速度.

6.2.2 最近邻估计的强相合性及收敛速度

下面的定理给出了 $\hat{\zeta}_{x,\mathrm{NN}}(t)$ 的强相合性.

定理 6.2.1 设对任何 $y \in \mathbf{R}$, 当 $y > \zeta_x(t)$ 时, $F(y|x) > F(\zeta_x(t)|x)$, 则当 $k/n \to 0$ 和 $k/\log n \to \infty$ 时, 有

$$\hat{\zeta}_{x,\mathrm{NN}}(t) \longrightarrow \zeta_x(t), \text{ a.s., 对 a.e. } x(F).$$

证 不失一般性, 设定理 1.3.2 对一切 $x \in \mathbf{R}^d$ 成立. 取定 $F(x)$ 的支撑集 $S(F)$ 内的点 x. 对任给的 $\varepsilon > 0$, 记 $p_i = E[I(Y_i > \zeta_x(t) + \varepsilon)|X_i]$, 就有 $p_i =$

$1-F(\zeta_x(t)+\varepsilon|X_i)$. 给定 $\Delta=(X_1,X_2,\cdots)$, 于是

$$\begin{aligned}
&P\left\{\hat{\zeta}_{x,\mathrm{NN}}(t)-\zeta_x(t)>\varepsilon|\Delta\right\}\\
&=P\left\{\frac{1}{k}\sum_{i\in I_n}I(Y_i>\zeta_x(t)+\varepsilon)>1-t\Big|\Delta\right\}\\
&=P\left\{\frac{1}{k}\sum_{i\in I_n}[I(Y_i>\zeta_x(t)+\varepsilon)-p_i]>\frac{1}{k}\sum_{i\in I_n}(1-t-p_i)\Big|\Delta\right\}.
\end{aligned}\tag{6.2.4}$$

简单计算可得

$$\begin{aligned}
\frac{1}{k}\sum_{i\in I_n}(1-t-p_i)&=\frac{1}{k}\sum_{i\in I_n}[F(\zeta_x(t)+\varepsilon|X_i)-F(\zeta_x(t)|x)]\\
&=\frac{1}{k}\sum_{i\in I_n}[F(\zeta_x(t)+\varepsilon|X_i)-F(\zeta_x(t)|X_i)]\\
&\quad+\frac{1}{k}\sum_{i\in I_n}[F(\zeta_x(t)|X_i)-F(\zeta_x(t)|x)]\\
&\triangleq J_{n1}(x)+J_{n2}(x).
\end{aligned}\tag{6.2.5}$$

首先考虑 $J_{n2}(x)$. 记 $\psi(u)=|F(\zeta_x(t)|u)-F(\zeta_x(t)|x)|$. 就有

$$|J_{n2}(x)|\leqslant\frac{1}{k}\sum_{i\in I_n}\psi(X_i)\triangleq U_n(x).\tag{6.2.6}$$

在给定 $\xi_k=||X_{R_{k+1}}-x||$ 的条件下, $U_n(x)$ 与 $k^{-1}\sum_{i=1}^{k}\psi(V_i)$ 同分布, 其中 $V_1,\cdots,V_k$ 为 iid 的随机变量, V_1 的分布为 $F^*(\cdot)=F(\cdot\cap S_{x,\xi_k})/F(S_{x,\xi_k})$. 在此条件分布下的概率和期望分别记为 $P^*(\cdot)$ 和 $E^*(\cdot)$, 则有

$$E^*\left[U_n(x)\right]=\int_{S_{x,\xi_k}}\psi(u)\mathrm{d}F(u)/F(S_{x,\xi_k}).$$

由引理 3.2.1 易知 $||X_{R_{k+1}}-x||\longrightarrow 0$, a.s.. 因此, 再由定理 1.3.2 可得

$$E^*[U_n(x)]\longrightarrow 0,\ \text{a.s.}.\tag{6.2.7}$$

记 $\eta_i=\psi(V_i)-E^*[\psi(V_i)]$, 则有 $U_n(x)-E^*[U_n(x)]=k^{-1}\sum_{i=1}^{k}\eta_i$, $\eta_1,\cdots,\eta_k$ 为 iid 的随机变量, $E^*(\eta_i)=0$, $|\eta_i|\leqslant 2$. 因此, 由 Bernstein 不等式 (定理 1.1.1), 对任给 $\varepsilon>0$, 有

$$\begin{aligned}
P(|U_n(x)-E^*[U_n(x)]|>\varepsilon)&=E\left[P^*(|U_n(x)-E^*[U_n(x)]|>\varepsilon)\right]\\
&=E\left[P^*\left(\frac{1}{k}\sum_{i=1}^{k}\eta_i>\varepsilon\right)\right]\leqslant 2\exp\{-ck\},
\end{aligned}$$

其中 $c>0$ 为某个常数. 由于 $k/\log n\to\infty$, 可知上式右端为一收敛级数的通项. 故由 Borel-Cantelli 引理 (定理 1.2.4) 可得

$$U_n(x)-E^*[U_n(x)]\longrightarrow 0,\ \text{a.s.}. \tag{6.2.8}$$

由式 (6.2.6)～ 式 (6.2.8) 可得

$$J_{n2}(x)\longrightarrow 0,\ \text{a.s.}. \tag{6.2.9}$$

同理可证得

$$J_{n1}(x)\longrightarrow F(\zeta_x(t)+\varepsilon|x)-F(\zeta_x(t)|x),\ \text{a.s.}. \tag{6.2.10}$$

将式 (6.2.9) 和式 (6.2.10) 代入到式 (6.2.5) 可得

$$\frac{1}{k}\sum_{i\in I_n}(1-t-p_i)=F(\zeta_x(t)+\varepsilon|x)-F(\zeta_x(t)|x)+o(1),\ \text{a.s.}. \tag{6.2.11}$$

记 $Z_i=I(Y_i>\zeta_x(t)+\varepsilon)-p_i$, 则 $E(Z_i|\varDelta)=0$, $|Z_i|\leqslant 2$, $1\leqslant i\leqslant k$, $Z_1,\cdots,Z_k$ 条件独立. 因此, 由式 (6.2.4) 和式 (6.2.11) 以及 Bernstein 不等式 (定理 1.1.1) 可得

$$\begin{aligned}P\left(\hat{\zeta}_{x,\mathrm{NN}}(t)-\zeta_x(t)>\varepsilon\right)&=E\left[P\left(\hat{\zeta}_{x,\mathrm{NN}}(t)-\zeta_x(t)>\varepsilon|\varDelta\right)\right]\\&\leqslant E\left[P\left(\frac{1}{k}\sum_{i=1}^{k}Z_i>a(x,\varepsilon)+o(1)\middle|\varDelta\right)\right].\\&\leqslant 2\exp\{-c(x)k\},\end{aligned} \tag{6.2.12}$$

其中 $a(x,\varepsilon)=F(\zeta_x(t)+\varepsilon|x)-F(\zeta_x(t)|x)$. 故由 $k/\log n\to\infty$ 和 Borel-Cantelli 引理 (定理 1.2.4) 可得

$$\limsup_{n\to\infty}\left[\hat{\zeta}_{x,\mathrm{NN}}(t)-\zeta_x(t)\right]\leqslant 0,\ \text{a.s.}. \tag{6.2.13}$$

将 Z_i 换为 $-Z_i$ 可得

$$\liminf_{n\to\infty}\left[\hat{\zeta}_{x,\mathrm{NN}}(t)-\zeta_x(t)\right]\geqslant 0,\ \text{a.s.}. \tag{6.2.14}$$

由式 (6.2.13) 和式 (6.2.14), 知当 $x\in S(F)$ 时, 有

$$\limsup_{n\to\infty}\left[\hat{\zeta}_{x,\mathrm{NN}}(t)-\zeta_x(t)\right]=0,\ \text{a.s.}.$$

由于 $S(F)$ 的 F 测度为 1, 故定理 6.2.1 得证.

下面的定理给出了 $\hat{\zeta}_{x,\mathrm{NN}}(t)$ 的强收敛速度.

定理 6.2.2 设 $F(y|x)$ 在 $\zeta_x(t)$ 的某个邻域内具有正的连续条件密度 $f(y|u)$, 且存在 $\zeta_x(t)$ 的某个邻域 U 及 $c(x)>0$, $\delta>0$ 和 $0<\lambda\leqslant 1$, 使得当 $||u-x||\leqslant\delta$ 时, 有

$$|F(\zeta_x(t)|u)-F(\zeta_x(t)|x)|\leqslant c(x)||u-x||^{\lambda}. \tag{6.2.15}$$

如果选取 $k=\lfloor n^{\frac{2\lambda}{d+2\lambda}}(\log n)^{\frac{d}{d+2\lambda}}\rfloor$, 则对任何 $0<c_n\to\infty$, 有

$$\hat{\zeta}_{x,\mathrm{NN}}(t)-\zeta_x(t)=o\left((n/\log n)^{-\frac{\lambda}{d+2\lambda}}c_n\right),\ \text{a.s., 对 a.e. } x(F).$$

证 按照定理 6.2.1 的证明方法即可证得本定理. 这里省略其证明.

6.2.3 最近邻估计的渐近正态性及正态逼近速度

下面的定理给出了 $\hat{\zeta}_{x,\mathrm{NN}}(t)$ 的渐近正态性.

定理 6.2.3 设 $f(\cdot)$ 在固定点 x 的某个邻域内连续且 $f(x)>0$, $F(y|x)$ 在 $(x,\zeta_x(t))$ 的某个邻域内具有正的连续条件密度 $f(y|x)$, 且满足式 (6.2.15). 如果取 $k=\lfloor(n/\log n)^{2\lambda/(d+2\lambda)}\rfloor$, 则

$$\sqrt{k}\left[\hat{\zeta}_{x,\mathrm{NN}}(t)-\zeta_x(t)\right]\xrightarrow{D}N(0,\sigma^2(x)),$$

其中 $\sigma^2(x)=t(1-t)/f^2(\zeta_x(t)|x)$.

证 记 $\psi_n=\zeta_x(t)+zk^{-1/2}$, $p_i=1-F(\psi_n|X_i)$,

$$A_n=\frac{1}{\sqrt{k}}\sum_{i\in I_n}(1-t-p_i),\quad B_n=\frac{1}{k}\sum_{i\in I_n}p_i(1-p_i).$$

经过简单计算可得

$$\begin{aligned}
&\left|P\left\{\sqrt{k}\left[\hat{\zeta}_{x,\mathrm{NN}}(t)-\zeta_x(t)\right]\leqslant z\right\}-\Phi\left(\frac{z}{\sigma(x)}\right)\right|\\
=&\left|P\left\{\sum_{i\in I_n}I(Y_i>\psi_n)\leqslant 1-t\right\}-\Phi\left(\frac{z}{\sigma(x)}\right)\right|\\
\leqslant&E\left[\left|P\left(\frac{1}{\sqrt{kB_n}}\sum_{i\in I_n}\left[I(Y_i>\psi_n)-p_i\right]\leqslant\frac{A_n}{\sqrt{B_n}}\middle|\Delta\right)-\Phi\left(\frac{A_n}{\sqrt{B_n}}\right)\right|\right]\\
&+E\left[\left|\Phi\left(\frac{A_n}{\sqrt{B_n}}\right)-\Phi\left(\frac{z}{\sigma(x)}\right)\right|\right]\\
\triangleq&E(|L_{n1}|)+E(|L_{n2}|).
\end{aligned}\tag{6.2.16}$$

由中心极限定理可得 $L_{n1}\to 0$, a.s., 而 L_{n1} 为两个概率函数之差, 于是 $|L_{n1}|\leqslant 2$. 因此, 由控制收敛定理可得 $E(|L_{n1}|)\to 0$.

下面考虑 L_{n2}. 类似于式 (6.2.9) 的证明可以证得

$$\frac{1}{k}\sum_{i\in I_n}[F(\zeta_x(t)|X_i)-F(\zeta_x(t)|x)]=o(c_n(k/n)^{\lambda/d}),\ \text{a.s.}. \tag{6.2.17}$$

从而可得

$$\begin{aligned}A_n=&\frac{1}{\sqrt{k}}\sum_{i\in I_n}[F(\zeta_x(t)+z/\sqrt{k}|X_i)-F(\zeta_x(t)|X_i)]\\&+\frac{1}{\sqrt{k}}\sum_{i\in I_n}[F(\zeta_x(t)|X_i)-F(\zeta_x(t)|x)]\\=&zf(\zeta_x(t)|x)+o(c_n\sqrt{k}(k/n)^{\lambda/d}),\ \text{a.s.},\\B_n=&t(1-t)+o(1),\ \text{a.s.},\end{aligned} \tag{6.2.18}$$

其中 $0<c_n\to\infty$. 不失一般性, 可选取 $c_n=o(\log\log n)$, 由此可以推得 $L_{n2}\to 0$, a.s. 注意到 $|L_{n2}|\leqslant 2$. 因此, 由控制收敛定理可得 $E(|L_{n2}|)\to 0$. 这就完成了定理 6.2.3 的证明.

下面的定理给出了 $\hat{\zeta}_{x,\mathrm{NN}}(t)$ 的正态逼近速度.

定理 6.2.4 设 $f(\cdot)$ 在 x 的某个邻域内连续、恒正且存在有界的导数, $F(y|x)$ 在 $(x,\zeta_x(t))$ 的某个邻域内具有正的连续条件密度 $f(y|x)$, 且存在有界的二阶导数. 如果取 $k=\lfloor(n\log^d n)^{2/(d+2)}\rfloor$, 则对几乎所有的样本序列 $\varDelta=(X_1,X_2,\cdots)$ 及任何 $0<c_n\to\infty$, 有

$$\sup_z\left|P\{Z_n\leqslant z|\varDelta\}-\varPhi(z/\sigma(x))\right|=o\left(n^{-\frac{1}{d+2}}(\log n)^{\frac{d+4}{2(d+2)}}c_n\right),\ \text{a.s.},$$

其中 $Z_n=\sqrt{k}[\hat{\zeta}_{x,\mathrm{NN}}(t)-\zeta_x(t)]$.

证 按照定理 6.2.3 的证明方法即可证得本定理. 这里省略其证明.

6.2.4 最近邻估计的 bootstrap 逼近速度

为了模拟 $\hat{\zeta}_{x,\mathrm{NN}}(t)$ 的分布, 我们构造了 $\hat{\zeta}_{x,\mathrm{NN}}(t)$ 的 bootstrap 统计量. 对于给定的 $\{Y_i,i\in I_n\}$, 其经验分布为 $F_{(k)}(\cdot)$, 从中抽取 iid 样本 $Y_1^*,\cdots,Y_n^*$, 其经验分布为 $F_{(k)}^*(\cdot)$, 则 $\hat{\zeta}_{x,\mathrm{NN}}(t)$ 的 bootstrap 统计量定义为

$$\hat{\zeta}_{x,\mathrm{NN}}^*(t)=\inf\{y:F_{(k)}^*(y)\geqslant t\}.$$

我们用 $\sqrt{k}[\hat{\zeta}_{x,\mathrm{NN}}^*(t)-\hat{\zeta}_{x,\mathrm{NN}}(t)]$ 的分布逼近 $\sqrt{k}[\hat{\zeta}_{x,\mathrm{NN}}(t)-\zeta_x(t)]$ 的分布, 得到了逼近速度. 为证明此结果, 首先给出下述引理.

引理 6.2.1 设 $Y_1,Y_2,\cdots$ 为独立随机变量序列, $Y_i\sim F_i(\cdot)$. 记 $I_n=\{i_1,\cdots,i_k\}$, $n\geqslant 1$. 又设存在 $N,M>0$, 以及 μ 的一个邻域 $U_{\mu,\delta}$, 使当 $n\geqslant N$ 时, 对任意 $i\in I_n$,

$F_i(\cdot)$ 在 $U_{\mu,\delta}$ 上的导数存在且以 M 为界. 如果 $k/\log n\to\infty$, 且存在 $l>0$, 使 $k/n\to 0$, 则对任何正数列 $\{\omega_n\}$, $\omega_n\to 0$ 且 $\omega_n k/\log n\to\infty$, 有

$$H_n=O\left((\omega_n\log n/k)^{1/2}\right),\ \text{a.s.},$$

其中

$$H_n=\sup_{|u|\leqslant\omega_n}|F_{(k)}(\mu+u)-F_{(k)}(\mu)-\widetilde{F}_{(k)}(\mu+u)+\widetilde{F}_{(k)}(\mu)|,$$

$$\widetilde{F}_{(k)}(y)=\frac{1}{k}\sum_{i=1}^{k}F_{i_j}(y).$$

证　类似于引理 6.1.4 的证明即证, 故从略.

定理 6.2.5　在定理 6.2.4 的条件下, 则对几乎所有的样本序列 $\tilde{\Delta}=(X_1,Y_1)$, $(X_2,Y_2),\cdots$, 以及对任何 $0<c_n\to\infty$, 有

$$\sup_z\left|P\{Z_n\leqslant z|\tilde{\Delta}\}-P^*\{Z_n^*\leqslant z\}\right|=o\left(n^{-\frac{1}{2(d+2)}}(\log n)^{\frac{d+3}{2(d+2)}}c_n\right),\ \text{a.s.},$$

其中 $Z_n=\sqrt{k}[\hat{\zeta}_{x,\text{NN}}(t)-\zeta_x(t)]$, $Z_n^*=\sqrt{k}[\hat{\zeta}_{x,\text{NN}}^*(t)-\hat{\zeta}_{x,\text{NN}}(t)]$, P^* 表示在给定 $\tilde{\Delta}$ 下的条件概率.

证　利用定理 6.2.4, 只需证明

$$\sup_z|P^*\{Z_n^*\leqslant z\}-\varPhi(z/\sigma(x))|=o\left(n^{-\frac{1}{2(d+2)}}(\log n)^{\frac{d+3}{2(d+2)}}c_n\right),\ \text{a.s.}.\tag{6.2.19}$$

记 $\phi_n=\hat{\zeta}_{x,\text{NN}}(t)+z/\sqrt{k}$, $p^*=1-F_{(k)}(\phi_n)$, $\omega_n=(\log n/n)^{1/(d+2)}c_n$, $B_n^*=kp^*(1-p^*)$. 先设 $|z|\leqslant c_n\sqrt{\log n}$, 其中 $c_n=o(\log\log n)$, 则

$$P^*\{Z_n^*\leqslant z\}=P^*\left\{\frac{1}{\sqrt{B_n^*}}\sum_{i=1}^{k}I(Y_i^*>\phi_n)-p^*\leqslant\frac{k(1-t-p^*)}{\sqrt{B_n^*}}\right\}.\tag{6.2.20}$$

由定理 6.2.2 和引理 6.2.1 可得

$$\begin{aligned}
&\sup_{|v|\leqslant\omega_n}|F_{(k)}(\hat{\zeta}_{x,\text{NN}}(t)+v)-F_{(k)}(\hat{\zeta}_{x,\text{NN}}(t))-\widetilde{F}_{(k)}(\hat{\zeta}_{x,\text{NN}}(t)+v)+\widetilde{F}_{(k)}(\hat{\zeta}_{x,\text{NN}}(t))|\\
\leqslant&\sup_{|v|\leqslant\omega_n,|v^*|\leqslant\omega_n}|F_{(k)}(\zeta_x(t)+v+v^*)-F_{(k)}(\zeta_x(t)+v)\\
&-\widetilde{F}_{(k)}(\zeta_x(t)+v+v^*)+\widetilde{F}_{(k)}(\zeta_x(t)+v^*)|\\
\leqslant&2\sup_{|v|\leqslant 2\omega_n}|F_{(k)}(\zeta_x(t)+v)-F_{(k)}(\zeta_x(t))-\widetilde{F}_{(k)}(\zeta_x(t)+v)+\widetilde{F}_{(k)}(\zeta_x(t))|\\
=&O\left((\omega_n\log n/k)^{1/2}\right),\ \text{a.s.}.
\end{aligned}\tag{6.2.21}$$

利用本定理的条件, 对适当小的 v, 有

$$\widetilde{F}_{(k)}(\zeta_x(t)+v)-\widetilde{F}_{(k)}(\zeta_x(t))=f(\zeta_x(t)|x)v+o(|v|^2),\ \text{a.s.}. \tag{6.2.22}$$

应用式 (6.2.21) 和式 (6.2.22), 并注意到 $F_{(k)}(\hat{\zeta}_{x,\mathrm{NN}}(t))=t+O\left(k^{-1}\right)$, a.s.. 可以得到: 当 $|v|\leqslant\omega_n$ 时, 有

$$F_{(k)}(\hat{\zeta}_{x,\mathrm{NN}}(t)+v)-t=f(\zeta_x(t)|x)v+O\left((\omega_n\log n/k)^{1/2}\right),\ \text{a.s.}. \tag{6.2.23}$$

因此, 当 $|z|\leqslant c_n\sqrt{\log n}$ 时, 有

$$p^*=1-t-f(\zeta_x(t)|x)k^{-1/2}z+O\left((\omega_n\log n/k)^{1/2}\right),\ \text{a.s.}.$$

于是, 当 $|z|\leqslant c_n\sqrt{\log n}$ 时, 有

$$\frac{k(1-t-p^*)}{\sqrt{B_n^*}}=z/\sigma(x)+o\left(n^{-\frac{1}{2(d+2)}}(\log n)^{\frac{d+3}{2(d+2)}}c_n\right),\ \text{a.s.}. \tag{6.2.24}$$

由式 (6.2.20) 和式 (6.2.24), 仿照定理 6.2.4 的证明方法不难推得: 当 $|z|<c_n\sqrt{\log n}$ 时, 式 (6.2.19) 成立, 而当 $|z|\geqslant c_n\sqrt{\log n}$ 时, 利用式 (6.2.23) 和 Bernstein 不等式 (定理 1.1.1) 可得

$$P^*\left\{|\hat{\zeta}^*_{x,\mathrm{NN}}(t)-\hat{\zeta}_{x,\mathrm{NN}}(t)|\geqslant(\log n/n)^{1/(d+2)}c_n\right\}=O\left(n^{-1}\right),\ \text{a.s.}.$$

由此易知当 $|z|\geqslant c_n\sqrt{\log n}$ 时式 (6.2.19) 亦成立. 这就完成了定理 6.2.5 的证明.

6.3 相关文献及成果注记

郑忠国 (1984, 1986) 研究了条件中位数的最近邻估计和它的 bootstrap 统计量的渐近性质, 以及大偏差概率的指数率. Zheng(1985) 证明了条件中位数的最近邻估计的相合性和渐近正态性. 涂冬生 (1988) 研究了条件 L 泛函的核估计及其 bootstrap 逼近问题. Samanta(1989) 构造了条件分位数的核估计, 并证明了它的强相合性和渐近正态性. Bhattacharya 和 Gangopadhyay(1990) 构造了条件分位数的核估计和最近邻估计, 并给出了所提出的估计量的 Bahadur 表示. Chaudhuri(1991) 研究了条件分位数函数及其导数的全局非参数估计存在性, 并达到了最优收敛速度. Mehra 与 Rao 和 Upadrasta(1991) 研究了光滑条件分位数估计与条件经验过程的相关应用问题, 建立了相应的条件分位数过程的弱收敛. Shi(1995) 研究了时间序列的非参数条件分位数估计的渐近性质. Xiang(1996) 提出了条件分位数的核估计, 并证明了它的渐近正态性和重对数律. 薛留根 (1996) 在相依样本下证明了

条件 t 分位数核估计的强相合性. Honda(2000) 使用局部多项式拟合构造了条件分位数的估计量, 并证明了它的一致相合性和渐近正态性. Qin 和 Wu(2001) 在辅助信息可利用时使用经验似然和局部线性拟合构造了条件分位数的一个新估计量, 并证明了新估计量的渐近正态性, 且它比通常的核估计有更小的渐近方差. Hall 和 Muller(2003) 应用保序非参数回归构造了条件分位数的估计. Iglesias-Perez(2003) 在左截断和右删失数据下给出了条件分位数估计的强表示, 由此得到了它的渐近正态性. Ould-Said(2006) 在删失数据下得到了条件分位数的核估计的强一致收敛速度. Lemdani 与 Ould-Said 和 Poulin(2009) 在左截断数据下构造了条件分位数的核估计, 并证明了它的强相合性和渐近正态性. Ould-Said 与 Yahia 和 Necir(2009) 对左截断数据在强混合样本下得到了条件分位数的核估计的强一致收敛速度. Liang 和 de Una-Alvareź(2011a) 对删失模型在相依数据下建立了条件分位数的核估计的渐近正态性和强一致收敛速度. Liang 和 de Una-Alvarez(2011b) 在左截断模型的辅助信息下利用经验似然方法构造了条件分位数的一个新估计量, 并在平稳 α 混合样本下证明了新估计量的渐近正态性.

参考文献

刘志军, 涂冬生. 1986. 条件中位数的核估计. 科学通报, (3): 1595–1596

涂冬生. 1988. 条件 L 泛函的核估计及其 bootstrap 逼近. 应用数学学报, 11(1): 53–68

薛留根. 1996. 相依样本下条件 t- 分位数核估计的强相合性. 应用数学, 9: 211–215

薛留根, 胡玉萍. 2001. 条件 t- 分位数核估计的逼近速度. 数学物理学报, 21(2): 215–224

郑忠国. 1984. 条件中位数的最近邻估计和它的 bootstrap 统计量的渐近性质. 中国科学 (A 辑), 12: 1074–1087

郑忠国. 1986. 条件中位数的最近邻估计的大偏差概率的指数率. 系统科学与数学, 6(4): 247–257

Bhattacharya P K, Gangopadhyay A K. 1990. Kernel and nearest-neighbor estimation of a conditional quantile. The Annals of Statistics, 18(3): 1400–1415

Chaudhuri P. 1991. Global nonparametric estimation of conditional quantile functions and their derivatives. Journal of Multivariate Analysis, 39(2): 246–269

Hall P, Muller H G. 2003. Order-preserving nonparametric regression, with applications to conditional distribution and quantile function estimation. Journal of the American Statistical Association, 98(463): 598–608

Honda T. 2000. Nonparametric estimation of a conditional quantile for alpha-mixing processes. Annals of the Institute of Statistical Mathematics, 52(3): 459–470

Iglesias-Perez M C. 2003. Strong representation of a conditional quantile function estimator with truncated and censored data. Statistics & Probability Letters, 65(2): 79–91

Lemdani M, Ould-Said E, Poulin N. 2009. Asymptotic properties of a conditional quantile estimator with randomly truncated data. Journal of Multivariate Analysis, 100(3): 546–559

Liang H Y, de Una-Alvarez J. 2011a. Asymptotic properties of conditional quantile estimator for censored dependent observations. Annals of the Institute of Statistical Mathematics, 63(2): 267–289

Liang H Y, de Una-Alvarez J. 2011b. Conditional quantile estimation with auxiliary information for left-truncated and dependent data. Journal of Statistical Planning and Inference, 141(11): 3475–3488

Mehra K L, Rao M S, Upadrasta S P. 1991. A smooth conditional quantile estimator and related applications of conditional empirical processes. Journal of Multivariate Analysis, 37(2): 151–179

Ould-Said E. 2006. A strong uniform convergence rate of kernel conditional quantile estimator under random censorship. Statistics & Probability Letters, 76(6): 579–586

Ould-Said E, Yahia D, Necir A. 2009. A strong uniform convergence rate of a kernel conditional quantile estimator under random left-truncation and dependent data. Electronic Journal of Statistics, 3: 426–445

Qin Y S, Wu Y. 2001. An estimator of a conditional quantile in the presence of auxiliary information. Journal of Statistical Planning and Inference, 99(1): 59–70

Samanta M. 1989. Non-parametric estimation of conditional quantiles. Statistics & Probability Letters, 7(5): 407–412

Shi P D. 1995. Asymptotic-behavior of nonparametric conditional quantile estimates for time-series. Canadian Journal of Statistics, 23(2): 161–169

Xiang X J. 1996. A kernel estimator of a conditional quantile. Journal of Multivariate Analysis, 59(2): 206–216

Zheng Z G. 1985. On the asymptotic behavior of nearest neighbor estimator of conditional median. Acta Mathematica Sinica, New Series, 1(3): 206–212

索 引

其他

《现代数学基础丛书》已出版书目

1　数理逻辑基础(上册)　1981.1　胡世华　陆钟万　著
2　数理逻辑基础(下册)　1982.8　胡世华　陆钟万　著
3　紧黎曼曲面引论　1981.3　伍鸿熙　吕以辇　陈志华　著
4　组合论(上册)　1981.10　柯　召　魏万迪　著
5　组合论(下册)　1987.12　魏万迪　著
6　数理统计引论　1981.11　陈希孺　著
7　多元统计分析引论　1982.6　张尧庭　方开泰　著
8　有限群构造(上册)　1982.11　张远达　著
9　有限群构造(下册)　1982.12　张远达　著
10　测度论基础　1983.9　朱成熹　著
11　分析概率论　1984.4　胡迪鹤　著
12　微分方程定性理论　1985.5　张芷芬　丁同仁　黄文灶　董镇喜　著
13　傅里叶积分算子理论及其应用　1985.9　仇庆久　陈恕行　是嘉鸿　刘景麟　蒋鲁敏　编
14　辛几何引论　1986.3　J.柯歇尔　邹异明　著
15　概率论基础和随机过程　1986.6　王寿仁　编著
16　算子代数　1986.6　李炳仁　著
17　线性偏微分算子引论(上册)　1986.8　齐民友　编著
18　线性偏微分算子引论(下册)　1992.1　齐民友　徐超江　编著
19　实用微分几何引论　1986.11　苏步青　华宣积　忻元龙　著
20　微分动力系统原理　1987.2　张筑生　著
21　线性代数群表示导论(上册)　1987.2　曹锡华　王建磐　著
22　模型论基础　1987.8　王世强　著
23　递归论　1987.11　莫绍揆　著
24　拟共形映射及其在黎曼曲面论中的应用　1988.1　李　忠　著
25　代数体函数与常微分方程　1988.2　何育赞　萧修治　著
26　同调代数　1988.2　周伯壎　著
27　近代调和分析方法及其应用　1988.6　韩永生　著
28　带有时滞的动力系统的稳定性　1989.10　秦元勋　刘永清　王　联　郑祖庥　著
29　代数拓扑与示性类　1989.11　[丹麦] I.马德森　著
30　非线性发展方程　1989.12　李大潜　陈韵梅　著

31　仿微分算子引论　1990.2　陈恕行　仇庆久　李成章　编
32　公理集合论导引　1991.1　张锦文　著
33　解析数论基础　1991.2　潘承洞　潘承彪　著
34　二阶椭圆型方程与椭圆型方程组　1991.4　陈亚浙　吴兰成　著
35　黎曼曲面　1991.4　吕以辇　张学莲　著
36　复变函数逼近论　1992.3　沈燮昌　著
37　Banach 代数　1992.11　李炳仁　著
38　随机点过程及其应用　1992.12　邓永录　梁之舜　著
39　丢番图逼近引论　1993.4　朱尧辰　王连祥　著
40　线性整数规划的数学基础　1995.2　马仲蕃　著
41　单复变函数论中的几个论题　1995.8　庄圻泰　杨重骏　何育赞　闻国椿　著
42　复解析动力系统　1995.10　吕以辇　著
43　组合矩阵论(第二版)　2005.1　柳柏濂　著
44　Banach 空间中的非线性逼近理论　1997.5　徐士英　李　冲　杨文善　著
45　实分析导论　1998.2　丁传松　李秉彝　布　伦　著
46　对称性分岔理论基础　1998.3　唐　云　著
47　Gel'fond-Baker 方法在丢番图方程中的应用　1998.10　乐茂华　著
48　随机模型的密度演化方法　1999.6　史定华　著
49　非线性偏微分复方程　1999.6　闻国椿　著
50　复合算子理论　1999.8　徐宪民　著
51　离散鞅及其应用　1999.9　史及民　编著
52　惯性流形与近似惯性流形　2000.1　戴正德　郭柏灵　著
53　数学规划导论　2000.6　徐增堃　著
54　拓扑空间中的反例　2000.6　汪　林　杨富春　编著
55　序半群引论　2001.1　谢祥云　著
56　动力系统的定性与分支理论　2001.2　罗定军　张　祥　董梅芳　著
57　随机分析学基础(第二版)　2001.3　黄志远　著
58　非线性动力系统分析引论　2001.9　盛昭瀚　马军海　著
59　高斯过程的样本轨道性质　2001.11　林正炎　陆传荣　张立新　著
60　光滑映射的奇点理论　2002.1　李养成　著
61　动力系统的周期解与分支理论　2002.4　韩茂安　著
62　神经动力学模型方法和应用　2002.4　阮　炯　顾凡及　蔡志杰　编著
63　同调论 —— 代数拓扑之一　2002.7　沈信耀　著
64　金兹堡-朗道方程　2002.8　郭柏灵　黄海洋　蒋慕容　著

65 排队论基础 2002.10 孙荣恒 李建平 著
66 算子代数上线性映射引论 2002.12 侯晋川 崔建莲 著
67 微分方法中的变分方法 2003.2 陆文端 著
68 周期小波及其应用 2003.3 彭思龙 李登峰 谌秋辉 著
69 集值分析 2003.8 李 雷 吴从炘 著
70 强偏差定理与分析方法 2003.8 刘 文 著
71 椭圆与抛物型方程引论 2003.9 伍卓群 尹景学 王春朋 著
72 有限典型群子空间轨道生成的格(第二版) 2003.10 万哲先 霍元极 著
73 调和分析及其在偏微分方程中的应用(第二版) 2004.3 苗长兴 著
74 稳定性和单纯性理论 2004.6 史念东 著
75 发展方程数值计算方法 2004.6 黄明游 编著
76 传染病动力学的数学建模与研究 2004.8 马知恩 周义仓 王稳地 靳 祯 著
77 模李超代数 2004.9 张永正 刘文德 著
78 巴拿赫空间中算子广义逆理论及其应用 2005.1 王玉文 著
79 巴拿赫空间结构和算子理想 2005.3 钟怀杰 著
80 脉冲微分系统引论 2005.3 傅希林 闫宝强 刘衍胜 著
81 代数学中的 Frobenius 结构 2005.7 汪明义 著
82 生存数据统计分析 2005.12 王启华 著
83 数理逻辑引论与归结原理(第二版) 2006.3 王国俊 著
84 数据包络分析 2006.3 魏权龄 著
85 代数群引论 2006.9 黎景辉 陈志杰 赵春来 著
86 矩阵结合方案 2006.9 王仰贤 霍元极 麻常利 著
87 椭圆曲线公钥密码导引 2006.10 祝跃飞 张亚娟 著
88 椭圆与超椭圆曲线公钥密码的理论与实现 2006.12 王学理 裴定一 著
89 散乱数据拟合的模型、方法和理论 2007.1 吴宗敏 著
90 非线性演化方程的稳定性与分歧 2007.4 马 天 汪宁宏 著
91 正规族理论及其应用 2007.4 顾永兴 庞学诚 方明亮 著
92 组合网络理论 2007.5 徐俊明 著
93 矩阵的半张量积:理论与应用 2007.5 程代展 齐洪胜 著
94 鞅与 Banach 空间几何学 2007.5 刘培德 著
95 非线性常微分方程边值问题 2007.6 葛渭高 著
96 戴维-斯特瓦尔松方程 2007.5 戴正德 蒋慕蓉 李栋龙 著
97 广义哈密顿系统理论及其应用 2007.7 李继彬 赵晓华 刘正荣 著
98 Adams 谱序列和球面稳定同伦群 2007.7 林金坤 著

99 矩阵理论及其应用 2007.8 陈公宁 编著
100 集值随机过程引论 2007.8 张文修 李寿梅 汪振鹏 高 勇 著
101 偏微分方程的调和分析方法 2008.1 苗长兴 张 波 著
102 拓扑动力系统概论 2008.1 叶向东 黄 文 邵 松 著
103 线性微分方程的非线性扰动(第二版) 2008.3 徐登洲 马如云 著
104 数组合地图论(第二版) 2008.3 刘彦佩 著
105 半群的 S-系理论(第二版) 2008.3 刘仲奎 乔虎生 著
106 巴拿赫空间引论(第二版) 2008.4 定光桂 著
107 拓扑空间论(第二版) 2008.4 高国士 著
108 非经典数理逻辑与近似推理(第二版) 2008.5 王国俊 著
109 非参数蒙特卡罗检验及其应用 2008.8 朱力行 许王莉 著
110 Camassa-Holm 方程 2008.8 郭柏灵 田立新 杨灵娥 殷朝阳 著
111 环与代数(第二版) 2009.1 刘绍学 郭晋云 朱 彬 韩 阳 著
112 泛函微分方程的相空间理论及应用 2009.4 王 克 范 猛 著
113 概率论基础(第二版) 2009.8 严士健 王隽骧 刘秀芳 著
114 自相似集的结构 2010.1 周作领 瞿成勤 朱智伟 著
115 现代统计研究基础 2010.3 王启华 史宁中 耿 直 主编
116 图的可嵌入性理论(第二版) 2010.3 刘彦佩 著
117 非线性波动方程的现代方法(第二版) 2010.4 苗长兴 著
118 算子代数与非交换 L_p空间引论 2010.5 许全华 吐尔德别克 陈泽乾 著
119 非线性椭圆型方程 2010.7 王明新 著
120 流形拓扑学 2010.8 马 天 著
121 局部域上的调和分析与分形分析及其应用 2011.4 苏维宜 著
122 Zakharov 方程及其孤立波解 2011.6 郭柏灵 甘在会 张景军 著
123 反应扩散方程引论(第二版) 2011.9 叶其孝 李正元 王明新 吴雅萍 著
124 代数模型论引论 2011.10 史念东 著
125 拓扑动力系统——从拓扑方法到遍历理论方法 2011.12 周作领 尹建东 许绍元 著
126 Littlewood-Paley 理论及其在流体动力学方程中的应用 2012.3 苗长兴 吴家宏 章志飞 著
127 有约束条件的统计推断及其应用 2012.3 王金德 著
128 混沌、Mel'nikov 方法及新发展 2012.6 李继彬 陈凤娟 著
129 现代统计模型 2012.6 薛留根 著
130 金融数学引论 2012.7 严加安 著
131 零过多数据的统计分析及其应用 2013.1 解锋昌 韦博成 林金官 著

132　分形分析引论　2013.6　胡家信　著

133　索伯列夫空间导论　2013.8　陈国旺　编著

134　广义估计方程估计方程　2013.8　周　勇　著

135　统计质量控制图理论与方法　2013.8　王兆军　邹长亮　李忠华　著

136　有限群初步　2014.1　徐明曜　著

137　拓扑群引论(第二版)　2014.3　黎景辉　冯绪宁　著

138　现代非参数统计　2015.1　薛留根　著